Klaus Beuth/Olaf Beuth

Elementare Elektronik

Klaus Beuth/Olaf Beuth

Elementare Elektronik

mit Grundlagen der Elektrotechnik

8., überarbeitete Auflage

Vogel Communications Group

Zur Fachbuchgruppe «Elektronik» gehören die Bände:

Klaus Beuth/Olaf Beuth: Elementare Elektronik

Heinz Meister: Elektrotechnische Grundlagen (Elektronik 1)

Klaus Beuth/Olaf Beuth: Bauelemente (Elektronik 2)

Klaus Beuth/Wolfgang Schmusch: Grundschaltungen (Elektronik 3)

Klaus Beuth/Olaf Beuth: Digitaltechnik (Elektronik 4)

Helmut Müller/Lothar Walz: Mikroprozessortechnik (Elektronik 5)

Wolfgang Schmusch: Elektronische Meßtechnik (Elektronik 6)

Klaus Beuth/Stephan Breide/Christian Friedrich-Lüders/Richard Hanebuth/Günther Kurz: Nachrichtentechnik (Elektronik 7)

Wolf-Dieter Schmidt: Sensorschaltungstechnik (Elektronik 8)

Olaf Beuth/Klaus Beuth: Leistungselektronik (Elektronik 9)

Weitere Informationen:
www.vogel-fachbuch.de

ISBN 978-3-8343-3280-6
E-Book 978-3-8343-6172-1
8. Auflage. 2013

Printed in Hungary

Umschlaggestaltung: Michael M. Kappenstein, Frankfurt/M.
Vogel Communications Group GmbH & Co. KG, Max-Planck-Straße 7/9, 97082 Würzburg, Tel.: +49 931 418-0

Vorwort

Die Elektronik wuchs heran als ein Teilgebiet der Elektrotechnik und wurde in mehr oder weniger großem Umfang zunächst nur von den Angehörigen elektrotechnischer Berufe genutzt und weiterentwickelt. Erstaunliche Dinge konnte man jetzt verwirklichen. Elektrische Steuerungen aller Arten wurden mit Elektronik wesentlich leistungsfähiger, kleiner und sogar billiger. Die Mikroelektronik erlaubt die Herstellung sehr komplizierter Schaltungen auf kleinem Raum und zu Preisen, die man vorher nicht für möglich gehalten hätte. Mechanische Teile können in großer Zahl eingespart werden.

Mit dem Aufkommen der Digitaltechnik wuchsen der Elektronik vielfältige weitere Möglichkeiten zu. Digitale Signale werden durch nur zwei Zustände, 0 und 1, in bestimmten Codes dargestellt. Die Schaltungen arbeiten nach digitaler Logik. Elemente der Computertechnik dringen immer mehr auch in Bereiche ein, die mit dem eigentlichen Rechnen nichts zu tun haben. Der steuernde Mikrocomputer, die künstliche Intelligenz, ist in vielen Maschinen wirksam. Roboter übernehmen Teilaufgaben in der Produktion, Kraftfahrzeuge erhalten einen Bordcomputer als zentrale Steuereinheit. Werkzeugmaschinen, Geräte der Nachrichtentechnik und Haushaltsgeräte werden digital gesteuert und arbeiten zum großen Teil automatisch.

Angehörige von Berufen, die bisher der Elektrotechnik und der Elektronik weitgehend fernstanden, wie z. B. Maschinenbauer und Kraftfahrzeugtechniker, werden plötzlich mit elektronischen Bauteilen und Schaltungen konfrontiert. Sie sollen mit solchen Schaltungen umgehen können, sie montieren, in Betrieb nehmen und warten und nach Möglichkeit auch reparieren. Vor allem erwartet man von ihnen, dass sie Fehler eingrenzen und beurteilen können. Das alles geht nicht ohne fundierte Kenntnisse.

Führungskräfte müssen informiert sein. Ihr Wissen muss den großen Überblick erlauben und Entscheidungen ermöglichen, die vielleicht sehr weitreichend sind. Grundkenntnisse sind erforderlich. Unbedingt notwendig ist die Kenntnis der Begriffe. Ohne Begriffskenntnis kann man Gesprächen und Vorträgen nicht folgen und ist so ziemlich hilflos. Man sollte mitreden können.

Die Autoren haben es sich zur Aufgabe gemacht, ein Buch vorzulegen, das alle wichtigen Teilgebiete der Elektronik leicht verständlich, klar gegliedert und mit hohem Informationswert darstellt. Es war ihr Ziel, das Wesentliche herauszuarbeiten und zu erläutern. Hierbei wurde berücksichtigt, dass die Grundkenntnisse der Elektrotechnik für das Verständnis elektronischer Bauelemente und Schaltungen unbedingt notwendig sind. «Von den Grundgrößen Strom, Spannung und Widerstand bis zur Mikrocomputerschaltung», so könnte der Untertitel lauten.

Erfahrungen aus der Erstellung und aus der Überarbeitung langjährig erfolgreicher Fachbücher über Gebiete der Elektronik wurden eingebracht. Bei der Darstellung des Stoffes konnten Erkenntnisse aus der Praxis und aus vielfältiger Lehrtätigkeit mitverwendet werden. Wichtige Merksätze stehen in roten Kästen und sind so leicht auffindbar. Die Formeln sind nach ihrer Bedeutung rot unterlegt herausgehoben. Der Aufbau des Buches ist so, dass ein Selbststudium leicht möglich sein dürfte.

Die Autoren wünschen den Benutzern des Buches guten Arbeitserfolg. Für Anregungen und Verbesserungsvorschläge sind sie stets dankbar.

Berlin und Waldkirch

Klaus Beuth
Olaf Beuth

Inhaltsverzeichnis

1 Elektrische Grundgrößen

1.1 Elektrische Ladung

Alle Materie ist aus Atomen aufgebaut. Es gibt etwa 100 verschiedene Atomarten. Jede Atomart gehört zu einem bestimmten chemischen Grundstoff, einem sogenannten chemischen Element. Ein Atom besteht aus einem Atomkern und einer Atomhülle (Bild 1.1a).

Bild 1.1a
Prinzipieller Atomaufbau

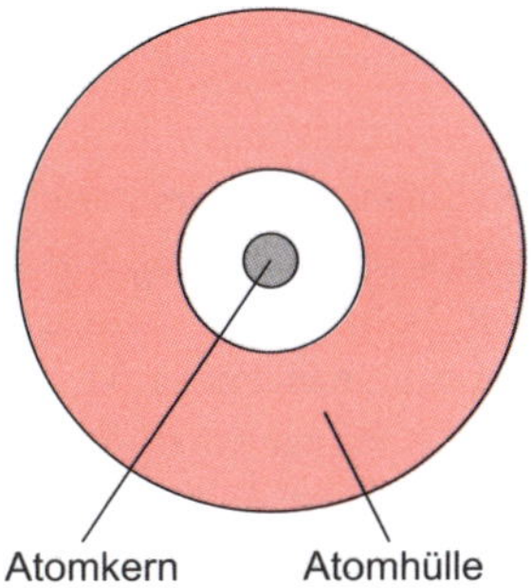

Die verschiedenen Atomarten unterscheiden sich durch den Aufbau ihres Atomkerns und ihrer Atomhülle. Die Atomhülle wird durch Elektronen gebildet, die den Atomkern auf verschiedenen Bahnen umkreisen (Bild 1.1b). Das einfachste Atom ist das Wasserstoff-Atom. Sein Kern besteht aus einem Teilchen, das Proton genannt wird. Um dieses Proton kreist ein Elektron. Das Kupferatom hat im Kern 29 Protonen und 35 Teilchen, die Neutronen genannt werden. Die Hülle wird durch 29 Elektronen gebildet. Das Aufbauschema zeigt Bild 1.1c.

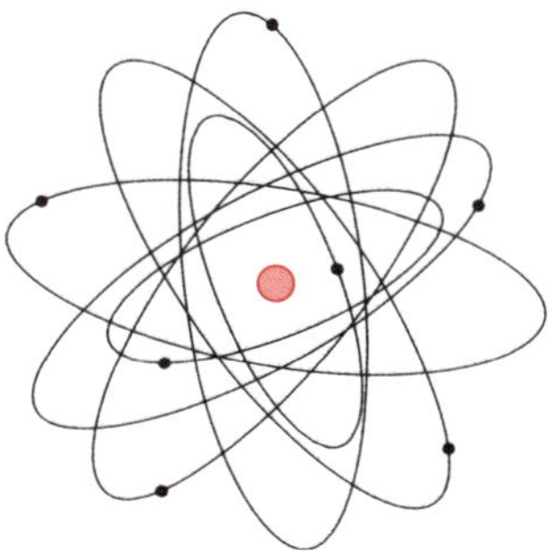

Bild 1.1b Atomkern mit Elektronenbahnen

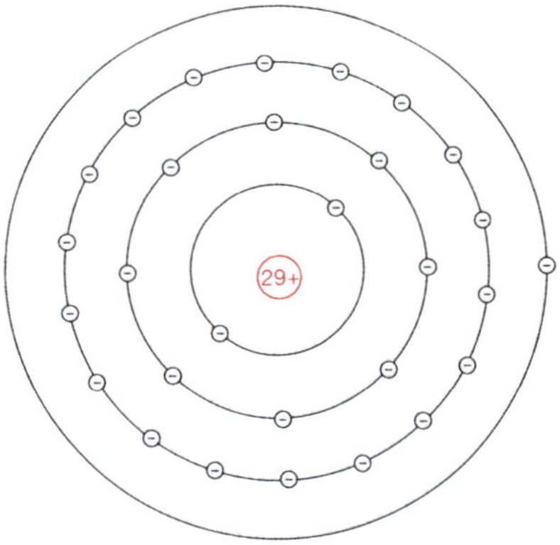

Bild 1.1c Kupferatom, Aufbauschema. Ein Kupferatom enthält 29 Protonen im Kern und 29 Elektronen in der Hülle.

Die Atome haben in ihrem Inneren Elektrizitätsteilchen, sogenannte elektrische Elementarladungen. Es gibt zwei verschiedene Arten von elektrischen Elementarladungen. Sie werden als positive und als negative Elementarladungen oder auch als positive und negative Elektrizitätsteilchen bezeichnet.

Merksatz

Jedes Proton enthält ein positives Elektrizitätsteilchen.

Merksatz

Jedes Elektron enthält ein negatives Elektrizitätsteilchen.

Neutronen sind elektrisch neutral. Eine positive elektrische Elementarladung und eine negative elektrische Elementarladung heben sich in ihrer Wirkung nach außen hin auf. Vollständige Atome haben gleich viele Elektronen wie Protonen, also gleich viele positive wie negative Elektrizitätsteilchen. Sie sind elektrisch neutral, also ungeladen.

Die Protonen sind in den Atomkernen fest eingebaut. Die Elektronen der Hüllen können zum Teil wegwandern. Es können auch zusätzliche Elektronen in die Hüllen aufgenommen werden. Atome, die mehr Elektronen als Protonen haben, sind negativ geladen. Sie werden als negative Ionen bezeichnet. Hat ein Atom weniger Elektronen als Protonen, so ist es positiv geladen, also ein positives Ion.

Definition

Elektrisch geladene Atome werden Ionen genannt.

Was für einzelne Atome gilt, gilt auch für ganze Körper. Enthält ein Körper mehr positive Elektrizitätsteilchen als negative, so ist er positiv geladen. Enthält er mehr negative Elektrizitätsteilchen als positive, so ist er negativ geladen.

Merksatz

Die Menge der überzählig vorhandenen Elektrizitätsteilchen ist die elektrische Ladung.

Zum einfachen Schreiben von Formeln verwendet man international für die elektrische Ladung den Buchstaben Q. Q ist das Formelzeichen für elektrische Ladung. Zum Messen der Größe einer Ladung wird eine Einheit benötigt. Diese Einheit heißt Coulomb. Die Abkürzung ist C. Ein Coulomb besteht aus einer sehr großen Zahl von Elektrizitätsteilchen.

Definition

1 Coulomb = $6{,}24 \cdot 10^{18}$ Elektrizitätsteilchen

Neben Coulomb wird auch die Einheit Amperesekunde verwendet (1 C = 1 As).

1.2 Elektrische Spannung

Merksatz

Zwischen zwei Körpern mit unterschiedlicher Ladung besteht eine elektrische Spannung.

Betrachten wir zwei isoliert aufgestellte Metallkugeln, z.B. aus Kupfer (Bild 1.2a). Die Kugeln sind zunächst elektrisch neutral, d.h., sie enthalten gleich viele positive und negative Elektrizitätsteilchen. Da jedes positive Elektrizitätsteilchen fest in einem Proton sitzt und jedes negative Elektrizitätsteilchen fest in einem Elektron, so kann man auch sagen, die Kugeln enthalten gleich viel Protonen und Elektronen. Die Elektronen der äußeren Bahn können in Metallen frei wandern, die Protonen nicht.

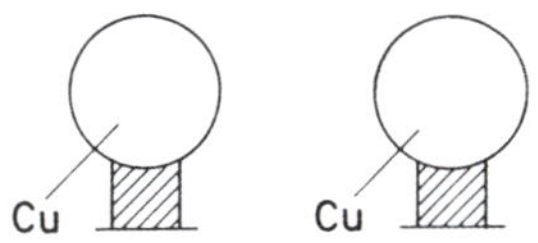

Bild 1.2a Ungeladene Metallkugeln (elektrisch neutral)

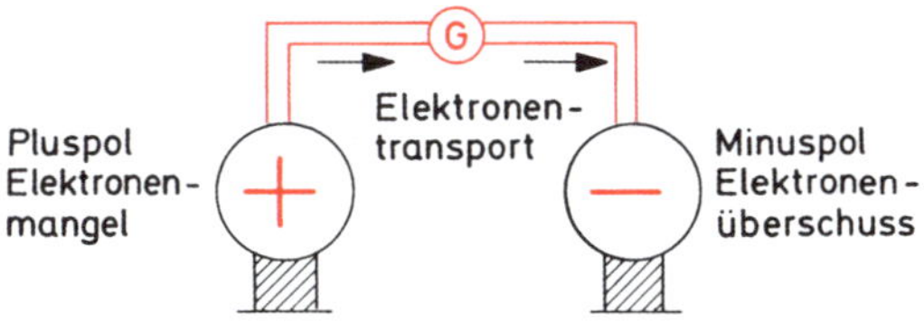

Bild 1.2b Positiv und negativ geladene Metallkugeln

Mit einem später noch näher zu beschreibenden Gerät werden nun Elektronen von der linken Kugel auf die rechte Kugel gepumpt. Die rechte Kugel bekommt so einen Elektronenüberschuss. Die linke Kugel hat Elektronenmangel (Bild 1.2b). Die positiven und die negativen Ladungsträger werden getrennt. Hierzu ist eine Arbeit erforderlich.

Die rechte Kugel mit dem Elektronenüberschuss ist negativ geladen. Sie bildet den *Minuspol.*

Die linke Kugel ist positiv geladen. Hier fehlen Elektronen. Die positiven Protonen sind in der Überzahl. Dieser Pol wird *Pluspol* genannt.

Definition

Minuspol: Pol mit Elektronenüberschuss
Pluspol: Pol mit Elektronenmangel

Eine elektrische Spannung, auch kurz Spannung genannt, kann nur zwischen zwei Polen bestehen. Ein einziger Pol kann keine Spannung haben. Das Gerät, mit dem die Elektronen von dem positiven Pol zum negativen Pol gepumpt werden, heißt *Spannungsquelle* oder Generator (Spannungserzeuger).

Merksatz

Elektrische Spannung entsteht durch Trennung von positiven und negativen Ladungsträgern.

Für die Spannungserzeugung können sehr unterschiedliche Generatoren verwendet werden (Tabelle 1.1):

Tabelle 1.1 Generatoren für die Spannungserzeugung

Generator-Art	Ladungstrennung durch
Elektrochemische Elemente (Batterien, Akkus)	chemische Reaktionen
Fotoelemente	Lichteinwirkung
Piezoelemente	Druckänderungseinwirkung
Thermoelemente	Wärmeeinwirkung
Bandgenerator	Reibungskraft
Induktionsgeneratoren	magnetische Felder

International verwendet man für den Begriff «elektrische Spannung» das *Formelzeichen U*.

Grundsatz

Die Einheit der Spannung ist das Volt (V).

1 V = 1 Volt

Die Einheit *Volt* hat folgende Untereinheiten:

$$1\,\mu V\ (\text{Mikrovolt}) = \frac{1}{1\,000\,000}\,V = 10^{-6}\,V$$

$$1\,mV\ (\text{Millivolt}) = \frac{1}{1\,000}\,V = 10^{-3}\,V$$

$$1\,kV\ (\text{Kilovolt}) = 1\,000\,V = 10^{3}\,V$$

$$1\,MV\ (\text{Megavolt}) = 1\,000\,000\,V = 10^{6}\,V$$

Übliche Spannungen:

- Rundfunkantennen-Spannung 0,1 µV ... 3 mV
- Telefon-Sprechspannung 1 mV ... 1 V
- Kohle-Zink-Batterie, 1 Zelle 1,5 V
- größte für den Menschen ungefährliche Spannung 50 V ... 65 V
- Spannung in Versorgungsnetzen 230 V ... 400 V
- Spannung von Überlandleitungen 6 kV ... 400 kV
- Hochspannungstechnik, Blitze einige MV

Messung von Spannungen

Man verwendet sogenannte *Spannungsmesser*. Es gibt verschiedene Bauarten von Spannungsmessern. Einige haben wählbare Messbereiche. Will man eine unbekannte Spannung messen, so wählt man zunächst einen großen Messbereich, z. B. einen Messbereich bis 250 V. Wird dann nur eine geringe Spannung angezeigt, so wählt man zur genaueren Messung einen kleineren Messbereich.

Merksatz

Bei der Spannungsmessung werden die Pole des Spannungsmessers mit den Polen der Spannungsquelle verbunden.

Auf richtige Polung achten (Bild 1.3).

Vorsicht! Spannungsmesser nicht durch zu kleinen Messbereich überlasten!

Spannungsarten

Spannungen können zeitlich konstant bleiben oder sich während eines Zeitraumes in bestimmter Weise ändern.

Merksatz

Gleichspannungen sind Spannungen, die über einen längeren Zeitraum konstant bleiben.

Die in Versorgungsnetzen herrschende Spannung ist eine sinusförmige Wechselspannung (Bild 1.4). Die Spannungswerte haben einen festgelegten zeitlichen Verlauf, die Sinusform. Die in Bild 1.4 dargestellte Rechteckspannung ist ebenfalls eine Wechselspannung. Die Spannungswerte ändern sich rechteckförmig. Es gibt Wechselspannungen in vielen anderen Formen, z. B. Dreiecksform, Treppenform und Sägezahnform.

Merksatz

Wechselspannungen ändern ihre Spannungsgröße und ihre Spannungsrichtung nach bestimmten Gesetzmäßigkeiten.

Drehspannung ist keine besondere Spannungsart. Hier wirken meist drei, manchmal auch mehr sinusförmige Wechselspannungen zusammen.

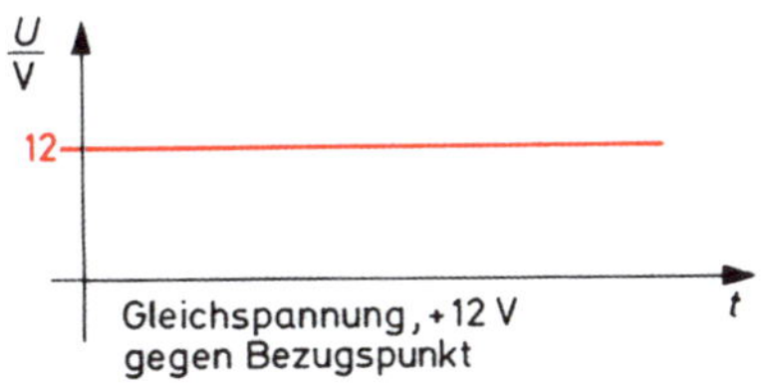

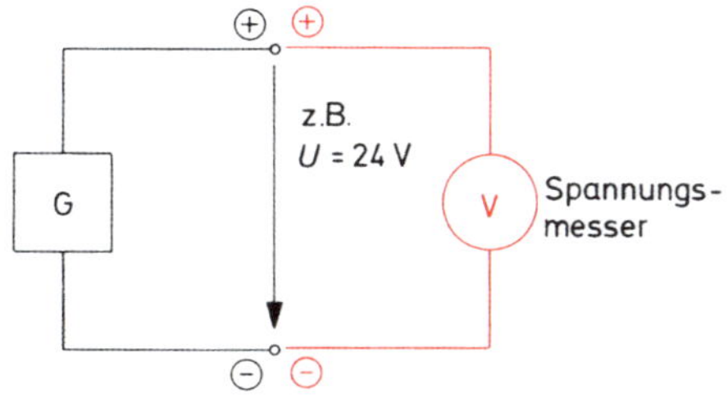

Bild 1.3 Messung und Spannungen

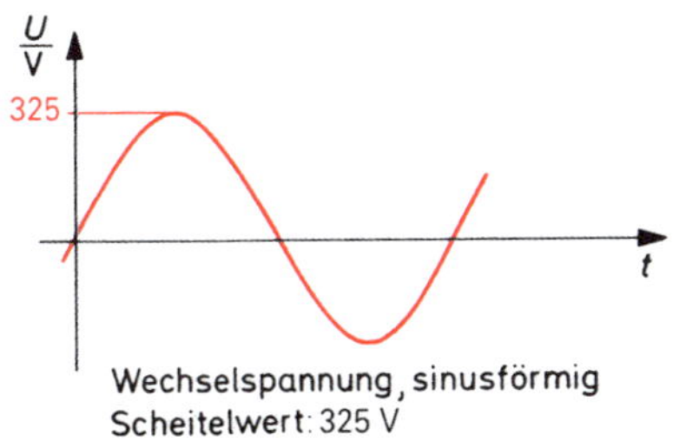

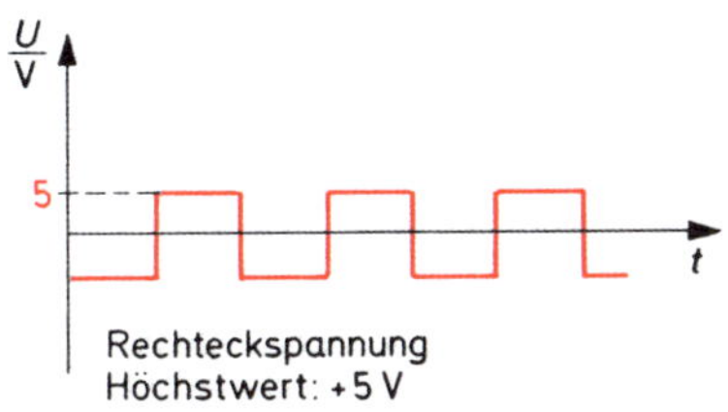

Bild 1.4 (oben und rechts) Spannungsarten

1.3 Elektrischer Strom

Definition

Strom ist eine gerichtete Bewegung von elektrischen Ladungsträgern.

Verbindet man Minuspol und Pluspol einer Spannungsquelle (Generator) durch einen Draht miteinander, so fließen die Elektronen vom Minuspol zum Pluspol (Bild 1.5). Es entsteht ein Strom. Wir haben die Spannungsquelle *kurzgeschlossen.* Nicht jede Spannungsquelle verträgt einen Kurzschluss. Vorsicht!

Es ist besser, in die Verbindung eine Lampe zu legen. Der Strom fließt dann durch die Lampe und bringt sie zum Leuchten (Bild 1.6).

Die Elektronen strömen vom Minuspol zum Pluspol. Das ist die Elektronenstromrichtung (physikalische Stromrichtung). Als *Stromrichtung* wurde jedoch die Richtung vom Pluspol zum Minuspol festgelegt. Diese Festlegung hängt mit Strömen in Flüssigkeiten zusammen. Allgemein gilt:

Merksatz

Elektrischer Strom fließt vom Pluspol der Spannungsquelle zum Minuspol.

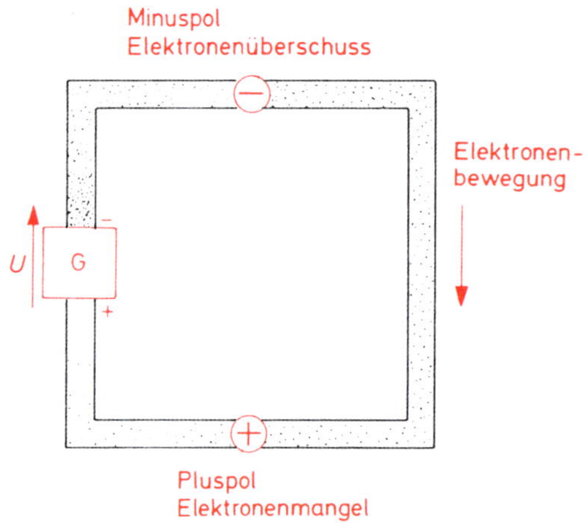

Bild 1.5
Kurzgeschlossene Spannungsquelle

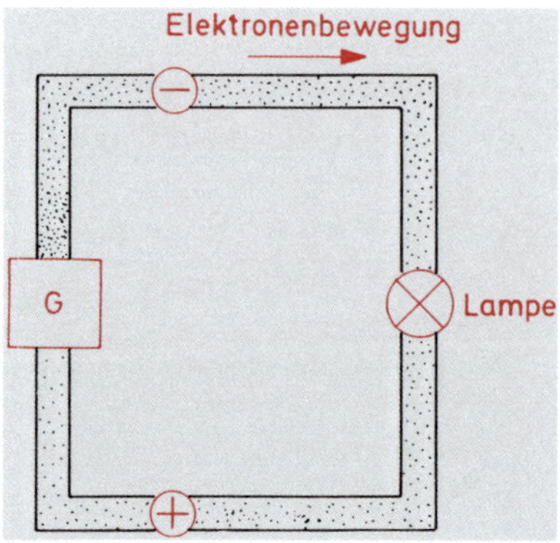

Bild 1.6
Stromkreis mit Lampe

Für den Begriff «elektrischer Strom» wird das Formelzeichen I verwendet. Die Stromstärke wird in Ampere (A) gemessen.

Grundsatz

Die Einheit der Stromstärke ist das Ampere (A).

Merksatz

Die Stromstärke beträgt 1 A, wenn in jeder Sekunde 6,24 · 1018 Elektronen durch den Leiterquerschnitt fließen.

Die Einheit *Ampere* hat folgende Untereinheiten:

$$1\,\text{nA (Nanoampere)} = \frac{1}{1000000000}\,\text{A} = 10^{-9}\,\text{A}$$

$$1\,\mu\text{A (Mikroampere)} = \frac{1}{1000000}\,\text{A} = 10^{-6}\,\text{A}$$

$$1\,\text{mA (Milliampere)} = \frac{1}{1000}\,\text{A} = 10^{-3}\,\text{A}$$

$$1\,\text{kA (Kiloampere)} = 1000\,\text{A} = 10^{3}\,\text{A}$$

$$1\,\text{MA (Megaampere)} = 1000000\,\text{A} = 10^{6}\,\text{A}$$

Messung der elektrischen Stromstärke

Die elektrische Stromstärke wird mit *Strommessern* gemessen. Auch diese Geräte haben oft wählbare Messbereiche. Man wählt zur Sicherheit zunächst einen großen Messbereich (z. B. bis 10 A), dann nach Bedarf kleinere Messbereiche. Strommesser nicht überlasten!

Merksatz

Bei der Strommessung wird der Stromkreis aufgetrennt. Der Strommesser wird in den Stromkreis geschaltet.

Auf richtige Polung ist zu achten (Bild 1.7). Es gibt Strommesser, bei denen man die Polung nicht zu beachten braucht.

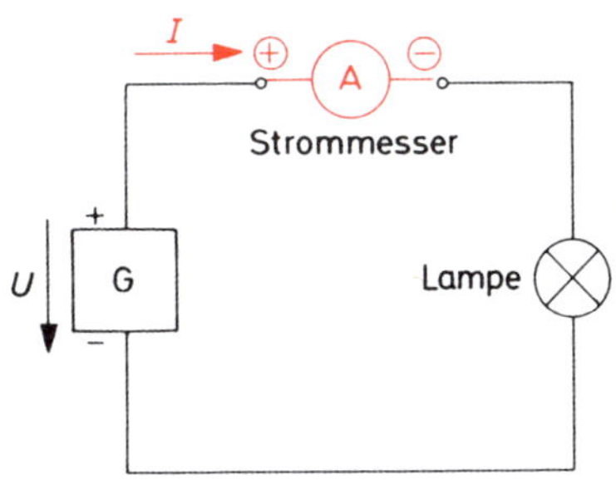

Bild 1.7
Stromkreis mit Strommesser

Übliche Stromstärken:

❑ Elektronik, Fernmeldetechnik	1 nA ... 10 A
❑ Haushaltsgeräte, Werkzeuge	100 mA ... 50 A
❑ Autoelektrik	100 mA ... 200 A
❑ Energieübertragung	100 A ... 100 kA
❑ Elektrochemie	10 kA ... 1 MA
❑ Blitze	ca. 200 kA
❑ Kerntechnik	bis ca. 100 MA

Stromarten
Man unterscheidet Gleichstrom und Wechselströme.

Definition

Gleichströme sind Ströme, die über einen längeren Zeitraum konstant bleiben. Die Elektronen strömen stets in einer Richtung.

Definition

Wechselströme ändern wie Wechselspannungen ihre Größe und Richtung nach bestimmten Gesetzmäßigkeiten.

Es gibt sinusförmige Wechselströme, rechteckförmige Wechselströme und Wechselströme vieler anderer Formen.

Ausbreitungsgeschwindigkeit
Elektrischer Strom breitet sich auf Leitungen fast mit Lichtgeschwindigkeit aus. Die Ladungsträger (Elektronen) bewegen sich jedoch wesentlich langsamer. Ihre Geschwindigkeit hängt vom Leiterwerkstoff, vom Leiterquerschnitt, von der Stromstärke und von der Temperatur ab und beträgt in etwa wenige Millimeter pro Sekunde.

1.4 Elektrischer Widerstand

Die Elektronen müssen sich in einem Leitungsdraht zwischen den Metallatomen hindurchdrängen. Das Strömen wird behindert. Der Leitungswerkstoff setzt dem Strom einen Widerstand entgegen (Bild 1.8). Diese Widerstandswirkung wird *elektrischer Widerstand* genannt. Das Schaltzeichen des elektrischen Widerstandes zeigt Bild 1.9.

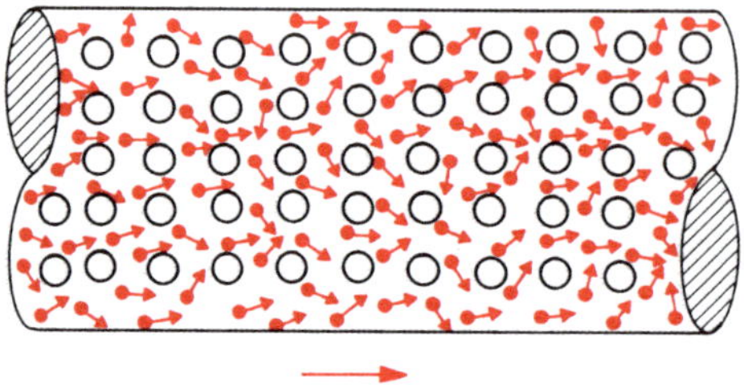

Bild 1.8
Widerstandswirkung durch Behinderung der Elektronenströmung

Atome
Elektronen

Bild 1.9
Schaltzeichen des elektrischen Widerstandes

Für den elektrischen Widerstand verwendet man das Formelzeichen *R*.

Grundsatz
Die Einheit des Widerstandes ist das Ohm (Ω).

Die Einheit *Ohm* hat folgende Untereinheiten:

$$1\ \mu\Omega\ \text{(Mikroohm)} = \frac{1}{1000000}\ \Omega = 10^{-6}\ \Omega$$

$$1\ \text{m}\Omega\ \text{(Milliohm)} = \frac{1}{1000}\ \Omega = 10^{-3}\ \Omega$$

$$1\ \text{k}\Omega\ \text{(Kiloohm)} = 1000 = 10^{3}$$

$$1\ \text{M}\Omega\ \text{(Megaohm)} = 1000000 = 10^{6}$$

$$1\ \text{G}\Omega\ \text{(Gigaohm)} = 1000000000 = 10^{9}$$

Übliche Widerstände:

❑ Kurze elektrische Leitungen	0,1 μΩ	bis	100 mΩ
❑ Leitungen im Haushalt	0,1 Ω	bis	10 Ω
❑ Leitungen im Kraftfahrzeug	1 mΩ	bis	1 Ω
❑ Lampen, Haushaltsgeräte	10 Ω	bis	1 kΩ
❑ Elektronikwiderstände	0,1 Ω	bis	100 MΩ
❑ Isolierwiderstände	50 MΩ	bis	1 000 GΩ

Messung von Widerständen
Man unterscheidet vor allem Leitungswiderstände, Gerätewiderstände und Widerstände als Bauelemente. Sie alle haben zwischen ihren beiden Anschlusspunkten bestimmte Widerstandswerte. Diese misst man mit *Widerstandsmessgeräten.* Die Anschlusspunkte des Widerstandes werden mit den Anschlusspunkten des Widerstandsmessgerätes verbunden (Bild 1.10). Der Widerstandswert kann nach Einstellung des richtigen Messbereiches auf einer Skala oder als Ziffernwert abgelesen werden.

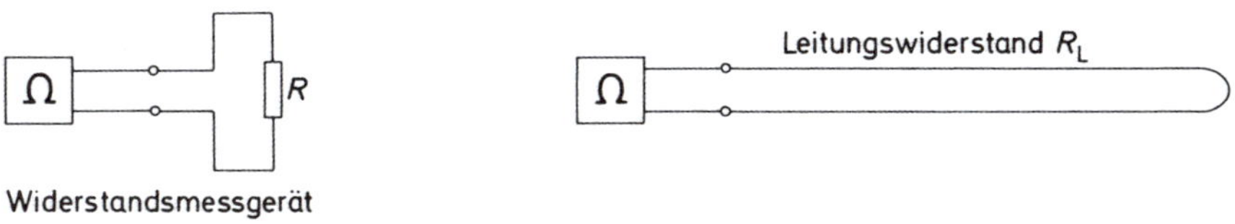

Bild 1.10 Widerstandsmessung

1.5 Elektrischer Leitwert

Statt des Widerstandes R kann man auch den Leitwert G verwenden.

$$G = \frac{1}{R}$$

G Leitwert in S
R Widerstand in Ω

Grundsatz

Der Leitwert ist der Kehrwert des Widerstandes.

Grundsatz

Die Einheit des Leitwertes ist $\frac{1}{\Omega}$ = Siemens (S).

$$1\,\mathrm{S} = 1\frac{\mathrm{A}}{\mathrm{V}}$$

1.6 Leiter und Nichtleiter

Man hat versucht, alle Stoffe in Leiter und Nichtleiter einzuteilen. Leiter sind Stoffe, die den elektrischen Strom gut leiten. Nichtleiter leiten den Strom schlecht, fast gar nicht. Nichtleiter werden auch als Isolierstoffe verwendet. Es gibt aber auch Stoffe, die sich nicht als Leiter oder Nichtleiter einordnen lassen, z. B. die Halbleiterwerkstoffe.

Merksatz

Leiter enthalten viele frei bewegliche Elektronen, die einen elektrischen Strom bilden können.

Oft verwendete Leiterwerkstoffe sind Kupfer, Aluminium, Silber, Gold, Eisen.

Merksatz

Nichtleiter enthalten fast keine frei beweglichen Elektronen. In ihnen können sich nur winzige, meist vernachlässigbare Ströme bilden. Sie leiten den Strom praktisch nicht.

Übliche Nichtleiter, die auch als Isolierstoffe verwendet werden, sind Gummi, die meisten Kunststoffe, Glas, Keramiken, Glimmer.

1.6.1 Spezifischer Widerstand

Für jeden Leiterwerkstoff ist ein spezifischer (d. h. arteigener) Widerstand ermittelt worden.

Definition

Der spezifische Widerstand ist der Widerstandswert, den ein Stab von 1 m Länge, 1 mm^2 Querschnitt bei 20 °C hat.

Die spezifischen Widerstände wichtiger Leiterwerkstoffe zeigt Bild 1.11. Für den spezifischen Widerstand verwendet man das Formelzeichen ϱ (griechischer Kleinbuchstabe Rho).

Grundsatz

Die Einheit des spezifischen Widerstandes ist $\frac{\Omega \cdot mm^2}{m}$.

Spezifische Widerstände von Metallen:

Werkstoff	ϱ in $\frac{\Omega \cdot mm^2}{m}$ bei 20 °C
Kupfer	0,0178
Aluminium	0,028
Eisen	0,12
Silber	0,016
Gold	0,023

Bild 1.11
Spezifische Widerstände wichtiger Leiterwerkstoffe

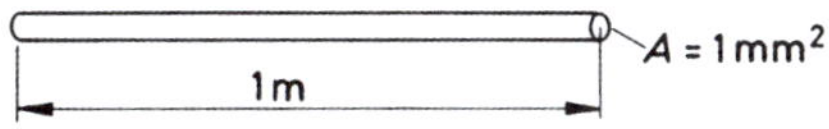

Abmessung eines Leiters, auf die der spezifische Widerstand bezogen ist.

Leitungswiderstände werden mit folgender Formel berechnet:

$$R = \frac{\varrho \cdot l}{A}$$

- R Widerstandswert in Ω
- l Leiterlänge in m
- A Leiterquerschnitt in mm^2
- ϱ spez. Widerstand in $\frac{\Omega \cdot mm^2}{m}$

Beispiel

Wie groß ist der Widerstandswert eines Kupferdrahtes von 50 m Länge und 1,5 mm^2 Querschnitt?

$$R = \frac{\varrho \cdot l}{A}$$

$$R = \frac{0{,}01786 \cdot \frac{\Omega \cdot mm^2}{m} \cdot 50\,m}{1{,}5\,mm^2}$$

$$R = \frac{0{,}01786 \cdot 50\,\Omega}{1{,}5}$$

$$R = 0{,}595\,\Omega$$

1.6.2 Leitfähigkeit

Für die Leitfähigkeit wird das Formelzeichen $\varkappa$ (griechischer Kleinbuchstabe Kappa) verwendet.

Grundsatz

Die Leitfähigkeit $\varkappa$ ist der Kehrwert des spezifischen Widerstandes ϱ.

$$\varkappa = \frac{1}{\varrho}$$

Grundsatz

Die Einheit der Leitfähigkeit ist $\frac{\text{m}}{\Omega \cdot \text{mm}^2}$.

Leitungswiderstände können auch mit der Leitfähigkeit $\varkappa$ berechnet werden.

$$R = \frac{l}{\varkappa \cdot A}$$

1.7 Widerstand und Temperatur

Der spezifische Widerstand ϱ und die Leitfähigkeit $\varkappa$ werden für eine Temperatur von 20 °C angegeben. Die mit ihnen errechneten Widerstandswerte gelten daher ebenfalls für 20 °C. Erhöht oder erniedrigt man die Temperatur, so ändern sich die Widerstandswerte. Die Temperaturabhängigkeit des Widerstandes wird durch den Temperaturbeiwert α angegeben.

Grundsatz

Der Temperaturbeiwert α gibt die Widerstandsänderung für einen Widerstand von 1 Ω bei einer Temperaturerhöhung um 1 Kelvin an.

Eine Temperaturerhöhung um 1 Kelvin (K) entspricht einer Temperaturerhöhung um 1 °C. In Tabelle 1.2 sind die Temperaturbeiwerte für wichtige Werkstoffe angegeben.

$$\Delta R = R_K \cdot \alpha \cdot \Delta\vartheta$$

$$R_W = R_K + \Delta R$$

ΔR Widerstandsänderung in Ω
R_K Kaltwiderstand bei 20 °C in Ω
α Temperaturbeiwert in $\frac{1}{\text{K}}$
$\Delta\vartheta$ Temperaturerhöhung in K
R_W Warmwiderstand in Ω

$R_W = R_K + R_K \cdot \alpha \cdot \Delta\vartheta$
$R_W = R_K \cdot (1 + \alpha \cdot \Delta\vartheta)$

$$R_K = \frac{R_W}{1 + \alpha \cdot \Delta\vartheta}$$

Tabelle 1.2 Temperaturbeiwerte wichtiger Werkstoffe

Werkstoff	**Temperaturbeiwert α in $\frac{1}{K}$**
Aluminium	$3{,}77 \cdot 10^{-3}$
Blei	$4{,}2 \cdot 10^{-3}$
Eisen	$4{,}5 - 6{,}2 \cdot 10^{-3}$
Gold	$4{,}0 \cdot 10^{-3}$
Kupfer	$3{,}93 \cdot 10^{-3}$
Silber	$3{,}8 \cdot 10^{-3}$
Wolfram	$4{,}1 \cdot 10^{-3}$
Kohle	$-0{,}8 \cdot 10^{-3}$

2 Elektrische Stromkreise

Ein elektrischer Strom I fließt vom Generator weg durch einen sogenannten Verbraucherwiderstand R hindurch und wieder zum Generator zurück. Da er im Kreis fließt, nennt man die Gesamtanordnung einen Stromkreis (Bild 2.1).

Merksatz

An allen Punkten eines Stromkreises nach Bild 2.1 ist die Stromstärke gleich groß.

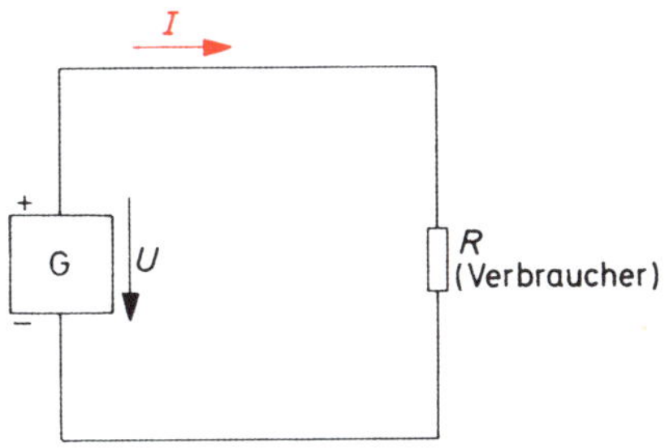

Bild 2.1
Elektrischer Stromkreis

2.1 Ohmsches Gesetz

Merksatz

In einem Stromkreis ist die Stromstärke I der Spannung U proportional, wenn der Widerstand R seine Größe nicht ändert.

Dies ist das Ohmsche Gesetz. Es gibt die Beziehung zwischen Strom, Spannung und Widerstand in einem Stromkreis an.

$I = \frac{U}{R}$	I Stromstärke in A U Spannung in V R Widerstand in Ω

$$U = I \cdot R$$

$$R = \frac{U}{I}$$

Für die Einheit des Widerstandes ergibt sich: $\frac{\text{V}}{\text{A}} = \Omega$

Beispiel

Ein Widerstand R von 50 Ω ist an einen Generator mit einer Spannung U von 230 V angeschlossen (Bild 2.2). Wie groß ist der im Stromkreis fließende Strom?

$$I = \frac{U}{R} = \frac{230\,V}{50\,\Omega}$$

$$I = 4{,}6\ A$$

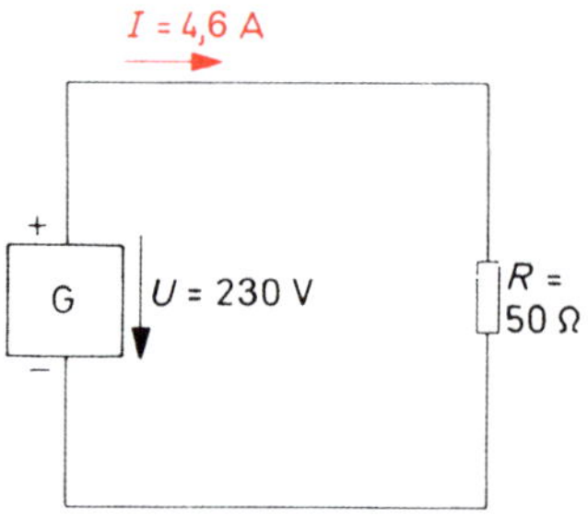

Bild 2.2
Elektrischer Stromkreis mit Angabe von Spannung und Widerstand

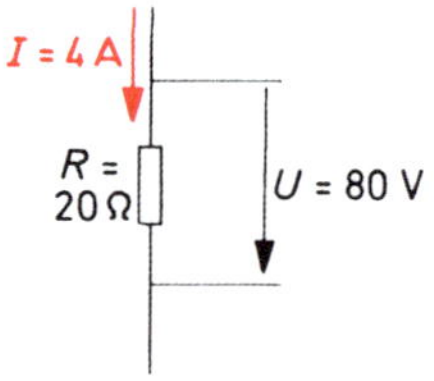

Bild 2.3
Stromdurchflossener Widerstand

Das Ohmsche Gesetz gilt auch für einen gesondert betrachteten Widerstand (Bild 2.3).

Wird ein Widerstand von einem Strom durchflossen, so fällt an ihm eine Spannung ab, die sich nach dem Ohmschen Gesetz ergibt.

Beispiel

Ein Widerstand von 20 Ω wird von einem Strom von 4 A durchflossen. Wie groß ist die Spannung, die an dem Widerstand abfällt?

$U = I \cdot R$

$U = 4\ A \cdot 20\ \Omega$

$U = 80\ V$

2.2 Unverzweigte Stromkreise, Reihenschaltung

Stromkreise nach Bild 2.4 sind unverzweigte Stromkreise. Im unteren Stromkreis von Bild 2.4 durchfließt der Strom I zunächst den Widerstand R_1, dann den Widerstand R_2. Man sagt, die Widerstände sind in Reihe geschaltet.

Grundsatz

Widerstände sind immer dann in Reihe geschaltet, wenn sie von demselben Strom durchflossen werden.

Grundsatz

In einem unverzweigten Stromkreis ist die Stromstärke überall gleich groß.

An den in Reihe geschalteten Widerständen fallen Teilspannungen ab. Ein Beispiel zeigt Bild 2.5.

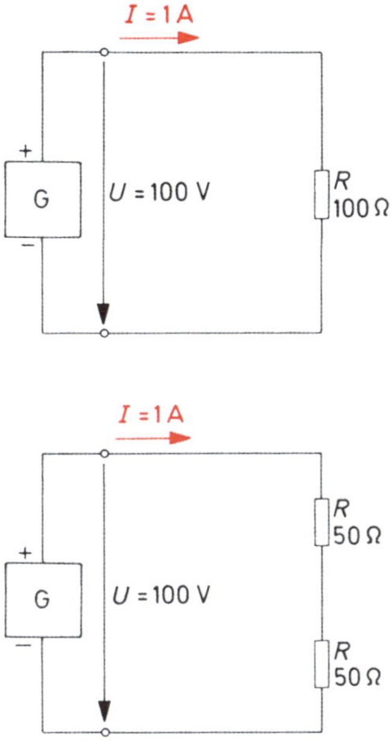

Bild 2.4
Unverzweigte Stromkreise

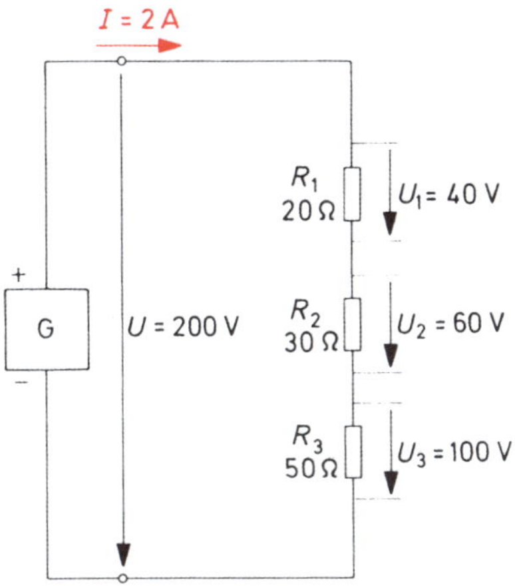

Bild 2.5
Stromkreis mit in Reihe geschalteten Widerständen (Reihenschaltung oder Serienschaltung)

Beispiel

$$U_1 = I \cdot R_1 = 2\,\text{A} \cdot 20\,\Omega = 40\,\text{V}$$
$$U_2 = I \cdot R_2 = 2\,\text{A} \cdot 50\,\Omega = 60\,\text{V}$$
$$U_3 = I \cdot R_3 = 2\,\text{A} \cdot 50\,\Omega = 100\,\text{V}$$

$$U_1 + U_2 + U_3 = 200\,\text{V} = U$$

Die Spannungen U_1, U_2 und U_3 sind verbrauchte Spannungen. Die Spannung U des Generators ist die erzeugte Spannung.

In jedem Fall gilt:

Merksatz

In einem unverzweigten Stromkreis ist die Summe der verbrauchten Spannungen gleich der erzeugten Spannung.

Dies ist die «Zweite Kirchhoffsche Regel».

$$U = U_1 + U_2 + U_3 + \ldots$$

Aus der zweiten Kirchhoffschen Regel kann die Formel für die Reihenschaltung von Widerständen abgeleitet werden:

$$U = U_1 + U_2 + U_3$$
$$I \cdot R_g = I \cdot R_1 + I \cdot R_2 + I \cdot R_3$$
$$I \cdot R_g = I \cdot (R_1 + R_2 + R_3)$$
$$R_g = R_1 + R_2 + R_3$$

Für beliebig viele in Reihe geschaltete Widerstände gilt:

$$R_g = R_1 + R_2 + R_3 + R_4 + \ldots$$

Grundsatz

In einer Reihenschaltung von Widerständen ist der Gesamtwiderstand gleich der Summe der Einzelwiderstände. Die Teilspannungen verhalten sich wie die Widerstandswerte.

Für zwei Widerstände gilt:

$$\frac{U_1}{U_2} = \frac{R_1}{R_2}$$

2.3 Verzweigte Stromkreise, Parallelschaltung

Bild 2.6 zeigt einen verzweigten Stromkreis. Der Strom I teilt sich im Punkt 1 in die Teilströme I_1 und I_2 auf. Im Punkt 2 vereinigen sich die Teilströme wieder zum Gesamtstrom I.

Die beiden Widerstände R_1 und R_2 sind *parallelgeschaltet*.

Grundsatz

Widerstände sind zueinander parallelgeschaltet, wenn sie an derselben Spannung liegen.

Im Schaltungspunkt 1 können die Elektronen nicht «parken». Was zufließt, muss auch abfließen. Es gilt die «Erste Kirchhoffsche Regel»:

Grundsatz

In einem Stromverzweigungspunkt ist die Summe der zufließenden Ströme gleich der Summe der abfließenden Ströme.

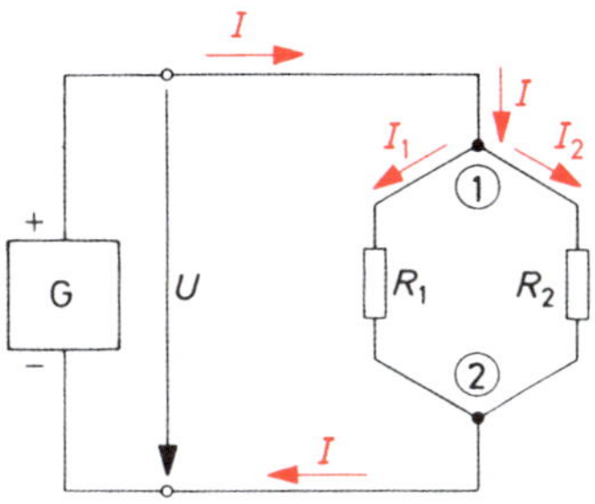

Bild 2.6
Verzweigter Stromkreis

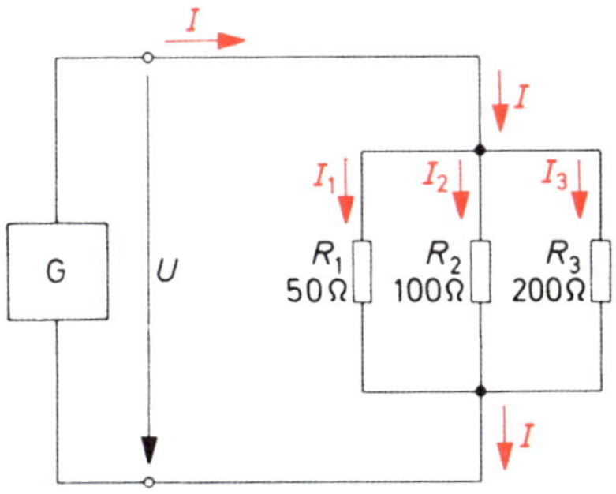

Bild 2.7
Verzweigter Stromkreis mit drei parallelgeschalteten Widerständen

Die erste Kirchhoffsche Regel, bezogen auf Bild 2.7, lautet:

$$I = I_1 + I_2 + I_3$$

Aus der ersten Kirchhoffschen Regel kann die Formel zur Errechnung des Gesamtwiderstandes R_g für eine Parallelschaltung von Widerständen abgeleitet werden:

$$I = I_1 + I_2 + I_3$$

$$\frac{U}{R_g} = \frac{U}{R_1} + \frac{U}{R_2} + \frac{U}{R_3}$$

$$U \cdot \frac{1}{R_g} = U\left(\frac{1}{R_1} + \frac{1}{R_2} + \frac{1}{R_3}\right)$$

$$\frac{1}{R_g} = \frac{1}{R_1} + \frac{1}{R_2} + \frac{1}{R_3} + \ldots$$

$$G_g = G_1 + G_2 + G_3 + \ldots$$

Grundsatz

Bei einer Parallelschaltung von Widerständen ist der Gesamtleitwert gleich der Summe der Einzelleitwerte.

Für nur zwei parallelgeschaltete Widerstände gilt:

$$R_g = \frac{R_1 \cdot R_2}{R_1 + R_2}$$

Beispiel

Der Gesamtwiderstand der Schaltung in Bild 2.7 ist zu berechnen:

$$\frac{1}{R_g} = \frac{1}{R_1} + \frac{1}{R_2} + \frac{1}{R_3}$$

$$\frac{1}{R_g} = \frac{1}{50\,\Omega} + \frac{1}{100\,\Omega} + \frac{1}{200\,\Omega} = \frac{7}{200\,\Omega}$$

$$R_g = \frac{200\,\Omega}{7} = 28{,}57\,\Omega$$

Bei Parallelschaltung gilt:

Der Gesamtwiderstand bei zwei gleich großen Einzelwiderständen beträgt die Hälfte eines Einzelwiderstandes bei drei gleich großen Einzelwiderständen ein Drittel eines Einzelwiderstandes usw.

2.4 Widerstandsnetzwerke

Stromkreise können Reihen- und Parallelschaltungen von Widerständen enthalten.

Die Widerstände R_2 und R_3 in Bild 2.8 sind parallelgeschaltet. Sie liegen an gleicher Spannung. Aus R_2 und R_3 ergibt sich folgender Ersatzwiderstand $R_{2\,3}$:

$$R_{2\,3} = \frac{R_2 \cdot R_3}{R_2 + R_3} = \frac{100\,\Omega \cdot 400\,\Omega}{100\,\Omega + 400\,\Omega}$$

$$R_{2\,3} = 80\,\Omega$$

Der Widerstand $R_{2\,3}$ liegt in Reihe mit dem Widerstand R_1. Der Gesamtwiderstand R_g ist:

$$R_g = R_1 + R_{2\,3}$$

$$R_g = 50\,\Omega + 80\,\Omega$$

$$R_g = 130\,\Omega$$

In Bild 2.9 sind die Widerstände R_1, R_2 und R_3 in Reihe geschaltet. Zu dieser Reihenschaltung liegt der Widerstand R_4 parallel.

$$R_{1\,2\,3} = R_1 + R_2 + R_3$$
$$R_{1\,2\,3} = 10\ \Omega + 30\ \Omega + 40\ \Omega = 80\ \Omega$$
$$R_g \quad = \frac{R_{123} \cdot R_4}{R_{123} + R_4} = \frac{80\ \Omega \cdot 80\ \Omega}{80\ \Omega + 80\ \Omega} = 40\ \Omega$$

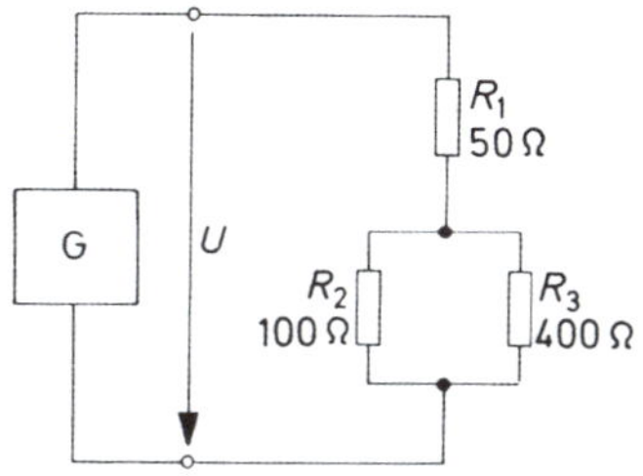

Bild 2.8
Widerstandsnetzwerk

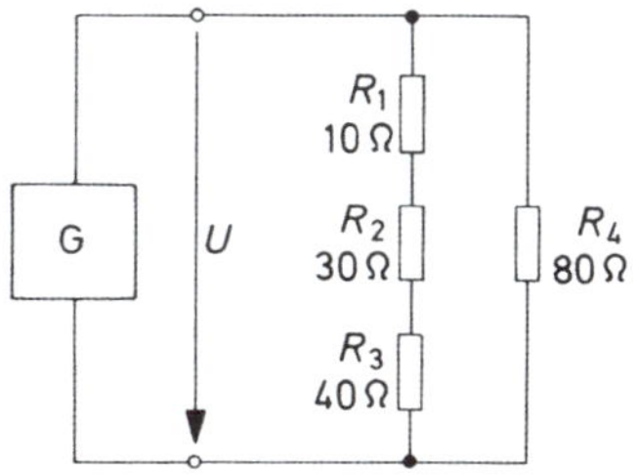

Bild 2.9
Widerstandsnetzwerk

2.5 Vorwiderstände

Mit Hilfe von Vorwiderständen können Spannungen für einen Verbraucher herabgesetzt werden. Bei einer Reihenschaltung von Widerständen verhalten sich die Teilspannungen an den Widerständen zueinander wie die Widerstandswerte.

Die Spannungsquelle soll eine Spannung von 24 V haben. Der Verbraucher benötigt eine Spannung von 6 V und einen Strom von 0,4 A (Bild 2.10).

Der Vorwiderstand R_V muss so gewählt werden, dass an ihm bei einem Strom von 0,4 A eine Spannung von 18 V abfällt.

$$R_V = \frac{U_V}{I} = \frac{18\ \text{V}}{0{,}4\ \text{A}} = 45\ \Omega$$

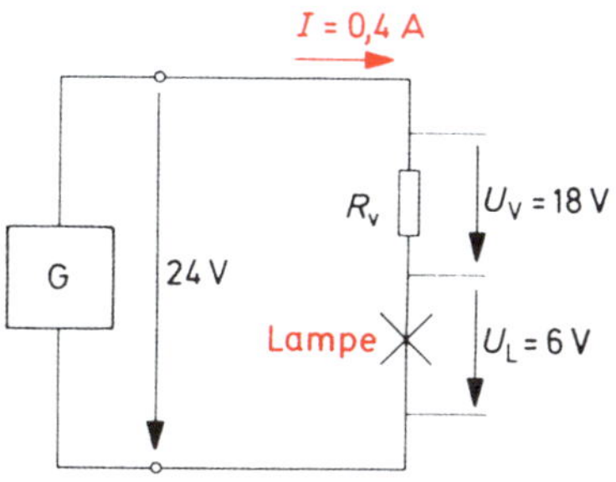

Bild 2.10
Aufteilung einer Spannung von 24 V
in zwei Spannungen von 6 V und 18 V

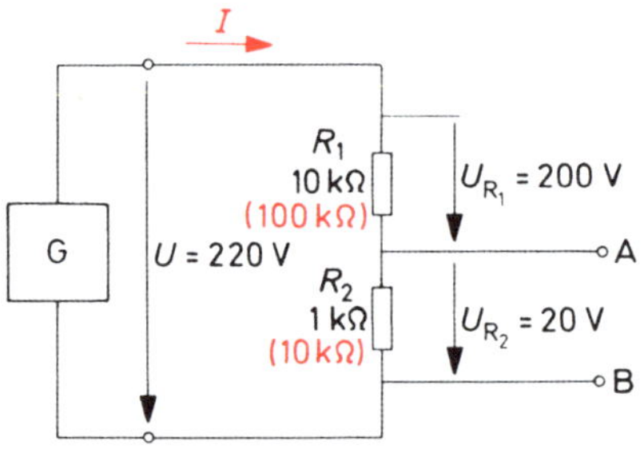

Bild 2.11
Unbelasteter Spannungsteiler

2.6 Spannungsteiler

2.6.1 Unbelasteter Spannungsteiler

Spannungen können mit Hilfe von in Reihe geschalteten Widerständen geteilt werden. Es soll z. B. eine Spannung von 220 V in eine Spannung von 200 V und in eine Spannung von 20 V aufgeteilt werden (Bild 2.11).

Die Spannungen verhalten sich wie 10 : 1, also müssen sich auch die Widerstände wie 10 : 1 verhalten. Wie groß wählt man sie?

In Bild 2.11 wurden die Widerstände R_1 = 10 kΩ und R_2 = 1 kΩ gewählt. Es ist aber auch möglich, R_1 = 100 kΩ und R_2 = 10 kΩ zu machen. Da die Widerstandswerte sich wie 10:1 verhalten müssen, sind unendlich viele Kombinationen möglich, z. B. auch R_1 = 10 Ω und R_2 = 1 Ω. Bei dieser Kombination fließt durch die Schaltung jedoch ein Strom folgender Größe:

$$I = \frac{U}{R_1 + R_2} = \frac{220\ \text{V}}{10\ \Omega + 1\ \Omega} = \frac{220\ \text{V}}{11\ \Omega} = 20\ \text{A}$$

Das ist eine «Stromverschwendung». Man muss den Spannungsteiler hochohmiger machen, z. B. R_1 = 10 kΩ, R_2 = 1 kΩ. Es fließt dann ein Strom

$$I = \frac{U}{R_1 + R_2} = \frac{220\ \text{V}}{11\ \text{k}\Omega} = \frac{220\ \text{V}}{11000\ \Omega} = 0{,}02\ \text{A} = 20\ \text{mA}$$

Bei R_1 = 100 kΩ und R_2 = 10 kΩ hat der Strom die Größe 2 mA. Auch diese Widerstandswerte sind möglich. Der Spannungsteiler muss ja keinen Laststrom liefern, d. h., an den Klemmen A und B von R_2 liegt eine Schaltung, die praktisch keinen Strom benötigt. Der Spannungsteiler ist unbelastet. In der Elektronik gibt es Schaltungen, die nur mit Spannungen gesteuert werden. Hier verwendet man unbelastete Spannungsteiler.

2.6.2 Belasteter Spannungsteiler

Bild 2.12 zeigt einen belasteten Spannungsteiler. An den Klemmen A und B liegt ein Widerstand R_{Last} mit dem Wert 1 kΩ. Die Gesamtspannung U von 220 V soll in zwei Spannungen von U_1 = 200 V und U_2 = 20 V aufgeteilt werden.

Man unterscheidet den Laststrom I_{Last}, den Querstrom I_q und den Gesamtstrom I (Bild 2.12). Wenn ein Lastwiderstand von 1 kΩ an einer Spannung von 20 V liegt, fließt ein Laststrom von 20 mA.

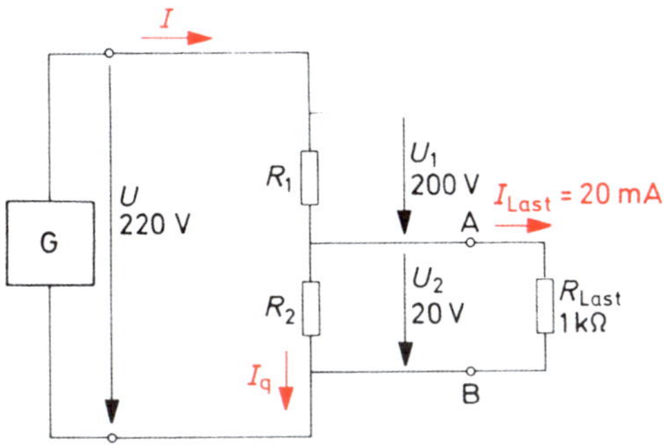

Bild 2.12
Belasteter Spannungsteiler

$$I_{Last} = \frac{U_2}{R_{Last}} = \frac{20\text{ V}}{1\text{ k}\Omega} = \frac{20\text{ V}}{1000\Omega} = 0{,}02\text{ A} = 20\text{mA}$$

Der Querstrom I_q muss gewählt werden. Je größer man ihn wählt, desto niederohmiger wird der Spannungsteiler. Das ist von Bedeutung, wenn der Wert des Lastwiderstandes nicht konstant – also gleich groß – bleibt. Schwankt der Wert des Lastwiderstandes, so schwankt auch der Laststrom und damit auch die Spannung an den Klemmen A und B.

Grundsatz

Die Ausgangsspannung eines belasteten Spannungsteilers ändert sich bei schwankendem Laststrom umso weniger, je niederohmiger der Spannungsteiler ist.

Je niederohmiger ein Spannungsteiler ist, desto mehr Strom wird aber benötigt. Man muss einen Kompromiss schließen.

Merksatz

Bei belasteten Spannungsteilern in der Elektronik wählt man den Querstrom zweimal bis zehnmal größer als den Laststrom.

Das Verhältnis I_q/I_{Last} heißt Querstromfaktor, Formelzeichen m.

$$m = \frac{I_q}{I_{Last}}$$

Üblicher Wert: m = 2 bis 10

Für das Beispiel gemäß Bild 2.12 soll ein Querstromfaktor m = 4 gewählt werden. Damit ist I_q = 80 mA.

Jetzt liegen alle Ströme fest:

$I_{Last} = 20$ mA
$I_q \;\; = 80$ mA
$I \;\;\; = I_{Last} + I_q = 100$ mA

Da die Spannungen U_1 und U_2 auch bekannt sind, kann man die Widerstände R_1 und R_2 errechnen:

$$R_1 = \frac{U_1}{I} = \frac{200\ \text{V}}{0{,}1\ \text{A}} = 2000\ \Omega = 2\ \text{k}\Omega$$
$$R_2 = \frac{U_2}{I_q} = \frac{20\ \text{V}}{80\ \text{mA}} = \frac{20\ \text{V}}{0{,}08} = 250\ \Omega$$

Der belastete Spannungsteiler Bild 2.12 ist jetzt richtig bemessen.

2.7 Brückenschaltung

Eine Brückenschaltung besteht aus zwei Spannungsteilern (Bild 2.13). Der erste Spannungsteiler wird durch die Widerstände R_1 und R_2 gebildet, der zweite Spannungsteiler durch die Widerstände R_3 und R_4.

Brückenschaltungen verwendet man meist im sogenannten abgestimmten Zustand.

Grundsatz

Eine Brückenschaltung ist abgestimmt, wenn zwischen den beiden Polen A und B des Brückenzweiges keine Spannung besteht.

Das bedeutet, beide Spannungsteiler müssen die angelegte Spannung U im gleichen Verhältnis teilen. Der linke Spannungsteiler erzeugt am Pol A eine Spannung von +9 V gegenüber dem Bezugspunkt 0 V (Masse). Damit zwischen A und B keine Spannung herrscht, muss der Pol B ebenfalls eine Spannung von +9 V gegen Masse aufweisen. Der rechte Spannungsteiler muss also auch die Teilspannungen 3 V und 9 V erzeugen. Der Widerstand R_4 ist 180 Ω. Welchen Wert muss der Widerstand R_3 haben?

Ein Spannungsteiler teilt die Spannungen im Verhältnis der Widerstandswerte. Es gilt also:

$$\frac{R_3}{R_4} = \frac{3\text{V}}{9\text{V}}$$
$$R_3 = \frac{3\text{V}}{9\text{V}} \cdot R_4 = \frac{1}{3} \cdot R_4 = \frac{1}{3} \cdot 180\Omega = 60\Omega$$

Die Widerstände R_1 und R_2 verhalten sich wie 1 : 3, die Widerstände R_3 und R_4 verhalten sich ebenfalls wie 1 : 3. Damit ist das Verhältnis von R_1/R_2 genauso groß wie das Verhältnis von R_3/R_4.

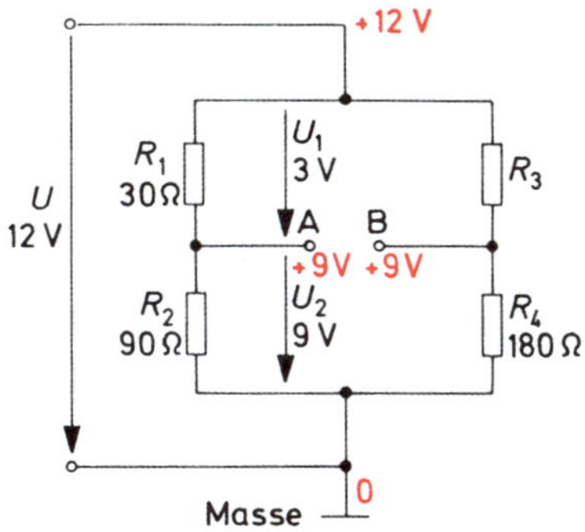

Bild 2.13
Brückenschaltung

Für eine abgestimmte Brücke gilt:

$$\frac{R_1}{R_2} = \frac{R_3}{R_4}$$

Brückenschaltungen sind im Normalfall abgestimmt. Wenn ein bestimmtes Ereignis eintritt, wird die Brücke verstimmt. Dann besteht plötzlich zwischen den Polen A und B eine Spannung. Mit dieser Spannung U_{AB} können andere Schaltungsvorgänge ausgelöst werden. Es kann z. B. über ein Relais, also über einen magnetisch betätigten Schalter, Alarm gegeben werden.

Beispiel

In Bild 2.14 ist eine Brückenschaltung mit Alarmschleife dargestellt. Die Alarmschleife ist innerhalb eines Raumes verlegt und enthält verschiedene Fenster- und Türkontakte mit zugehörigen Widerständen sowie einen in einer Glasscheibe befindlichen Draht.

Die Alarmschleife hat einen Gesamtwiderstand R_3 von 55 Ω. R_4 ist ein einstellbarer Widerstand. Auf welchen Wert muss dieser eingestellt werden, damit die Brücke abgestimmt ist?

$$\frac{R_1}{R_2} = \frac{R_3}{R_4}$$

$$R_4 = R_3 \cdot \frac{R_2}{R_1} = 55\Omega \cdot \frac{90\Omega}{30\Omega} = 165\Omega$$

Wenn nun ein Einbrecher die Alarmschleife irgendwo unterbricht, wird R_3 unendlich groß. Die Brücke wird verstimmt. Das Relais X zieht an, und der Alarmgabe-Stromkreis wird durch den Schalter S geschlossen.

Vielleicht kann der Einbrecher irgendwo an die Schleife heran und es gelingt ihm, einen Fensterkontakt zu überbrücken. Im Fensterkontakt eingearbeitet ist ein 10-Ω-Widerstand. Dieser wird mit überbrückt. Dadurch wird die Brücke ebenfalls verstimmt. R_3 hat jetzt nur noch 45 Ω. Auch das Überbrücken führt zur Alarmgabe.

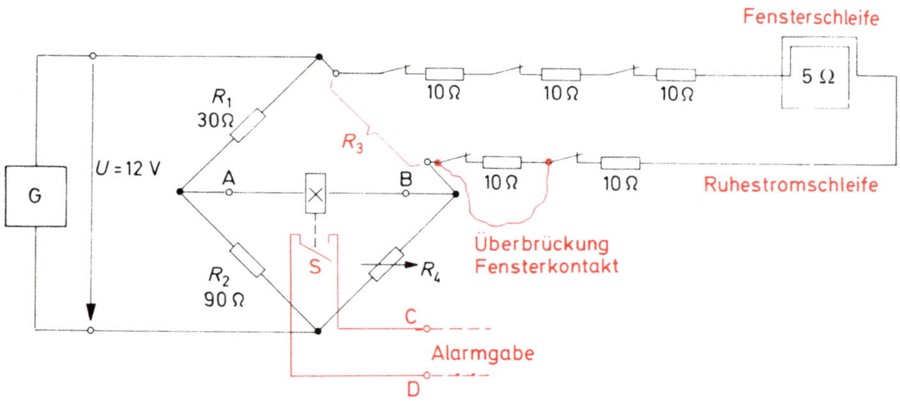

Bild 2.14 Brückenschaltung mit Alarmschleife

3 Arbeit und Leistung bei Gleichstrom

3.1 Elektrische Arbeit

Wenn eine Spannung U eine elektrische Ladung Q durch einen Leiter treibt, wird Arbeit verrichtet. Die elektrische Arbeit W ist einmal der elektrischen Spannung U, zum anderen der durch den Leiter transportierten Elektrizitätsteilchenmenge Q proportional.

$$W = U \cdot Q$$

Die Elektrizitätsteilchenmenge oder elektrische Ladung Q ergibt sich aus Strom mal Zeit.

$$Q = I \cdot t$$
$$W = \underbrace{Q}_{I \cdot t} \cdot U = W = U \cdot I \cdot t$$

$W = U \cdot I \cdot t$	W elektrische Arbeit U Spannung in V I Strom in A t Zeit in Sekunden (s)

Definition

Die Einheit der elektrischen Arbeit ist V · A · s. Das Produkt aus Volt mal Ampere hat den Namen Watt; Abkürzung W. Für V · A · s wird Ws (Wattsekunde) verwendet.

$$1\,\text{V} \cdot 1\,\text{A} \cdot 1\,\text{s} = 1\,\text{Ws}$$

3600 Ws = 1 Wh (Wattstunde)
1000 Wh = 1 kWh (Kilowattstunde).

Die *Kilowattstunde* (kWh) ist die Arbeitseinheit, in der die Energieversorgungsunternehmen abrechnen. Preis für 1 kWh ≈ 0,04 bis 0,25 €.

Beispiel

Ein Lötkolben wird an einer Spannung von 230 V betrieben. Durch den Heizwiderstand fließt ein Strom von 0,5 A. Für eine kWh ist ein Preis von 0,21 € zu zahlen. Wie groß sind die Energiekosten, die während eines Monats mit 24 Arbeitstagen zu je 8 Stunden Lötkolbenbetrieb entstehen?

$$W = U \cdot I \cdot t$$

$$W = 230\,\text{V} \cdot 0{,}5\,\text{A} \cdot (24 \cdot 8)\,\text{h} = 22\,080\,\text{Wh} = 22{,}08\,\text{kWh}$$

$$\text{Energiekosten} = 22{,}08\,\text{kWh} \cdot 0{,}21\,\frac{€}{\text{kWh}} = 4{,}64\,€$$

3.2 Elektrische Leistung

Grundsatz

Leistung ist die Fähigkeit, in einer bestimmten Zeit eine bestimmte Arbeit zu verrichten.

Leistung ist also Arbeit pro Zeiteinheit. Für die Leistung ist das Formelzeichen P festgelegt.

$$P = \frac{\text{Arbeit}}{\text{Zeit}}$$

$$P = \frac{W}{t}$$

Mit $W = U \cdot I \cdot t$ ergibt sich:

$$P = \frac{U \cdot I \cdot t}{t}$$

$$P = U \cdot I$$

Merksatz

Die elektrische Leistung P ist das Produkt aus Spannung mal Strom.

Die Einheit der elektrischen Leistung ist das Watt (W). Gebräuchlich sind folgende Untereinheiten:

1 µW (Mikrowatt) $= \frac{1}{1000000}$ W $= 10^{-6}$ W

1 mW (Milliwatt) $= \frac{1}{1000}$ W $= 10^{-3}$ W

1 kW (Kilowatt) = 1 000 W $= 10^{3}$ W

1 MW (Megawatt) = 1 000 000 W $= 10^{6}$ W

Beispiel

Eine Autoscheinwerferlampe hat eine Leistung von 55 W. Wie groß ist der Strom, den sie einer 12-V-Akkumulatoren-Batterie entnimmt?

$P = U \cdot I \qquad I = \frac{P}{U} = \frac{55\,\text{W}}{12\,\text{V}}$

$I = 4{,}583\ \text{A}$

Die Leistung, die ein vom Strom durchflossener Widerstand aufnimmt, kann auch aus dem Strom und dem Widerstandswert berechnet werden:

$P = U \cdot I$

Für U wird nach dem Ohmschen Gesetz $I \cdot R$ eingesetzt:

$P = I \cdot R \cdot I$

$$P = I^2 \cdot R$$

Die Leistung kann auch aus dem Widerstandswert und der angelegten Spannung berechnet werden:

$P = U \cdot I$

Für I wird nach dem Ohmschen Gesetz $\frac{U}{R}$ eingesetzt:

$P = U \cdot \frac{U}{R}$

$$P = \frac{U^2}{R}$$

3.3 Wirkungsgrade

Wandelt man mechanische Arbeit in elektrische Arbeit um oder umgekehrt, so geht ein Teil der Arbeit vorwiegend als Wärme verloren.

Grundsatz

Der Arbeitswirkungsgrad gibt das Verhältnis von abgegebener Nutzarbeit zu aufgewendeter Arbeit an.

Formelzeichen des Arbeitswirkungsgrades: η (griechischer Kleinbuchstabe Eta)

$$\eta = \frac{W_{ab}}{W_{zu}}$$

W_{ab} abgegebene Nutzarbeit
W_{zu} zugeführte Arbeit
η Arbeitswirkungsgrad

Der Arbeitswirkungsgrad kann auch in Prozent angegeben werden.

$$\eta = \frac{W_{ab}}{W_{zu}} \cdot 100\%$$

Oft verwendet man den Leistungswirkungsgrad η_P:

$$\eta_P = \frac{W_{ab}}{W_{zu}} = \frac{P_{ab} \cdot t}{P_{zu} \cdot t} = \frac{P_{ab}}{P_{zu}}$$

$$\eta_P = \frac{P_{ab}}{P_{zu}}$$

P_{ab} abgegebene Nutzleistung
P_{zu} zugeführte Leistung
η_P Wirkungsgrad als Bruch

Wünscht man den Wirkungsgrad in Prozent, so gilt die Formel:

$$\eta_P = \frac{P_{ab}}{P_{zu}} \cdot 100\%$$

Beispiel 1

Ein Elektromotor nimmt eine elektrische Leistung von 2,5 kW auf und gibt eine mechanische Leistung von 1,8 kW ab. Wie groß ist sein Leistungswirkungsgrad?

$$\eta_P = \frac{Pab}{Pzu} = \frac{1{,}8\,\text{kW}}{2{,}5\,\text{kW}}$$

$$\eta_P = 0{,}72 \text{ bzw. } 72\%$$

72% der aufgewendeten Leistung werden genutzt.

Beispiel 2

Der Leistungswirkungsgrad eines Lautsprechers ist 34%. Wie groß muss die zugeführte elektrische Leistung sein, damit der Lautsprecher eine akustische Leistung von 2,5 Watt abgibt?

$$\eta_P = \frac{P_{ab}}{P_{zu}}; \quad P_{zu} = \frac{P_{ab}}{\eta_P} = \frac{2{,}5\text{ W}}{0{,}34} = 7{,}35\text{ W}$$

Es muss eine elektrische Leistung von 7,35 Watt zugeführt werden.

4 Spannungserzeuger

4.1 Urspannung und Innenwiderstand

Spannungserzeuger (Generatoren) haben eine sie kennzeichnende Fähigkeit, elektrische Ladungsträger zu trennen. Diese Fähigkeit wurde früher «Elektromotorische Kraft» (EMK) genannt. Heute nennt man diese Fähigkeit die *Urspannung* des Spannungserzeugers.

Merksatz

Jeder Spannungserzeuger hat eine Urspannung. Dies ist die von ihm durch Ladungsträgertrennung erzeugte Spannung.

Für die Urspannung verwendet man das Formelzeichen U_0.

Im Inneren eines jeden Spannungserzeugers treten Verluste auf. Die Elektronen müssen z. B. Leitungen durchströmen, die einen Widerstand haben. Bei Akkumulatoren muss sich der Strom durch Flüssigkeiten ausbreiten. Auch die Flüssigkeiten setzen dem Strom Widerstand entgegen.

Definition

Der gesamte Verlustwiderstand im Innern eines Spannungserzeugers wird *Innenwiderstand* genannt.

Das Formelzeichen des Innenwiderstandes ist R_i.

Ist der Einfluss des Innenwiderstandes von Bedeutung, so stellt man den Spannungserzeuger mit Innenwiderstand dar (Bild 4.1). Wird dem Spannungserzeuger kein Strom entnommen, so kann an den Klemmen (A, B) die Urspannung gemessen werden. Der Spannungserzeuger arbeitet im *Leerlauf*.

Merksatz

Die Urspannung eines Spannungserzeugers ist gleich der Leerlaufspannung.

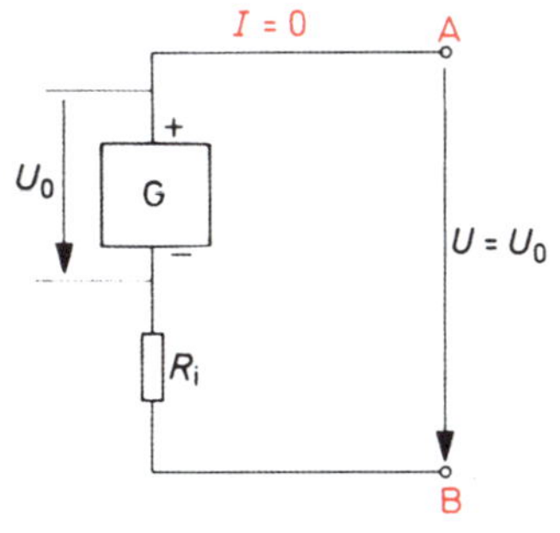

Bild 4.1
Ersatzschaltung eines Spannungserzeugers

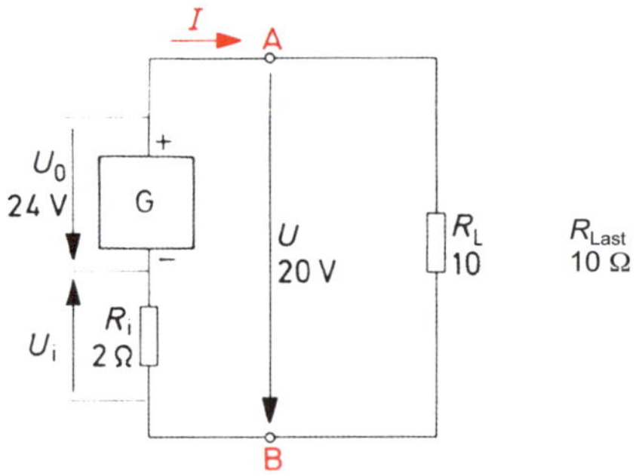

Bild 4.2
Spannungserzeuger mit Lastwiderstand

In Bild 4.2 ist ein Spannungserzeuger mit Lastwiderstand R_{Last} dargestellt. Dem Spannungserzeuger wird jetzt ein Strom I entnommen. Die Spannung an den Klemmen des Spannungserzeugers, die sogenannte *Klemmenspannung* U, ist kleiner als U_0. Es ergibt sich nach dem Ohmschen Gesetz:

$$I = \frac{U_0}{R_g} = \frac{U_0}{R_i + R_{Last}}$$

Am Innenwiderstand R_i fällt eine Spannung U_i ab: $U_i = I \cdot R_i$

Im Stromkreis haben wir zwei verbrauchte Spannungen, nämlich U und U_i, und eine erzeugte Spannung, U_0. Nach der 2. Kirchhoffschen Regel gilt:

$$U_0 = U + U_i$$

Damit ergibt sich für die Klemmenspannung die Gleichung:

$U = U_0 - U_i$ $\qquad$ $U_i = I \cdot R_i$

$$U = U_0 - I \cdot R_i$$

Für die Schaltung in Bild 4.2 gilt:

$$I = \frac{U_0}{R_i + R_{Last}} = \frac{24\ \text{V}}{2\ \Omega + 10\ \Omega} = 2\ \text{A}$$

$$U_i = I \cdot R_i = 2\ \text{A} \cdot 2\ \Omega = 4\ \text{V}$$

$$U = U_0 - U_i = 24\ \text{V} \cdot 4\ \text{V} = 20\ \text{V}$$

4.2 Ersatzspannungsquelle

Als Spannungserzeuger gilt allgemein jedes Gerät, das eine Leerlaufspannung hat und einen Strom abgeben kann. Verstärker z. B. können auch als Spannungserzeuger mit U_0 und R_i aufgefasst werden. Die Ersatzschaltung heißt Ersatzspannungsquelle (Bild 4.3).

Muss für einen unbekannten Spannungserzeuger die Ersatzspannungsquelle bestimmt werden, so geht man wie folgt vor:

1. Messen der Leerlaufspannung. Diese ist gleich der Urspannung. Der Spannungsmesser darf jedoch selbst keinen Strom ziehen.
2. Messen des Kurzschlussstromes I_K (Bild 4.4).

$$I_K = \frac{U_0}{R_i}$$

$$R_i = \frac{U_0}{I_K}$$

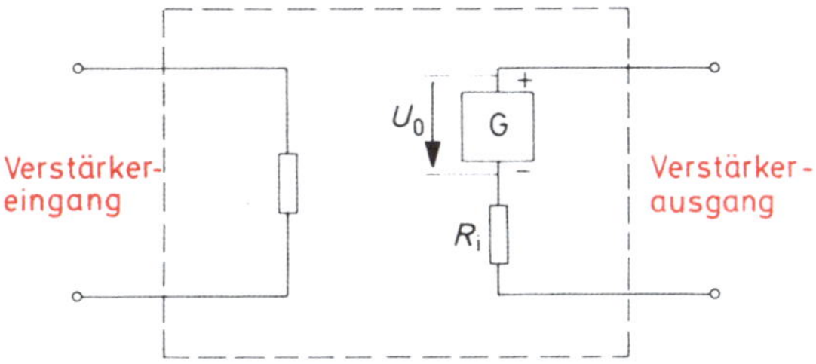

Bild 4.3
Ersatzspannungsquelle eines Verstärkers

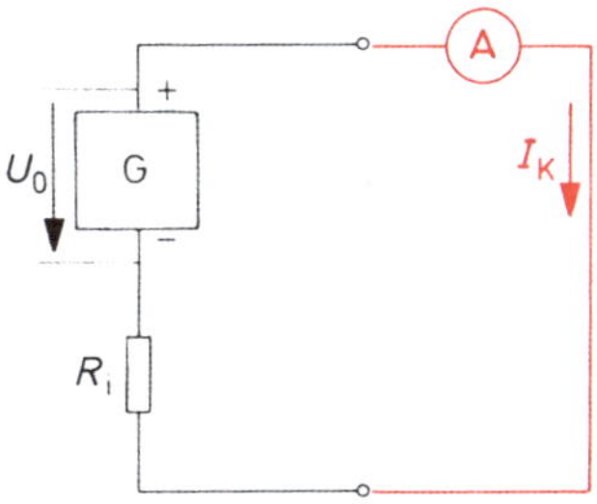

Bild 4.4
Messen des Kurzschlussstromes I_K

Bei vielen Spannungserzeugern kann der Kurzschlussstrom I_K nicht gemessen werden, ohne das Gerät zu gefährden. In diesen Fällen werden zwei Messungen bei verschieden großen Lastwiderständen durchgeführt.

$$R_i = \frac{\text{Unterschied beider Klemmenspannungen}}{\text{Unterschied beider Stromstärken}}$$

$$R_i = \frac{\Delta U}{\Delta I}$$

4.3 Reihenschaltung von Spannungserzeugern

Merksatz

Bei einer Reihenschaltung von Spannungserzeugern ist die Gesamturspannung gleich der Summe der Einzelurspannungen.

$$U_{0\,g} = U_{0\,1} + U_{0\,2} + U_{0\,3} + \ldots$$

Dies setzt voraus, dass gemäß Bild 4.5 alle Einzelurspannungen die gleiche Richtung haben. Haben sie nicht die gleiche Richtung, so ist vorzeichenbehaftet zu addieren.

In Bild 4.6 haben die Urspannungen nicht die gleiche Richtung. Sie wirken gegeneinander. Die Gesamturspannung ist die Differenz der beiden Urspannungen. Der Strom fließt in der Richtung, in die die größere der beiden Urspannungen treibt.

$U_{0\,g} = U_{0\,1} - U_{0\,2}$
$U_{0\,g} = 24\text{ V} - 6\text{ V} = 18\text{ V}$

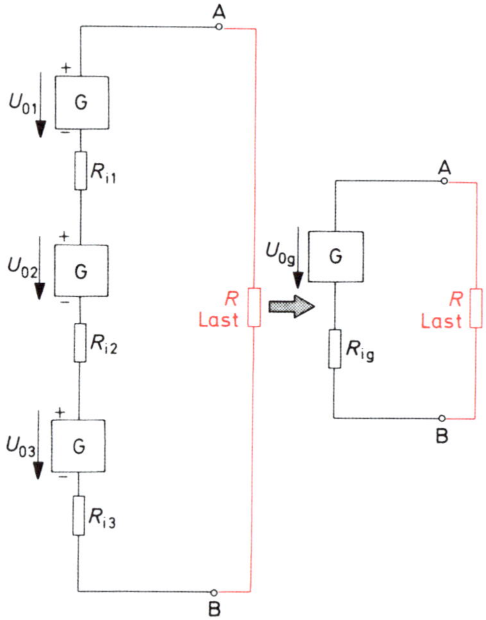

Bild 4.5
Reihenschaltung von drei Spannungserzeugern

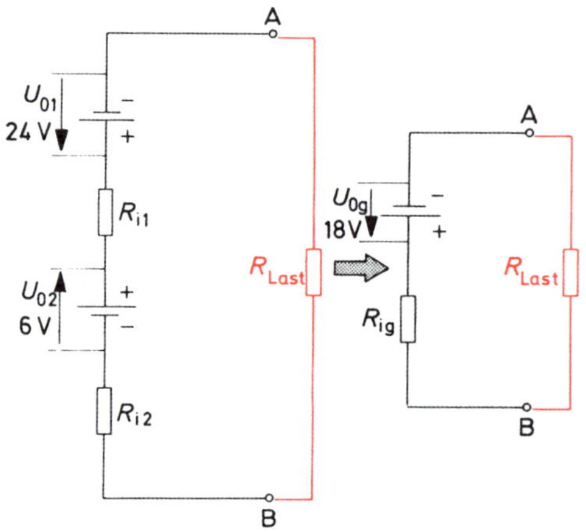

Bild 4.6
Gegeneinander wirkende Spannungserzeuger
(Als Spannungserzeuger wurden Batterien gezeichnet)

In jedem Fall muss der Strom alle in Reihe geschalteten Innenwiderstände durchfließen.

Merksatz

Bei einer Reihenschaltung von Spannungserzeugern ist der Gesamtinnenwiderstand gleich der Summe der Einzelinnenwiderstände.

$$R_{ig} = R_{i\,1} + R_{i\,2} + R_{i\,3} + \dots$$

Man schaltet Spannungserzeuger in Reihe, um die Gesamturspannung zu erhöhen. Die Erhöhung des Innenwiderstandes muss man dabei in Kauf nehmen.

4.4 Parallelschaltung von Spannungserzeugern

Spannungserzeuger sollte man nur dann parallelschalten, wenn sie gleiche Urspannungen und gleiche Innenwiderstände haben (Bild 4.7).

Merksatz

Bei einer Parallelschaltung von Spannungserzeugern mit gleichen Urspannungen und gleichen Innenwiderständen ist die Gesamturspannung gleich der Einzelurspannung.

$$U_{0\,g} = U_{0\,1} = U_{0\,2} = U_{0\,3}$$

Der Gesamtinnenwiderstand ergibt nach der Formel für die Parallelschaltung von Widerständen:

Merksatz

Bei einer Parallelschaltung von *n* Spannungserzeugern mit gleichem Innenwiderstand ist der Gesamtinnenwiderstand der *n*-te Teil eines Einzelinnenwiderstandes.

$$R_{ig} = \frac{R_i}{n}$$

Man schaltet Spannungserzeuger parallel, um den Innenwiderstand zu verringern und der Schaltung mehr Strom entnehmen zu können.

Werden Spannungserzeuger mit unterschiedlichen Urspannungen und Innenwiderständen parallelgeschaltet, so ergeben sich neben dem Laststrom auch Ausgleichsströme zwischen den Spannungserzeugern. Solche Ausgleichsströme sind unwirtschaftlich und daher unerwünscht.

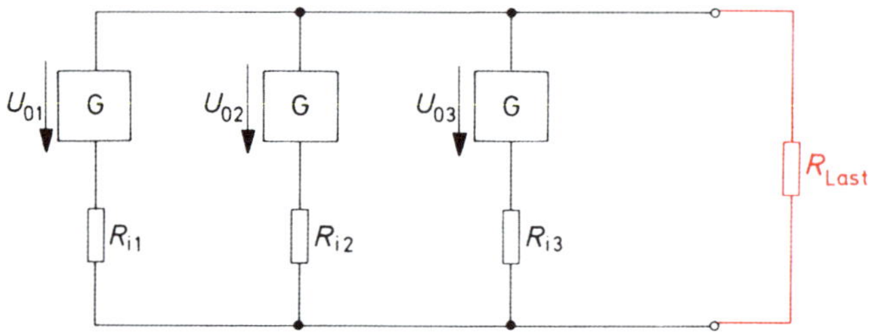

Bild 4.7 Parallelschaltung von Spannungserzeugern

5 Elektrisches Feld

5.1 Grundlagen

Die linke Kugel in Bild 5.1 enthält eine positive Ladung $+Q_1$, die rechte Kugel eine gleich große negative Ladung $-Q_1$. Zwischen beiden Kugeln besteht ein *elektrisches Feld*, das durch Feldlinien dargestellt wird.

Merksatz

Ein elektrisches Feld ist stets in der Umgebung elektrisch geladener Körper vorhanden. Es ist ein besonderer Zustand des Raumes.

Bild 5.1
Elektrisches Feld zwischen zwei elektrisch geladenen Kugeln

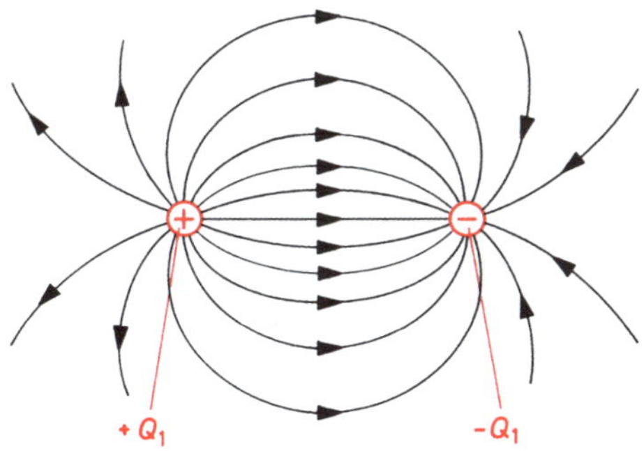

Elektrisch geladene Körper üben aufeinander Kräfte aus.

Grundsatz

Ungleichartig geladene Körper ziehen sich an.

Grundsatz

Gleichartig geladene Körper stoßen sich ab.

$$F = K \cdot \frac{Q_1 \cdot Q_2}{l^2}$$

F	Kraft in Newton (N)
Q_1, Q_2	Ladungen der Körper in C = As (As = Amperesekunde)
l	Abstand der Körper in m
K	Konstante

$$K = 9 \cdot 10^9 \cdot \frac{\mathrm{N} \cdot \mathrm{m}^2}{(\mathrm{As})^2}$$

Die Darstellung eines elektrischen Feldes durch Feldlinien ist eine Modelldarstellung. Elektrische Feldlinien veranschaulichen den Energiezustand eines Raumes. Sie haben das Bestreben, ihre Länge zu verkürzen und ihren Abstand zu Nachbarfeldlinien zu vergrößern. Bei elektrisch leitfähigen Körpern treten sie senkrecht zur Körperoberfläche aus und ein.

Grundsatz

Elektrische Feldlinien beginnen bei der positiven Ladung und enden bei der negativen Ladung (Feldlinienrichtung von Plus nach Minus).

Auf Ladungsträger, die in ein elektrisches Feld geraten, werden Kräfte ausgeübt.

Grundsatz

Positive Ladungsträger werden in Feldlinienrichtung beschleunigt.

Grundsatz

Negative Ladungsträger werden entgegengesetzt zur Feldlinienrichtung beschleunigt.

Die Kraftwirkung ergibt sich aus der Feldstärke des elektrischen Feldes:

$$F = E \cdot Q$$

F Kraft in Newton

E Feldstärke in $\frac{\text{V}}{\text{m}}$

$1\frac{\text{V}}{\text{m}} = 1\frac{\text{N}}{\text{As}}$

Q Ladung in As

Beispiel

In einem elektrischen Feld besteht eine Feldstärke von 20 kV/m. Wie groß ist die Kraft, die auf eine Ladung von 0,2 mAs ausgeübt wird?

$F = E \cdot Q$

$F = 20000\,\frac{\text{V}}{\text{m}} \cdot 0{,}2 \cdot 10^{-3}\ \text{As}$

$F = 20000\,\frac{\text{N}}{\text{As}} \cdot 0{,}2 \cdot 10^{-3}\ \text{As}$

$F = 4\ \text{N}$

Ist zwischen zwei Polen eine Spannung vorhanden, so besteht zwischen ihnen auch ein elektrisches Feld. In Bild 5.2 ist das elektrische Feld eines Leiters gegen Erde dargestellt. Bild 5.3 zeigt das elektrische Feld zwischen zwei parallelen Leitern.

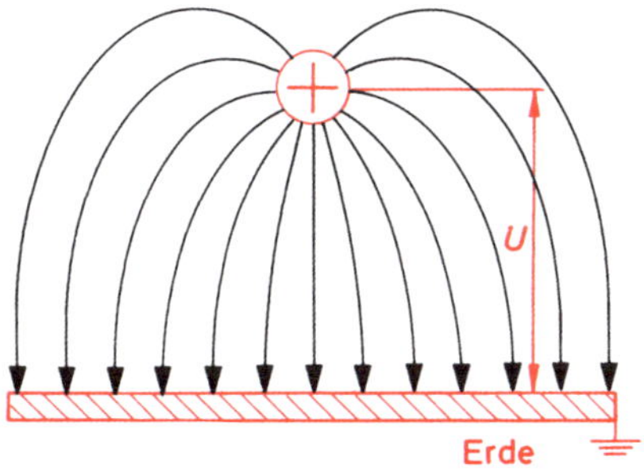

Bild 5.2
Elektrisches Feld eines Leiters, der gegen Erde eine positive Spannung hat

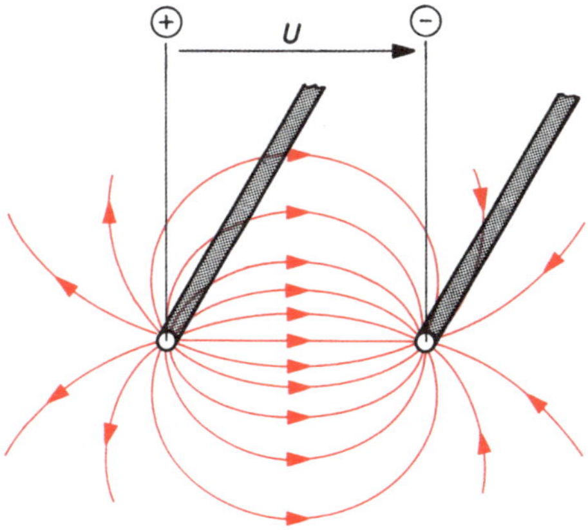

Bild 5.3
Elektrisches Feld zwischen zwei parallelen Leitern mit Spannung zueinander

Ein elektrisches Feld, das von einer spannungsführenden Leitung herrührt, kann in der Nachbarleitung eine Ladungsträgertrennung hervorrufen, also eine Spannung erzeugen. Diesen Vorgang nennt man *Influenz*.

Definition

Influenz ist der Vorgang der Spannungserzeugung durch ein elektrisches Feld.

Durch Influenz werden oft Störspannungen erzeugt.

5.2 Kapazität, Ladung und Energie

Elektrisch leitfähige Körper, die benachbart und voneinander isoliert sind, können unter dem Einfluss von Spannung eine elektrische Ladung speichern. Man sagt, diese Körper haben eine *Kapazität* (Fassungsvermögen, Speicherfähigkeit).

Die Größe der Kapazität ergibt sich aus den Abmessungen der Körper, insbesondere aus ihrem Abstand und aus der Art des Isolierstoffes zwischen ihnen. Dieser Isolierstoff wird *Dielektrikum* genannt. Die Kapazität zweier gegenüberliegender Platten nach Bild 5.4 lässt sich verhältnismäßig leicht berechnen:

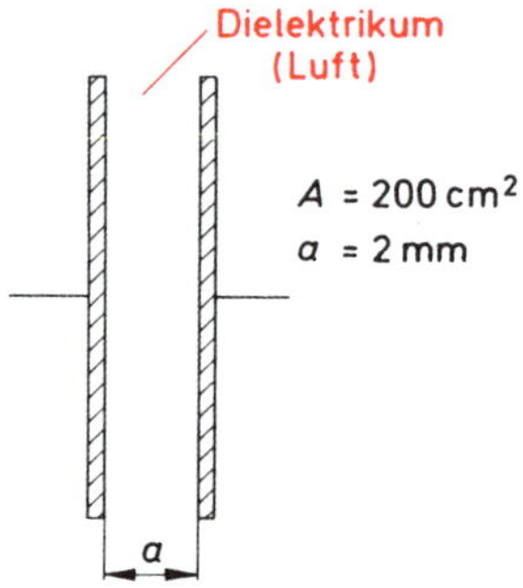

Bild 5.4
Anordnung zweier gegenüberliegender Platten

$$C = \frac{\varepsilon_0 \cdot \varepsilon_r \cdot A}{a}$$

$$\varepsilon_0 = 8{,}85 \cdot 10^{-12} \frac{\mathrm{As}}{\mathrm{Vm}}$$

C Kapazität in F
A Innenfläche einer Platte in m^2
a innerer Plattenabstand in m
ε_0 elektrische Feldkonstante
ε_r Dielektrizitätskonstante

Die elektrische Feldkonstante ε_0 (griechischer Kleinbuchstabe Epsilon mit Index 0) berücksichtigt den Einfluss des Raumes auf das elektrische Feld. Die Dielektrizitätskonstante ε_r gibt an, wie viel mal besser das Dielektrikum das elektrische Feld «leitet» als Luft oder der leere Raum.

Für die Anordnung nach Bild 5.4 ergibt sich:

$$C = \frac{\varepsilon_0 \cdot \varepsilon_r \cdot A}{a}$$

$$C = \frac{8{,}85 \cdot 10^{-12}\ \mathrm{As} \cdot 0{,}02\ \mathrm{m}^2}{\mathrm{Vm} \cdot 0{,}002\ \mathrm{m}}$$

$$C = 88{,}5 \cdot 10^{-12} \frac{\mathrm{As}}{\mathrm{V}}$$

$$C = 88{,}5 \cdot 10^{-12}\ \text{Farad}\ (= 88{,}5\ \mathrm{pF})$$

Die Messeinheit der Kapazität ist das *Farad* (F).

$$1\ \mathrm{F} = 1 \frac{\mathrm{As}}{\mathrm{V}} = 1\ \mathrm{Ss}$$

Merksatz

Eine Anordnung leitfähiger Körper hat eine Kapazität von 1 F, wenn bei einer angelegten Spannung von 1 V eine Ladung von 1 As aufgenommen wird.

Das Farad ist eine verhältnismäßig große Einheit. Folgende Untereinheiten sind gebräuchlich:

1 mF (Millifarad) $= \frac{1}{1\,000}\,\text{F} = 10^{-3}\,\text{F}$

1 µF (Mikrofarad) $= \frac{1}{1\,000\,000}\,\text{F} = 10^{-6}\,\text{F}$

1 nF (Nanofarad) $= \frac{1}{1\,000\,000\,000}\,\text{F} = 10^{-9}\,\text{F}$

1 pF (Picofarad) $= \frac{1}{1\,000\,000\,000\,000}\,\text{F} = 10^{-12}\,\text{F}$

Für die gespeicherte Ladung gilt:

$$Q = C \cdot U$$

Merksatz

Die gespeicherte Ladung ergibt sich aus Kapazität mal angelegter Spannung.

Legt man an die Anordnung Bild 5.4 eine Spannung von 1000 V, so wird eine Ladung folgender Größe gespeichert:

$$Q = C \cdot U$$
$$Q = 88{,}5 \cdot 10^{-12}\,\frac{\text{As}}{\text{V}} \cdot 1000\,\text{V}$$
$$Q = 88{,}5 \cdot 10^{-9}\,\text{As}$$

Das elektrische Feld zwischen den beiden Platten enthält eine Energie bzw. eine Arbeit *W*.

$$W = \frac{1}{2} C \cdot U^2$$

5.3 Kondensatoren an Gleichspannung

In der Elektronik benötigt man Kapazitäten unterschiedlichster Größe. Man stellt Kapazitäten z. B. her durch gegenüberliegend angeordnete Platten gemäß Bild 5.4 oder durch zwei voneinander isolierte Metallfolienstreifen, die aufgerollt werden. Solche Bauteile werden *Kondensatoren* genannt.

Definition

Kondensatoren sind Bauteile, die eine bestimmte erwünschte Kapazität haben.

Bild 5.5
Schaltzeichen eines Kondensators

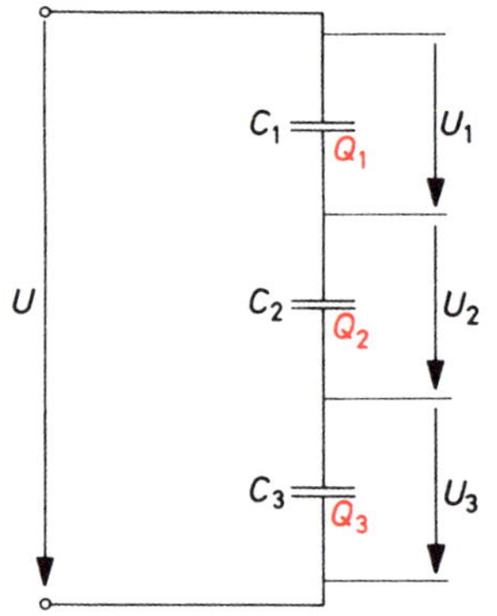

Bild 5.6
Reihenschaltung von Kondensatoren

Reihenschaltung
Betrachten wir die Reihenschaltung von drei Kondensatoren in Bild 5.6.

Merksatz
Kondensatoren, die in Reihe geschaltet sind, haben stets die gleiche Ladung.

Wenn man die Spannungen durch Ladung Q und Kapazität ausdrückt, erhält man die Formel für die Reihenschaltung von Kondensatoren:

$$Q_1 = Q_2 = Q_3 = Q$$
$$U_1 = \frac{Q}{C_1}$$
$$U_2 = \frac{Q}{C_2}$$
$$U_3 = \frac{Q}{C_3}$$
$$U = U_1 + U_2 + U_3$$
$$\frac{Q}{C_g} = \frac{Q}{C_1} + \frac{Q}{C_2} + \frac{Q}{C_3}$$
$$Q \cdot \frac{1}{C_g} = Q \cdot \left(\frac{1}{C_1} + \frac{1}{C_2} + \frac{1}{C_3} \right)$$

$$\frac{1}{C_g} = \frac{1}{C_1} + \frac{1}{C_2} + \frac{1}{C_3} + \ldots$$

Merksatz
Bei der Reihenschaltung von Kondensatoren ist die Gesamtkapazität stets kleiner als die kleinste Einzelkapazität.

Parallelschaltung
Eine Parallelschaltung von Kondensatoren zeigt Bild 5.7. Alle Kondensatoren liegen an der gleichen Spannung. Die Gesamtladung ist:

$Q_g = Q_1 + Q_2 + Q_3$

Die Ladungen sollen durch Spannung und Kapazitäten ausgedrückt werden:

$$Q_1 = U \cdot C_1$$
$$Q_2 = U \cdot C_2$$
$$Q_3 = U \cdot C_3$$
$$Q_g = Q_1 + Q_2 + Q_3$$
$$U \cdot C_g = U \cdot C_1 + U \cdot C_2 + U \cdot C_3$$
$$U \cdot C_g = U \cdot (C_1 + C_3 + C_3)$$

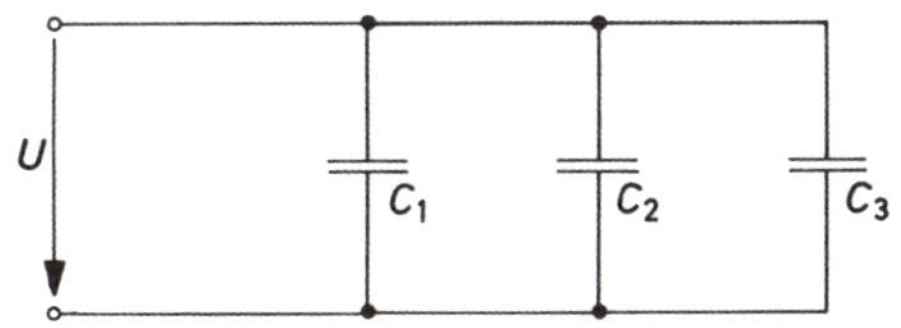

Bild 5.7
Parallelschaltung von Kondensatoren

$$C_g = C_1 + C_2 + C_3 + \ldots$$

Merksatz

Bei einer Parallelschaltung von Kondensatoren ist die Gesamtkapazität gleich der Summe der Einzelkapazitäten.

Ladung von Kondensatoren

Die Ladung von Kondensatoren erfordert eine bestimmte Zeit. Diese Zeit ist um so größer, je größer der im Stromkreis wirksame Widerstand R ist. Die Zeit ist ebenfalls umso größer, je größer die Kapazität C des Kondensators ist.

Ein Maßstab für die Ladezeit eines Kondensators ist die sogenannte *Zeitkonstante* τ (griechischer Kleinbuchstabe Tau).

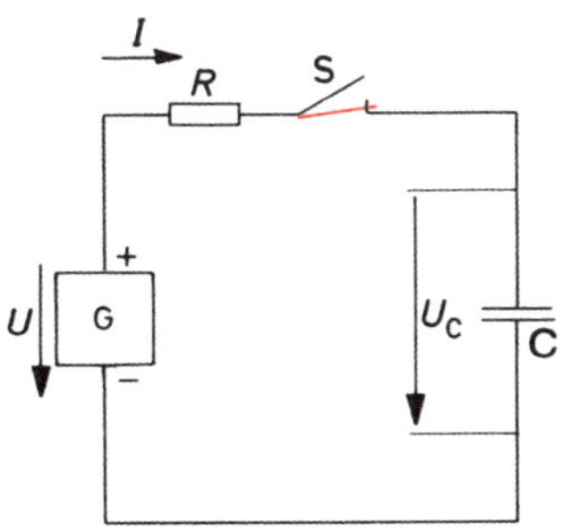

Bild 5.8 Ladung eines Kondensators

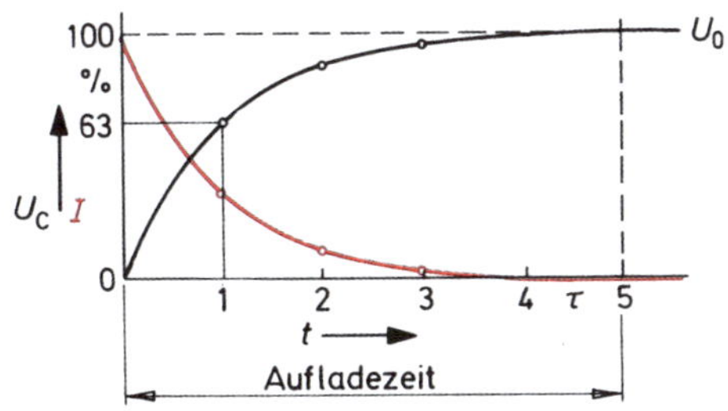

Bild 5.9 Zeitlicher Verlauf von Strom I und Kondensatorspannung U_c bei der Aufladung eines Kondensators

$$\tau = R \cdot C$$

Merksatz

Ein Kondensator gilt nach Ablauf von fünf Zeitkonstanten als aufgeladen.

Der geladene Kondensator hat eine elektrische Arbeit W gespeichert. Diese kann genutzt werden. Man nutzt sie z. B. bei einem Elektronen-Blitzgerät.

$$W = \frac{1}{2}\, C \cdot U^2$$

Entladung von Kondensatoren

Für die Entladung von Kondensatoren wird eine bestimmte Zeit benötigt. Auch diese Zeit ist abhängig von dem im Stromkreis wirksamen Widerstand R und von der Kapazität C. Die Zeitkonstante spielt auch hier eine Rolle.

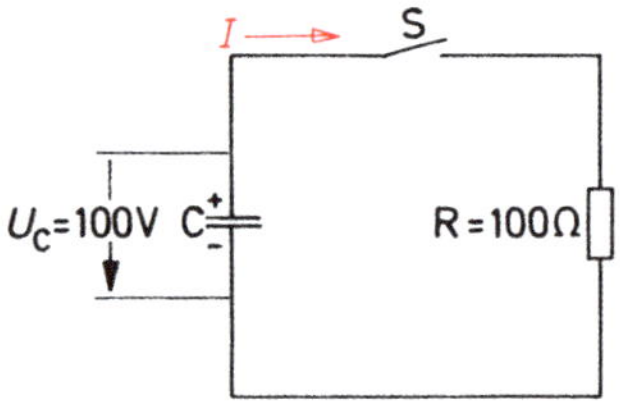

Bild 5.10
Schaltung zur Entladung eines Kondensators

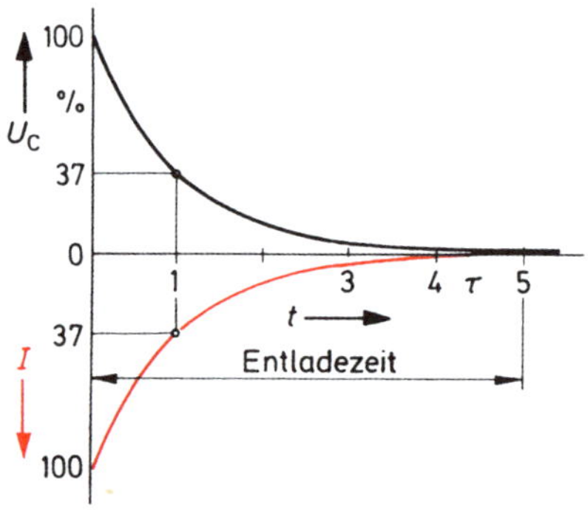

Bild 5.11
Zeitlicher Verlauf von Kondensatorspannung U_c und Strom I bei der Entladung eines Kondensators

$$\tau = R \cdot C$$

Merksatz

Ein Kondensator gilt nach Ablauf von fünf Zeitkonstanten als entladen.

Beispiel

Ein Kondensator hat eine Kapazität von 100 µF. Er ist auf eine Spannung von 600 V aufgeladen.

a) Wie groß ist die im Kondensator gespeicherte elektrische Arbeit?

b) Wie lange dauert die Entladung, wenn im Stromkreis ein Widerstand von 100 kΩ vorhanden ist?

a) $W = \frac{1}{2} \cdot C \cdot U^2$

$W = \frac{1}{2} \cdot 100 \cdot 10^{-6}\,\text{F} \cdot (600\,\text{V})^2$

$W = 50 \cdot 10^{-6}\,\frac{\text{As}}{\text{V}} \cdot 360\,000\,\text{V}^2$

$W = 50 \cdot 0{,}36\,\text{Ws}$
$W = 18\,\text{Ws}$

b) $\tau = R \cdot C = 100\,000 \cdot 100 \cdot 10^{-6}\,\text{F}$

$\tau = \text{W} \cdot \frac{\text{As}}{\text{V}} = 10\,\text{s}$

Entladezeit: $5\,\tau = 50\,\text{s}$

Genau genommen ist ein Kondensator nach Ablauf von fünf Zeitkonstanten noch nicht ganz entladen. Ein noch verbleibender winziger Ladungsrest wird vernachlässigt.

Kondensatoren können als Spannungsquellen verwendet werden. Bei nur winzigem Strombedarf, wie er öfter in der Elektronik auftritt, kann ein großer Kondensator über Stunden und Tage hinweg die Stromversorgung übernehmen. Man erreicht so eine Sicherheit gegen Netzausfall.

6 Magnetisches Feld

6.1 Grundlagen

Bewegte elektrische Ladungsträger versetzen den Raum in ihrer Umgebung in einen besonderen, energiegeladenen Zustand. Dieser Raumzustand wird *magnetisches Feld* genannt.

Grundsatz

Jeder elektrische Strom hat in seiner Umgebung ein magnetisches Feld.

Magnetische Felder werden durch Feldlinien dargestellt. Magnetische Feldlinien haben eine Richtung. Sie hängt von der Stromrichtung ab (Bild 6.1).

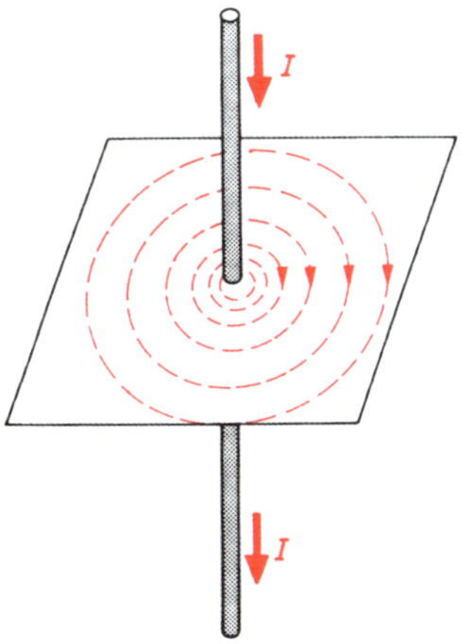

Bild 6.1
Magnetische Feldlinien um einen stromdurchflossenen Leiter

Merksatz

Blickt man in Richtung des Stromes auf einen Leiterquerschnitt, so sind die Feldlinien im Uhrzeigersinn gerichtet.

Die Darstellung von Stromrichtung und Feldlinienrichtung zeigt Bild 6.2.

Ein magnetisches Feld ist umso kräftiger, je dichter der Feldlinienverlauf ist. Magnetische Feldlinien sind in sich geschlossene Linien. Sie dürfen sich weder schneiden noch berühren.

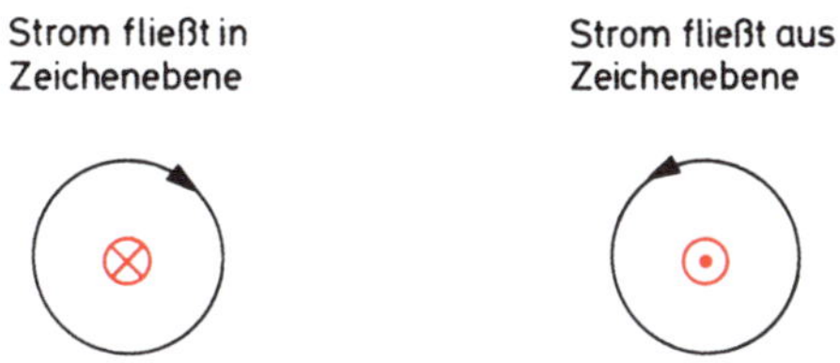

Bild 6.2
Darstellung der Stromrichtung

Die Magnetfelder mehrerer stromdurchflossener Leiter überlagern sich und bilden ein Gesamtmagnetfeld. Bild 6.3 zeigt das Magnetfeld einer Leiterschleife. In Bild 6.4 ist das Magnetfeld einer Spule dargestellt. Eine Spule besteht aus mehreren Leiterschleifen.

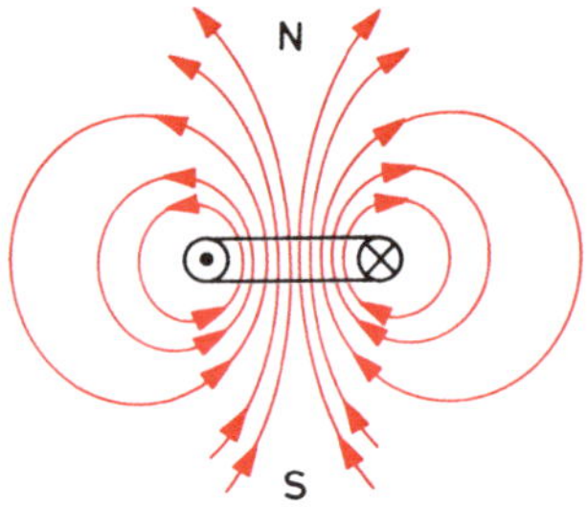

Bild 6.3
Magnetfeld einer Leiterschleife

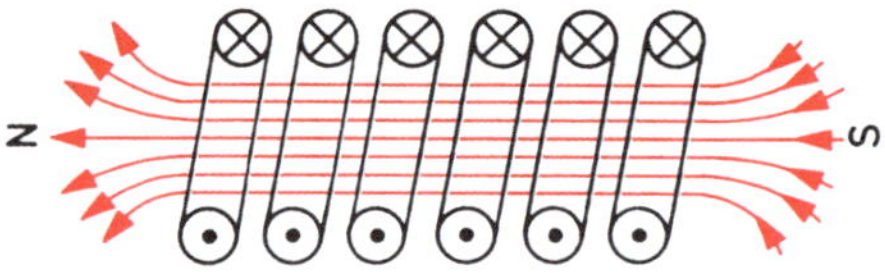

Bild 6.4
Magnetfeld einer Spule

Die magnetischen Feldlinien treten an einer Stirnseite der Spule gebündelt aus. Dort befindet sich der *Nordpol*. An der anderen Stirnseite treten sie gebündelt ein. Dort befindet sich der *Südpol*. Nordpol (N) und Südpol (S) sind *Magnetpole*.

Grundsatz

Magnetische Feldlinien treten aus einem Nordpol aus und treten in einen Südpol ein.

6.2 Dauermagnetismus

Eisenwerkstoffe sowie bestimmte Legierungen und Oxide können magnetisch werden, d. h., sie haben dann in ihrer Umgebung ein magnetisches Feld. Diese Werkstoffe werden *ferromagnetische Werkstoffe* genannt.

Im Inneren ferromagnetischer Werkstoffe gibt es bewegte Ladungsträger, die magnetische Felder haben. Sie bilden kleine *Elementarmagnete*.

Merksatz

Die Elementarmagnete eines ferromagnetischen Körpers können durch ein fremdes Magnetfeld ausgerichtet werden. Der Körper wird magnetisiert.

Bild 6.5 zeigt ausgerichtete und nichtausgerichtete Elementarmagnete in Modelldarstellung. Die tatsächlichen Elementarmagnete sind unsichtbar klein.

Ferromagnetische Werkstoffe können hartmagnetisch oder weichmagnetisch sein.

Merksatz

Hartmagnetische Werkstoffe behalten ihre Magnetisierung nach Verschwinden des ausrichtenden Feldes.

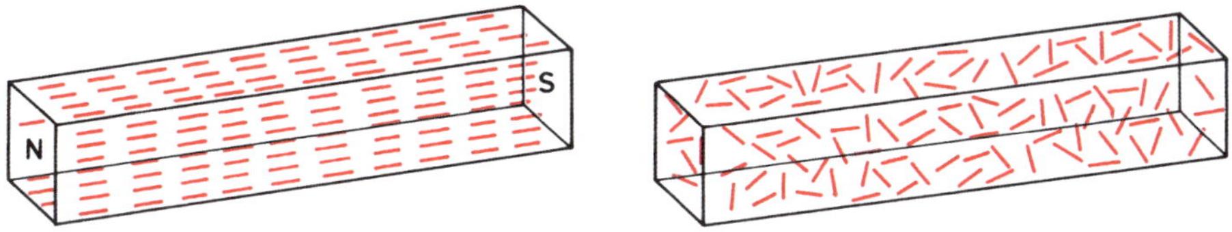

Bild 6.5 Modelldarstellung ausgerichteter und nichtausgerichteter Elementarmagnete

Aus hartmagnetischen Werkstoffen werden Dauermagnete hergestellt.

Merksatz

Weichmagnetische Werkstoffe verlieren weitgehend ihre Magnetisierung nach Verschwinden des ausrichtenden Feldes.

Es bleibt nur ein geringer Restmagnetismus zurück, die sogenannte *Remanenz*.

Aus weichmagnetischen Werkstoffen werden Spulenkerne, Transformatorbleche, Motorbleche und Ähnliches hergestellt. Die Magnetisierung dieser Werkstoffe kann häufig umgepolt werden.

Bild 6.6 zeigt das Feldlinienbild eines Stabmagneten mit seinen Magnetpolen. Beim Zerschneiden eines Stabmagneten entsteht ein zusätzliches Polpaar (Bild 6.7).

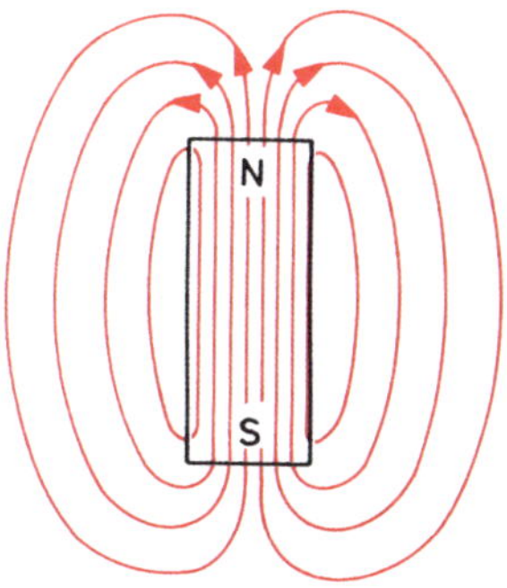

Bild 6.6 Feldlinienbild eines Stabmagneten

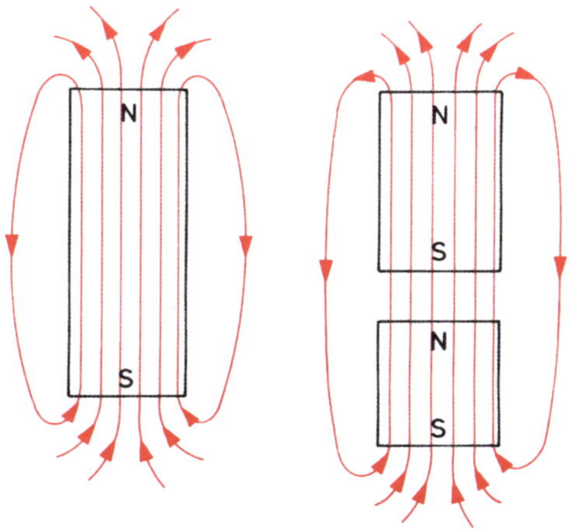

Bild 6.7 Entstehung eines zweiten Polpaares beim Zerschneiden eines Stabmagneten

6.3 Magnetische Kreise

Ferromagnetische Werkstoffe «leiten» magnetische Feldlinien sehr gut. Stellt man dem magnetischen Feld einen sogenannten «Eisenweg» zur Verfügung, so breiten sich fast alle Feldlinien über diesen Eisenweg aus. In Bild 6.8 ist ein sogenannter *magnetischer Kreis* dargestellt. Das Magnetfeld wird von der Spule erzeugt. Ursache des Magnetfeldes ist der Strom I, multipliziert mit der Windungszahl N der Spule.

Die Ursache des Magnetfeldes wird Durchflutung genannt. Formelzeichen Θ (griechischer Großbuchstabe Theta).

$$\Theta = I \cdot N$$

Θ Durchflutung in A
I Strom in A
N Windungszahl (reine Zahl)

Der Eisenweg und der Luftspalt bilden zwei in Reihe geschaltete magnetische Widerstände.

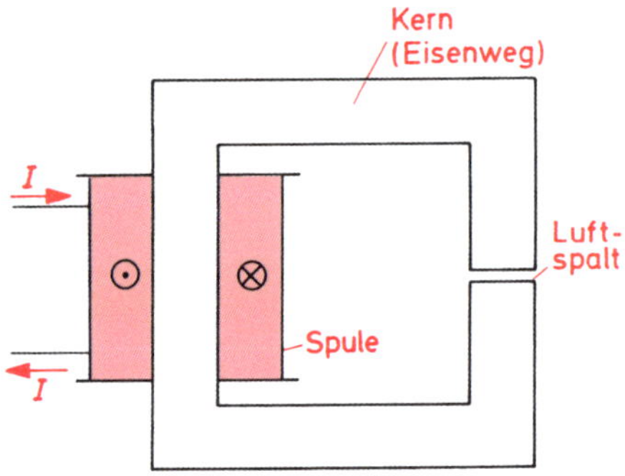

Bild 6.8
Magnetischer Kreis

Für magnetische Widerstände gilt:

$$R_m = \frac{l_m}{\mu_0 \cdot \mu_r \cdot A}$$

R_m magnetischer Widerstand
l_m mittlere Feldlinienlänge
A Kernquerschnitt
μ_0 magnetische Feldkonstante
μ_r Permeabilitätszahl
(Permeabilität: Durchlässigkeit)

Merksatz

Die magnetische Feldkonstante μ_0 gibt den Einfluss des Raumes auf das magnetische Feld an.

$$\mu_0 = 1{,}257 \cdot 10^{-6} \frac{\text{Vs}}{\text{Am}}$$

Merksatz

Die Permeabilitätszahl μ_r gibt an, wie viel mal besser ein Werkstoff die magnetischen Feldlinien «leitet».

Bei ferromagnetischen Werkstoffen liegt μ_r im Bereich zwischen 100 bis etwa 300 000, bei häufig verwendeten Elektroblechen etwa zwischen 4000 und 8000. Für Luft und Vakuum ist $\mu_r = 1$. Luft leitet also das magnetische Feld sehr schlecht.

Merksatz

Luftspalte oder andere Luftstrecken stellen große magnetische Widerstände dar.

Die Gesamtheit aller Feldlinien, die von der Spule erzeugt werden, bilden den *magnetischen Fluss*. Für den magnetischen Fluss wird das Formelzeichen Φ verwendet (griechischer Großbuchstabe Phi). Die Einheit des magnetischen Flusses ist Weber (Wb). Ein Weber entspricht einer Voltsekunde.

$$1\ \text{Wb} = 1\ \text{Vs}$$

Der magnetische Kreis hat eine gewisse Ähnlichkeit mit dem elektrischen Stromkreis.

Θ ist ähnlich U
Φ ist ähnlich I
R_m ist ähnlich R

Aufgrund dieser Ähnlichkeit kann ein *Ohmsches Gesetz des Magnetismus* angegeben werden:

$$\Theta = \Phi \cdot R_m$$

Für Konstruktionsberechnungen eignet sich dieses Gesetz nicht gut, da der magnetische Widerstand keine konstante Größe ist.

6.4 Kraftwirkung magnetischer Felder

Grundsatz

Auf einen stromdurchflossenen Leiter im Magnetfeld wird eine Kraft ausgeübt.

Der stromdurchflossene Leiter hat ein eigenes Magnetfeld. Dieses überlagert sich dem äußeren Magnetfeld (Bild 6.9). Es entsteht ein feldverdichteter und ein feldverdünnter Raum.

Grundsatz

Magnetische Feldlinien haben das Bestreben, sich zu verkürzen.

Auf den stromdurchflossenen Leiter wird eine Kraft in Richtung der feldschwächeren Seite ausgeübt.

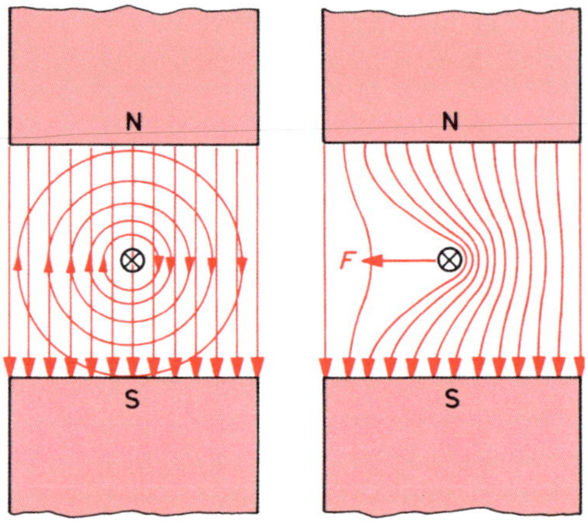

Bild 6.9
Stromdurchflossener Leiter im Magnetfeld

Für die Kraftwirkung ist die magnetische Feldliniendichte B maßgebend. Für gleichmäßige, sogenannte homogene Magnetfelder gilt:

$$B = \frac{\Phi}{A}$$

Φ magnetischer Fluss in Vs
A Querschnittsfläche in m^2
B magnetische Flussdichte in $\frac{Vs}{m^2}$

Die Einheit Vs/m^2 wird Tesla (T) genannt.

$$1\ T = 1\ \frac{Vs}{m^2}$$

Die Kraft auf einen Leiter im homogenen Magnetfeld ergibt sich nach der Gleichung:

$$F = B \cdot I \cdot l$$

B Flussdichte in $\frac{Vs}{m^2}$
I Strom in A
l Leiterlänge im Magnetfeld in m
F Kraft in $\frac{Ws}{m} = N$

Die Kraft F ergibt sich in Ws/m. Diese Einheit entspricht der Einheit Newton (N).

$$1\ N = 1\ \frac{Ws}{m}$$

In Bild 6.10 ist eine stromdurchflossene Spule im Magnetfeld dargestellt. Diese Spule soll drehbar aufgehängt sein. Auf die Leiter werden Kräfte ausgeübt. Die Spule dreht sich in die waagerechte Lage. Wenn jetzt der die Spule durchfließende Strom umgepolt wird, dreht sie sich weiter. Dies ist das Urmodell eines Elektromotors.

Ferromagnetische Körper werden von Magneten angezogen. Dabei kann es sich um Dauermagnete oder um Elektromagnete handeln (Bild 6.11).

Die Kraft auf den ferromagnetischen Körper ist umso größer, je größer die Flussdichte B und je größer die vom magnetischen Fluss senkrecht durchsetzte Querschnittsfläche A ist.

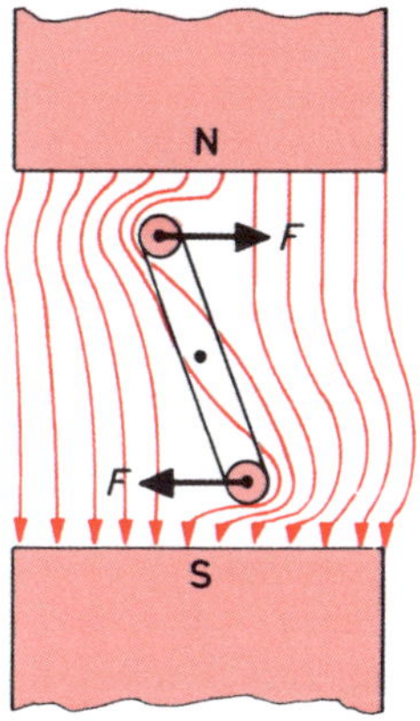

Bild 6.10
Stromdurchflossene Spule im Magnetfeld

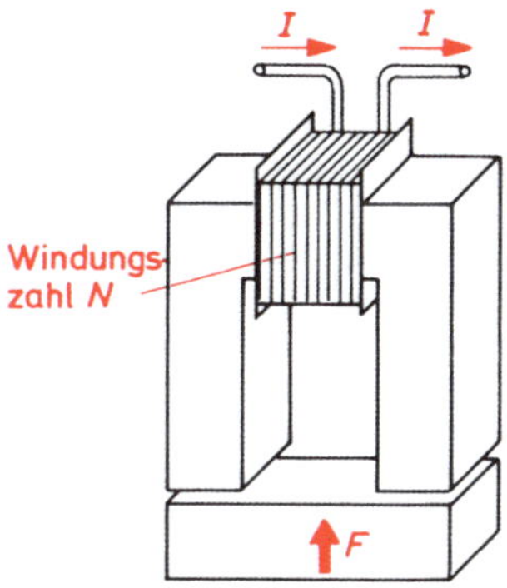

Bild 6.11
Elektromagnet

$$F = \frac{B^2}{2 \cdot \mu_0} \cdot A$$

B Flussdichte in $\frac{\text{Vs}}{\text{m}^2}$
μ_0 magnetische Feldkonstante
A Querschnittsfläche in m^2
F Kraft in N

6.5 Induktion und Selbstinduktion

Mit Hilfe magnetischer Felder kann man auf elektrisch geladene Teilchen Kräfte ausüben. Ladungsträger werden getrennt. Es wird eine Spannung erzeugt. Diesen Vorgang nennt man *Induktion*.

Grundsatz

Liegt eine Leiterschleife in einem sich ändernden Magnetfeld, so wird in ihr eine Spannung induziert.

Das Induktionsgesetz lautet allgemein:

$$u_0 = -N \cdot \frac{\Delta\Phi}{\Delta t}$$

$\Delta\Phi$ Änderung des magn. Flusses
t Zeit, in der die Änderung abläuft
N Windungszahl
u_0 induzierte Spannung (Urspannung)

Das Minuszeichen beschreibt die Spannungsrichtung. Bei Zunahme des magnetischen Flusses ist die induzierte Spannung negativ. Bei Abnahme des magnetischen Flusses ist die induzierte Spannung positiv.

Befestigt man eine Leiterschleife nach Bild 6.12 drehbar in einem Magnetfeld, so ändert sich beim Drehen der Leiterschleife der die Leiterschleife durchsetzende magnetische Fluss dauernd. Es wird eine Spannung erzeugt. Dies ist der prinzipielle Aufbau eines Generators.

Das Prinzip des Transformators zeigt Bild 6.13. Die Spule 1 wird von einem sich ändernden Strom durchflossen, z. B. von einem Wechselstrom. Dieser erzeugt ein entsprechendes magnetisches Feld im Kern. Dieses sich ändernde magnetische Feld durchsetzt die Spule 2 und induziert in ihr eine Spannung U_2.

Die Spannungen U_1 und U_2 verhalten sich wie die Windungszahlen N_1 und N_2. Durch entsprechende Wahl der Windungszahlen kann man verschiedene Verbraucherspannungen U_2 herstellen.

Definition

Ein Transformator ist ein Spannungswandler.

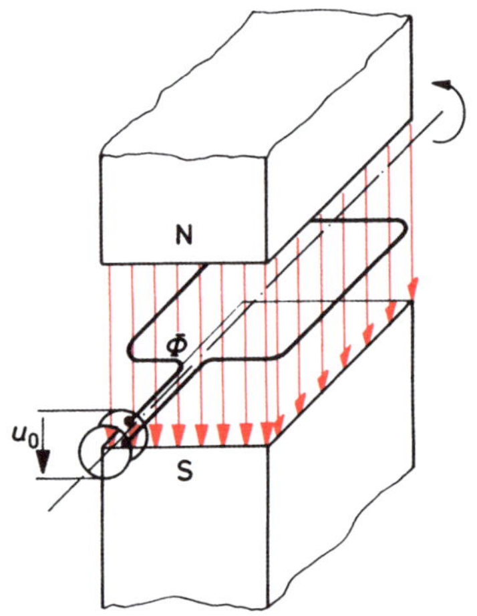

Bild 6.12
Drehbar angeordnete Leiterschleife, Generatorprinzip

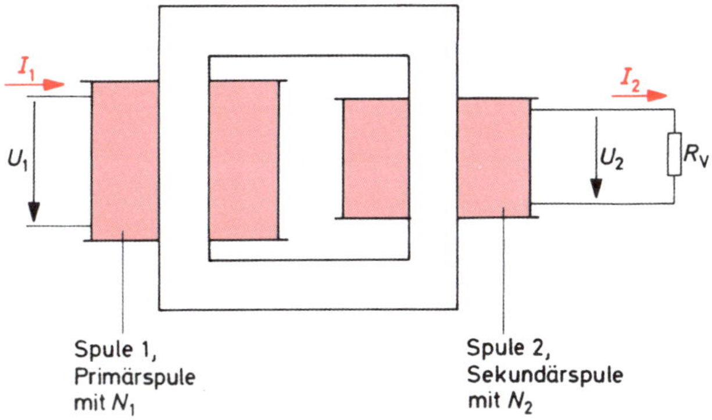

Bild 6.13
Transformator

$$\frac{U_1}{U_2} = \frac{N_1}{N_2}$$

U_1 Spannung an Spule 1
U_2 Spannung an Spule 2
N_1 Windungszahl der Spule 1, Primärspule
N_2 Windungszahl der Spule 2, Sekundärspule

Wenn eine Spule von einem zeitlich sich ändernden Strom durchflossen wird, so entsteht in ihrer Umgebung ein zeitlich sich änderndes Magnetfeld (Bild 6.14). Die Spule reagiert auf dieses eigene Magnetfeld genauso wie auf ein fremdes Magnetfeld. Es wird in ihr eine Spannung induziert. Diesen Vorgang nennt man *Selbstinduktion*. Die so erzeugte Spannung heißt *Selbstinduktionsspannung*.

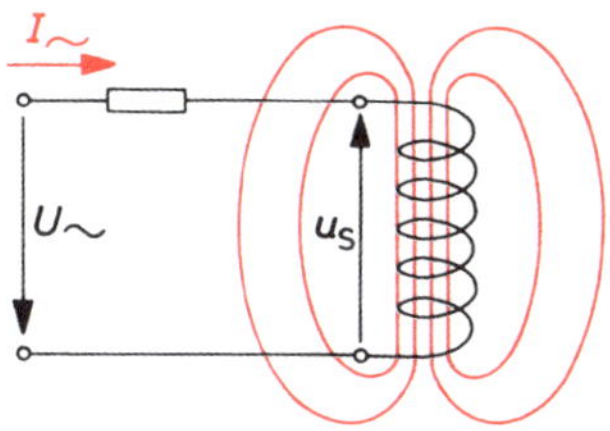

Bild 6.14
Spule im magnetischen Wechselfeld

Merksatz

Eine Selbstinduktionsspannung ist stets der Änderung ihrer Ursache entgegengerichtet.

Steigt der Strom durch die Spule an, so wirkt die Selbstinduktionsspannung bremsend. Sie wirkt dem Strom entgegen.

Wird der Strom durch die Spule kleiner, so kehrt die Selbstinduktionsspannung ihre Richtung um. Sie ist bemüht, den Strom aufrechtzuerhalten.

Eine Selbstinduktionsspannung wirkt also immer einer Änderung des Stromes entgegen. Die Größe der Selbstinduktionsspannung wird nach folgender Gleichung berechnet:

$$u_s = -L \cdot \frac{\Delta I}{\Delta t}$$

ΔI Stromänderung
Δt Zeit, in der die Stromänderung geschieht
L Induktivität
u_s Selbstinduktionsspannung

Merksatz

Die Induktivität L kennzeichnet die Eigenschaften einer Spule, eine Selbstinduktionsspannung zu erzeugen.

Die Induktivität erfasst die Einflüsse von Windungszahl, Magnetkern, Art des Kernwerkstoffes und Luftspalt.

Es gilt die Gleichung:

$$L = \frac{N_2}{R_m}$$

N Windungszahl
R_m magnetischer Widerstand
L Induktivität

$$L = N^2 \cdot A_L$$

Der Kehrwert des magnetischen Widerstandes wird Spulenkonstante A_L genannt.

$$A_L = \frac{1}{R_m}$$

R_m magnetischer Widerstand
A_L Spulenkonstante
L Induktivität

Merksatz

Die Spulenkonstante gibt die magnetischen Eigenschaften käuflicher Spulenkerne an. Zusammen mit der Windungszahl ergibt sich die Induktivität.

Die Einheit der Induktivität ist das Henry (H). Henry ist eine andere Bezeichnung für $\Omega \cdot s$.

$$1\,\text{H} = 1\,\frac{\text{V}}{\text{A}} \cdot \text{s} = 1\,\Omega \cdot \text{s}$$

Definition

Eine Spule hat eine Induktivität von 1 Henry, wenn bei gleichmäßiger Stromänderung von 1 Ampere in 1 Sekunde eine Selbstinduktionsspannung von 1 Volt erzeugt wird.

Für die Einheit Henry sind folgende Untereinheiten gebräuchlich:

$$1\,\text{nH} = \frac{1}{1000000000} = 10^{-9}\,\text{H}$$

$$1\,\mu\text{H} = \frac{1}{1000000} = 10^{-6}\,\text{H}$$

$$1\,\text{mH} = \frac{1}{1000} = 10^{-3}\,\text{H}$$

$$1\,\text{kH} = 1000 = 10^{3}\,\text{H}$$

6.6 Abschirmung magnetischer Felder

Magnetische Felder treten immer in der Umgebung von stromführenden Leitungen auf. Sie können in anderen Leitungen Spannungen induzieren. Dies ist meist unerwünscht. Empfindliche Leitungen und Bauteile müssen daher vor magnetischen Feldern geschützt werden.

Merksatz

Magnetische Felder werden durch Abschirmkörper abgeschirmt.

Die Abschirmkörper werden aus Materialien mit guter magnetischer Leitfähigkeit hergestellt. Je größer die Permeabilitätszahl μ_r ist, desto größer ist die Abschirmwirkung. Die magnetischen Feldlinien werden durch den Abschirmkörper «umgeleitet» (s. Bild 6.15). Der Raum im Innern bleibt praktisch feldfrei.

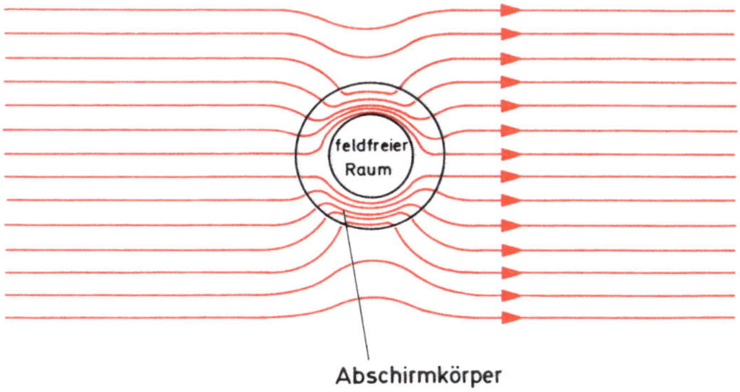

Bild 6.15 Abschirmung magnetischer Felder

Bild 6.16 Schaltzeichen für Spulen allgemein

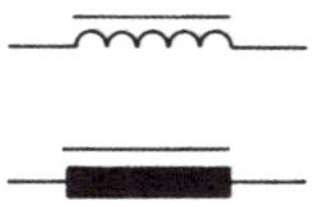

Bild 6.17 Schaltzeichen für Spulen mit Eisenkern

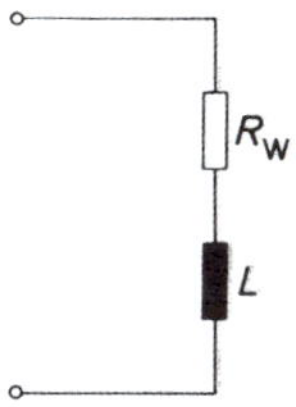

Bild 6.18 Ersatzschaltung einer Spule

6.7 Spulen an Gleichspannung

Die Schaltzeichen in Bild 6.16 und in Bild 6.17 stellen zunächst einmal die *Induktivität* dar. Der immer vorhandene Wicklungswiderstand einer Spule ist ohne besondere Kennzeichnung mit eingeschlossen. Er hat aber meist einen sehr kleinen Ohmwert.

Bei Spulen aus dünnem Draht und großer Windungszahl ist der Wicklungswiderstand R_w nicht mehr zu vernachlässigen. Man verwendet die Ersatzschaltung nach Bild 6.18.

Der Widerstand R in Bild 6.19 stellt den gesamten im Stromkreis vorhandenen Widerstand dar. Wird der Schalter S geschlossen, so steigt der Strom I langsam an. Die Selbstinduktionsspannung der Spule bremst den Strom.

Merksatz

Nach Anlegen der Spannung steigt der Strom durch eine Spule umso langsamer an, je größer die Induktivität L und je kleiner der Widerstand R sind.

Ein Maß für den Stromanstieg ist die sogenannte Zeitkonstante τ.

$$\tau = \frac{L}{R}$$

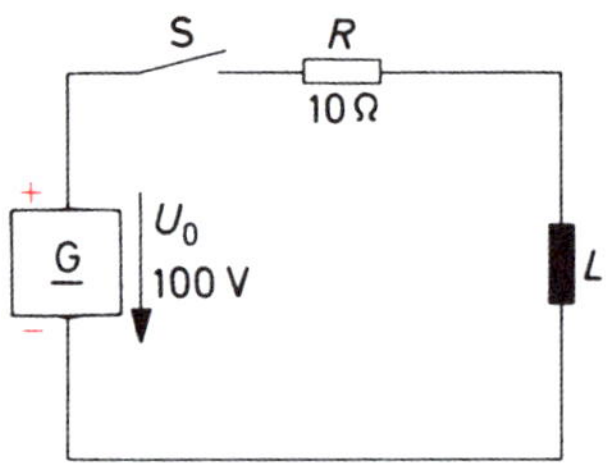

Bild 6.19
Stromkreis mit Spule und Widerstand

Die Zeitkonstante τ gibt die Zeit an, in der der Strom nach dem Einschalten von 0 auf 63 % seines Höchstwertes steigt (Bild 6.20).

Nach fünf Zeitkonstanten ist der Wert I_{max} praktisch erreicht. In der Schaltung nach Bild 6.18 ist I_{max} 10 A. Der Zeitraum von fünf Zeitkonstanten wird als Einschaltzeit t_{ein} bezeichnet.

Die Spule hat jetzt die bei der angelegten Spannung mögliche Energie gespeichert:

$$W = \frac{1}{2} L \cdot I^2$$

L Induktivität in H
I Strom in A
W Energie bzw. elektrische Arbeit in Ws

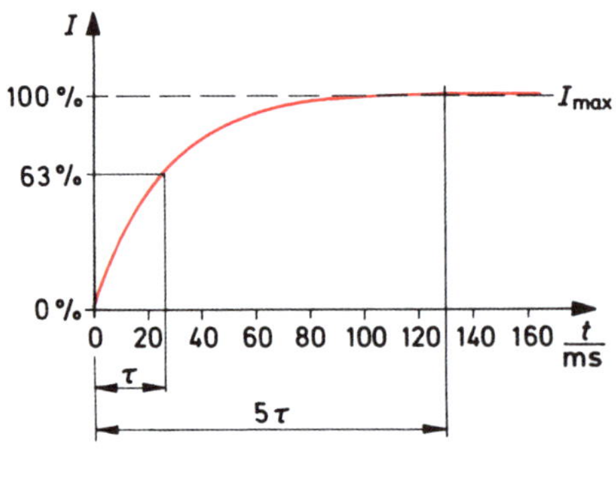

Bild 6.20
Zeitlicher Verlauf des Stromes beim Einschalten einer Spule

Beispiel

Wie groß ist die in einer Spule gespeicherte Energie, wenn die Spule eine Induktivität von 5 H hat und von einem Strom von 10 A durchflossen wird?

$$W = \frac{1}{2} L \cdot I^2$$

$$W = \frac{1}{2} \cdot 5\ \text{H} \cdot (10\ \text{A})^2 = 2{,}5 \cdot \frac{\text{Vs}}{\text{A}} \cdot 100\ \text{A}^2$$

$$W = 250\ \text{Ws}$$

Die in einer Spule gespeicherte Energie kann vielfältig genutzt werden. Wird der Strom, der die Spule durchfließt, plötzlich unterbrochen, so ist die Induktivität der Spule bemüht, den Strom aufrechtzuerhalten. An den Klemmen der Spule kann eine sehr hohe Spannung auftreten. Die Unterbrechungsstelle wird meist von einem Funken, einem kleinen Lichtbogen, überbrückt.

Bild 6.21 zeigt einen wichtigen Anwendungsfall der Nutzung der in einer Spule gespeicherten Energie, die sogenannte Batteriezündung, beim Kraftfahrzeug.

In Schaltungen mit elektronischen Bauelementen, z.B. mit Transistoren, sind Spulen gefährlich. Wird der Strom in der Spule Bild 6.22 durch einen Transistorschalter unterbrochen, so können an den Klemmen der Spule Spannungen auftreten, die den Transistor zerstören. Eine Schutzdiode verhindert das Auftreten hoher Spannungen. Über die Schutzdiode wird ein Strom fließen. Die Energie der Spule wird abgebaut. Was für Spulen gilt, gilt auch für Relaiswicklungen.

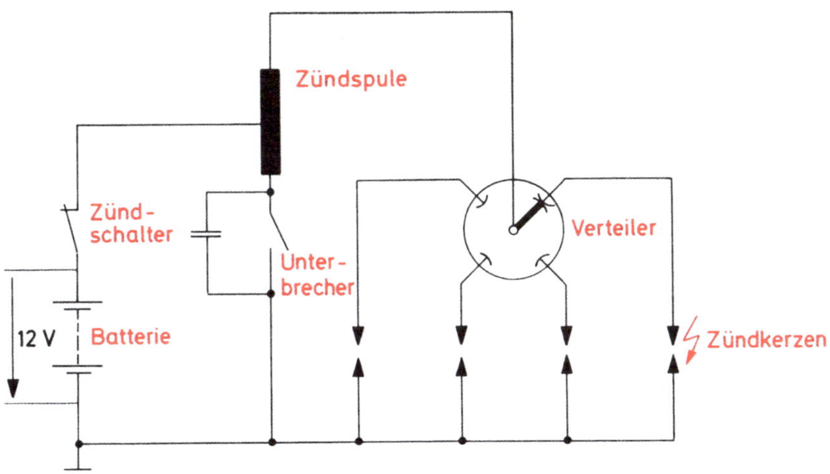

Bild 6.21 Batteriezündung

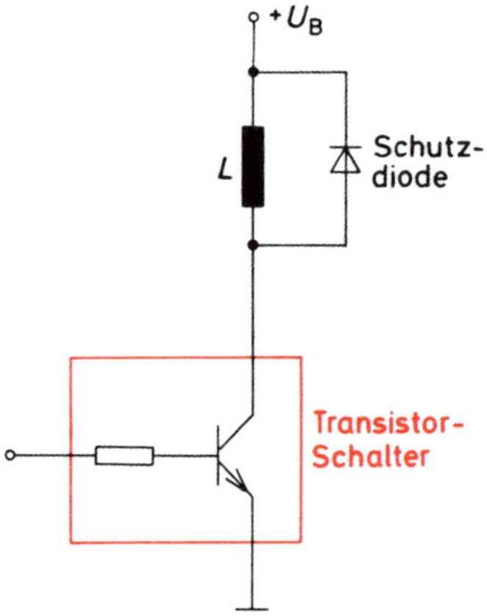

Bild 6.22
Spule mit Schutzdiode

Merksatz

In elektronischen Schaltungen sind Spulen und Relaiswicklungen mit Schutzdioden zu überbrücken.

7 Wechselspannung und Wechselstrom

7.1 Sinusförmige Wechselspannungen

Wird eine Leiterschleife in einem Magnetfeld gedreht, so wird in ihr eine Spannung induziert. Die Spannung lässt sich über das Induktionsgesetz (Abschnitt 6.5) berechnen. Die Spannung ist abhängig von der Änderung des magnetischen Flusses. Durch die Drehung der Spule ändert sich die vom Magnetfeld durchsetzte Fläche. Steht die Spule senkrecht zu den magnetischen Feldlinien, wird sie vom Magnetfeld nicht durchsetzt. Danach wird sie in der anderen Richtung durchströmt. Daher entsteht eine Wechselspannung. Diese Spannung verläuft sinusförmig (Bild 7.1). Der Augenblickswert der Spannung ist zunächst 0, steigt dann bis zu einem Höchstwert von z. B. 100 V und fällt dann wieder auf 0 V ab. Jetzt erfolgt eine Umpolung. Die Spannung geht von 0 V bis auf einen negativen Höchstwert (z. B. –100 V) und strebt dann wieder gegen 0 V. In der waagerechten Achse der Darstellung des sinusförmigen Spannungsverlaufes kann der Winkel α der Spulenstellung oder die Zeit t aufgetragen werden.

In Bild 7.2 sind einige Begriffe der Wechselspannung zeichnerisch erläutert. Man unterscheidet eine *positive* und eine *negative Halbwelle*, die *Periode* und die *Periodendauer*.

Grundsatz

Die Periode einer sinusförmigen Wechselspannung besteht aus einer positiven Halbwelle und aus einer negativen Halbwelle.

Der positive und der negative Höchstwert werden *Scheitelwerte* genannt. Das Formelzeichen ist $\hat{u}$. Beide Scheitelwerte zusammen bilden den Spitze-Spitze-Wert der Spannung, Formelzeichen u_{ss}.

$$u_{ss} = 2 \cdot \hat{u}$$

Der Scheitelwert wird auch *Amplitude* genannt (Amplitude: lateinisch Schwingungsweite).

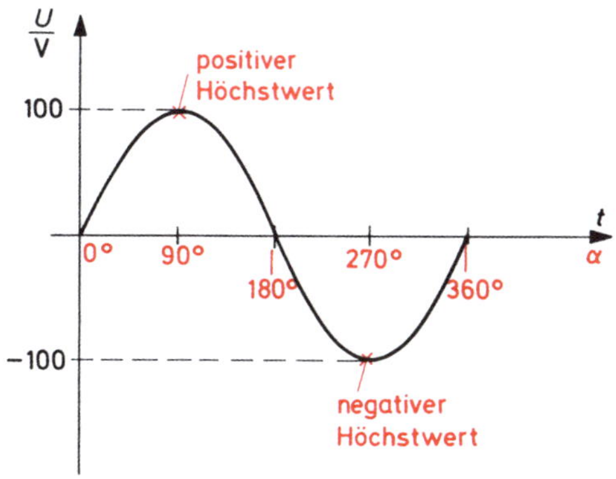

Bild 7.1
Sinusförmiger Spannungsverlauf

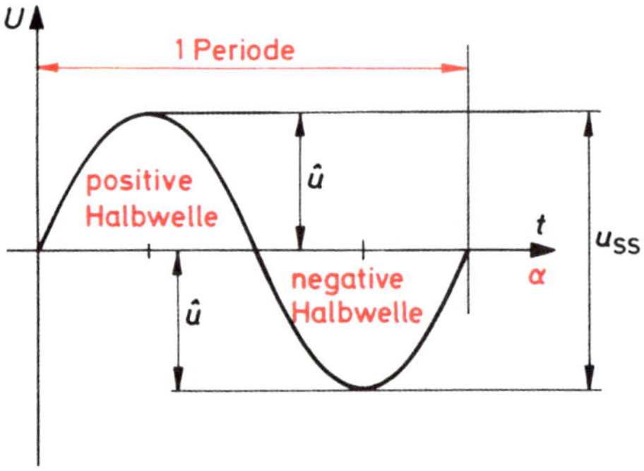

Bild 7.2
Kenngrößen einer sinusförmigen Wechselspannung

Die Periodendauer ist die Zeit, die während einer Periode vergeht. Das Formelzeichen ist *T*.

Ein wichtiger Kennwert ist die Anzahl der Perioden pro Sekunde. Diese Größe wird *Frequenz* genannt.

Definition

Die Frequenz gibt die Anzahl der Perioden pro Sekunde an.

Das Formelzeichen der Frequenz ist *f*.

Die Einheit der Frequenz ist Hertz.

Das Hertz ist eine andere Bezeichnung für die Einheit $\frac{1}{s}$.

$$1\ \text{Hz} = 1\frac{1}{s}$$

In Bild 7.3 ist eine sinusförmige Wechselspannung der Frequenz 10 Hz dargestellt.

Während einer Periode wird ein Winkel von $360° \triangleq 2\,\pi$ durchlaufen. Bei einer Frequenz f ist der in der Sekunde durchlaufene Gesamtwinkel $2\,\pi \cdot f$.

Definition

Der in einer Sekunde durchlaufene Gesamtwinkel wird Kreisfrequenz genannt.

Für die Kreisfrequenz gilt das Formelzeichen ω (griechischer Kleinbuchstabe Omega).

$$\omega = 2\,\pi \cdot f$$

Übliche Untereinheiten der Frequenz:

1 mHz (Millihertz) $= \frac{1}{1000} = 10^{-3}$ Hz

1 kHz (Kilohertz) = 1000 Hz $= 10^{3}$ Hz

1 MHz (Megahertz) = 1 000 000 Hz $= 10^{6}$ Hz

1 GHz (Gigahertz) = 1 000 000 000 Hz $= 10^{9}$ Hz

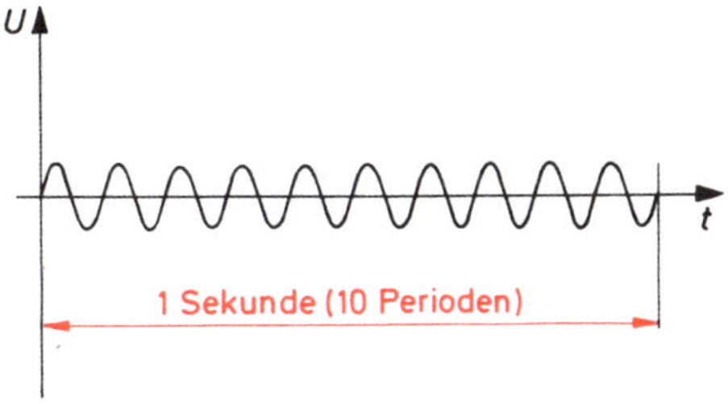

Bild 7.3
Verlauf einer sinusförmigen Wechselspannung mit der Frequenz 10 Hz

Die übliche Wechselspannung in den europäischen Versorgungsnetzen hat eine Frequenz von 50 Hz. In Nordamerika verwendet man eine Frequenz von 60 Hz. Bei 50 Hz ist die Periodendauer 20 Millisekunden. Zwischen Periodendauer und Frequenz besteht folgende Beziehung:

$$f = \frac{1}{T} \qquad T = \frac{1}{f}$$

Tonfrequenzspannungen haben Frequenzen zwischen etwa 20 Hz und 20 000 Hz.

In Sendern für Ton-Rundfunk und Fernsehen verwendet man Spannungen mit Frequenzen von etwa 150 kHz bis 900 MHz.

Jede sinusförmige Wechselspannung hat eine *Wellenlänge*. Die Spannungszustände breiten sich entlang einer Leitung mit Geschwindigkeiten aus, die in der Nähe der Lichtgeschwindigkeit liegen. Wird eine Leitung von einem Wechselspannungs-Generator gespeist, so laufen die eingespeisten Spannungszustände mit der Ausbreitungsgeschwindigkeit v_0 die Leitung entlang.

Ist die Leitung genügend lang, so wird sich auf ihr das Spannungsfeld einer oder mehrerer Sinusschwingungen ausbilden (Bild 7.4). Eine Sinusschwingung wird auch Sinuswelle genannt. Die Länge einer Sinuswelle auf der Leitung ist die Wellenlänge. Das Formelzeichen ist λ (griechischer Kleinbuchstabe Lambda).

Merksatz

Die Wellenlänge λ ist die Leitungslänge, auf der sich eine Sinuswelle ausbildet.

$$\lambda = \frac{v_0}{f}$$

v_0 Ausbreitungsgeschwindigkeit in m/s
f Frequenz in Hz
λ Wellenlänge in m

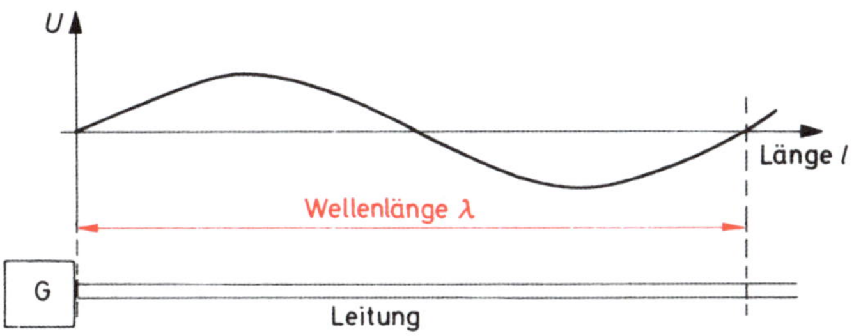

Bild 7.4
Darstellung der Wellenlänge

Beispiel

Wie groß sind die Wellenlänge einer Wechselspannung von 50 Hz und einer Wechselspannung von 500 MHz? Die Ausbreitungsgeschwindigkeit soll 280 000 km/s betragen.

$$\lambda = \frac{v_0}{f}$$

50 Hz: $\lambda_{(50)} = \dfrac{280\,000\,000\,\text{m}}{50\frac{1}{\text{s}}\text{s}} = 5{,}6\ \text{km}$

500 MHz: $\lambda_{(500)} = \dfrac{280\,000\,000\,\text{m}}{500\,000\,000\frac{1}{\text{s}}\text{s}} = 0{,}56\ \text{m} = 56\ \text{cm}$

7.2 Sinusförmige Wechselströme

Wird ein Wechselspannungsgenerator mit einem Widerstand R verbunden, so entsteht ein Wechselstromkreis (Bild 7.5). Die Spannungsrichtung des Generators wird für einen beliebig zu wählenden Augenblick angegeben, ebenfalls die Stromrichtung.

Merksatz

Der Wechselstrom hat den gleichen zeitlichen Verlauf wie die Wechselspannung.

Man sagt, Wechselspannung und Wechselstrom sind phasengleich (Bild 7.6).

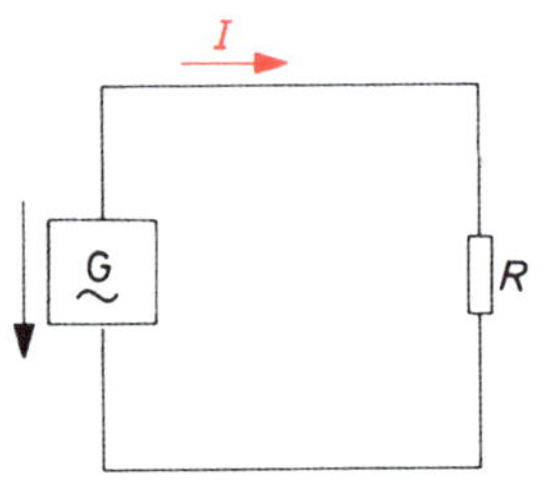

Bild 7.5
Wechselstromkreis

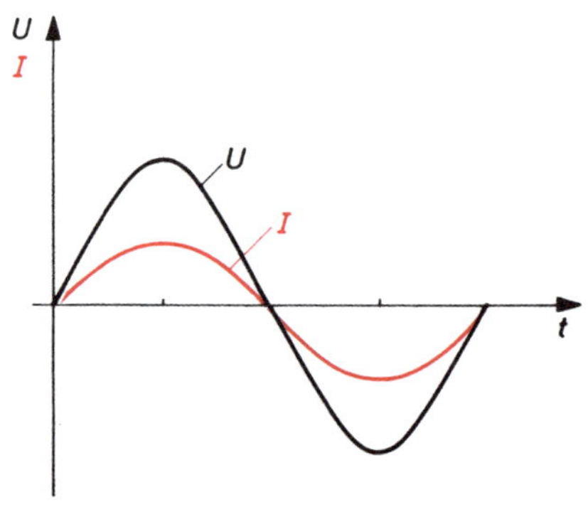

Bild 7.6
Phasengleicher Verlauf von Wechselstrom und Wechselspannung

Merksatz

Sinusförmige Wechselströme ändern ihre Größe und ihre Richtung nach dem Sinusverlauf.

Die strömenden Elektronen wandern hin und zurück. Sie schwingen im Leiter mit der Frequenz des Wechselstromes.

Für den Wechselstromkreis gilt ebenfalls das Ohmsche Gesetz. Doch welche Werte für Spannung und Strom sollen eingesetzt werden? Die Augenblickswerte ändern sich dauernd. Man könnte die Scheitelwerte nehmen:

$$\hat{i} = \frac{\hat{u}}{R}$$

Verwendet werden jedoch meist die *Effektivwerte*. Effektivwerte sind leistungswirksame Werte. Ein Wechselstrom mit einem Effektivwert von z.B. 2 A gibt an einen Widerstand die gleiche Leistung ab wie ein Gleichstrom von 2 A (siehe auch Kapitel 9).

Zwischen Scheitelwert und Effektivwert besteht bei sinusförmigem Wechselstrom folgender Zusammenhang:

$$I_{\text{eff}} = \frac{\hat{i}}{\sqrt{2}} = I$$

Der Effektivwert einer sinusförmigen Wechselspannung ergibt sich entsprechend:

$$U_{\text{eff}} = \frac{\hat{u}}{\sqrt{2}} = U$$

Der Index «eff» wird in der Praxis meist weggelassen. Augenblickswerte werden mit kleinen Buchstaben dargestellt (i_1, i_2, u_1, u_2). Besondere Augenblickswerte sind die Scheitelwerte ($\hat{i}, \hat{u}$). Große Buchstaben stehen für Effektivwerte. Für den Wechselstromkreis gilt:

$$I = \frac{U}{R}$$

7.3 Liniendiagramm und Phasenverschiebung

Wechselströme und Wechselspannungen können in unterschiedlichen Zeiten mit einer Sinusschwingung beginnen. Ihre Sinuskurven sind dann zeitlich und auch winkelmäßig gegeneinander verschoben. Eine solche Verschiebung nennt man *Phasenverschiebung*.

Die beiden Wechselspannungen in Bild 7.7 haben eine Phasenverschiebung von 90°. Die Spannung U_1 ist vorauseilend, d.h., sie erreicht ihren Höchstwert früher als die Spannung U_2. Man sagt, die Spannung U_1 eilt der Spannung U_2 um 90° voraus, oder die Spannung U_2 eilt der Spannung U_1 um 90° nach.

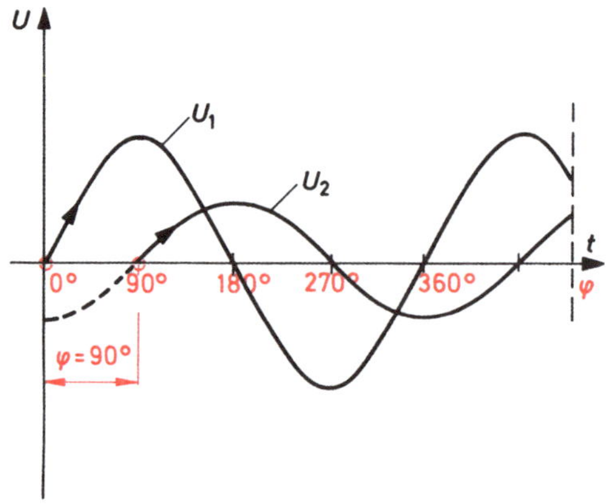

Bild 7.7
Liniendiagramm mit Darstellung von zwei Wechselspannungen U_1 und U_2, die zueinander um 90° phasenverschoben sind

Phasenverschiebungen treten sehr häufig zwischen Wechselströmen und Wechselspannungen auf. Mit Hilfe von Liniendiagrammen kann man solche Phasenverschiebungen anschaulich darstellen.

7.4 Zeigerdiagramme

Sollen mehrere sinusförmige Wechselspannungen dargestellt und auch addiert werden, so ist das Liniendiagramm etwas unpraktisch. Fünf zueinander phasenverschobene Spannungsverläufe z. B. geben ein recht unübersichtliches Bild. Man verwendet *Zeigerdiagramme*.

Eine sinusförmig sich ändernde Wechselspannung wird als Zeiger dargestellt. Dieser Wechselspannungszeiger wird drehend angenommen. Bei einer Frequenz von z.B. 50 Hz nimmt man an, er drehe sich 50-mal in der Sekunde. Die Drehung erfolgt entgegen dem Uhrzeigersinn.

Der Winkel zwischen zwei Zeigern stellt ihre Phasenverschiebung dar. Die Zeigerlänge entspricht dem Scheitelwert der Spannungen. Sinusförmige Wechselströme können auf die gleiche Art als Stromzeiger dargestellt werden.

Merksatz

In ein Zeigerdiagramm dürfen nur Wechselgrößen einer Frequenz eingetragen werden.

In Bild 7.8 ist ein Zeigerdiagramm mit einem Spannungszeiger und einem Stromzeiger dargestellt. Die Spannung eilt gegenüber dem Strom um 90° vor. Das Drehen kann man nicht darstellen.

Merksatz

Zeigerdiagramme sind stets eine Momentaufnahme der Zeigerstellungen.

Zeiger kennzeichnet man durch einen untergesetzten Strich (Bild 7.8).

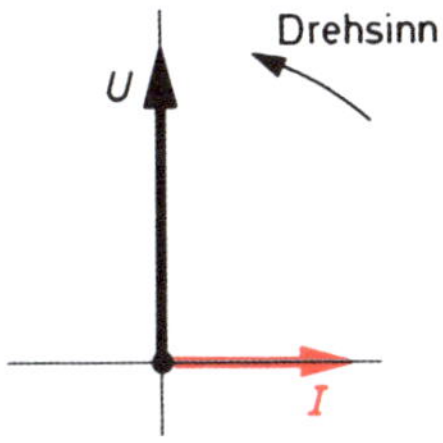

Bild 7.8
Zeigerdiagramm

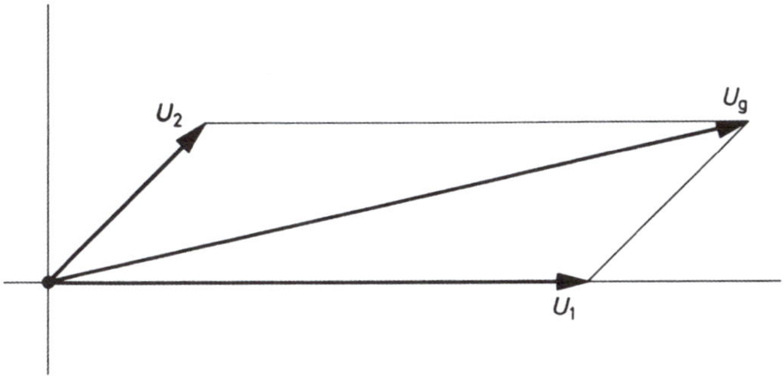

Bild 7.9
Zeigerdiagramm, Addition von zwei Spannungen

Beispiel

Es sollen zwei Wechselspannungen gleicher Frequenz (z. B. 50 Hz) mit Hilfe eines Zeigerdiagrammes addiert werden. Die Phasenverschiebung wird durch den Winkel φ angegeben.

$\hat{u}_1 = 12\ \text{V}$ $\varphi = 0°$

$\hat{u}_2 = 5\ \text{V}$ $\varphi = 45°$

Die Zeiger werden maßstäblich und mit richtigem Winkel φ in das Diagramm eingetragen (Bild 7.9). Aus beiden Zeigern wird ein Parallelogramm gebildet. Sie werden geometrisch addiert. Die Gesamtspannung wird durch den Zeiger U_g dargestellt. Aus dem Diagramm können Scheitelwert und Phasenwinkel abgelesen werden.

7.5 Nichtsinusförmige Wechselgrößen

Mit Wechselgrößen bezeichnet man allgemein Wechselspannungen und Wechselströme. Nichtsinusförmige Wechselgrößen haben eine andere Form, also einen anderen zeitlichen Verlauf als sinusförmige Wechselgrößen. Es gibt unendlich viele verschiedene zeitliche Verläufe, die möglich sind. Technisch wichtig sind die in Bild 7.10 dargestellten Formen. Die gleichen zeitlichen Verläufe, die in Bild 7.10 für Spannungen gelten, gelten ebenso für Ströme. Man kann Rechteckströme, Dreieckströme und Sägezahnströme erzeugen.

Zwischen der waagerechten Achse (Zeitachse) und der Spannungskurve ergeben sich bestimmte Flächen. Nur wenn die Flächen unterhalb und oberhalb der waagerechten Achse gleich groß sind, ist die Spannung eine *Wechselspannung*. Sind die Flächen nicht gleich groß, so ist die Spannung eine *Mischspannung*.

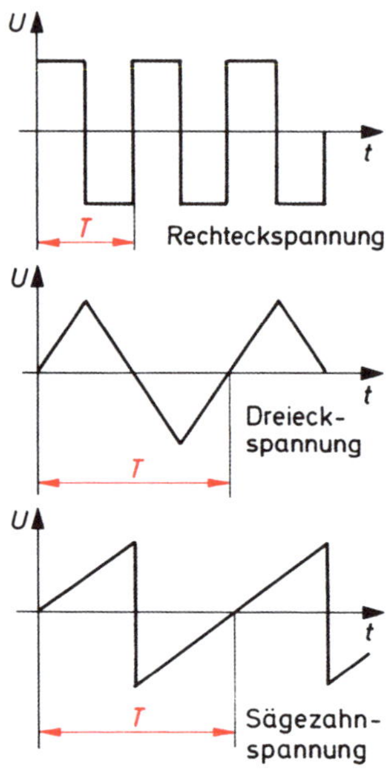

Bild 7.10
Nichtsinusförmige Wechselspannungen

Merksatz

Eine Mischspannung besteht aus einer Wechselspannung mit einer überlagerten Gleichspannung.

Die in Bild 7.11 dargestellten Spannungen sind Mischspannungen.

Was für die Spannungen gilt, gilt entsprechend für die Ströme. Es gibt Wechselströme und Mischströme.

Nichtsinusförmige Wechselgrößen haben eine bestimmte Periodendauer T. Aus ihr ergibt sich die Grundfrequenz f_g:

$$f_g = \frac{1}{T}$$

Nach Untersuchungen von FOURIER enthält jede nichtsinusförmige Größe außer der Grundfrequenz noch weitere Frequenzen. Die genaue Berechnung erfolgt mit Hilfe der Fourier-Analyse.

Merksatz

Jede nichtsinusförmige Spannung ist aus mehreren sinusförmigen Spannungen zusammengesetzt, deren Frequenzen und Amplituden unterschiedlich sind. Sie können zueinander phasenverschoben sein.

Die Frequenz 0 Hz kann ebenfalls auftreten. Die nichtsinusförmige Spannung kann einen Gleichspannungsanteil haben.

Bild 7.11
Mischspannungen

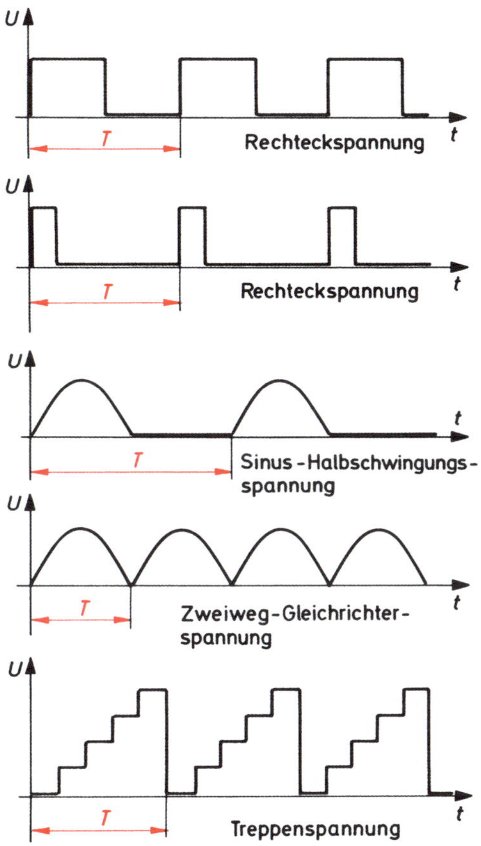

Einen Beweis für die Richtigkeit dieser Aussage liefert die Schallplatte. Eine einzige nichtsinusförmige Rille erzeugt im Tonabnehmer eine praktisch gleichgeformte Spannung. In dieser nichtsinusförmigen Spannung sind sehr viele Frequenzen enthalten, die unterschiedlichsten Töne verschiedener Musikinstrumente bzw. Gesangsstimmen.

Eine Rechteckspannung nach Bild 7.12 hat einen Höchstwert $u_m = 2$ V und eine Periodendauer $T = 1$ ms. Es ergibt sich eine Grundfrequenz von 1 kHz. Diese Rechteckspannung enthält nach FOURIER folgende sinusförmige Spannungen:

Grundschwingung: $f_1 = 1$ kHz, $\hat{u}_1 = \frac{4}{\pi} \cdot u_m = \frac{4}{\pi} \cdot 2\text{ V} = 2{,}55\text{ V}$, $\varphi = 0$

3. Oberschwingung: $f_3 = 3$ kHz, $\hat{u}_3 = \frac{1}{3} \cdot 2{,}55\text{ V} = 0{,}850\text{ V}$, $\varphi = 0$

5. Oberschwingung: $f_5 = 5$ kHz, $\hat{u}_5 = \frac{1}{5} \cdot 2{,}55\text{ V} = 0{,}510\text{ V}$, $\varphi = 0$

7. Oberschwingung: $f_7 = 7$ kHz, $\hat{u}_7 = \frac{1}{7} \cdot 2{,}55\text{ V} = 0{,}364\text{ V}$, $\varphi = 0$

9. Oberschwingung: $f_9 = 9$ kHz, $\hat{u}_9 = \frac{1}{9} \cdot 2{,}55\text{ V} = 0{,}283\text{ V}$, $\varphi = 0$

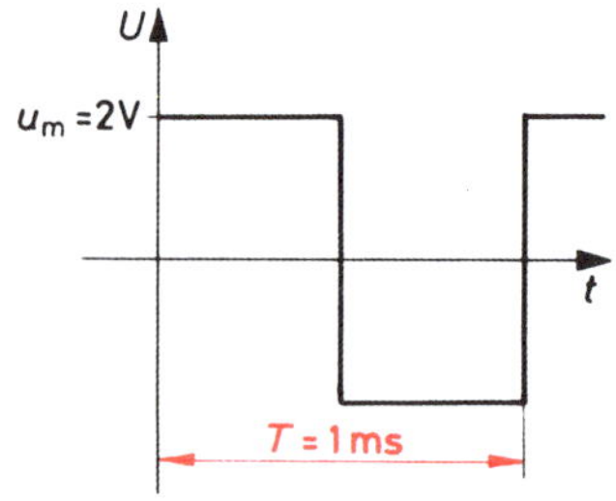

Bild 7.12
Rechteckspannung mit u_m = 2 V und einer Periodendauer von 1 ms

Addiert man diese Spannungen, so erhält man eine angenäherte Rechteckspannung. Die Annäherung an die Rechteckform ist umso besser, je weiter man die vorstehende Reihe fortsetzt, je mehr Oberschwingungen man einbezieht (Bild 7.13): $u_S = u_1 + u_2 + u_3$.

Die ideale Rechteckspannung ergibt sich erst, wenn alle ungeradzahligen Oberschwingungen bis zur unendlichen Oberschwingung addiert werden. Die Angabe $\varphi = 0$ bedeutet, dass alle Sinusspannungen mit der Phasenlage $\varphi = 0$ beginnen, die Phasenverschiebungen also null sind.

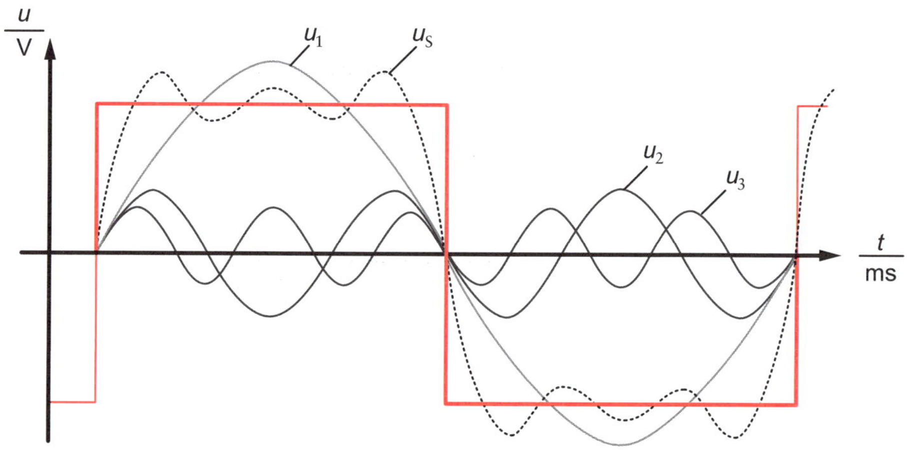

Bild 7.13 Veranschaulichung der Fourier-Addition

8 Blindwiderstände und Scheinwiderstand

8.1 Induktiver Blindwiderstand und Blindleitwert

Werden Spulen von Wechselstrom durchflossen, entsteht in ihnen eine *Selbstinduktionsspannung*. Diese bremst den Strom im Stromkreis. Es handelt sich hier um eine Widerstandswirkung anderer Art. Ursache des Widerstandes ist die Gegenspannung. Es wird keine elektrische Leistung in Wärmeleistung umgesetzt. Dieser Widerstand wird daher *Blindwiderstand* genannt. Da der Blindwiderstand von einer Spule, also von einer Induktivität, herkommt, wurde die Bezeichnung *induktiver Blindwiderstand* gewählt, Formelzeichen X_L.

Merksatz

Jede von Wechselstrom durchflossene Spule hat einen induktiven Blindwiderstand X_L.

Für *sinusförmigen Wechselstrom* gilt:

$$X_L = 2\pi \cdot f \cdot L$$

$$X_L = \omega \cdot L$$

ω Kreisfrequenz in $\frac{1}{s}$
L Induktivität in H
X_L induktiver Blindwiderstand in Ω

Grundsatz

Die Einheit des induktiven Blindwiderstandes ist das Ohm (Ω).

Merksatz

Der induktive Blindwiderstand steigt mit zunehmender Frequenz an.

Die Abhängigkeit ist linear. Doppelte Frequenz ergibt doppelten Widerstandswert (Bild 8.2).

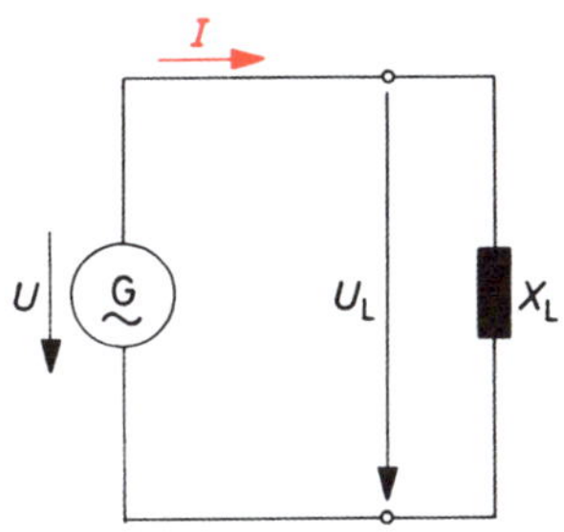

Bild 8.1
Stromkreis mit Spule

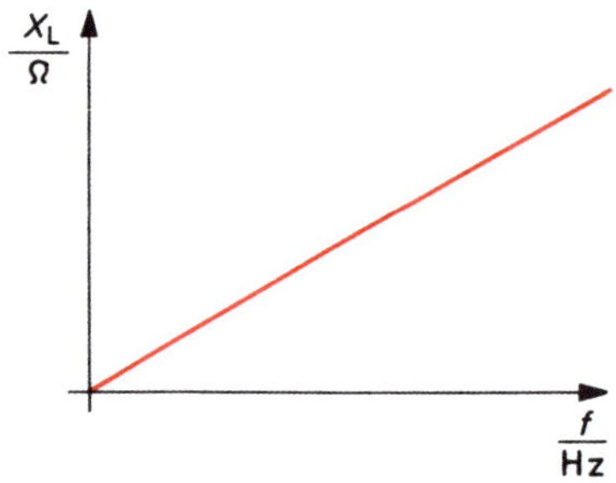

Bild 8.2
Abhängigkeit des induktiven Blindwiderstandes X_L von der Frequenz f

Das Ohmsche Gesetz gilt auch für Stromkreise mit induktiven Blindwiderständen. Für Strom und Spannung werden die Effektivwerte eingesetzt (Bild 8.1). X_L steht für eine verlustfreie Spule.

$$I = \frac{U_L}{X_L}$$

Zwischen Strom und Spannung entsteht eine Phasenverschiebung. Der Strom eilt um 90° gegenüber der Spannung nach.

Merksatz

Bei Induktivitäten Ströme sich verspäten! Oder anders ausgedrückt:
Bei sinusförmigem Wechselstrom eilt die Spannung U an einer verlustfreien Spule gegenüber dem Strom I um 90° voraus.

Das Zeigerdiagramm Bild 8.3 veranschaulicht das.

Außer dem induktiven Blindwiderstand X_L wird auch der *induktive Blindleitwert* B_L verwendet.

$$B_L = \frac{1}{X_L}$$

Merksatz

Der induktive Blindleitwert B_L ist der Kehrwert des induktiven Blindwiderstandes X_L.

Die Einheit des induktiven Blindleitwertes ist Siemens (S).

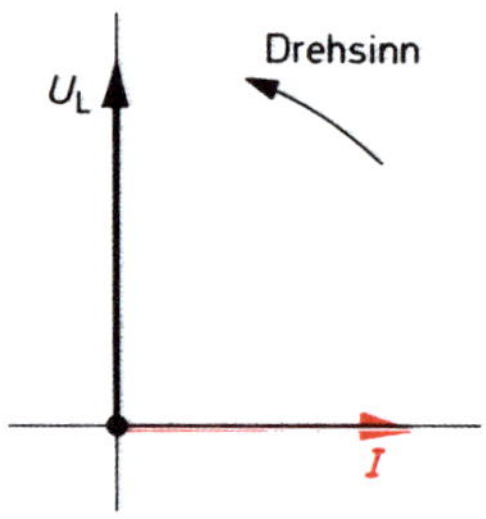

Bild 8.3
Zeigerdiagramm für eine verlustfreie Spule

8.2 Kapazitiver Blindwiderstand und Blindleitwert

Legt man einen Kondensator in einen Wechselstromkreis, so fließt ein Strom (Bild 8.4).

Merksatz

Ein Kondensator lässt den Wechselstrom durch.

Das ist zunächst überraschend, denn das Dielektrikum des Kondensators isoliert ja. Bei Wechselstrom führen die Elektronen im Leiter Schwingbewegungen aus. Liegt nun ein Kondensator im Leitungsverlauf, so schwingen die Elektronen auf die Platten hinauf und wieder herunter (Bild 8.5). Die Schwingung setzt sich, durch das elektrische Feld gekoppelt, über den Kondensator hinweg fort. Man müsste genauer sagen:

Merksatz

Eine Wechselstromschwingung setzt sich über einen Kondensator hinweg fort.

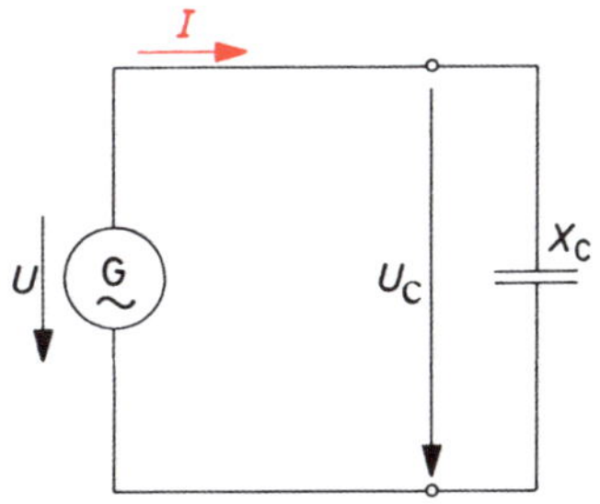

Bild 8.4
Kondensator im Wechselstromkreis

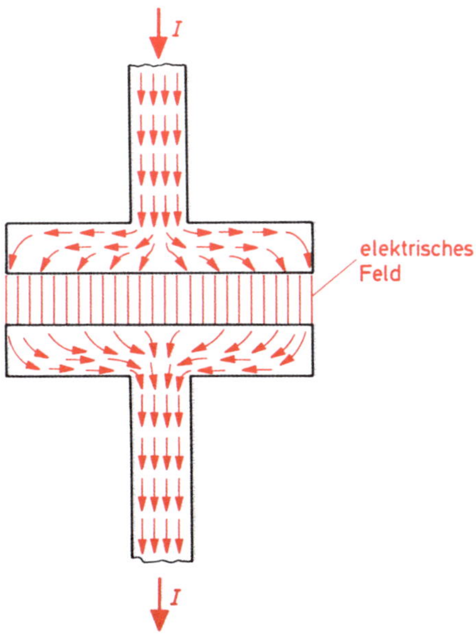

Bild 8.5
Fortsetzung einer Wechselstromschwingung über einen Kondensator hinweg

Ein Kondensator lässt die Wechselstromschwingung jedoch nicht ohne Bremswirkung durch. Der Kondensator wird geladen und wieder entladen. Die Spannung, auf die der Kondensator aufgeladen wird, wirkt als Gegenspannung. Auch hier tritt eine Widerstandswirkung durch Gegenspannung auf.

Die Widerstandswirkung durch Gegenspannung wird *Blindwiderstand* genannt. Da dieser Blindwiderstand von einem Kondensator, also von einer Kapazität, herkommt, wird er *kapazitiver Blindwiderstand* genannt, Formelzeichen X_C. Der kapazitive Blindwiderstand verbraucht keine Leistung.

Merksatz

Jeder an Wechselspannung liegende Kondensator hat einen kapazitiven Blindwiderstand X_C.

Für *sinusförmigen Wechselstrom* gilt:

$$X_C = \frac{1}{2\pi \cdot f \cdot C}$$

$$X_C = \frac{1}{\omega \cdot C}$$

ω Kreisfrequenz in $\frac{1}{s}$

C Kapazität in F

X_C Kapazitiver Blindwiderstand in Ω

Merksatz

Der kapazitive Blindwiderstand wird mit zunehmender Frequenz kleiner.

Ströme höherer Frequenzen können sich über Kondensatoren leichter ausbreiten als Ströme mit niedrigerer Frequenz. Den Widerstandsverlauf von X_C zeigt Bild 8.6.

Zwischen der Kondensatorspannung U_C und dem Strom I entsteht eine Phasenverschiebung. Bei verlustfreien Kondensatoren eilt der Strom gegenüber U_C um 90° vor. Dies ist verständlich, wenn man bedenkt, dass zunächst ein Strom auf den Kondensator fließen muss, bevor an seinen Klemmen eine Ladespannung auftreten kann (Bild 8.7). Das zugehörige Zeigerdiagramm zeigt Bild 8.8.

Merksatz

Bei sinusförmiger Wechselspannung eilt der Strom I durch einen verlustfreien Kondensator der Kondensatorspannung U_C um 90° voraus.

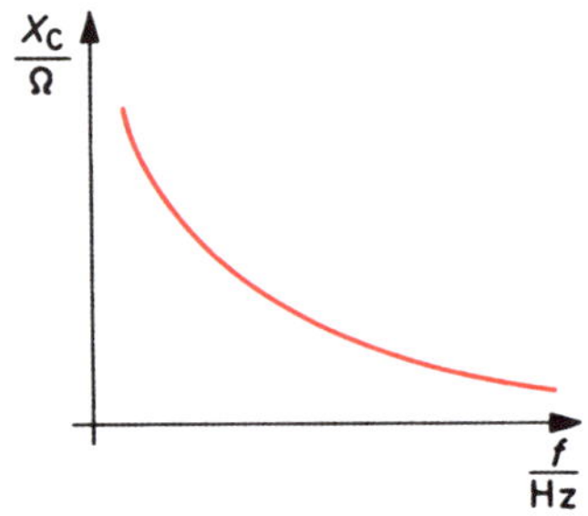

Bild 8.6
Widerstandsverlauf des kapazitiven Blindwiderstandes X_C in Abhängigkeit von der Frequenz f

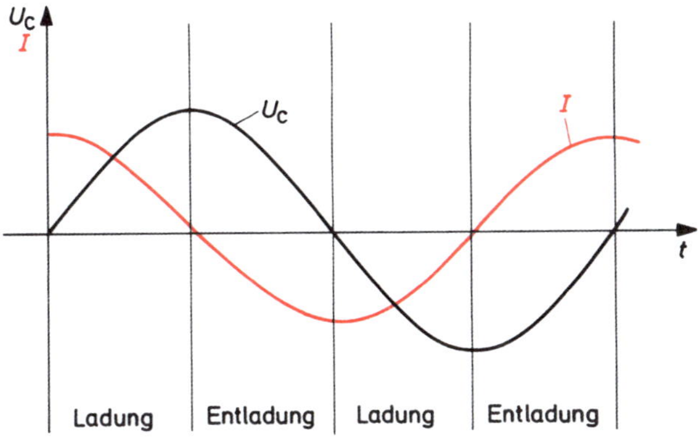

Bild 8.7
Zeitlicher Verlauf von Kondensatorspannung U_C und Strom I

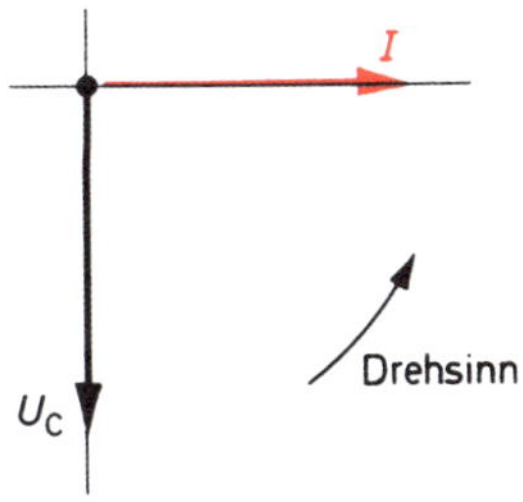

Bild 8.8
Zeigerdiagramm für einen verlustfreien Kondensator

Beispiel

Ein Kondensator hat eine Kapazität von 10 µF. Wie groß ist sein Blindwiderstand X_C bei 50 Hz und bei 5 kHz?

Bei 50 Hz:

$$X_C = \frac{1}{\omega \cdot C} = \frac{1}{2\pi \cdot 50 \frac{1}{s} \cdot 10 \cdot 10^{-6}\,F} = \frac{1000000}{6{,}28 \cdot 500 \frac{As}{sV}} = 318{,}47\ \Omega$$

Bei 5 kHz:

$$X_C = \frac{1}{\omega \cdot C} = \frac{1}{6{,}28 \cdot 5000 \frac{1}{s} \cdot 10 \cdot 10^{-6}\,F} = \frac{1000000}{6{,}28 \cdot 50000 \frac{As}{sV}} = 3{,}1847\ \Omega$$

Außer dem kapazitiven Blindwiderstand X_C wird vor allem für Rechenzwecke auch der kapazitive *Blindleitwert* B_C verwendet.

$$B_C = \frac{1}{X_C}$$

Merksatz

Der kapazitive Blindleitwert B_C ist der Kehrwert des kapazitiven Blindwiderstandes.

Die Einheit des kapazitiven Blindleitwertes ist Siemens (S).

8.3 Scheinwiderstand und Scheinleitwert

Der in einem Wechselstromkreis vorhandene Gesamtwiderstand wird *Scheinwiderstand* genannt. Die Namensgebung ist nicht sehr günstig, denn der Scheinwiderstand ist tatsächlich und nicht nur «scheinbar» vorhanden. Das Formelzeichen des Scheinwiderstandes ist Z.

In Bild 8.9 besteht der Scheinwiderstand aus R und X_L. Für die Spannungen und für den Scheinwiderstand Z gelten:

$$U_R = I \cdot R$$
$$U_L = I \cdot X_L$$
$$U = \sqrt{U_R^2 + U_L^2}$$

$$Z = \sqrt{R^2 + X_L^2}$$

$$I = \frac{U}{Z}$$

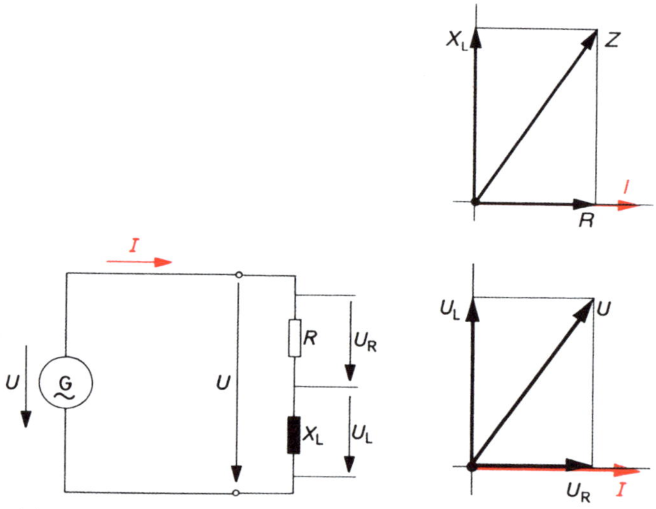

Bild 8.9 Stromkreis mit Scheinwiderstand aus R und X_L mit zugehörigen Zeigerdiagrammen

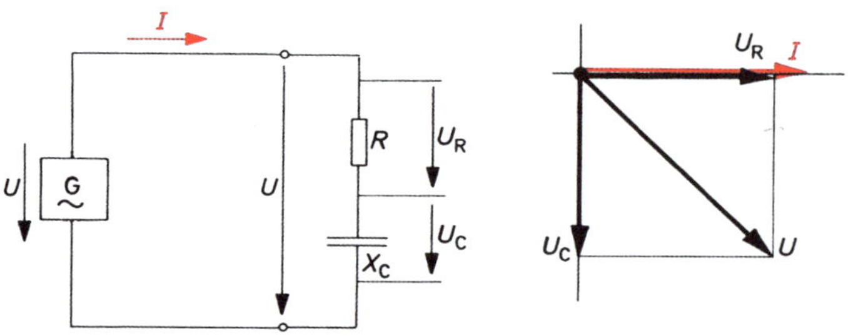

Bild 8.10 Stromkreis mit Scheinwiderstand aus R und X_C mit zugehörigen Zeigerdiagrammen

Für die Schaltung in Bild 8.10 gilt entsprechend:

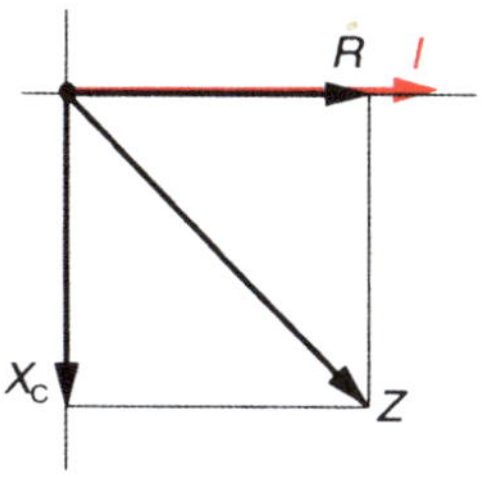

$U_R = I \cdot R$
$U_C = I \cdot X_C$

$U_C = \sqrt{U_R^2 + U_C^2}$

$Z = \sqrt{R^2 + X_C^2}$

$$I = \frac{U}{Z}$$

Scheinwiderstände können aus Reihenschaltungen und aus Parallelschaltungen beliebig vieler Widerstände R, X_L und X_C aufgebaut sein. Es gibt sehr viele verschiedene mögliche Schaltungen.

Neben dem Scheinwiderstand wird der *Scheinleitwert* verwendet. Das Formelzeichen ist Y.

Grundsatz

Der Scheinleitwert Y ist der Kehrwert des Scheinwiderstandes Z.

$$Y = \frac{1}{Z}$$

Wie bei allen Leitwerten ist auch die Einheit des Scheinleitwertes Siemens (S).

9 Arbeit und Leistung bei Wechselstrom

9.1 Elektrische Leistung

Die Gleichstromleistung ergibt sich als Produkt aus Strom und Spannung (siehe Kapitel 3). Für die Wechselstromleistung gilt im Prinzip das Gleiche. Auch sie ergibt sich als Produkt aus Strom und Spannung, nur muss man die Augenblickswerte einsetzen:

$$p = u \cdot i$$

u Augenblickswert der Spannung
i Augenblickswert des Stromes
p Augenblickswert der Leistung

Die Wechselstromleistung schwankt zwischen 0 und einem Höchstwert. Ihre Frequenz ist doppelt so groß wie die von Strom und Spannung (Bild 9.1).

In der Praxis interessiert die mittlere Wechselstromleistung P_m, auch P genannt. Sie ergibt sich aus dem *Produkt der Effektivwerte* von Wechselstrom und Wechselspannung, wenn keine Phasenverschiebung vorhanden ist.

$$P = U \cdot I$$

U Effektivwert der Spannung
I Effektivwert des Stromes
P Wechselstromleistung (mittlerer Wert)

Definition

Effektivwerte sind leistungswirksame Werte.

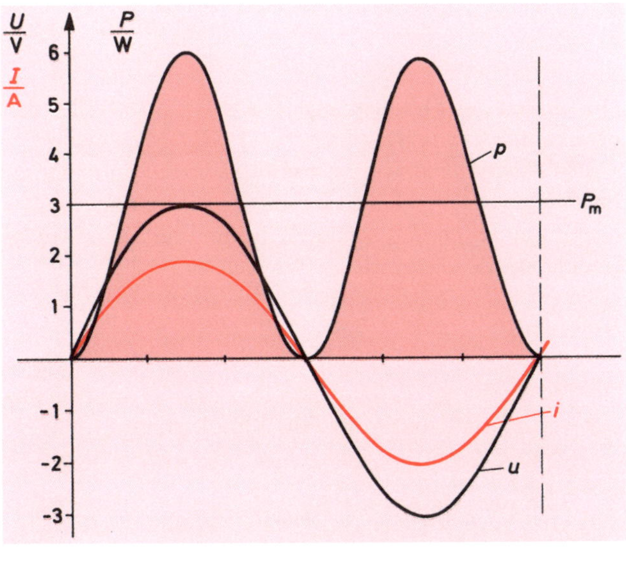

Bild 9.1
Zeitlicher Verlauf der Wechselstromleistung

Die Leistungswirksamkeit hängt von der Form von Wechselstrom und Wechselspannung ab.

Für Sinusform gilt:

$$I = \frac{\hat{\imath}}{\sqrt{2}} \qquad U = \frac{\hat{u}}{\sqrt{2}}$$

Verwendet man die Effektivwerte, so sind alle Leistungsformeln der Gleichstromtechnik gültig, sofern zwischen U und I keine Phasenverschiebung besteht.

$$P = U \cdot I \qquad P = \frac{U^2}{R} \qquad P = I^2 \cdot R$$

Die Leistung P ist die wirksame Leistung, die *Wirkleistung*.

Merksatz

Besteht zwischen Wechselstrom und Wechselspannung eine Phasenverschiebung von 90°, so wird an den Verbraucher keine Leistung abgegeben.

Dies ist bei verlustfreien Spulen und Kondensatoren der Fall. Das Produkt aus den Effektivwerten von Strom und Spannung wird *Blindleistung* genannt (Formelzeichen Q).

$$Q = U_L \cdot I = U_C \cdot I$$

U_L Spannung an einer verlustfreien Spule
U_C Spannung an einem verlustfreien Kondensator
I Strom
Q Blindleistung

Die Einheit der Blindleistung ist das Watt. Anstelle von Watt wird auch Volt-Amperereaktiv, Var, verwendet.

Die Phasenverschiebung zwischen Strom und Spannung liegt meist zwischen 0° und 90°. In solchen Fällen kann man die Spannung U in Teilspannungen (Komponenten) aufteilen. U_w ist die Teilspannung, die mit dem Strom I in Phase ist. U_w erzeugt mit dem Strom I die Wirkleistung P:

$$P = U_w \cdot I$$

Die Teilspannung U_{bl} hat gegenüber dem Strom eine Phasenverschiebung von 90°. U_{bl} erzeugt mit dem Strom I die Blindleistung Q:

$$Q = U_{bl} \cdot I$$

Bild 9.2
Aufteilung einer Spannung U in ihre Komponenten U_w und U_{bl}

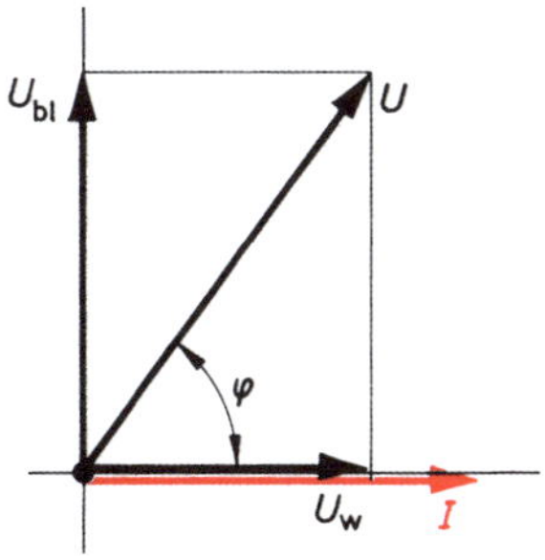

Mit Hilfe der Winkelfunktionen Cosinus und Sinus lassen sich U_w und U_{bl} anders darstellen:

$$\cos\varphi = \frac{U_w}{U}, \qquad U_w = U \cdot \cos\varphi$$

$$\sin\varphi = \frac{U_{bl}}{U}, \qquad U_{bl} = U \cdot \sin\varphi$$

Damit ergeben sich folgende wichtige Leistungsformeln:

$P = U \cdot I \cdot \cos\varphi$	P Wirkleistung
$Q = U \cdot I \cdot \sin\varphi$	Q Blindleistung

Für rechnerische Zwecke wird außerdem die sogenannte *Scheinleistung* verwendet. Das Formelzeichen ist S.

$S = U \cdot I$	S Scheinleistung

Mit der Scheinleistung S können die vorstehenden Leistungsformeln noch kürzer geschrieben werden:

$$P = S \cdot \cos\varphi$$

$$Q = S \cdot \sin\varphi$$

Die Einheit der Scheinleistung ist ebenfalls das Watt. Für 1 W wird oft auch 1 VA (Voltampere) geschrieben.

9.2 Elektrische Arbeit

Wie in der Gleichstromtechnik, so ist auch in der Wechselstromtechnik Arbeit das Produkt aus Leistung mal Zeit.

Grundsatz

Nur die Wirkleistung verrichtet eine Arbeit.

$W = P \cdot t$	P Wirkleistung in W t Zeit in s W Elektrische Arbeit in Ws

Eine Wattsekunde (Ws) wird auch ein *Joule* genannt. Außer Ws sind die in Kapitel 3 angegebenen Arbeitseinheiten üblich, insbesondere die Kilowattstunde (kWh).

Beispiel 1

Ein Verbraucher nach Bild 9.3 ist an das Wechselstromnetz (230 V) angeschlossen. Wie groß sind die Scheinleistung, die Wirkleistung und die Blindleistung, die der Verbraucher aufnimmt?

Berechnen Sie die Spannungen U_w und U_{bl}.

$$Z = \sqrt{R^2 + X_L^2} = \sqrt{(50\,\Omega)^2 + (100\,\Omega)^2} = \sqrt{2500 + 10000}\,\Omega$$

$$Z = \sqrt{12500}\,\Omega = 111{,}8\,\Omega$$

$$I = \frac{U}{Z} = \frac{230\,\text{V}}{111{,}8\Omega} = 2{,}057\,\text{A}$$

$$\cos\varphi = \frac{R}{Z} = \frac{50\Omega}{118{,}8\Omega} = 0{,}4472$$

$$\varphi = 63{,}43°$$

$$\sin\varphi = \sin 63{,}43° = 0{,}8944$$

$$S = U \cdot I = 230\,\text{V} \cdot 2{,}057\,\text{A} = 473{,}17\,\text{W}$$

$$P = S \cdot \cos\varphi = 473{,}17\,\text{W} \cdot 0{,}4472 = 211{,}6\,\text{W}$$

$$Q = S \cdot \sin\varphi = 473{,}17\,\text{W} \cdot 0{,}8944 = 423{,}2\,\text{W}$$

$$U_w = I \cdot R = 2{,}057\,\text{A} \cdot 50\,\Omega = 102{,}86\,\text{V}$$

$$U_{bl} = I \cdot X_L = 2{,}057\,\text{A} \cdot 100\,\Omega = 205{,}7\,\text{V}$$

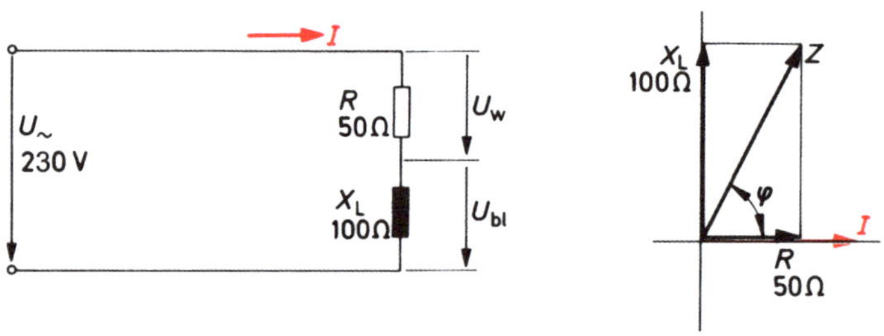

Bild 9.3 Wechselstromschaltung mit Zeigerdiagramm

Beispiel 2

Ein Fernsehgerät hat eine Leistungsaufnahme von 85 Watt (Wirkleistung). Eine Kilowattstunde kostet an diesem Ort 21 Cent. Wie lange kann das Gerät betrieben werden, bis Energiekosten von 10 € entstanden sind?

$$\frac{10\,€}{0{,}21\,€/\text{kWh}} = 47{,}6\,\text{kWh},\ W = P = t\ ;\ t = \frac{W}{P} = \frac{47\,600\,\text{Wh}}{85\,\text{W}} = 560\,\text{h}$$

Das Gerät kann 560 Stunden betrieben werden.

10 Mehrphasenwechselstrom (Drehstrom)

10.1 Drehstromsysteme

Drehstrom ist keine besondere Stromart. Mehrere sinusförmige Wechselströme verschiedener Phasenlage werden miteinander zu einem Drehstromsystem verknüpft.

Der Drehstromgenerator nach Bild 10.1 hat drei voneinander getrennte gleiche Wicklungen. In jeder Wicklung wird eine sinusförmige Spannung induziert. Die Wicklungen sind räumlich so angeordnet, dass die erzeugten Spannungen zueinander jeweils um 120° phasenverschoben sind (Bild 10.2).

Jede Spannung stellt eine Phase dar. Alle Phasen zusammen bilden das Dreiphasensystem. Dreiphasensysteme werden in der Energieversorgung und in Kraftfahrzeugen verwendet (Drehstromlichtmaschine).

Drehstromsysteme mit mehr als drei Phasen werden selten eingesetzt. In der Steuer- und Regelungstechnik findet man Sechsphasen- und Neunphasensysteme. Elektronisch gesteuerte Antriebe sind mit Drehstromsystemen beliebiger Phasenzahl möglich.

Das technisch wichtigste Drehstromsystem ist das Dreiphasensystem. Man spricht hier treffender von einem *Dreiphasen-Wechselstrom-System.*

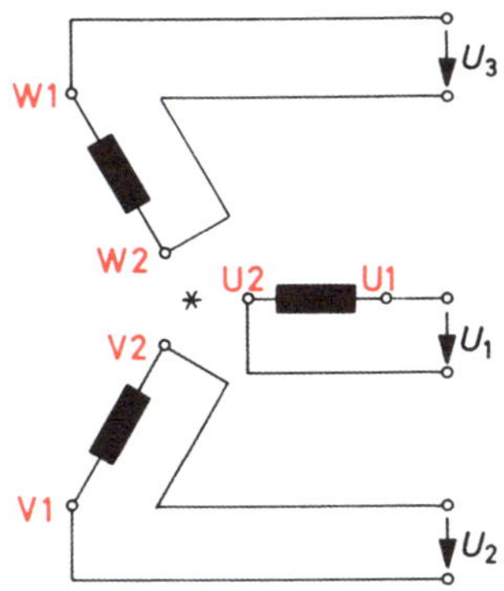

Bild 10.1
Drehstromgenerator mit
3 Phasen (Prinzipschaltbild)

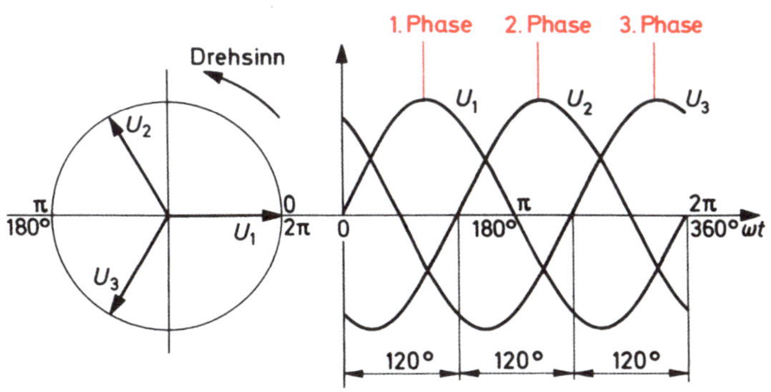

Bild 10.2 Spannungen in einem Dreiphasensystem

10.2 Anwendungen

Der Transport elektrischer Energie ist mit Drehstromsystemen besonders wirtschaftlich. Das mitteleuropäische Verbundnetz ist als Dreiphasen-Wechselstrom-System aufgebaut. Ein Verteilungsnetz mit normalem Wechselstrom, also ein Einphasen-Wechselstrom-System, würde erheblich größere Leitungsquerschnitte erfordern oder höhere Energieverluste auf den Leitungen zur Folge haben.

Merksatz

Drehstromsysteme erlauben es, elektrische Energie wirtschaftlich zu transportieren und zu verteilen.

Mit Drehstromsystemen lassen sich drehende Magnetfelder erzeugen. Ein drehendes Magnetfeld wird *Drehfeld* genannt. Es kann rechtsherum oder linksherum drehen. Eine Magnetnadel, die sich im Innern eines Drehfeldes befindet, wird mitgedreht. Ebenfalls werden drehbar angeordnete, elektrisch leitfähige Körper gedreht. Diese Eigenschaft des Drehfeldes gibt die Möglichkeit, einfache Motoren herzustellen. Die Drehbewegung des Generators im Kraftwerk wird über das Drehstromsystem bis zum Verbraucher übertragen.

Drehstromgeneratoren lassen sich auch verhältnismäßig einfach herstellen. Kraftfahrzeug-Lichtmaschinen sind heute meist Drehstromgeneratoren.

Merksatz

Motoren und Generatoren für Drehstrom sind einfach aufgebaut und daher wirtschaftlich.

10.3 Sternschaltung

Die drei Spannungen U_1, U_2, und U_3 eines Drehstromgenerators nach Bild 10.1 könnten über sechs Leitungen fortgeleitet werden. Man kann jedoch Leitungen einsparen, wenn man die Spulen zusammenschaltet. Die in Bild 10.3 dargestellte Zusammenschaltung wird *Sternschaltung* genannt.

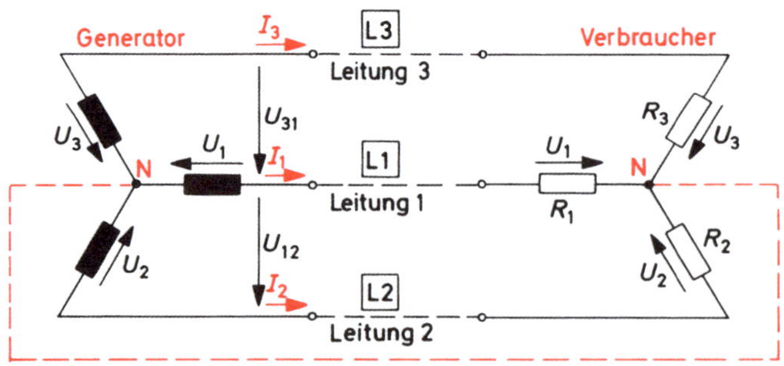

Bild 10.3 Sternschaltung von Generator und Verbraucher

Die Spannungen U_1, U_2 und U_3 sind die *Sternspannungen* oder *Strangspannungen*. Zwischen den Außenleitern L1, L2 und L3 sind die *Außenleiterspannungen* $U_{1\,2}$, $U_{2\,3}$ und $U_{3\,1}$ vorhanden. Die Ströme I_1, I_2 und I_3 heißen *Außenleiterströme* oder Strangströme. Der Verbraucher besteht aus den Widerständen R_1, R_2 und R_3, die ebenfalls in Sternschaltung angeordnet sind.

Jeweils zwei Sternspannungen bzw. Strangspannungen werden zu einer Außenleiterspannung verkettet.

Merksatz

Bei Sternschaltung ist jede Außenleiterspannung um den Verkettungsfaktor $\sqrt{3}$ größer als eine Strangspannung.

Der Strangstrom ist gleich einem Außenleiterstrom.

Beispiel

Jede Sternspannung beträgt 230 V (Effektivwert). Wie groß sind die Effektivwerte der Außenleiterspannungen?

$U_{1\,2} = \sqrt{3} \cdot U_1$
$U_{1\,2} = 1{,}732 \cdot 230\ \text{V}$
$U_{1\,2} = 398\ \text{V} \approx 400\ \text{V}$

Die Verbraucherwiderstände R_1, R_2 und R_3 sind normalerweise gleich groß. Es liegt ein *symmetrisches Drehstromsystem* vor.

Grundsatz

In einem symmetrischen Drehstromsystem ist die Summe der Augenblickswerte der Ströme stets Null.

Das ist leicht einzusehen, denn die Ströme sind um jeweils 120° gegeneinander phasenverschoben. Eine Rückleitung eines Stromes vom Mittelpunkt N ist also nicht erforderlich.

Sind die Verbraucherwiderstände R_1, R_2 und R_3 nicht gleich groß, so ist ein *unsymmetrisches* Drehstromsystem vorhanden. Die Summe der Ströme I_1, I_2 und I_3 ist nicht Null. Eine Rückleitung für den Reststrom I_0 vom Punkt N des Verbrauchers zum Punkt N des Generators ist erforderlich. Sie ist in Bild 10.3 gestrichelt gezeichnet.

10.4 Dreieckschaltung

Die drei Spannungen U_1, U_2 und U_3 eines Drehstromgenerators können auch im Dreieck zusammengeschaltet werden (Bild 10.4). Die Spannung einer Generatorwicklung wird Strangspannung genannt.

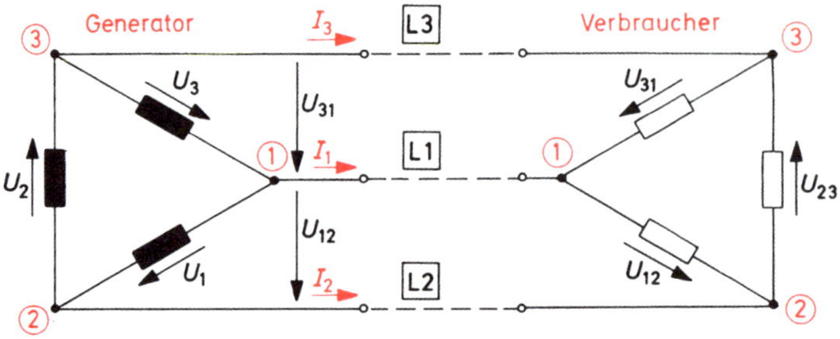

Bild 10.4 Dreieckschaltung von Generator und Verbraucher

Merksatz

Bei Dreieckschaltung ist die Spannung zwischen zwei Außenleitern gleich der Strangspannung.

Die Ströme sind jetzt verkettet.

Merksatz

Bei Dreieckschaltung ist jeder Außenleiterstrom um den Faktor $\sqrt{3}$ größer als ein Strangstrom.

10.5 Leistung und Arbeit bei Drehstrom

Bei der Berechnung von Leistung und Arbeit wird von symmetrischen Drehstromsystemen mit drei Phasen ausgegangen. Die Lastwiderstände können Wirkwiderstände und Blindwiderstände (Spulen, Kondensatoren) sein. Es werden allgemein Scheinwiderstände Z verwendet. Die drei Scheinwiderstände Z_1, Z_2 und Z_3 sind gleich groß. Es herrscht also symmetrische Belastung.

Bei einem Verbraucher in Sternschaltung gemäß Bild 10.5 ergeben sich für die drei Stränge folgende Scheinleistungen:

$S = U_1 \cdot I_1$; $\quad S = U_2 \cdot I_2$; $\quad S = U_3 \cdot I_3$

Die Gesamtscheinleistung S_Y ist die Summe aller Strangscheinleistungen:

$$S_Y = 3 \cdot S = 3 \cdot U_1 \cdot I_1$$

Für die Strangspannung U_1 wird die Außenleiterspannung $U_{1\,2}$ eingesetzt:

$$U_1 = \frac{U_{1\,2}}{\sqrt{3}}; \qquad S_Y = 3 \cdot \frac{U_{1\,2}}{\sqrt{3}} \cdot I_1$$

$$S_Y = \sqrt{3} \cdot U_{1\,2} \cdot I_1$$

$U_{1\,2}$ Außenleiterspannung in V
I_1 Leitungsstrom in A
S_Y Scheinleistung bei Sternschaltung in W (VA)

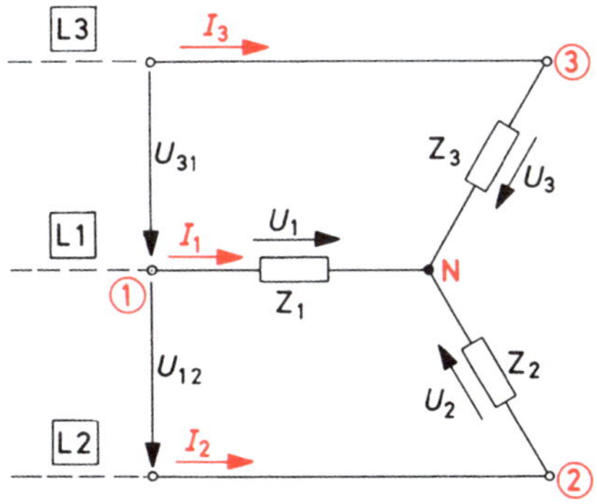

Bild 10.5
Verbraucher in Sternschaltung

Die Wirkleistung P_Y und die Blindleistung Q_Y sind abhängig von der Phasenverschiebung φ zwischen $U_{1\,2}$ und I_1. Die Phasenverschiebung φ ergibt sich aus dem Aufbau der Strangscheinwiderstände Z. Bei reiner Wirklast ist $\varphi = 0$, bei reiner induktiver Blindlast ist $\varphi = 90°$. Für die Berechnung von P_Y und Q_Y gelten folgende Gleichungen:

$$P_Y = S_Y \cdot \cos\varphi \qquad P_Y = \sqrt{3} \cdot U_{1\,2} \cdot I_1 \cdot \cos\varphi$$

$$Q_Y = S_Y \cdot \sin\varphi \qquad Q_Y = \sqrt{3} \cdot U_{1\,2} \cdot I_1 \cdot \sin\varphi$$

Für Verbraucher in Dreieckschaltung nach Bild 10.6 gilt entsprechend:

$$S_\Delta = 3 \cdot S = 3 \cdot U_{1\,2} \cdot I_{1\,2}$$

Für $I_{1\,2}$ wird der Außenleiterstrom I_1 eingesetzt:

$$I_1 = \frac{I_{1\,2}}{\sqrt{3}} \qquad S_\Delta = 3 \cdot U_{1\,2} \cdot \frac{I_{1\,2}}{\sqrt{3}}$$

$$S_\Delta = \sqrt{3} \cdot U_{1\,2} \cdot I_{1\,2}$$

$U_{1\,2}$ Außenleiterspannung in V
$I_{1\,2}$ Außenleiterstrom in A
S_Δ Scheinleistung bei Dreieckschaltung in W (VA)

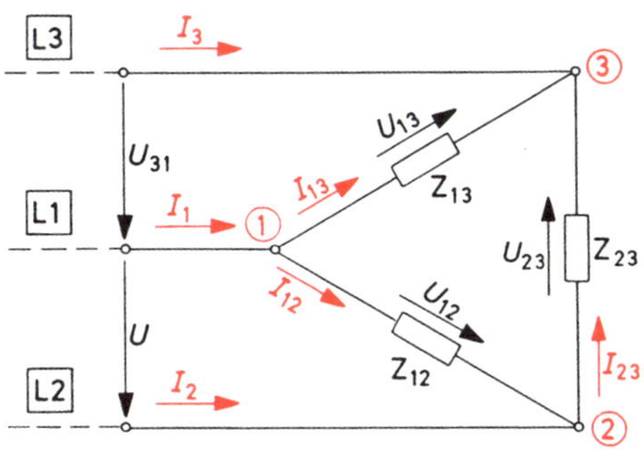

Bild 10.6
Verbraucher in Dreieckschaltung

Die Wirkleistung P_Δ und die Scheinleistung Q_Δ ergeben sich unter Berücksichtigung der Phasenverschiebung φ:

$$P_\Delta = S_\Delta \cdot \cos\varphi \qquad P_\Delta = \sqrt{3} \cdot U_{1\,2} \cdot I_{1\,2} \cdot \cos\varphi$$
$$Q_\Delta = S_\Delta \cdot \sin\varphi \qquad Q_\Delta = \sqrt{3} \cdot U_{1\,2} \cdot I_{1\,2} \cdot \sin\varphi$$

Die elektrische Arbeit W errechnet man wie bei einphasigem Wechselstrom aus Wirkleistung und Zeit:

$$W = P \cdot t$$

Die Leistung P kann sowohl die Leistung P_Y als auch die Leistung P_Δ sein. Die Einheit der Arbeit ist die Wattsekunde (Ws) bzw. die Kilowattstunde (kWh).

Beispiel

Ein Drehstrommotor nach Bild 10.7 arbeitet am 400/230-V-Netz in Sternschaltung. In jeder Zuleitung fließt ein Strom von 3 A. Der Leistungsfaktor cos φ des Motors ist 0,7. Wie groß ist die Wirkleistung, die der Motor aufnimmt?
Wie groß ist die elektrische Arbeit W, die bei zehnstündigem Betrieb entnommen wird? Welche Energiekosten entstehen, wenn 1 Kilowattstunde (kWh) 0,15 € kostet?

$$S_Y = \sqrt{3} \cdot U_{1\,2} \cdot I_1 = \sqrt{3} \cdot 400\ \text{V} \cdot 3\ \text{A}$$
$$\underline{S_Y = 2078{,}5\ \text{W}}$$
$$P_Y = S \cdot \cos\varphi = 2078{,}5 \cdot 0{,}7$$
$$\underline{P_Y = 1454{,}9\ \text{W}}$$
$$W = S_Y \cdot t = 1454{,}9\ \text{W} \cdot 10\ \text{h} = 14\,549\ \text{Wh}$$
$$\underline{\underline{W = 14{,}55\ \text{kWh}}}$$

Bei zehnstündigem Betrieb werden 14,55 kWh dem Netz entnommen. Die Kosten K betragen:

$$K = W \cdot 0{,}15\ \frac{€}{\text{kWh}} = 14{,}55\ \text{kWh} \cdot 0{,}15\ \frac{€}{\text{kWh}}$$
$$K = 2{,}18\ €$$

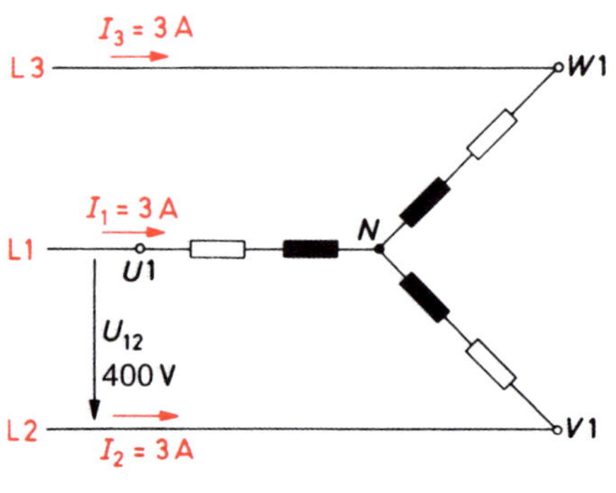

Bild 10.7
Ersatzschaltung eines Drehstrommotors in Sternschaltung

11 Lineare und nichtlineare Widerstände

11.1 Allgemeine Eigenschaften

Widerstände sind Bauteile mit einem gewünschten Widerstandsverhalten. Sie setzen der Elektronenströmung Widerstand entgegen.

Nach ihrem Verhalten im Stromkreis unterscheidet man *lineare Widerstände* und *nichtlineare Widerstände* (Bild 11.1).

Grundsatz

Lineare Widerstände sind Widerstände mit linearer *I*-*U*-Kennlinie.

Zwischen Strom und Spannung besteht Verhältnisgleichheit (Proportionalität). Es gilt das Ohmsche Gesetz:

$$I = \frac{U}{R}$$

$$R = \frac{U}{I}$$

Die *I*-*U*-Kennlinien einiger linearer Widerstände sind in Bild 11.2 dargestellt.

Lineare Widerstände heißen auch *ohmsche Widerstände*, da das Ohmsche Gesetz für sie gilt.

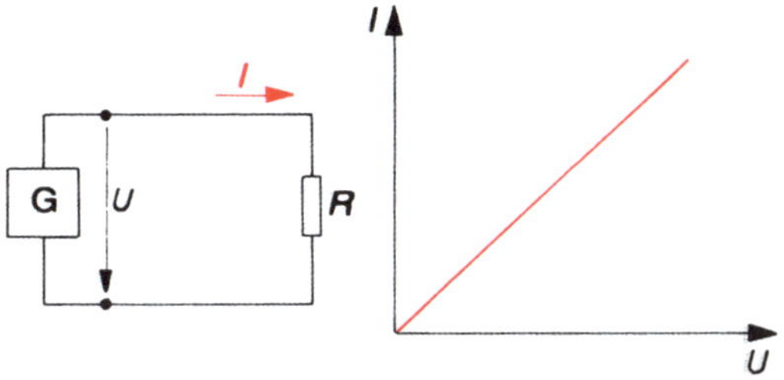

Bild 11.1
I-*U*-Kennlinie eines linearen Widerstandes

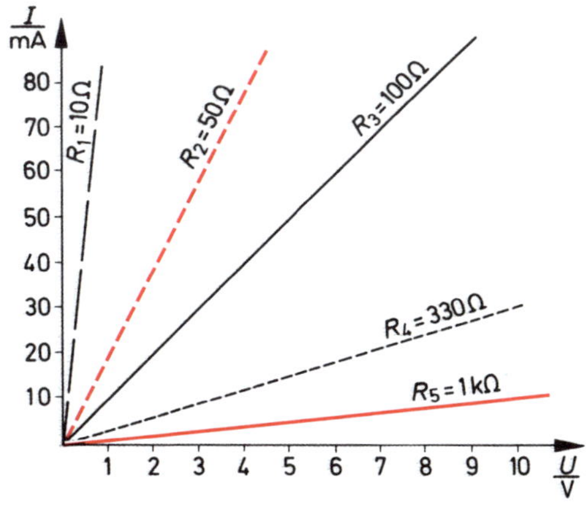

Bild 11.2
I-*U*-Kennlinien linearer Widerstände mit verschiedenen Widerstandswerten

Grundsatz

Nichtlineare Widerstände sind Widerstände mit nichtlinearer *I*-*U*-Kennlinie.

Zwischen Strom und Spannung besteht keine Verhältnisgleichheit (Bild 11.3). Das Ohmsche Gesetz in der üblichen Form kann nicht angewendet werden.

Betrachtet man ein kleines Stück der Kennlinie (Bild 11.4), so stellt man fest, dass hier angenäherte Linearität herrscht. Die Kennlinie verläuft in dem kleinen Bereich fast gerade. Man kann ihren Anstieg durch die Differenzen ΔU und ΔI angeben und erhält den sogenannten differentiellen Widerstand r.

$$r = \frac{\Delta U}{\Delta I}$$

Merksatz

Mit dem differentiellen Widerstand *r* kann man kleine Änderungen von *I* und *U* in dem betrachteten Kennlinienfeld berechnen.

Spricht man allgemein von Widerständen, so meint man ohmsche Widerstände, also lineare Widerstände. Nichtlineare Widerstände sind besondere Widerstände. Es ist nicht einfach, den Begriff nichtlineare Widerstände abzugrenzen. Es gibt sehr viele Bauteile mit nichtlinearem Widerstandsverhalten. Bauteile mit nichtlinearem Widerstandsverhalten sind z.B. Halbleiterdioden, Transistoren, Elektronenröhren und Thyristoren. Sie werden aber nicht als nichtlineare Widerstände bezeichnet. Die eigentlichen nichtlinearen Widerstände sind z.B. VDR-Widerstände, NTC- und PTC-Widerstände. NTC- und PTC-Widerstände können auch nur dann als nichtlineare Widerstände gelten, wenn ihre Temperatur bei Stromänderungen nicht konstant gehalten wird.

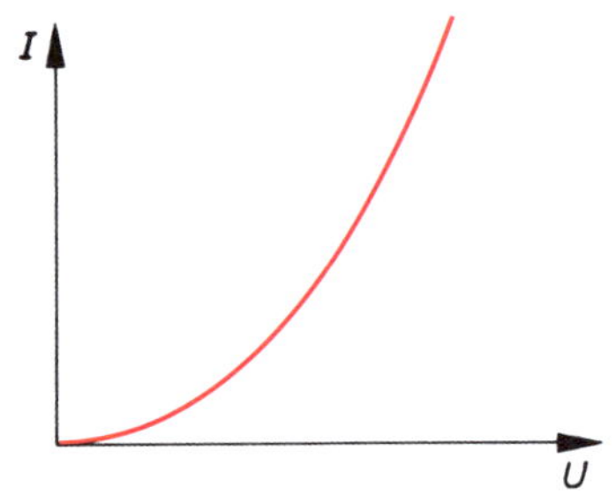

Bild 11.3
I-*U*-Kennlinie eines nichtlinearen Widerstandes

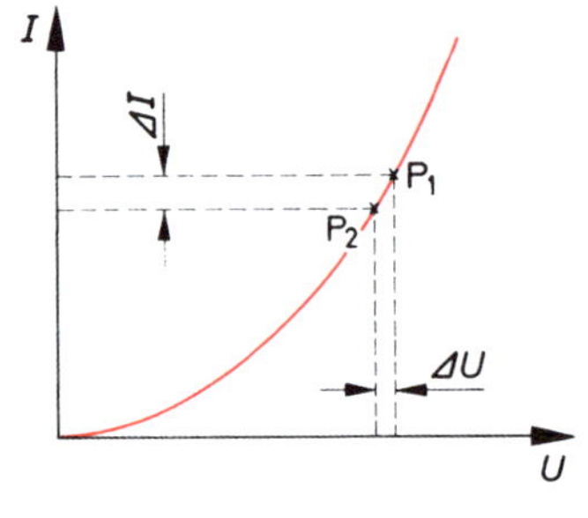

Bild 11.4
I-*U*-Kennlinie eines nichtlinearen Widerstandes. Im Bereich zwischen P_1 und P_2 verläuft die Kennlinie fast linear

11.2 Festwiderstände

11.2.1 Eigenschaften von Festwiderständen

Festwiderstände sind ohmsche Widerstände mit festen, d.h. nicht einstellbaren Widerstandswerten. Sie sind bestimmt durch

- *Nennwiderstand,*
- *Belastbarkeit,*
- *Auslieferungstoleranz,*
- *Güteklasse.*

Die Nennwiderstände sind abgestuft nach bestimmten Normzahlreihen. Eine solche Abstufung ist aus wirtschaftlichen Gründen erforderlich. Man kann nicht Festwiderstände mit jedem beliebigen Widerstandswert herstellen. Benötigt man einen ganz bestimmten Widerstandswert, der in der Normreihe nicht enthalten ist, so kann man einen einstellbaren Widerstand verwenden und diesen auf den gewünschten Wert einstellen.

<table>
<tr><td>E 6 (± 20 %)</td><td colspan="4">1,0</td><td colspan="4">1,5</td><td colspan="4">2,2</td><td colspan="4">3,3</td><td colspan="4">4,7</td><td colspan="4">6,8</td></tr>
<tr><td>E 12 (± 10 %)</td><td colspan="2">1,0</td><td colspan="2">1,2</td><td colspan="2">1,5</td><td colspan="2">1,8</td><td colspan="2">2,2</td><td colspan="2">2,7</td><td colspan="2">3,3</td><td colspan="2">3,9</td><td colspan="2">4,7</td><td colspan="2">5,6</td><td colspan="2">6,8</td><td colspan="2">8,2</td></tr>
<tr><td>E 24 (± 5 %)</td><td>1,0</td><td>1,1</td><td>1,2</td><td>1,3</td><td>1,5</td><td>1,6</td><td>1,8</td><td>2,0</td><td>2,2</td><td>2,4</td><td>2,7</td><td>3,0</td><td>3,3</td><td>3,6</td><td>3,9</td><td>4,3</td><td>4,7</td><td>5,1</td><td>5,6</td><td>6,2</td><td>6,8</td><td>7,5</td><td>8,2</td><td>9,1</td></tr>
</table>

Bild 11.5 IEC-Widerstands-Normreihen E 6, E 12 und E 24

Festwiderstände werden heute fast ausschließlich nach den international gültigen IEC-Normreihen hergestellt (Bild 11.5).

Die Normreihe E 6 gilt für Widerstände mit einer Auslieferungstoleranz von ± 20 %. Folgende Nennwiderstände sind nach der Normreihe E 6 möglich:

1 Ω, 1,5 Ω, 2,2 Ω, 3,3 Ω, 4,7 Ω, 6,8 Ω,
10 Ω, 15 Ω, 22 Ω, 33 Ω, 47 Ω, 68 Ω,
100 Ω, 150 Ω, 220 Ω, 330 Ω, 470 Ω, 680 Ω,

1 kΩ, 1,5 kΩ, 2,2 kΩ, 3,3 kΩ, 4,7 kΩ, 6,8 kΩ,
10 kΩ, 15 kΩ, 22 kΩ, 33 kΩ, 47 kΩ, 68 kΩ usw.

Widerstände der Normreihen E 6, E 12 und E 24 werden besonders häufig verwendet. Außer diesen Normreihen gibt es noch die Normreihen

- E 48 (± 2 %)
- E 96 (± 1,0 %)
- E 192 (± 0,5 %)

Die Normzahlreihen sind so festgelegt, dass die Toleranzfelder der einzelnen Nennwiderstandswerte sich berühren oder leicht überschneiden (Bild 11.6). Aus einer großen Zahl von Widerständen kann somit jeder beliebige Widerstandswert herausgemessen werden.

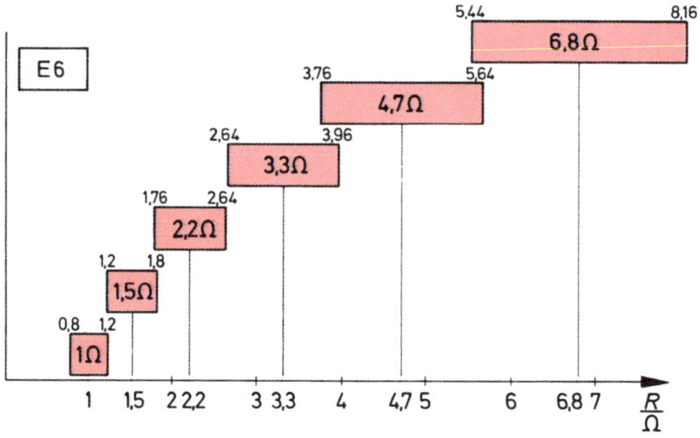

Bild 11.6 Toleranzfelder einiger Nennwiderstandswerte der Normreihe E 6

Zur Kennzeichnung von Widerständen verwendet man den internationalen Farbcode. Nennwiderstand und Toleranz dürfen auch als Zahlenwert mit Einheit aufgedruckt werden. Diese Kennzeichnung ist heute vor allem bei großen Widerständen mit hoher Belastbarkeit üblich. Die Belastbarkeit der Widerstände ist ebenfalls gestuft. Die Nennlastreihe enthält folgende Werte:

0,05 W, 0,1 W, 0,25 W, 0,5 W, 1 W, 2 W, 3 W, 6 W, 10 W, 20 W.

Die vom Hersteller angegebene Belastbarkeit gilt stets bis zu einer bestimmten Umgebungstemperatur (z. B. 50 °C). Oberhalb dieser Temperatur wird die zulässige Belastbarkeit geringer.

Beim internationalen Farbcode unterscheidet man die Vierfachberingung (Tabelle 11.1) und die Fünffachberingung (Tabelle 11.2). Widerstände der Normreihen E 6, E 12, und E 24 werden durch Vierfachberingung gekennzeichnet. Die Fünffachberingung dient der Kennzeichnung von Widerständen der Normreihen E 48, E 96 und E 192. Sie erlaubt die Angabe des Widerstandsbeiwertes mit drei Wertziffern.

Tabelle 11.1 Internationaler Farbcode für Vierfachberingung

Kennfarbe	**1. Ring = 1. Wertziffer**	**2. Ring = 2. Wertziffer**	**3. Ring = Multiplikator**	**4. Ring = Toleranz**
Farblos	–	–	–	± 20 %
Silber	–	–	$\cdot 10^{-2}\ \Omega$	± 10 %
Gold	–	–	$\cdot 10^{-1}\ \Omega$	± 5 %
Schwarz	0	0	$\cdot 10^{0}\ \Omega$	
Braun	1	1	$\cdot 10^{1}\ \Omega$	± 1 %
Rot	2	2	$\cdot 10^{2}\ \Omega$	± 2 %
Orange	3	3	$\cdot 10^{3}\ \Omega$	
Gelb	4	4	$\cdot 10^{4}\ \Omega$	
Grün	5	5	$\cdot 10^{5}\ \Omega$	± 0,5 %
Blau	6	6	$\cdot 10^{6}\ \Omega$	
Violett	7	7	$\cdot 10^{7}\ \Omega$	
Grau	8	8	$\cdot 10^{8}\ \Omega$	
Weiß	9	9	$\cdot 10^{9}\ \Omega$	

Beispiele

gelb	violett	rot	gold	
4	7	$\cdot 10^2$	± 5 %	= 4700 Ω ± 5 %
blau	grau	blau	–	
6	8	$\cdot 10^6$	± 20 %	= 68 MΩ ± 20 %
braun	grün	orange	silber	
1	5	$\cdot 10^3$	± 10 %	= 15 kΩ ± 10 %

Tabelle 11.2 Internationaler Farbcode für Fünffachberingung

Kennfarbe	1. Ring = 1. Wertziffer	2. Ring = 2. Wertziffer	3. Ring = 3. Wertziffer	4. Ring = Multiplikator	5. Ring = Toleranz
Farblos	–	–	–	–	± 20 %
Silber	–	–	–	$\cdot 10^{-2}$ Ω	± 10 %
Gold	–	–	–	$\cdot 10^{-1}$ Ω	± 5 %
Schwarz	0	0	0	$\cdot 10^0$ Ω	
Braun	1	1	1	$\cdot 10^1$ Ω	± 1 %
Rot	2	2	2	$\cdot 10^2$ Ω	± 2 %
Orange	3	3	3	$\cdot 10^3$ Ω	
Gelb	4	4	4	$\cdot 10^4$ Ω	
Grün	5	5	5	$\cdot 10^5$ Ω	± 0,5 %
Blau	6	6	6	$\cdot 10^6$ Ω	
Violett	7	7	7	$\cdot 10^7$ Ω	
Grau	8	8	8	$\cdot 10^8$ Ω	
Weiß	9	9	9	$\cdot 10^9$ Ω	

Beispiele

braun	grau	violett	orange	rot	
1	8	7	$\cdot 10^3$	± 2 %	= 187 kΩ ± 2 %
orange	blau	orange	gold	braun	
3	6	3	$\cdot 10^{-1}$	± 1 %	= 36,3 Ω ± 1 %
weiß	violett	blau	silber	grün	
9	7	6	$\cdot 10^{-2}$	± 0,5 %	= 9,76 Ω ± 0,5 %

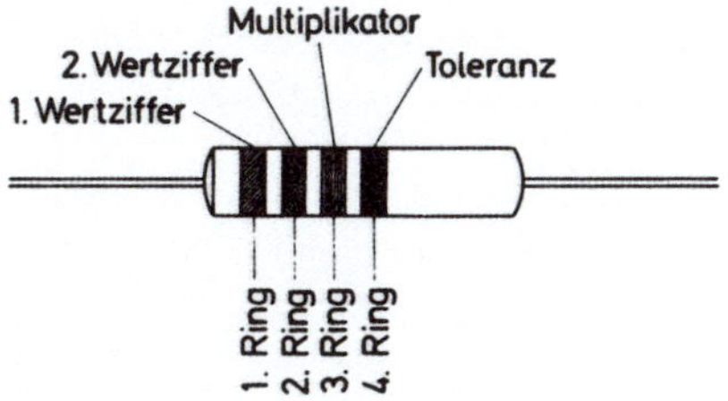

Bild 11.7 Lage der Ringe des internationalen Farbcodes bei Vierfachberingung

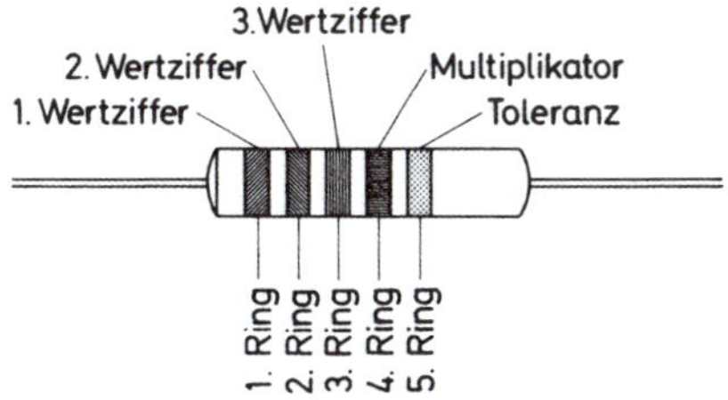

Bild 11.8 Lage der Ringe des internationalen Farbcodes bei Fünffachberingung

Der elektrische Widerstand ändert sich mit der Temperatur. In empfindlichen Schaltungen kann dies zu Fehlfunktionen führen. Damit bei der Projektierung der Schaltung der Einfluss der Temperatur berechnet werden kann, wird mit Hilfe eines sechsten Rings der Temperaturkoeffizient angegeben:

- Schwarz: $200 \cdot 10^{-6}/K$
- Braun: $100 \cdot 10^{-6}/K$
- Rot: $50 \cdot 10^{-6}/K$
- Gelb: $25 \cdot 10^{-6}/K$
- Orange: $15 \cdot 10^{-6}/K$
- Blau: $10 \cdot 10^{-6}/K$
- Violett: $5 \cdot 10^{-6}/K$

11.2.2 Bauarten von Festwiderständen

Schichtwiderstände

Auf zylindrische Keramik- oder Hartglaskörper wird eine dünne leitfähige Schicht durch Tauchen, Aufsprühen oder Aufdampfen im Vakuum aufgebracht. Die Schichtdicke liegt zwischen 0,001 µm und 20 µm.

Als Schichtwerkstoffe verwendet man Kohle, Metalle (auch Edelmetalle) und Metalloxide.

Den gewünschten Widerstandsnennwert erreicht man angenähert durch die Wahl der Schichtdicke bzw. der Aufdampfzeit. Die moderne Aufdampftechnologie gestattet die Herstellung von Widerständen im Toleranzbereich ± 10 % ohne nachträgliche Abgleicharbeit.

Bei größeren Anforderungen an die Genauigkeit wird der Widerstandswert durch Einschliff in die Schicht abgeglichen (Bild 11.9). Beim Wendelschliff entsteht eine bandförmig um den Trägerkörper laufende Widerstandsbahn, die leider die Induktivität des Widerstandes erhöht. Das Einschleifen von Längs- und Querrillen (Mäanderschliff) ist günstiger (Bild 11.10).

Der Widerstandskörper wird mit Anschlüssen versehen. Besonders hochwertig sind Kappenanschlüsse. Metallkappen (meist Messing) mit angeschweißten Anschlussdrähten werden an beiden Enden auf den Widerstandskörper aufgepresst. Bei kappenlosen Anschlüssen erhalten die Stirnseiten des Widerstandskörpers einen Metallüberzug (meist Einbrennpaste). Die Anschlussdrähte werden etwa 2 mm tief in vorgesehene stirnseitige Vertiefungen des Keramikkörpers eingepresst und mit dem Metallüberzug leitend verbunden (Bild 11.11).

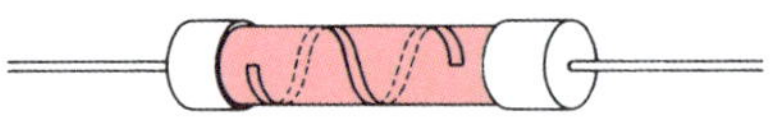

Bild 11.9
Festwiderstand mit Wendelschliff

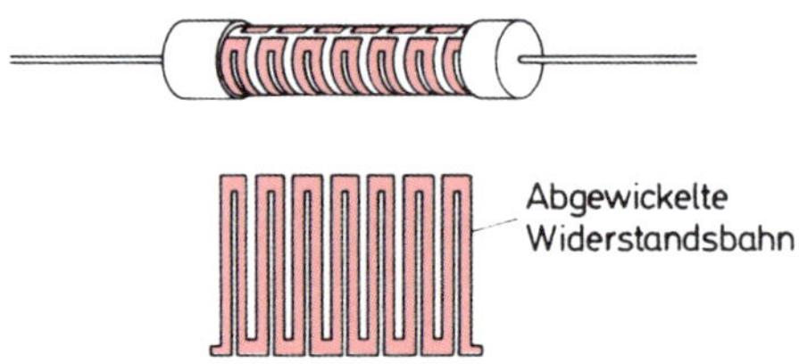

Bild 11.10
Festwiderstand mit Mäanderschliff

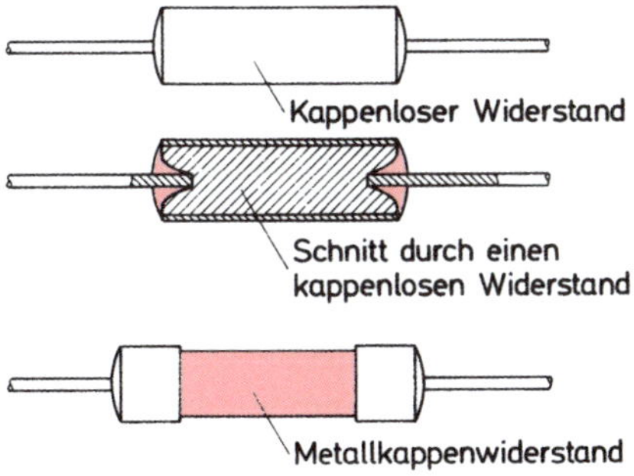

Bild 11.11
Bauformen von Schichtwiderständen

Der Widerstandskörper einschließlich eventueller Kappen wird mit einem Lack- oder Kunstharzüberzug versehen. Ein Einpressen in Kunststoff ist ebenfalls üblich. Damit ist der Widerstand gegen Feuchtigkeit, aggressive Luftbestandteile und mechanische Beschädigung geschützt.

Axiale Anschlüsse sind für die Bestückung von Leiterplatten nicht günstig. Die Anschlüsse müssen vor der Bestückung gebogen und auf richtige Länge geschnitten werden (Bild 11.12). Die Länge des Widerstandes erfordert ein verhältnismäßig großes Rastermaß.

In neuerer Zeit werden immer mehr Widerstände mit einseitigen Anschlüssen (Bild 11.13) von den Herstellern angeboten. Als Träger wird anstelle eines zylindrischen Keramikkörpers ein Keramikplättchen verwendet. Auf dieses Plättchen wird die Widerstandsschicht wie vorstehend beschrieben aufgebracht und durch Einschleifen abgeglichen. Es ist zu vermuten, dass dies die Widerstandsform der Zukunft sein wird.

Viele Widerstände werden heute gegurtet geliefert (Bild 11.14). Dadurch wird eine Maschinenbestückung von Leiterplatten ermöglicht.

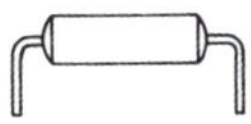

Bild 11.12
Widerstand mit gebogenen und auf richtige Länge geschnittenen Anschlussdrähten

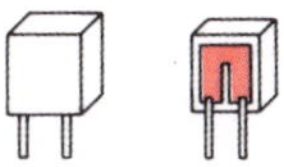

Bild 11.13
Widerstand mit einseitigen Anschlüssen

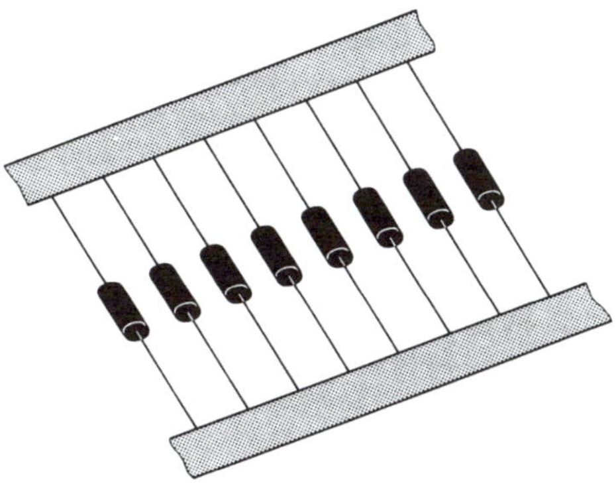

Bild 11.14
Gegurtete Widerstände

Widerstände in Mikromodultechnik
In der Mikromodultechnik werden Widerstände, Dioden, Transistoren und Kondensatoren mit kleinen Kapazitätswerten zu einer Schaltung vereinigt und mit Kunststoff umpresst. Eine derartige Schaltung wird *Modul* genannt. Man unterscheidet zwei Technologien: die *Dünnfilmtechnik* und die *Dickfilmtechnik*.

In der Dickfilmtechnik verwendet man zur Herstellung der Widerstände Metallpasten (Edelmetalle, Oxide, Beimischungen). Die Pasten werden nach dem Siebdruckverfahren auf den Träger gedruckt. Als Träger dienen oxidierte Aluminiumplättchen. Die Pasten werden nach dem Aufdrucken eingebrannt. Ein nachträglicher Abgleich ist durch Schleifen möglich.

Die Dünnfilmtechnik verwendet das Aufdampfverfahren im Vakuum. Auf ein Plättchen aus Keramik oder Hartglas wird eine Maske mit «Fenstern» aufgebracht (Bild 11.15). Dort, wo Fenster sind, entstehen Widerstandsschichten. Die Widerstandsschichten können abgeglichen werden. Mit einem Laserstrahl werden sehr genaue Einschnitte erzeugt. Der Widerstandswert kann auf diese Weise auf ± 0,1 % genau abgeglichen werden.

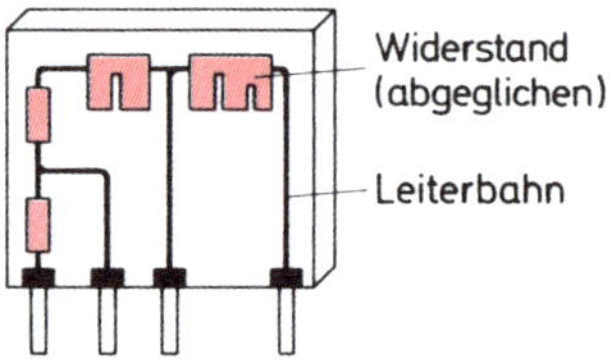

Bild 11.15

Drahtwiderstände
Auf einen Körper aus temperaturbeständiger Keramik wird Widerstandsdraht gewickelt. Es werden spezielle Widerstandslegierungen verwendet.

Drahtwiderstände können verhältnismäßig große Induktivitäten haben. Bei normaler Wicklung sind sie ja wie Spulen aufgebaut. Um möglichst kleine Induktivitäten zu erhalten, wendet man die bifilare Wickeltechnik an. Der Widerstandsdraht wird in der Mitte seiner Länge zusammengefaltet (Bild 11.16) und doppeldrähtig gewickelt. Zwei nebeneinander liegende Windungen werden dann entgegengesetzt vom Strom durchflossen, so dass sich ihre Magnetfelder fast aufheben. Trotzdem ergibt sich noch eine nicht zu vernachlässigende Induktivität. Auch induktivitätsarme Drahtwiderstände können nur bis zu einer Frequenz von etwa 200 kHz eingesetzt werden.

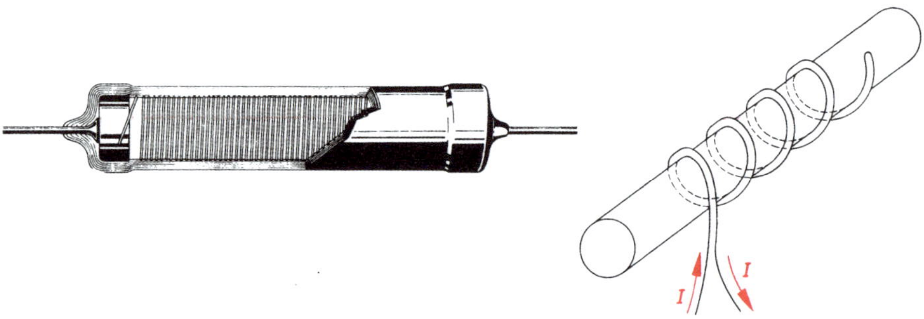

Bild 11.16 Aufbau eines Drahtwiderstandes, Prinzip der bifilaren Wicklung

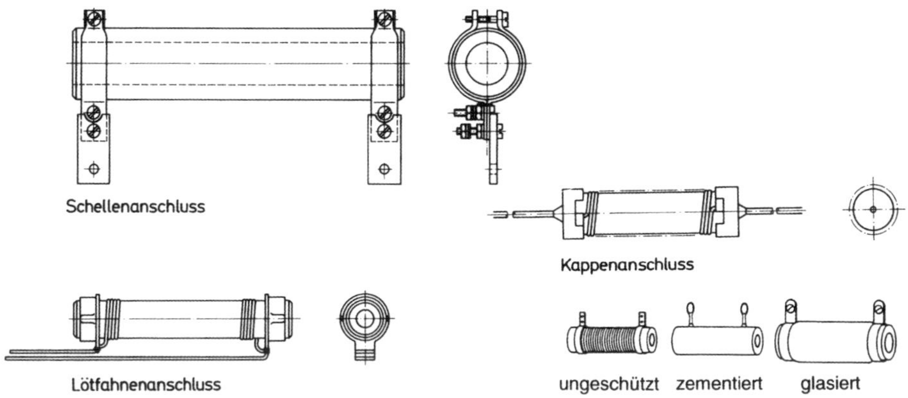

Bild 11.17 Bauarten von Drahtwiderständen

Die Widerstandsdrähte müssen bei enger Wicklung isoliert sein. Lackisolierung wird gelegentlich angewendet. Sie ist jedoch sehr temperaturempfindlich. Besser ist die Isolation durch Oberflächenoxidschichten.

Bei sehr hoch belastbaren Drahtwiderständen verwendet man Widerstandsdrähte mit Rechteckquerschnitt, um den Wickelraum besser auszunutzen.

Drahtwiderstände werden meist mit Schellen-, Kappen- oder Lötfahnenanschluss geliefert. Kappenlose Anschlüsse mit Drahtenden sind ebenfalls üblich (Bild 11.17).

Die Widerstandswicklung kann ungeschützt, lackiert, zementiert oder glasiert sein.

Am hochwertigsten ist ein Glasurschutz. Es handelt sich um eine porzellanähnliche Abdeckung. Sie bietet einen hervorragenden Schutz gegen Feuchtigkeit, aggressive Bestandteile der Atmosphäre und gegen mechanische Beschädigungen. Einen guten Schutz vor mechanischer Beschädigung bietet auch die Zementierung, nur ist sie feuchtigkeitsdurchlässig.

Die Lackabdeckung bietet keinen großen Schutz, doch ist der Widerstand isoliert, und bei Berührung mit leitenden Teilen der Schaltung entsteht kein Schaden.

Ungeschützte Drahtwiderstände sind mechanischen Beschädigungen und Feuchtigkeit voll ausgesetzt. Sie können jedoch bis zum Schmelzpunkt der Lötstellen, in denen der Widerstandsdraht angelötet ist, erwärmt werden. Dadurch ergibt sich eine hohe Belastbarkeit.

11.3 Einstellbare Widerstände

Bei einstellbaren Widerständen kann die Größe des Widerstandswertes in einem bestimmten Bereich eingestellt werden.

Die Einstellung kann, je nach Ausführung, mit einer Drehachse, mit einem Schieber oder mit Hilfe eines Schraubenziehers vorgenommen werden.

Die einfachsten einstellbaren Widerstände sind ungeschützte Drahtwiderstände mit einer verschiebbaren Schelle (Abgreifschelle) (Bild 11.18).

Bei den meisten einstellbaren Widerständen wird der Widerstandswert jedoch mit Hilfe eines Schleifkontaktes abgegriffen. Der Schleifkontakt kann über eine bestimmte Länge der Widerstandsbahn bewegt werden (Bild 11.19). Diese Strecke wird Arbeitsbereich genannt. Die Widerstandsbahn ist kreisringförmig oder gerade ausgebildet.

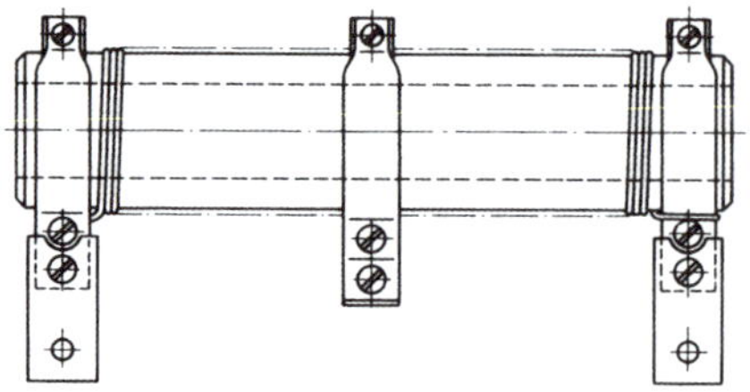

Bild 11.18
Einstellbarer Widerstand mit verschiebbarer Abgreifschelle

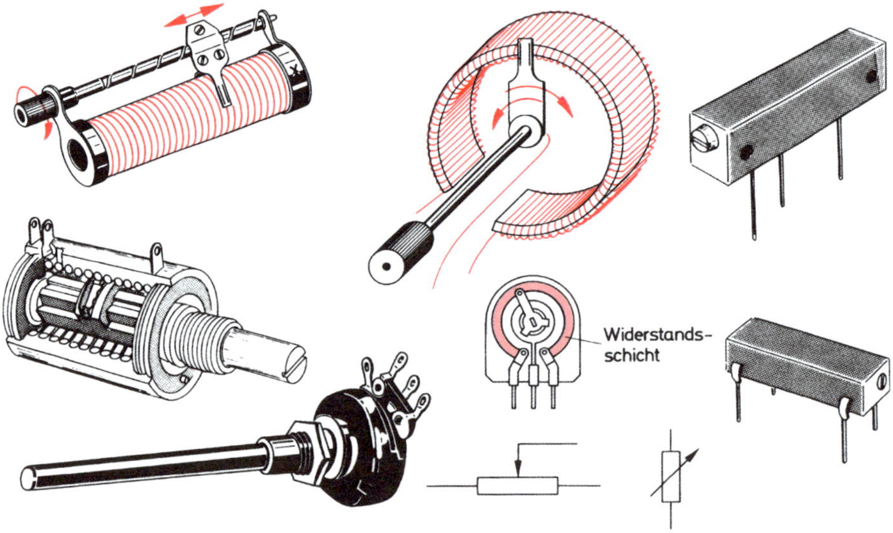

Bild 11.19 Einstellbare Widerstände

Jeder einstellbare Widerstand hat einen Kleinstwert und einen Größtwert. Der Kleinstwert kann null sein. Zwischen Kleinstwert und Größtwert sind sehr verschiedene Widerstandsverläufe möglich (Bild 11.20).

Beim linearen Widerstandsverlauf nimmt der Widerstandswert pro Millimeter Bahnverlängerung immer um den gleichen Betrag zu. Das bedeutet, pro Drehwinkelgrad ergibt sich stets die gleiche Widerstandszunahme.

Beim positiv-logarithmischen Verlauf nimmt der Widerstandswert pro Millimeter Bahnverlängerung zunächst sehr langsam zu, steigt gegen Ende des Arbeitsbereichs aber stark an (Bild 11.20). Einstellbare Widerstände mit positiv-logarithmischem Widerstandsverlauf werden meist für die Lautstärkeeinstellung bei Rundfunk- und Fernsehgeräten verwendet, da die Empfindlichkeit unseres Ohres einen ähnlichen Verlauf hat. Pro Drehwinkelgrad ergibt sich dann eine gleichmäßige Lautstärkezunahme.

Für Steuerungen der verschiedensten Art verwendet man einstellbare Widerstände mit positiv- oder negativ-exponentiellem Widerstandsverlauf. Für die Analogrechentechnik und für Navigationsgeräte benötigt man einstellbare Widerstände mit Sinusverlauf und mit bestimmtem S-Kurvenverlauf (Bild 11.21). Die Genauigkeit, mit der die Widerstandsverlaufskurven eingehalten werden, ist ein wesentliches Gütemerkmal.

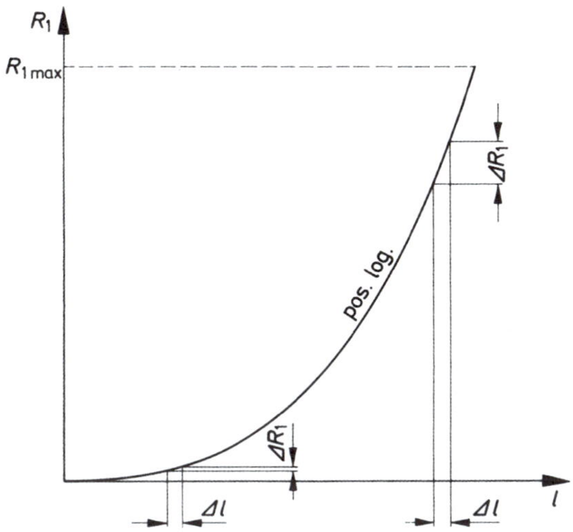

Bild 11.20
Widerstandsänderung R pro Bahnlänge Δl in verschiedenen Bahnbereichen eines einstellbaren Widerstandes mit positiv-logarithmischem Widerstandsverlauf

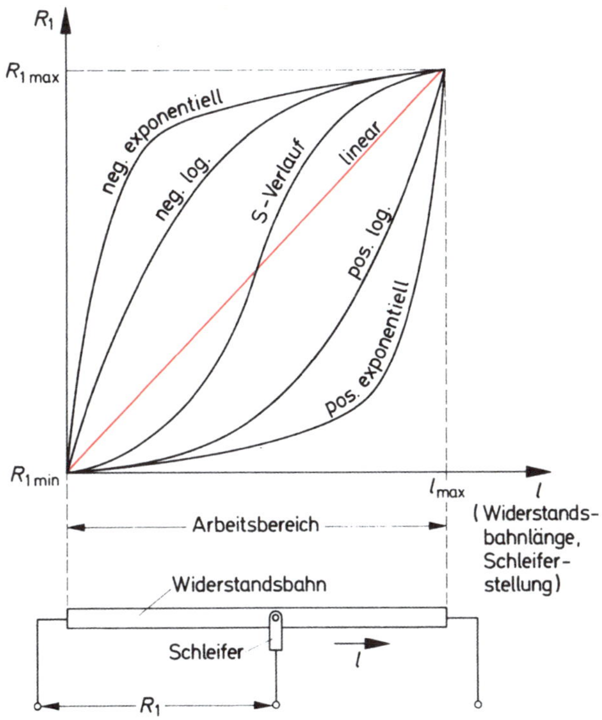

Bild 11.21
Widerstandskurven einstellbarer Widerstände

Einstellbare Schichtwiderstände

Die Widerstandsbahnen bestehen aus ähnlichen Werkstoffen wie die Widerstandsbahnen von festen Schichtwiderständen, nur müssen hier eine möglichst große *Abriebfestigkeit* und ein geringes *Drehrauschen* angestrebt werden. Das Drehrauschen ist die Störspannung, die beim Drehen des Schleifers entsteht.

Einstellbare Widerstände, deren Widerstandswert durch Drehen einer Achse verändert wird, werden *Potentiometer* genannt. Durch Schieben einstellbare Widerstände heißen *Schiebewiderstände*. Der Ausdruck Schieberegler sollte nicht verwendet werden, da es sich um einen Einstellvorgang und nicht um einen Regelvorgang handelt.

Merksatz

Die vom Hersteller angegebene Belastbarkeit gilt stets für die ganze Widerstandsbahn.

Sind nur Teile der Widerstandsbahn von Strom durchflossen, so ist die Belastbarkeit entsprechend geringer. Einstellbare Schichtwiderstände haben übliche Belastbarkeiten von 0,25 W bis maximal etwa 2 W.

Einstellbare Schichtwiderstände haben oft eine große Kapazität und sind nur bedingt für Hochfrequenzen verwendbar.

Einstellbare Drahtwiderstände

Einstellbare Drahtwiderstände werden für mittlere bis große Belastbarkeiten gebaut (maximale Belastbarkeit etwa 1 kW). Sie werden als Schiebewiderstände und als Drehwiderstände hergestellt.

Der Widerstandsdraht wird auf keramische Trägerkörper gewickelt. Die Widerstandswicklung bleibt entweder ungeschützt oder sie wird mit einer Zement- oder Glasurschicht so umhüllt, dass nur die Schleiferbahn frei bleibt (Bild 11.22). Als Schleifer verwendet man Kontaktfedern oder Kohlekontakte.

Der Widerstandsverlauf in Abhängigkeit von der Schleiferbahnlänge ist linear. Andere Widerstandsverläufe sind schwer herzustellen.

Drahtwiderstände können, genau genommen, nicht kontinuierlich, sondern nur stufig eingestellt werden. Der kleinste Betrag, um den der Widerstandswert verändert werden kann, ist der Widerstand einer Drahtwindung.

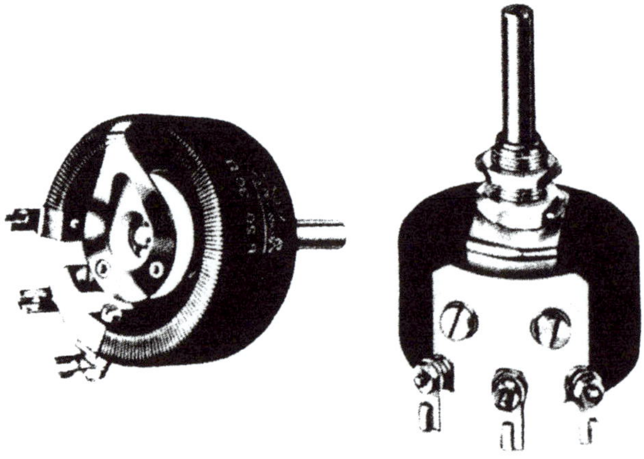

Bild 11.22

11.4 Heißleiterwiderstände (NTC-Widerstände)

Arbeitsweise

Heißleiterwiderstände leiten im heißen Zustand besonders gut, d. h., ihr Widerstandswert nimmt mit steigender Temperatur ab. Sie haben einen recht großen negativen Temperaturbeiwert und werden daher auch *NTC-Widerstände* genannt.

Definition

NTC = **N**egative **T**emperature **C**oefficient.

Grundsatz

Der Widerstandswert von NTC-Widerständen (Heißleitern) wird mit ansteigender Temperatur geringer.

In Bild 11.23 sind die Widerstandsverläufe zweier NTC-Widerstände in Abhängigkeit von der Temperatur dargestellt. Die Änderung der Widerstandswerte im angegebenen Temperaturbereich ist sehr groß. Der gekrümmte Verlauf der Kennlinien zeigt, dass der Temperaturbeiwert temperaturabhängig ist.

Die Größe des Temperaturbeiwertes α hängt vom verwendeten Werkstoff und von der Temperatur des NTC-Widerstandes ab.

Bei den üblichen NTC-Widerständen liegen die Temperaturbeiwerte zwischen –2 %/°C bis –7 %/°C (α = –0,02 1/°C bis –0,07 1/°C).

Da die Temperaturbeiwerte selbst temperaturabhängig sind, wird mit ihnen selten gerechnet. Genaue Widerstandswerte bei bestimmten Temperaturen werden den Kennlinien entnommen.

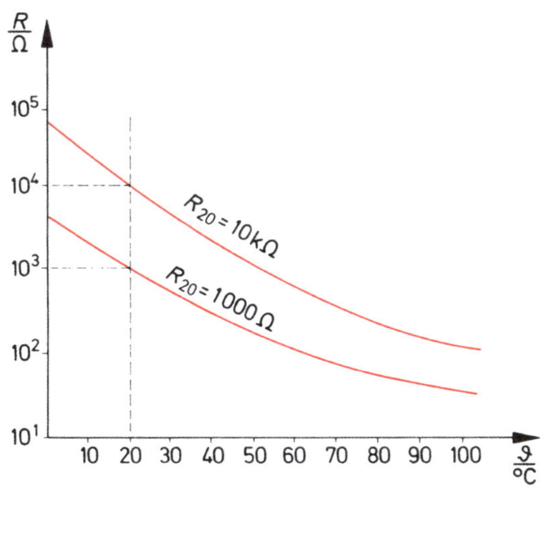

Bild 11.23
Widerstandskurven von NTC-Widerständen

Die Werkstoffe, die zur Herstellung von NTC-Widerständen verwendet werden, gehören zur Gruppe der Halbleiterwerkstoffe. Es handelt sich um polykristalline Mischkristalle aus Eisenoxiden, Nickeloxiden, Kobaltoxiden, Titanverbindungen und besonderen Beimengungen. Mit steigender Temperatur werden mehr und mehr Elektronen aus ihren Bindungen herausgelöst. Dadurch wird der Werkstoff immer leitfähiger.

Kennwerte und Grenzwerte

Die Hersteller von Heißleiterwiderständen geben eine Reihe von Daten an. Folgende Kennwerte und Grenzwerte sind für den Anwender besonders wichtig:

R_{20}	*Widerstand im kalten Zustand* (bei 20 °C) Statt R_{20} wird oft R_{25} oder R_{40} (Widerstandswerte bei 25 °C bzw. bei 40 °C) angegeben.
t	*Abkühlungszeit* Die Abkühlungszeit gibt an, in wie viel Sekunden ein mit P_{max} betriebener Heißleiter nach dem Abschalten seinen Widerstandswert verdoppelt
Tol	*Toleranz* des Kaltwiderstandswertes oder eines anderen Widerstandswertes bei bestimmter Temperatur
P_{max}	*höchstzulässige Belastung*
$\vartheta_{max\,0}$	*höchstzulässige Betriebstemperatur* bei Nulllast
$\vartheta_{max\,P}$	*höchstzulässige Betriebstemperatur* bei P_{max}

Bild 11.24 zeigt das Schaltzeichen eines Heißleiterwiderstandes. Die beiden entgegengesetzt gerichteten kleinen Pfeile deuten an, dass bei Zunahme der Temperatur der Widerstand abnimmt.

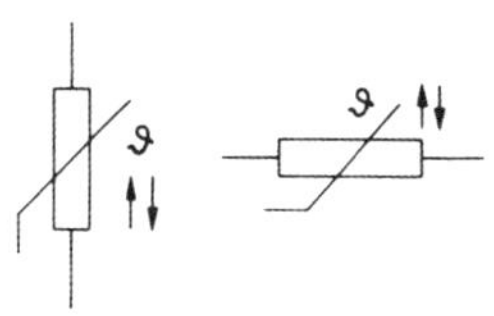

Bild 11.24
Schaltzeichen von Heißleiterwiderständen (NTC-Widerständen)

Anwendungen

Heißleiterwiderstände werden in großem Umfang zur Temperaturstabilisierung von Halbleiterschaltungen eingesetzt. In Stromkreisen dienen sie zur Herabsetzung des Einschaltstromes. Sie eignen sich ebenfalls gut als Temperaturfühler (Bild 11.25).

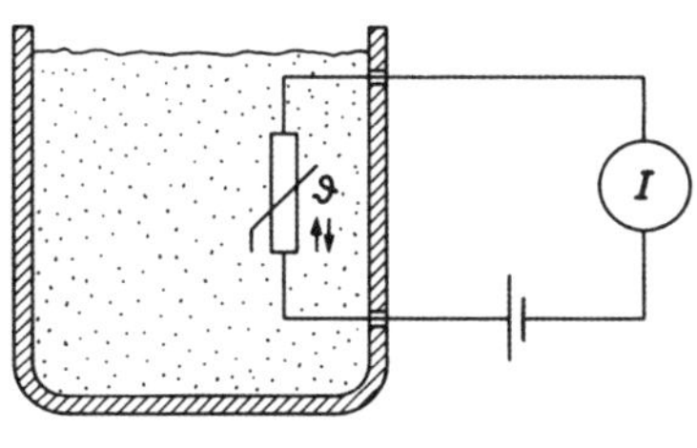

Bild 11.25
Heißleiterwiderstand als Temperaturfühler

11.5 Kaltleiterwiderstände (PTC-Widerstände)

Arbeitsweise

Kaltleiter leiten in kaltem Zustand besonders gut, d.h., ihr Widerstandswert nimmt mit steigender Temperatur zu. Sie haben einen recht großen positiven Temperaturbeiwert und werden daher auch *PTC-Widerstände* genannt.

Definition

PTC = **P**ositive **T**emperature **C**oefficient.

Grundsatz

Der Widerstandswert von PTC-Widerständen (Kaltleitern) wird mit ansteigender Temperatur größer.

In Bild 11.26 ist der Widerstandsverlauf eines PTC-Widerstandes in Abhängigkeit von der Temperatur dargestellt.

Erhöht man von 20 °C ausgehend die Temperatur, so sinkt der Widerstandswert zunächst leicht ab. Durch die Temperaturerhöhung werden Ladungsträger freigesetzt, die die Leitfähigkeit vergrößern. Die Widerstandszunahme beginnt bei der sogenannten *Anfangstemperatur* ϑ_A. Der Widerstandsanstieg ist bis zur Temperatur ϑ_N stark nichtlinear. Die Temperatur ϑ_N heißt *Nenntemperatur*. Von der Nenntemperatur ϑ_N bis zur Endtemperatur ϑ_E erstreckt sich der eigentliche Arbeitsbereich des PTC-Widerstandes. Der Widerstand nimmt in diesem Bereich sehr stark zu – bei den meisten PTC-Widerständen um mehrere Zehnerpotenzen. Ursache der starken Widerstandszunahme ist die Ausbildung von Sperrschichten zwischen den Werkstoffkristallen.

Der Temperaturbeiwert α ist stark temperaturabhängig. Von 20 °C bis zur Temperatur ϑ_A ist α negativ. Ab ϑ_A hat der Temperaturbeiwert einen positiven Wert, der im Bereich ϑ_N bis ϑ_E am größten ist.

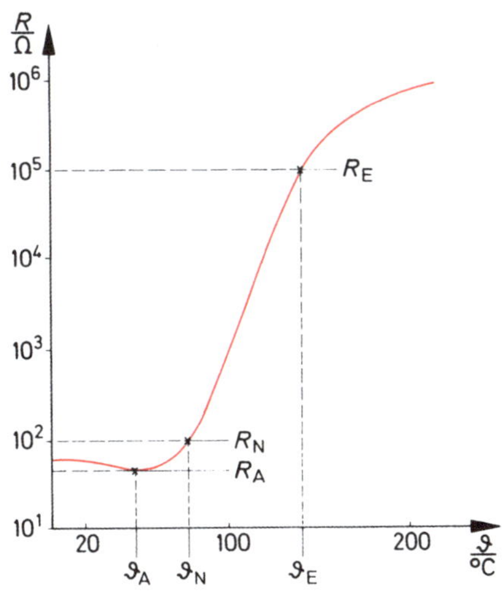

Bild 11.26
Widerstandsverlauf eines PTC-Widerstandes in Abhängigkeit von der Temperatur

Merksatz

Die Größe des Temperaturbeiwertes α hängt vom verwendeten Werkstoff und von der Temperatur des PTC-Widerstandes ab.

Übliche Temperaturbeiwerte liegen etwa zwischen α = 0,07 1/°C bis α = 0,71/°C.

PTC-Widerstände werden aus polykristallinen Titanat-Keramik-Sorten hergestellt. Die Titanat-Keramik wird mit bestimmten Fremdstoffen gezielt verunreinigt. Diesen Vorgang nennt man Dotieren.

Kennwerte und Grenzwerte (siehe auch Bild 11.26)

ϑ_A	Anfangstemperatur
R_A	Anfangswiderstand (Widerstandswert bei ϑ_A)
R_{25}	Widerstandswert bei 25 °C
ϑ_N	Nenntemperatur
R_N	Nennwiderstand (Widerstandswert bei ϑ_N)
α_R	Temperaturbeiwert im steilsten Bereich der R-ϑ-Kennlinie
ϑ_E	Endtemperatur
R_E	Endwiderstand (Widerstandswert bei ϑ_E)
U_{max}	höchstzulässige Betriebsspannung
ϑ_{max}	höchstzulässige Temperatur

In Bild 11.27 ist das Schaltzeichen eines Kaltleiterwiderstandes dargestellt.

Die beiden gleichgerichteten Pfeile deuten an, dass bei Zunahme der Temperatur der Widerstandswert ebenfalls zunimmt.

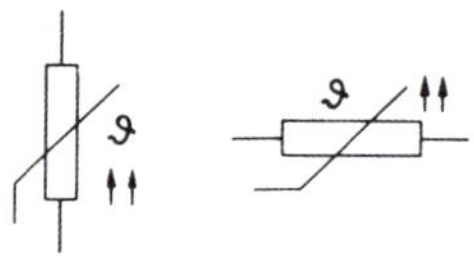

Bild 11.27
Schaltzeichen von Kaltleiterwiderständen (PTC-Widerständen)

Anwendungen

PTC-Widerstände können im Bereich der *Fremderwärmung* und im Bereich der *Eigenerwärmung* betrieben werden.

Fremderwärmung

Wird an den PTC-Widerstand nur eine kleine Spannung angelegt (üblich etwa 1 V), so ändert sich die Temperatur praktisch nicht. Der Widerstandswert bleibt angenähert konstant.

Merksatz

Die Temperatur des PTC-Widerstandes wird durch die Umgebungstemperatur bestimmt.

Man kann den PTC-Widerstand als Temperaturfühler verwenden. Er wird z.B. in Motor- und Generatorwicklungen eingebaut. Erhöht sich die Temperatur im Innern der Maschine unzulässig stark, so kann eine Sicherheitsabschaltung ausgelöst werden.

Eigenerwärmung
Die Spannung am PTC-Widerstand wird so groß gewählt (üblich sind etwa 10 V bis 60 V), dass ein Strom fließt, der den PTC-Widerstand merklich erwärmt.

Mit der Temperatur des PTC-Widerstandes steigt sein Widerstandswert, der Strom geht zurück. Es stellt sich ein Gleichgewichtszustand ein zwischen der vom Strom «erzeugten» Wärme und der abgegebenen Wärme. Dieser stabile Zustand bleibt erhalten, wenn sich die Kühlung nicht ändert.

Merksatz

Die Temperatur des PTC-Widerstandes wird durch die angelegte Spannung und durch die Kühlung bestimmt.

Im Zustand der Eigenerwärmung betriebene PTC-Widerstände werden häufig als Füllstandsmelder eingesetzt (Bild 11.28). Hat die Flüssigkeit den PTC-Widerstand erreicht, so kühlt sie ihn stark. Der Widerstandswert nimmt erheblich ab. Der Füllvorgang kann automatisch unterbrochen werden.

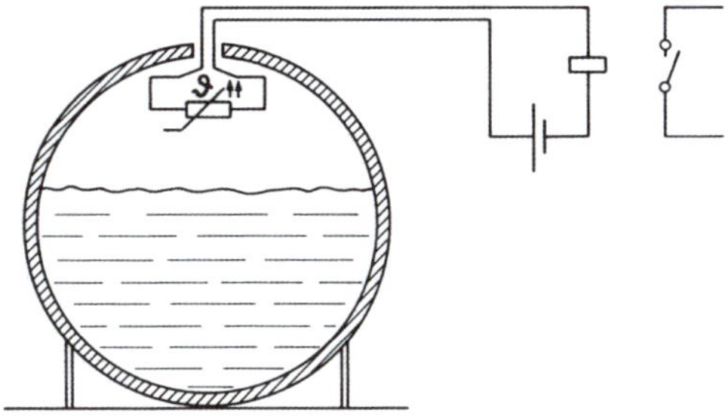

Bild 11.28
PTC-Widerstand als Füllstandsmelder (z. B. als Grenzwertmelder)

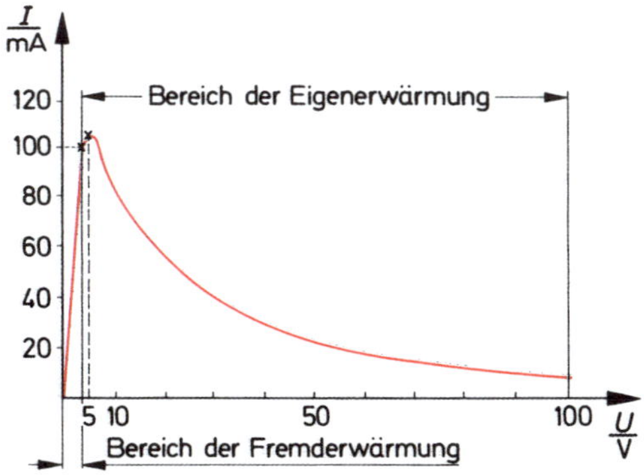

Bild 11.29
Stationäre Kennlinie eines PTC-Widerstandes

11.6 Spannungsabhängige Widerstände (VDR)

Arbeitsweise
Bei spannungsabhängigen Widerständen ändert sich der Widerstandswert mit der anliegenden Spannung. Diese Widerstände werden auch *VDR-Widerstände* genannt (VDR = **V**oltage **D**ependent **R**esistor, engl. = spannungsabhängiger Widerstand).

Zur Herstellung von VDR-Widerständen verwendet man Siliziumkarbid mit bestimmten Korngrößen und elektrischen Eigenschaften. Das Siliziumkarbid wird mit einem keramischen Binder zu Scheiben oder Stäben gepresst. Diese Körper werden dann gesintert. Die elektrischen Eigenschaften werden durch die Sinterzeit und durch die Sintertemperatur beeinflusst.

Der fertig gesinterte Widerstandskörper erhält metallische Kontaktflächen und Anschlussdrähte und eine Schutzlackschicht.

Das gesinterte Siliziumkarbid ist ein polykristalliner Halbleiterwerkstoff, d. h., er besteht aus vielen kleinen Halbleiterkristallen. Diese Halbleiterkristalle stellen viele kleine Halbleiterzonen unterschiedlicher Leitfähigkeit dar. Zwischen den kleinen Halbleiterzonen entstehen Sperrschichten ähnlich wie bei Halbleiterdioden. Die Polung dieser Sperrschichten ist völlig unregelmäßig.

Durch die angelegte Spannung entsteht ein elektrisches Feld. Die Kräfte dieses elektrischen Feldes bauen die Sperrschichten teilweise ab.

Je größer die angelegte Spannung, desto größer ist die elektrische Feldstärke, desto mehr Sperrschichten werden abgebaut.

Grundsatz

Der Widerstandswert eines VDR-Widerstandes wird mit zunehmender Spannung immer kleiner. Die Polung der Spannung spielt keine Rolle.

Bild 11.30 zeigt den Verlauf des Widerstandes in Abhängigkeit von der Spannung. Die *I-U*-Kennlinie des VDR-Widerstandes ist in Bild 11.31 dargestellt.

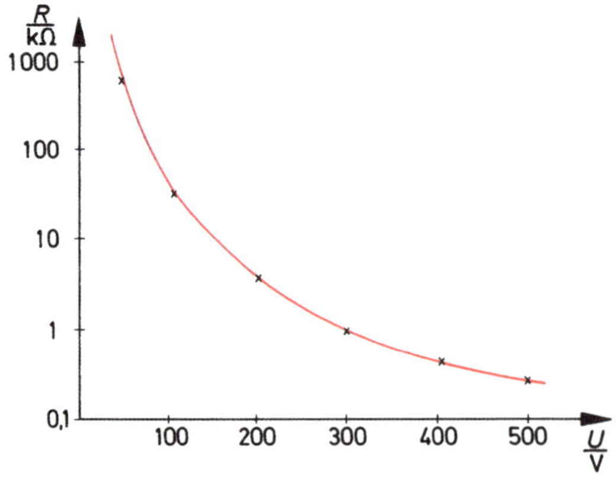

Bild 11.30
Widerstandsverlauf eines VDR-Widerstandes in Abhängigkeit von der Spannung

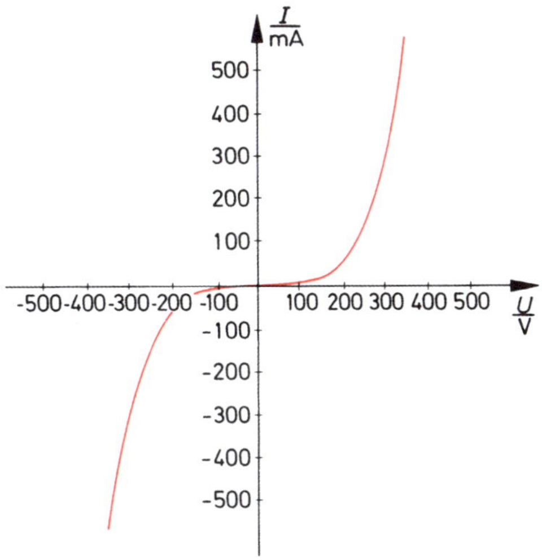

Bild 11.31
I-U-Kennlinie eines VDR-Widerstandes

Kennwerte und Grenzwerte

Das wesentliche Verhalten des VDR-Widerstandes ist durch die *I-U*-Kennlinie gegeben. Sie verläuft nach der Einheitengleichung

$U = C \cdot I^{\beta}$	β Regelfaktor C Konstante, die von den Abmessungen des VDR-Widerstandes abhängt (U in Volt, I in Ampere)

$$I = \left(\frac{U}{C}\right)^{\frac{1}{\beta}}$$

Die Konstante C gibt die Spannung an, bei der ein Strom von 1 A durch den VDR-Widerstand fließt (üblich $C = 15$ bis $C = 5000$).

β = Regelfaktor. Der Wert von β ist ein Maß für die Steilheit der Kennlinie (übliche Werte 0,15 bis 0,40).

Zusätzlich zu diesen Werten werden von den Herstellern noch bestimmte Kurvenpunkte der *I-U*-Kennlinie angegeben (Messwerte).

Grenzwerte sind:

P_{max} höchstzulässige Belastbarkeit
ϑ_{max} höchstzulässige Temperatur

Die Kennwerte werden für Gleichspannung angegeben. Die *I-U*-Kennlinie gilt ebenfalls für Gleichspannung. Bei Wechselspannungsbetrieb weichen die Werte etwas ab.

Das Schaltzeichen eines VDR-Widerstandes ist in Bild 11.32 angegeben. Die beiden kleinen entgegengerichteten Pfeile deuten an, dass bei zunehmender Spannung der Widerstandswert abnimmt.

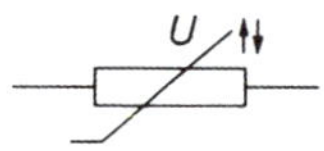

Bild 11.32
Schaltzeichen eines VDR-Widerstandes

Beispiel

Für einen VDR-Widerstand werden vom Hersteller folgende Daten angegeben:
$C = 100$
$\beta = 0{,}2$
Welche Ohmwerte hat dieser VDR-Widerstand bei

a) 10 V
b) 25 V
c) 50 V
d) 75 V
e) 100 V?

Es sind zuerst die sich ergebenden Ströme zu berechnen, dann die Widerstandswerte.

a) $I = \left(\frac{U}{C}\right)^{\frac{1}{\beta}} = \left(\frac{10}{100}\right)^{\frac{1}{0,2}} \text{A} = 0{,}1^5\,\text{A} = 10\,\mu\text{A}$ $\quad \underline{R} = \frac{10\,\text{V}}{10\,\mu\text{A}} = \underline{1\,\text{M}\Omega}$

b) $I = \left(\frac{U}{C}\right)^{\frac{1}{\beta}} = \left(\frac{25}{100}\right)^{\frac{1}{0,2}} \text{A} = 0{,}25^5\,\text{A} = 0{,}977\,\text{mA}$ $\quad \underline{R} = \frac{25\,\text{V}}{0{,}977\,\text{mA}} = \underline{25{,}59\,\text{k}\Omega}$

c) $I = \left(\frac{U}{C}\right)^{\frac{1}{\beta}} = \left(\frac{50}{100}\right)^{\frac{1}{0,2}} \text{A} = 0{,}5^5\,\text{A} = 31{,}25\,\text{mA}$ $\quad \underline{R} = \frac{50\,\text{V}}{31{,}25\,\text{mA}} = \underline{1{,}6\,\text{k}\Omega}$

d) $I = \left(\frac{U}{C}\right)^{\frac{1}{\beta}} = \left(\frac{75}{100}\right)^{\frac{1}{0,2}} \text{A} = 0{,}75^5\,\text{A} = 237{,}3\,\text{mA}$ $\quad \underline{R} = \frac{75\,\text{V}}{237{,}3\,\text{mA}} = \underline{316\,\Omega}$

e) $I = \left(\frac{U}{C}\right)^{\frac{1}{\beta}} = \left(\frac{100}{100}\right)^{\frac{1}{0,2}} \text{A} = 1^5\,\text{A} = 1\,\text{A}$ $\quad \underline{R} = \frac{100\,\text{V}}{1\,\text{A}} = \underline{100\,\Omega}$

Beim Einsatz von VDR-Widerständen ist darauf zu achten, dass die höchstzulässige Belastbarkeit nicht überschritten wird. Die tatsächliche Belastung ergibt sich aus der Gleichung $P = U \cdot I$. Die tatsächliche Belastung muss stets gleich oder kleiner als die höchstzulässige Belastbarkeit sein.

Anwendungen
Spannungsabhängige Widerstände eignen sich sehr gut zur Spannungsbegrenzung. Sie werden zu diesem Zweck auch häufig eingesetzt. Sie können als Schutzwiderstände parallel zu Bauteilen geschaltet werden, die durch Überspannungen gefährdet sind (Bild 11.33).

VDR-Widerstände erzeugen Verformungen von Spannungs- und Stromkurven.

Wird z. B. eine sinusförmige Spannung an einen VDR-Widerstand gelegt, so fließt ein nichtsinusförmiger Strom durch den VDR-Widerstand (Bild 11.34).

Lässt man einen sinusförmigen Strom durch den VDR-Widerstand fließen, so entsteht an seinen Klemmen eine nichtsinusförmige Spannung.

Diese Verformungseigenschaft wird in der Impulstechnik, in der Fernsehtechnik und in der Steuer- und Regelungstechnik genutzt.

Bild 11.33
VDR-Widerstand als Schutz gegen
zu hohe Kollektor-Emitter-Sperrspannung

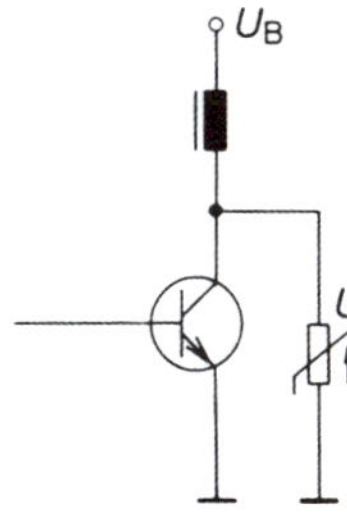

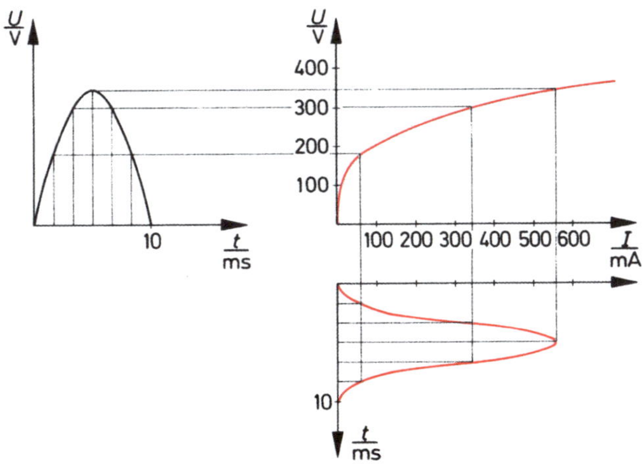

Bild 11.34
Stromverformung durch
einen VDR-Widerstand
bei sinusförmiger
Wechselspannung

12 Kondensatoren und Spulen

12.1 Kondensatoren

12.1.1 Eigenschaften von Kondensatoren

Definition

Kondensatoren sind Bauteile, die eine gewollte Kapazität bestimmter Größe haben.

Diese Nennkapazität kann innerhalb eines bestimmten Toleranzbereiches schwanken. Sie ist außerdem temperaturabhängig.

Der zwischen den beiden elektrisch leitfähigen Körpern (Belägen) befindliche Isolierstoff wird Dielektrikum genannt. Das Dielektrikum hat eine bestimmte Durchschlagsfestigkeit. Durch diese Durchschlagsfestigkeit ist die höchste Spannung, die an den Kondensator angelegt werden darf, bestimmt.

Das Dielektrikum hat keinen unendlich großen Widerstand. Ein aufgeladener Kondensator entlädt sich selbst. Im Dielektrikum wird elektrische Arbeit in Wärme umgesetzt. Ein Kondensator hat Verluste. Diese setzen sich zusammen aus den Isolationsverlusten, den Zuleitungs- und Belagsverlusten und den dielektrischen Verlusten. Die dielektrischen Verluste entstehen bei Betrieb an Wechselspannung. Das Dielektrikum wird häufig umpolarisiert.

Man unterscheidet *Gleichspannungskondensatoren* und *Wechselspannungskondensatoren.* Gleichspannungskondensatoren sind für den Betrieb an Gleichspannung gebaut. Man verwendet Isolierstoffe (Dielektrika), die bei Wechselspannungsbetrieb verhältnismäßig große Verluste haben. Gleichspannungskondensatoren für eine bestimmte Nennspannung dürfen nicht an einer Wechselspannung gleichen Scheitelwertes betrieben werden. In Sonderfällen ist ein Betrieb an einer wesentlich kleineren Wechselspannung möglich. Der Betrieb an einer Gleichspannung mit überlagerter Wechselspannung ist bis zu einer bestimmten Größe der Wechselspannung erlaubt.

Wechselspannungskondensatoren sind für den Betrieb an Wechselspannung geeignet. Sie sind für die bei Wechselspannung auftretenden größeren Verluste bemessen und dürfen auch an Gleichspannungen verwendet werden, deren Höhe den Effektivwert der Nennwechselspannung nicht überschreitet.

Kennwerte und Grenzwerte

Die Eigenschaften eines Kondensators werden durch seine Kennwerte und Grenzwerte beschrieben.

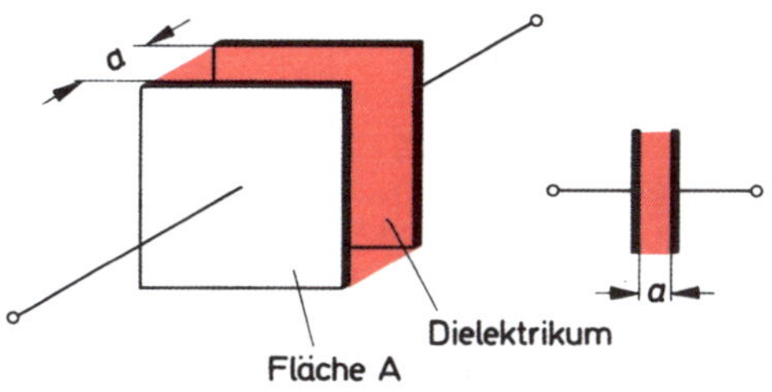

Bild 12.1
Plattenkondensator

Kennwerte

Nennkapazität
Auslieferungstoleranz
Temperaturabhängigkeit der Kapazität
Feuchteabhängigkeit der Kapazität
Selbstentlade-Zeitkonstante
Betriebstemperaturbereich
Brauchbarkeitsdauer
Betriebszuverlässigkeit
Verlustfaktor

Grenzwerte

Nennspannung
Dauergrenzspannung
Spitzenspannung
zulässige Wechselspannungen

Nennkapazität und Toleranz werden entweder mit Zahlenwert und Einheit auf den Kondensatorkörper aufgedruckt oder durch Farbringe (Farbpunkte) nach einem Farbcode angegeben.

Dieser Farbcode entspricht weitgehend dem für Widerstände gültigen Farbcode. Der 5. Ring oder Punkt gibt die Nennspannung an (Tabelle 12.1).

Tabelle 12.1

Farbe	1. Ring 1. Ziffer	2. Ring 2. Ziffer	3. Ring Multiplikator	4. Ring Toleranz	5. Ring Nennspannung
keine	–	–	–	± 20 %	5000 V
Silber	–	–	10^{-2}	± 10 %	2000 V
Gold	–	–	10^{-1}	± 5 %	1000 V
Schwarz	–	0	10^0 pF		
Braun	1	1	10^1 pF	± 1 %	100 V
Rot	2	2	10^2 pF	± 2 %	200 V
Orange	3	3	10^3 pF		300 V
Gelb	4	4	10^4 pF		400 V
Grün	5	5	10^5 pF	± 0,5 %	500 V
Blau	6	6	10^6 pF		600 V
Violett	7	7	10^7 pF		700 V
Grau	8	8	10^8 pF		800 V
Weiß	9	9	10^9 pF		900 V

Die Nennkapazitäten sind nach den IEC-Normreihen gestuft (siehe Kapitel 2, Widerstände). Vorzugsweise werden die Reihen E 6, E 12 und E 24 verwendet. Für Präzisionskondensatoren gelten die Reihen E 48, E 96 und E 192.

Die außenliegende leitfähige Schicht eines Kondensators kann als Abschirmung verwendet werden, wenn man sie an Masse anschließt. Es ist deshalb wichtig zu wissen, an welchem Kondensatoranschluss der *Außenbelag* liegt.

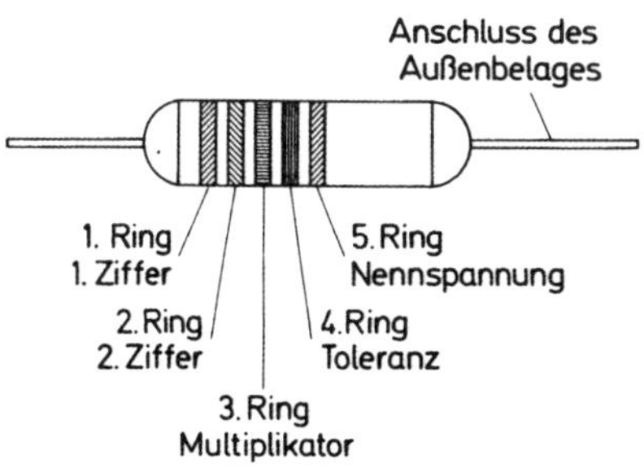

Bild 12.2
Farbringkennzeichnung von Kondensatoren

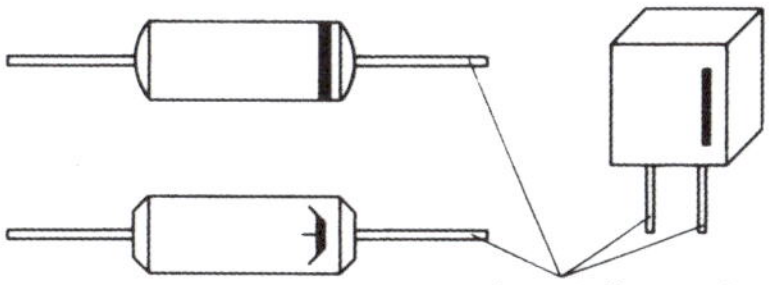

Bild 12.3
Kennzeichnung des Außenbelages von Kondensatoren

Bei Kondensatoren mit Farbringkennzeichnung liegt der Außenbelag an der Anschlussseite, die zu den Farbringen den größten Abstand hat (Bild 12.2). Bei anderen Kondensatoren ist der Außenbelag durch einen Strich, schwarzen Ring oder durch einen stilisierten Schirm (Bild 12.3) gekennzeichnet.

Die Temperaturabhängigkeit eines Kondensators wird durch den Temperaturbeiwert α_c angegeben. Es gilt:

$$\Delta C = C \cdot \alpha_c \cdot \Delta\vartheta$$

ΔC Kapazitätsänderung
C Kapazität bei 20 °C oder 40 °C (Nennkapazität)
α_c Temperaturbeiwert
$\Delta\vartheta$ Temperaturänderung

Der Temperaturbeiwert hat die Einheit 1/°C.

Die anderen Kennwerte sind den Datenblättern der Hersteller zu entnehmen. Bei einigen Herstellern sind weitere Kennwerte durch firmeneigene Buchstaben- und Zifferncodes auf den Kondensatorkörpern angegeben.

Die Selbstentladezeitkonstante τ_s ist das Produkt aus Isolationswiderstand R_{is} und Kapazität des Kondensators.

$$\tau_s = R_{is} \cdot C$$

Je größer die Selbstenladezeitkonstante ist, desto hochwertiger ist der Kondensator. Übliche Werte sind τ_s = 1000 s bis τ_s = 10 000 s (s = Sekunden).

Der Betriebstemperaturbereich gibt den zulässigen Temperaturbereich an, in dem der Kondensator betrieben werden darf.

Unter Brauchbarkeitsdauer versteht man die vom Hersteller angegebene Lebensdauer eines Kondensators. Sie wird bestimmt unter Annahme bestimmter Pausen- und Lagerzeiten. Die Brauchbarkeitsdauer liegt meist zwischen 8 und 15 Jahren.

Die Betriebszuverlässigkeit gibt die Anzahl der Betriebsstunden an, in denen ein bestimmter Prozentsatz der Kondensatoren ausfallen kann, z. B. 100 000 h/3 %.

Das bedeutet, dass innerhalb von 100 000 Betriebsstunden 3 % der Kondensatoren ausfallen dürfen.

Der Verlustfaktor tan δ ist frequenzabhängig. Er nimmt mit steigender Frequenz stark zu. Eine gewisse Temperaturabhängigkeit ist ebenfalls vorhanden.

Die für einen Kondensator angegebene Nennspannung gilt für eine Umgebungstemperatur bis 40 °C. Der Nennspannungswert darf im Dauerbetrieb nicht überschritten werden. Bei Umgebungstemperaturen, die über 40 °C liegen, ist die Dauergrenzspannung zu beachten. Sie liegt umso niedriger, je höher die Umgebungstemperatur ist, und kann bei 80 °C z. B. nur 60 % der Nennspannung betragen. Der Wert der Dauergrenzspannung darf im Dauerbetrieb nicht überschritten werden.

Die Spitzenspannung ist der höchste Scheitelwert der Spannung, die am Kondensator kurzzeitig und selten auftreten darf.

Gleichspannungskondensatoren dürfen an einer Mischspannung betrieben werden. Die höchstzulässige Wechselspannung gibt an, welchen Wechselspannungsanteil diese Mischspannung haben darf.

12.1.2 Bauarten von Kondensatoren

Papierkondensatoren, Kunststoffkondensatoren

Papierkondensatoren bestehen aus zwei Metallfolien, meist Aluminiumfolien, die voneinander durch getränkte Papierlagen isoliert sind. Metallfolien und Isolierstoff werden zu einem Wickel aufgerollt (Bild 12.4).

Der Wickel wird mit Anschlüssen versehen und mit Kunststoff umpresst. Er kann auch in einen Kunststoff-, Hartpapier-, Keramik- oder Metallbecher eingesetzt und vergossen werden. Ein luftdichter Abschluss ist erforderlich, um das Eindringen von Feuchtigkeit zu erschweren.

Papier hat als Dielektrikum viele ungünstige Eigenschaften. Es wird immer mehr von Kunststofffolien verdrängt.

Kunststoffkondensatoren sind wie Papierkondensatoren aufgebaut, nur verwendet man statt der Papierzwischenlagen Kunststofffolien. Als Kunststoffe werden Polyester, Polyethylenterephthalat und Polykarbonat verwendet.

Kunststoffkondensatoren haben im Allgemeinen bessere Eigenschaften als Papierkondensatoren. Sie können bei gleicher Kapazität und gleicher Spannungsfestigkeit kleiner gebaut werden.

Ein besonderer Kunststoffkondensator ist der *Styroflexkondensator*. Als Dielektrikum werden Folien aus gerecktem Polystyrol verwendet. Als Beläge dienen Aluminium- oder Zinnfolien. Der fertige Wickel wird einer Wärmebehandlung unterzogen, in deren Verlauf die Polystyrolfolie schrumpft. Es entsteht ein sehr fester Wickel mit hoher Kapazitätskonstanz. Polystyrol hat geringe dielektrische Verluste und einen geringen negativen Temperaturbeiwert α_c. Es eignet sich gut als Dielektrikum für Hochfrequenzkondensatoren. Styroflexkondensatoren werden vorwiegend als Schwingkreiskondensatoren eingesetzt.

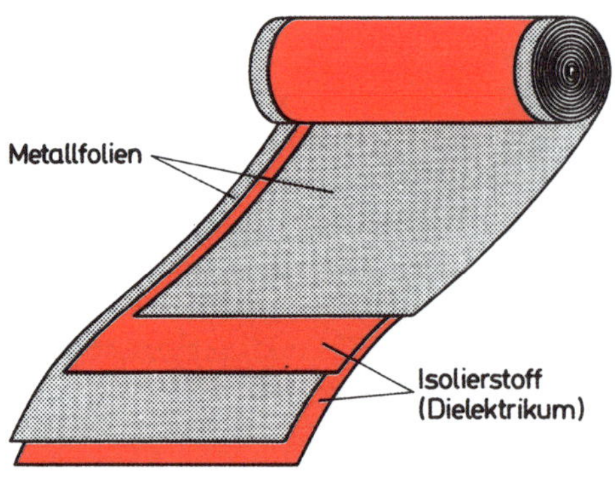

Bild 12.4
Aufbau eines Papierkondensators bzw. eines Kunststoffkondensators

Bild 12.5
Selbstheilung bei MP- und MK-Kondensatoren

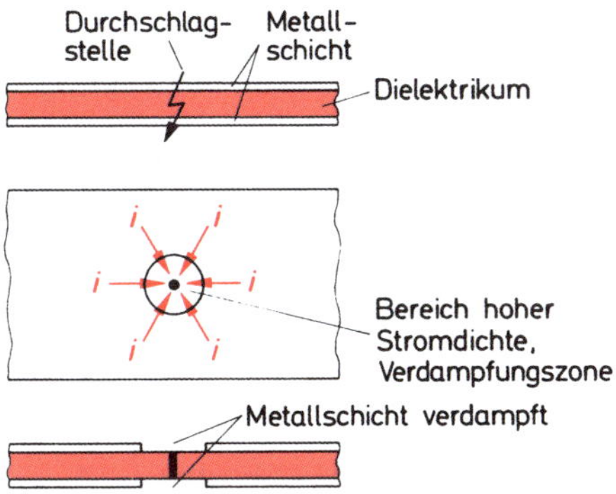

Metall-Papier-Kondensatoren (MP-Kondensatoren)
Die Dicke der Metallbeläge hat keinen Einfluss auf die Kapazität eines Kondensators. Will man große Kapazitätswerte pro Volumeneinheit bei bestimmter Spannungsfestigkeit erreichen, so wird man bemüht sein, die Dicke der Beläge so gering wie möglich zu machen.

Bei Metall-Papier-Kondensatoren werden die Metallbeläge auf das als Dielektrikum dienende Papier aufgedampft. Man erzeugt Schichtdicken von etwa 0,05 µm. Die erforderliche Dicke des Papiers hängt von der gewünschten Nennspannung ab.

Die dünnen Metallschichten haben einen verhältnismäßig großen ohmschen Widerstand. Dies könnte zu einem Nachteil führen. Man spritzt jedoch auf beide Stirnflächen des Wickels Metallschichten auf, an denen die Anschlüsse befestigt werden. Die Ladungsträger können nun von den Stirnseiten her auf die Beläge auffließen und auf dem gleichen Wege wieder abfließen. Durch die Stirnbeschichtung verringert man auch die Eigeninduktivität des Wickels erheblich.

Kommt es bei einem MP-Kondensator zu einem Durchschlag, so entsteht in der Umgebung des Durchschlagspunktes kurzzeitig eine so große Stromdichte, dass die außerordentlich dünne Metallschicht hier verdampft (Bild 12.5). Das Dielektrikum wird dabei nicht beschädigt. Der Durchschlagspunkt ist jetzt isoliert. Der Durchschlag hat sich selbst geheilt. Diese Selbstheilung ist eine sehr vorteilhafte Eigenschaft der MP-Kondensatoren.

Ein Ausheilvorgang dauert etwa 10 µs bis 50 µs. Während dieser Zeit sinkt die Kondensatorspannung kurzzeitig ab. Dies kann in elektronischen Schaltungen zu einem störenden Impuls führen.

Mit jedem Ausheilvorgang wird die Kapazität des MP-Kondensators etwas geringer. Das macht aber sehr wenig aus. Nach 1000 Ausheilvorgängen ist die Kapazität erst um etwa 1 % gesunken.

Metall-Kunststoff-Kondensatoren (MK-Kondensatoren)
MK-Kondensatoren sind im Prinzip gleich aufgebaut wie MP-Kondensatoren. Anstelle von Papier verwendet man Kunststoff. Auf Kunststofffolien werden dünne Metallschichten aufgedampft. Die Schichtdicken betragen etwa 0,02 µm bis 0,05 µm. Man erhält große Kapazitäten pro Volumeneinheit.

Die Folien werden zu Rundwickeln oder zu Flachwickeln gerollt. Nach neuerer Technik werden Folienstücke aufeinander geschichtet. Die Stirnseiten erhalten

Metallschichten, die alle Windungen, die zu einem Belag gehören, elektrisch leitend verbinden. Dadurch erhält man einen geringen ohmschen Widerstand und eine geringe Induktivität.

Eine Selbstheilung ist ebenso möglich wie beim MP-Kondensator.

Bei MK-Kondensatoren unterscheidet man folgende Varianten der Bauform:

- *MKT-Kondensatoren* (nach DIN 41 379)
  Kunststoff: Polyethylenterephthalat, häufig verwendete Bezeichnung: MKH-Kondensatoren.
- *MKC-Kondensatoren* (nach DIN 41 379)
  Kunststoff: Polykarbonat, häufig verwendete Bezeichnung: MKM-Kondensatoren.
- *MKU-Kondensatoren* (nach DIN 41 379)
  Kunststoff: Zelluloseacetat, häufig verwendete Bezeichnung: MKL-Kondensatoren.
- *MKS-Kondensatoren* (nach DIN 41 379)
  Kunststoff: Polystyrol, häufig verwendete Bezeichnung: MKY-Kondensatoren.

Keramikkondensatoren

Bei Keramikkondensatoren werden keramische Massen als Dielektrikum verwendet. Die keramischen Massen lassen sich in zwei Gruppen einteilen:

- *Gruppe 1*
  Keramische Massen mit geringer Dielektrizitätszahl ($\varepsilon_r \approx 6$ bis 450) und kleinen dielektrischen Verlusten. Die Temperaturabhängigkeit der Dielektrizitätszahlen ist gering.
- *Gruppe 2*
  Spezial-Keramikmassen mit extrem großen Dielektrizitätszahlen ($\varepsilon_r \approx 700$ bis 50 000). Leider sind die Dielektrizitätszahlen dieser Werkstoffe stark temperaturabhängig. Die dielektrischen Verluste sind verhältnismäßig groß.

Keramische Massen der Gruppe 1 eignen sich gut zur Herstellung von Schwingkreiskondensatoren. Man stellt mit diesen Massen Präzisionskondensatoren her, die eine sehr gute Kapazitätskonstanz und eine gute Temperaturstabilität haben. Die dielektrischen Verluste sind bis zu sehr hohen Frequenzen gering.

Mit den Keramikmassen der Gruppe 2 ist es möglich, sehr kleine Kondensatoren mit verhältnismäßig großer Kapazität herzustellen, z. B. erbsengroße Kondensatoren mit $C = 10\ \mu F$, $U = 30\ V$. Diese Kondensatoren haben einen großen Temperaturbeiwert. Der Verlustfaktor ist ebenfalls verhältnismäßig groß. Kondensatoren dieser Art eignen sich nicht als frequenzbestimmende Bauteile (Schwingkreiskondensatoren). Sie werden vorwiegend als Koppelkondensatoren eingesetzt.

Elektrolytkondensatoren

Bei Elektrolytkondensatoren besteht ein Kondensatorbelag aus einer elektrisch leitenden Flüssigkeit, einem sogenannten Elektrolyten. Bei einer Sonderbauform verwendet man statt des Elektrolyten einen Halbleiterwerkstoff, der sich ähnlich verhält.

Aluminium-Elektrolyt-Kondensatoren
Eine Aluminiumfolie ist mit einer Oxidschicht versehen. Diese Oxidschicht stellt das Dielektrikum dar. Die Aluminiumfolie ist der eine Kondensatorbelag, der andere Kondensatorbelag ist die elektrisch leitende Flüssigkeit (Elektrolyt).

Die Oxidschicht hat eine hohe Spannungsfestigkeit. Sie kann sehr dünn sein. Bei einem Kondensator für 100 V Nennspannung hat die Oxidschicht etwa eine Dicke von 0,15 µm. Der Abstand zwischen den Kondensatorbelägen ist also sehr gering. Die auf die Flächeneinheit der Beläge bezogene Kapazität wird damit sehr groß.

Durch ein Aufrauen der Aluminiumfolie wird die Fläche wesentlich vergrößert (Bild 12.6). Der zweite Belag folgt den Oberflächenrauigkeiten, da er ja flüssig ist.

Es gibt Aluminium-Elektrolyt-Kondensatoren mit rauen und mit glatten Folien (Elektroden). Die rauen Folien setzen sich immer mehr durch. Sie haben keine besonderen Nachteile gegenüber glatten Folien, außer einem geringfügig größeren Verlustfaktor, erbringen aber eine 6- bis 8-fach größere Kapazität pro Volumeneinheit. Die Dielektrizitätszahl ε_r der Aluminiumoxidschicht liegt zwischen 7 und 8.

Aluminium-Elektrolyt-Kondensatoren in der beschriebenen Ausführung müssen gepolt betrieben werden. Die Aluminiumfolie ist der positive Pol. Der Elektrolyt bzw. sein Anschluss ist der negative Pol (Bild 12.7).

Wird der Elektrolytkondensator an Spannungen oberhalb 2 V falsch gepolt, wird die Oxidschicht abgebaut. Der Elektrolyt erwärmt sich stark. Es kommt zur Gasbildung und möglicherweise zu einer Explosion des Kondensators. Eine Falschpolung bis zu einer Spannung von 2 V ist erlaubt. Bis zu dieser Spannung ist auch ein Wechselstrombetrieb möglich.

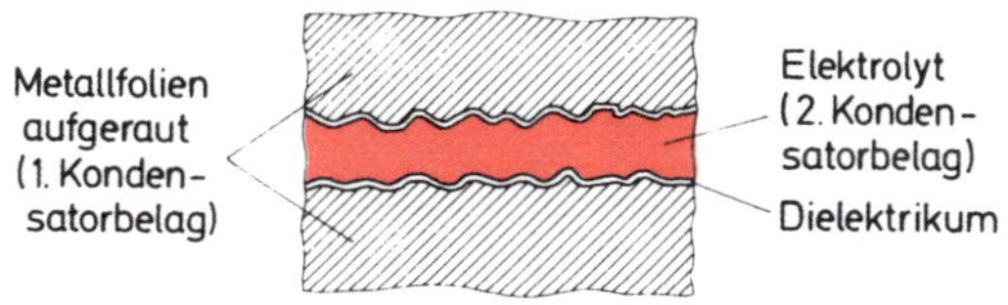

Bild 12.6
Schichtausschnitt eines Elektrolytkondensators mit aufgerauten Belägen

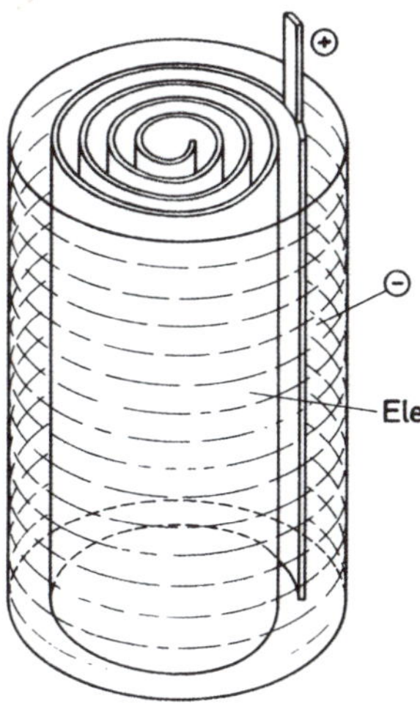

Bild 12.7
(rechts) Aufbau eines Elektrolytkondensators

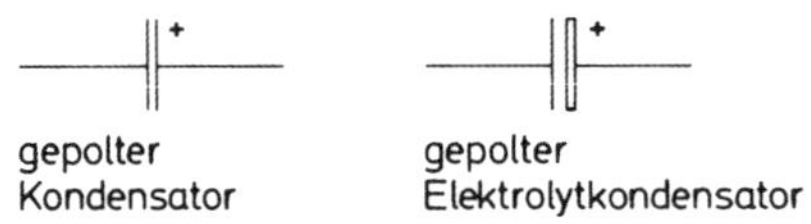

Bild 12.8
Schaltzeichen

Bild 12.9 Zwei gepolte Elektrolytkondensatoren sind zu einem ungepolten Elektrolytkondensator zusammengeschaltet

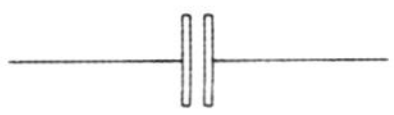

Bild 12.10 Schaltzeichen eines ungepolten Elektrolytkondensators

Bei einigen Elektrolytkondensatortypen wird eine zweite Aluminiumfolie ohne Oxidschicht für die Stromzuführung zum Elektrolyten verwendet. Dadurch wird der ohmsche Widerstand des Elektrolytkondensators herabgesetzt. Diese Folie, die den Minuspol darstellt, wird *Katodenfolie* genannt. Die Folie, die die Oxidschicht trägt, heißt *Anodenfolie.* Zwischen beiden Folien befinden sich der Elektrolyt und ein Abstandhalter aus Papier oder textilem Werkstoff.

Bild 12.8 zeigt das Schaltzeichen eines Elektrolytkondensators in gepolter Ausführung. Erzeugt man auf der Katodenfolie ebenfalls eine Oxidschicht, so erhält man praktisch zwei Elektrolytkondensatoren, die wie in Bild 12.9 geschaltet sind. Die Kapazität geht auf die Hälfte zurück. Kondensatoren dieser Art können ungepolt betrieben werden. Wechselspannungsbetrieb ist innerhalb der vom Hersteller angegebenen Grenzen möglich.

In Bild 12.10 ist das Schaltzeichen eines ungepolten Elektrolytkondensators dargestellt. Elektrolytkondensatoren in ungepolter Ausführung haben bei gleicher Kapazität und gleicher Spannungsfestigkeit ungefähr das doppelte Volumen wie Elektrolytkondensatoren in gepolter Ausführung.

Tantal-Elektrolyt-Kondensatoren

Das verhältnismäßig teure Tantal eignet sich hervorragend zur Herstellung von Elektrolytkondensatoren. Als Dielektrikum dient eine sehr durchschlagsfeste Schicht aus Tantalpentoxid, die durch einen Formierungsvorgang auf die Anodenbeläge aufgebracht wird. Tantalpentoxid hat eine verhältnismäßig große Dielektrizitätszahl ($\varepsilon_r \approx 27$). Dadurch ergeben sich große Kapazitätswerte pro Volumeneinheit bei gleicher Spannungsfestigkeit.

Die Tantalpentoxidschicht baut sich auch bei längerer Lagerung nicht ab. Die Restströme sind sehr gering. Tantalkondensatoren genügen meist erhöhten Anforderungen. Sie werden als Tantalfolien-Elektrolytkondensatoren und als Tantal-Sinter-Elektrolytkondensatoren gebaut.

Tantalfolien-Elektrolyt-Kondensatoren

Elektrolytkondensatoren dieser Art werden als Kondensatoren der Bauart F bezeichnet. Sie sind ähnlich aufgebaut wie Aluminium-Elektrolyt-Kondensatoren. Als Anodenfolie verwendet man eine Tantalfolie mit aufgerauter Oberfläche. Es werden gepolte und ungepolte Ausführungen hergestellt.

Tantal-Elektrolyt-Kondensatoren mit Sinteranoden und flüssigem Elektrolyten (Bauart S)

Um eine möglichst große Oberfläche zu erhalten, sintert man Tantalpulver zu einer Art Metallschwamm zusammen. Der Elektrolyt, der ja den zweiten Kondensatorbelag bildet, dringt in die Poren ein. Als Dielektrikum dient auch hier eine dünne Schicht aus Tantalpentoxid, die auf der Oberfläche des Tantalsinterkörpers erzeugt wurde. Den üblichen Aufbau eines solchen Kondensators zeigt Bild 12.11.

Durch die außerordentlich große Oberfläche ergeben sich sehr große Kapazitäten pro Volumeneinheit, wie sie bei keiner anderen Kondensatorenbauart erreicht werden.

Tantal-Elektrolyt-Kondensatoren mit Sinteranoden und festem Elektrolyten (Bauart SF)

Ein Elektrolyt ist ja bekanntlich eine elektrisch leitende Flüssigkeit. Es ist also eigentlich nicht richtig, von einem festen Elektrolyten zu sprechen. Der verwendete Werkstoff verhält sich aber sehr ähnlich wie ein Elektrolyt, deshalb wurde diese Bezeichnung gewählt.

Als fester Elektrolyt dient Mangandioxid (MnO_2) in besonderer Struktur. Mangandioxid hat die Eigenschaften eines n-leitenden Halbleitermaterials.

Als Anodenbelag verwendet man einen Tantalsinterkörper. Nach Erzeugen der Tantalpentoxidschicht wird eine Manganverbindung in die Poren des Sinterkörpers gedrückt, die dann durch ein besonderes Verfahren in MnO_2 umgewandelt wird. Den Aufbau eines Tantal-Elektrolyt-Kondensators mit Sinteranode und festem Elektrolyten zeigt Bild 12.12.

Kondensatoren dieser Art sind besonders robust. Der Elektrolyt kann nicht auslaufen, nicht verdunsten und nicht einfrieren. Sie dürfen mit reinen Wechselspannungen betrieben werden, die nicht größer als 15 % der Nennspannung sind.

Einige Vorsicht ist beim Laden und Entladen dieser Tantal-Elektrolyt-Kondensatoren geboten. Sie sind empfindlich gegen zu große Stromstärken, auch wenn diese nur kurzzeitig auftreten. Das Laden und Entladen sollte stets über Vorwiderstände erfolgen.

Einstellbare Kondensatoren

Verhältnismäßig häufig werden Kondensatoren benötigt, deren Kapazität einstellbar ist. Solche Kondensatoren bestehen meist aus Platten oder Plattenpaketen, die gegeneinander verschoben werden können.

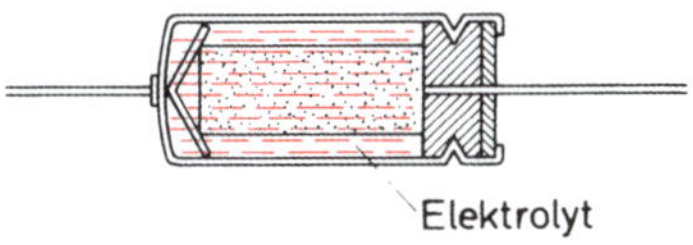

Bild 12.11
Aufbau eines Tantal-Elektrolyt-Kondensators mit Sinteranode (Bauart S)

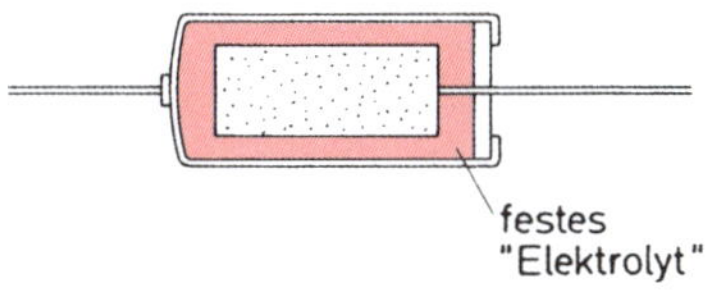

Bild 12.12
Aufbau eines Tantal-Elektrolyt-Kondensators mit festem Elektrolyt (Bauart SF)

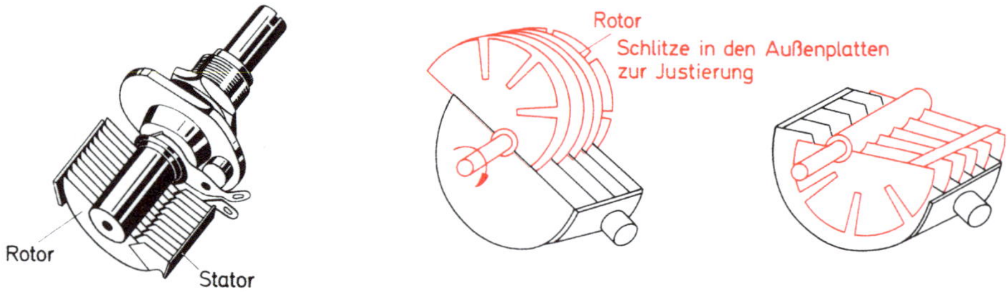

Bild 12.13 Aufbau von Drehkondensatoren

Drehkondensatoren

Bild 12.13 zeigt den Aufbau eines Drehkondensators. Der Drehkondensator ist im Prinzip ein Plattenkondensator. Es sind mehrere Platten zusammengeschaltet. Dadurch erreicht man eine große wirksame Plattenfläche (Bild 12.14).

Drehkondensatoren haben im Allgemeinen Endkapazitäten zwischen wenigen pF und etwa 500 pF. Die kleinste einstellbare Kapazität liegt ungefähr bei 10 % der Endkapazität.

Trimmerkondensatoren

Trimmerkondensatoren sind meist Scheibenkondensatoren mit verhältnismäßig geringer Kapazität. Die eine Scheibe ist fest, die andere Scheibe ist verschiebbar. Sie werden zur Feinabstimmung verwendet. Übliche Bauformen von Trimmerkondensatoren zeigt Bild 12.15.

Bild 12.14
Zusammenschaltung der Platten eines Drehkondensators

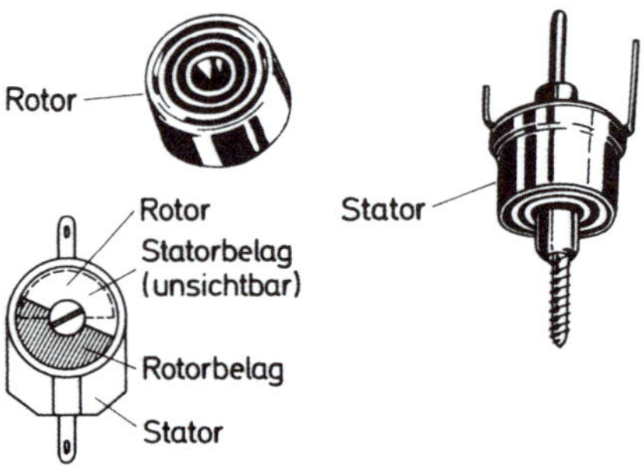

Bild 12.15
Übliche Bauformen von Trimmerkondensatoren

12.2 Spulen

12.2.1 Eigenschaften von Spulen

Wird eine Spule von einem sich zeitlich ändernden Strom durchflossen, so entsteht in ihrer Umgebung ein zeitlich sich änderndes magnetisches Feld. Dieses magnetische Feld induziert in der Spule eine Spannung (Selbstinduktion). Die Größe der induzierten Spannung ergibt sich aus dem Induktionsgesetz:

$$U_0 = -N \cdot \frac{\Delta\Phi}{\Delta t}$$

U_0 induzierte Spannung
N Windungszahl
$\Delta\Phi$ Änderung des magnetischen Flusses
Δt Zeitraum, in dem die Flussänderung erfolgt

Die induzierte Spannung ist stets der Änderung ihrer Ursache entgegengerichtet. Die Ursache des Magnetfeldes und damit auch der induzierten Spannung ist der Strom.

Nimmt der Strom durch die Spule zu, so entsteht eine Selbstinduktionsspannung, die dem Strom entgegengerichtet ist und die Zunahme des Stromes bremst (Bild 12.16).

Nimmt der Strom durch die Spule ab, so entsteht eine Selbstinduktionsspannung, die in Richtung des Stromes wirkt und die Abnahme des Stromes bremst (Bild 12.17).

Die Selbstinduktionsspannung ist eine Gegenspannung. Die Selbstinduktionsspannung hängt einmal von den Aufbaugrößen einer Spule ab, also von der Windungszahl, von der Spulenlänge, vom Spulenquerschnitt, von Art und Abmessungen eines Kerns.

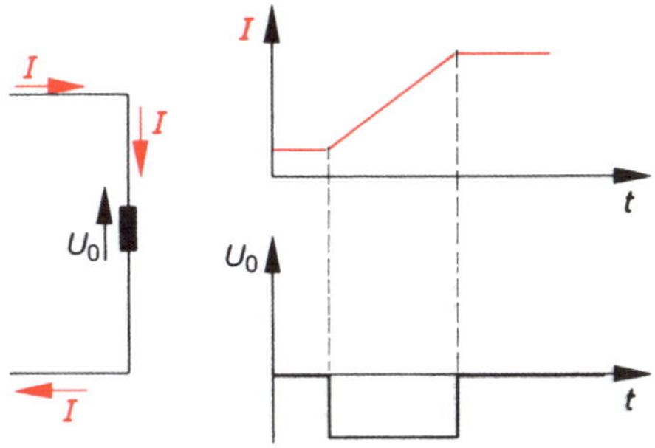

Bild 12.16
Zeitlicher Verlauf von Spulenstrom und induzierter Spannung (Stromzunahme)

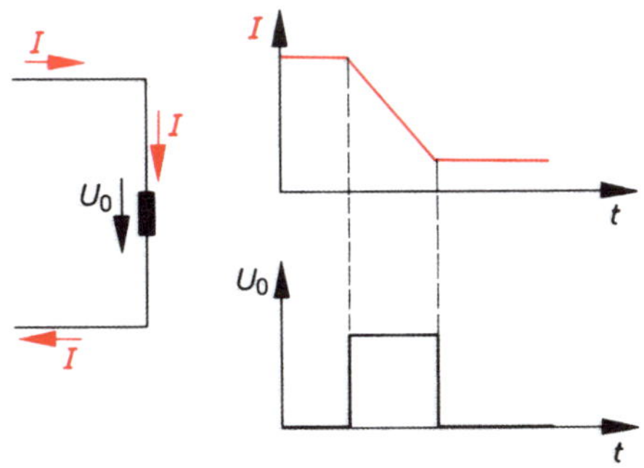

Bild 12.17
Zeitlicher Verlauf von Spulenstrom und induzierter Spannung (Stromabnahme)

Zum anderen hängt die Selbstinduktionsspannung von der Größe und Änderungsgeschwindigkeit des die Spule durchfließenden Stromes ab.

Von diesen Größen ist auch der magnetische Fluss Φ abhängig.

Für die Selbstinduktionsspannung U_L gilt die Gleichung:

$$U_L = L \frac{\Delta I}{\Delta t}$$

U_L Selbstinduktionsspannung
ΔI Änderung des Stromes
Δt Zeitraum, in dem die Stromänderung erfolgt
L Induktivität

Der Einfluss aller Aufbaugrößen der Spule auf die Größe der Selbstinduktionsspannung wird durch einen Koeffizienten erfasst. Dieser Selbstinduktionskoeffizient wird *Induktivität* genannt (Kurzzeichen L).

Die Einheit der Induktivität L ist Ωs. Die Einheit Ωs hat die Bezeichnung Henry (H).

$$[L] = \frac{\mathrm{Vs}}{\mathrm{A}} = \Omega\mathrm{s} = \mathrm{H}$$

Zur Berechnung der Induktivität einer Spule ist die folgende Gleichung geeignet:

$$L = N_2 \frac{\mu_0 \cdot \mu_r \cdot A}{l_m}$$

L Induktivität
N Windungszahl
μ_0 magn. Feldkonstante
μ_r Permeabilitätszahl
A Spulenquerschnitt
l_m mittlere Feldlinienlänge

Die Induktivität einer Spule ist dem Quadrat der Windungszahl proportional.

Die Berechnung ergibt jedoch nur näherungsweise richtige Ergebnisse. Besonders schwierig ist es, die Permeabilitätszahl eines Eisenkerns zu bestimmen. Unsicher sind auch die Werte für die mittlere Feldlinienlänge.

12.2.2 Bauarten von Spulen

Luftspulen

Luftspulen werden in verschiedenen Formen gebaut. Sehr häufig werden *Zylinderspulen* verwendet (Bild 12.18).

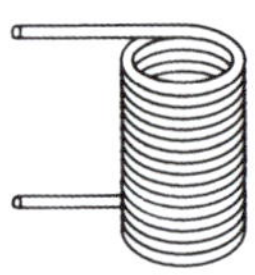

Bild 12.18 Zylinderspule

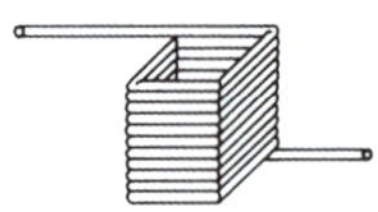

Bild 12.19 Rechteckspule

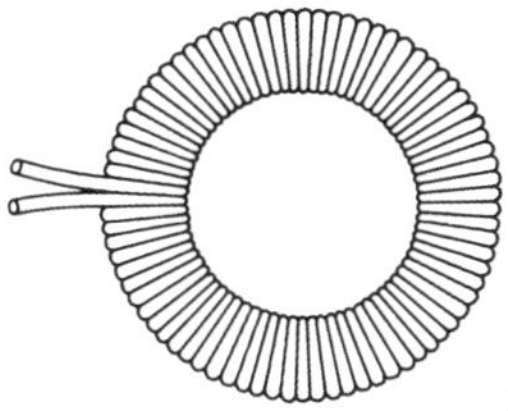

Bild 12.20 Toroidspule (Kreisringspule)

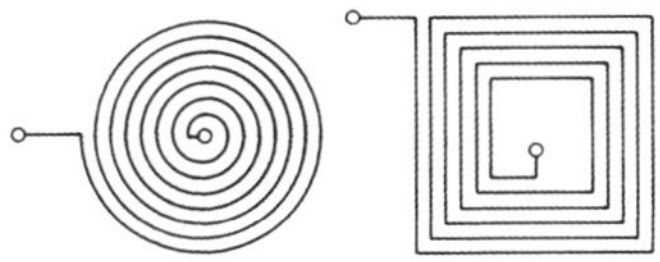

Bild 12.21 Flachspulen

Wählt man statt des runden Querschnitts einen rechteckigen Spulenquerschnitt, so ergeben sich Spulen nach Bild 12.19. Diese Spulen werden *Rechteckspulen* genannt.

Eine häufig verwendete Bauform ist die *Kreisringspule,* auch *Toroidspule* genannt (Bild 12.20). Die magnetischen Feldlinien verlaufen bei der Kreisringspule fast ausschließlich im Spuleninnern.

Bild 12.21 zeigt den Aufbau von *Flachspulen.* Flachspulen können Spiralform oder Rechteckform haben. Sie können leicht in Leiterplatten eingeätzt werden. Es lassen sich jedoch nur verhältnismäßig kleine Induktivitäten auf diese Weise herstellen.

Eisenkernspulen

Eisenkernspulen bestehen aus einer Wicklung und aus einem Kern. Der Kern ist aus einem weichmagnetischen Werkstoff gefertigt.

Blechkerne

Blechkerne sind aus geschichteten Blechen aufgebaut, die gegeneinander isoliert sind, um die Wirbelströme gering zu halten (Bild 12.22). Kerne dieser Art sind nur für verhältnismäßig niedrige Frequenzen zu verwenden, etwa bis 20 kHz. Bei höheren Frequenzen werden die Wirbelstromverluste zu groß.

Hf-Eisenkerne (Hochfrequenzeisenkerne)

Eisenpulver oder ein Pulver eines anderen ferromagnetischen Metalls wird mit flüssigem Kunststoff vermengt, bis fast jedes Pulverkörnchen eine isolierende Kunststoffschicht um sich herum hat. Dann wird die Mischung in Formen gegossen, und der Kunststoff härtet aus. In diesen Kernen können sich nur geringe Wirbelströme ausbilden, da das Metall sehr fein unterteilt ist. Die Kerne sind für Hochfrequenzspulen geeignet.

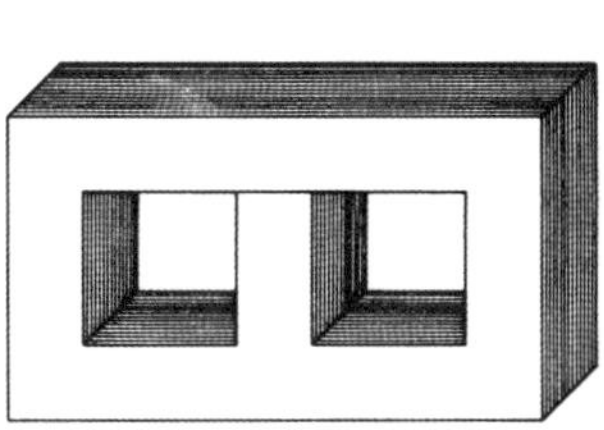

Bild 12.22 Blechkern

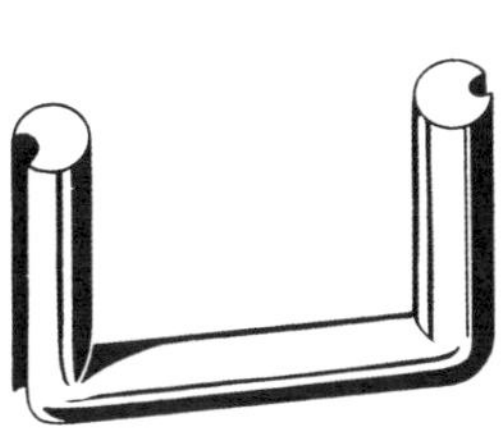

Bild 12.23 Ferritkern

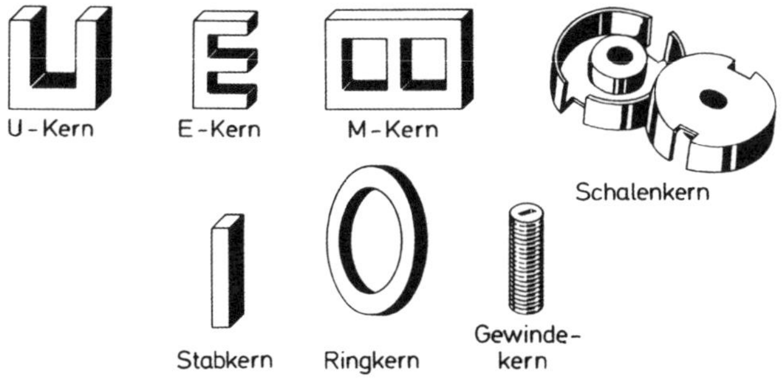

Bild 12.24
Kernformen

Ferritkerne
Ferrite sind ferromagnetische Werkstoffe, die aus elektrisch nicht leitenden Metalloxiden aufgebaut sind. Es gibt weichmagnetische und hartmagnetische Ferrite (Bild 12.23).

Aus weichmagnetischen Ferriten werden sehr hochwertige Spulenkerne gefertigt. Die Metalloxide werden in die gewünschten Formen gepreßt und gesintert.

Ferritkerne haben sehr geringe Verluste. Da sie elektrisch nicht leitfähig sind, können sich praktisch auch keine Wirbelströme ausbilden. Sie sind für hohe Frequenzen geeignet.

Die Eisenkerne können sehr unterschiedliche Formen haben. Man unterscheidet z. B. U-Kerne, E-Kerne, M-Kerne, Schalenkerne, Stabkerne, Ringkerne (Bild 12.24). Die Induktivität von Spulen mit Eisenkernen hängt von der magnetischen Flussdichte B bzw. von der Permeabilitätszahl μ_r ab. Sie ist damit abhängig von der Größe des Stromes, der durch die Wicklung fließt.

13 Frequenzabhängige Zwei- und Vierpole

13.1 Allgemeines

Zweipole

Eine Schaltung mit zwei Klemmen bezeichnet man als Zweipol. Ein Zweipol kann als «Kasten» dargestellt werden (Bild 13.1).

Der innere Schaltungsaufbau von Zweipolen kann sehr unterschiedlich sein. Hier sollen nur einige der vielen möglichen Zweipole betrachtet werden. Es wurden Zweipole ausgewählt, die aus Widerständen, Spulen und Kondensatoren aufgebaut sind und in der Elektronik besondere Bedeutung haben.

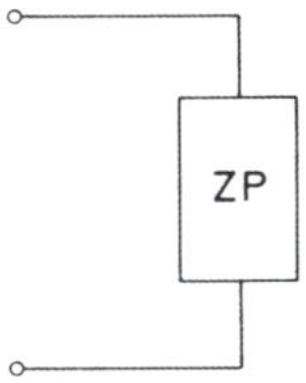

Bild 13.1 Zweipol

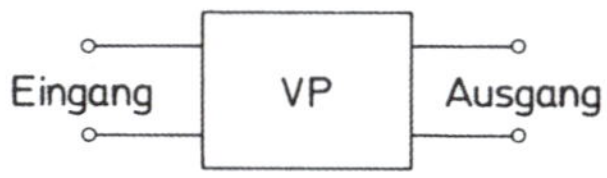

Bild 13.2 Vierpol

Vierpole

Vierpole sind Schaltungen mit zwei Eingangsklemmen und zwei Ausgangsklemmen (Bild 13.2). Ein Vierpol kann ebenfalls als «Kasten» dargestellt werden.

Es sind außerordentlich viele verschiedene Vierpole denkbar. Im Folgenden sollen einfache Vierpole untersucht werden, die – wie die Zweipole – aus Spulen, Kondensatoren und ohmschen Widerständen bestehen. Die ausgewählten Vierpole werden in der Elektronik besonders häufig verwendet.

13.2 Reihenschaltung von R und C

Legt man an eine Reihenschaltung von R und C eine Wechselspannung an, so treibt diese Spannung einen Strom durch die Reihenschaltung (Bild 13.3).

Am Widerstand fällt eine Spannung U_R ab. Diese Spannung liegt in Phase mit dem Strom I.

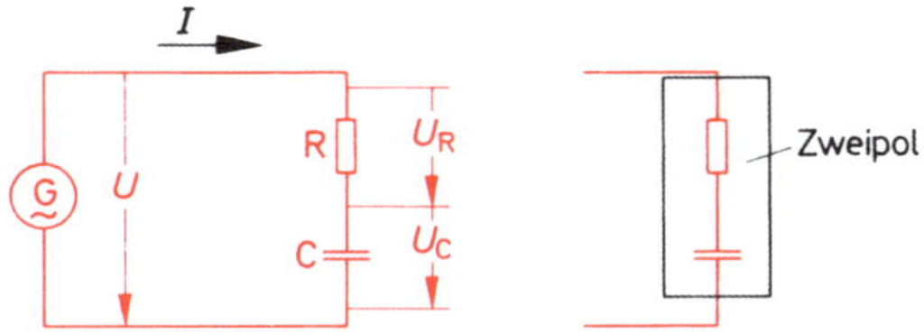

Bild 13.3
Reihenschaltung von R und C (Zweipol)

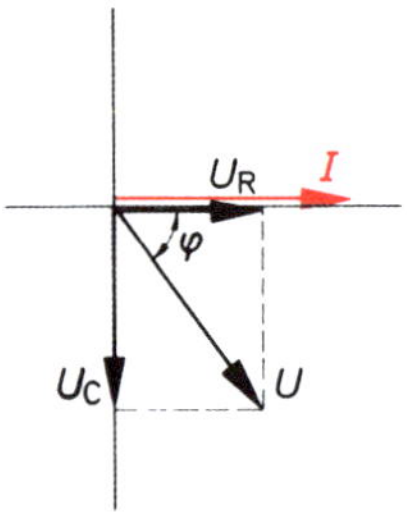

Bild 13.4 Zeigerdiagramm der Spannungen einer Reihenschaltung von R und C (angenommene Zeigerlängen)

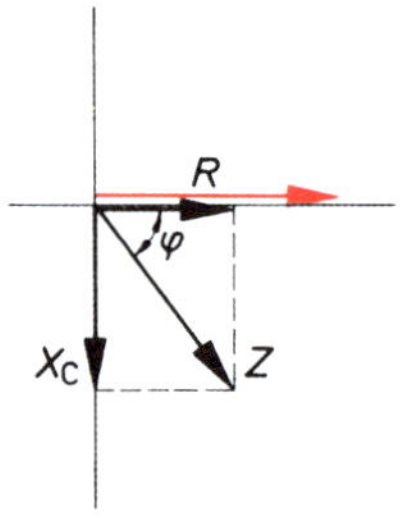

Bild 13.5 Zeigerdiagramm der Widerstände einer Reihenschaltung von R und C (angenommene Zeigerlängen)

Die Kondensatorspannung U_C eilt dem Strom um 90° nach, oder anders ausgedrückt, der Strom eilt der Spannung U_C um 90° vor. Das Zeigerdiagramm Bild 13.4 zeigt die Phasenlagen der Spannungen. Die Gesamtspannung U ergibt sich nach der Gleichung:

$$U = \sqrt{U_R^2 + U_C^2}$$

Teilt man die Spannungszeiger durch den Strom I, so erhält man Widerstandszeiger.

$$\frac{U_R}{I} = R; \quad \frac{U_C}{I} = X_C; \quad \frac{U}{I} = Z$$

Das sich aus dem Zeigerdiagramm der Spannungen ergebende Zeigerdiagramm der Widerstände zeigt Bild 13.5. Für den Wechselstromgesamtwiderstand (Scheinwiderstand) Z gilt:

$$Z = \sqrt{R^2 + X_C^2}$$

Aus den Zeigerdiagrammen kann man die Gleichung für den Phasenwinkel φ entnehmen:

$$\tan \varphi = \frac{U_C}{U_R} = \frac{X_C}{R}$$

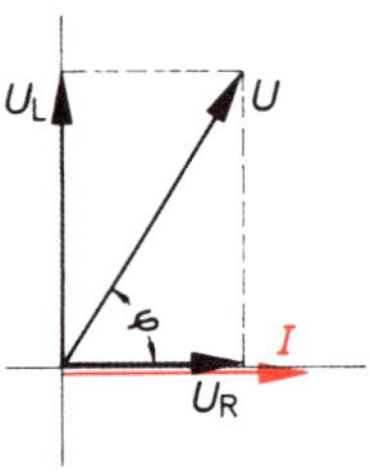

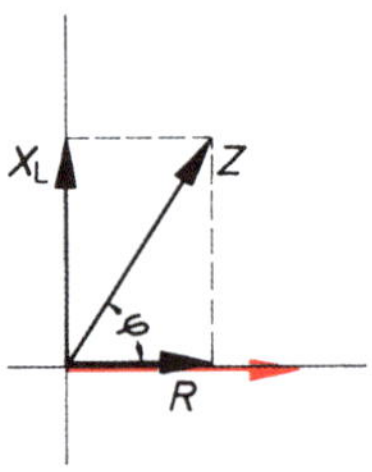

Bild 13.6
Reihenschaltung von R und L (Zweipol)

Bild 13.7
Zeigerdiagramm der Spannungen und Zeigerdiagramm der Widerstände einer Reihenschaltung von R und L (angenommene Zeigerlänge)

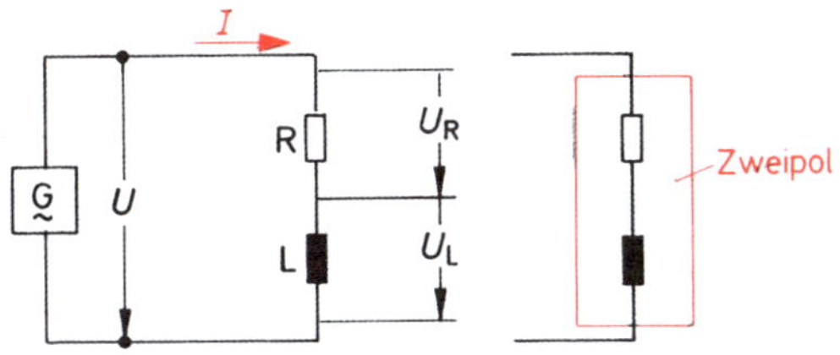

13.3 Reihenschaltung von R und L

Wird die Reihenschaltung von R und L von einem Wechselstrom durchflossen, so liegt an R die Spannung U_R und an L die Spannung U_L (Bild 13.6). U_R liegt mit I in Phase, U_L eilt dem Strom I um 90° voraus. Diesen Zusammenhang zeigt das Zeigerdiagramm Bild 13.7. Für die Gesamtspannung gilt die Gleichung:

$$U = \sqrt{U_R^2 + U_C^2}$$

Teilt man die Spannungszeiger durch den Strom I, so erhält man Widerstandszeiger.

$$\frac{U_R}{I} = R, \quad \frac{U_L}{I} = X_L, \quad \frac{U}{I} = Z$$

$$Z = \sqrt{R^2 + X_L^2}$$

Die Gleichung für den Phasenwinkel φ kann aus den Zeigerdiagrammen abgelesen werden:

$$\tan \varphi = \frac{U_L}{U_R} = \frac{X_L}{R}$$

13.4 RC-Glied

Das RC-Glied ist im Prinzip eine Reihenschaltung von R und C. Nur ist aus dem Zweipol durch die beiden Ausgangsklemmen ein Vierpol geworden.

- ❑ U_1 ist die Eingangsspannung,
- ❑ U_2 die Ausgangsspannung.

Das Verhalten des RC-Gliedes bei sinusförmiger Eingangsspannung U_1 und verschiedenen Frequenzen soll untersucht werden.

Bei tiefen Frequenzen hat der Kondensator einen großen Widerstand. Am Ausgang liegt fast die volle Eingangsspannung. Es gilt:

$$U_2 \approx U_1$$

Bei hohen Frequenzen ist der Widerstand des Kondensators sehr klein. Er strebt gegen null.

Die Ausgangsspannung U_2 bei hohen Frequenzen ist also angenähert 0.

$$U_2 \approx 0$$

Bild 13.8 zeigt den Verlauf der Ausgangsspannung U_2 in Abhängigkeit von der Frequenz. *Das RC-Glied lässt tiefe Frequenzen durch und dämpft hohe Frequenzen stark.*

Da die tiefen Frequenzen passieren können, nennt man diese Schaltung *Tiefpass*.

Grundsatz

Ein Tiefpass ist eine Schaltung, die nur tiefe Frequenzen passieren lässt.

Die Frequenz, bei der die Spannung U_2 auf das $\sqrt{2}$ -fache von U_1 abgesunken ist, nennt man Grenzfrequenz (f_g). Frequenzen bis zur Größe der Grenzfrequenz f_g gelten als durchgelassen.

Aus den Zeigerdiagrammen (Bild 13.9) ist ersichtlich, dass $U_2 = \dfrac{U_1}{\sqrt{2}}$ dann ist, wenn U_R den gleichen Betrag hat wie U_2 bzw. U_C.

Für f_g gilt: $U_R = U_C$; $R = X_C$ $\qquad \dfrac{U_R}{I} = \dfrac{U_C}{I}$

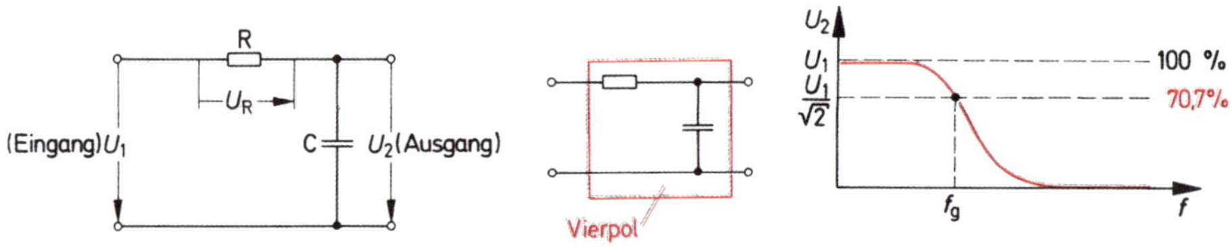

Bild 13.8 RC-Glied als Vierpol, Verlauf der Ausgangsspannung U_2 in Abhängigkeit von der Frequenz

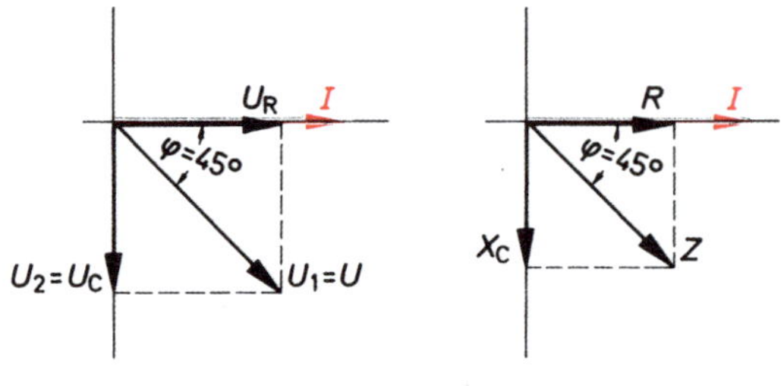

Bild 13.9
Zeigerdiagramm der Spannungen und der Widerstände eines RC-Gliedes für Grenzfrequenz

Aus der Bedingung $R = X_C$ kann die Gleichung für die Grenzfrequenz abgeleitet werden:

$$R = X_C$$

$$R = \frac{1}{2\pi \cdot f_g \cdot C}$$

$$f_g = \frac{1}{2 \cdot \pi \cdot R \cdot C}$$

$R \cdot C$ ist die Zeitkonstante τ des RC-Gliedes.

$$\tau = R \cdot C$$

$$f_g = \frac{1}{2\pi \cdot \tau}$$

Bei der Grenzfrequenz f_g besteht zwischen U_1 und U_2 eine Phasenverschiebung von 45°.

Beispiel

Ein RC-Glied besteht aus einem Widerstand von $R = 10\ \text{k}\Omega$ und aus einem Kondensator von $C = 100$ nF. Wie groß ist die Grenzfrequenz dieses RC-Gliedes?

$$f_g = \frac{1}{2\pi \cdot R \cdot C} = \frac{1}{6{,}28 \cdot 10 \cdot 10^3\ \Omega \cdot 100 \cdot 10 - 9\ \text{Ss}}$$

$$f_g = 159\ \text{Hz}$$

13.5 CR-Glied

Das CR-Glied ist dem RC-Glied sehr ähnlich. Die Bauteile in Längs- und Querzweig sind lediglich vertauscht (Bild 13.10).

Das Verhalten des CR-Gliedes bei sinusförmigen Wechselspannungen unterschiedlicher Frequenz ist jedoch ganz anders als das des RC-Gliedes.

Bei tiefen Frequenzen ist der Widerstand des Kondensators sehr groß. Ein sehr großer Teil der Spannung U_1 wird an C abfallen. Der Spannungsabfall an R ist fast null.

$$U_2 \approx 0$$

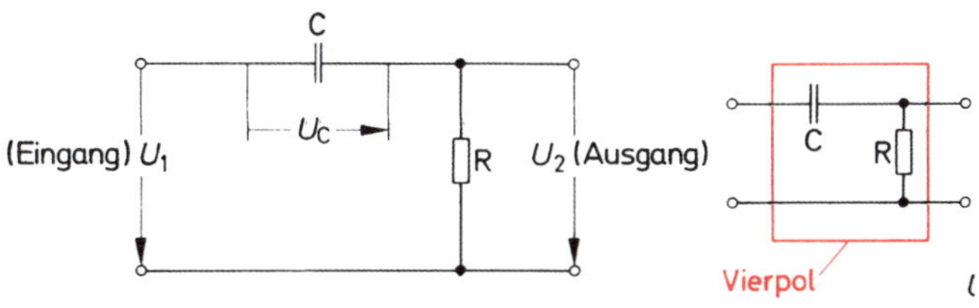

Bild 13.10
CR-Glied als Vierpol

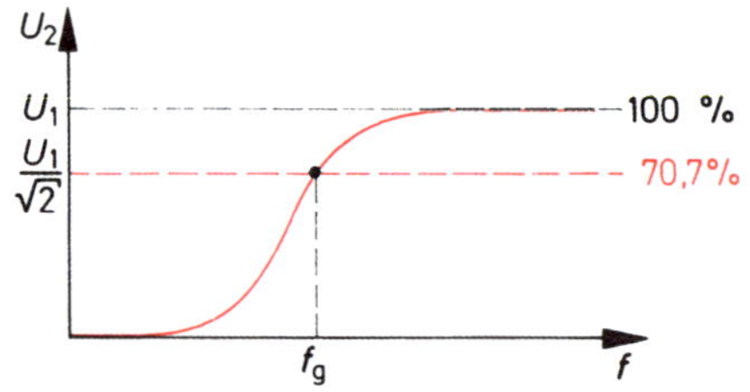

Bild 13.11
Verlauf der Ausgangsspannung U_2 eines CR-Gliedes in Abhängigkeit von der Frequenz

Bei hohen Frequenzen ist der Widerstand des Kondensators angenähert null. Die Eingangsspannung liegt fast voll am Ausgang.

$U_2 \approx U_1$

Bild 13.11 zeigt den Verlauf von U_2 in Abhängigkeit der Frequenz.

Merksatz

Das CR-Glied lässt hohe Frequenzen durch und dämpft tiefe Frequenzen stark.

Die hohen Frequenzen können passieren. Man nennt eine Schaltung, die dieses Frequenzverhalten hat, einen *Hochpass.*

Grundsatz

Ein Hochpass ist eine Schaltung, die nur hohe Frequenzen passieren lässt.

Das CR-Glied hat ebenfalls eine Grenzfrequenz. Die Grenzfrequenz ist die Frequenz, bei der U_2 den $1/\sqrt{2}$-fachen Wert von U_1 hat.

In Bild 13.12 ist das Zeigerdiagramm bei Grenzfrequenz dargestellt. U_R (bzw. U_2) hat den gleichen Betrag wie U_C.

Für f_g gilt: $U_R = U_C$

Aus dieser Bedingung ergibt sich die gleiche Formel zur Berechnung der Grenzfrequenz, die auch für das RC-Glied gefunden wurde:

$$f_g = \frac{1}{2\pi \cdot R \cdot C}$$

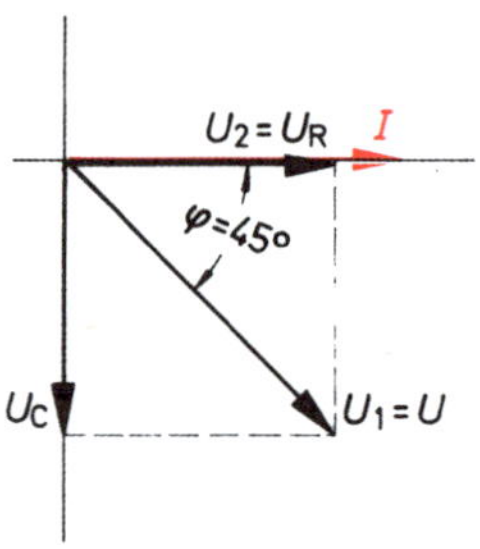

Bild 13.12
Zeigerdiagramm der Spannungen eines CR-Gliedes bei Grenzfrequenz

Bild 13.13
Hochpass mit einer Grenzfrequenz von 1 kHz

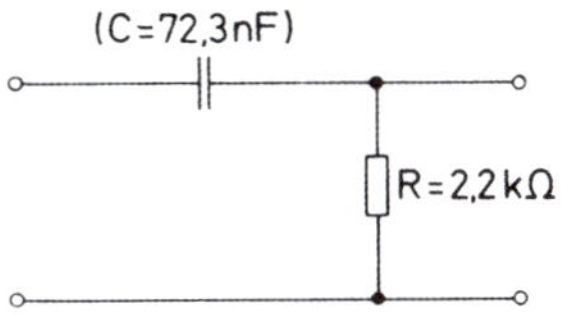

$$f_g = \frac{1}{2\pi \cdot \tau}$$

Bei Grenzfrequenz herrscht zwischen U_1 und U_2 eine Phasenverschiebung von 45°.

Beispiel

Der Hochpass nach Bild 13.13 soll eine Grenzfrequenz von 1 kHz haben. Wie groß muss der Kondensator C gewählt werden?

$$f_g = \frac{1}{2\pi \cdot R \cdot C} \quad C = \frac{1}{2\pi \cdot R \cdot f_g}$$

$$C = \frac{1}{6,28 \cdot 2,2\ \text{k}\Omega \cdot 1000 \frac{1}{\text{s}}}$$

$$C = \frac{1}{6\ 28 \cdot 2,2} \cdot 10^{-6}$$

$$C = \frac{1000}{6,28 \cdot 2,2}\ \text{nF}$$

$$\underline{C = 72,3\ \text{nF} = 72,3\ \text{nF}}$$

13.6 RL-Glied

Eine Schaltung, bei der im Längszweig ein Widerstand und im Querzweig eine Spule liegt, wird RL-Glied genannt (Bild 13.14). Der ohmsche Widerstand der Spule soll vernachlässigbar klein sein.

Das RL-Glied ist ein Hochpass.

Bei hohen Frequenzen hat die Spule einen großen Widerstand X_L. Die Spannung an L wird wesentlich größer sein als die Spannung an R.

Bei tiefen Frequenzen ist der Widerstand der Spule sehr gering. Die Ausgangsspannung U_2 ist fast null.

Der Verlauf der Spannung U_2 in Abhängigkeit von der Frequenz zeigt Bild 13.15.

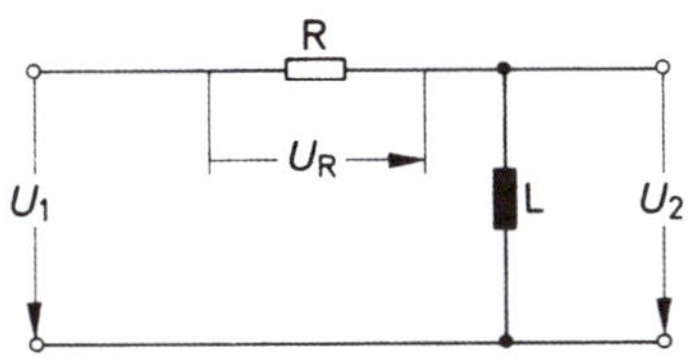

Bild 13.14
RL-Glied

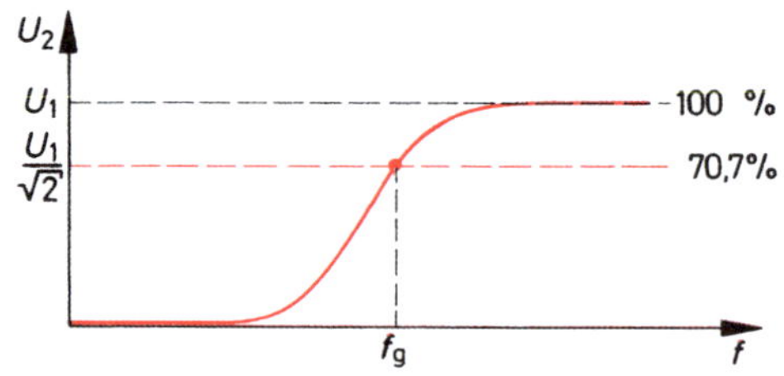

Bild 13.15
Verlauf der Ausgangsspannung U_2 eines RL-Gliedes in Abhängigkeit von der Frequenz

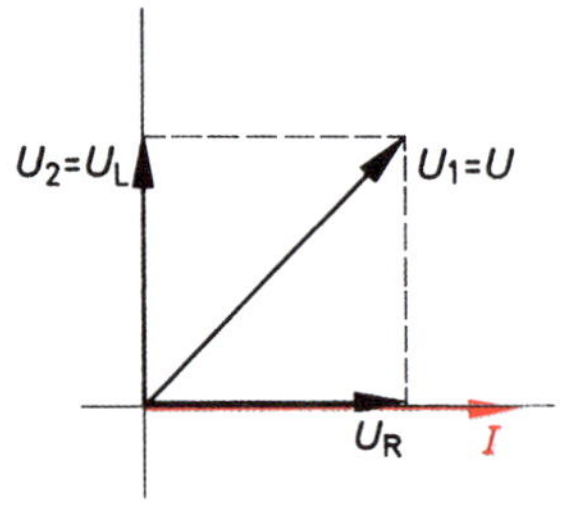

Bild 13.16
Zeigerdiagramm der Spannungen eines RL-Gliedes bei Grenzfrequenz

Die Grenzfrequenz f_g eines RL-Gliedes liegt bei dem Spannungswert $U_2 = \frac{U_1}{\sqrt{2}}$.

Das bedeutet aber, dass die Beträge von U_2 (bzw. U_L) und U_R gleich sein müssen. Das Zeigerdiagramm der Spannungen ist in Bild 13.16 dargestellt.

Aus der Bedingung $U_L = U_R$ kann die Grenzfrequenz errechnet werden:

$$U_L = U_R$$
$$X_L = R$$
$$2\pi \cdot f_g \cdot L = R$$

$$f_g = \frac{R}{2\pi \cdot L}$$

Bei Grenzfrequenz beträgt die Phasenverschiebung zwischen U_1 und U_2 45°.

Die Zeitkonstante τ ergibt sich aus der Gleichung:

$$\tau = \frac{L}{R}$$

Für $\frac{R}{L}$ kann in die Gleichung zur Berechnung der Grenzfrequenz $\frac{1}{\tau}$ eingesetzt werden:

$$f_g = \frac{1}{2\pi \cdot \tau}$$

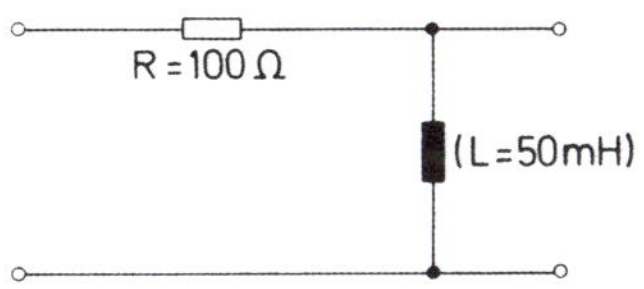

Bild 13.17
RL-Hochpass mit einer Grenzfrequenz von 318 Hz

Beispiel

Ein RL-Glied hat eine Zeitkonstante von 0,5 ms. Der Widerstand R hat den Wert 100 Ω (Bild 13.17).
Wie groß ist die Grenzfrequenz des RL-Gliedes? Welche Induktivität ergibt sich für die Spule?

$$f_g = \frac{1}{2\pi \cdot \tau}$$

$$f_g = \frac{1}{6{,}28 \cdot 0{,}5 \cdot 10^{-3}\,\text{s}} = \frac{1000}{6{,}28 \cdot 0{,}5}\,\text{Hz}$$

$$f_g = 318\,\text{Hz}$$

$$\tau = \frac{L}{R}$$

$$L = \tau \cdot R$$

$$L = 0{,}5 \cdot 10^{-3}\,\text{s} \cdot 100\,\Omega$$

$$L = 50\,\text{mH}$$

13.7 LR-Glied

Vertauscht man bei einem RL-Glied die Bauteile in Längs- und Querzweig, so erhält man ein LR-Glied (Bild 13.18).

Bei tiefen Frequenzen ist der Widerstand der Spule sehr gering. Am Ausgang liegt fast die volle Eingangsspannung

$$U_2 \approx U_1$$

Bei hohen Frequenzen ist der Widerstand der Spule sehr groß. Die Ausgangsspannung U_2 ist angenähert null.

$$U_2 \approx 0$$

Das LR-Glied ist ein Tiefpass.
Bild 13.19 zeigt den Verlauf der Ausgangsspannung eines LR-Gliedes in Abhängigkeit von der Frequenz.

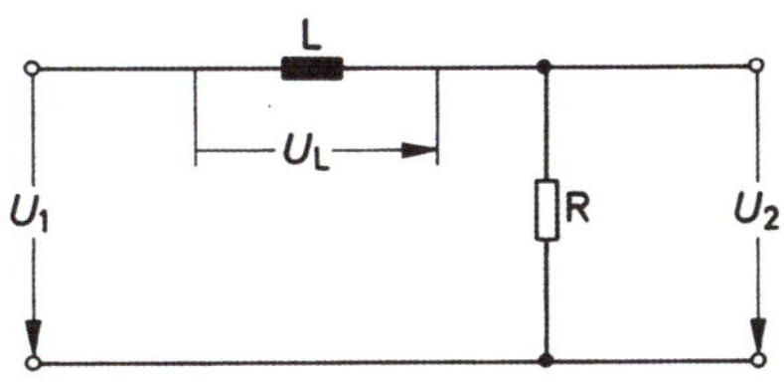

Bild 13.18
LR-Glied

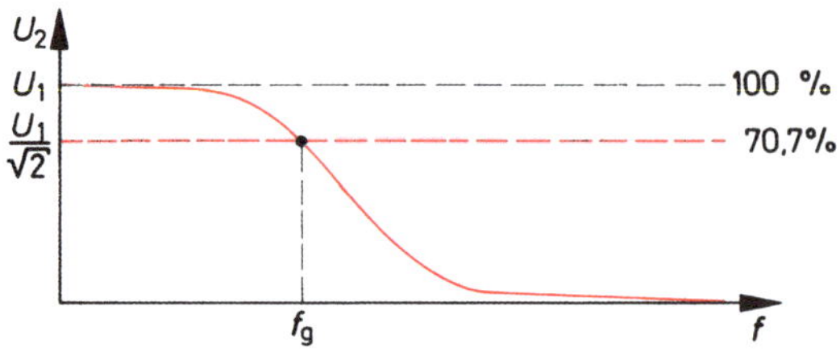

Bild 13.19
Verlauf der Ausgangsspannung U_2 eines LR-Gliedes in Abhängigkeit von der Frequenz

Bei der Grenzfrequenz sind die Beträge von U_L und U_R gleich. Aus dieser Bedingung ergibt sich die gleiche Formel zur Bestimmung der Grenzfrequenz, die auch für das RL-Glied gefunden wurde:

$$f_g = \frac{R}{2\pi \cdot L}$$

13.8 RC-Glied als Integrierglied

13.8.1 Arbeitsweise

Auf den Eingang eines RC-Gliedes wird eine rechteckförmige Spannung U_1 nach Bild 13.20 gegeben.

Im Zeitpunkt t_1 ist der Kondensator C ungeladen. Die Ausgangsspannung U_2 muss also im ersten Augenblick nach t_1 null sein.

Der Kondensator C wird jetzt geladen. Die Kondensatorspannung entspricht der Ausgangsspannung. Mit dem Ladezustand des Kondensators steigt die Ausgangsspannung an.

Die Ladegeschwindigkeit des Kondensators ist durch die im Stromkreis wirksame Zeitkonstante τ bestimmt.

$$\tau = R \cdot C$$

Nach 5 Zeitkonstanten ist der Ladevorgang praktisch beendet. Nach dieser Zeit ist der Kondensator bis auf einen vernachlässigbar kleinen Unterschied auf die Spannung U_1 aufgeladen.

Die Anstiegsgeschwindigkeit der Ausgangsspannung ist also durch die Zeitkonstante τ gegeben. Die Bilder 13.20a bis 13.20c zeigen den zeitlichen Verlauf der Ausgangsspannung bei kleiner, mittlerer und großer Zeitkonstante τ, bezogen auf die Impulsdauer t_i. Zum Zeitpunkt t_2 wird die Spannung U_1 null. Der Kondensator C wird jetzt entladen (Bild 13.21). Die Entladegeschwindigkeit ist ebenfalls von der im Stromkreis wirksamen Zeitkonstanten τ abhängig. Die Entladung verläuft umso langsamer, je größer die Zeitkonstante τ ist. Nach 5 Zeitkonstanten ist der Kondensator praktisch entladen. Die Ausgangsspannung U_2 ist auf null zurückgegangen.

13.8.2 Integrationsvorgang

Das Integrieren ist ein Rechenverfahren, das auf Funktionen angewendet wird. Man kann z. B. den zeitlichen Verlauf einer Größe Y integrieren.

Ändert sich die Größe Y in der betrachteten Zeit nicht, entspricht ihr zeitlicher Verlauf also der Darstellung in Bild 13.22, so ergibt die Integration dieses zeitlichen Verlaufs ein lineares Ansteigen in Abhängigkeit von der Zeit. Es entsteht also ein zeitlicher Verlauf nach Bild 13.23.

Ist die Zeitkonstante eines RC-Gliedes groß im Verhältnis zur Impulsdauer, so ergibt sich für die Ausgangsspannung U_2 ein zeitlicher Verlauf nach Bild 13.20c. Die Spannung steigt linear an und fällt linear ab.

Der zeitliche Verlauf der Ausgangsspannung stellt die Integration des zeitlichen Verlaufs der Eingangsspannung dar.

Ein RC-Glied hat also die Eigenschaft zu integrieren. Es wird daher auch *Integrierglied* genannt.

Merksatz

Ein RC-Glied integriert den zeitlichen Verlauf der Eingangsspannung, wenn die Zeitkonstante τ groß ist gegenüber der Impulsdauer.

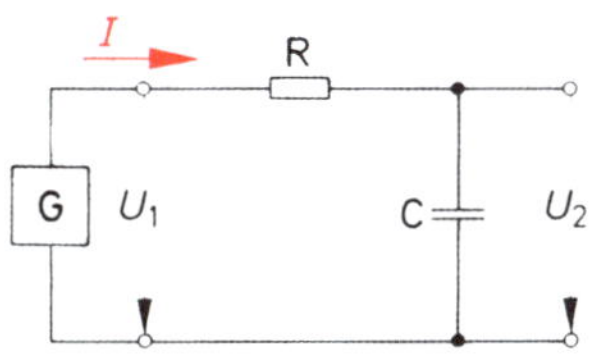

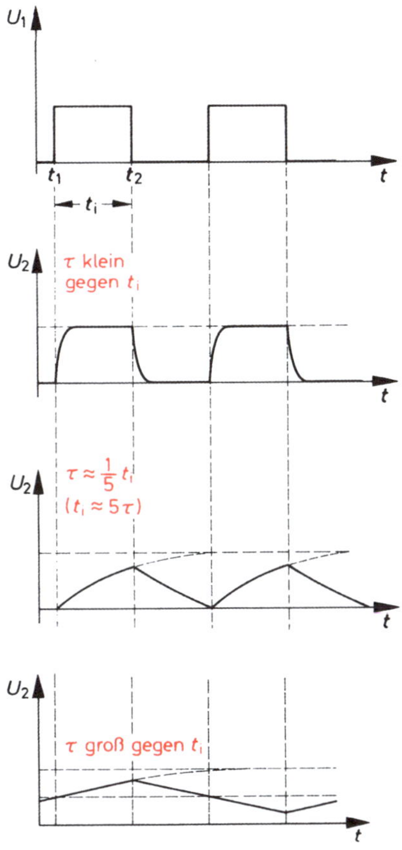

Bild 13.20
Mit Rechteckspannung gespeistes RC-Glied, Darstellung des Eingangsspannungsverlaufs und der Verläufe der Ausgangsspannungen bei verschiedenen großen Zeitkonstanten

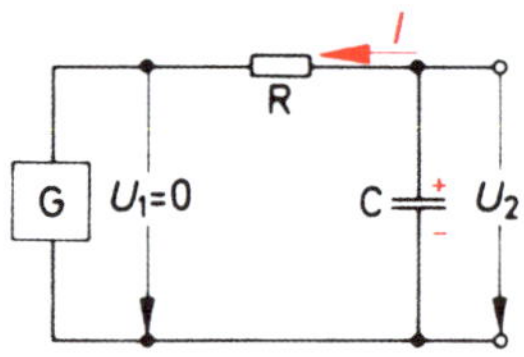

Bild 13.21
Stromkreis während der Entladung des Kondensators

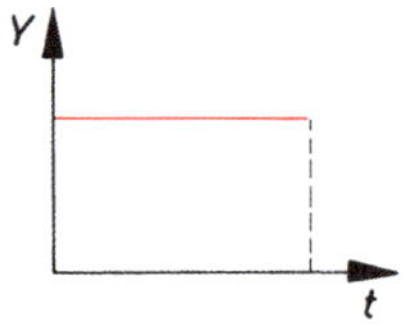

Bild 13.22
Y ändert seinen Wert im betrachteten Zeitraum nicht

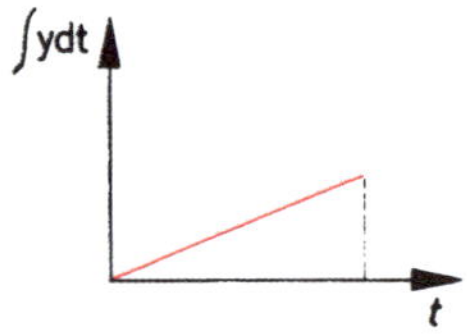

Bild 13.23
Die Integration von Y ergibt eine lineare Funktion

Genau genommen erfolgt die Integration nur näherungsweise. Je größer aber die Zeitkonstante τ gegenüber der Impulsdauer t_i ist, desto besser nähert sich der tatsächliche Spannungsverlauf dem mathematisch berechenbaren Spannungsverlauf an. Der Unterschied kann dann vernachlässigbar klein sein.

Der speisende Generator ist auf die Integrationsfähigkeit eines RC-Gliedes nicht ohne Einfluss. Jeder Generator hat einen inneren Widerstand. Dieser innere Widerstand R_i beeinflusst die Zeitkonstante τ. Zur Berechnung der Zeitkonstanten τ muss der gesamte im Stromkreis vorhandene Wirkwiderstand R herangezogen werden (Bild 13.24).

$$R = R_i + R_v$$
$$\tau = R \cdot C = (R_i + R_v) \cdot C$$

Die Induktivität oder Kapazität vieler Generatoren spielt auch eine gewisse Rolle, kann aber meist vernachlässigt werden.

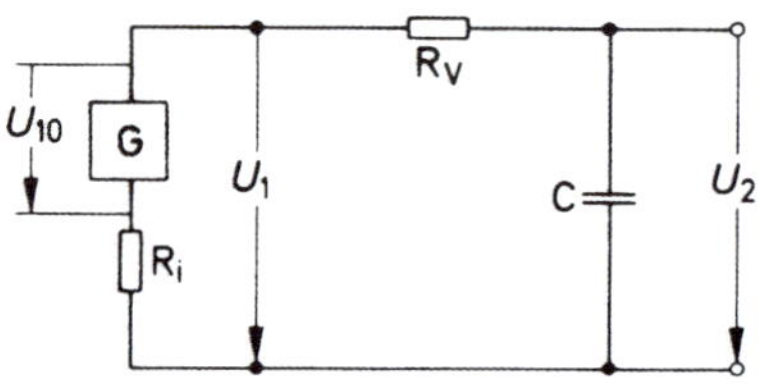

Bild 13.24
Der Innenwiderstand des speisenden Generators beeinflusst die Größe der Zeitkonstante

13.9 CR-Glied als Differenzierglied

13.9.1 Arbeitsweise

Die Spannung U_1 hat einen rechteckförmigen Verlauf, wie in Bild 13.25 dargestellt. Im Zeitpunkt t_1 ist C ungeladen. Der Kondensator hat im ersten Augenblick keine Widerstandswirkung. Die volle Eingangsspannung von 10 V liegt an R und damit am Ausgang (Bild 13.25a).

Die Widerstandswirkung des Kondensators wird mit zunehmender Ladung immer größer. Es fällt immer mehr Spannung am Kondensator ab. Die Ausgangsspannung geht zurück.

Ist der Kondensator geladen, so ist sein Widerstand fast unendlich. Es fließt praktisch kein Strom mehr. Die Ausgangsspannung ist null (Bild 13.26). Der Kondensator ist jetzt auf eine Spannung von 10 V aufgeladen (Bild 13.27).

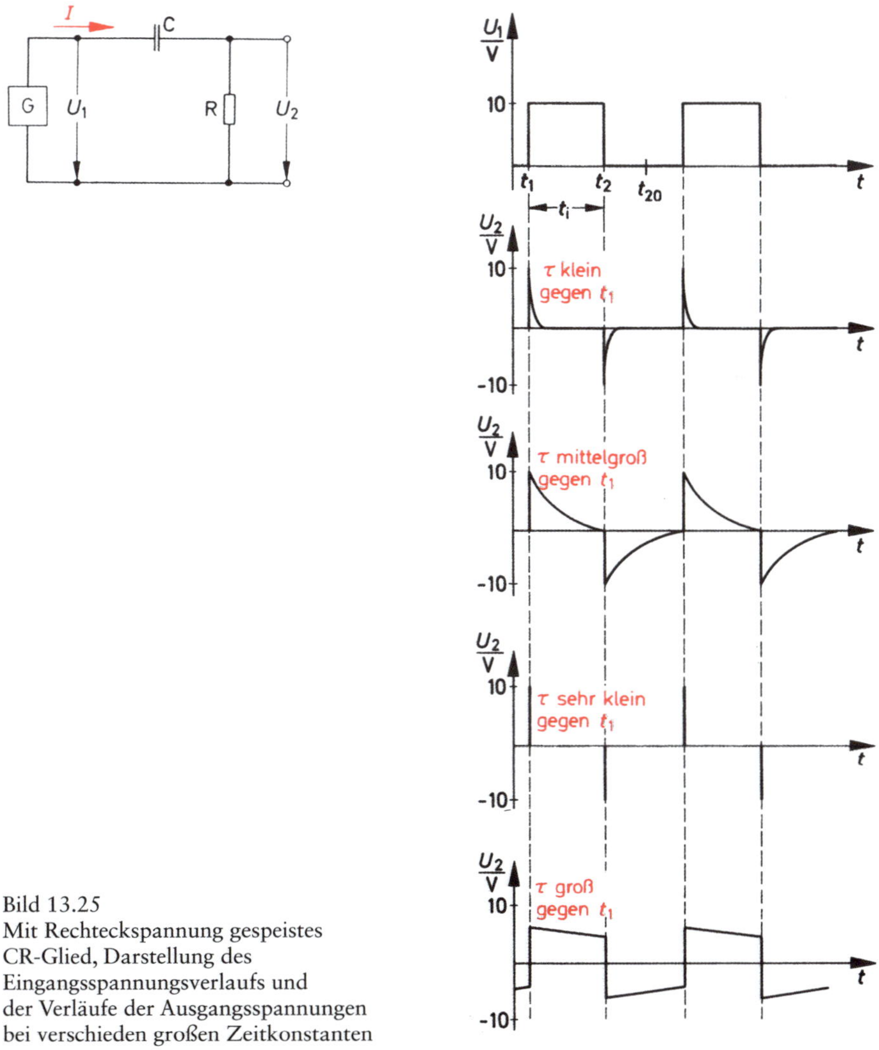

Bild 13.25
Mit Rechteckspannung gespeistes CR-Glied, Darstellung des Eingangsspannungsverlaufs und der Verläufe der Ausgangsspannungen bei verschieden großen Zeitkonstanten

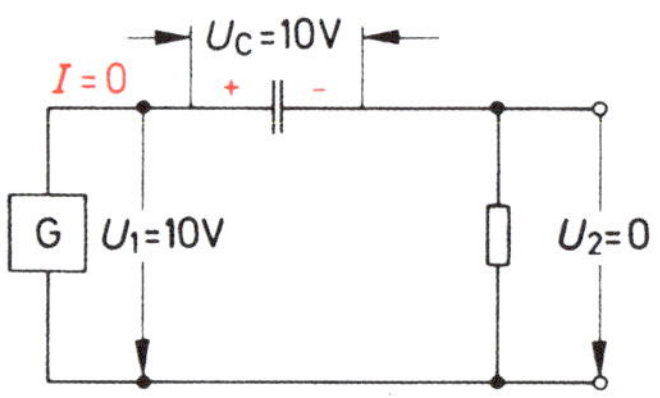

Bild 13.26
Der Kondensator des CR-Gliedes ist auf eine Spannung von 10 V aufgeladen

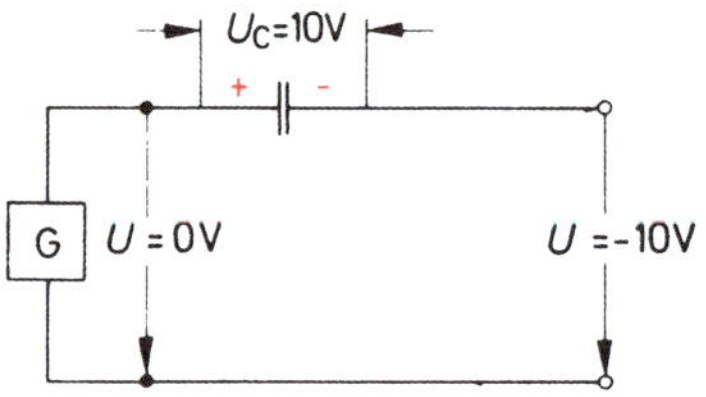

Bild 13.27
Geht die Eingangsspannung auf null zurück, so beträgt die Ausgangsspannung im ersten Augenblick –10 V

Zur Zeit t_2 geht die Eingangsspannung auf null zurück. Der Kondensator liegt jetzt mit seinem positiv geladenen Belag an 0 V. Er behält seinen Ladezustand, also auch seine Spannung, im ersten Augenblick bei. Der Kondensator wirkt wie eine Spannungsquelle. Der negative Pol des Kondensators hat ein um 10 V negativeres Potential als der positive Pol. Liegt der positive Pol an 0 V, so hat der negative Pol ein Potential von –10 V. Die Ausgangsspannung beträgt also im ersten Augenblick nach dem Zeitpunkt t_2 – 10 V (Bild 13.27).

Nun wird der Kondensator entladen. Seine Spannung geht zurück. Im Zeitpunkt t_{20} ist der Kondensator entladen. Die Ausgangsspannung ist auf 0 V abgefallen.

Ladezeit und Entladezeit sind durch die im Stromkreis wirksame Zeitkonstante bestimmt. Nach jeweils 5 Zeitkonstanten ist der Kondensator geladen bzw. entladen.

In den Bildern 13.25a bis 13.25d ist der zeitliche Verlauf der Ausgangsspannung für verschiedene Zeitkonstanten dargestellt, die klein, mittel, sehr klein und groß im Verhältnis zur Impulsdauer t_i sind.

13.9.2 Differentiationsvorgang

Das Differenzieren ist ein Rechenverfahren, das auf Funktionen angewendet wird. Der zeitliche Verlauf einer Größe Z kann beispielsweise differenziert werden.

Der zeitliche Verlauf einer Größe Z ist in Bild 13.28 dargestellt. Bild 13.29 zeigt den differenzierten zeitlichen Verlauf.

Z' gibt die Änderung von Z an. Der Wert für Z' ist umso größer, je schneller sich Z ändert. Steigt Z an, so hat Z' einen positiven Wert. Fällt Z ab, so hat Z' einen negativen Wert.

Das CR-Glied kann also, sofern die Zeitkonstante klein genug ist, den zeitlichen Verlauf der Eingangsspannung differenzieren (Bild 13.25c). Es wird deshalb auch *Differenzierglied* genannt.

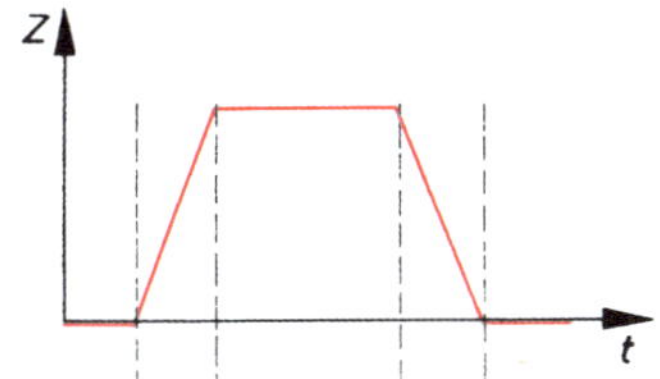

Bild 13.28
Verlauf einer Funktion Z

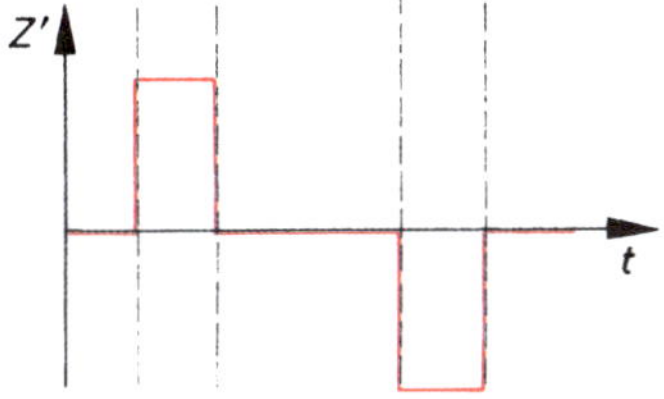

Bild 13.29
Verlauf der differenzierten Funktion Z, genannt Z'

Merksatz

Ein CR-Glied differenziert den zeitlichen Verlauf der Eingangsspannung, wenn die Zeitkonstante klein ist gegenüber der Impulsdauer.

Die Differentiation erfolgt nicht ganz mathematisch exakt. Es ist eine näherungsweise Differentiation. Die Näherung ist umso besser, je kleiner die Zeitkonstante gegenüber der Impulsdauer ist.

Der Innenwiderstand R_i und die Induktivität bzw. Kapazität des speisenden Generators beeinflussen die Differenzierfähigkeit des CR-Gliedes. Der Innenwiderstand R_i muss bei der Berechnung der Zeitkonstanten mit berücksichtigt werden. Es gilt hier das Gleiche, was beim RC-Glied gesagt wurde. Die Induktivität oder Kapazität des Generators kann meist vernachlässigt werden.

14 Halbleiterdioden

14.1 Arbeitsweise von Halbleiterdioden

Für den Aufbau von Halbleiterdioden werden Halbleiterkristalle verwendet. Besonders gute Eigenschaften haben Silizium-Kristalle. Mit ihnen lassen sich auch Dioden für große Stromstärken herstellen. Für kleine Stromstärken sind Germanium-Kristalle ebenfalls gut geeignet.

Die Kristalle müssen eine *große Reinheit* und sogenannte *Einkristallstruktur* haben, das heißt, der Kristallaufbau muss einheitlich und ungestört sein. Die Kristalle werden mit ausgewählten Fremdstoffen gezielt verunreinigt, man sagt «dotiert». Je nach Wahl des Dotierungswerkstoffes erhält man *n-Silizium* oder *p-Silizium*.

Grundsatz

n-Silizium ist Silizium-Einkristall mit frei beweglichen negativen Ladungsträgern.

Grundsatz

p-Silizium ist Silizium-Einkristall mit frei beweglichen positiven Ladungsträgern.

Bei Verwendung von Germanium-Kristallen erhält man *n-Germanium* bzw. *p-Germanium*.

Jede Halbleiterdiode hat eine *p-Kristallzone* und eine *n-Kristallzone*. Die p-Kristallzone besteht bei Siliziumdioden aus p-Silizium, die n-Kristallzone aus n-Silizium. An der Grenze zwischen beiden Kristallzonen ergibt sich ein *pn-Übergang*.

Der pn-Übergang hat eine Ventilwirkung. Er kann in Durchlassrichtung oder in Sperrrichtung gepolt werden.

Merksatz

Bei Polung «Plus an p-Zone» ist der pn-Übergang in Durchlassrichtung geschaltet, bei umgekehrter Polung in Sperrrichtung.

Ist der pn-Übergang in Durchlassrichtung gepolt, so hat die Diode einen sehr niedrigen Widerstandswert. Ist der pn-Übergang in Sperrrichtung gepolt, so hat die Diode einen sehr großen Widerstandswert.

Merksatz

Die Halbleiterdiode lässt den Strom in einer Richtung durch und sperrt ihn in der anderen Richtung.

Diese Ventilwirkung hat große technische Bedeutung.

Bild 14.1 zeigt den prinzipiellen Aufbau einer Diode und das Schaltzeichen.

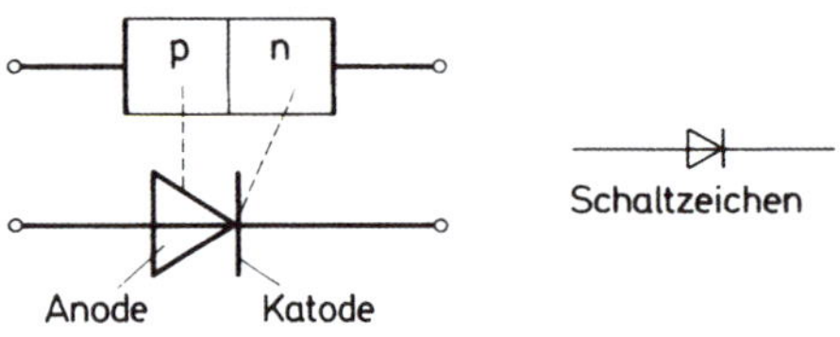

Bild 14.1
Aufbau einer Diode
und Schaltzeichen

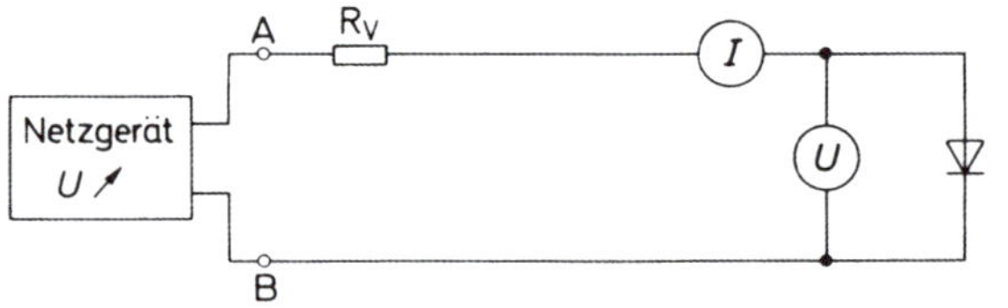

Bild 14.2
Schaltung zur Aufnahme der Diodenkennlinien $I = f(U)$

Das Dreieck des Schaltzeichens steht für die p-Zone. Die in Leitungsrichtung zeigende Spitze gibt die Stromrichtung im Durchlasszustand an. Die Angabe bezieht sich auf die technische Stromrichtung.

Die genaue Abhängigkeit zwischen Strom und Spannung einer Halbleiterdiode wird durch ihre Kennlinie beschrieben.

In Bild 14.2 ist eine Schaltung zur Aufnahme der Kennlinie angegeben.

Zunächst soll der *Durchlassbereich* einer Siliziumdiode betrachtet werden. An Punkt A wird der positive Pol der Netzgerätespannung angeschlossen. Bei einer kleinen Spannung (rd. 0,1 V) fließt nur ein sehr geringer Strom. Der pn-Übergang ist noch verhältnismäßig hochohmig.

Mit steigender Spannung steigt der Strom zunächst geringfügig an. Ab $U = 0{,}6$ V nimmt der Strom dann sehr stark zu. Die Diode ist niederohmig geworden. Der Wert von rd. 0,7 V wird *Schwellspannung* oder *Schleusenspannung* genannt.

Für eine Germaniumdiode ergibt sich ein ähnlicher Kurvenverlauf. Der pn-Übergang wird mit steigender Spannung immer niederohmiger. Die Schwellspannung liegt bei rd. 0,3 V (Bild 14.3).

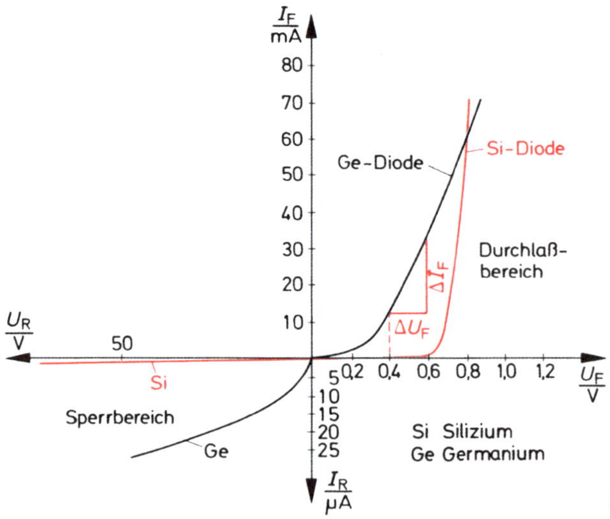

Bild 14.3 Typische *I-U*-Kennlinien von Germanium- und Siliziumdioden

Bild 14.4
Bestimmung der Schwellspannung

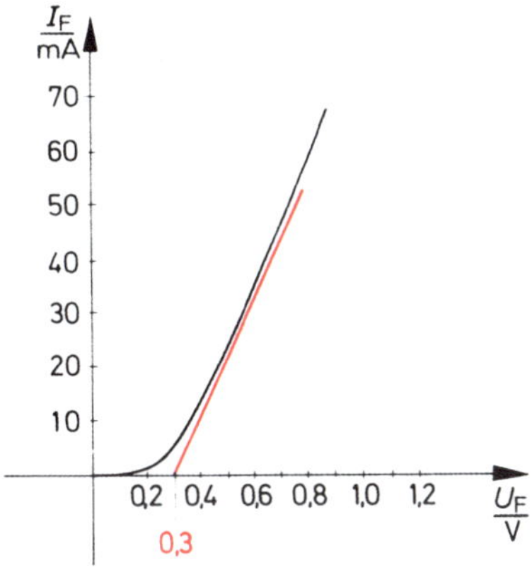

Die Größen der ungefähren Schwellspannungen werden durch Verlängerung des steilen Kurvenastes bis zum Schnittpunkt mit der *U*-Achse gefunden (Bild 14.4).

Merksatz

Eine Halbleiterdiode ist im Bereich oberhalb der Schwellspannung niederohmig.

Zur Kennlinienaufnahme im Sperrbereich wird die Netzgerätespannung umgepolt. Der auf die Eigenleitfähigkeit (*i*-Leitfähigkeit) des Kristalls zurückzuführende Sperrstrom ist klein. Er beträgt bei Ge-Dioden einige Mikroampere, bei Si-Dioden einige Nanoampere. Mit zunehmender Sperrspannung steigt der Sperrstrom bei Ge-Dioden leicht an. Bei Si-Dioden bleibt er angenähert konstant.

Die Diode darf nicht überlastet werden. Der vom Hersteller angegebene höchste Strom und die höchstzulässige Spannung in Sperrrichtung dürfen nicht überschritten werden. Wird die höchstzulässige Sperrspannung überschritten, so kommt es zu Durchbrüchen. Der Wärmedurchbruch ist eine häufige «Todesursache» von Halbleiterdioden. Beim Wärmedurchbruch wird das Kristall unzulässig hoch erhitzt. Es wird dadurch zerstört. Eine Kristallzerstörung durch übermäßige Erhitzung ist auch im Durchlassbereich möglich. Steigt der Durchlassstrom wesentlich über seinen höchstzulässigen Wert, so tritt eine übermäßige Kristallerwärmung ein.

Innerhalb des Kristalls wird die Sperrschicht am stärksten erwärmt. Die höchstzulässigen Temperaturen werden deshalb für die Sperrschicht angegeben.

Übliche *höchstzulässige Sperrschichttemperaturen:*

- ❑ Siliziumdiode: 180 °C
- ❑ Germaniumdiode: 80 °C

Aus den Kennlinien kann das Widerstandsverhalten der Dioden abgelesen werden. Man unterscheidet einen *Gleichstromwiderstand* und einen *differentiellen Widerstand.*

Bei einer Spannung U_F fließt ein Strom I_F. Aus U_F/I_F erhält man den Gleichstromwiderstand R_F.

$$R_F = \frac{U_F}{I_F}$$

Für den differentiellen Widerstand gilt die Gleichung:

$$r_F = \frac{\Delta U_F}{\Delta I_F}$$

Merksatz

Der differentielle Widerstand r_F einer Halbleiterdiode hat in jedem Kennlinienpunkt einen anderen Wert.

Legt man eine Spannung von 0,4 V an eine Ge-Diode, so fließt entsprechend der Kennlinie in Bild 14.3 ein Strom von 14 mA. Erhöht man die Spannung um einen kleinen Betrag ΔU_F, so erhöht sich der Strom um ΔI_F.

Sind r_F und ΔU_F bekannt, so kann ΔI_F berechnet werden.

Tabelle 14.1 Einige ungefähre Werte von Halbleiterdioden

	Germanium	Silizium
Schwellspannung	0,3 V	0,7 V
Durchlasswiderstand R_F	5 Ω bis 100 Ω	2 Ω bis 50 Ω
Sperrwiderstand R_R	0,1 MΩ bis 10 MΩ	1 MΩ bis 3000 MΩ
Max. Sperrspannung	bis ca. 200 V	bis ca. 10 000 V
Max. Sperrschichttemperatur	90 °C	200 °C
Gleichrichterwirkungsgrad	98 %	99,5 %

Tabelle 14.1 gibt einige ungefähre Werte von Halbleiterdioden an. Genaue Werte müssen den Datenbüchern entnommen werden.

14.2 Bauarten von Halbleiterdioden

In der Praxis wird ein Unterschied zwischen *Dioden* einerseits und *Gleichrichtern* andererseits gemacht.

Gleichrichter sind Halbleiterdioden, die für den Einsatz in Stromversorgungsgeräten oder Netzteilen gebaut sind. Sie sind für große Stromstärken und meist auch für große Sperrspannungen bemessen. Sie richten also große Leistungen gleich. Die gelegentlich verwendete Bezeichnung *Leistungsdioden* ist darum sachgerechter.

Alle anderen Halbleiterdioden, die z. B. in der Nachrichtentechnik, in der Elektronik und in der Informationstechnik verwendet werden, werden als Dioden bezeichnet.

14.2.1 Flächendioden

Bei Flächendioden erstreckt sich der pn-Übergang über eine größere Fläche. Sie können nach verschiedenen Technologien hergestellt sein, z.B. als diffundierte Flächendiode oder als Planardiode (Bild 14.5).

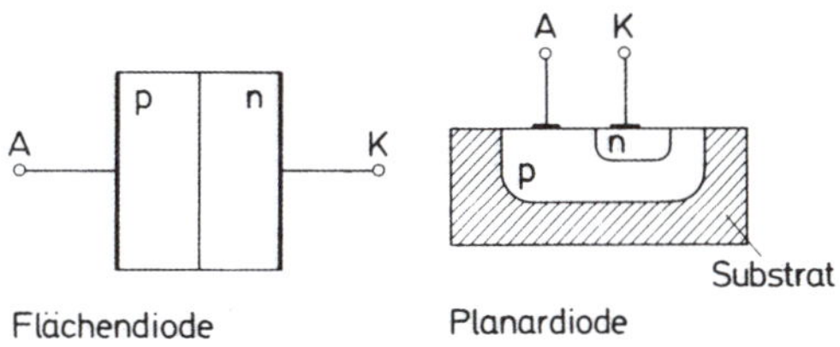

Bild 14.5
Bauarten von Halbleiterdioden

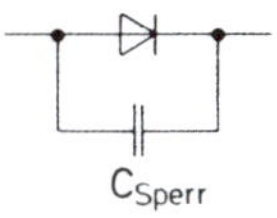

Bild 14.6
Die Sperrschichtkapazität wirkt wie ein der Diode parallelgeschalteter Kondensator

Flächendioden sind meist Si-Dioden. Sie können größere Stromstärken vertragen und haben höhere Sperrspannungen als entsprechende Ge-Dioden.

Je größer die Sperrschichtfläche einer Flächendiode, desto größer ist ihre Sperrschichtkapazität.

Flächendioden mit großer Sperrschichtkapazität sind für Hochfrequenz nicht geeignet. Die Gleichrichtung funktioniert nicht mehr. Die Sperrschichtkapazität wirkt wie ein der Diode parallelgeschalteter Kondensator (Bild 14.6). Der Hochfrequenzstrom kann seinen Weg über diesen Kondensator nehmen.

Die Schaltzeiten von Flächendioden wachsen ebenfalls mit der Sperrschichtkapazität. Mit Hilfe der Planartechnik können Flächendioden mit kleiner Sperrschichtfläche und sehr kurzen Schaltzeiten hergestellt werden.

14.2.2 Spitzendioden

Spitzendioden und ihre Sonderbauform, die Golddrahtdiode, werden meist als Germaniumdioden gebaut. Auf ein kleines n-leitendes Stückchen Germaniumkristall wird ein spitzer Draht aufgesetzt und mit dem Kristall verschweißt. Der Draht enthält als Legierungsbestandteile geeignete Akzeptoratome. Diese dringen während des Schweißvorganges in das Germaniumkristall ein und erzeugen eine sehr winzige p-leitende Zone (etwa 50 µm Durchmesser) (Bild 14.7).

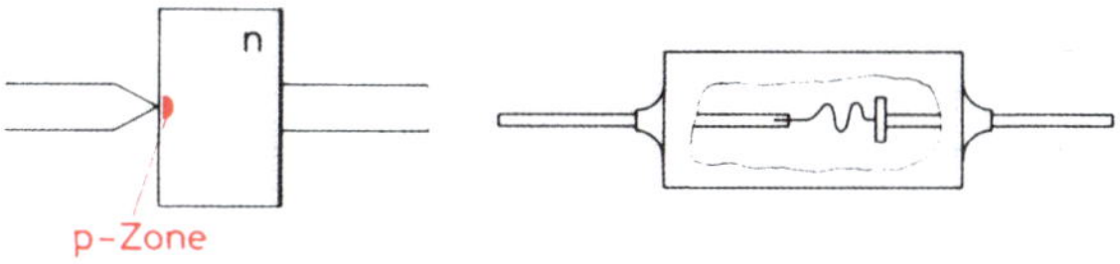

Bild 147
Aufbau von Spitzendioden

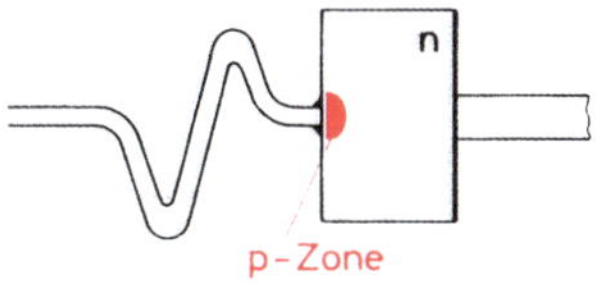

Bild 14.8
Aufbau von Golddrahtdioden

Spitzendioden haben eine extrem kleine Fläche des pn-Überganges und natürlich eine sehr kleine Sperrschichtkapazität (oft um 0,2 pF). Sie sind für Hochfrequenz sehr gut geeignet. Die Golddrahtdiode ist eine Sonderform der Spitzendiode. Der Golddraht wird stumpf aufgeschweißt. Die Sperrschichtfläche wird dadurch etwas größer als bei der Spitzendiode (rd. 100 µm Durchmesser). Das Kristall ist stark dotiert. Dadurch wird der Kristallwiderstand gering. Golddrahtdioden haben kleine Widerstandswerte in Durchlassrichtung (Bild 14.8).

Spitzendioden und Golddrahtdioden werden vorwiegend in der Nachrichtentechnik angewendet. Man verwendet sie häufig als Demodulatordioden in der Radio- und Fernsehtechnik. Auch als Schalterdioden sind sie einsetzbar. Die modernen Planardioden mit kleiner Sperrschichtfläche sind als Schalterdioden aber besser geeignet.

14.2.3 Leistungsdioden (Gleichrichter)

Leistungsdioden sind heute überwiegend Siliziumdioden. Für einige Sonderfälle verwendet man noch Selendioden (Selenzellen).

Die Kennlinien von Si-Dioden verlaufen oberhalb der Schwellspannung sehr steil. Bei großen Spannungen ergibt sich ein sehr kleiner Durchlasswiderstand (z.B. 30 mΩ bei U = 220 V).

Man kann Si-Dioden mit sehr hohen Sperrspannungen bauen (über 3000 V). Das Kristall darf sich auf nahezu 200 °C erwärmen.

Si-Leistungsdioden für große Stromstärken (500 A, 1000 A) haben verhältnismäßig kleine Abmessungen (Bild 14.9).

Die eigentliche Siliziumpille ist besonders klein und hat nur eine sehr geringe Wärmekapazität. Kurzzeitige Überströme (Kurzschlussströme), unregelmäßige Kühlung usw. können schnell zu thermischen Überlastungen führen. Die Si-Pille kann dann sehr schnell zerstört werden. Eine solche Zerstörung ist in Sekundenbruchteilen möglich. Hier liegt ein Nachteil der Si-Leistungsdioden.

Mit Si-Leistungsdioden lassen sich Gleichrichterschaltungen aufbauen, die einen Wirkungsgrad von 99,5 % haben. Das ist wegen des sehr kleinen Durchlasswiderstandes möglich.

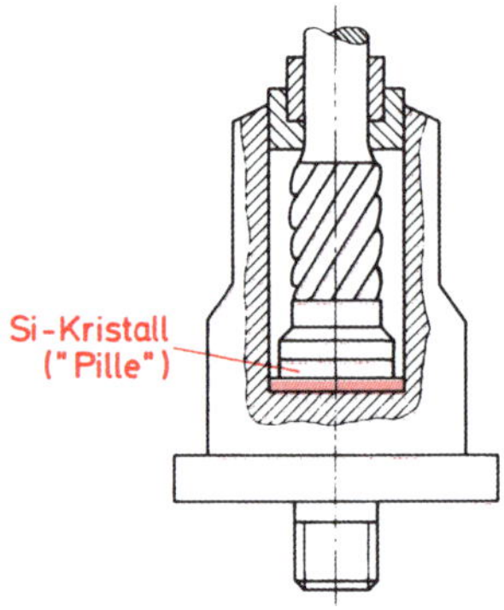

Bild 14.9
Aufbau einer Si-Leistungsdiode

14.3 Kennwerte und Grenzwerte

Alle Hersteller von Halbleiterdioden geben Datenblätter heraus. In diesen Datenblättern sind die Eigenschaften der Halbleiterdioden genau beschrieben. Es sind Daten und Kennlinien angegeben.

Bei den Daten ist zwischen *Grenzwerten* und *Kennwerten* zu unterscheiden.

Definition

Grenzwerte sind Werte, die der Anwender nicht überschreiten darf, ohne eine sofortige Zerstörung des Bauelements zu riskieren.
Kennwerte sind Werte, die die Eigenschaften des Bauelementes im Betriebsbereich beschreiben.

Kennwerte können als typische Werte oder als Garantiewerte angegeben werden.

Typische Werte sind Werte, die für eine große Anzahl von Bauelementen dieser Art typisch sind. Die Werte des Einzelexemplars können von den typischen Werten teilweise recht erheblich abweichen.

Garantiewerte werden vom Hersteller garantiert. Meist wird aber kein bestimmter Wert garantiert, sondern es wird zugesichert, dass der betreffende Wert unter einer bestimmten Grenze liegt.

Wird für die Sperrschichtkapazität z. B. angegeben $C < 0{,}75$ pF, so muss die Sperrschichtkapazität bei allen Dioden dieses Typs unter 0,75 pF liegen.

Wichtige *Grenzwerte* sind:

- *Spitzensperrspannung* U_{RM}
  Höchste Spannung, die in Sperrrichtung an der Diode anliegen darf. Dieser Wert darf auch kurzzeitig nicht überschritten werden.
- *Durchlassstrom* I_F
  Maximaler Durchlassdauerstrom bei bestimmter Kristalltemperatur (Gleichstromwert oder Effektivwert).
- *Periodischer Spitzenstrom* I_{FRM}
  Größter zulässiger Spitzenstrom, der periodisch wiederkehren darf.
- *Verlustleistung* P_{tot}
  Größte zulässige Gesamtverlustleistung.
- *Sperrschichttemperatur* T_j *oder* ϑ_j
  Größte zulässige Temperatur des Kristalls im Bereich der Sperrschicht.
- *Lagerungstemperaturbereich* T_s *oder* ϑ_s
  Die Diode muss in diesem Temperaturbereich gelagert werden. Sie darf inner- und außerhalb des Betriebszustandes keinen anderen Temperaturen ausgesetzt werden, sonst nimmt sie Schaden.

Wichtige *Kennwerte* sind:

- *Durchlassspannung* U_F
  bei bestimmtem Durchlassstrom;
- *Sperrstrom* I_R
  bei bestimmter Sperrspannung und Temperatur;

- *Sperrschichtkapazität C* bei bestimmter Sperrspannung.

14.4 Prüfen von Halbleiterdioden

Der Praktiker muss mit einfachen Mitteln feststellen können, ob eine Diode defekt ist oder nicht.

Am einfachsten kann man das mit Hilfe einer Widerstands-Messbrücke (Wheatstone-Brücke). Es gibt solche Brücken in Form handlicher Messgeräte. Sie werden meist durch eine Batterie gespeist.

Die Diode wird an die für den unbekannten Widerstand R_x vorgesehenen Klemmen angeschlossen. Dann wird der Durchlasswiderstand und nach Umdrehen der Diode der Sperrwiderstand gemessen.

Bei der Schaltung der Messbrücke und der Speisespannung von 4,5 V kann eine Diode kaum überlastet werden. Trotzdem empfiehlt es sich, bei kleinen Dioden die Messung nicht zu lange auszudehnen.

Die an der Diode anliegende Spannung muss oberhalb der Schwellspannung liegen (Bild 14.10). Sonst misst man einen zu großen Wert für den Durchlasswiderstand.

Ist die Diode in Ordnung, so misst man in der einen Richtung einen Durchlasswiderstand von einigen Ohm (etwa 1 Ω bis 200 Ω, bei Leistungsdioden wesentlich weniger).

In der anderen Richtung erhält man einen Sperrwiderstand von einigen Megaohm (etwa 0,5 MΩ bis 300 MΩ).

Merksatz

Misst man in beiden Richtungen einen geringen Widerstand, so ist die Diode defekt. Ebenfalls ist die Diode defekt, wenn man in beiden Richtungen einen sehr hohen Widerstandswert feststellt.

Will man eine Diode ganz genau untersuchen, so benötigt man entsprechende Messgeräte. Man kann dann die von den Herstellern angegebenen Daten überprüfen und die genaue Kennlinie der Diode aufnehmen. Bei der Kennlinienaufnahme ist darauf zu achten, dass sich die Diode während der Messungen nicht wesentlich erwärmt. Die vom Hersteller angegebenen Kennlinien und Kennwerte gelten meist für eine bestimmte Temperatur.

Auch streuen die Kennwerte von Halbleiterbauteilen in einem bestimmten Bereich. Gewisse Abweichungen von den vom Hersteller angegebenen Daten sind zulässig.

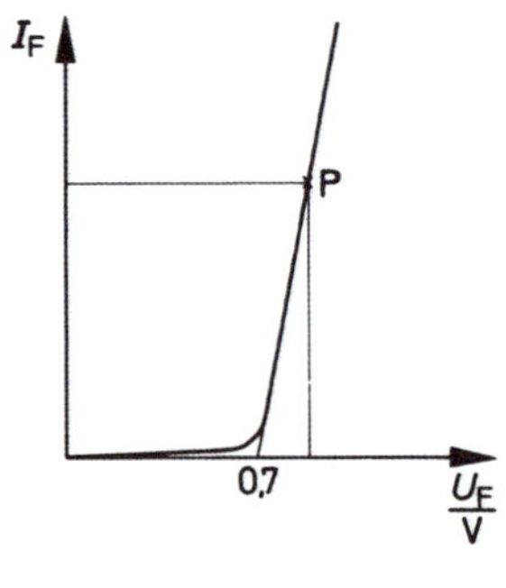

Bild 14.10
Bei der Prüfung von Dioden muss die angelegte Spannung oberhalb der Schwellspannung liegen

14.5 Halbleiterdioden als Gleichrichter

14.5.1 Einweg-Gleichrichterschaltung (Einpuls-Mittelpunktschaltung M 1)

Die Halbleiterdiode lässt den Strom in einer Richtung durch und sperrt ihn in der anderen Richtung. Sie wirkt wie ein *Stromventil.*

Die Halbleiterdiode ist deshalb das geeignete Bauelement zur Gleichrichtung von Wechselströmen.

Bild 14.11 zeigt die Schaltung eines einfachen Gleichrichters. An den Klemmen AB liegt die Wechselspannung U_1. In der Zeit von t_1 bis t_2 hat A einen positiven Spannungswert gegen B. Die Diode ist in Durchlassrichtung geschaltet. Es fließt ein Strom I, dessen Größe durch den Verlauf der Spannung U_1 und durch R_L bestimmt wird.

Am Lastwiderstand fällt eine Spannung ab, deren Verlauf dem Stromverlauf entspricht. An der Diode liegt in der Zeit von t_1 bis t_2 nur eine sehr kleine Spannung. Bei einer Siliziumdiode sind es etwa 0,75 bis 0.9 V.

In jedem Augenblick gilt: $u_1 = u_D + u_2$

Wenn man u_D vernachlässigt, so ist $u_1 = u_2$

Grundsatz

Die Gleichrichterschaltung lässt die positive Halbwelle der Wechselspannung durch.

In der Zeit von t_2 bis t_3 hat Punkt A negatives Potential gegen B. Die Diode ist jetzt in Sperrrichtung geschaltet. Ihr Widerstand ist sehr groß. Sie lässt praktisch keinen Strom fließen.

In diesem Zeitraum ist I gleich null. Damit ist auch u_2 gleich null. Jeder Augenblickswert der Eingangsspannung liegt also voll an der Diode:

$u_1 = u_D \qquad u_2 = 0$

Grundsatz

Die Gleichrichterschaltung sperrt die negative Halbwelle einer Wechselspannung.

Misst man die Spannung an der Diode, so stellt man fest, dass an der Anode (also an der p-Zone) eine negative Spannung gegenüber der Katode (n-Zone) liegt (Bild 14.12).

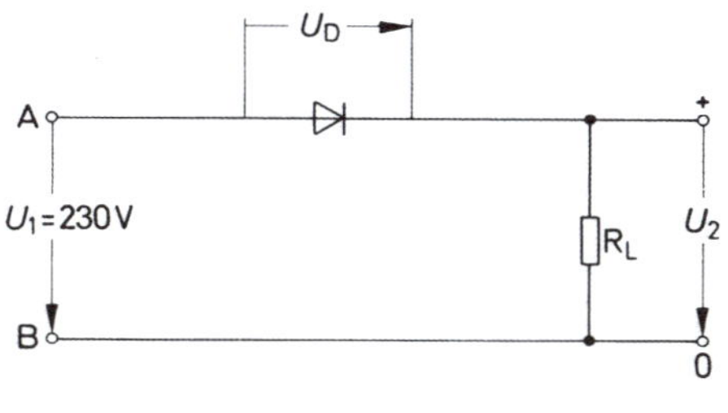

Bild 14.11
Einweg-Gleichrichterschaltung

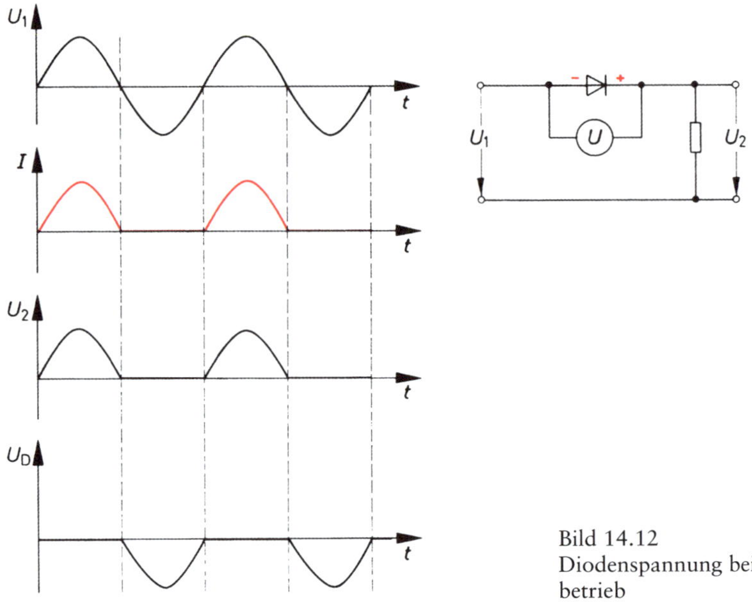

Bild 14.12
Diodenspannung bei Gleichrichterbetrieb

Das ist richtig so. Man misst vor allem die im Sperrzustand auftretende Spannung. Die im Durchlasszustand auftretende Spannung ist ja sehr gering.

Die Ausgangsspannung U_L ist noch keine Gleichspannung. Ihr Verlauf besteht aus lauter positiven Halbwellen.

Eine solche Spannung heißt *Mischspannung* oder pulsierende Gleichspannung. Sie enthält außer dem Gleichspannungsanteil noch Wechselspannungsanteile. Diese Wechselspannungsanteile müssen ausgesiebt werden.

14.5.2 Siebkette

Die Aussiebung der Wechselspannungsanteile erfolgt mit Hilfe einer *Siebkette*.

Bild 14.13 zeigt die Schaltung einer RC-Siebkette. Die positiven Halbwellen laden den Ladekondensator C_L auf. Die Spannung U_L hat den in Bild 14.13 rot angegebenen Verlauf.

Wird der Schalter S geschlossen, so liegt die Spannung U_L an einem frequenzabhängigen Spannungsteiler, der aus R und C_S gebildet wird (Bild 14.14).

Für Wechselspannungsanteile hat C_S einen sehr kleinen Widerstand. Diese Wechselspannungsanteile werden durch C_S praktisch kurzgeschlossen.

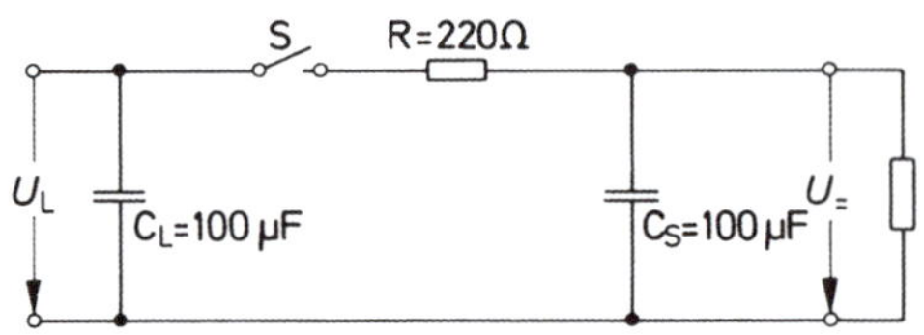

Bild 14.13
Siebkette, Spannungsverlauf an C_L

Bild 14.14
R und C_S der Siebkette bilden einen frequenzabhängigen Spannungsteiler

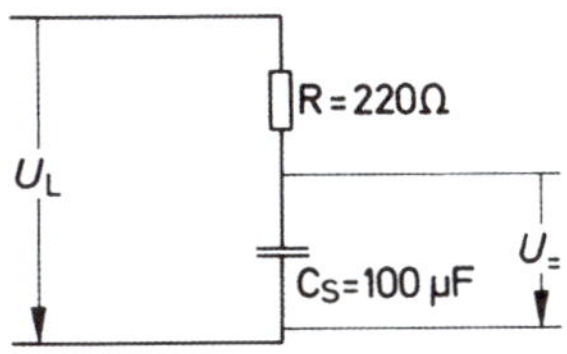

Bild 14.15
Zeitlicher Verlauf der Ausgangsspannung $U_=$

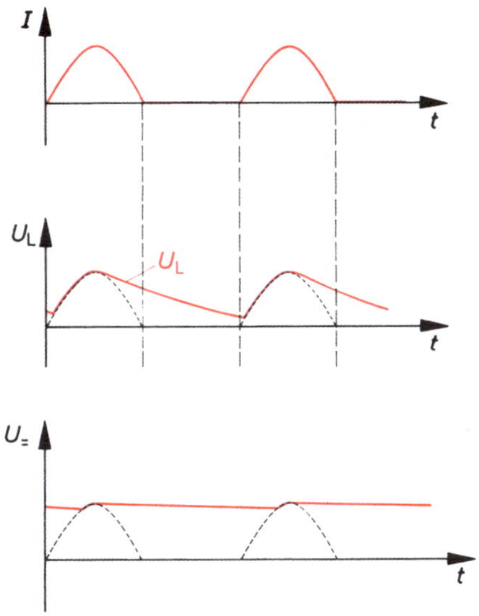

Für Gleichspannung hat C_S jedoch einen fast unendlich großen Widerstand. C_S sperrt den Gleichstrom. Die Gleichspannung fällt an C_S mit einem großen Wert ab.

Am Ausgang der Siebkette liegt die Gleichspannung $U_=$.

Wird der Siebkette kein Strom entnommen, so lädt sich C_S auf den Scheitelwert der Wechselspannung U_1 auf (Bild 14.15).

$U_=$ ist aber immer noch keine hundertprozentige Gleichspannung. Eine kleine restliche Welligkeit lässt sich nicht vermeiden. Man kann die Restwelligkeit aber auch auf einen unmerkbar kleinen Wert herabdrücken. Dies ist eine Frage der Bemessung der Siebkette. Allgemein gilt:

Grundsatz

Je größer die Kapazitäten der Kondensatoren C_L und C_S gemacht werden und je kleiner der der Siebkette entnommene Laststrom ist, desto kleiner ist die Restwelligkeit.

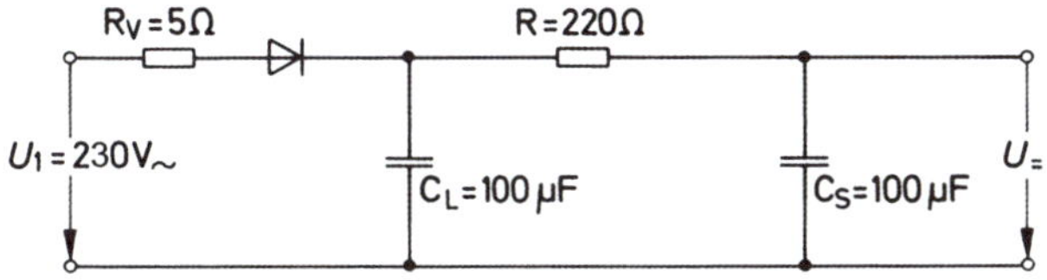

Bild 14.16 Einweg-Gleichrichterschaltung mit Siebkette

Bild 14.16 zeigt die betrachtete Gleichrichterschaltung mit nachgeschalteter Siebkette. Da hier nur eine Halbwelle der sinusförmigen Wechselspannung ausgenutzt wird, nennt man diese Schaltung *Einweg-Gleichrichterschaltung*.

14.5.3 Mittelpunkt-Zweiweg-Gleichrichterschaltung (Zweipuls-Mittelpunktschaltung M 2)

Sollen beide Halbwellen einer Sinusschwingung gleichgerichtet werden, so benötigt man eine Zweiweg-Gleichrichterschaltung.

In Bild 14.17 ist eine Zweiweg-Gleichrichterschaltung dargestellt. Die Ausgangsspannung des Trafos wird durch Mittelanzapfung in zwei gleiche Spannungen U_1 aufgeteilt.

Hat Punkt A positive Spannung gegenüber B, so ist Diode D_1 in Durchlassrichtung geschaltet. Es fließt ein Strom I_1 auf dem in Bild 14.17 rot markierten Weg.

Während der negativen Halbwelle hat Punkt A negative Spannung gegenüber Punkt B. Das heißt, Punkt B ist positiv gegenüber Punkt A. Die Diode D_2 ist jetzt in Durchlassrichtung geschaltet. Es fließt ein Strom I_2 den schwarz gezeichneten Stromweg. Die Ströme I_1 und I_2 vereinigen sich in Punkt C zum Gesamtstrom I. Der Lastwiderstand R_L wird von I durchflossen. Die Ausgangsspannung U_2 hat den gleichen zeitlichen Verlauf wie I (Bild 14.17).

U_2 ist eine Mischspannung, also eine Gleichspannung mit einem Wechselspannungsanteil. Mit Hilfe einer Siebkette kann der Wechselspannungsanteil wie bei Einweg-Gleichrichterschaltungen ausgesiebt werden.

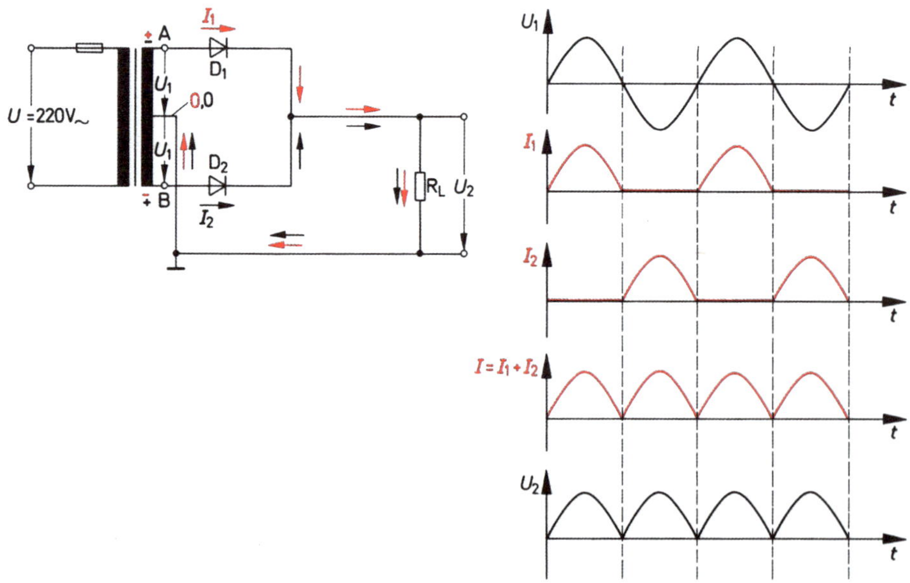

Bild 14.17 Mittelpunkt-Zweiweg-Gleichrichterschaltung, Darstellung der Arbeitsweise

14.5.4 Brücken-Zweiweg-Gleichrichterschaltung (Zweipuls-Brückenschaltung B 2)

Für die Mittelpunkt-Zweiweg-Gleichrichterschaltung wird ein verhältnismäßig teurer Transformator mit Mittelanzapfung benötigt. Die in Bild 14.18 dargestellte Brücken-Zweiweg-Gleichrichterschaltung erfordert keinen solchen Transformator. Sie ist verhältnismäßig preiswert herzustellen und wird außerordentlich häufig eingesetzt.

Während der positiven Halbwelle von U_1 sind die Dioden D_1 und D_3 in Durchlassrichtung geschaltet. Es fließt ein Strom I_1 (Bild 14.18).

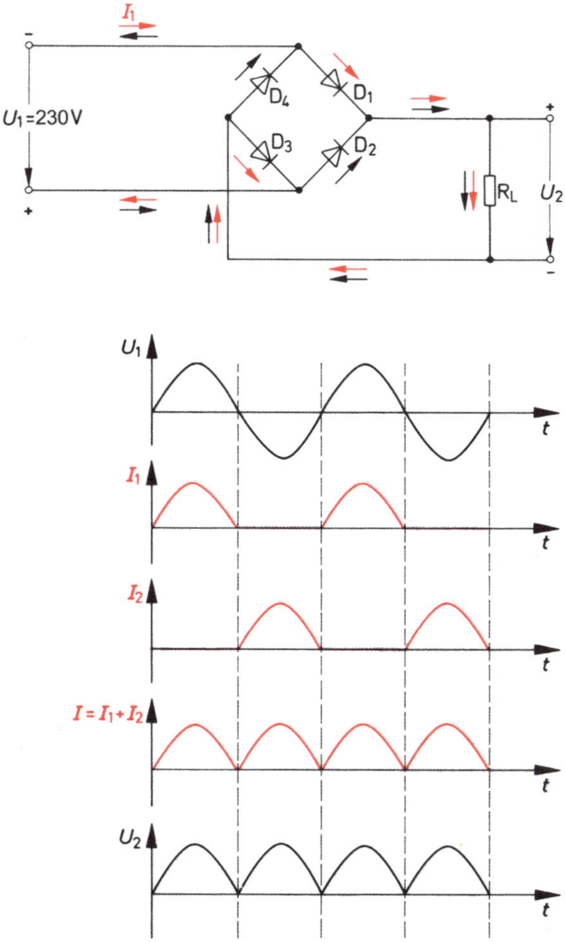

Bild 14.18
Arbeitsweise der Brücken-Zweiweg-Gleichrichterschaltung

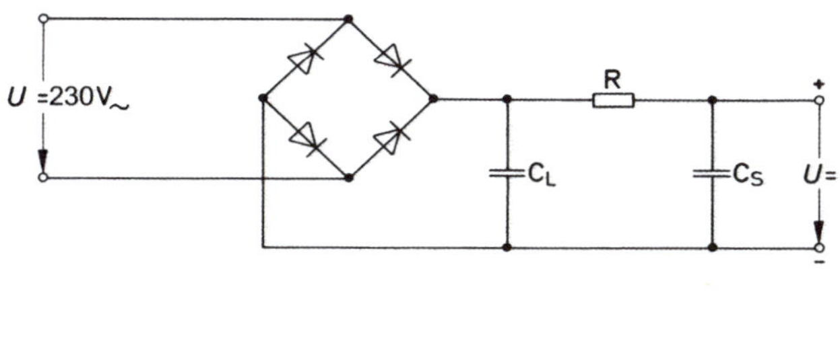

Bild 14.19
Brücken-Zweiweg-Gleichrichterschaltung mit Siebkette

Während der negativen Halbwelle von U_1 sind die Dioden D_2 und D_4 in Durchlassrichtung geschaltet. Es fließt ein Strom I_2. I_1 und I_2 durchfließen den Lastwiderstand R_L in gleicher Richtung. Sie bilden zusammen den Strom I. Die Spannung U_2 hat den gleichen zeitlichen Verlauf wie der Strom I.

U_2 ist eine Mischspannung. Ihr Wechselspannungsanteil kann durch Nachschalten einer Siebkette vernichtet werden.

Bild 14.19 zeigt eine Brücken-Zweiweg-Gleichrichterschaltung mit Siebkette.

14.5.5 Mehrphasen-Gleichrichterschaltungen

Mehrphasen-Gleichrichterschaltungen sind nach gleichen Prinzipien aufgebaut wie Einphasen-Gleichrichterschaltungen. Es ist leicht zu erkennen, dass die in Bild 14.20 dargestellte Dreiphasen-Einweg-Gleichrichterschaltung aus drei Einphasen-Einweg-Gleichrichterschaltungen besteht, die auf einem gemeinsamen Lastwiderstand R_L arbeiten.

Der Aufbau der Dreiphasen-Brücken-Gleichrichterschaltung (Bild 14.21) ist nicht ganz so leicht zu durchschauen. Verfolgen wir jedoch den eingezeichneten Stromweg für die Spannung U_1, so stellen wir sofort fest, dass die Schaltung nach dem gleichen Prinzip arbeitet wie die Einphasen-Brücken-Gleichrichterschaltung.

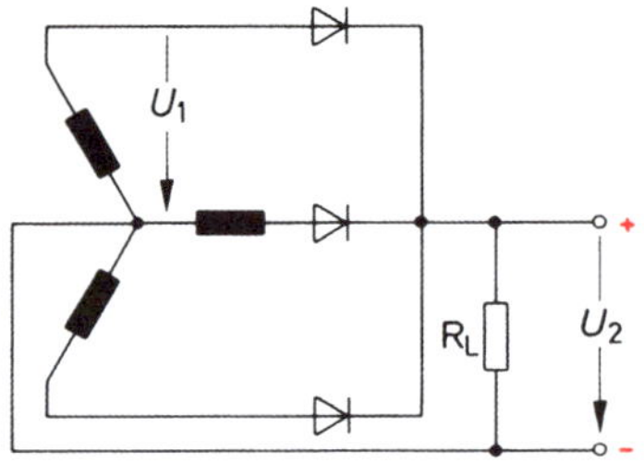

Bild 14.20
Dreiphasen-Einweg-Gleichrichterschaltung (Dreipuls-Mittelpunktschaltung M 3)

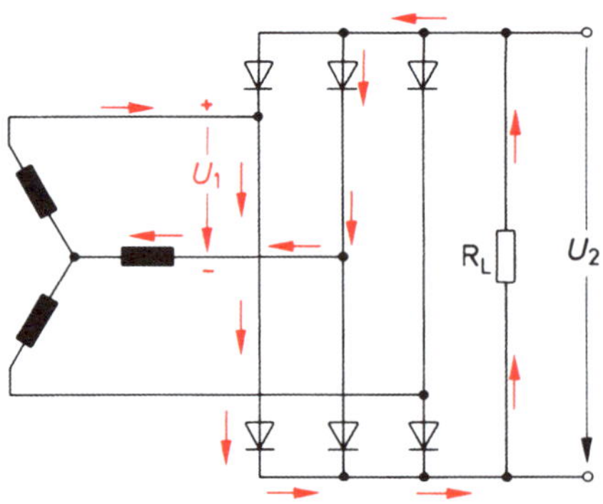

Bild 14.21
Dreiphasen-Brücken-Gleichrichterschaltung (Sechspuls-Brückenschaltung B 6)

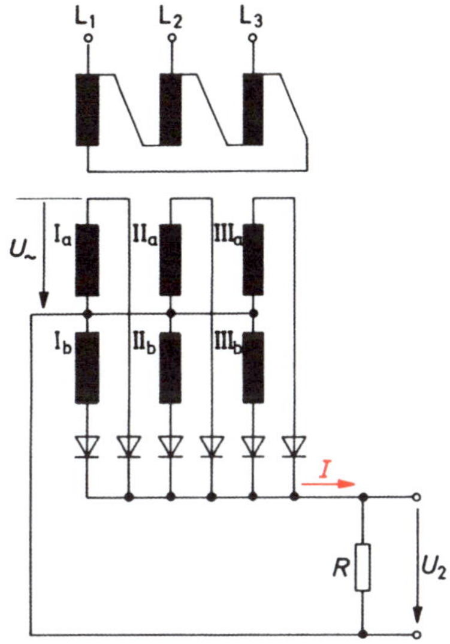

Bild 14.22
Sechspuls-Mittelpunktschaltung (M 6)

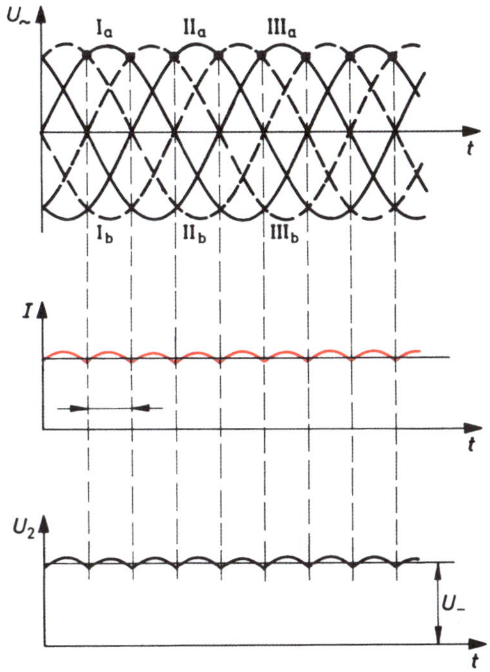

Bild 14.23
Spannungs- und Stromverläufe der Sechspuls-Mittelpunktschaltung (M 6)

15 Halbleiterdioden mit speziellen Eigenschaften

15.1 Z-Dioden

15.1.1 Arbeitsweise

Z-Dioden sind besonders dotierte Silizium-Halbleiterdioden. Sie werden in Sperrrichtung bei einer konstruktionsbedingten Spannung U_{Z0} niederohmig. Im Durchlassbereich verhalten sie sich wie normale Si-Dioden (Bild 15.1).

Die Spannung U_{Z0} wird *Zenerspannung* genannt.

Grundsatz

Z-Dioden werden im Sperrbereich bei Erreichen der Zenerspannung niederohmig.

Der niederohmige Zustand in Sperrrichtung wird durch zwei Effekte hervorgerufen, durch den *Zenereffekt* und durch den *Lawineneffekt*.

Zenereffekt

Grundsatz

Durch die Kräfte des elektrischen Feldes werden Elektronen aus der Kristallbindung gelöst. Sie dienen als freie Ladungsträger der Bildung eines Stromes.

Lawineneffekt

Grundsatz

Die vorhandenen freien Elektronen werden stark beschleunigt und schlagen andere Elektronen aus ihren Bindungen. Es entsteht eine Ladungsträgerlawine.

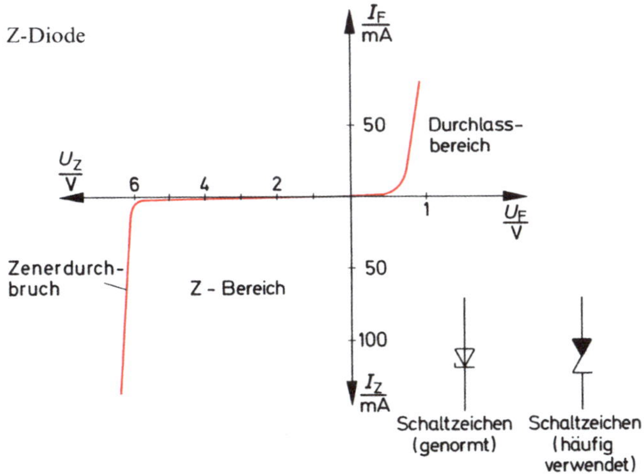

Bild 15.1
I-U-Kennlinie einer Z-Diode und Schaltzeichen

Bei der Z-Diode überlagern sich Zenereffekt und Lawineneffekt. Man spricht von einem *Z-Durchbruch* oder *Zenerdurchbruch* der Sperrschicht.

Die plötzliche große Leitfähigkeit der Sperrrschicht kann zu einem sehr großen Strom in Sperrichtung führen. Wird dieser Strom nicht begrenzt, so wird die Z-Diode zerstört.

Grundsatz

Nach dem Zenerdurchbruch ist eine Begrenzung des Stromes unbedingt erforderlich.

Sinkt die Sperrspannung unter den Wert von U_{Z0}, so hört das Freisetzen von Ladungsträgern plötzlich auf. Die Sperrschichtzone verarmt an Ladungsträgern. Noch vorhandene Elektronen fallen in die offenen Kristallbindungen oder werden von den Kräften des elektrischen Feldes aus dem Sperrschichtbereich transportiert. Nach dieser außerordentlich kurzen Ausräumzeit ist die Sperrschicht leergefegt von freien Ladungsträgern. Sie hat ihre ursprüngliche Sperrwirkung zurückerlangt. Die Z-Diode ist wieder hochohmig geworden. Die Sperrschicht ist wiederhergestellt (regeneriert).

15.1.2 Kennlinien, Kennwerte, Grenzwerte

Die Kennlinie einer Z-Diode in Sperrrichtung besteht aus dem *Sperrbereich*, dem *Knickbereich* und dem *Durchbruchsbereich*. Im Sperrbereich P_1 bis P_2 fließt nur ein sehr geringer Sperrstrom (Bild 15.3), der Knickbereich beginnt mit dem Einsetzen des Durchbruches (P_2).

Zunächst beginnt der Zenereffekt, dann der Lawineneffekt. Der Sperrstrom steigt an. Im Punkt P_3 ist der Knickbereich beendet. Der Bereich ab P_3 wird Durchbruchbereich genannt.

Die Kennlinien einiger Zenerdioden sind in Bild 15.4 dargestellt. Bei Dioden mit höherer Zenerspannung ist der Kennlinienknick schärfer ausgeprägt. Der Knickbereich ist kleiner.

Aus messtechnischen Gründen wird als Zenerkennspannung U_{ZK} die Spannung angegeben, bei der ein bestimmter Strom I_{ZK}, meist 5 mA, fließt (Bild 15.5). Diese Spannung ist um einen geringen Wert verschieden von der Spannung U_{Z0}, bei der der Durchbruch beginnt.

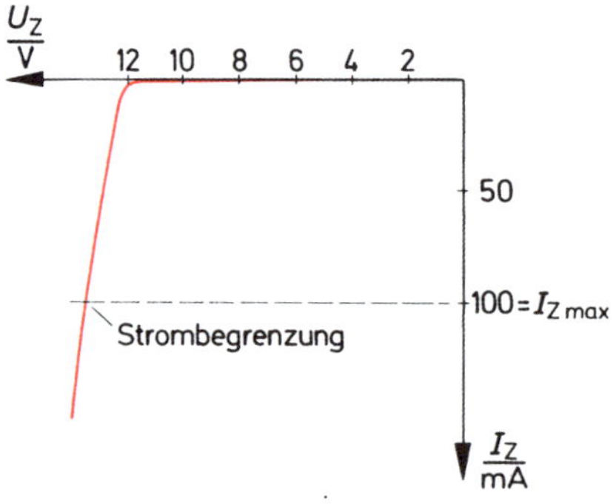

Bild 15.2
Durchbruchskennlinie einer Z-Diode mit Angabe der erforderlichen Strombegrenzung, z. B. I_{Zmax} = 100 mA

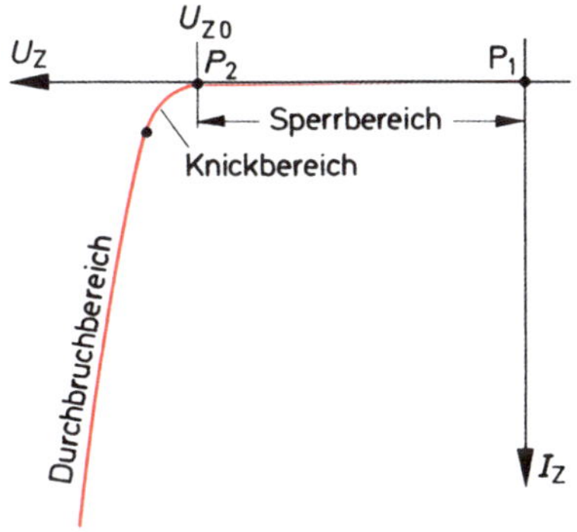

Bild 15.3
Kennlinienbereiche

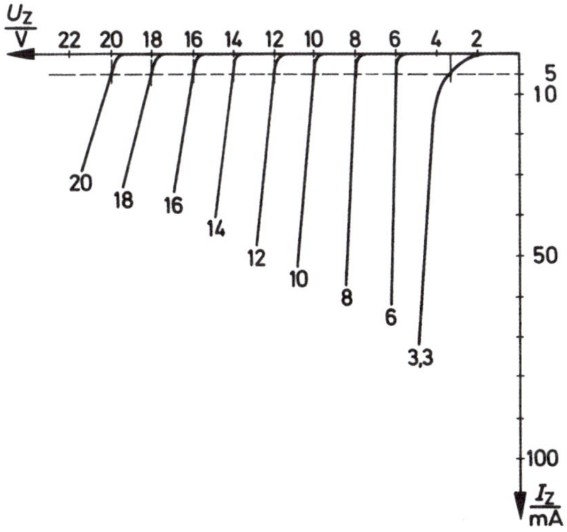

Bild 15.4
Kennlinien einiger Z-Dioden
(nach Unterlagen von
Siemens und ITT)

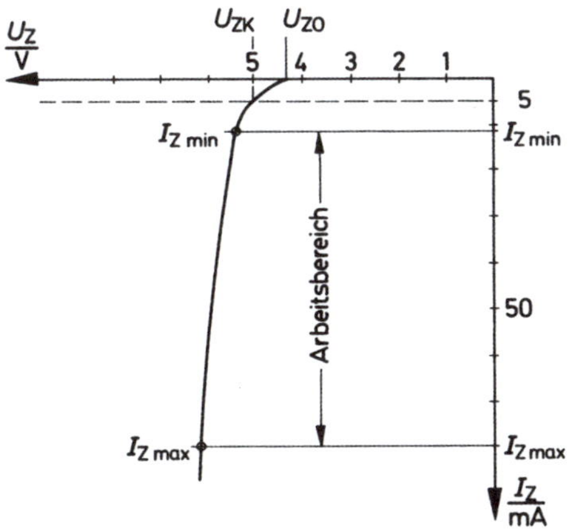

Bild 15.5
Kennlinie einer Z-Diode
mit $U_{ZK} = 5$ V

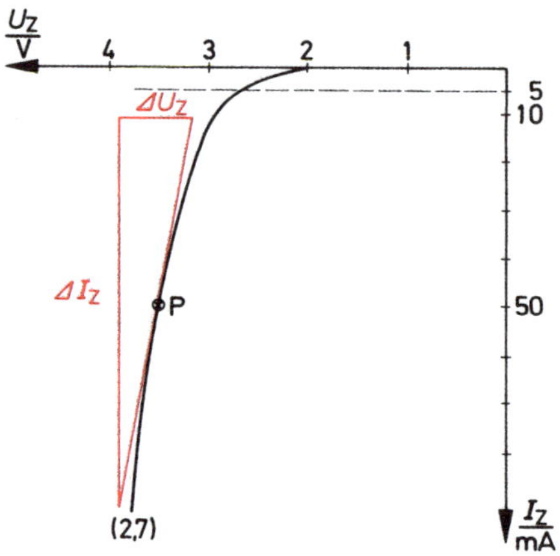

Bild 15.6
Kennlinie einer Z-Diode, Bestimmung des differentiellen Widerstandes r_Z im Punkt P

Der größte Strom, der durch die Z-Diode fließen darf, wird I_{Zmax} genannt (Bild 15.6). Er ist ein vom Hersteller gegebener Grenzwert.

Der kleinste Strom bei vollständigem Sperrschichtdurchbruch ist I_{Zmin}. I_{Zmin} liegt außerhalb des Knickbereiches – dort, wo der Durchbruchsbereich beginnt.

Definition

Der Bereich zwischen dem kleinsten Zenerstrom I_{Zmin} und dem größten Zenerstrom I_{Zmax} wird Arbeitsbereich genannt.

Aus dem Anstieg der Durchbruchskennlinie erhält man den differentiellen Widerstand r_Z.

$$r_Z = \frac{\Delta U_Z}{\Delta I_Z}$$

ΔU_Z Spannungsänderung
ΔI_Z Stromänderung
r_Z differentieller Widerstand

Der differentielle Widerstand r_Z hat in jedem Punkt der Kennlinie einen anderen Wert, da die Kennlinie leicht gekrümmt ist. Die Durchbruchskennlinien von Z-Dioden höherer Zenerspannung sind fast geradlinig.

Definition

Der differentielle Widerstand einer Z-Diode gibt die Steilheit der Durchbruchskennlinie an.

Je steiler die Durchbruchskennlinie, desto kleiner ist der differentielle Widerstand.

Merksatz

Z-Dioden sind in ihren Eigenschaften temperaturabhängig.

Bild 15.7
Temperaturabhängigkeit von Z-Dioden, Kennlinienverschiebung bei Temperaturerhöhung

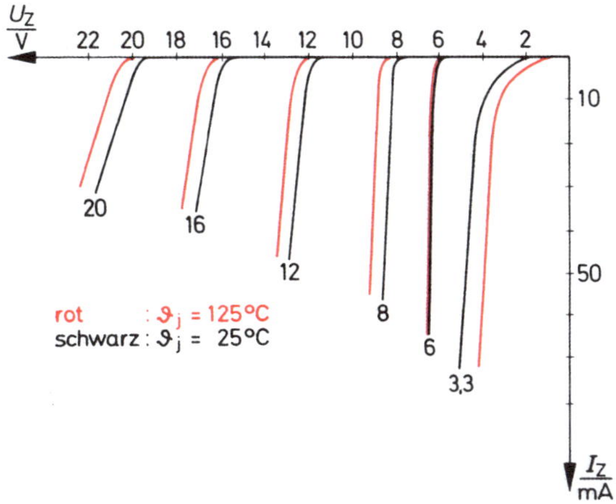

In Bild 15.7 sind Kennlinien für verschiedene Z-Dioden dargestellt. Die schwarzen Kennlinien gelten für eine Kristalltemperatur von 25 °C, die roten für eine Kristalltemperatur von 125 °C.

Den Betrag der Verschiebung von U_{ZK} erhält man mit folgender Gleichung:

$$\Delta U_{ZK} = U_{ZK} \cdot \alpha_Z \cdot \Delta T_j$$

ΔU_{ZK}	Betrag der Verschiebung von U_{ZK}
U_{ZK}	Zenerspannung bei 25 °C (I_Z = 5 mA)
α_Z	Temperaturkoeffizient
ΔT_j	Temperaturerhöhung der Sperrschicht über 25 °C hinaus

Definition

Der Temperaturkoeffizient α_Z gibt an, um welchen Wert die Zenerspannung einer Z-Diode pro °C Temperaturveränderung verschoben wird.

Im Kristall der Z-Diode wird elektrische Energie in Wärme umgesetzt.

Die Verlustleistung P_{tot} ergibt sich aus der an der Z-Diode anliegenden Spannung U_Z und dem durch die Diode fließenden Strom I_Z.

$$P_{tot} = U_Z \cdot I_Z$$

Von den Herstellern werden u.a. folgende wichtige Daten angegeben:

Grenzwerte:

- ❑ Höchstzulässiger Arbeitsstrom $I_{Z\,max}$
- ❑ Höchstzulässige Verlustleistung P_{tot}
- ❑ Maximale Sperrschichttemperatur T_j
- ❑ Lagerungstemperaturbereich T_s

Kennwerte:

- ☐ Differentieller Innenwiderstand r_Z
- ☐ Arbeitsspannung U_Z
- ☐ Temperaturkoeffizient α_Z
- ☐ Wärmewiderstand (Sperrschicht umgebende Luft) $R_{th\,U}$

15.1.3 Anwendungen

Z-Dioden eignen sich hervorragend zur Spannungsstabilisierung. Sie werden in fast allen stabilisierten Netzgeräten verwendet. Außerdem benutzt man Z-Dioden als Begrenzerdioden. Da sie bei einer bestimmten Spannung in Sperrrichtung niederohmig werden, können Spannungsspitzen abgeschnitten werden. Temperaturkompensierte Ausführungen von Z-Dioden dienen als Sollwertgeber in Schaltungen der Steuer- und Regelungstechnik. Mit Hilfe von Z-Dioden werden Vergleichsspannungen und Bezugsspannungen hergestellt, in neuer Zeit sogar Spannungsnormale.

Bild 15.8 zeigt eine einfache Schaltung zur Spannungsstabilisierung.

Die Eingangsspannung U muss immer größer als die Spannung U_{ZK} der Diode sein ($U_Z \approx U_{ZK}$), z. B. $U = 18$ V.

Bei geöffnetem Schalter S wird sich ein Strom in der Größe einstellen, dass an R_V die Spannung $U - U_Z$ abfällt.

$$I_{Z\max} = \frac{U - U_Z}{R_V}$$

An der Z-Diode fallen $U_Z = 8$ V ab. Die restliche Spannung muss an R_V abfallen:

$$I_{Z\max} = \frac{18\text{ V} - 8\text{ V}}{100\ \Omega} = 100\text{ mA}$$

Wird der Schalter S geschlossen, so ändert sich die Spannung U_Z praktisch nicht. An R_V muss ebenfalls die gleiche Spannung wie vorher abfallen.

$$U = U_V + U_Z$$

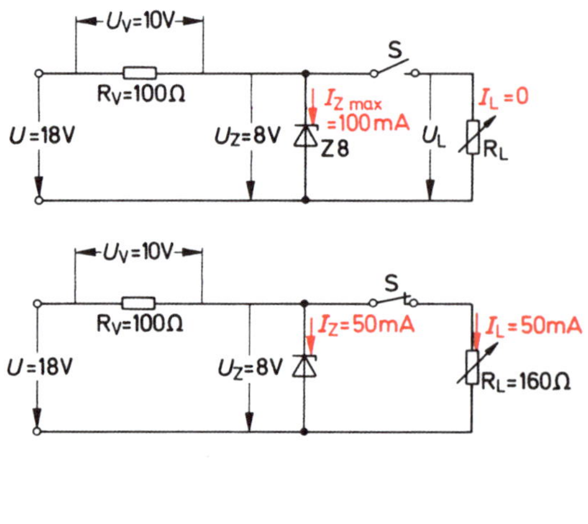

Bild 15.8
Einfache Schaltung zur Spannungsstabilisierung

Das bedeutet, dass R_V nach wie vor von einem Strom gleicher Größe durchflossen wird.

$$R_V = \frac{U - U_Z}{I}$$

Dieser Strom teilt sich auf in den Strom I_Z und in den Strom I_L:

$$I = I_Z + I_L$$

$$R_V = \frac{U - U_Z}{I_Z + I_L}$$

Ein Teil des bei geöffnetem Schalter über die Z-Diode fließenden Stromes fließt nach Schließen des Schalters über den Lastwiderstand. Daraus kann gefolgert werden:

Je größer der Lastwiderstand R_L, desto größer wird der Strom I_Z.

Der Lastwiderstand übernimmt also einen umso größeren Teil des Gesamtstromes, je kleiner sein Widerstandswert ist. Er kann im Grenzfall den ganzen Strom $I_{Z\,max}$ übernehmen (im Beispiel 100 mA). Das ist der kleinste Wert von R_L. Wird R_L noch kleiner gemacht, so ist es mit der Stabilisierung aus, denn jetzt muss die Spannung an der Z-Diode absinken. Die Z-Diode wird hochohmig.

$$R_{L\,min} = \frac{U_Z}{I_{Z\,max}}$$

$$R_{L\,min} = \frac{8\ \text{V}}{100\ \text{mA}} = 80\ \Omega$$

Beispiel

In der Schaltung nach Bild 15.8 wird ein Lastwiderstand von 50 Ω verwendet. Gesucht sind die Spannungen U_V und U_L!

$$I = \frac{U}{R_V + R_L} = \frac{18\ \text{V}}{100\ \Omega + 50\ \Omega} = 120\ \text{mA}$$

$$U_V = I \cdot R_V = 120\ \text{mA} \cdot 100\ \Omega = 12\ \text{V}$$
$$U_L = I \cdot R_L = 120\ \text{mA} \cdot 50\ \Omega = 6\ \text{V}$$

Eine Spannungsstabilisierung ist nicht mehr gegeben.

Temperaturkompensation

Die Temperaturabhängigkeit der Z-Dioden ist in vielen Anwendungsfällen ein Nachteil. Man bemüht sich, diesen Nachteil durch geeignetes Zusammenschalten unterschiedlicher Z-Dioden oder von Z-Dioden mit normalen Dioden zu verringern.

Bild 15.9 zeigt ein Beispiel. Benötigt wird eine Z-Diode mit U_{ZK} = 12 V. Es werden eine Z-Diode Z 8 mit U_{ZK} = 8 V und eine Z-Diode Z 4 mit U_{ZK} = 4 V in Reihe geschaltet. Die Diode Z 8 hat einen positiven Temperaturkoeffizienten, die Diode Z 4 einen negativen Temperaturkoeffizienten. Die beiden Temperaturkoeffizienten heben sich weitgehend auf. Der Gesamttemperaturkoeffizient kann fast null sein.

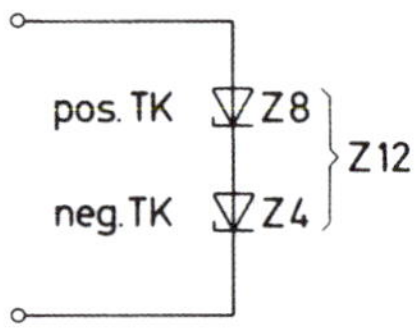

Bild 15.9
Temperaturstabilisierung durch Reihenschaltung von Z-Dioden mit positiven und negativen Temperaturkoeffizienten

15.2 Kapazitätsdioden

15.2.1 Aufbau und Arbeitsweise

Wird eine normale Halbleiterdiode in Sperrrichtung betrieben, so stellt die Sperrschicht – auch Raumladungszone genannt – eine Kapazität dar. Bei Änderung der Spannung ändert sich auch die Sperrschichtkapazität (Bild 15.10).

Definition

Kapazitätsdioden sind Spezialdioden mit großer Kapazitätsänderungsmöglichkeit.

Zwischen den positiven und den negativen elektrischen Ladungsträgern besteht ein elektrisches Feld. Bild 15.11 zeigt einen sehr stark vergrößerten Ausschnitt der Raumladungszone. Je zwei unterschiedliche Ladungsträger bilden einen kleinen Kondensator.

Die kleinen Teilkondensatoren, die jeweils durch zwei unterschiedliche Ladungsträger gebildet werden, liegen alle parallel. Die Gesamtkapazität ist die Summe der Einzelkapazitäten.

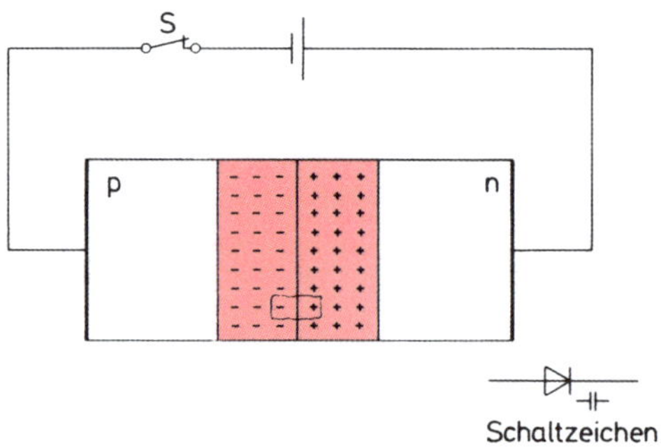

Bild 15.10
Kapazitätsdiode

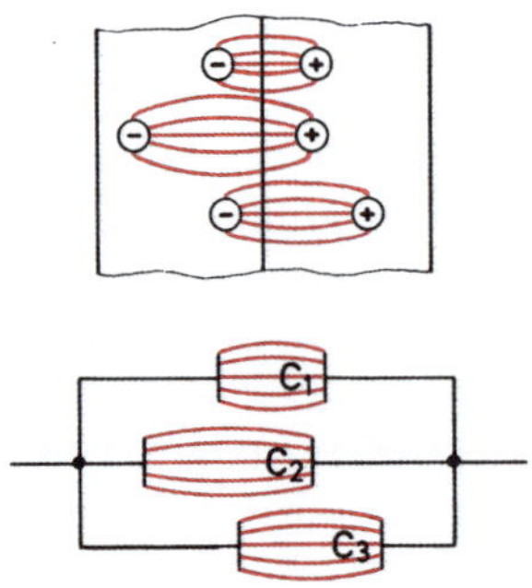

Bild 15.11
Stark vergrößerter Ausschnitt der Raumladungszone einer Kapazitätsdiode mit Ersatzschaltung

Wird die Sperrspannung erhöht, so verbreitert sich die Sperrschicht. Der mittlere Ladungsträgerabstand wird größer. Das bedeutet, dass die Kapazität kleiner wird.

Merksatz

Je größer die Spannung in Sperrrichtung, desto breiter die Sperrschicht, desto größer der mittlere Ladungsträgerabstand, desto kleiner die Kapazität.

Da die Breite der Sperrschicht temperaturabhängig ist, ist auch die Sperrschichtkapazität temperaturabhängig.

Merksatz

Die Kapazitätsdiode ist eine durch Spannung steuerbare Kapazität.

15.2.2 Kennlinien, Kennwerte, Grenzwerte

Das Errechnen der Sperrschichtkapazität erfordert die genaue Kenntnis der inneren Struktur der Kapazitätsdiode und ist für die Praxis unzweckmäßig. Die beste Auskunft über die Abhängingkeit der Sperrschichtkapazität von der Sperrspannung gibt die entsprechende Kennlinie (Bild 15.12).

Merksatz

Zwischen Sperrschichtkapazität und Sperrspannung besteht eine nichtlineare Abhängigkeit.

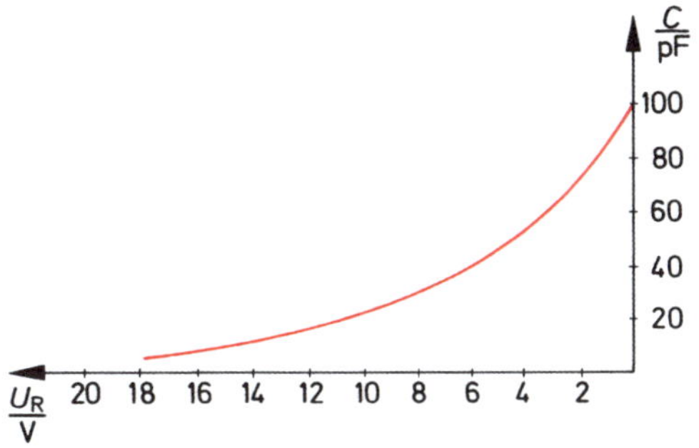

Bild 15.12
Kennlinie $C = f(U_R)$ einer Kapazitätsdiode

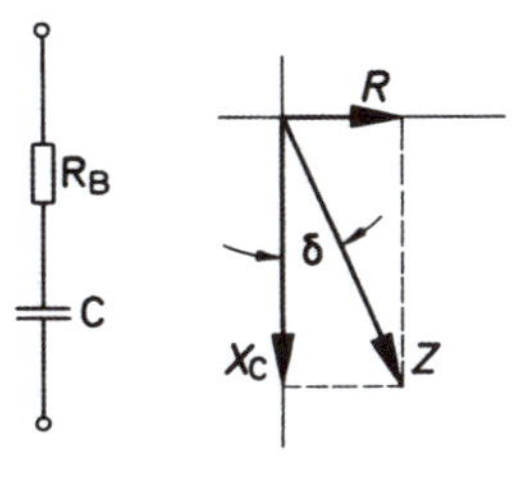

Bild 15.13
Ersatzschaltung einer Kapazitätsdiode und Zeigerdiagramm (unmaßstäblich)

Das elektrische Verhalten der Kapazitätsdiode wird durch die Ersatzschaltung Bild 15.13 beschrieben. *C* ist die Sperrschichtkapazität, R_B der Bahnwiderstand des Kristalls. Eine geringfügige in Reihe liegende Induktivität wird vernachlässigt.

Aus der Ersatzschaltung geht hervor, dass die Kapazitätsdiode eine *Güte* hat.

Für den Verlustfaktor tan δ ergibt sich (Bild 15.13) wie folgt:

$$\tan\delta = \frac{R_B}{X_c}$$

Die Güte ist der Kehrwert des Verlustfaktors

$$Q = \frac{1}{\tan\delta} = \frac{X_c}{R_B} = \frac{1}{2\pi \cdot f \cdot C \cdot R_B}$$

$$Q = \frac{1}{2\pi \cdot f \cdot C \cdot R_B}$$

Q Güte
R_B Bahnwiderstand
C Sperrschichtkapazität
f Frequenz

Da *C* spannungs- und temperaturabhängig ist, ist die Güte ebenfalls spannungs- und temperaturabhängig. Die Güte sollte möglichst groß sein.

Übliche Grenzwerte:

- ☐ Sperrschichttemperatur T_j
- ☐ Lagerungstemperatur T_S
- ☐ Verlustleistung P_{tot}

Übliche Kennwerte:

- ☐ Kapazität (bei verschiedenen Sperrspannungen) C
- ☐ Reihenwiderstand (Bahnwiderstand) R_B
- ☐ Güte Q
- ☐ Durchlassspannung U_F
- ☐ Sperrstrom I_R
- ☐ Durchbruchspannung U_{BR}

Für häufig verwendete Kapazitätsdioden gelten etwa folgende Werte:

$C \approx$ 200 pF bis 50 pF (Änderungsbereich)
$C \approx$ 50 pF bis 20 pF
$C \approx$ 10 pF bis 3 pF
$R_B \approx$ 0,5 Ω bis 2 Ω
$Q \approx$ 100 bis 500
$U_F \approx$ 0,8 V bis 0,9 V
$I_R \approx$ 100 nA
$U_{BR} \approx$ 50 V

Anwendungen
Kapazitätsdioden ersetzen in zunehmendem Maße die Drehkondensatoren für die Schwingkreisabstimmung in Rundfunk- und Fernsehgeräten.

Bild 15.14 zeigt die Prinzipschaltung eines Abstimmaggregats für Fernsehempfänger.

Für jeden «festeingestellten Sender» wird mit Hilfe eines Potentiometers eine Gleichspannung abgegriffen.

Soll dieser Sender eingeschaltet werden, so wird die Spannung über den zugehörigen Schalter an die Kapazitätsdiode gelegt. Die Kapazitätsdiode nimmt eine der Spannung entsprechende Kapazität an und verstimmt den aus L_K und C_K gebildeten Schwingkreis. Diese Art der Senderabstimmung ist bequem und preiswert. Allerdings kann es passieren, dass der Sender bei Temperaturerhöhung «wegläuft».

Wurde ein Sender nicht optimal abgestimmt, so kann er durch eine Regelspannung mit Hilfe einer Kapazitätsdiode nachgestimmt werden. Solche Nachstimmschaltungen sind heute allgemein üblich.

Weiter werden Kapazitätsdioden in Schaltungen zur Erzeugung von Frequenzmodulation verwendet.

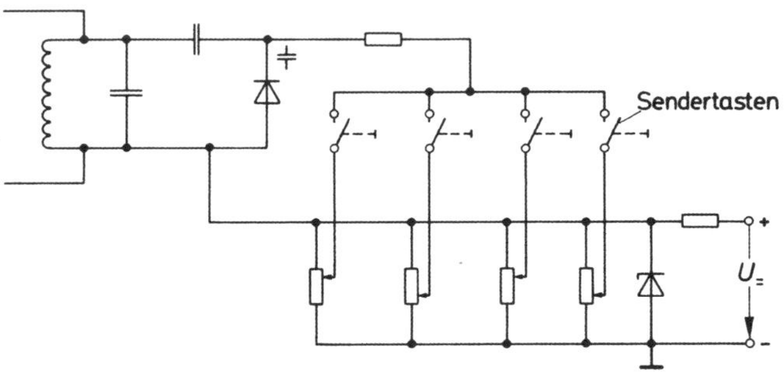

Bild 15.14 Prinzipschaltung eines Senderabstimmaggregats für Fernsehempfänger

16 Bipolare Transistoren

Durch die Erfindung der bipolaren Transistoren wurde die Welt der Elektronik grundlegend verändert. Die Verstärkung kleiner Signalspannungen und das schnelle Schalten von Signalströmen war bis zu diesem Zeitpunkt Aufgabe der Elektronenröhren. Elektronenröhren fand man in Rundfunk- und Fernsehgeräten und in den Geräten der kommerziellen Elektronik. Die kleinen unscheinbaren Transistoren (Bild 16.1) haben die Elektronenröhren in sehr vielen Bereichen völlig zurückgedrängt. Bipolare Transistoren sind heute die wichtigsten Verstärkerbauteile. In der Digitaltechnik und in der Industrieelektronik sind sie für schnelle Schalterstufen unentbehrlich. In den folgenden Abschnitten sollen Aufbau und Arbeitsweise bipolarer Transistoren zusammen mit den wichtigsten Grundschaltungen leicht verständlich dargestellt werden.

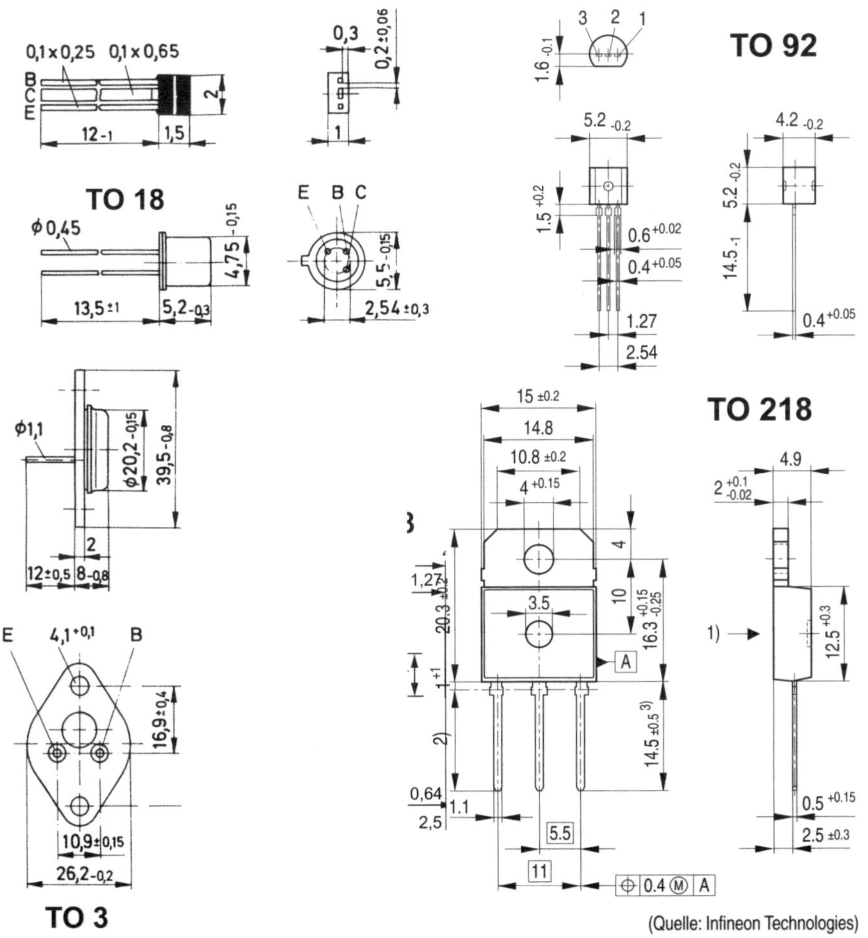

(Quelle: Infineon Technologies)

Bild 16.1 Gehäuseformen von Transistoren (Maße in mm)
TO = Transistor single outline

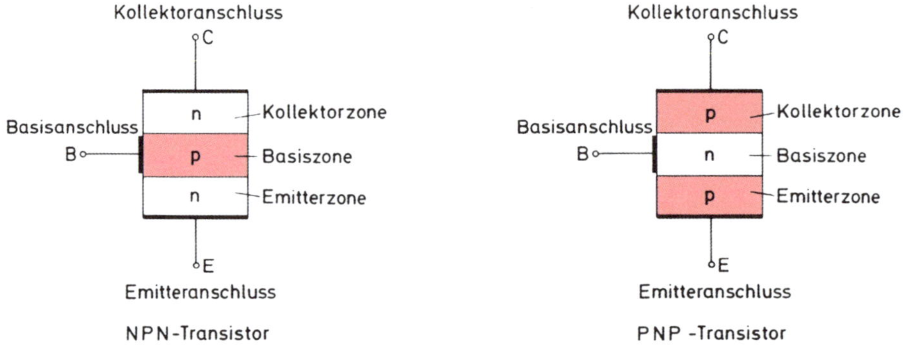

Bild 16.2 Zonenaufbau bipolarer Transistoren

16.1 Bauarten bipolarer Transistoren

Bipolare Transistoren sind Halbleiterbauteile, die drei unterschiedlich dotierte Halbleiterzonen besitzen. Es gibt Transistoren mit der Zonenfolge n-p-n und Transistoren mit der Zonenfolge p-n-p. Man unterscheidet daher *npn-Transistoren* und *pnp-Transistoren*. Die Zonen werden Emitter (E), Basis (B) und Kollektor (K) genannt. Jede Zone ist mit einem Anschlusspol versehen (Bild 16.2).

Für die Transistorfertigung wird überwiegend das Halbleitermaterial Silizium verwendet. Dieses bietet gegenüber dem früher gebräuchlichen Germanium viele Vorteile. Germanium-Transistoren werden nur noch für Sonderzwecke gebaut. Mischkristall-Halbleiterwerkstoffe wie Gallium-Arsenid werden vielleicht in Zukunft eine größere Rolle spielen.

Bipolare Transistoren, die nur für kleine Stromstärken (≈ 20 mA bis 1 A) geeignet sind, werden *Kleinsignal-Transistoren* genannt. Transistoren für große Stromstärken (etwa größer 1 A) werden als *Großsignal-* oder *Leistungstransistoren* bezeichnet. Man unterscheidet ferner *Tonfrequenztransistoren, Hochfrequenztransistoren* und *Schaltertransistoren*. Schaltertransistoren haben besonders kurze Schaltzeiten. Hochfrequenztransistoren sind für hohe und höchste Frequenzen geeignet. Tonfrequenztransistoren sind die eigentlichen Universaltransistoren für Verstärker und Schwingungserzeuger aller Art. Ihr Einsatzbereich reicht heute über die eigentliche Tonfrequenz hinaus. Sie können für Frequenzen bis zu einigen MHz verwendet werden.

Die meisten Transistoren werden nach folgendem Bezeichnungsschema gekennzeichnet:

Transistoren für die Rundfunk-, Fernseh- und Magnetbandtechnik:

2 Buchstaben	3 Ziffern

Transistoren für die industrielle Elektronik und für die Datenelektronik:

3 Buchstaben	2 Ziffern	
1. Buchstabe	A	Germanium-Kristall
	B	Silizium-Kristall
	C	Sondermaterial (z.B. Gallium-Arsenid)

2. Buchstabe	C	Tonfrequenztransistor (Kleinsignal)
	F	Hochfrequenztransistor (Kleinsignal)
	S	Schalttransistor (Kleinsignal)
	D	Tonfrequenztransistor (Großsignal)
	L	Hochfrequenztransistor (Großsignal)
	U	Schalttransistor (Großsignal)

Der 3. Buchstabe hat keine allgemeine festgelegte Bedeutung. Die Ziffern dienen als Kenn- und Registriernummern. Die vorstehende Aufstellung zeigt nur einen Ausschnitt des Bezeichnungsschemas. Nicht alle Transistorhersteller halten sich an dieses Bezeichnungsschema.

Übliche Transistorbezeichnungen sind:

- ❑ BC 107, BC 547
- ❑ AF 239
- ❑ BD 434, 2N3055
- ❑ BUX 28

Die verfügbaren Transistoren können den Datenbüchern der Hersteller entnommen werden.

16.2 npn-Transistoren

Der übliche Aufbau und das Schaltzeichen eines npn-Transistors sind in Bild 16.3 dargestellt. Man erkennt die drei Zonen n-p-n. Die größere n-Zone ist die Kollektorzone. Soll ein npn-Transistor als Verstärkerbauelement arbeiten, so muss der pn-Übergang zwischen Emitter und Basis in Durchlassrichtung und der pn-Übergang zwischen Basis und Kollektor in Sperrrichtung betrieben werden. Bei Kleinsignal-Transistoren (Silizium) liegen an der Basis Spannungen von etwa +0,6 V bis +0,8 V, bezogen auf den Emitter. Als Kollektor-Emitter-Spannung werden häufig Spannungen von etwa 0,2 V bis 18 V verwendet. Höhere Spannungen findet man seltener.

An einem Transistor treten drei Spannungen auf. Es ergeben sich drei Ströme. Die Ströme und Spannungen eines npn-Transistors zeigt Bild 16.4. Die Spannung U_{CE} heißt Kollektor-Emitter-Spannung. U_{BE} ist die Basis-Emitter-Spannung und U_{CB} die Kollektor-Basis-Spannung. Es gilt folgende Gleichung:

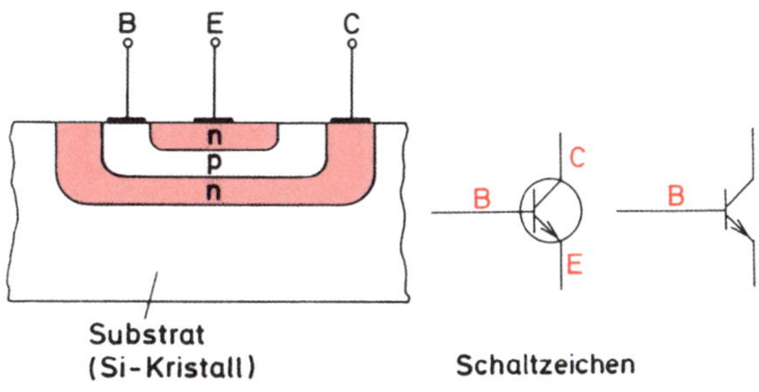

Bild 16.3
Aufbau eines npn-Transistors und Schaltzeichen. Der Kreis für das Gehäuse kann entfallen.

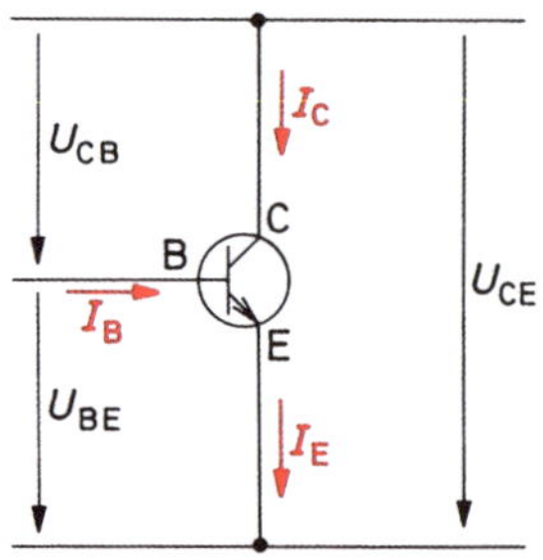

Bild 16.4
Spannungen und Ströme beim npn-Transistor

$$U_{CE} = U_{CB} + U_{BE}$$

Für die Ströme gelten die Bezeichnungen Kollektorstrom (I_C), Basisstrom (I_B) und Emitterstrom (I_E). Der Emitterstrom ergibt sich als Summe von Kollektorstrom und Basisstrom.

$$I_E = I_C + I_B$$

Mit dem Basisstrom I_B und der Basis-Emitter-Spannung U_{BE} wird der Transistor gesteuert. Bei $U_{BE} = 0$ ist auch $I_B = 0$. Der Widerstandswert der Strecke zwischen Kollektoranschluss und Emitteranschluss ist dann sehr groß. Übliche Werte liegen etwa zwischen 10 MΩ und 500 MΩ.

Steigt die Spannung U_{BE} über etwa 0,7 V (bei Silizium-Transistoren), so beginnt ein Basisstrom zu fließen. Mit steigender Spannung U_{BE} und steigendem Basisstrom I_B wird der Transistor «aufgesteuert», das heißt, der Widerstand der Kollektor-Emitter-Strecke sinkt immer weiter ab. Bei bestimmten Werten von U_{BE} und I_B ist der Transistor «voll durchgesteuert». Die Kollektor-Emitter-Strecke hat jetzt ihren kleinsten Widerstandswert erreicht. Je nach Transistortyp ergeben sich Widerstandswerte von etwa 20 Ω bis 100 Ω.

Merksatz

Der Widerstandswert der Kollektor-Emitter-Strecke wird mit U_{BE} und I_B gesteuert.

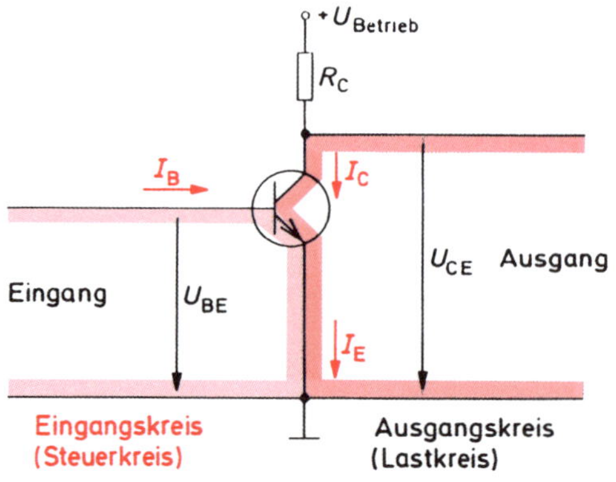

Bild 16.5
npn-Transistor mit Eingangs- und Ausgangskreis

Der Stromkreis, zu dem U_{BE} und I_B gehören, wird *Eingangskreis* oder *Steuerkreis* genannt. Der Stromkreis, in dem die Kollektor-Emitter-Strecke liegt, heißt *Ausgangskreis* oder *Lastkreis*. Im Ausgangskreis treten bei den recht großen Widerstandsänderungen entsprechend große Stromänderungen auf. Legt man in den Ausgangskreis einen Widerstand R_C (Bild 16.5), so ergeben die Stromänderungen entsprechende Spannungsänderungen an R_C. Die Spannung an der Kollektor-Emitter-Strecke ändert sich ebenfalls.

Grundsatz

Kleine Strom- und Spannungsänderungen im Eingangskreis eines npn-Transistors führen zu großen Strom- und Spannungsänderungen im Ausgangskreis.

Der npn-Transistor ist also in der Lage, kleine Signalspannungen und Signalströme, die im Eingangskreis wirksam werden, zu verstärken. Die verstärkten Strom- und Spannungswerte können am Ausgangskreis abgenommen werden.

16.3 pnp-Transistor

Der pnp-Transistor ähnelt im Aufbau dem npn-Transistor, nur sind seine Kristallzonen anders dotiert. Die Emitterzone ist p-leitend, die Basiszone n-leitend und die Kollektorzone p-leitend (s. Bild 16.6). Wird ein pnp-Transistor als Verstärker betrieben, so muss der pn-Übergang zwischen Emitter und Basis in Durchlassrichtung und der pn-Übergang zwischen Basis und Kollektor in Sperrrichtung gepolt sein – wie beim npn-Transistor. Nur müssen jetzt die Spannungen an Basis und Kollektor negativ gegen Emitter sein.

Beim pnp-Transistor liegen an der Basis Spannungen von etwa –0,6 V bis –0,8 V, bezogen auf den Emitter. Am Kollektor sind Spannungen von –4 V bis etwa –18 V und mehr üblich. Es gibt wie beim npn-Transistor drei Spannungen und drei Ströme (Bild 16.7).

Beim pnp-Transistor sind alle Spannungen und Ströme entgegengesetzt gerichtet wie beim npn-Transistor.

Beachtet man die Vorzeichen nicht, nimmt man also nur die Beträge der Spannungen und Ströme, so gelten dieselben Gleichungen wie beim npn-Transistor. Auch die Arbeitsweise des pnp-Transistors ist im Prinzip die gleiche wie die des npn-Transistors.

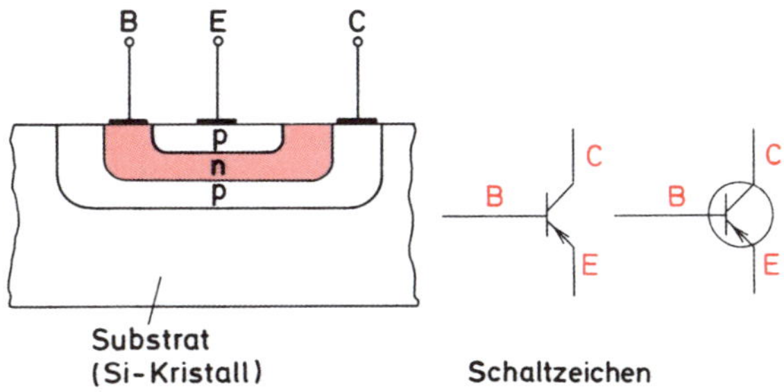

Bild 16.6
Aufbau eines pnp-Transistors und Schaltzeichen

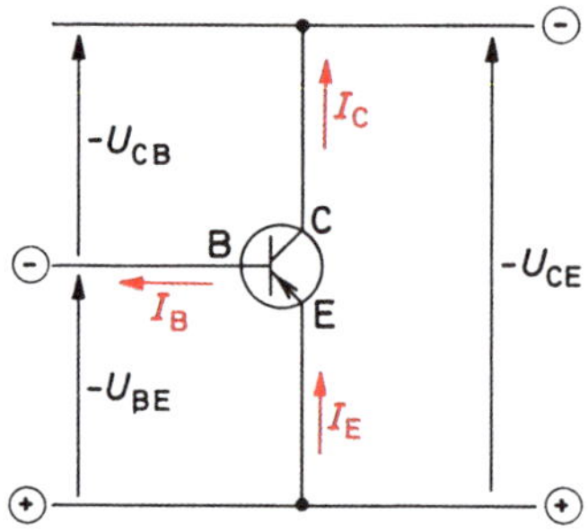

Bild 16.7
Spannungen und Ströme beim pnp-Transistor

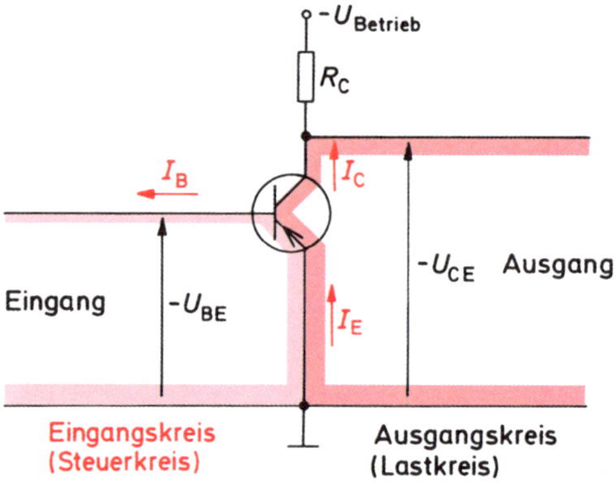

Bild 16.8
pnp-Transistor mit Eingangs- und Ausgangskreis

Merksatz

Der Widerstandswert der Kollektor-Emitterstrecke wird durch U_{BE} und I_B gesteuert.

Kleine Strom- und Spannungsänderungen im Eingangskreis führen zu großen Strom- und Spannungsänderungen im Ausgangskreis (Bild 16.8). Kleine Signalspannungen am Eingang werden also verstärkt.

16.4 Kennlinien, Kennwerte, Grenzwerte

16.4.1 Kennlinien

Eingangskennlinienfeld

Man bezeichnet den Basisstrom I_B und die Basis-Emitter-Spannung U_{BE} als Eingangsgrößen. Das Eingangskennlinienfeld gibt den Zusammenhang zwischen U_{BE} und I_B an. Es wird auch I_B-U_{BE}-Kennlinienfeld genannt.

Zwischen Basis und Emitter liegt ein pn-Übergang, der in Durchlassrichtung geschaltet ist. Die Kennlinie müsste also Ähnlichkeit haben mit der Durchlasskennlinie einer Diode. Das ist auch der Fall. Für Siliziumtransistoren ergibt sich eine Schwellspannung von rd. 0,7 V. Bei den nur noch selten verwendeten Germaniumtransistoren beträgt die Schwellspannung rd. 0,3 V (Bild 16.9).

Bild 16.9

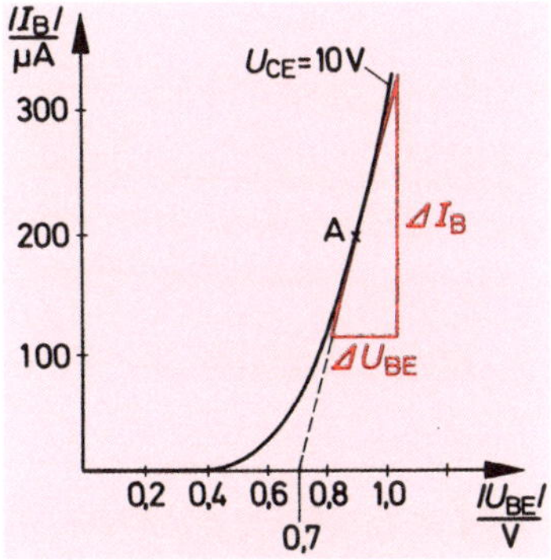

Merksatz

Der Anstieg der I_B-U_{BE}-Kennlinie in einem bestimmten Kennlinienpunkt A ergibt den differentiellen Eingangswiderstand r_{BE} in diesem Kennlinienpunkt.

Ein solcher Kennlinienpunkt, in dem der Transistor dann später «arbeitet», wird auch Arbeitspunkt genannt.

Die Größe von r_{BE} im Punkt A kann dem Kennlinienfeld entnommen werden. Man legt im Punkt A eine Tangente an die Kennlinie und zeichnet ein rechtwinkeliges Dreieck wie in Bild 16.9. Die Seitenlängen des Dreiecks können beliebige Länge haben, sollten aber um der Genauigkeit der Ablesung willen nicht zu klein gewählt werden.

Die Gleichung für r_{BE} lautet:

$$r_{BE} = \frac{\Delta U_{BE}}{\Delta I_B}$$

(für U_{CE} konstant)

r_{BE}	diff. Transistor-Eingangswiderstand
ΔU_{BE}	Basis-Emitter-Spannungsänderung
ΔI_B	Basisstromänderung

Der Zusatz «für U_{CE} = konstant» besagt, dass die Tangente an einer für konstante Kollektor-Emitter-Spannung geltenden Kennlinie anliegt, was ja eigentlich in diesem Zusammenhang selbstverständlich ist.

Ändert man die Größe der Kollektor-Emitter-Spannung, so verschiebt sich die Kennlinie etwas. Genau genommen gilt jede Kennlinie nur für eine bestimmte Kollektor-Emitter-Spannung (Bild 16.10).

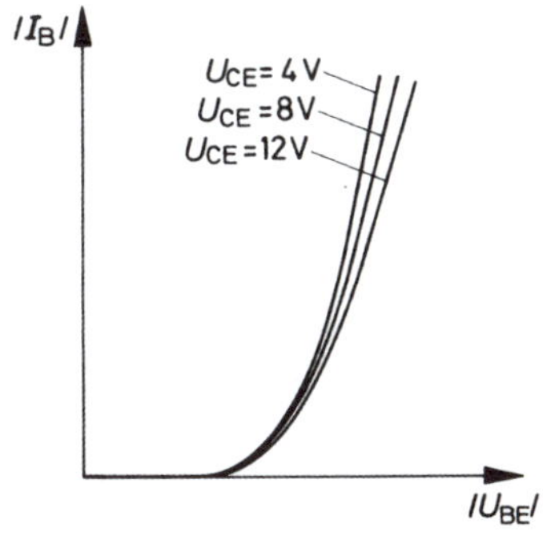

Bild 16.10
Eingangskennlinien für verschiedene Kollektor-Emitter-Spannungen

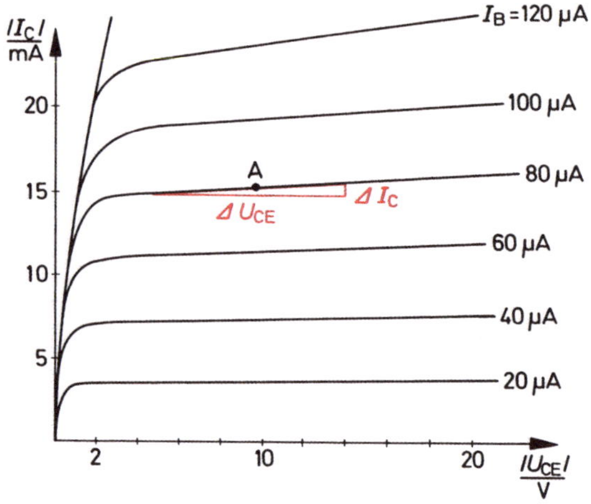

Bild 16.11
Ausgangskennlinienfeld

Ausgangskennlinienfeld

Ausgangsgrößen sind der Kollektorstrom I_C und die Kollektor-Emitter-Spannung U_{CE}. Das Ausgangskennlinienfeld wird auch I_C-U_{CE}-Kennlinienfeld genannt. Es gibt den Zusammenhang zwischen Kollektorstrom und Kollektor-Emitter-Spannung bei verschiedenen Basisströmen an. Jede Kennlinie gilt für einen bestimmten Basisstromwert. Dieser Basisstromwert muss während der Aufnahme der Kennlinie konstant gehalten werden.

Merksatz

Der Anstieg der I_C-U_{CE}-Kennlinie in einem bestimmten Arbeitspunkt A ergibt den differentiellen Ausgangswiderstand r_{CE} in diesem Arbeitspunkt.

Die Größe von r_{CE} in einem bestimmten Punkt kann dem Kennlinienfeld entnommen werden (Bild 16.11).

$$r_{CE} = \frac{\Delta U_{CE}}{\Delta I_C}$$

(für I_B konstant)

r_{CE}	diff. Transistor-Ausgangswiderstand
ΔU_{CE}	Kollektor-Emitter-Spannungsänderung
ΔI_C	Kollektorstromänderung

Stromsteuerungskennlinienfeld

Das Stromsteuerungskennlinienfeld wird auch I_C-I_B-Kennlinienfeld genannt. Es gibt den Zusammenhang zwischen Kollektorstrom und Basisstrom an.

Jede Kennlinie gilt genau nur für eine bestimmte Kollektor-Emitter-Spannung. Bild 16.12 zeigt je eine I_C-I_B-Kennlinie für U_{CE} = 16 V und U_{CE} = 7 V.

Bei modernen Transistoren verläuft die Kennlinie zunächst angenähert linear und krümmt sich dann leicht.

Die für einen bestimmten Arbeitspunkt A geltende *Gleichstromverstärkung B*, auch Kollektorstrom-Basisstrom-Verhältnis genannt, kann aus dem Kennlinienfeld entnommen werden (Bild 16.13).

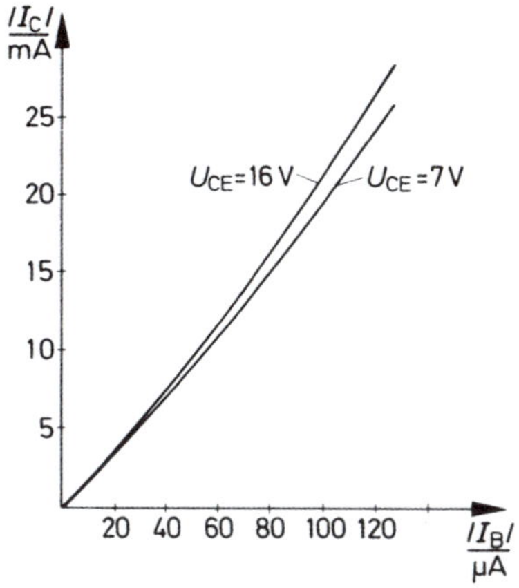

Bild 16.12
Stromsteuerungskennlinienfeld

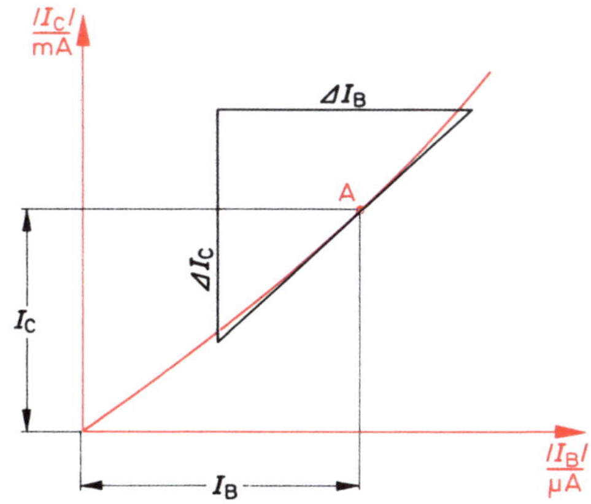

Bild 16.13
Bestimmung von Gleichstromverstärkung B und Stromverstärkungsfaktor β für den Arbeitspunkt A

$$B = \frac{I_C}{I_B}$$

B Gleichstromverstärkung
I_C Kollektorstrom
I_B Basisstrom

Merksatz

Die Gleichstromverstärkung B gibt an, wie groß der Kollektorstrom I_C bei einem bestimmten Basisstrom I_B ist.

Da die I_C-I_B-Kennlinie leicht gekrümmt ist, hat sie in jedem Kennlinienpunkt einen anderen Anstieg.

Merksatz

Der Anstieg der I_C-I_B-Kennlinie in einem bestimmten Arbeitspunkt A ergibt den differentiellen Stromverstärkungsfaktor β in diesem Arbeitspunkt.

Die Größe von β in einem bestimmten Punkt kann, wie bereits bei anderen Kennlinien beschrieben, dem Kennlinienfeld entnommen werden.

$$\beta = \frac{\Delta I_C}{\Delta I_B}$$

(für U_{CE} konstant)

β differentieller Stromverstärkungsfaktor
ΔI_C Kollektorstromänderung
ΔI_B Basisstromänderung

16.4.2 Kennwerte

Merksatz
Die Kennwerte geben die Betriebseigenschaften des Transistors an.

Signalkennwerte
Das Signalverhalten eines Transistors wird durch die folgenden Kennwerte, die für Emitterschaltung gelten, bestimmt:

- differentieller Eingangswiderstand r_{BE}
- differentieller Ausgangswiderstand r_{CE}
- differentieller Stromverstärkungsfaktor β

Diese Kennwerte wurden zusammen mit den Kennlinienfeldern näher erläutert. Sie gelten stets nur für einen bestimmten Arbeitspunkt.

Gleichstromverhältnis
Ein weiterer Kennwert ist die *Gleichstromverstärkung B*, die auch *Gleichstromverhältnis* oder Kollektor-Basis-Stromverhältnis genannt wird.

$$B = \frac{I_C}{I_B}$$

Der Wert für B wird meist für verschiedene Arbeitspunkte angegeben, die durch U_{CE} und I_C bestimmt sind.

Restströme und Durchbruchspannungen
Wichtige Kennwerte sind auch die *Transistorrestströme* und die *Durchbruchspannungen*. Die Hersteller geben meist nur einige besonders wichtige Restströme in den Datenblättern an, z. B. den Kollektor-Emitter-Reststrom (Basis mit Emitter verbunden) I_{CES} und den Kollektor-Basis-Reststrom bei offenem Emitter I_{CBO}.

Als Kennwerte werden die Kollektor-Emitter-Durchbruchspannung $U_{(BR)CEO}$ (Basis offen), die Emitter-Basis-Durchbruchspannung $U_{(BR)EBO}$ (Kollektor offen) und die Kollektor-Emitter-Durchbruchspannung $U_{(BR)CES}$ (Emitter mit Basis verbunden) angegeben. Zu jeder Angabe gehört der zugehörige Sperrstromwert.

Sperrschichtkapazitäten
Für einige Anwendungsfälle ist es wichtig, die Sperrschichtkapazitäten der Transistordiodenstrecken zu kennen. Die Kapazitätswerte gelten für bestimmte Sperrspannungen, z.B.

- *Kollektor-Basis-Kapazität*
  (Emitteranschluss offen, U_{CB} = 10 V) C_{CBO} = 6 pF
- *Emitter-Basis-Kapazität*
  (Kollektoranschluss offen, U_{EB} = 0,5 V) C_{EBO} = 25 pF

Grenzfrequenzen
Bei hohen Frequenzen machen sich die Sperrschichtkapazitäten ungünstig bemerkbar. Der differentielle Stromverstärkungsfaktor β wird von einer bestimmten Frequenz ab geringer. Transistoren haben also Grenzfrequenzen:

Frequenz bei Stromverstärkung 1 ($f_{\beta = 1}$)
(β = 1)-Frequenz
Dies ist die Frequenz, bei der β auf den Wert 1 abgesunken ist.

Transitfrequenz (f_T)
Die Transitfrequenz ist eine Rechengröße. Sie ist das Produkt aus einer Messfrequenz mit dem bei dieser Frequenz vorhandenen Stromverstärkungsfaktor β. Die Messfrequenz muss in dem Frequenzbereich liegen, in dem β stark abfällt.

Grenzfrequenz (f_g)
Als Grenzfrequenz bezeichnet man allgemein die Frequenz, bei der der Betrag einer gemessenen Größe auf das $1/\sqrt{2}$-fache seines Wertes bei niedrigeren Frequenzen (meist 1000 Hz) abgesunken ist.

Wärmewiderstände
Die Transistorhersteller geben meist folgende Wärmewiderstände an:
1. *Wärmewiderstand Sperrschicht–umgebende Luft* R_{thU}
   Dieser Wärmewiderstand gilt für freihängende Montage.
2. *Wärmewiderstand Sperrschicht–Gehäuse* R_{thG}
   Dieser Wärmewiderstand gilt, zusammen mit den Wärmewiderständen der Kühlmittel, für Montage auf Kühlkörpern.

Rauschmaß
Das Rauschen eines Transistors wird durch sein Rauschmaß F^* angegeben. Dieses sollte möglichst gering sein. Einige Hersteller geben statt des Rauschmaßes die Rauschzahl F an.

Transistor-Schaltzeiten
Wird ein Transistor vom Sperrzustand in den Durchlasszustand gesteuert, so vergeht eine bestimmte, allerdings kleine Zeit, bis der Kollektorstrom seinen vorgesehenen Höchstwert erreicht hat. Die Sperrschicht zwischen Emitter und Basis muss erst abgebaut werden. Die *Einschaltzeit* t_{ein} ist die Zeit, die vom Anlegen des Einschalt-Basissignals an vergeht, bis der Kollektorstrom 90 % seines vorgesehenen Höchstwertes erreicht hat.

Zum Sperren eines durchgesteuerten Transistors benötigt man ebenfalls eine gewisse Zeit. Die Kristallzonen sind mit Ladungsträgern überschwemmt. Diese Ladungsträger müssen ausgeräumt und die Emitter-Basis-Sperrschicht muss wieder aufgebaut werden.

Die *Ausschaltzeit* t_{aus} ist die Zeit, die vom Anlegen des Sperrsignals an der Basis vergeht, bis der Kollektorstrom auf 10 % seines Höchstwertes zurückgegangen ist.

16.4.3 Grenzwerte

Grundsatz

Grenzwerte sind Werte, die nicht überschritten werden dürfen.

Werden sie trotzdem überschritten, so ist eine sofortige Zerstörung des Bauteiles wahrscheinlich.

Höchstzulässige Sperrspannungen
Werden die höchstzulässigen Sperrspannungen überschritten, so erfolgen Sperrschichtdurchbrüche. Diese Sperrspannungen geben die Spannungsfestigkeit der Transistoren an. Von den Herstellern werden meist die *maximalen Sperrspannungen* U_{CBO}, U_{CEO} und U_{EBO}, teilweise auch U_{CES}, angegeben.

Höchstzulässige Ströme
Dies Stromwerte geben die höchstzulässige Strombelastbarkeit der Transistoren an.

Maximaler Kollektorstrom I_{Cmax}
Dieser ist der höchstzulässige Dauerkollektorstrom.

Kollektorspitzenstrom I_{CM}
Dieser Strom darf gelegentlich und kurzzeitig auftreten. Die längste zulässige Dauer ist angegeben (z.B. 10 ms).

Maximaler Basisstrom I_{Bmax}
Der maximale Basisstrom ist der höchste zulässige Basisdauerstrom.

Höchstzulässige Verlustleistungen
Man unterscheidet die Kollektor-Emitter-Verlustleistung P_{CE} und die Basis-Emitter-Verlustleistung P_{BE}.

Meist wird jedoch nur die *Gesamtverlustleistung* P_{tot} angegeben.

Die zulässige Größe von P_{tot} hängt von den Kühlbedingungen ab. P_{tot} kann für bestimmte Umgebungstemperaturen und für bestimmte Gehäusetemperaturen den Datenblättern entnommen werden.

Höchstzulässige Temperaturen
Halbleiterkristalle können nur bestimmte Temperaturen vertragen. Die höchste Kristalltemperatur tritt normalerweise in der Kollektor-Basis-Sperrschicht eines Transistors auf. Die höchste zulässige Sperrschichttemperatur T_j ist ein wichtiger Grenzwert.

Für Siliziumtransistoren werden höchstzulässige Sperrschichttemperaturen bis etwa 200 °C angegeben. Germaniumtransistoren vertragen nur Temperaturen bis etwa 90 °C. In den Datenblättern wird oft ein zulässiger Lagerungstemperaturbereich angegeben. Dieser liegt meist zwischen –60 °C und +200 °C bei Siliziumtransistoren und zwischen –30 °C und +75 °C bei Germaniumtransistoren.

Die Grenzen des Lagerungstemperaturbereiches gelten natürlich auch für Transistoren in zur Zeit nicht betriebenen Geräten.

16.4.4 Datenblätter

Die von den Herstellern herausgegebenen *Datenblätter* geben Auskunft über die Transistoreigenschaften. Aus den Datenblättern können die Grenzwerte und Kennwerte eines bestimmten Transistortyps entnommen werden. Zusätzlich werden Angaben über mögliche Streuungen von Daten gemacht. Für einige Daten werden Höchstwerte oder Kleinstwerte garantiert.

Abhängigkeiten zwischen verschiedenen Größen sind grafisch dargestellt. Die wichtigsten Kennlinien sind angegeben.

16.5 Transistorkühlung

Die höchstzulässige Verlustleistung P_{tot} hängt einmal davon ab, welche Sperrschichttemperatur das Transistorkristall vertragen kann; zum anderen hängt sie davon ab, welche Wärmemenge pro Zeiteinheit abgeführt wird.

Die höchstzulässige Sperrschichttemperatur wird in den Transistordaten angegeben. Sie wird mit dem Kurzzeichen T_j bezeichnet.

Die Wärmemenge, die bei einem bestimmten Temperaturunterschied zwischen der Sperrschicht und der kühlenden Umgebung pro Zeiteinheit abgeführt wird, ergibt den Wärmeleitwert G_{th}.

Der Kehrwert des Wärmeleitwertes ist der Wärmewiderstand R_{th}.

$$R_{th} = \frac{\text{Temperaturunterschied Sperrschicht – kühlende Umgebung}}{\text{abgeführte Wärmemenge pro Zeiteinheit}}$$

Die pro Zeiteinheit abgeführte Wärmemenge muss gleich der pro Zeiteinheit entstehenden Wärmemenge sein, wenn die Temperatur nicht weiter zunehmen soll.

Die pro Zeiteinheit entstehende Wärmemenge entspricht aber der Verlustleistung P_{tot}.

$$R_{th} = \frac{T_j - T_x}{P_{tot}}$$

Die Einheit des Wärmewiderstandes ist °C/W oder K/W

$$P_{tot} = \frac{T_j - T_x}{R_{th}}$$

T_j = höchstzulässige Sperrschichttemperatur
T_x = Temperatur einer kühlenden Umgebung

Als kühlende Umgebung kann das Transistorgehäuse, die umgebende Luft oder auch ein Kühlblech bzw. ein Metallgehäuse gelten. Dem entsprechend gibt es sehr verschiedene Wärmewiderstände, z.B.:

R_{thG} *Wärmewiderstand Sperrschicht–Gehäuse*
R_{thGK} *Wärmewiderstand Gehäuse–Kühlkörper*
R_{thK} *Wärmewiderstand Kühlkörper–umgebende Luft*

Der Gesamtwärmewiderstand eines auf einem Kühlkörper montierten Transistors zwischen Sperrschicht und umgebender Luft setzt sich wie folgt zusammen:

$$R_{thg} = R_{thG} + R_{thGK} + R_{thK}$$

R_{thG} kann dem Transistordatenblatt entnommen werden. R_{thK} ist ein Kennwert des Kühlkörpers.

R_{thGK} hängt von der Montage ab. Es ist günstig, eine Wärmeleitpaste zu verwenden.

Merksatz

Je besser ein Transistor gekühlt ist, desto höher ist die höchstzulässige Verlustleistung P_{tot}.

Beispiel

Für den Leistungstransistor BD 107 ist eine höchste Sperrschichttemperatur von 175 °C zugelassen. Der Hersteller gibt einen Wärmewiderstand R_{thG} = 12 °C/W an. Der Transistor wird auf ein Kühlblech mit einem Wärmewiderstand R_{thK} = 1,5 °C/W montiert. Zur Isolation ist eine Glimmerzwischenscheibe erforderlich. Es ergibt sich ein Wärmewiderstand R_{thGK} = 0,5 °C/W.
Welche größte Verlustleistung kann der Transistor vertragen? Die Umgebungstemperatur kann maximal 35 °C betragen.

$$R_{thg} = R_{thG} + R_{thGK} + R_{thK}$$
$$R_{thg} = 12\ °C/W + 0{,}5\ °C/W + 1{,}5\ °C/W = 14\ °C/W$$
$$P_{tot} = \frac{T_j - T_U}{R_{thg}} = \frac{175\,°C - 35\,°C}{14\,°C/W} = \frac{140}{14}\,W$$
$$P_{tot} = 10\ W$$

Wird ein Transistor nicht auf ein Kühlblech montiert, sondern wird er, wie üblicherweise alle Kleinsignaltransistoren, direkt von der umgebenden Luft gekühlt, so ist der Wärmewiderstand R_{thU} anzusetzen.

R_{thU} = Wärmewiderstand Sperrschicht-umgebende Luft (bei freihängender Montage)

Für den Transistor BD 107 ist R_{thU} = 40 °C/W.

$$P_{tot} = \frac{T_j - T_U}{R_{thU}} = \frac{175\,°C - 35\,°C}{40\,°C\,/\,W} = \frac{140}{14}\,W$$

$$P_{tot} = 3{,}5\,W$$

Ohne Kühlkörper kann dieser Transistor nur eine größte Verlustleistung von 3,5 W vertragen.

16.6 Verstärker-Grundschaltungen

Es gibt drei Verstärker-Grundschaltungen für npn- bzw. für pnp-Transistoren. Sie werden *Emitterschaltung, Basisschaltung* und *Kollektorschaltung* genannt. Bei der Emitterschaltung ist der Emitter gemeinsamer Pol für Eingang und Ausgang. Bei der Basisschaltung ist die Basis gemeinsamer Pol für Eingang und Ausgang. Entsprechendes gilt für die Kollektorschaltung. Die am häufigsten verwendete und für die meisten Anwendungsfälle günstigste Verstärker-Grundschaltung ist die Emitterschaltung.

16.6.1 Verstärkerstufe in Emitterschaltung

Der Aufbau einer Verstärkerstufe beginnt mit der Auswahl des Transistors. Die Verstärkerstufe soll z. B. die Spannung eines Mikrofons verstärken. Welche Transistortypen sind geeignet? Es ist hier eine Vielzahl sehr guter Transistoren verfügbar. Ein viel verwendeter Transistor ist der Transistor BC 107. Dies ist ein npn-Transistor mit einer höchstzulässigen Kollektor-Emitterspannung von 45 V und einem höchstzulässigen Kollektorstrom von 100 mA. Diese Werte sind völlig ausreichend. Wer jedoch Angst hat, er könnte den Transistor möglicherweise überlasten und dadurch zerstören, kann z. B. den Transistor BC 141 wählen. Auch dies ist ein npn-Transistor. Zwischen Kollektor und Emitter dürfen maximal 60 V auftreten. Der größte zulässige Kollektorstrom ist 1 A! Bei einer üblichen Betriebsspannung von 12 V wird man diesen Transistor kaum überlasten können. Billiger ist aber der Transistor BC 107. Wir wollen ihn hier verwenden.

Der Transistor kann nur richtig arbeiten, wenn er die richtigen Spannungen U_{BE} und U_{CE} erhält. Die Spannung U_{CE} sollte etwa der Hälfte der Betriebsspannung entsprechen. Bei U_B = 12 V sollte U_{CE} also ungefähr 6 V sein. Man schaltet einen Widerstand R_C in Reihe mit der Kollektor-Emitter-Strecke des Transistors (Bild 16.14). Den Ohmwert des Widerstandes kann man innerhalb eines bestimmten Bereiches wählen. R_C soll hier einen Wert von 1 kΩ haben.

Der Widerstand R_V sorgt für die Basisvorspannung und für den Basisvorstrom. Seine richtige Größe kann berechnet aber auch ausprobiert werden. Zum Ausprobieren eignet sich ein einstellbarer Widerstand, ein sogenanntes Potentiometer mit einem Endwert von etwa 500 kΩ. Der Widerstandswert des Potentiometers wird nun so lange verändert, bis sich eine Spannung U_{CE} = 6 V ergibt. Dies ist der Fall, wenn I_C = 6 mA ist. Man kann es mit dem Ohmschen Gesetz leicht nachrechnen. An R_C fallen ebenfalls 6 V ab. Die genaue Größe von R_V hängt auch von den immer etwas unterschiedlichen Daten des einzelnen Transistors ab. Es werden sich für R_V etwa 180 kΩ ergeben.

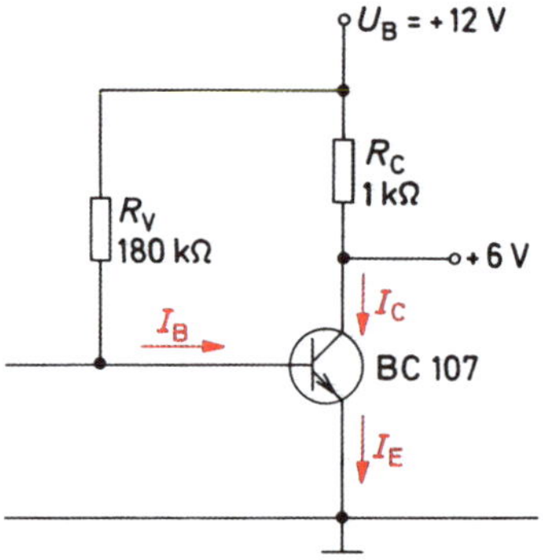

Bild 16.14
Aufbau einer Emitterschaltung (Arbeitspunkteinstellung)

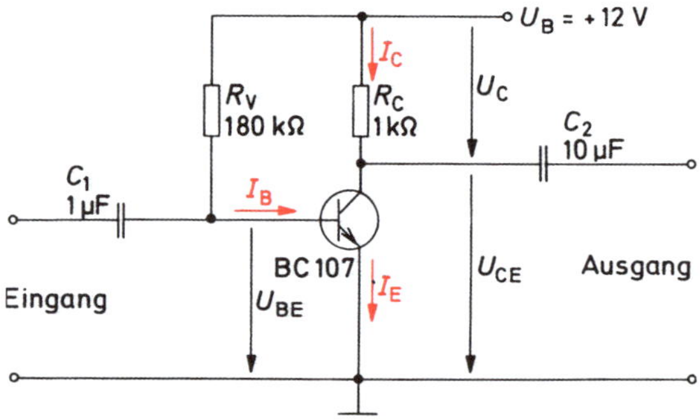

Bild 16.15
Verstärkerstufe in Emitterschaltung

Jetzt ist die Kollektor-Emitter-Strecke des Transistors auf einen mittleren Widerstandswert eingestellt. Man nennt diese Einstellung auch *Arbeitspunkt-Einstellung*. Auf den Eingang kann nun die zu verstärkende Wechselspannung gegeben werden (Bild 16.15). Ein Kondensator C_1 wird zwischengeschaltet. Er lässt nur Wechselstromschwingungen durch und sperrt Gleichströme. Damit wird auch verhindert, dass die Basisvorspannung durch am Eingang angeschlossene Bauteile verändert wird.

Die Eingangswechselspannung überlagert sich der Basisvorspannung (Bild 16.16). Steigt die Basisgesamtspannung U_{BEg} an, so wird die Kollektor-Emitter-Strecke des Transistors niederohmiger. Der Kollektorstrom I_C wird größer. An R_C fällt eine größere Spannung U_C ab. Die Spannung U_{CE} wird kleiner (Bild 16.16).

Wird U_{BEg} kleiner, steigt der Widerstand der Kollektor-Emitter-Strecke an. I_C nimmt ab. An R_C fällt eine kleinere Spannung U_C ab. Die Spannung U_{CE} wird größer. (Die Summe der Spannungen U_C und U_{CE} ist stets gleich der Betriebsspannung U_B.) Die Spannung U_{CE} besteht aus einem Wechselspannungsanteil und aus einem Gleichspannungsanteil. Der Wechselspannungsanteil ist die verstärkte Eingangswechselspannung. Dieser Wechselspannungsanteil wird auch Ausgangswechselspannung genannt. Die Ausgangswechselspannung wird über den Kondensator C_2 (Bild 16.15) auf den Ausgang gegeben und ist dort verfügbar. Zwischen Eingangswechselspannung und Ausgangswechselspannung besteht eine Phasenverschiebung von 180°.

Wie groß ist nun die erreichte Verstärkung? Man unterscheidet die *Spannungsverstärkung* V_u und die *Stromverstärkung* V_i.

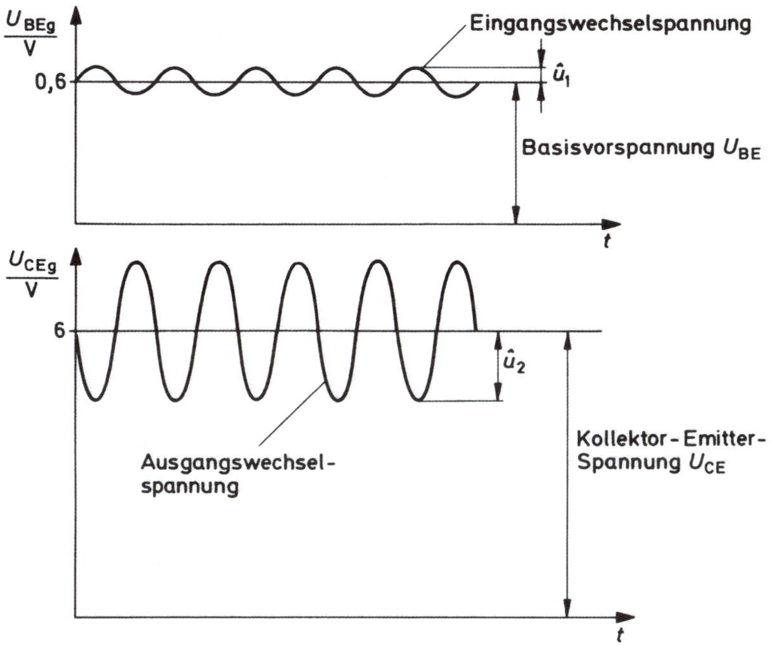

Bild 16.16 Spannungsdiagramme

$$V_u = \frac{\text{Scheitelwert der Ausgangswechselspannung}}{\text{Scheitelwert der Eingangswechselspannung}}$$

$$V_u = \frac{\hat{u}_2}{\hat{u}_1}$$

$$V_i = \frac{\text{Scheitelwert der Ausgangswechselstromes}}{\text{Scheitelwert der Eingangswechselstromes}}$$

$$V_i = \frac{\hat{i}_2}{\hat{i}_1}$$

Die betrachtete Verstärkerstufe hat eine ungefähre Spannungsverstärkung von 50 und eine ungefähre Stromverstärkung von 80. Die Ausgangswechselspannung ist also fünfzigmal größer als die Eingangswechselspannung, und der Ausgangswechselstrom ist achtzigmal größer als der Eingangswechselstrom.

Die Emitterschaltung in Bild 16.15 kann noch etwas verbessert werden. Die verbesserte Emitterschaltung zeigt Bild 16.17. Der Emitterwiderstand R_E und der Emitterkondensator C_E dienen der Stabilisierung des Arbeitspunktes. Bei Erwärmung ändern sich die Eigenschaften dieser Verstärkerstufe praktisch nicht. Die Basisvorspannung wird durch einen Spannungsteiler mit den Widerständen R_1 und R_2 erzeugt. Der Emitteranschluss ist nur wechselstrommäßig – also über C_E – gemeinsamer Pol für Eingang und Ausgang.

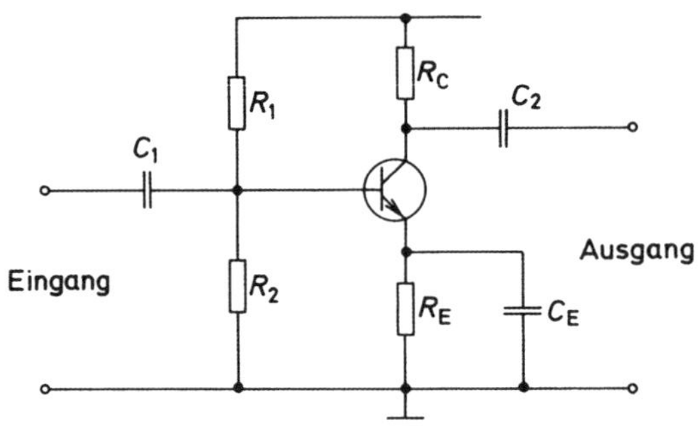

Bild 16.17
Verstärkerstufe in Emitterschaltung mit Arbeitspunktstabilisierung

16.6.2 Verstärkerstufe in Basisschaltung

Den Aufbau einer Verstärkerstufe in Basisschaltung zeigt Bild 16.18. Der Basisanschluss ist wechselstrommäßig – über C_3 gemeinsamer Pol für Eingang und Ausgang. Die Basisschaltung erlaubt die Verstärkung von Spannungen mit sehr hohen Frequenzen – bis zu 1000 MHz und mehr. Die Eigenkapazitäten im Inneren des Transistors wirken bei Basisschaltung so, dass sie die Verstärkung derart hoher Frequenzen zulassen. Die Basisschaltung ist die typische Hochfrequenz-Verstärkerstufe.

Leider hat die Basisschaltung keine Stromverstärkung. Da Kollektorstrom und Emitterstrom fast gleich groß sind, ist das Verhältnis von Ausgangswechselstrom und Eingangswechselstrom immer ungefähr gleich 1. Die Spannungsverstärkung liegt typisch zwischen 100 und 200, ist also sehr gut. Eingangs- und Ausgangsspannung

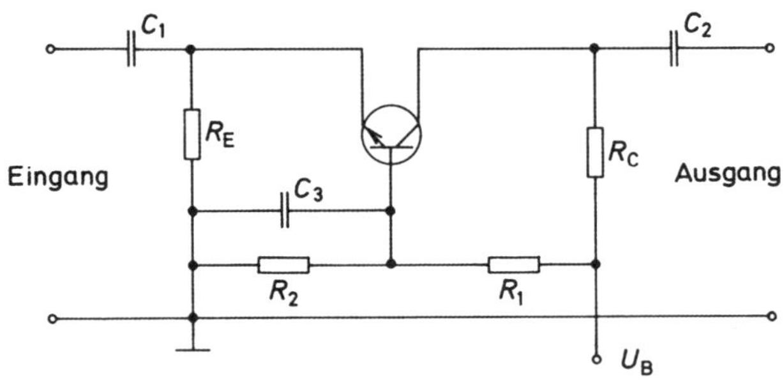

Bild 16.18
Verstärkerstufe in Basisschaltung

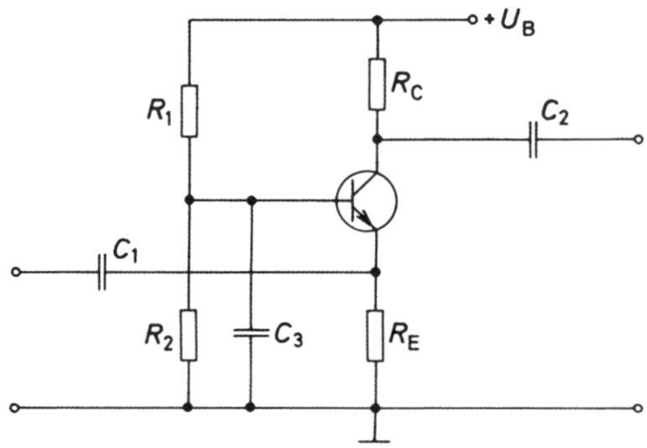

Bild 16.19
Verstärkerstufe in Basisschaltung (Umzeichnung von Bild 16.18)

haben die gleiche Phasenlage (Phasenlage = 0°). Es tritt also keine Phasenumkehr wie bei der Emitterschaltung auf. Die Basisschaltung in Bild 16.18 kann etwas umgezeichnet werden. Den Schaltungsaufbau kann man sich besser merken, wenn der Transistor in gleicher Lage gezeichnet wird wie bei der Emitterschaltung. Die umgezeichnete Schaltung ist in Bild 16.19 dargestellt.

16.6.3 Verstärkerstufe in Kollektorschaltung

Bei der Kollektorschaltung ist der Kollektor der gemeinsame Pol für Eingang und Ausgang (Bild 16.20). Wechselstrommäßig sind die Punkte 1 und 3 im Schaltbild Bild 16.20 gleichwertig, da sie ja durch einen großen Siebkondensator C_4 verbunden sind. Dieser Siebkondensator liegt meist im Netzteil, in dem die Betriebsspannung U_B erzeugt wird. Statt der Pole 1 und 2 können für den Eingang auch die Pole 2 und 3 verwendet werden (Bild 16.21). Pol 3 ist dann ebenfalls Ausgangspol. Die Schaltung Bild 16.21 ist die übliche Kollektorschaltung. Sie wird auch *Emitterfolger-Schaltung* genannt, da der Ausgang auf den Emitter folgt.

Die Kollektorschaltung erzeugt keine Spannungsverstärkung. Die Eingangsspannung ist immer ein klein wenig größer als die Ausgangsspannung. Das gilt für die Gleichspannungen und für die Wechselspannungen. Das Verhältnis Ausgangswechselspannung zu Eingangswechselspannung ist daher immer etwas kleiner als 1 ($V_u \approx 1$). Die Stromverstärkung liegt typisch zwischen 100 und 200.

Für die Kollektorschaltung ergibt sich ein großer Eingangswiderstand. Teilt man die verhältnismäßig große Eingangswechselspannung durch den sehr kleinen Eingangswechselstrom, so ergibt sich ein großer Wert für den Eingangswiderstand.

Der Ausgangswechselstrom der Kollektorschaltung ist recht groß. Das bedeutet, dass sich bei der kleinen Ausgangswechselspannung ein kleiner Ausgangswiderstand ergibt.

Die Kollektorschaltung wird immer dann verwendet, wenn ein großer Eingangswiderstand in einen kleinen Ausgangswiderstand gewandelt werden soll. Die Kollektorschaltung ist der typische *Impedanzwandler*. Mit ihr werden Widerstandsanpassungen durchgeführt. Eingangs- und Ausgangsspannung haben gleiche Phasenlage.

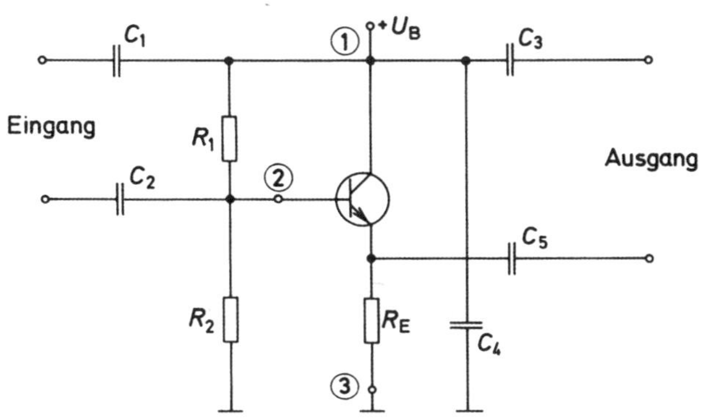

Bild 16.20
Aufbau einer Verstärkerstufe in Kollektorschaltung

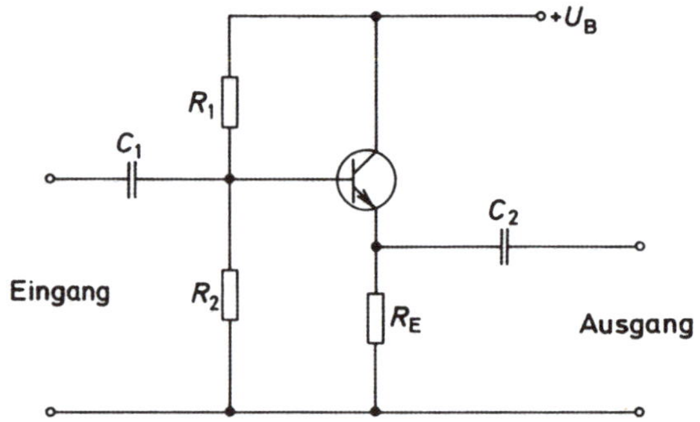

Bild 16.21
Verstärkerstufe in Kollektorschaltung (Emitterfolgerstufe)

16.7 Transistor als Schalter

16.7.1 Übersteuerungszustand und Sättigungsspannungen

Je größer der Basisstrom ist, desto mehr steuert ein Transistor durch. Das heißt, die Strecke Kollektor–Emitter wird umso niederohmiger, je stärker man den Basisstrom und die zugehörige Basis-Emitter-Spannung erhöht.

Dies gilt natürlich nur für einen bestimmten Steuerbereich.

Betrachten wir die Transistorschaltung Bild 16.22. Je größer der Basisstrom I_B wird, desto größer wird auch der Kollektorstrom I_C, desto kleiner wird die Kollektor-Emitter-Spannung U_{CE}. Bei einer bestimmten Basisstromstärke ist jedoch der kleinste Wert von U_{CE} erreicht. Der Transistor ist jetzt voll durchgesteuert. Die Strecke Kollektor–Emitter hat ihren kleinsten Widerstandswert erreicht. Der Kollektorstrom wird praktisch nur noch durch den äußeren Stromkreis bestimmt.

Die Spannung U_{CE}, die bei diesem kleinsten Widerstandswert herrscht, ist einmal vom Transistortyp abhängig, zum anderen von der Größe des Stromes I_C. Ein möglicher Wert ist $U_{CE} = 0{,}2$ V.

Diese Kollektor-Emitter-Spannung wird *Sättigungsspannung*, genauer *Kollektor-Emitter-Sättigungsspannung* (U_{CEsat}) genannt.

Die Basis-Emitter-Spannung, die sich unter den für die Ermittlung von U_{CEsat} geltenden Bedingungen ergibt, heißt *Basis-Emitter-Sättigungsspannung*.

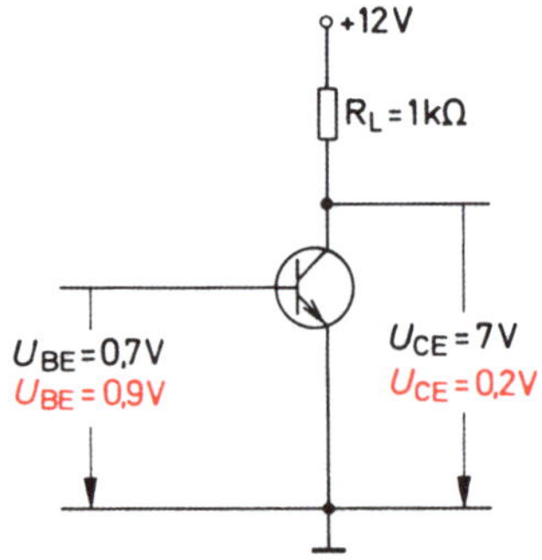

Bild 16.22
Transistorschaltstufe mit Spannungsangaben für den übersteuerten Zustand des Transistors

Wird ein Transistor aufgesteuert, so sinkt also die Spannung U_{CE} ab. *Bei einem bestimmten Steuerzustand sind die Spannungen U_{CE} und U_{BE} gleich groß.* Das bedeutet, dass die Sperrschicht Basis–Kollektor ohne äußere Spannung betrieben wird.

$U_{CE} = U_{BE}$
$U_{CB} = 0$

Die Kollektordiode ist also nicht mehr in Sperrrichtung gepolt. Sinkt die Spannung U_{CE} weiter ab, so wird die Kollektordiode in Durchlassrichtung betrieben. Diesen Zustand des Transistors nennt man Übersteuerungszustand.

Grundsatz

Ein Transistor befindet sich im Übersteuerungszustand, wenn Kollektordiode und Emitterdiode in Durchlassrichtung betrieben werden.

Im Übersteuerungszustand ist das Innere des Transistors von Ladungsträgern überschwemmt. Der Basisstrom ist wesentlich größer als im Normalzustand.

Grundsatz

Im Übersteuerungszustand bei Sättigungsspannung hat die Kollektor-Emitter-Strecke ihren kleinsten Widerstandswert.

Dieser Widerstandswert heißt *Sättigungswiderstand.*

Transistoren werden vor allem in Schalterstufen im Übersteuerungszustand betrieben.

16.7.2 Transistor-Schalterstufen

Transistor-Schalterstufen werden zum kontaktlosen schnellen Schalten kleiner und mittlerer Leistungen eingesetzt.

Das eigentliche Schaltelement einer Transistor-Schalterstufe ist die Kollektor-Emitter-Strecke eines Transistors. Die Kollektor-Emitter-Strecke soll einmal möglichst hochohmig sein. Sie wirkt dann sperrend auf den Kollektor-Emitter-Strom. Zum anderen soll sie möglichst niederohmig sein und den Kollektor-Emitterstrom möglichst ungehindert fließen lassen. Der Transistor wird also zwischen einem ausgeprägten *Sperrzustand* und einem ausgeprägten *Durchlasszustand* hin und her gesteuert (Bilder 16.23 und 16.24). Die Steuerung erfolgt selbstverständlich mit Hilfe des Basisstromes bzw. der Basis-Emitter-Spannung.

Eine einfache Transistor-Schalterstufe ist in Bild 16.25 dargestellt. Der Transistor erhält keine Basis-Emitter-Vorspannung. Die Ansteuerung erfolgt über den Vorwiderstand R_B an der Basis.

Bleibt der Eingang offen oder wird Massepotential an den Eingang gelegt, so fließt kein Basisstrom und auch praktisch kein Kollektorstrom. Der Transistor ist gesperrt.

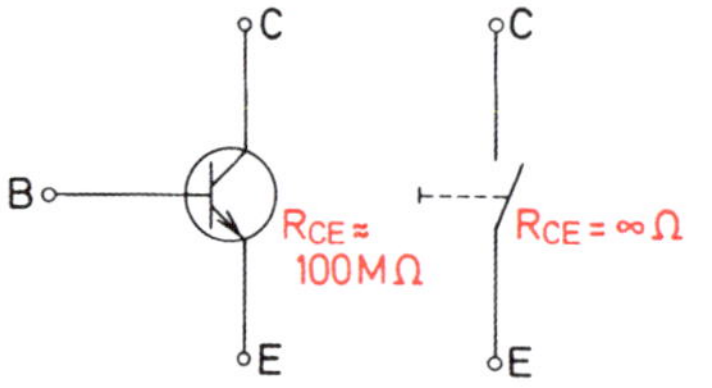

Bild 16.23 Der Sperrzustand des Transistors entspricht dem geöffneten Schalter

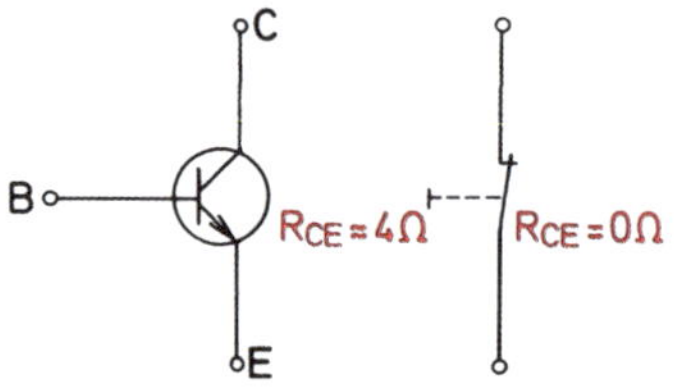

Bild 16.24 Der Durchlasszustand des Transistors entspricht dem geschlossenen Schalter

Im Sperrzustand befindet sich der Transistor im Arbeitspunkt P_1 (Bild 16.26). Während des Durchsteuerungsvorganges steigt der Basisstrom an. Die Kollektor-Emitter-Strecke des Transistors wird immer niederohmiger. An ihr fällt eine immer geringere Spannung ab. Die auf R_C entfallende Spannung wird mit ansteigendem Kollektorstrom immer größer. Der Arbeitspunkt P wandert von P_1 entlang der Widerstandsgeraden in Richtung P_2.

Im Durchlasszustand hat der Transistor den Arbeitspunkt P_2. Beim Schalten in den Sperrzustand wird der Basisstrom abgeschaltet. Der Widerstand der Kollektor-Emitter-Strecke steigt an. Der Arbeitspunkt P wandert entlang der Widerstandsgeraden wieder zurück nach P_1.

Hochwertige Schalttransistoren können etwa bis zu 2500 millionenmal pro Sekunde ein- und ausschalten. Sie haben eine höchste Schaltfrequenz von etwa 2500 MHz. Die höchste mögliche Schaltfrequenz von Transistoren ist bestimmend für die Schnelligkeit und damit für die Leistungsfähigkeit von Computern.

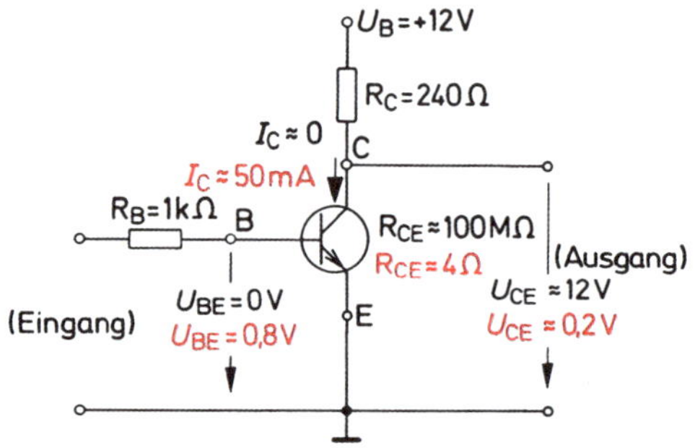

Bild 16.25 Transistor-Schalterstufe

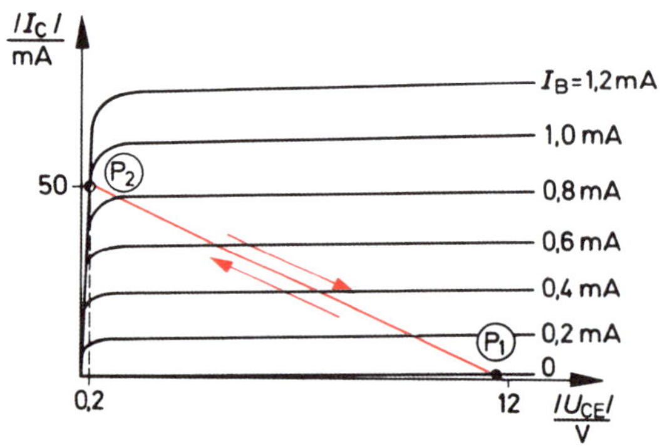

Bild 16.26 I_C-U_{CE}-Kennlinienfeld eines Schalttransistors mit Angabe der Arbeitspunkte

17 Unipolare Transistoren

Unipolare Transistoren sind Transistoren mit gleichgepolten pn-Übergängen bzw. mit einem pn-Übergang. Zu ihnen gehören alle Feldeffekttransistoren.

17.1 Sperrschicht-Feldeffekttransistoren

17.1.1 Aufbau und Arbeitsweise

Sperrschicht-Feldeffekttransistoren, abgekürzt Sperrschicht-FET, werden als n-Kanal-Typen und als p-Kanal-Typen gebaut. Hier soll zunächst der n-Kanal-Typ betrachtet werden.

Der aktive Teil eines n-Kanal-Sperrschicht-FET besteht aus einer n-leitenden Kristallstrecke, in die zwei p-leitende Zonen eindotiert sind Bild 17.1).

Wird an diese n-leitende Kristallstrecke eine Spannung U (z.B. 12 V) angelegt, so fließt ein Elektronenstrom von S nach D. Die Größe dieses Elektronenstroms wird bestimmt durch die angelegte Spannung und den Bahnwiderstand des Kristalls.

Die angelegte Spannung fällt entlang der Kristallstrecke ab (Bild 17.2).

Die beiden p-Zonen sind leitend miteinander verbunden und an den Anschluss G geführt (Bild 17.3). Wird G nun an Nullpotential gelegt, also mit S verbunden, so sind die beiden pn-Übergänge in Sperrrichtung gepolt.

Die n-leitende Kristallstrecke hat positive Spannungswerte (Potentiale) gegenüber jeder p-Zone.

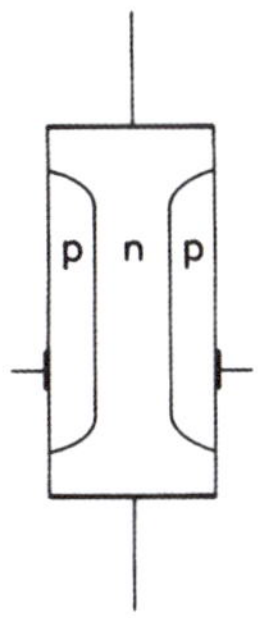

Bild 17.1
Grundaufbau eines
n-Kanal-Sperrschicht-FET

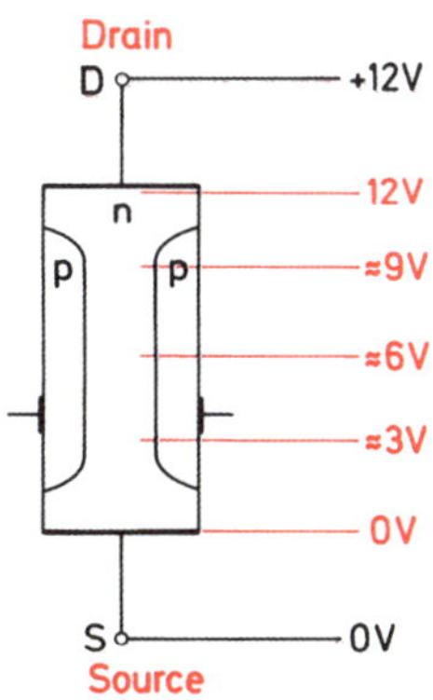

Bild 17.2
Spannungsabfall entlang
der n-Kristallstrecke

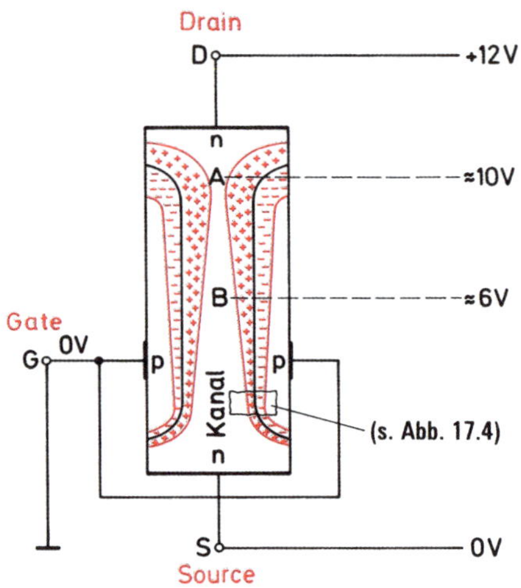

Bild 17.3
Sperrschichten eines Sperrschicht-FET

Es bilden sich zwei Sperrschichten (Raumladungszonen) aus. Diese Sperrschichten sind umso breiter, je größer die in Sperrichtung wirksame Spannung ist. Die Sperrschichtbreite nimmt also in Richtung von S nach D zu. Die p-Zonen haben überall das gleiche Potential von 0 V, da in ihnen kein Strom fließt.

Merksatz

Zwischen der n-leitenden Kristallstrecke und den beiden p-Zonen bilden sich zwei Sperrschichten aus.

Das Kristall mit den beiden Sperrschichten ist in Bild 17.3 dargestellt. Im Bereich A beträgt die Sperrspannung z. B. 10 V, im Bereich B nur 6 V.

Die Elektronen strömen von S nach D durch das Kristall. Es soll nun untersucht werden, was geschieht, wenn eines dieser strömenden Elektronen in eine Sperrschicht gerät.

In Bild 17.4 ist ein vergrößerter Ausschnitt aus einer Sperrschicht zu sehen.

Die Sperrschicht enthält Raumladung. In der Sperrschicht herrscht ein starkes elektrisches Feld. Die Feldlinien verlaufen von den positiven Ladungen zu den negativen Ladungen.

Kommt ein Elektron in dieses elektrische Feld, so erfährt es eine Krafteinwirkung. Ein elektrisches Feld übt auf Elektronen, die ja negative Ladungsträger sind, Kräfte entgegengesetzt zur Feldlinienrichtung aus. Auf das Elektron wirkt eine Kraft F (Bild 17.4).

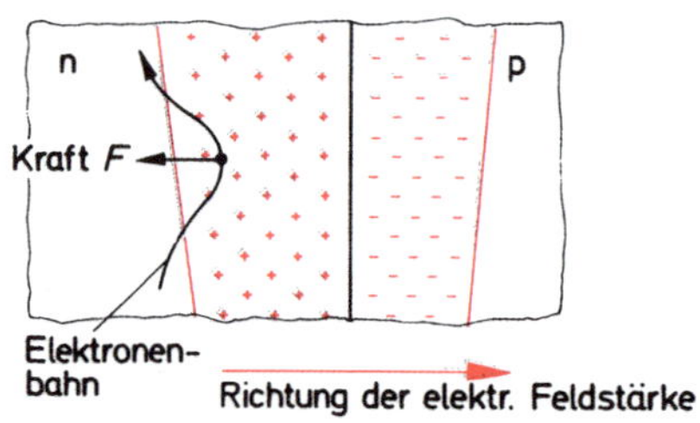

Bild 17.4
Vergrößerter Ausschnitt aus der Sperrschicht

Die Kraft F drängt das Elektron aus der Sperrschicht heraus. In der Sperrschicht können sich keine beweglichen Ladungsträger halten.

Merksatz

Gerät ein Elektron in eine Sperrschicht, so wird es aus dieser Sperrschicht in Richtung zum neutralen n-Kristallbereich herausgedrängt.
Die Sperrschichten sind für die Elektronen «verbotene Gebiete».

Die Elektronen müssen also auf ihrem Weg von S nach D durch die neutrale n-Zone strömen.

Dieser neutrale Bereich der n-Zone wird *Kanal* genannt.

Merksatz

Als Strömungspfad steht den Elektronen nur der Kanal zur Verfügung.

Wird das Potential des Anschlusspunktes G (bezogen auf S) negativer gemacht, so bedeutet das, dass die Spannungen in Sperrichtung größer werden. Die größeren Sperrspannungen haben breitere Sperrschichten zur Folge. Der Kanalquerschnitt wird kleiner. Ein Kanal mit kleinerem Querschnitt hat aber einen größeren Widerstand. Steigt der Widerstand des Kanals, so fließt bei gleicher anliegender Spannung ein kleiner Strom. Eine Änderung der Spannung zwischen G und S führt zu einer Stromänderung. Die Spannung zwischen G und S wird U_{GS} genannt.

Der durch den Kanal fließende Strom wird mit I_D bezeichnet.

Merksatz

Je negativer die Spannung U_{GS}, desto breiter die Sperrschichten, desto geringer der Kanalquerschnitt, desto größer der Kanalwiderstand, desto kleiner der Strom I_D.

Das Verändern der Sperrschichtbreite erfordert so gut wie keine Leistung. Der Strom I_D wird also leistungslos gesteuert. Die Steuerung erfolgt durch die Spannung U_{GS}. Ein Steuerstrom ist nicht erforderlich. Es fließt lediglich ein winziger Sperrstrom, der wegen der Eigenleitfähigkeit von Halbleiterkristallen nicht zu vermeiden ist.

Merksatz

Der Strom I_D wird durch die Spannung U_{GS} leistungslos gesteuert.

Die Spannung U_{GS} muss immer negativ sein. Bei positiven Spannungswerten von U_{GS} werden die Sperrschichten abgebaut, und es fließt über die p-Zonen ein Strom.

Für die Elektroden von FET sind fast ausschließlich englische Bezeichnungen gebräuchlich (Bild 17.5).

Diese Bezeichnungen entsprechen etwa folgenden Bezeichnungen bei bipolaren Transistoren und Elektronenröhren.

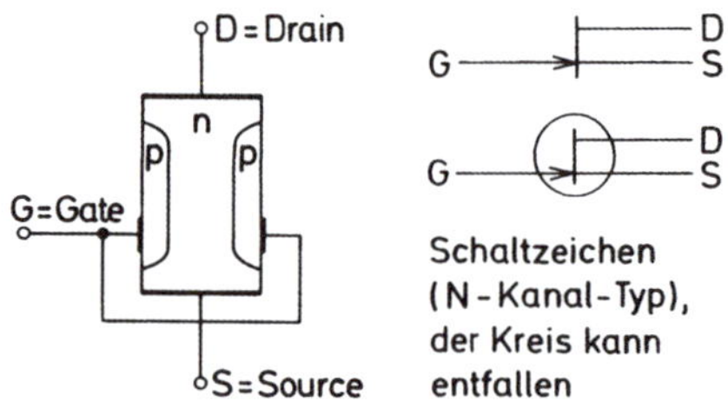

Bild 17.5
Benennung der Elektroden und Schaltzeichen
S *Source* = Quelle
D *Drain* = Abfluss
G *Gate* = Tor

Source – Emitter – Katode
Drain – Kollektor – Anode
Gate – Basis – Gitter

Das Gate ist die Steuerelektrode.

Die angegebenen Spannungswerte sind meist auf Source bezogen.

U_{DS} Drainspannung, bezogen auf Source
U_{GS} Gatespannung, bezogen auf Source

Merksatz

Beim Sperrschicht-FET vom n-Kanal-Typ ist die Drainspannung U_{DS} positiv und die Gatespannung U_{GS} negativ (gegen Source).

Ein Sperrschicht-FET vom p-Kanal-Typ besteht aus einer p-leitenden Kristallstrecke, in die zwei n-leitende Zonen eindotiert sind (Bild 17.7).

Die Arbeitsweise des p-Kanal-Typs ist im Prinzip die gleiche wie die des n-Kanal-Typs. Man sieht das sofort, wenn man statt der Elektronen die Löcher betrachtet.

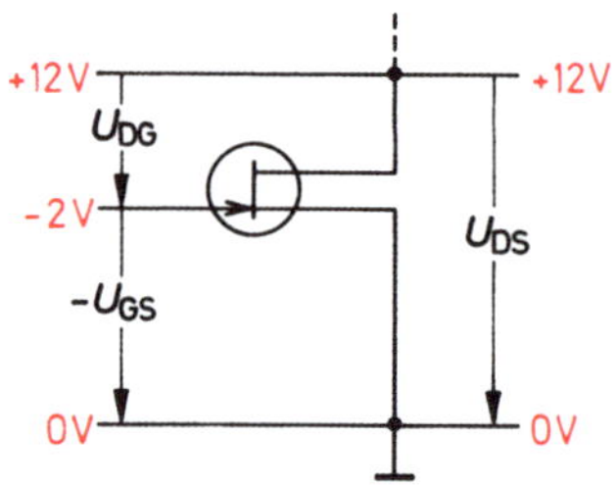

Bild 17.6
Spannungen bei einem Sperrschicht-FET (n-Kanal-Typ)

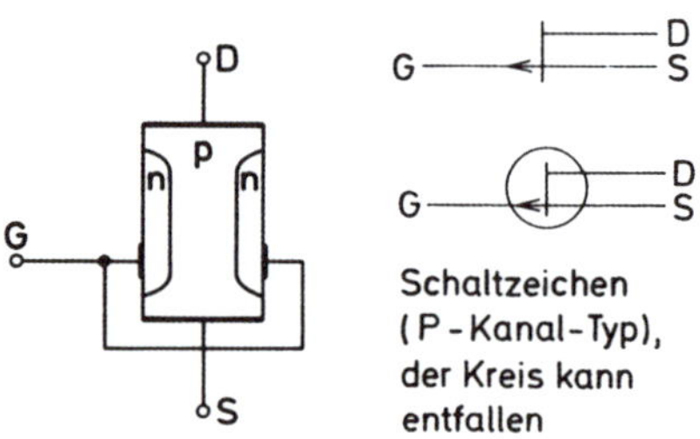

Bild 17.7
Grundaufbau eines p-Kanal-Sperrschicht-FET und Schaltzeichen

Bild 17.8
Spannungen bei einem p-Kanal-Sperrschicht-FET

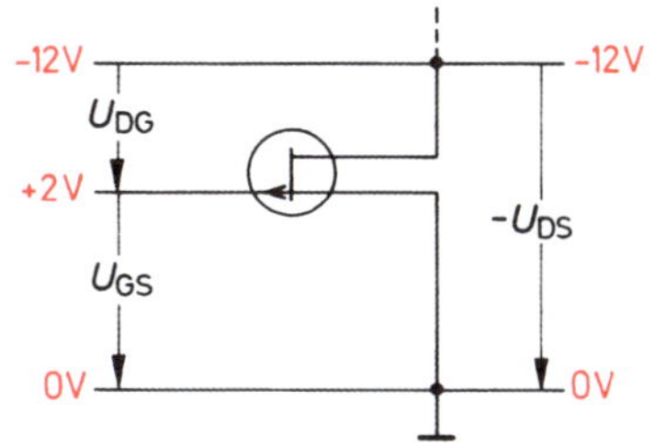

Merksatz

Beim Sperrschicht-FET vom p-Kanal-Typ ist die Drainspannung U_{DS} negativ und die Gatespannung U_{GS} positiv (gegen Source).

17.1.2 Kennlinien, Kennwerte, Grenzwerte

Die folgenden Betrachtungen beziehen sich stets auf den häufiger verwendeten Sperrschicht-FET vom n-Kanal-Typ. Sie gelten für den p-Kanal-Typ entsprechend, wenn man die andere Polung der Spannungen und die andere Stromrichtung beachtet.

Das I_D-U_{DS}-Kennlinienfeld (Bild 17.10) gibt den Zusammenhang zwischen dem Drainstrom I_D und der zwischen Drain und Source herrschenden Spannung U_{DS} an. Jede Kennlinie gilt für eine bestimmte Gatespannung U_{GS}. Bei einer Gatespannung U_{GS} = 0 V ist der Kanal am breitesten. Es ergeben sich für die einzelnen Werte von U_{DS} besonders große Stromwerte. Die Kennlinie für U_{GS} = 0 V liegt am höchsten. Ab Punkt P verläuft die Kennlinie flach, das heißt, eine weitere Erhöhung der Spannung U_{DS} führt zu keiner wesentlichen Erhöhung des Stromes I_D.

Das I_D-U_{GS}-Kennlinienfeld gibt den Zusammenhang zwischen dem Drainstrom und der Gate-Sourcespannung an. Es ist das Steuerkennlinienfeld (Bild 17.9).

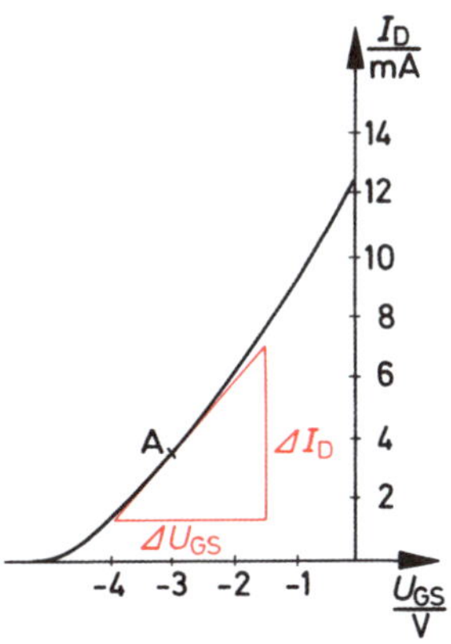

Bild 17.9
I_D-U_{GS}-Kennlinie eines n-Kanal-Sperrschicht-FET (links)

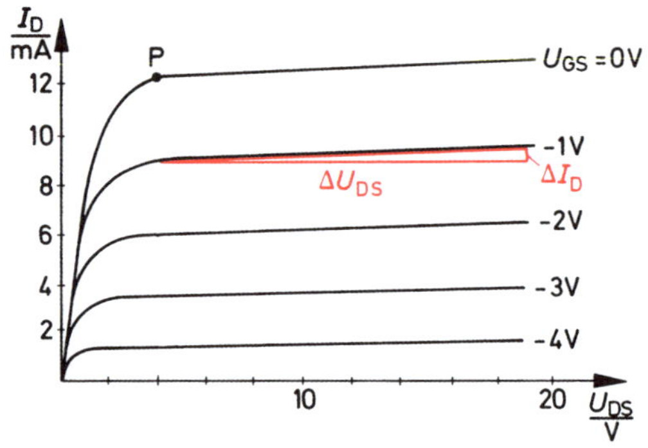

Bild 17.10
I_D-U_{DS}-Kennlinienfeld eines n-Kanal-Sperrschicht-FET

Kennwerte

$$S = \frac{\Delta I_D}{\Delta U_{GS}}$$

S Steilheit
r_{DS} Ausgangswiderstand
r_{GS} Eingangswiderstand

$$r_{DS} = \frac{\Delta U_{DS}}{\Delta I_D}$$

Übliche Werte: $S \approx 3\,\frac{\text{mA}}{\text{V}}$ bis $10\,\frac{\text{mA}}{\text{V}}$

$r_{DS} \approx 80\ \text{k}\Omega$ bis $200\ \text{k}\Omega$

Der Eingangswiderstand r_{GS} ist eine annähernd konstante Größe

$r_{GS} \approx 10^{10}\ \Omega$ bis $10^{14}\ \Omega$

Sperrstrom
Über die Sperrschichten fließt ein winziger, von Minoritätsträgern verursachter Sperrstrom. Ein solcher Sperrstrom ist nicht zu vermeiden. Er kann aber sehr klein gehalten werden.

$I_{Sperr} \approx 5$ nA bis 20 nA

Grenzwerte
Bei Überschreiten der Grenzwerte ist mit einer Zerstörung des Bauteils zu rechnen. Grenzwerte von Sperrschicht-Feldeffekttransistoren sind:

- ❑ Maximale Drainspannung gegen Source U_{DSmax}
- ❑ Maximale Gate-Source-Spannung U_{GSmax}
- ❑ Maximaler Drainstrom I_{Dmax}
- ❑ Maximale Verlustleistung P_{tot}
- ❑ Höchste Sperrschichttemperatur T_j

Bild 17.11
Verstärkerstufe

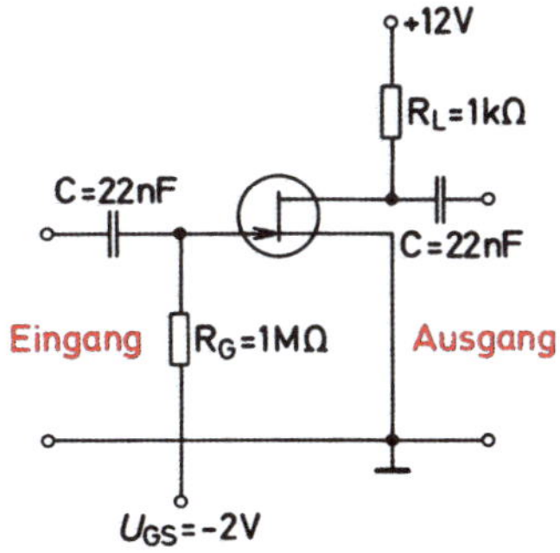

Ungefähre Werte sind:
(n-Kanal-Sperrschicht-FET)

$U_{DSmax} \approx 30$ V
$U_{GSmax} \approx -8$ V
$I_{Dmax} \approx 20$ mA
$P_{tot} \approx 200$ mW
$T_j \approx 135$ °C

Verlustleistung
Die Verlustleistung ergibt sich aus dem Produkt Drainspannung (bezogen auf Source) mal Drainstrom:

$$P_{tot} = U_{DS} \cdot I_D$$

17.1.3 Anwendungen

Sperrschicht-Feldeffekttransistoren werden in Verstärkern, in Schalterstufen und in Oszillatoren eingesetzt. Die mit Sperrschicht-FET aufgebauten Schaltungen ähneln Elektronenröhrenschaltungen, nur werden kleinere Spannungen verwendet. Eine Verstärkerstufe zeigt Bild 17.11.

Merksatz
Ein besonderer Vorteil der Sperrschicht-FET ist sein großer Eingangswiderstand, der eine leistungslose Steuerung ermöglicht.

17.2 MOS-Feldeffekttransistoren

Der Name dieser Gruppe von Feldeffekttransistoren hängt mit ihrem Aufbau zusammen:

Definition
MOS bedeutet **M**etal-**O**xide-**S**emiconductor, Metall-Oxid-Halbleiterbauteil.

17.2.1 Aufbau und Arbeitsweise

Der aktive Teil dieser Transistoren besteht aus einem p-leitenden Kristall, dem sogenannten *Substrat.*

In dieses Substrat sind zwei n-leitende Inseln eindotiert. Das ganze Kristall erhält eine Abdeckschicht aus Siliziumdioxid (SiO_2). Zwei Fenster für die Anschlüsse S und D werden ausgespart. Die SiO_2-Schicht ist hochisolierend und verhältnismäßig spannungsfest. Auf diese Isolierschicht wird – wie in Bild 17.12 dargestellt – eine Aluminiumschicht als Gateelektrode aufgedampft. Das Substrat erhält einen besonderen Anschluss B. Dieser Anschluss ist entweder im Gehäuse mit dem Sourceanschluss S verbunden oder wird aus dem Gehäuse herausgeführt.

Legt man an den Drainanschluss eine positive Spannung gegen den Sourceanschluss, so fließt kein Strom. Polt man die Spannung um, so fließt ebenfalls kein Strom. Der MOS-FET ist gesperrt.

Der Gateanschluss erhält nun positive Spannung gegen Source und Substrat, z.B. +4 V. Im Substrat herrscht jetzt ein elektrisches Feld.

Das p-leitende Substrat enthält zwar Löcher als freie Ladungsträger, aber auch eine Anzahl von Elektronen als Minoritätsträger. Diese Elektronen werden vom positiven Gateanschluss angezogen. Sie wandern unter dem Einfluss der Kräfte des elektrischen Feldes bis unmittelbar an die isolierende SiO_2-Schicht und sammeln sich dort. In dieser Zone sind sie jetzt in wesentlich größerer Zahl vorhanden als die Löcher. Sie bilden die Mehrheit. Die Löcher werden in entgegengesetzter Richtung wie die Elektronen bewegt. Sie räumen die Zone in der Nähe der SiO_2-Schicht. Die Zone enthält jetzt weit überwiegend Elektronen als freie Ladungsträger. Sie hat n-leitenden Charakter (Bild 17.13). Zwischen der n-leitenden Sourceinsel und der n-leitenden Draininsel besteht jetzt eine n-leitende Brücke. Die Elektronen können über diese Brücke vom Sourceanschluss zum Drainanschluss fließen.

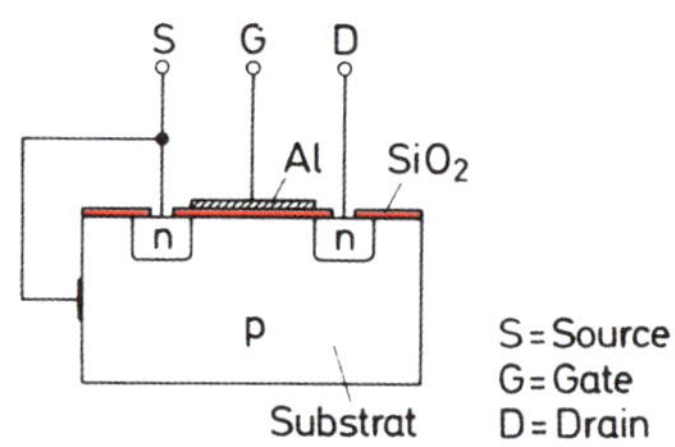

Bild 17.12
Grundaufbau eines MOS-FET (n-Kanal-Anreicherungstyp)

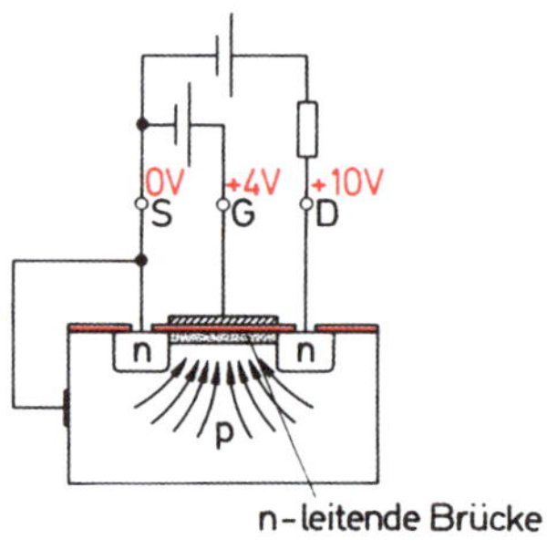

Bild 17.13
MOS-FET, Entstehung der n-leitenden Brücke zwischen Source and Drain

Grundsatz

Durch eine positive Spannung des Gates gegen Source und Substrat entsteht eine n-leitende Brücke zwischen Source und Drain.

Die Leitfähigkeit der Brücke kann geändert werden. Da die Elektronen einander abstoßen, bedarf es einer Kraft, sie zusammenzuhalten. Eine Vergrößerung der positiven Gatespannung führt zu einer Anreicherung der Brücke mit Elektronen. Die Brücke wird dadurch leitfähiger.

Eine Verringerung der positiven Gatespannung führt zu einer Verarmung der Brücke an Elektronen. Die Brücke wird dadurch weniger leitfähig.

Merksatz

Die Leitfähigkeit der Brücke kann durch die Gatespannung UGS gesteuert werden.

Durch die Steuerung der Brückenleitfähigkeit wird auch der Drainstrom I_D gesteuert. Für die Steuerung ist nur eine Spannung notwendig. Ein Steuerstrom ist praktisch nicht erforderlich. Die Steuerung erfolgt also leistungslos.

Merksatz

Der Drainstrom I_D wird durch die Gatespannung U_{GS} leistungslos gesteuert.

Anreicherungstyp

Bei Gatespannung Null oder bei offenen Gate ist die Strecke von Source nach Drain gesperrt. Der Transistor sperrt sich selbst bei fehlender Gatespannung. Er wird deshalb auch *selbstsperrender MOS-FET* genannt. Eine Brücke entsteht nur durch Anreicherung der Zone in der Nähe der SiO_2-Schicht. Ein anderer Name für diesen Transistortyp ist *Anreicherungstyp*. Die englischen Bezeichnungen sind *enhancement-type* und *normally-off-type*.

Verarmungstyp

Bei der Herstellung von MOS-Feldeffekttransistoren kann bereits eine Brücke zwischen Source und Drain durch schwache n-Dotierung erzeugt werden (Bild 17.14).

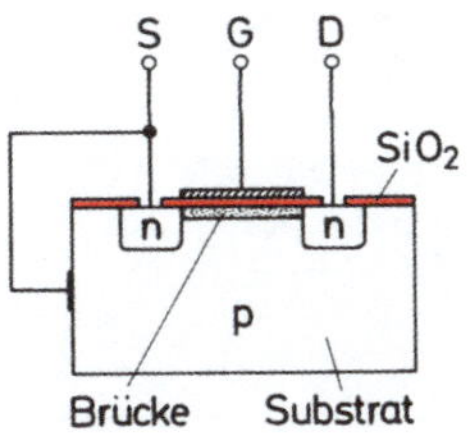

Bild 17.14 Grundaufbau eines MOS-FET (n-Kanal-Verarmungstyp)

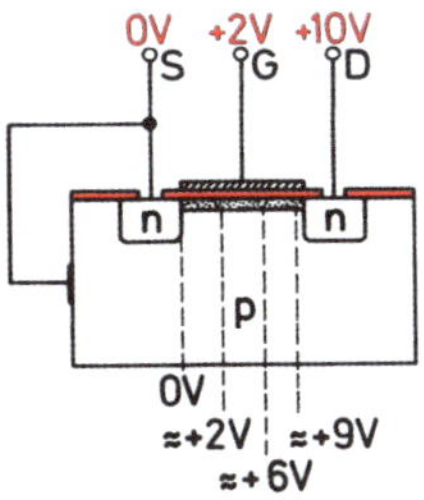

Bild 17.15 Spannungsabfall entlang der n-leitenden Brücke

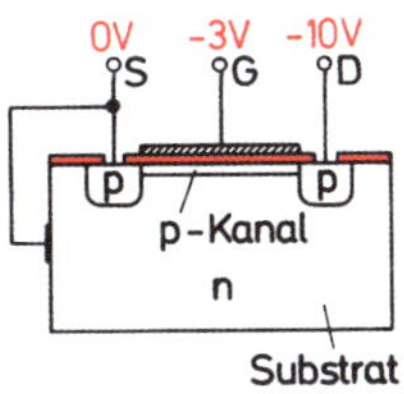

Bild 17.16 Grundaufbau eines p-Kanal-MOS-FET

Ein solcher MOS-FET hat bereits eine leitende Verbindung zwischen Source und Drain, ohne dass am Gate eine Spannung anliegt. Man nennt Transistoren dieser Art *selbstleitende MOS-FET*.

Merksatz

Ein selbstleitender MOS-FET kann sowohl durch negative als auch durch positive Gatespannungen U_{GS} gesteuert werden.

Eine positive Gatespannung führt zu einer Anreicherung der Brücke mit Elektronen. Es werden zusätzliche Elektronen angezogen. Die Brücke wird leitfähiger.

Eine negative Gatespannung führt zu einer Verarmung der Brücke an Elektronen. Die Brücke wird weniger leitfähig.

Da die Steuerung mit negativer Gatespannung häufiger angewendet wird, nennt man Transistoren dieser Art auch *Verarmungstypen*. Die englischen Bezeichnungen sind *depletion type* und *normally-on-type*.

Die bisher betrachteten MOS-FET-Typen haben einen n-leitenden Kanal. Man kann auch entsprechende Feldeffekttransistoren mit p-leitendem Kanal bauen (Bild 17.16).

Ohne eindotierte Brücke erhält man einen selbstsperrenden p-Kanal-MOS-FET, mit eindotierter Brücke einen selbstleitenden p-Kanal MOS-FET.

Zusammenstellung der MOS-FET-Typen

Es sind also folgende MOS-FET-Typen zu unterscheiden:

- ❑ *Selbstsperrender Typ* (Anreicherungstyp)
  n-Kanal-Ausführung
- ❑ *Selbstleitender Typ* (Verarmungstyp)
  n-Kanal-Ausführung
- ❑ *Selbstsperrender Typ* (Anreicherungstyp)
  p-Kanal-Ausführung
- ❑ *Selbstleitender Typ* (Verarmungstyp)
  p-Kanal-Ausführung

Bild 17.17
Schaltzeichen eines selbstsperrenden MOS-FET, n-Kanal-Ausführung (Anreicherungstyp)

Bild 17.18
Schaltzeichen eines selbstsperrenden MOS-FET, p-Kanal-Ausführung (Anreicherungstyp)

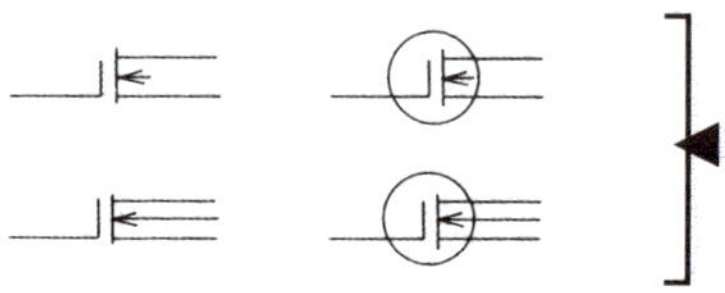

Bild 17.19
Schaltzeichen eines selbstleitenden MOS-FET, n-Kanal-Ausführung (Verarmungstyp), unten: mit Angabe, dass Substratanschluss herausgeführt ist

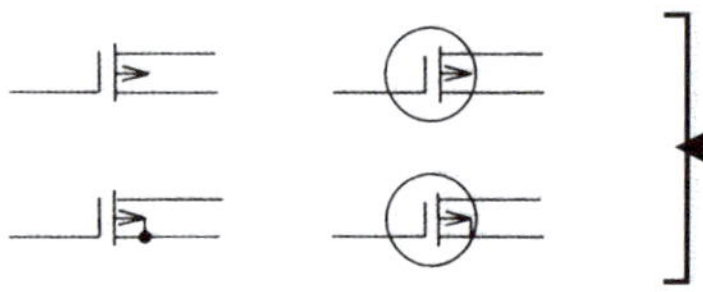

Bild 17.20
Schaltzeichen eines selbstleitenden MOS-FET, p-Kanal-Ausführung (Verarmungstyp), unten: mit Angabe, dass Substratanschluss innen mit Source verbunden ist

17.2.2 Kennlinien, Kennwerte, Grenzwerte

Für alle MOS-FET-Typen sind zwei Kennlinienfelder gebräuchlich:

- das I_D-U_{DS}-*Kennlinienfeld*, auch Ausgangskennlinienfeld genannt,
- das I_D-U_{GS}-*Kennlinienfeld*, auch Steuerkennlinienfeld genannt.

Da die n-Kanal-MOS-Feldeffekt-Transistoren besonders häufig eingesetzt werden, sollen die Kennlinien dieser Typen betrachtet werden. Diese Kennlinien gelten entsprechend für p-Kanal-Typen, wenn man die Vorzeichen für Strom und Spannungen umkehrt.

Bild 17.21 zeigt das I_D-U_{DS}-Kennlinienfeld eines selbstsperrenden MOS-FET (n-Kanal-Typ).

Zum Aufbau der n-leitenden Brücke ist eine Mindestgatespannung erforderlich. Diese liegt etwa zwischen 1 V und 2 V. Ist die Gatespannung kleiner, so fließt fast kein Drainstrom.

Merksatz

Der Anstieg einer I_D-U_{DS}-Kennlinie in einem bestimmten Arbeitspunkt A ergibt den Wert des differentiellen Ausgangswiderstandes r_{DS} in diesem Arbeitspunkt.

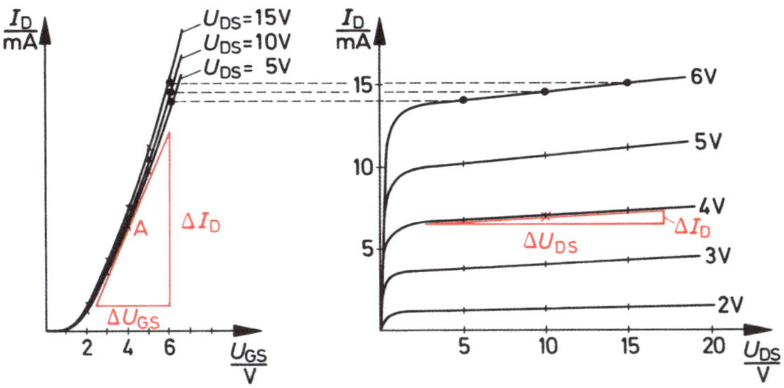

Bild 17.21 I_D-U_{GS}-Kennlinienfeld und I_D-U_{DS}-Kennlinienfeld eines selbstsperrenden MOS-FET (n-Kanal-Typ)

Kennwerte

$$r_{DS} = \frac{\Delta U_{DS}}{\Delta I_D}$$

(für U_{GS} konstant)

r_{DS}	Ausgangswiderstand
ΔU_{DS}	Drainspannungsänderung
ΔI_D	Drainstromänderung

Übliche Werte: $r_{DS} \approx 10\ \text{k}\Omega$ bis $50\ \text{k}\Omega$

Aus dem I_D-U_{DS}-Kennlinienfeld kann man das Steuerkennlinienfeld I_D-U_{GS} konstruieren. Für jede Drainspannung U_{DS} erhält man eine Kennlinie.

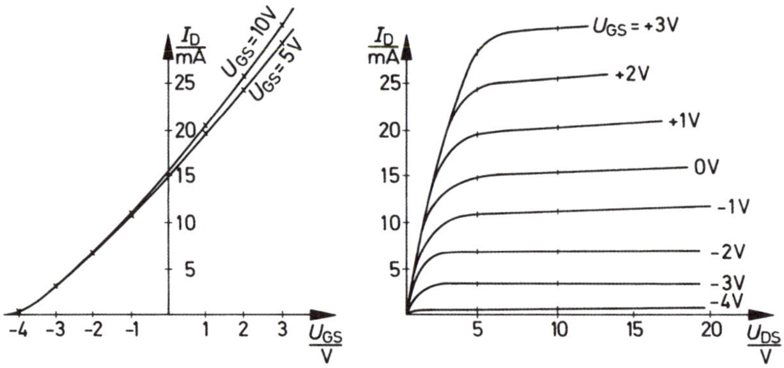

Bild 17.22 I_D-U_{GS}-Kennlinienfeld und I_D-U_{DS}-Kennlinienfeld eines selbstleitenden MOS-FET (n-Kanal-Typ)

In Bild 17.21 ist neben dem I_D-U_{DS}-Kennlinienfeld das I_D-U_{GS}-Kennlinienfeld dargestellt mit je einer Kennlinie für U_{DS} = 5 V, 10 V, 15 V.

Der Anstieg einer I_D-U_{GS}-Kennlinie kennzeichnet die Steuereigenschaft des Transistors. *Der Ansteig einer I_D-U_{GS}-Kennlinie in einem bestimmten Arbeitspunkt A ergibt den Wert der Steilheit S in diesem Arbeitspunkt.*

$$S = \frac{\Delta I_D}{\Delta U_{GS}}$$

(für U_{DS} konstant)

S	Steilheit
ΔI_D	Drainstromänderung
ΔU_{GS}	Gatespannungsänderung

Übliche Werte: $S \approx 5\,\frac{\text{mA}}{\text{V}}$ bis $12\,\frac{\text{mA}}{\text{V}}$

Für einen selbstleitenden MOS-FET (n-Kanal-Typ) gelten die in Bild 17.22 dargestellten Kennlinienfelder.

Bei U_{GS} = 0 V fließt bereits ein bestimmter Drainstrom I_D, da ja eine Brücke vorhanden ist. Bei positiven Gatespannungen nimmt die Leitfähigkeit der Brücke zu. Die I_D-U_{DS}-Kennlinien verlaufen umso höher, je positiver die Gatespannung ist.

Bei negativen Gatespannungen nimmt die Leitfähigkeit der Brücke ab. Die I_D-U_{DS}-Kennlinien verlaufen entsprechend tiefer.

Die Angaben über die Kennwerte Ausgangswiderstand r_{DS} und Steilheit S gelten selbstverständlich genauso für den selbstleitenden MOS-FET wie für den selbstsperrenden.

Die *Eingangswiderstände* r_{GS} von MOS-Feldeffekttransistoren sind außerordentlich groß. Sie erreichen Werte von 10^{15} Ω. Typisch sind 10^{14} Ω.

$r_{GS} \approx 10^{14}\ \Omega$
r_{GS} = Eingangswiderstand

Der Gateanschluss bildet mit dem Substrat eine Kapazität. Diese sogenannte Eingangskapazität C_{GS} ist je nach der Konstruktion des MOS-FET verschieden groß. Typische Werte sind:

$C_{GS} \approx 2$ pF bis 5 pF

Merksatz

Durch den hohen Eingangswiderstand, verbunden mit der kleinen Eingangskapazität, ist der MOS-FET sehr empfindlich gegenüber statischen Aufladungen des Gates gegen das Substrat.

Eine leicht durch Reibung von Kunststoffgegenständen zu erzeugende Ladung von 10^{-9} As verursacht bereits eine sehr hohe Spannung U:

$$Q = C \cdot U$$

$$U = \frac{Q}{C} = \frac{10^{-9}\ \text{As}}{2\ \text{pF}} = \frac{10^{-9}\ \text{As}}{2 \cdot 10^{-12}\ \text{F}} = 500\ \text{V}$$

Eine Spannung dieser Größe kann die dünne isolierende SiO_2-Schicht nicht aushalten. Es kommt zu einem Durchschlag, und der FET wird zerstört.

Um derartige Zerstörungen zu vermeiden, werden MOS-FET mit kurzgeschlossenen Anschlüssen geliefert. Der Kurzschlussring ist erst nach Einlöten des FET in die Schaltung abzuziehen.

Einige MOS-FET sind im Innern des Gehäuses mit Schutzdiodenstrecken versehen. Diese Schutzdiodenstrecken sind Bestandteil des Kristalls. Meist verwendet man zwei gegeneinandergeschaltete Z-Diodenstrecken.

Die Hersteller von MOS-FET geben den *Gateleckstrom* I_{GSS} an. Das ist der Strom, den das Gate bei bestimmten Spannungen U_{GS} und U_{DS} und bei einer bestimmten Temperatur aufnimmt. Typisch ist ein Wert von einigen pA.

$$I_{GSS} \approx 0{,}1\ \text{pA bis } 10\ \text{pA}$$

Ein Maß dafür, wie gut sich ein bestimmter MOS-FET sperren lässt, ist der *Drainsperrstrom* $I_{D(off)}$. Er wird im gesperrten Zustand, also bei sehr negativer Spannung U_{GS}, bei einer bestimmten Temperatur und bei $U_{GS} = 0$ gemessen.

Der Index «off» stammt aus der englischen Bezeichnungsweise und kennzeichnet den sogenannten ausgeschalteten Zustand.

Typische Werte für $I_{D(off)}$ sind:

$$I_{D(off)} \approx 10\ \text{pA bis } 500\ \text{pA bei } T_j = 25\ °\text{C}$$

$$I_{D(off)} \approx 10\ \text{nA bis } 500\ \text{nA bei } T_j = 125\ °\text{C}$$

T_j = Sperrschichttemperatur

Weiterhin werden vielfach noch die Gleichstromwiderstände der Drain-Source-Strecke im Durchlasszustand und im Sperrzustand $R_{DS(on)}$ und $R_{DS(off)}$ angegeben sowie die Bedingungen, unter denen sie gemessen wurden. Typische Werte sind:

Durchlasswiderstand $R_{DS(on)} \approx 200\ \Omega$

(gemessen bei $U_{GS} = 0$ V, $U_{DS} = 0$ V, $T_j = 25$ °C
bei einem selbstleitenden MOS-FET)

Sperrwiderstand $R_{DS(off)} \approx 10^{10}\ \Omega$
(gemessen bei $U_{GS} = -10$ V, $U_{DS} = +1$ V
bei einem selbstleitenden MOS-FET)

Die Werte wurden RCA-Unterlagen und Philips-Unterlagen entnommen.

Grenzwerte
Bei Überschreiten der Grenzwerte ist mit einer Zerstörung des Bauteils zu rechnen. Grenzwerte von MOS-Feldeffekttransistoren sind:

- ❑ maximale Drainspannung gegen Source U_{DSmax}
- ❑ maximale Drainspannung gegen Substrat U_{DBmax}
- ❑ maximale Gatespannung gegen Source U_{GSmax}
- ❑ maximaler Drainstrom I_{Dmax}
- ❑ maximale Verlustleistung
  (bei 25 °C Umgebungstemperatur) P_{tot}
  Höchste Sperrschichttemperatur T_j

Ungefähre Werte sind:

$U_{DSmax} \approx 35$ V
$U_{DBmax} \approx 35$ V
$U_{GSmax} \approx \pm 10$ V
$I_{Dmax} \approx 50$ mA
$P_{tot} \approx 150$ mW
$T_j \approx 150$ °C
(selbstleitender MOS-FET, n-Kanal-Typ)

Verlustleistung

$$P_{tot} = U_{DS} \cdot I_D$$

P_{tot} Verlustleistung
U_{DS} Drainspannung, bezogen auf Source
I_D Drainstrom

17.2.3 Anwendungen

MOS-Feldeffekttransistoren werden hauptsächlich für Verstärker- und Schaltstufen verwendet. Ihr besonderer Vorteil gegenüber bipolaren Transistoren liegt in der Möglichkeit der leistungslosen Steuerung. Die Leistungsaufnahme von MOS-Schaltungen ist wesentlich geringer als die von Schaltungen mit bipolaren Transistoren und etwas geringer als die von Schaltungen mit Sperrschicht-FET.

Man erreicht mit MOS-FET kleine Schaltzeiten und hohe Grenzfrequenzen. Das Eigenrauschen ist gering und liegt unter dem Wert bipolarer Transistoren, besonders im Hochfrequenzbereich. Im Tonfrequenzbereich hat der Sperrschicht-FET ein besonders geringes Rauschen. Wie bei den bipolaren Transistoren so gibt es auch bei den Feldeffekttransistoren drei Verstärkergrundschaltungen (Bild 17.23).

Bild 17.23
Eingangs- und Ausgangspole bei den drei Verstärkergrundschaltungen

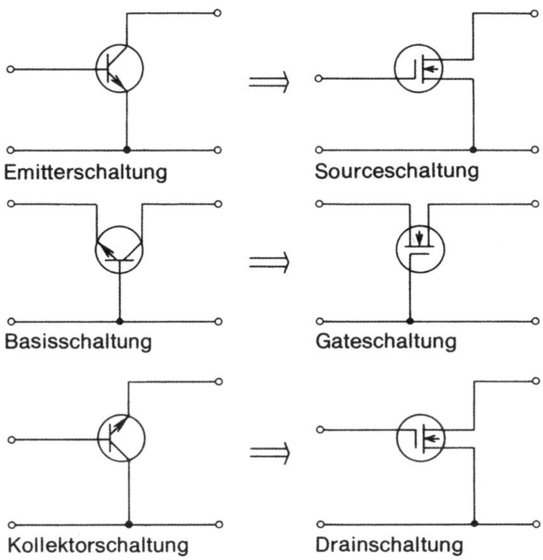

Bild 17.24
Verstärkerstufe mit MOS-FET in Sourceschaltung

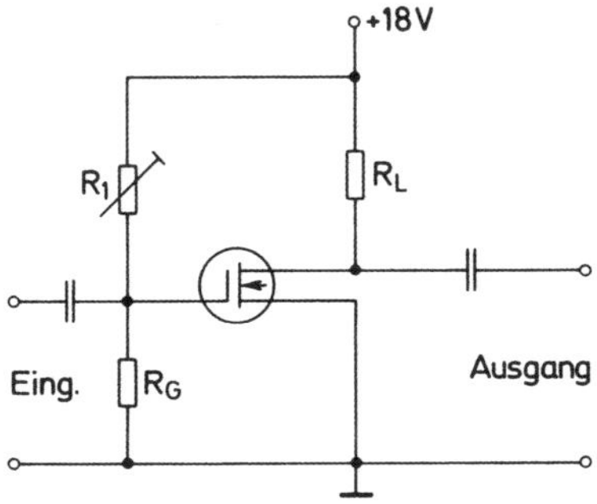

Der Emitterschaltung entspricht die *Sourceschaltung*, der Basisschaltung entspricht die *Gateschaltung* und der Kollektorschaltung entspricht die *Drainschaltung*.

Sourceschaltung
Bei der Sourceschaltung ist der Sourceanschluss der gemeinsame Pol für Eingang und Ausgang (Bild 17.23).

Der MOS-FET muss mit den benötigten Gleichspannungen versorgt werden. Im Drain-Source-Kreis ist ein Lastwiderstand vorzusehen. Die Gatespannungsversorgung und die Einstellung des Arbeitspunktes erfolgt mit den Widerständen R_1 und R_G (Bild 17.24).

Drainschaltung
Bei der Drainschaltung ist der Drainanschluss der gemeinsame Pol für Eingang und Ausgang. Es genügt, wenn Eingang und Ausgang wechselstrommäßig den Drainanschluss zum gemeinsamen Pol haben.

Bild 17.25 zeigt eine Drainschaltung, wie sie in der Praxis verwendet wird. Die Pole A und B liegen wechselstrommäßig praktisch auf gleichem Potential, da sie von der Spannungsquelle (bzw. durch einen großen Kondensator des Netzteiles) überbrückt werden.

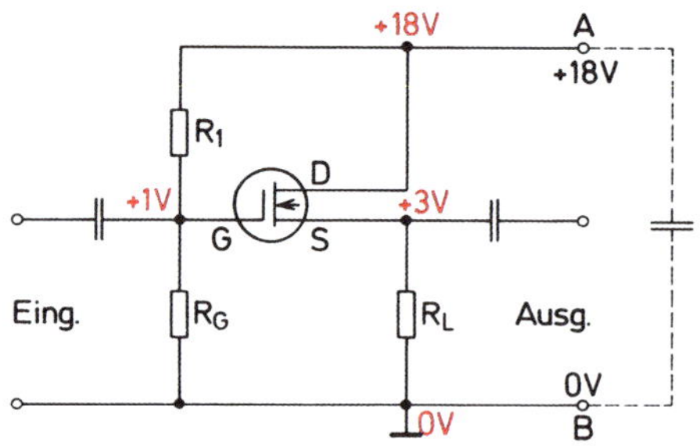

Bild 17.25
Drainschaltung

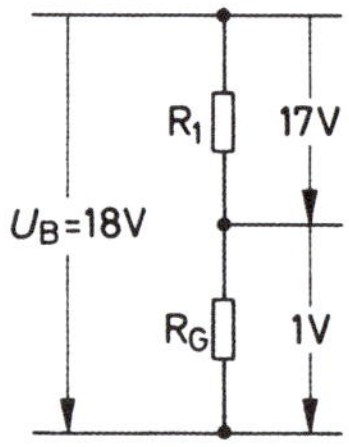

Bild 17.26
Gatespannungsteiler

Der Transistor dieser Schaltung ist ein selbstleitender MOS-FET. Er soll mit einer negativen Gatespannung (z. B. $U_{GS} = -2$ V) betrieben werden.

Der im nichtausgesteuerten Zustand fließende Strom I_D erzeugt am Sourceanschluss ein positives Potential gegen Masse (z. B. +3 V).

Der Spannungsteiler $R_1 - R_G$ ist nun so zu bemessen, dass am Gate ein entsprechend geringeres positives Potential liegt (im Beispiel +1 V). Das Gate hat dann gegenüber dem Source die gewünschte negative Vorspannung (Bild 17.26).

Die Drainschaltung hat keine Spannungsverstärkung.

Gategrundschaltung
Für die Gateschaltung ergibt sich – ähnlich wie für die Basisschaltung – ein kleiner Eingangswiderstand und ein großer Ausgangswiderstand.

Die Gateschaltung wird aber so gut wie nie verwendet, denn sie bietet keine Vorteile. Der hohe Widerstand der Gate-Source-Strecke bzw. der Gate-Substrat-Strecke kann nicht genutzt werden.

17.3 Dual-Gate-MOS-FET

Dual-Gate-MOS-FET sind Sonderbauformen der MOS-Feldeffekttransistoren.

Ein Dual-Gate-MOS-FET besitzt zwei Kanalbereiche, von denen jeder durch eine eigene Gateelektrode gesteuert werden kann. Jedes Gate steuert den Drainstrom weitgehend unabhängig von dem anderen.

Bild 17.27 zeigt den prinzipiellen Aufbau eines Dual-Gate-MOS-FET vom n-Kanal-Typ. Die gesamte Kanalstrecke besteht aus zwei Teilstrecken. Die eine Teilstrecke befindet sich unterhalb der metallischen Elektrode von G_1, die andere Teilstrecke unterhalb der metallischen Elektrode von G_2.

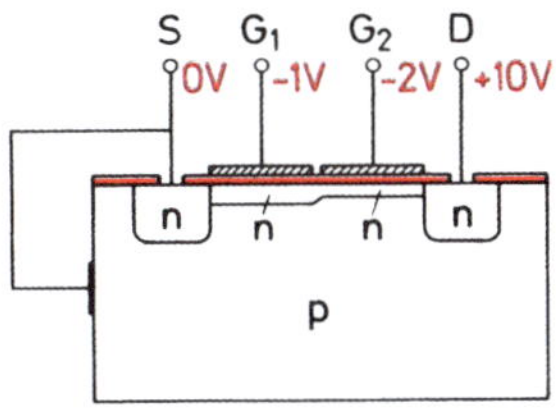

Bild 17.27
Grundaufbau eines Dual-Gate-MOS-FET (selbstleitender n-Kanal-Typ)

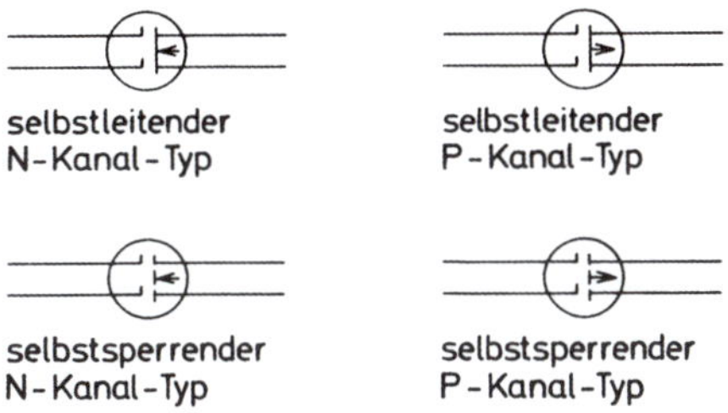

Bild 17.28
Schaltzeichen der Dual-Gate-MOS-FET-Typen

Man könnte Dual-Gate-MOS-FET als selbstsperrende und als selbstleitende Typen bauen, außerdem jede dieser Typen in n-Kanal-Ausführung und in p-Kanal-Ausführung (Bild 17.28). Üblich sind zur Zeit vor allem *selbstleitende n-Kanal-Typen*. Ihre Kennlinien, Kennwerte und Grenzwerte entsprechen denen der MOS-FET mit einem Gate.

Mit Hilfe des zweiten Gates kann die Spannungsverstärkung von Verstärkerstufen in weiten Grenzen gesteuert werden (Regelverstärker).

18 Verstärkerschaltungen

18.1 Wechselspannungsverstärker

Die Verstärkergrundschaltungen wurden bereits in Kapitel 16 behandelt. Dort sind dargestellt und erläutert die *Emitterschaltung*, die *Basisschaltung* und die *Kollektorschaltung*. Wechselspannungsverstärker haben die Aufgabe, kleine Wechselspannungen zu verstärken. Neben den Spannungen werden meist auch die Ströme verstärkt. Man unterscheidet einen Spannungsverstärkungsfaktor und einen Stromverstärkungsfaktor.

18.1.1 Anforderungen

Verstärker sollen zunächst einmal verstärken. Eine kleine Signalwechselspannung von z. B. 2 mV Scheitelwert soll auf einen Scheitelwert von 2 V verstärkt werden. Es ist ein Verstärker mit einem Spannungsverstärkungsfaktor $V_u = 1000$ erforderlich (Bild 18.1).

$$V_u = \frac{\hat{u}_2}{\hat{u}_1}$$

Entsprechend gilt für die Stromverstärkung:

$$V_i = \frac{\hat{i}_2}{\hat{i}_1}$$

Außerdem kann man noch eine Leistungsverstärkung V_p angeben.

Eingangsleistung: $P_1 = \frac{\hat{u}_1 \cdot \hat{i}_1}{2}$

Ausgangsleistung: $P_2 = \frac{\hat{u}_2 \cdot \hat{i}_2}{2}$

$$V_p = \frac{P_2}{P_1} = \frac{\hat{u}_2 \cdot \hat{i}_2 \cdot 2}{2\,\hat{u}_1 \cdot \hat{i}_1} = \frac{\hat{u}_2}{\hat{u}_1} \cdot \frac{\hat{i}_2}{\hat{i}_1}$$

$$V_p = V_u \cdot V_i$$

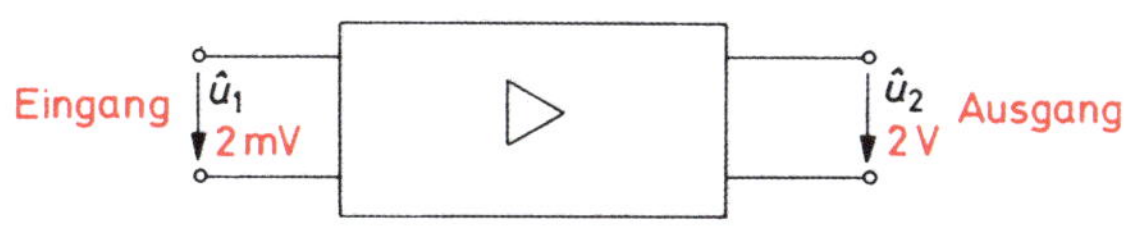

Bild 18.1
Verstärker mit einem Spannungsverstärkungsfaktor 1000

Bei der Verstärkung sollte der Kurvenverlauf möglichst nicht verformt werden. Eine Verformung wird als *Verzerrung* bezeichnet. Verzerrungen lassen sich nicht ganz ausschließen. Man ist jedoch bemüht, die Verzerrungen möglichst klein zu halten. Ein Maß für die Verzerrungen ist der Klirrfaktor k. Der Klirrfaktor k wird meist in % des Verzerrungsanteils zur Gesamtschwingung angegeben. Er sollte möglichst klein sein:

- ❑ einfache Verstärker $k = 5$ % bis 10 %
- ❑ gute Verstärker $k \approx 1$ %
- ❑ sehr gute Verstärker $k \approx 0{,}1$ %

Wechselspannungsverstärker können nicht Spannungen aller Frequenzen verstärken. Sie haben eine *untere Grenzfrequenz* f_u und eine *obere Grenzfrequenz* f_o. Zwischen den beiden Grenzfrequenzen liegt die sogenannte *Bandbreite* des Verstärkers. Ein Tonfrequenzverstärker soll z.B. die unterste hörbare Frequenz von ca. 30 Hz verstärken können, dann alle weiteren Frequenzen bis zur höchsten hörbaren Frequenz von z. B. 18 kHz. Die Forderung wird also lauten: $f_u = 30$ Hz, $f_o = 18$ kHz. Alle dazwischenliegenden Frequenzen sollten möglichst gleich gut verstärkt werden.

In Bild 18.2 ist der Frequenzgang eines Verstärkers dargestellt. Ein Frequenzgang, der durch eine gerade Linie bei der 100 % Marke angegeben werden könnte, wäre ideal. Ideale Frequenzgänge lassen sich nicht erreichen. Bei der oberen und bei der unteren Grenzfrequenz darf die Verstärkung auf 70,7 % ihres Wertes bei 1000 Hz absinken. Es gibt darüber hinaus noch besondere Norm-Bestimmungen für die Angabe der Grenzfrequenzen. Verstärker, die das Hochfrequenzband der Ultrakurzwelle verstärken sollen, müssen eine Bandbreite von 87,5 MHz bis 108 MHz haben.

Definition

Verstärker mit einer großen Bandbreite werden als Breitbandverstärker bezeichnet.

In der Messtechnik und in der Steuer- und Regelungstechnik wird oft die Verstärkung eines nur schmalen Frequenzbandes gewünscht. Außerhalb dieses Bandes liegende Frequenzen sollen möglichst nicht verstärkt werden, da sie stören könnten.

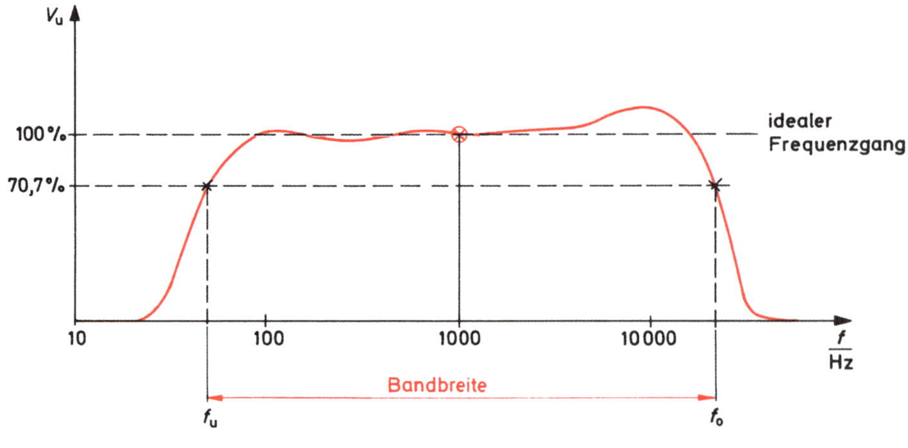

Bild 18.2 Frequenzgang eines Verstärkers

Merksatz

Verstärker mit einer geringen Bandbreite sind Schmalbandverstärker oder selektive (aussiebende) Verstärker.

In vielen Fällen ist die Ausgangsleistung des Verstärkers wichtig, z.B. dann, wenn ein Tonfrequenzverstärker einen Lautsprecher treiben soll. Nach den Regeln der Wechselstromtechnik ist die Ausgangsleistung:

$$P_2 = U_{2\text{eff}} \cdot I_{2\text{eff}} = \frac{\hat{u}_2 \cdot \hat{i}_2}{2}$$

Verstärker mit großer Ausgangsleistung werden *Leistungsverstärker, Leistungsendstufen* oder *Großsignalverstärker* genannt.

18.1.2 Mehrstufige Verstärker

Mit einer einzelnen Verstärkerstufe ist es meist nicht möglich, die gewünschte Verstärkung zu erreichen. Es werden mehrere Verstärkerstufen hintereinander geschaltet. Bild 18.3 zeigt einen dreistufigen Verstärker.

$$V_{ug} = V_{u1} \cdot V_{u2} \cdot V_{u3}$$

$$V_{ig} = V_{i1} \cdot V_{i2} \cdot V_{i3}$$

Die Gesamtspannungsverstärkung ergibt sich als Multiplikation der einzelnen Spannungsverstärkungen der Stufen. Entsprechendes gilt für die Gesamtstromverstärkung und für die Gesamtleistungsverstärkung.

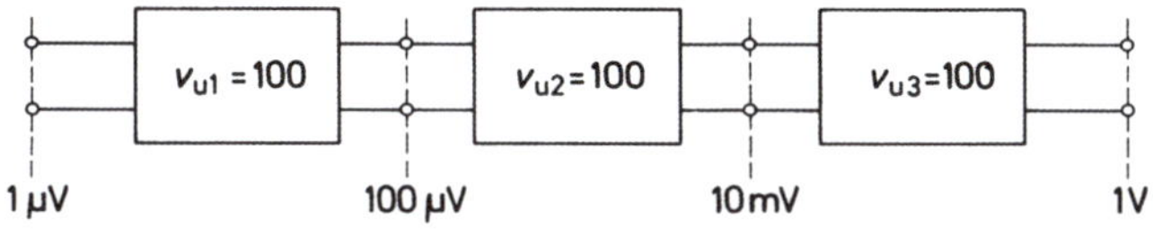

Bild 18.3a Dreistufiger Transistorverstärker in Vierpoldarstellung

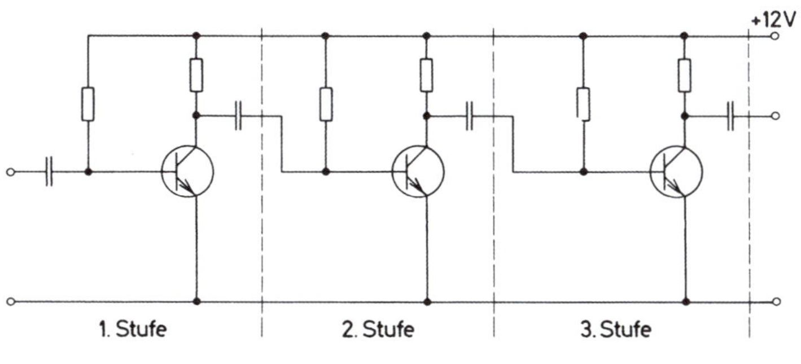

Bild 18.3b Dreistufiger Transistorverstärker

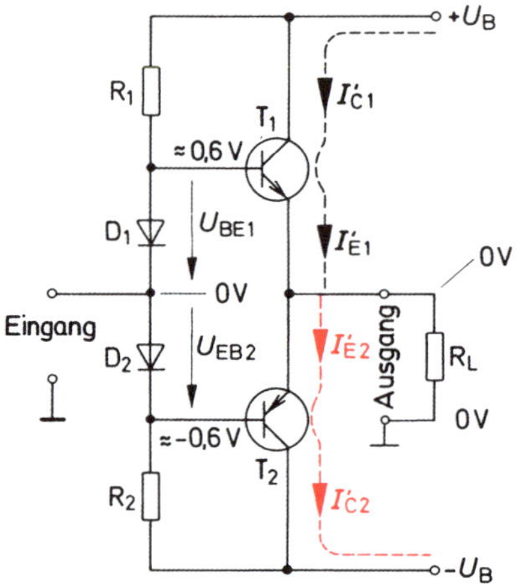

Bild 18.4
Gegentakt-Leistungsverstärker

18.1.3 Leistungsverstärker

Transistoren für Leistungsverstärker müssen große Stromstärken bewältigen können. Man verwendet große Transistoren mit höchstzulässigen Kollektorstromstärken von etwa 10 A bis 15 A. Diese Transistoren müssen gut gekühlt werden. Sie werden auf großflächigen Kühlkörpern montiert. Meist werden Gegentaktschaltungen nach Bild 18.4 verwendet. Der obere Transistor verstärkt die positive Halbwelle, der untere Transistor verstärkt die negative Halbwelle der Signalspannung. Der Lastwiderstand R_L kann z. B. ein Lautsprecher sein.

18.2 Gleichspannungsverstärker

Ein Gleichspannungsverstärker ist ein Verstärker mit der unteren Grenzfrequenz $f_u = 0$ Hz. Er soll auch sehr langsam verlaufende Änderungen der Eingangsspannung verstärken, z. B. die Spannung eines Temperaturmessfühlers, die in einer halben Stunde von 4 mV auf 8 mV ansteigt.

Als Verstärkerstufen können z. B. Emitterschaltungen verwendet werden. Die einzelnen Stufen dürfen jedoch nicht über Kondensatoren gekoppelt werden wie beim Verstärker Bild 18.3. Über die Kondensatoren können sich langsame Spannungsänderungen nicht fortpflanzen.

Merksatz

Bei Gleichspannungsverstärkern müssen die Verstärkerstufen direkt gekoppelt sein.

Eine Verstärkerschaltung mit direkter Kopplung ist in Bild 18.5 dargestellt. Für diese Schaltung ergibt sich eine untere Grenzfrequenz von 0 Hz.

Bild 18.5
Dreistufiger Transistorverstärker mit direkter Stufenkopplung

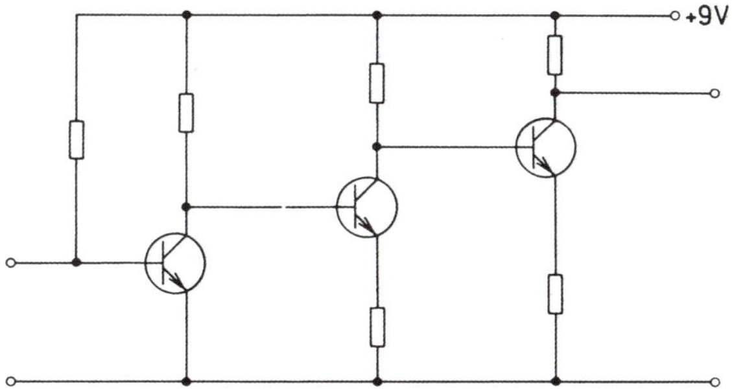

18.3 Differenzverstärker

Die Grundschaltung eines Differenzverstärkers zeigt Bild 18.6. Zwei Verstärkerstufen sind über R_E miteinander verkoppelt. An beiden Basisanschlüssen E_1 und E_2 liegt die gleiche Signalspannung. Diese Betriebsart nennt man *Gleichtaktbetrieb*. Beide Transistoren steuern gleich weit durch. An den Punkten A und B der Schaltung Bild 18.6 liegen gleich große Spannungen (U_{C1} und U_{C2}) gegenüber dem Bezugspunkt Masse. Die Ausgangsspannung U_a ist 0 V.

Legt man an die Eingänge E_1 und E_2 verschiedene Spannungen, so wird die Differenz der beiden Spannungen verstärkt. Diese Betriebsart nennt man Differenzbetrieb. Die beiden Transistoren steuern unterschiedlich weit auf. Die Spannungen U_{C1} und U_{C2} sind unterschiedlich. Die Ausgangsspannung U_a ergibt sich aus der Differenz von U_{C1} und U_{C2}. Soll nur eine Spannung verstärkt werden, so ist ein Eingang an Masse zu legen, z. B. E_2. An E_1 wird die Signalspannung angelegt (Bild 18.7). Die verstärkte Spannung U_1 kann wahlweise an den Ausgängen A_1 und A_2 abgenommen werden. Die Ausgangsspannung U_{a1} hat gegenüber der Eingangsspannung U_1 eine Phasenverschiebung von 180° (Emitterschaltung). Die Ausgangsspannung U_{a2} hat keine Phasenverschiebung gegenüber U_1.

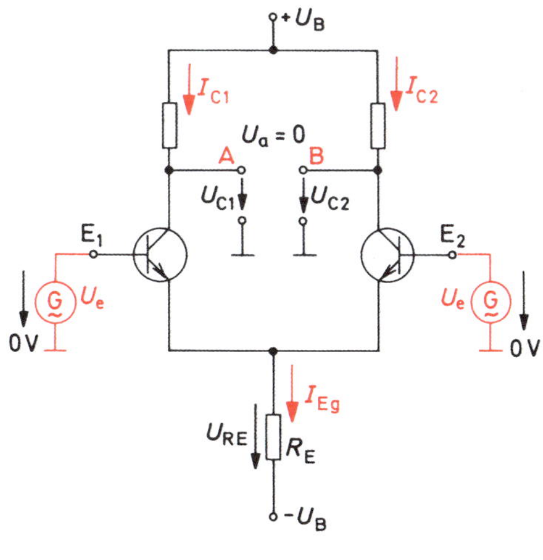

Bild 18.6
Grundschaltung eines Differenzverstärkers im Gleichtaktbetrieb

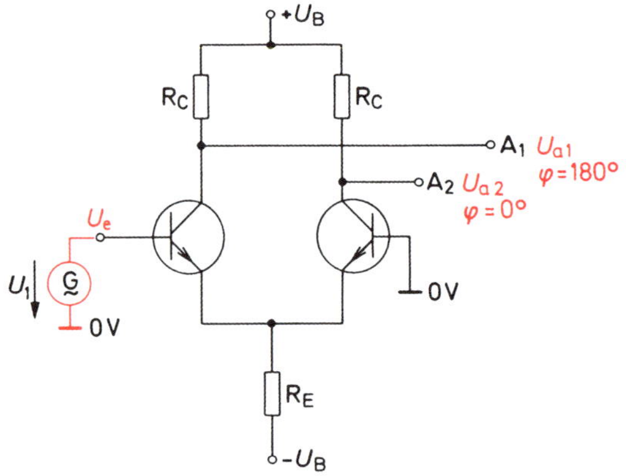

Bild 18.7
Differenzverstärker als Wechselspannungsverstärker

18.4 Operationsverstärker

18.4.1 Einführung

Operationsverstärker sind sehr hochwertige Gleichspannungsverstärker mit besonderen Eigenschaften. Sie wurden für die Analogrechentechnik und für besondere Anwendungen in der Regelungstechnik konstruiert.

Das ursprüngliche Aufgabengebiet der Operationsverstärker war die Durchführung mathematischer und regelungstechnischer Operationen.

Die Operationsverstärker mussten sehr hohen Anforderungen genügen. Sie wurden aus Einzelbauteilen aufgebaut und teilweise als vergossene Module geliefert.

Die Herstellung der Operationsverstärker wurde durch die modernen Technologien stark verbilligt. Operationsverstärker wurden zunächst als integrierte Schaltungen in Hybridtechnik aufgebaut. Heute werden sie überwiegend als monolithische integrierte Schaltungen gefertigt. Die großen Stückzahlen ermöglichen günstige Preise. Hochwertige Operationsverstärker können heute bereits für einige € erworben werden.

Die günstigen Preise haben dem Operationsverstärker viele weitere Anwendungsgebiete erschlossen. Neben seinem ursprünglichen Einsatzgebiet wird er heute häufig in der Nachrichtentechnik und in der Elektronik eingesetzt.

Ein Verstärker dieser Art verstärkt Tonfrequenzsignale ebenso gut wie regelungstechnische Signale oder Signale von Messwertgebern. *Ein Operationsverstärker kann eigentlich überall dort eingesetzt werden, wo es erforderlich ist, elektrische Signale zu verstärken und wo keine großen Ausgangsleistungen benötigt werden.* Er ist ein hervorragender Universalverstärker.

In vielen Anwendungsfällen sollte man sich jedoch fragen, ob man für die Verstärkung tatsächlich einen Operationsverstärker braucht oder ob nicht ein einfacher aufgebauter Verstärker, der ebenfalls als integrierte Schaltung lieferbar ist, für den beabsichtigten Zweck genügt.

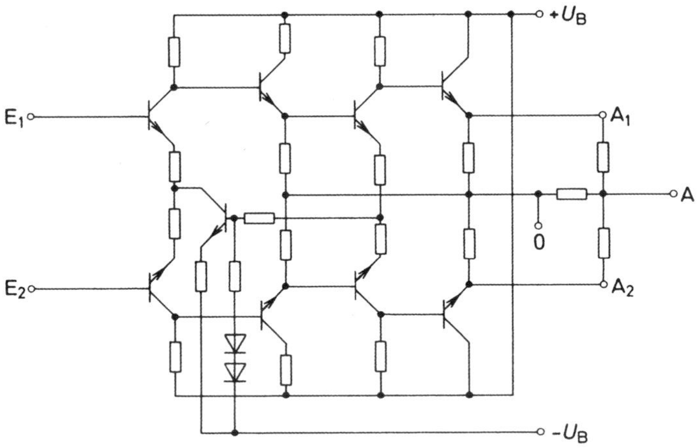

Bild 18.8 Schaltung eines einfachen Operationsverstärkers

18.4.2 Aufbau und Arbeitsweise

Operationsverstärker werden auch *Rechenverstärker* oder *Differenzverstärker* genannt. Der Name Differenzverstärker hat seinen Ursprung im Schaltungsaufbau. Die Schaltung ist weitgehend symmetrisch aufgebaut. Sie besteht praktisch aus zwei Verstärkern, die auf einen gemeinsamen Ausgang arbeiten (Bild 18.8). Jeder dieser Verstärker hat einen eigenen Eingang. Die Spannungsdifferenz zwischen beiden Eingängen kann verstärkt werden.

Das Schaltzeichen eines Operationsverstärkers ist in Bild 18.9 dargestellt. Die Pole 1 und 2 sind Eingänge, der Pol 3 ist der Ausgang. Alle Spannungen sind auf einen gemeinsamen Pol bezogen, der im Schaltzeichen nicht dargestellt ist. Er wird in den Schaltungen gesondert gezeichnet. Bild 18.10 zeigt einen Operationsverstärker mit Angabe des Bezugspoles und der Spannungen.

Als Bezugspol wurde hier Masse gewählt. Der mit einem Minuszeichen gekennzeichnete Eingang wird *invertierender Eingang* oder N-Eingang genannt. Die an diesen Eingang angelegte Spannung erscheint am Ausgang umgekehrt bzw. um 180° verschoben, wenn es sich um eine sinusförmige Spannung handelt (Bild 18.11).

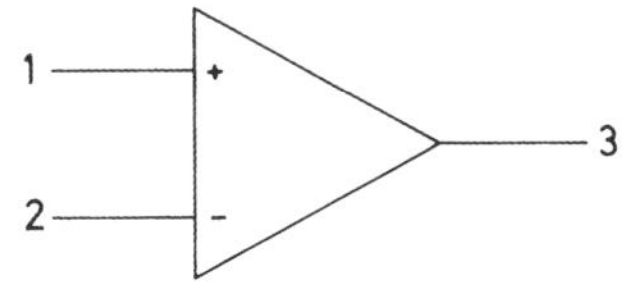

Bild 18.9a
Schaltzeichen für Operationsverstärker

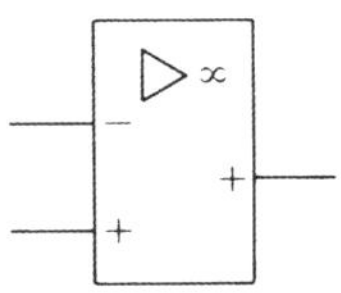

Bild 18.9b
Schaltzeichen für Operationsverstärker nach DIN 40 900

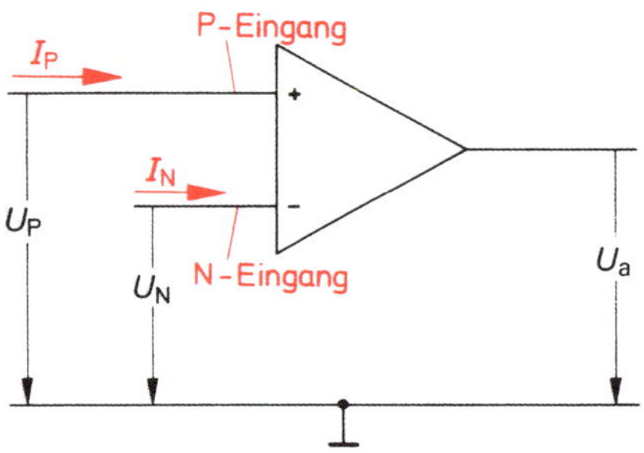

Bild 18.10
Operationsverstärker mit Angabe des Bezugspoles und der Spannungen

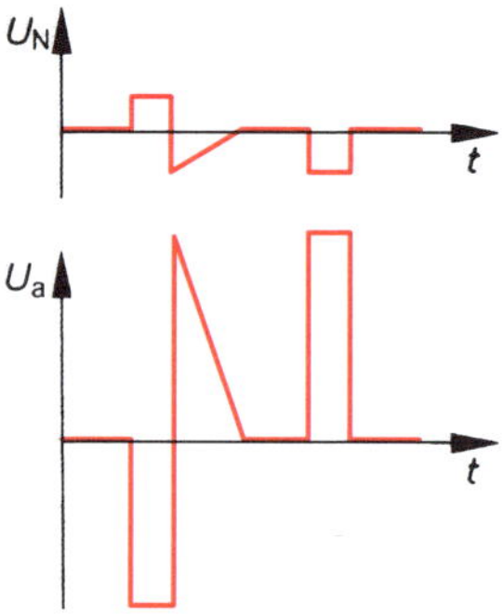

Bild 18.11
Zeitlicher Verlauf der Spannungen U_N und U_a

Merksatz

Eine an den N-Eingang gelegte Spannung wird verstärkt und invertiert.

Der andere Eingang, der durch ein Pluszeichen kenntlich gemacht ist, heißt *Normaleingang*, P-Eingang oder nichtinvertierender Eingang. Eine hier angelegte Spannung erscheint am Ausgang mit gleicher Polung bzw. mit gleicher Phasenlage.

Merksatz

Eine an den P-Eingang gelegte Spannung wird verstärkt, aber nicht invertiert.

Ein Operationsverstärker benötigt zwei gegenüber dem Bezugspol symmetrische Speisespannungen, z. B. +10 V gegen Masse und –10 V gegen Masse. Die richtige Zuführung dieser Speisespannungen wird vorausgesetzt. Sie ist im Schaltbild nicht eingezeichnet.

Man kann nun wählen, welchen Eingang man beschalten will. Der nicht benutzte Eingang wird an Masse gelegt (Bild 18.12).

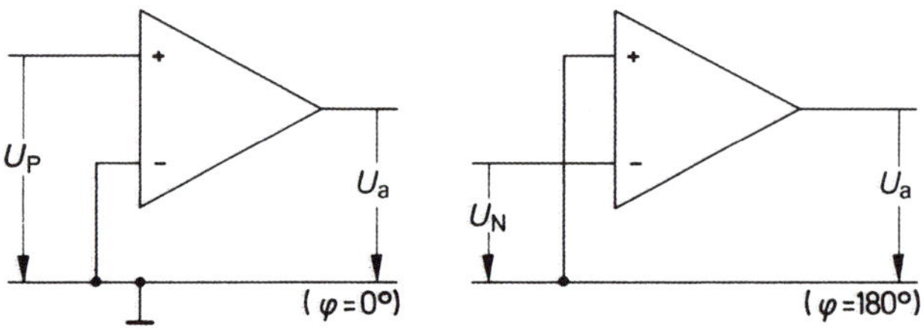

Bild 18.12 Möglichkeiten der Beschaltung der Eingänge von Operationsverstärkern

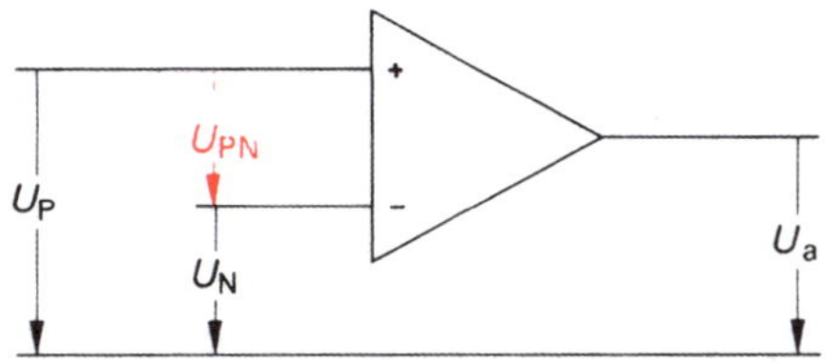

Bild 18.13
Schaltung eines Operationsverstärkers als Differenzverstärker

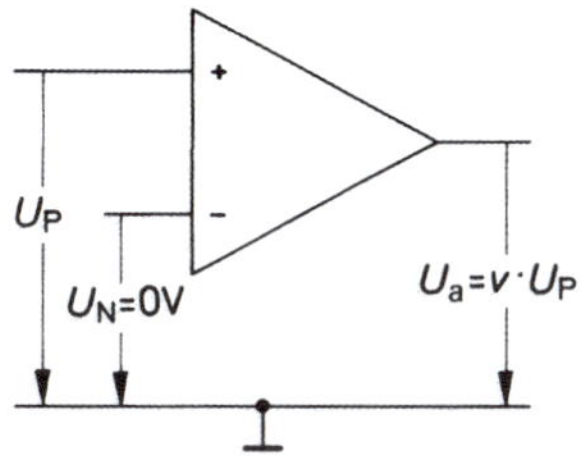

Bild 18.14
Verstärkung bei $U_N = 0$ V

Legt man an den P-Eingang eine Spannung U_P und an den N-Eingang eine Spannung U_N, so werden beide Spannungen verstärkt. Da die am N-Eingang liegende Spannung U_N jedoch invertiert, also in ihrer Polung umgekehrt wird, erscheint am Ausgang die verstärkte Differenz beider Spannungen (Bild 18.13).

$U_a = V \cdot (U_P - U_N)$;

U_a Ausgangsspannung
V Verstärkungsfaktor
U_{PN} Differenzspannung

$$U_a = V \cdot U_{PN}$$

$$U_{PN} = U_P - U_N$$

Ist die Spannung $U_N = 0$, liegt also am N-Eingang keine Spannung, so wird nur die Spannung U_P verstärkt (Bild 18.14).

Es gilt: $U_a = V \cdot (U_P - U_N)$
$U_a = V \cdot (U_P - 0)$

$$U_a = V \cdot U_P$$

$$V = \frac{U_a}{U_P}$$

Ist nur eine Spannung U_N vorhanden (Bild 18.15), also $U_P = 0$, so ergibt sich folgende Gleichung:

$$U_a = V \cdot (U_P - U_N)$$
$$U_a = V \cdot (0 - U_N)$$

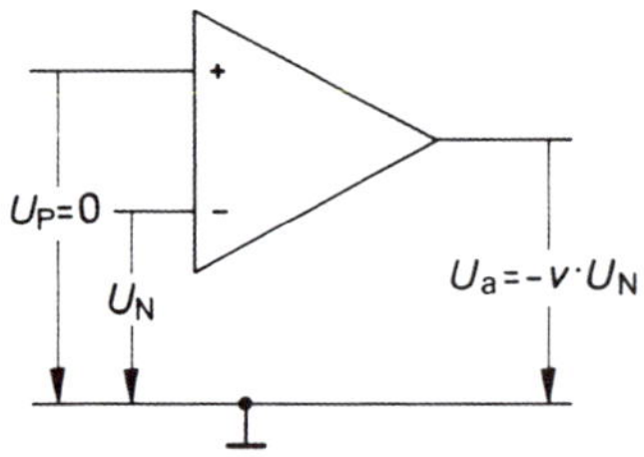

Bild 18.15
Verstärkung bei $U_P = 0$ V

$$U_a = -V \cdot U_N$$

$$V = -\frac{U_a}{U_N}$$

Das Minuszeichen gibt an, dass die Ausgangsspannung gegenüber der Eingangsspannung invertiert ist.

18.4.3 Idealer Operationsverstärker

Für die Durchführung vieler Rechenoperationen benötigt man eigentlich Operationsverstärker mit Eigenschaften, die als ideal bezeichnet werden.

Solche *idealen Operationsverstärker* kann man jedoch nicht herstellen. Man kann die gewünschten idealen Eigenschaften nicht verwirklichen. Nur eine Annäherung an diese Eigenschaften ist möglich.

Ein idealer Operationsverstärker hat einen unendlich großen Verstärkungsfaktor V, einen unendlich großen Eingangswiderstand R_e, einen Ausgangswiderstand R_a, der gleich null ist, und einen Frequenzbereich, der von $f_{min} = 0$ bis $f_{max} = \infty$ reicht.

Der ideale Operationsverstärker muss außerdem vollkommen symmetrisch aufgebaut sein. Legt man die gleiche Spannung an den P-Eingang und an den N-Eingang, so muss die Ausgangsspannung null sein, da die Differenzspannung U_{PN} null ist.

$$U_{PN} = U_P - U_N = 0$$

Bei gleicher Spannung (Amplitude und Phasenlage gleich) am P-Eingang und am N-Eingang spricht man von *Gleichtaktaussteuerung*. Die dabei auftretende Verstärkung heißt *Gleichtaktverstärkung* (V_{Gl}). Sie ist beim idealen Operationsverstärker null.

$$V_{Gl} = 0$$

Das Verhältnis des Verstärkungsfaktors V zur Gleichtaktverstärkung wird Gleichtaktunterdrückung (G) genannt.

$G = \dfrac{V}{V_{Gl}}$	G	Gleichtaktunterdrückung
	V	Verstärkungsfaktor
	V_{Gl}	Gleichtaktverstärkung

Die Gleichtaktunterdrückung ist beim idealen Operationsverstärker unendlich groß.

$G = \infty$

Weiterhin hat der ideale Operationsverstärker einen absolut linearen Zusammenhang zwischen der Ausgangsspannung und den Eingangsspannungen. Verzerrungen treten nicht auf, das Rauschen ist null. Irgendwelche Abhängigkeiten von der Umgebungstemperatur oder von Schwankungen der Speisespannungen bestehen nicht.

Zusammenstellung der wichtigsten Eigenschaften des idealen Operationsverstärkers:

- Verstärkungsfaktor $V = \infty$
- Eingangswiderstand $R_e = \infty\ \Omega$
- Ausgangswiderstand $R_a = 0\ \Omega$
- Untere Grenzfrequenz $f_{min} = 0$ Hz
- Obere Grenzfrequenz $f_{max} = \infty$ Hz
- Gleichtaktverstärkung $V_{Gl} = 0$
- Gleichtaktunterdrückung $G = \infty$
- Linearitätsabweichung des Zusammenhanges
- Ausgangsspannung zu Eingangsspannungen $= 0$
- Rausch-Ausgangsspannung $U_{rausch} = 0$ V

18.4.4 Realer Operationsverstärker

Ideale Operationsverstärker können, wie gesagt, nicht gebaut werden. Die Operationsverstärker, die hergestellt werden können, heißen *reale Operationsverstärker*.

Man ist bemüht, die Kennwerte realer Operationsverstärker möglichst weitgehend den für ideale Operationsverstärker geltenden Eigenschaften anzunähern.

Dies ist recht gut möglich, so dass bei praktischen Berechnungen oft so getan werden kann, als seien die realen Operationsverstärker ideale Operationsverstärker.

Man kann folgende Daten erreichen:

- Verstärkungsfaktor $V \approx 1000000$
- Eingangswiderstand $R_e = 1$ MΩ bis 1000 MΩ
- Ausgangswiderstand $R_a = 10\ \Omega$
- Untere Grenzfrequenz $f_{min} = 0$ Hz
- Obere Grenzfrequenz $f_{max} \approx 2000$ MHz
- Gleichtaktverstärkung $V_{Gl} \approx 0{,}2$
- Gleichtaktunterdrückung $G \approx 5000000$
- Rausch-Ausgangsspannung $U_{rausch} \approx 3\ \mu V$

Die vorstehend angeführten Daten werden nur von sehr hochwertigen Operationsverstärkern erreicht. Viele Typen von Operationsverstärkern haben etwas schlechtere Daten. Dies ist nicht weiter schlimm, denn für viele Anwendungszwecke sind die sehr guten Daten nicht unbedingt erforderlich.

18.4.5 Anwendungsbeispiele

Operationsverstärker sind sehr vielfältig verwendbare Verstärker. Sie können z.B. als Tonfrequenzverstärker und als Hochfrequenzverstärker bis rd. 100 MHz eingesetzt werden. Bild 18.16 zeigt einen Tonfrequenzverstärker mit Tonblende.

Operationsverstärker können weiter als Addier- und Subtrahierverstärker Verwendung finden. Eine Subtrahierschaltung ist in Bild 18.17 dargestellt.

Schwingungserzeuger aller Art, wie Sinusoszillatoren, RC-Generatoren, astabile Multivibratoren, können mit Operationsverstärkern aufgebaut werden, ebenfalls verschiedene Schalterstufen.

Das Schaltbild eines Universalverstärkers, auch Umkehrverstärker genannt, zeigt Bild 18.18a. Am invertierenden Eingang wird angesteuert. Zwischen der Spannung U_S und der Spannung U_A besteht eine Phasenverschiebung von 180°. Ein Teil der Ausgangsspannung U_A wird über R_1 mit umgekehrter Phasenlage auf den Eingang zurückgeführt. Dies nennt man Spannungsgegenkopplung. Durch die Spannungsgegenkopplung wird die Verstärkung der Schaltung verringert (Näheres siehe «Beuth/Schmusch, Elektronik 3»). Der hohe Verstärkungsfaktor V des Operationsverstärkers wird auf einen gewünschten Verstärkungsfaktor V_u verringert. Der gewünschte Verstärkungsfaktor ergibt sich mit guter Näherung aus dem Verhältnis der Widerstände R_1/R_2. Es ergibt sich ein Minuszeichen wegen der umgekehrten Phasenlage.

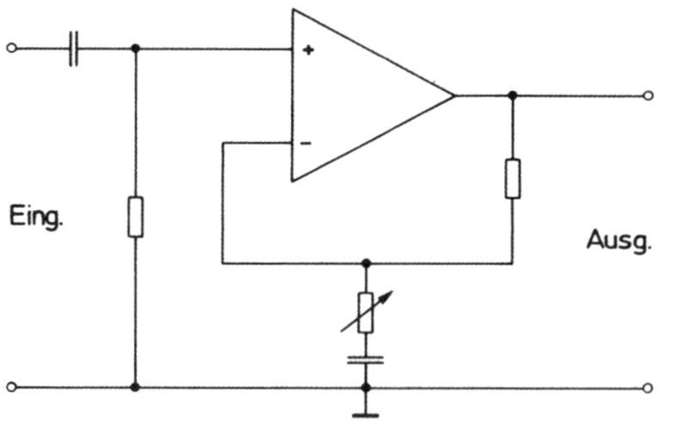

Bild 18.16
Tonfrequenzverstärker mit Tonblende

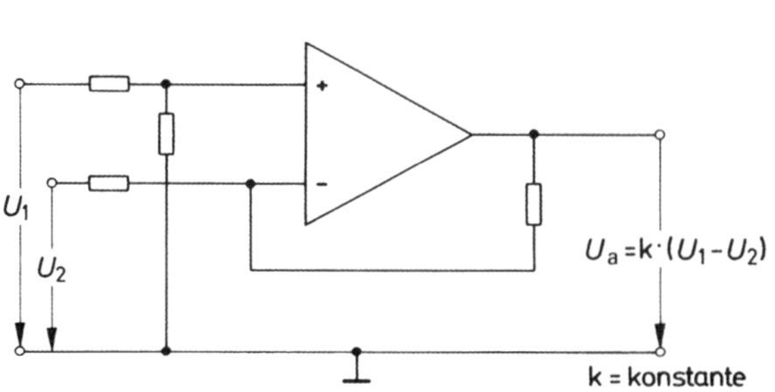

Bild 18.17
Substrahierschaltung, U_A = Konstante $(U_1 - U_2)$

$$V_u = -\frac{R_1}{R_2}$$ V_u = Spannungsverstärkung

Besonders gut eignen sich Operationsverstärker als Messverstärker. Über diese genannten Einsatzmöglichkeiten hinaus gibt es noch viele weitere Einsatzmöglichkeiten.

Einige sollen im Folgenden gezeigt werden.

Ein Tiefpass ist eine Schaltung, die tiefe Frequenzen passieren lässt und Frequenzen oberhalb einer bestimmten Grenzfrequenz sperrt. In Bild 18.19 ist die Schaltung eines Tiefpasses mit Operationsverstärker dargestellt. Über den Kondensator C werden vor allem hohe Frequenzen gegengekoppelt, denn der Kondensator hat für hohe Frequenzen einen kleinen Widerstand.

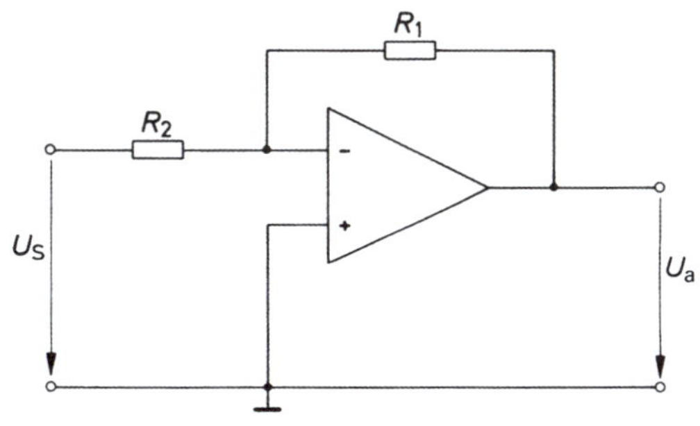

Bild 18.18a
Schaltbild eines Universalverstärkers mit Phasenumkehr

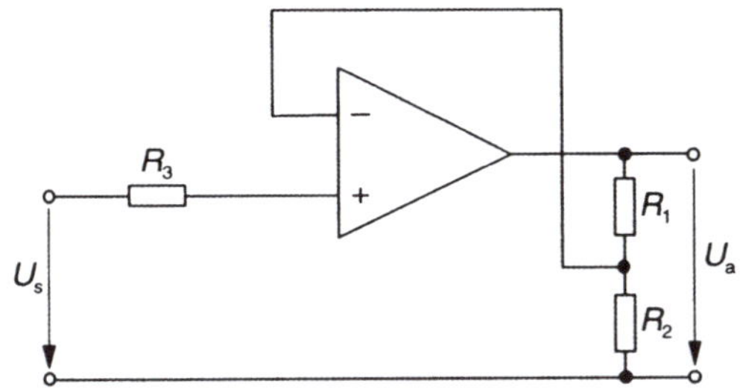

Bild 18.18b
Schaltbild eines Universalverstärkers ohne Phasenumkehr

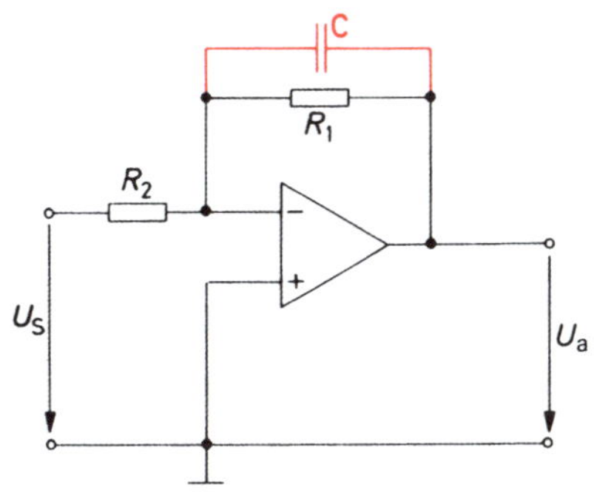

Bild 18.19
Aktiver Tiefpass

Die hohen Frequenzen werden so am invertierenden Eingang des Operationsverstärkers stark geschwächt. Die tiefen Frequenzen werden nicht geschwächt und können ungehindert passieren. Da der Operationsverstärker in der Schaltung eine verstärkende Wirkung hat, ist die Schaltung aktiv. Daher der Name aktiver Tiefpass.

Ein Hochpass ist eine Schaltung, die hohe Frequenzen passieren lässt und tiefe Frequenzen unterhalb einer bestimmten Grenzfrequenz sperrt. Bild 18.20 zeigt die Schaltung eines aktiven Hochpasses. Der Kondensator C aus Bild 18.19 ist durch eine Spule L ersetzt worden. Die Spule hat bei tiefen Frequenzen einen geringen Widerstand. Tiefe Frequenzen werden hier also stark gegengekoppelt und dadurch geschwächt. Die hohen Frequenzen werden nicht geschwächt. Sie können ungehindert passieren.

Mit aktiven Tiefpässen und aktiven Hochpässen lassen sich Filterschaltungen aller Art aufbauen, mit denen man bestimmte Frequenzbereiche herausfiltern oder unterdrücken will.

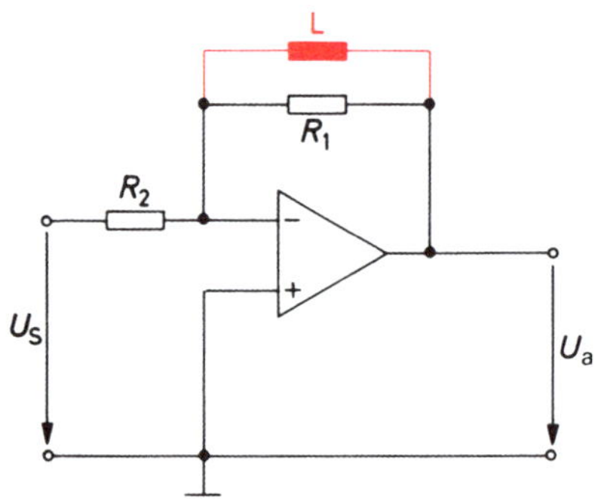

Bild 18.20
Aktiver Hochpass

19 Kippschaltungen

19.1 Bistabile Kippstufe

Als Kippstufe bezeichnet man eine Schaltung, deren Ausgangsspannung sich sprunghaft ändert. Eine bistabile Kippstufe ist eine Kippstufe mit zwei stabilen Zuständen, also mit zwei Schaltzuständen, die sich ohne besondere Steuereinwirkung nicht ändern. Eine solche Schaltung wird auch *Flipflop* genannt.

Kippschaltungen werden häufig mit Operationsverstärkern aufgebaut und befinden sich in integrierten Schaltungen. Zur Erläuterung wird der diskrete Aufbau beschrieben.

19.1.1 Schaltung und Arbeitsweise

Eine einfache bistabile Kippstufe besteht aus zwei Transistorschalterstufen nach Bild 19.1, die über die Widerstände R_{B1} und R_{B2} miteinander verkoppelt sind.

Im ersten Augenblick nach dem Anlegen der Betriebsspannung U_B (Einschaltzeitpunkt) sind beide Transistoren gesperrt. An ihren Kollektoren liegt ungefähr die volle Betriebsspannung. Diese lässt über die Widerstände R_{B1} und R_{B2} Basisströme I_{B1} und I_{B2} fließen, die zum Durchsteuern der Transistoren ausreichen.

Beide Transistoren wollen also im ersten Augenblick durchsteuern. Wegen der stets vorhandenen Streuung der Bauteil-Eigenschaften wird ein Transistor jedoch schneller durchsteuern als der andere. Nehmen wir an, Transistor T_1 steuert schneller durch. Während des Durchsteuerns sinkt seine Spannung U_{CE} stark ab, so dass der Transistor T_2 immer weniger Basisstrom über R_{B2} erhält. Je stärker Transistor T_1 durchsteuert, desto mehr wird Transistor T_2 am Durchsteuern gehindert und letztlich zum Sperren gezwungen (Bild 19.2).

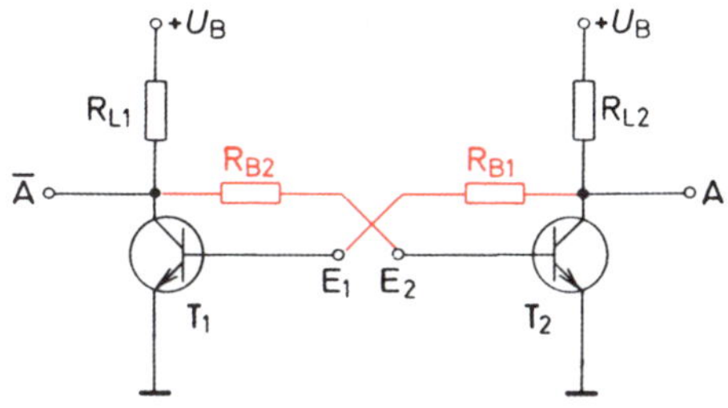

Bild 19.1
Schaltung einer einfachen bistabilen Kippstufe

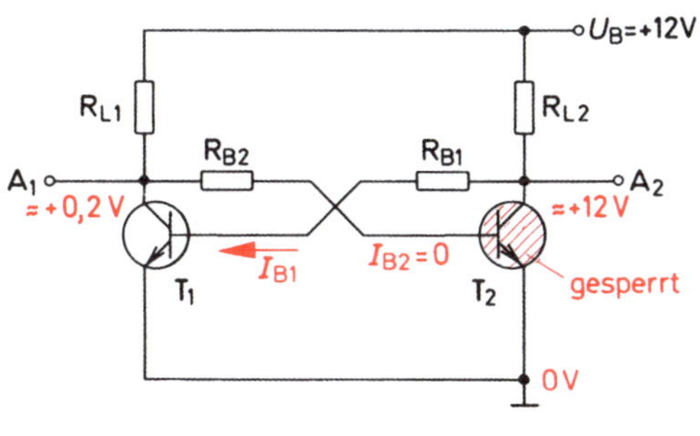

Bild 19.2
Bistabile Kippstufe im Schaltzustand T_1 durchgesteuert, T_2 gesperrt

Wenn Transistor T_1 durchgesteuert ist, muss Transistor T_2 gesperrt sein. *Dieser Schaltzustand ist der eine stabile Zustand der bistabilen Kippstufe.*

Definition

Erster stabiler Zustand: Transistor T_1 durchgesteuert, Transistor T_2 gesperrt.

Die Schaltung bleibt in dem stabilen Zustand stehen, wenn nicht durch äußeren Einfluss eine Änderung hervorgerufen wird.

Legt man an den Eingang des gesperrten Transistors, also an E_2, kurzzeitig eine genügend große positive Spannung (gegen Masse), so steuert T_2 durch.

Die Kollektor-Emitter-Strecke von T_2 wird niederohmig. Die Spannung U_{CE2} sinkt auf etwa 0,2 V. Der Transistor T_1 kann jetzt über R_{B1} nicht mehr genügend Basisstrom erhalten, er muss sperren (Bild 19.3).

Sobald Transistor T_1 in den Sperrzustand steuert, steigt seine Kollektor-Emitter-Spannung an bis auf ungefähr 12 V. Transistor T_2 wird jetzt über R_{B2} mit ausreichendem Basisstrom versorgt und kann im durchsteuerten Zustand verharren (Bild 19.3). *Dieser Schaltzustand ist der zweite stabile Zustand der bistabilen Kippstufe.*

Definition

Zweiter stabiler Zustand: Transistor T_1 gesperrt, Transistor T_2 durchgesteuert.

Durch das positive Signal auf die Basis des gesperrten Transistors wird die Schaltung von dem einen stabilen Zustand in den anderen stabilen Zustand gekippt.

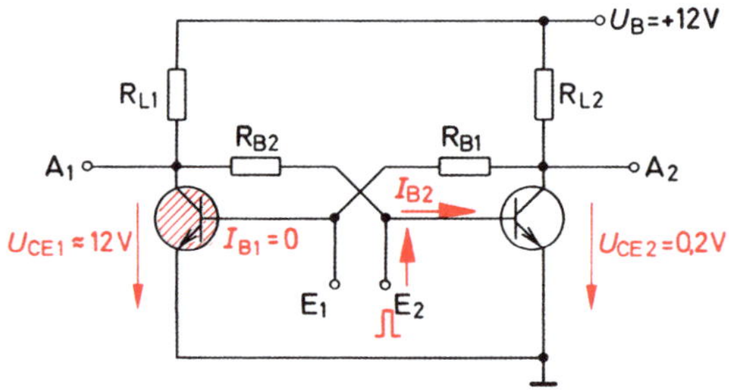

Bild 19.3
Bistabile Kippstufe im Schaltzustand T_2 durchgesteuert, T_1 gesperrt

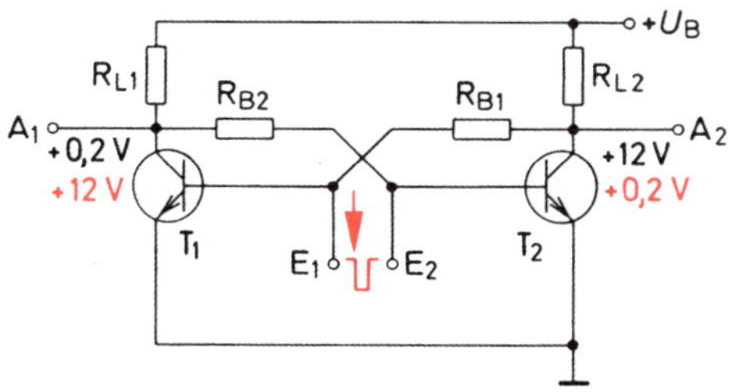

Bild 19.4
Bistabile Kippstufe, Auslösen des Kippvorganges durch negativen Steuerimpuls

Das Kippen der Schaltung kann jedoch auch durch ein negatives Signal ausgelöst werden. Die bistabile Kippstufe möge in dem stabilen Zustand «T_1 durchgesteuert, T_2 gesperrt» (Bild 19.4) stehen. Legt man jetzt kurzzeitig eine negative Spannung an den Eingang E_1, so wird Transistor T_1 zum Sperren gezwungen. Seine Kollektor-Emitter-Spannung U_{CE1} steigt auf etwa 12 V an. Sie kann jetzt über R_{B2} Transistor T_2 mit genügend Basisstrom versorgen, so dass T_2 durchsteuern kann. U_{CE2} sinkt jetzt auf etwa 0,2 V ab. Transistor T_1 kann also nicht mehr mit Basisstrom versorgt werden und muss gesperrt bleiben.

Merksatz

In einer mit npn-Transistoren aufgebauten bistabilen Kippstufe kann das Kippen durch ein positives Signal auf die Basis des gesperrten Transistors oder durch ein negatives Signal auf die Basis des durchgesteuerten Transistors ausgelöst werden.

Bei Schaltungen mit pnp-Transistoren muss die Polung der Steuerimpulse jeweils umgekehrt sein.

In welchem stabilen Zustand die Schaltung auch steht, stets ist es so, dass ein Ausgang hohe Spannung und der andere niedrige Spannung hat.

Merksatz

Die Ausgänge einer bistabilen Kippstufe haben stets entgegengesetzte Spannungszustände.

In den bisher betrachteten Schaltungen wurden die Transistoren über Vorwiderstände R_{B1}, R_{B2} mit Basisstrom versorgt. Wie bei Verstärkerschaltungen ist es auch hier oft günstiger, statt der Vorwiderstände Spannungsteiler zu verwenden. Bild 19.5 zeigt die Schaltung einer bistabilen Kippstufe mit Basisspannungsteilern.

Legt man die positiven Spannungssignale direkt an die Basis des durchzusteuernden Transistors, so kann es bei etwas zu großer Spannung zu einem unzulässig hohen Basisstrom kommen. Zur Sicherheit werden die Spannungssignale über Vorwiderstände auf die Basen gegeben. Solche Vorwiderstände sind die Widerstände R_{E1} und R_{E2} in Bild 19.5.

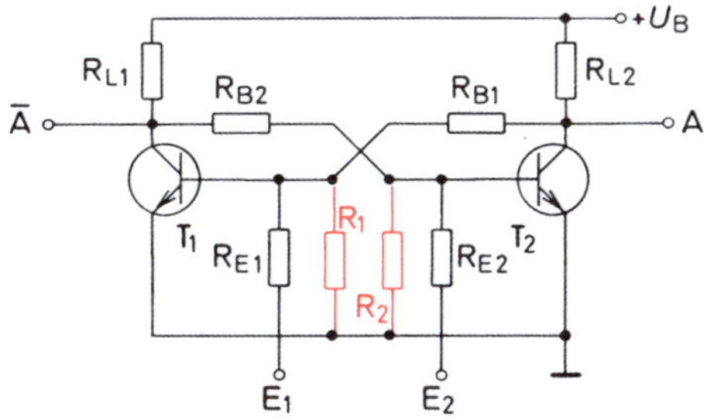

Bild 19.5
Bistabile Kippstufe
mit Spannungsteiler

19.1.2 Anwendungsbeispiele

Bistabile Kippstufe als Frequenzteiler

Mit einer bistabilen Kippstufe kann man die Frequenz einer Rechteckschwingung phasenstarr im Verhältnis 2 : 1 teilen. Die Ansteuerung der bistabilen Kippstufe muss so erfolgen, dass die Schaltung bei jeder eintreffenden ansteigenden Impulsflanke oder bei jeder eintreffenden abfallenden Impulsflanke kippt.

Die Ansteuerungsschaltung in Bild 19.6 ist so ausgelegt, dass das Kippen bei Eintreffen der ansteigenden Flanke erfolgt. Die Spannung U_E wird zunächst einer aus C_d und R_d bestehenden Differenzierstufe zugeführt.

Am Ausgang der Differenzierstufe, im Punkt E_X, liegt die Spannung U_{EX} (Bild 19.7). Nur die rot gezeichneten positiven Impulse sind wirksam. Sie gelangen über die Dioden D_1 und D_2 an die Basen der Transistoren T_1 und T_2.

Die Schaltung Bild 19.6 soll in dem Zustand «T_1 durchgesteuert, T_2 gesperrt» stehen. Die Spannung U_A am Ausgang A ist dann etwa gleich der Betriebsspannung U_B.

Trifft jetzt der Impuls 1 (Bild 19.7) ein, so gelangt er sowohl an die Basis von T_1 als auch an die Basis von T_2. Transistor T_1 ist bereits voll durchgesteuert, der positive Impuls ändert nichts. Transistor T_2 ist jedoch gesperrt. Er wird von dem positiven Impuls kurzzeitig durchgesteuert. Die Spannung U_A sinkt auf etwa 0,2 V. Dem Transistor T_1 wird damit die Basisstromversorgung entzogen, er muss sperren. Die Schaltung ist in den anderen stabilen Zustand gekippt.

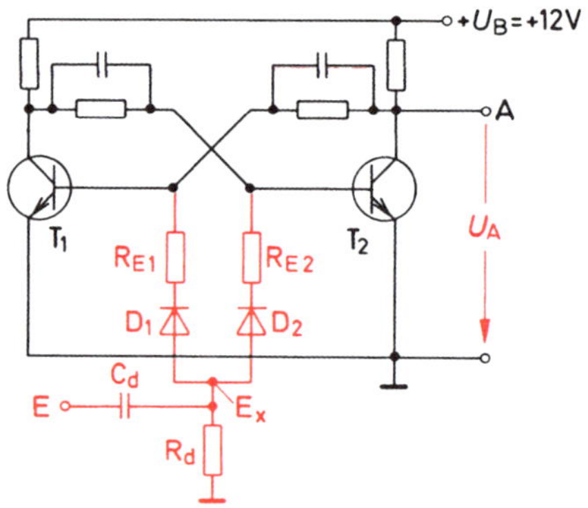

Bild 19.6
Bistabile Kippstufe als Frequenzteiler

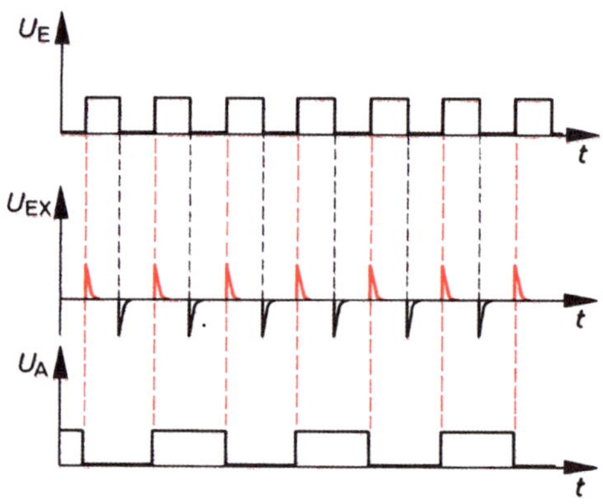

Bild 19.7
Impulsdiagramm zu Bild 19.6

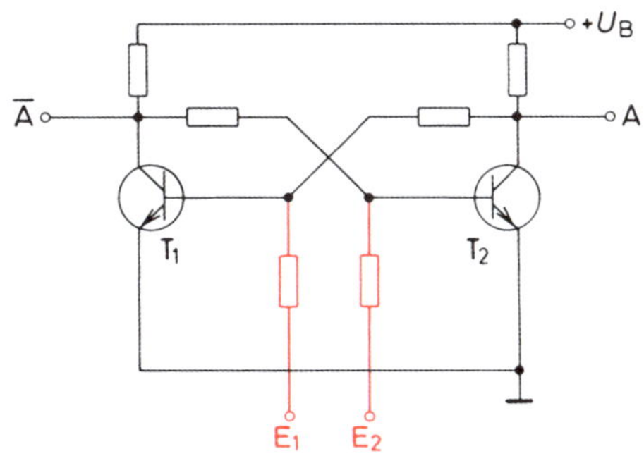

Bild 19.8
Bistabile Kippstufe
als Signalspeicher

Der Impuls 2 steuert dann T_1 wieder durch und verursacht ein Sperren von T_2. U_A steigt wieder auf den Wert von U_B an. Bei jedem der folgenden Impulse kippt die Schaltung. Vergleicht man den Verlauf von U_E und den Verlauf von U_A in Abhängigkeit von der Zeit, so stellt man fest, dass die Spannung U_A genau die halbe Grundfrequenz hat wie die Spannung U_E.

Frequenzteilerstufen dieser Art werden in großer Zahl bei elektronischen Uhren und in der Messtechnik eingesetzt. Jeder Farbfernsehempfänger enthält zumindest eine derartige Schaltung.

Bistabile Kippstufe als Signalspeicher
Eine bistabile Kippstufe kann durch ein kurzes Signal in einen der beiden stabilen Zustände gekippt werden. Diesen Zustand behält die Schaltung bei, bis sie durch ein neues Signal wieder in den Ausgangszustand zurück gekippt wird (Bild 19.8).

Sie kann also einen Signalzustand über eine längere Zeit speichern. Der Speicherinhalt kann abgefragt werden.

Betrachten wir die Arbeitsweise als Signalspeicher an einem Beispiel. In der Automobilherstellung soll ein großes Montageteil immer erst dann nachrücken, wenn das vorhergehende den Montageplatz bereits verlassen hat. Man arbeitet mit zwei Lichtschranken, von denen die eine an der Eingangsseite und die andere an der Ausgangsseite des Montageplatzes angeordnet ist. Wird die eingangsseitige Lichtschranke unterbrochen, so wird ein Flipflop auf $A = U_B$ gestellt. Dies ist das Zeichen, dass sich ein Montageteil auf dem Montageplatz befindet.

Wird die ausgangsseitige Lichtschranke unterbrochen, so wird das Flipflop wieder auf $A \approx 0{,}2$ V gesetzt. Das ist das Zeichen, dass sich kein Montageteil mehr innerhalb der Lichtschranke befindet.

19.2 Monostabile Kippstufe

19.2.1 Schaltung und Arbeitsweise

Werden zwei Transistorschalterstufen wie in Bild 19.9 miteinander verkoppelt, so entsteht eine *monostabile Kippstufe*. Eine solche Kippstufe hat nur einen stabilen Schaltungszustand. Sie wird auch *Monoflop, monostabiler Multivibrator* oder *Univibrator* genannt. Der Basiswiderstand R_{B1} muss so bemessen sein, dass die Schalterstufe mit Transistor T_1 über R_{B1} genügend Basisstrom zum Durchsteuern erhält (Bild 19.9).

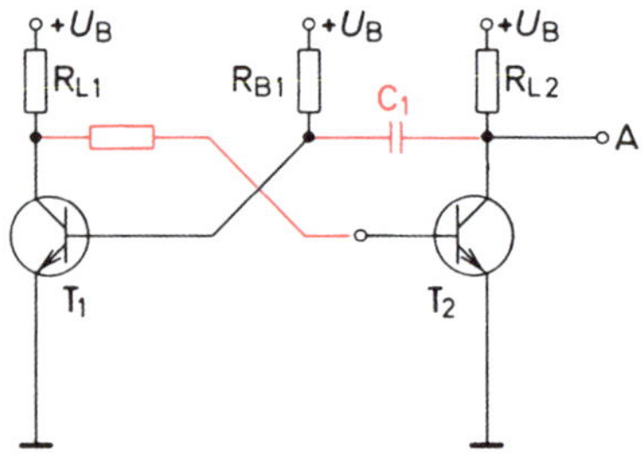

Bild 19.9
Aufbau einer monostabilen Kippstufe

Nach Anlegen der Betriebsspannung U_B versuchen beide Transistoren durchzusteuern. Je mehr der Transistor T_1 aber übersteuert, desto geringer wird die Spannung U_{CE1}. Bei geringer Spannung U_{CE1} kann Transistor T_2 jedoch keinen genügend großen Basisstrom erhalten. Transistor T_2 muss sperren.

Die Schaltung hat jetzt ihren stabilen Zustand eingenommen.

Definition

Stabiler Zustand: Transistor T_1 durchgesteuert, Transistor T_2 gesperrt.

In diesem stabilen Zustand bleibt die Schaltung, wenn nicht durch bestimmte Einwirkung von außen eine Änderung erzwungen wird.

Bild 19.10 zeigt die Schaltung einer einfachen monostabilen Kippstufe im stabilen Zustand. Das Potential am Ausgang A beträgt + 12 V, an der Basis des durchgesteuerten Transistors z. B. 0,8 V.

Der Kondensator C_1 wird also während des stabilen Zustandes auf 11,2 V aufgeladen.

Ein Kippen der Schaltung ist nur durch ein von außen zugeführtes Steuersignal möglich. Wird auf den Eingang E_2 kurzzeitig eine genügend positive Spannung gegeben, so steuert Transistor T_2 durch. Die Spannung U_{CE2} sinkt auf etwa 0,2 V ab.

Der Kondensator C_1 behält im ersten Augenblick seinen Ladezustand bei. Er wirkt wie eine Spannungsquelle mit einer Spannung von 11,2 V.

Liegt nun der positive Pol des Kondensators auf einem Potential von +0,2 V, so hat der negative Pol ein Potential von –11 V. An der Basis von Transistor T_1 liegt also im ersten Augenblick ein Potential von –11 V. T_1 muss sperren (Bild 19.11).

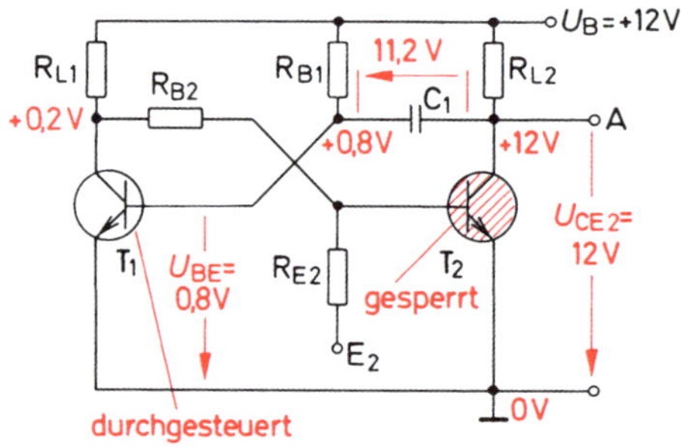

Bild 19.10
Monostabile Kippstufe im stabilen Zustand

Bild 19.11
Monostabile Kippstufe, kurz nach dem Schalten in den nichtstabilen Zustand

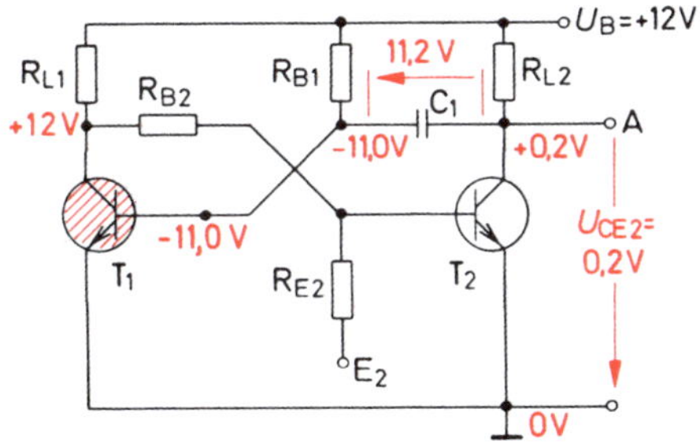

Wenn aber Transistor T_1 sperrt, so geht seine Kollektor-Emitter-Spannung auf etwa 12 V herauf. Jetzt kann Transistor T_2 über R_{B2} genügend Basisstrom erhalten und zunächst einmal im durchgesteuerten Zustand verbleiben. Die Schaltung hat jetzt ihren nichtstabilen Zustand eingenommen.

Definition

Nichtstabiler Zustand: Transistor T_1 gesperrt, Transistor T_2 durchgesteuert.

Der Kondensator C_1 wird während des nichtstabilen Zustandes entladen. Der Weg des Entladestromes ist in Bild 19.12 eingezeichnet. Im Entladestromkreis liegen die Widerstände R_{B1} und R_{CE2} und der Kondensator C_1. Diese Größen bestimmen die Entladezeitkonstante τ_E.

$$\tau_E = (R_{B1} + R_{CE2}) \cdot C_1$$

Da sich der Transistor T_2 im durchgesteuerten Zustand befindet, ist R_{CE2} sehr klein gegenüber R_{B1}. R_{CE2} kann vernachlässigt werden.

$$\tau_E = R_{B1} \cdot C_1$$

Die Entladung des Kondensators C_1 erfolgt nach einer e-Funktion (Bild 19.13).

Nach Ablauf der Zeit t_1 ist der Kondensator C_1 entladen und umgekehrt bis auf die Schwellspannung von Transistor T_1 wieder aufgeladen. Jetzt kann Transistor T_1 durchsteuern. Die Spannung U_{CE1} geht auf ungefähr 0,2 V zurück. Transistor T_2 erhält keinen Basisstrom mehr und muss sperren. Die Schaltung ist in den stabilen Zustand zurückgekippt.

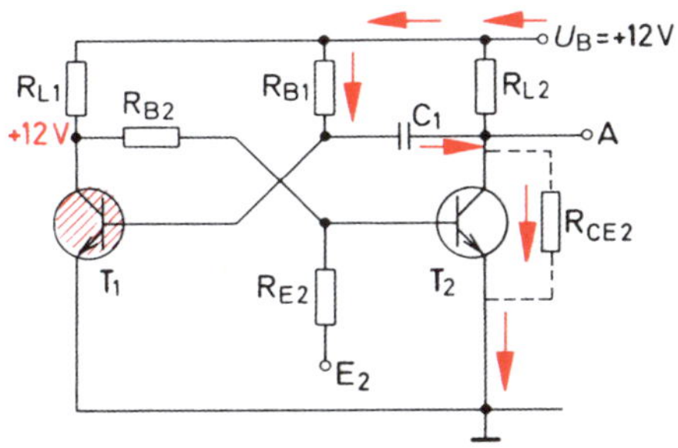

Bild 19.12
Monostabile Kippstufe, Entladung von C_1

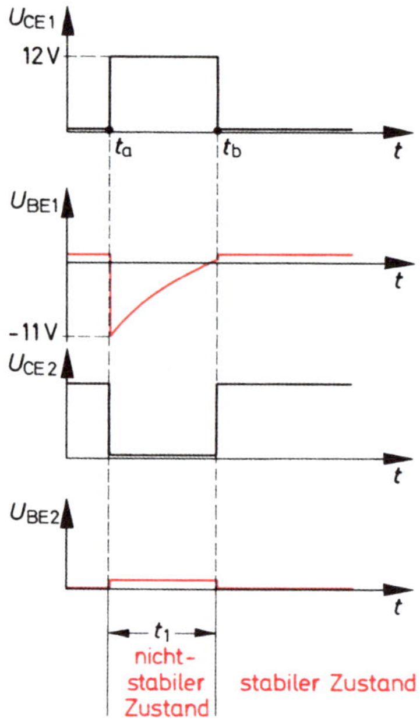

Bild 19.13
Spannungsdiagramm t_a : Schaltung kippt in den nichtstabilen Zustand t_b : Schaltung kippt in den stabilen Zustand

Aus der e-Funktion für die Kondensatorentladung ergibt sich die Zeit t_1:

$$t_1 = 0{,}69 \cdot R_{B1} \cdot C_1$$

Nach Ablauf der Zeit t_1 kippt die monostabile Kippstufe selbsttätig in den stabilen Zustand zurück.

Ein Kippen in den nichtstabilen Zustand erfordert wieder ein entsprechendes Steuersignal.

Vor Ablauf einer sogenannten *Erholzeit* ist ein Kippen in den nichtstabilen Zustand überhaupt nicht möglich. Der Kondensator C_1 muss erst wieder aufgeladen sein. Der Aufladestromkreis geht vom Pluspol über R_{L2}, C_1, R_{BE} von T_1 zum Minuspol (Bild 19.10). Für die Aufladezeitkonstante ergibt sich die Gleichung:

$$\tau_A = (R_{L2} + R_{BE}) \cdot C_1 \approx R_{L2} \cdot C_1$$

Die Erholzeit t_{erh} muss etwa 3 bis 5 Aufladezeitkonstanten betragen.

$$t_{erh} \approx 5 \cdot R_{L2} \cdot C_1$$

19.2.2 Anwendungsbeispiele

Monostabile Kippstufen werden hauptsächlich als *Verzögerungsschaltungen* eingesetzt. Man verwendet sie als *Zeitgeber*, als *Impulsverlängerungsstufen*, als Schaltungen zur *Impulsregenerierung*. Die Verweilzeiten im nichtstabilen Zustand können zwischen etwa 1 µs und 30 Minuten liegen.

Bild 19.14
Impulsverlängerungsschaltung mit Impulsdiagramm

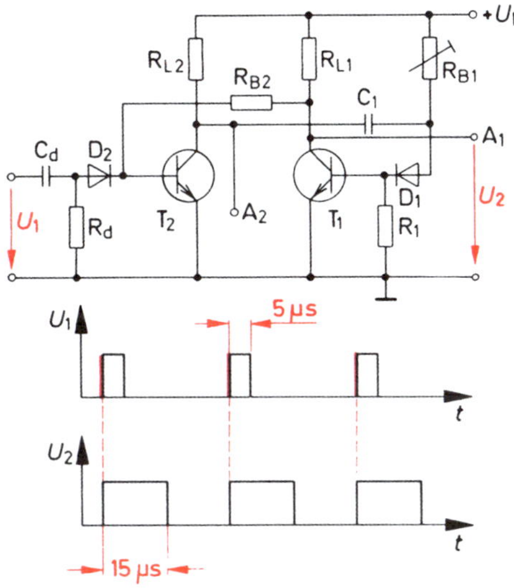

Schaltung zur Impulsverlängerung
Betrachten wir als erstes Beispiel eine Schaltung zur Impulsverlängerung (Bild 19.14).

Die Impulse einer Impulsreihe $U_1 = f(t)$ sollen von einer Dauer von 5 µs auf eine Dauer von 15 µs verlängert werden.

Die Impulsreihe $U_1 = f(t)$ wird einem aus C_d und R_d bestehenden Differenzierglied zugeführt. Die Diode D_2 lässt nur die positiven Impulse auf die Basis von T_2 durch. Diese lösen das Kippen aus. Die Verweildauer im nichtstabilen Zustand muss 15 µs betragen. Die Größen von R_{B1} und C_1 sind entsprechend zu bemessen.

$$t_1 = 0{,}69 \cdot R_{B1} \cdot C_1 = 15\ \mu s$$

Während der Zeit von 15 µs befindet sich der Transistor T_1 im Sperrzustand. An seinem Kollektor, also am Ausgang A_1, muss die Spannung U_2 abgenommen werden. Die Spannung am Ausgang A_2 ist nicht verwendbar. Die hier abnehmbare Impulsreihe hat eine andere Impulsdauer.

Schaltung zur Impulsregenerierung
Bei der Übertragung von Rechteckimpulsen über lange Kabelleitungen kommt es oft zu Impulsverschleifungen. Die Impulse kommen stark verformt an. Mit Hilfe einer monostabilen Kippstufe können die Impulse ihre ursprüngliche Form wiedererhalten. Die Impulsdauer muss jedoch bekannt sein. Eine gleichzeitige Vergrößerung der Impulsamplitude ist leicht durchführbar.

Eine mögliche Schaltung zur Regenerierung von Impulsen zeigt Bild 19.15.

Die Impulsreihe $U_1 = f(t)$ in Bild 19.16 stellt die ursprünglichen Impulse dar. Die verschliffenen Impulse $U_2 = f(t)$ werden auf den Eingang der Differenzierstufe gegeben. Am Ausgang der Differenzierstufe erscheint die Impulsreihe $U_d = f(t)$. Die negativen Spannungsanteile werden von der Diode weggeschnitten.

Die Steuerung der monostabilen Kippstufe erfolgt mit den positiven Impulsen. Am Ausgang A_1 kann die regenerierte und verstärkte Impulsreihe $U_3 = f(t)$ abgenommen werden.

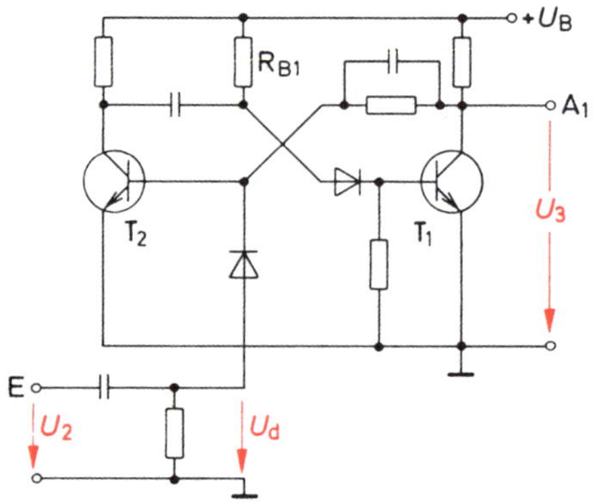

Bild 19.15
Schaltung zur Regenerierung von Impulsen

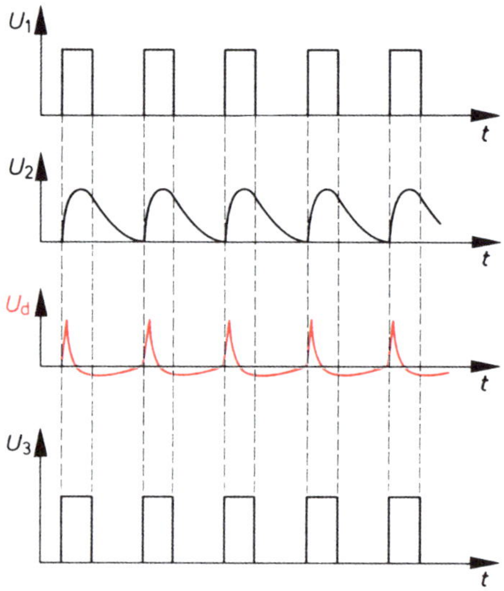

Bild 19.16
Regenerierung von Impulsen

Bei dieser Art der Regenerierung kann es leicht zu einer Änderung der Impulsdauer kommen. Um nachstimmen zu können, führt man R_{B1} zweckmäßigerweise als Reihenschaltung eines Festwiderstandes mit einem Stellwiderstand aus.

19.3 Astabile Kippschaltung (Multivibrator)

Eine astabile Kippschaltung ist eine Kippschaltung, die keinen stabilen Zustand hat. Sie kippt von einem nichtstabilen Zustand in den anderen nichtstabilen Zustand und wieder zurück. Zum Kippen ist kein von außen kommendes Steuersignal erforderlich. Die Schaltung wird auch Multivibrator oder astabiler Multivibrator genannt.

19.3.1 Schaltung und Arbeitsweise

Eine astabile Kippschaltung besteht aus zwei Transistorschalterstufen, die über Kondensatoren miteinander verkoppelt sind (Bild 19.17).

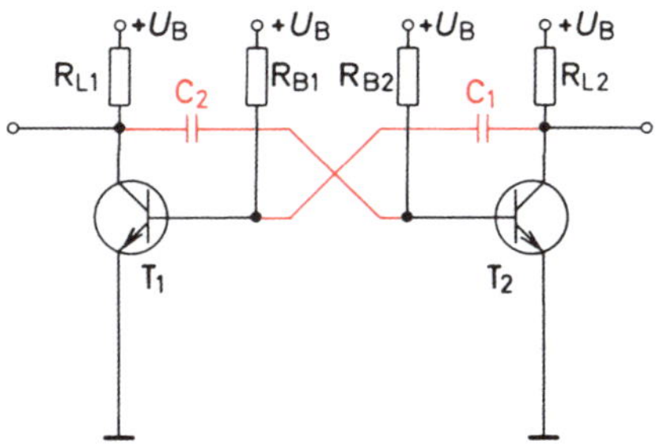

Bild 19.17
Zwei Transistor-Schalterstufen, zu einer astabilen Kippschaltung zusammengeschaltet

Die Schaltung kann sich in zwei verschiedenen, nichtstabilen Zuständen befinden:

- ❑ *Zustand 1*
  T_1 durchgesteuert
  T_2 gesperrt
- ❑ *Zustand 2*
  T_1 gesperrt
  T_2 durchgesteuert

Nehmen wir an, die Schaltung befinde sich im Zustand 1. Transistor T_1 sei durchgesteuert, Transistor T_2 gesperrt (Bild 19.18).

Die Kollektor-Emitter-Strecke von T_2 ist hochohmig (z. B. R_{CE2} = 100 MΩ). R_{CE2} und R_{L2} liegen in Reihe. Die Betriebsspannung von 12 V wird fast voll an R_{CE2} abfallen. Am Kollektor von T_2 liegt ein Potential von +12 V.

Die Kollektor-Emitter-Strecke von T_1 ist niederohmig. Der größte Teil der Betriebsspannung fällt an R_{L1} ab. An der Kollektor-Emitter-Strecke von T_1 liegt die Sättigungsspannung $U_{CE\,sat} \approx 0{,}2$ V. Der Kondensator C_1 wird im Beispiel Bild 19.18 auf etwa 11,2 V aufgeladen. Aus einem jetzt noch nicht näher zu erklärenden Grund soll Transistor T_2 jetzt durchsteuern. Sein Kollektorpotential sinkt auf etwa 0,2 V ab. *Der Ladezustand des Kondensators C_1 bleibt jedoch im ersten Augenblick erhalten.* Der Kondensator wirkt wie eine Spannungsquelle von 11,2 V. Liegt der positive Pol von C_1 an einem Potential von 0,2 V, so hat der negative Pol ein Potential von –11 V (Bild 7.45). Im ersten Augenblick nach dem Durchsteuern von T_2 liegt also eine Spannung U_{BE} von –11 V an der Basis von Transistor T_1. T_1 muss sperren. Seine Kollektor-Emitter-Spannung geht auf etwa 12 V herauf. Kondensator C_2 wird geladen.

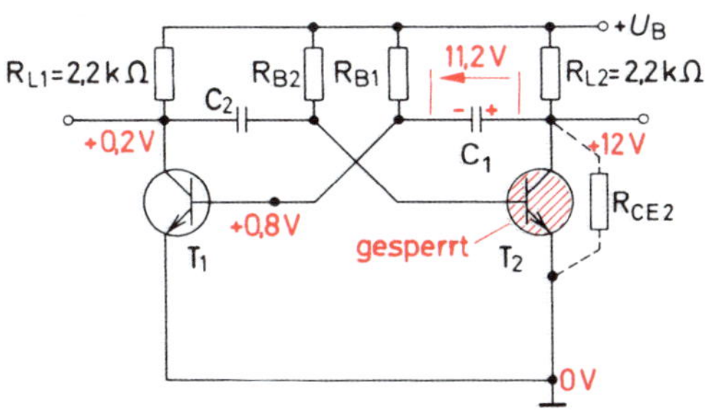

Bild 19.18
Astabile Kippschaltung, T_1 durchgesteuert, T_2 gesperrt

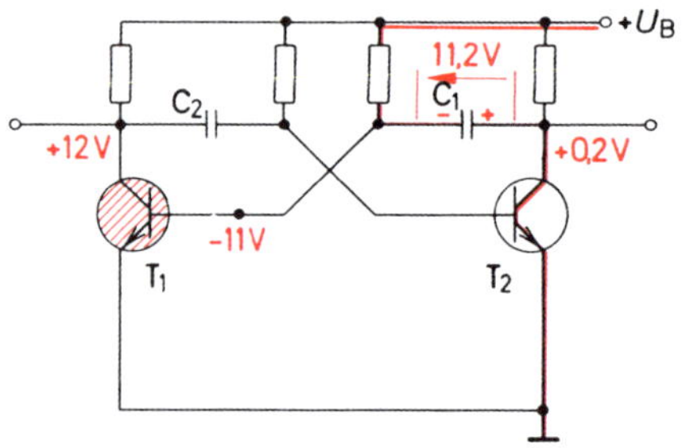

Bild 19.19
Astabile Kippschaltung kurz nach dem Durchsteuern von T_2, rot: Weg des Entladestromes von C_1

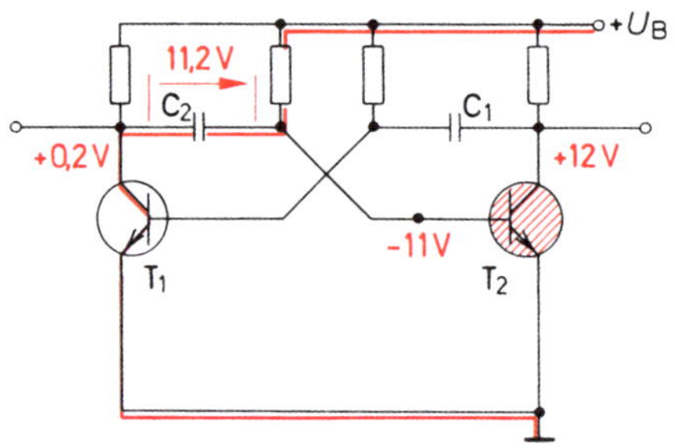

Bild 19.20
Astabile Kippschaltung kurz nach dem Durchsteuern von T_1, rot: Weg des Entladestromes von C_2

Die Schaltung befindet sich jetzt im Zustand 2: T_1 gesperrt, T_2 durchgesteuert.

Der Zustand «T_1 gesperrt, T_2 durchgesteuert» bleibt nun so lange bestehen, bis C_1 entladen und umgekehrt bis auf die Schwellspannung von T_1 wieder aufgeladen ist. Der Entladestromkreis von C_1 ist in Bild 19.19 rot eingezeichnet.

Nach der Entladung und der schwachen Aufladung von C_1 bis zur Schwellspannung kann T_1 wieder durchsteuern. In der Zwischenzeit wurde C_2 auf etwa 11,2 V aufgeladen. Sinkt das Kollektorpotential von T_1 auf etwa 0,2 V, so liegt im ersten Augenblick an der Basis von T_2 ein Potential von –1 V. Transistor T_2 muss sperren (Bild 19.20).

Die Schaltung befindet sich jetzt wieder im Zustand 1.

Der Zustand 1 «T_1 durchgesteuert, T_2 gesperrt» bleibt so lange bestehen, bis C_2 entladen und umgekehrt bis auf die Schwellspannung von T_2 aufgeladen ist.

Dann kann T_2 wieder durchsteuern, T_1 muss sperren, und die Schaltung hat den Zustand 2 eingenommen.

Die astabile Kippschaltung kippt also stets von einem Zustand in den anderen. Die Verweilzeiten in den einzelnen Zuständen entsprechen den Zeiten, die für die Entladung und die schwache Wiederaufladung der Kondensatoren C_1 und C_2 erforderlich sind.

Die Arbeitsweise der astabilen Kippschaltung lässt sich gut anhand von Bild 19.21 verfolgen. Hier sind die zeitlichen Verläufe der Spannungen U_{CE1}, U_{BE1}, U_{CE2} und U_{BE2} in Abhängigkeit von der Zeit dargestellt.

Im Zustand 1 ist T_1 durchgesteuert (U_{CE1} = 0,2 V) und T_2 gesperrt (U_{CE2} = 12 V). C_2 wird entladen und schwach wieder aufgeladen. (U_{BE2} ändert sich in positiver Richtung.)

Im Zustand 2 ist T_1 gesperrt (U_{CE1} = 12 V) und T_2 durchgesteuert (U_{CE2} = 0,2 V). C_1 wird entladen und schwach wieder aufgeladen. (U_{BE1} ändert sich in positiver Richtung.)

Bild 19.21
Spannungsverläufe bei der astabilen Kippschaltung

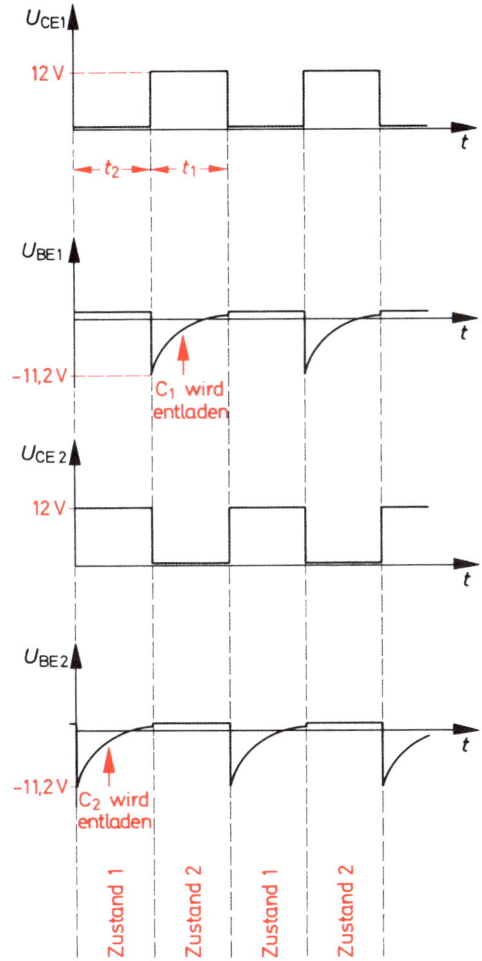

Bei einer astabilen Kippschaltung verlaufen die Kollektor-Emitter-Spannungen der beiden Transistoren angenähert rechteckförmig. Die Kollektoranschlusspunkte werden als Ausgänge A_1 und A_2 herausgeführt (Bild 19.22). An diesen beiden Ausgängen können zwei zueinander gegenphasige Rechteckspannungen abgenommen werden (Bild 19.23).

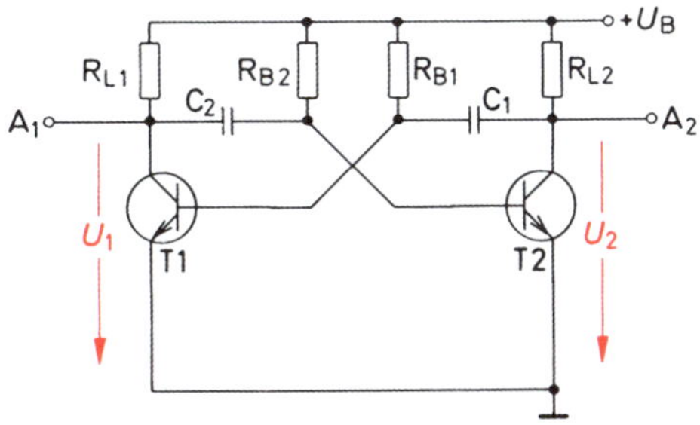

Bild 19.22
Astabile Kippschaltung

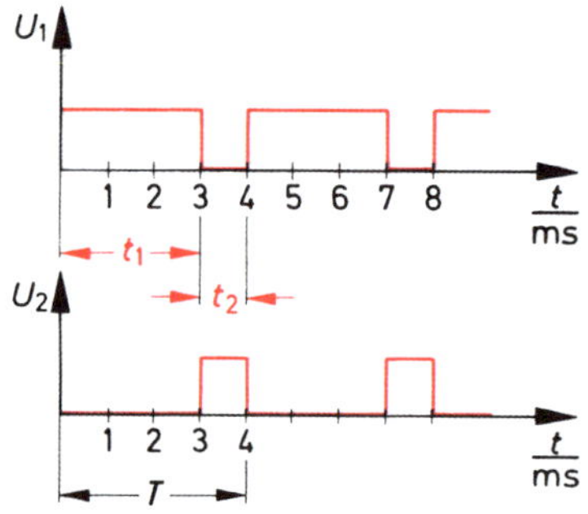

Bild 19.23
Ausgangsspannungen einer astabilen Kippschaltung

Definition

Die astabile Kippschaltung ist ein Rechteckspannungs-Generator.

Die erzeugten Rechteckspannungen können sehr unterschiedlich sein. Betrachten wir zunächst den Verlauf der Spannung U_1 in Bild 19.23.

Definition

Die Zeit t_1 ist die Zeit, während der der Transistor T_1 gesperrt ist. Für die Spannung U_1 ist sie die *Impulszeit*.
Die Zeit t_2 ist die Zeit, während der der Transistor T_2 gesperrt ist. Für die Spannung U_1 ist t_2 die *Pausenzeit*, denn während der Zeit t_2 ist U_1 ungefähr 0 V.

Mit folgenden Gleichungen werden die Zeiten t_1 und t_2 berechnet:

$$t_1 = 0{,}69 \cdot R_{B1} \cdot C_1$$

$$t_2 = 0{,}69 \cdot R_{B2} \cdot C_2$$

Für die Grundfrequenz f gilt dann die Gleichung:

$$f = \frac{1}{T} = \frac{1}{t_1 + t_2}$$

19.3.2 Anwendungsbeispiele

Die astabile Kippstufe wird hauptsächlich als Rechteckgenerator und Impulsgeber verwendet. Man verwendet sie außerdem als Taktgeber, als elektronische Blinkschaltung und als periodischen Schalter.

Impulsgeber
Die Schaltung Bild 19.24 zeigt einen Impulsgeber für eine Kraftfahrzeug-Blinkanlage. Die Periodendauer beträgt etwa 1,2 Sekunden, das Impuls-Pausen-Verhältnis ist 1 : 1.

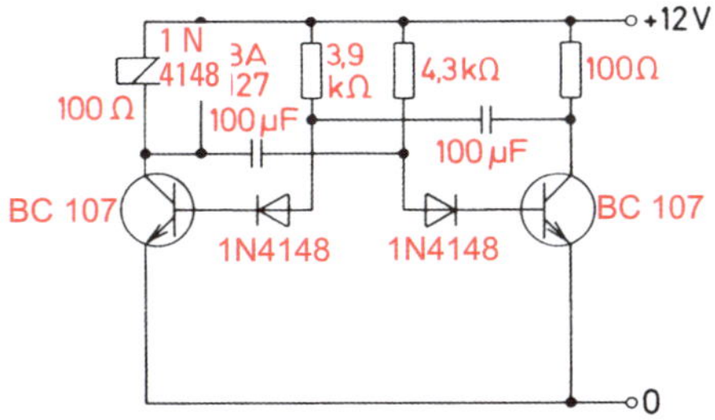

Bild 19.24
Impulsgeber für
12-V-Blinker

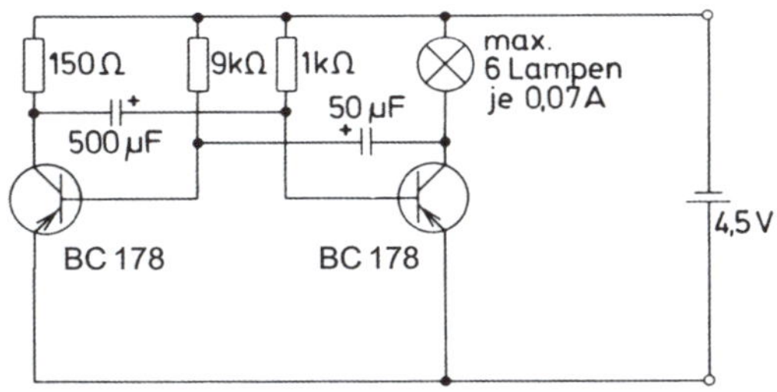

Bild 19.25
Einfache Blinkerschaltung

Die Dioden in den Basisleitungen sollen Durchbrüche der Basis-Emitter-Strecke verhindern. Die Diode parallel zum Relais ist eine sogenannte Freilaufdiode, die beim Abschalten des Relais Überspannungen verhindert.

Die Schaltung arbeitet bis zu einer Betriebsspannung von etwa 5 V.

Einfache Blinkschaltung

Zum schnellen Nachbau eignet sich die Blinkschaltung Bild 19.25. Als Spannungsquelle ist eine 4,5-V-Taschenlampen-Flachbatterie ausreichend. Die Blinkfrequenz beträgt etwa 1,5 Hz.

Die Schaltung ist als Warnblinkanlage verwendbar und kann von Arbeitern im Straßenbereich, von Radfahrern, Fußgängern und Marschkolonnen bei Dunkelheit eingesetzt werden.

19.4 Schmitt-Trigger

19.4.1 Schaltung und Arbeitsweise

Die Schaltung eines Schmitt-Triggers besteht aus zwei Transistorschalterstufen, die, wie in Bild 19.26 dargestellt, miteinander verkoppelt sind. Es gibt verschiedene Schaltungsvarianten, die aber alle nach dem gleichen Prinzip arbeiten.

Am Eingang soll zunächst die Spannung $U_1 = 0$ V anliegen. Nach Einschalten der Betriebsspannung sperrt Transistor T_1. Ein Durchsteuern ist ohne Spannung U_1 und damit ohne Basis-Emitter-Spannung nicht möglich. Die Kollektor-Emitter-Strecke von T_1 ist hochohmig. Am Kollektor liegt etwa das Potential der Betriebsspannung, zum Beispiel +12 V. Dabei wird vorausgesetzt, dass der nachgeschaltete Spannungsteiler aus R_1 und R_2 hochohmig ist und nur einen geringen Querstrom fließen lässt.

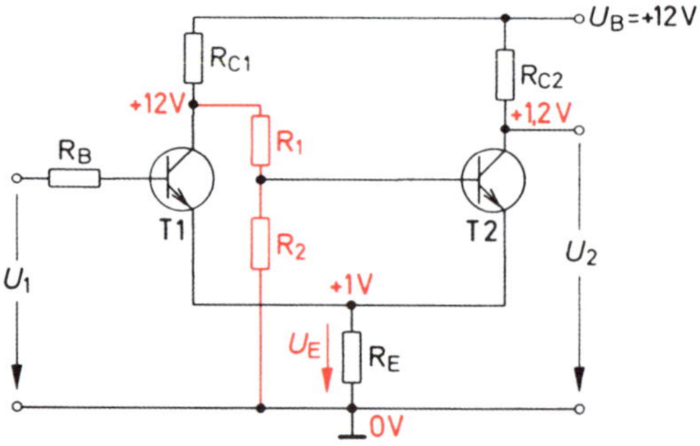

Bild 19.26
Schaltung eines Schmitt-Triggers (Potentialangaben für den Ruhezustand)

Der Spannungsteiler soll nun so bemessen sein, dass Transistor T_2 eine genügend große Basis-Emitter-Spannung erhält und in den Sättigungszustand durchsteuern kann.

Der Emitterstrom des durchgesteuerten Transistors T_2 fließt über den Emitterwiderstand R_E und erzeugt hier einen Spannungsabfall von z. B. 1 V. Die Basis von Transistor T_1 ist damit negativ vorgespannt (U_{BE1} = –1 V). Am Kollektor von T_2 liegt ein Potential von etwa 1,2 V bei einer angenommenen Sättigungsspannung $U_{CE\,Sat}$ = 0,2 V.

Die Schaltung befindet sich jetzt in dem stabilen Zustand 1, auch *Ruhezustand* genannt. Ruhezustand: Transistor T_1 gesperrt, Transistor T_2 durchgesteuert.

An den Eingang wird jetzt eine Spannung U_1 angelegt, die von Null an in positiver Richtung ansteigt. Wenn diese Spannung den Wert von U_E plus Schwellspannung von T_1 (≈ 1,6 V) erreicht hat, beginnt T_1 durchzusteuern. Das Potential am Kollektor T_1 sinkt ab. Damit nimmt auch die Spannung U_{BE2} an der Basis von Transistor T_2 ab, und der Basisstrom I_{B2} geht zurück. Zunächst macht das nichts aus, da Transistor T_2 übersteuert ist.

Das Absinken von U_{BE2} wird noch dadurch unterstützt, dass U_E durch den jetzt zusätzlich fließenden Emitterstrom von Transistor T_1 ansteigt. Die weitere Abnahme von I_{B2} führt zu einer starken Abnahme von I_{C2}. Die Spannung U_E geht herunter und hilft so mit, T_1 weiter aufzusteuern. Ein Absinken von U_E bedeutet ja bei gleich bleibender Spannung U_1 ein Ansteigen von U_{BE1}. Der Kippvorgang erfolgt wegen dieses Mitkopplungseffektes sehr schnell. Transistor T_1 steuert in den Sättigungszustand, Transistor T_2 sperrt (Bild 19.27). Die Schaltung befindet sich jetzt in dem stabilen Zustand 2, dem sogenannten *gekippten Zustand oder Arbeitszustand.*

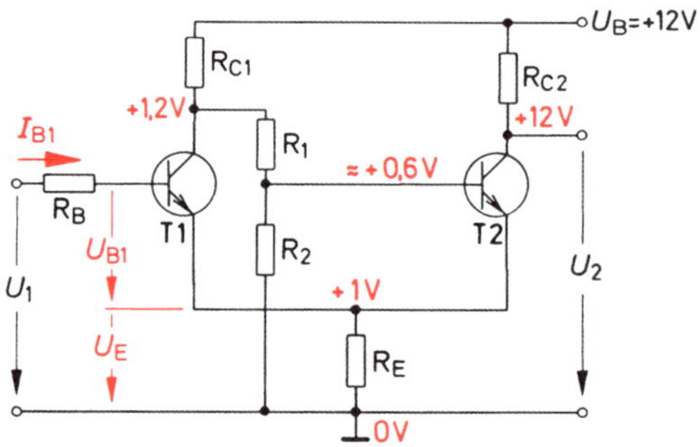

Bild 19.27
Schaltung eines Schmitt-Triggers (Potentialausgaben für den Kippzustand)

Arbeitszustand: Transistor T_1 durchgesteuert, Transistor T_2 gesperrt.

Merksatz

Ein Schmitt-Trigger kippt bei Erreichen eines bestimmten Eingangsspannungswertes vom Ruhezustand in den Arbeitszustand.

Geht die Eingangsspannung U_1 von ihrem positiven Höchstwert in Richtung Null zurück, so geschieht zunächst nichts. Die Schaltung bleibt auch noch in dem gekippten Zustand, wenn der Spannungswert von U_1, der das Kippen ausgelöst hat ($\approx$ 1,6 V), schwach unterschritten wird. Der Basisstrom I_{B1} nimmt zwar ab. Der Kollektorstrom I_{C1} folgt wegen der Übersteuerung von T_1 jedoch erst, wenn der für die Sättigung notwendige Basisstrom unterschritten ist. Wenn I_{C1} dann abnimmt, bedeutet das eine Verringerung der Spannung U_E und damit eine Erhöhung von U_{BE1}.

Erst bei einem weiteren Absinken von U_{BE1} steuert T_1 in den Sperrzustand. Das Kollektorpotential von T_1 steigt an. Dadurch wird T_2 ein Durchsteuern ermöglicht. Der Kippvorgang wird durch den bereits beschriebenen Mitkopplungseffekt beschleunigt. Die Schaltung kippt in den Ruhezustand zurück.

Merksatz

Ist die Eingangsspannung eines im Arbeitszustand stehenden Schmitt-Triggers auf einen bestimmten Wert abgesunken, so kippt er in den Ruhezustand zurück.

Das Kippen in den Ruhezustand erfolgt bei einem geringeren Eingangsspannungswert als das Kippen in den Arbeitszustand. Es ergibt sich eine sogenannte *Schalthysterese*.

Die Spannung, bei der der Schmitt-Trigger in den Arbeitszustand kippt, nennen wir U_{Ein}. Die Spannung, bei der das Rückkippen erfolgt, heißt U_{Aus}. Bild 19.28 zeigt die Abhängigkeit der Ausgangsspannung U_2 von der Eingangsspannung U_1 und macht die Schalthysterese deutlich.

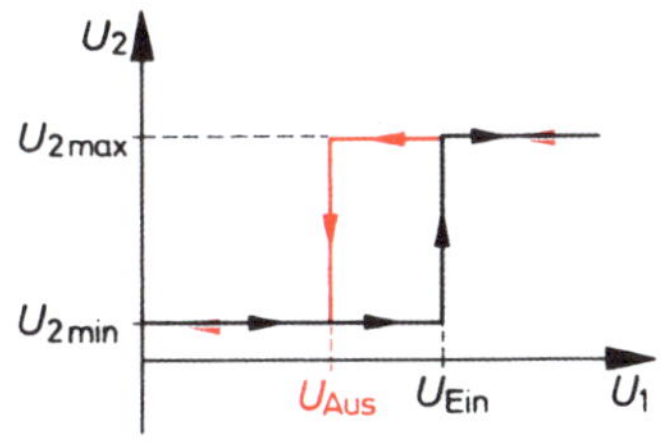

Bild 19.28
Schalthysterese

19.4.2 Anwendungsbeispiele

Die besonderen Eigenschaften des Schmitt-Triggers werden in der Elektronik in großem Umfang genutzt. Er wird immer dort eingesetzt, wo ein Schaltvorgang vom Vorhandensein eines bestimmten Spannungswertes abhängig gemacht wird. Der Schmitt-Trigger ist ein sehr guter Schwellwertschalter. Der Schwellwert, bei dem ein Schaltvorgang ausgelöst werden soll, kann in weiten Grenzen geändert werden.

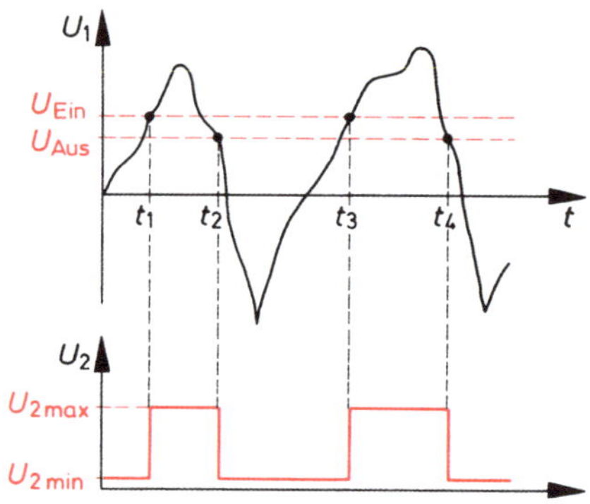

Bild 19.29
Verlauf der Ausgangsspannung bei gegebenem Verlauf der Eingangsspannung

Mit Hilfe eines Schmitt-Triggers lassen sich aus beliebigen Spannungsverläufen Rechteckspannungen gewinnen (Bild 19.29). Aus einer Sinusschwingung kann man sehr leicht eine Rechteckschwingung gleicher Periodendauer herstellen. Durch Ändern des Einschaltspannungspegels wird das Impuls-Pausen-Verhältnis verändert.

Rechteckspannungen, deren Flanken nicht steil genug sind oder die eine Dachschräge bekommen haben, können mit einem Schmitt-Trigger hervorragend regeneriert werden. Die an sich schon gute Flankensteilheit der Ausgangsspannung eines Schmitt-Triggers lässt sich durch besondere Schaltungsmaßnahmen noch weiter verbessern.

Schwellwertschalter

Bild 19.30 zeigt die Schaltung eines lichtabhängigen Schwellwertschalters. Bei einer bestimmten Beleuchtungsstärke wird der Schaltvorgang ausgelöst. Das Relais A zieht an.

Die Schaltung besteht aus einem Schmitt-Trigger mit Schaltverstärker. Bei geringer Beleuchtungsstärke ist der Widerstand R_4 sehr hochohmig. T_1 kann nicht durchsteuern. Mit steigender Beleuchtungsstärke wird R_4 immer niederohmiger. Bei einem bestimmten Schwellwert der Beleuchtungsstärke steuert T_1 durch. Der Schmitt-Trigger kippt in den Arbeitszustand. Am Kollektor von T_2 liegt jetzt ein hoher Spannungspegel. Die Z-Diode wird durchlässig. Transistor T_3 steuert jetzt in den niederohmigen Zustand. Die Spannung an R_L steigt an und steuert T_4 durch. Das Relais zieht an.

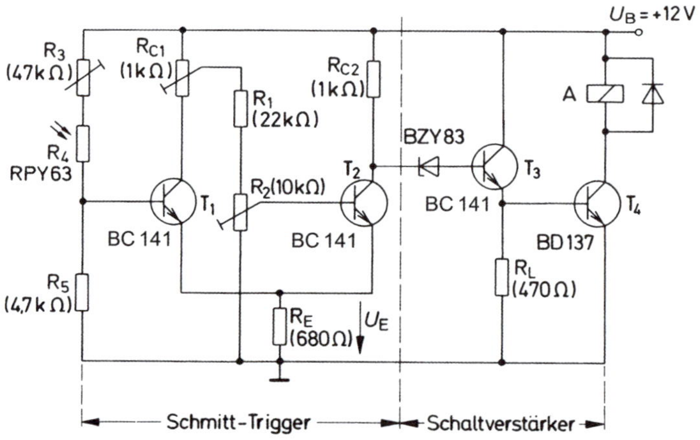

Bild 19.30 Lichtabhängiger Schwellenwertschalter

Mit dem Stellwiderstand R_3 wird die Ansprechschwelle des Schmitt-Triggers eingestellt. Streuungen des Widerstandswertes von R_4 lassen sich ausgleichen. Der Stellwiderstand R_2 dient zum Justieren des Schmitt-Triggers. R_2 ist so lange zu verändern, bis im Ruhestand des Schmitt-Triggers eine möglichst kleine Kollektor-Emitter-Sättigungsspannung an T_2 liegt. Mit Stellwiderstand R_{C1} kann die Empfindlichkeit des Schmitt-Triggers verändert werden.

Die Z-Diode BZY 83 verhindert ein Aufsteuern von Transistor T_3 im Ruhezustand des Schmitt-Triggers.

Schmitt-Trigger können recht einfach mit Hilfe von Operationsverstärkern aufgebaut werden. Eine solche Schaltung zeigt Bild 19.31.

Wenn die Schaltschwelle U_{ein} erreicht ist, geht die Ausgangsspannung U auf ihren Kleinstwert (Bild 19.32). Mit Erreichen von U_{aus} wird wieder die volle Spannung am Ausgang wirksam. Dieser Schmitt-Trigger arbeitet invertierend (umkehrend). Die vorher betrachteten Schaltungen arbeiten nichtinvertierend (s. Bild 19.29).

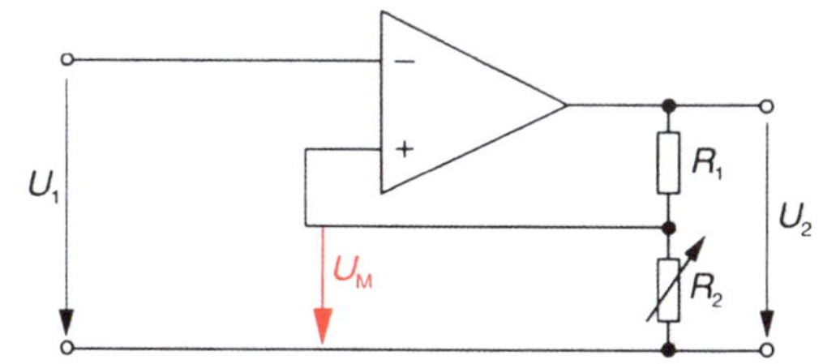

Bild 19.31
Schmitt-Trigger mit Operationsverstärker, invertierend

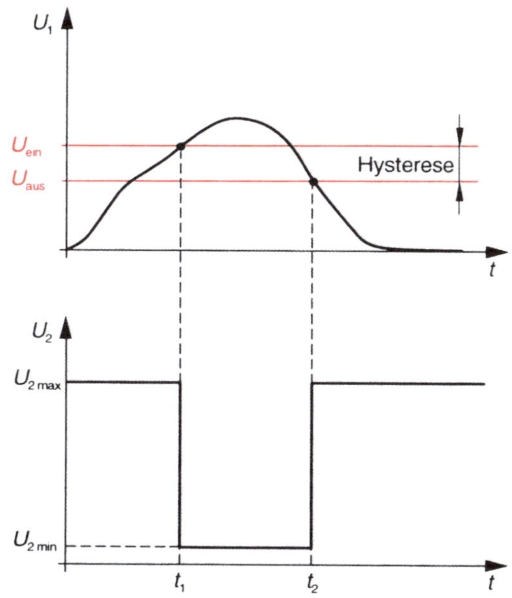

Bild 19.32
Spannungen am invertierenden Schmitt-Trigger

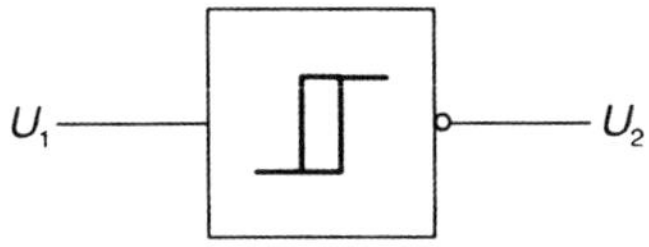

Bild 19.33
Invertierender Schmitt-Trigger als integrierte Schaltung, Schaltzeichen

Schmitt-Trigger können heute auch als integrierte Schaltungen bezogen werden. Das Schaltzeichen eines solchen Schmitt-Triggers zeigt Bild 19.33.

20 Oszillatorschaltungen

20.1 Prinzip einer Oszillatorschaltung

Oszillatorschaltungen dienen der Erzeugung sinusförmiger Schwingungen. Sie bestehen immer aus einer *Verstärkerschaltung*, einem *Mitkopplungsweg* und einem frequenzbestimmenden Glied. Die Prinzipschaltung eines Oszillators ist in Bild 20.1 dargestellt.

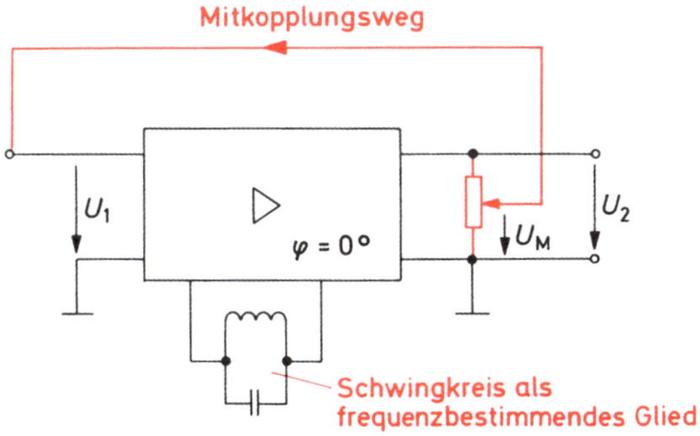

Bild 20.1
Prinzipschaltung eines Oszillators

Der Verstärker arbeitet mit *Mitkopplung*, d.h., ein Teil der Ausgangsspannung U_2 wird phasenrichtig auf den Eingang E zurückgegeben. Phasenrichtig heißt, dass zwischen der Eingangsspannung U_1 und der Ausgangsspannung U_2 keine Phasendrehung herrscht ($\varphi = 0$).

Nach Einschalten der Versorgungsspannung beginnt die Schaltung zu schwingen, wenn die sogenannte *Schwingbedingung* erfüllt ist. Am Ausgang entsteht ein Rauschen. Ein Teil der Rauschspannung wird auf den Eingang gegeben. Nur die im Rauschen enthaltene gewünschte Frequenz wird verstärkt und erscheint am Ausgang. Ein Teil der Spannung wird erneut auf den Eingang zurückgegeben und so fort. Die Schaltung schaukelt sich auf bis zur vorgesehenen Amplitude.

Die Größe der Mitkopplung wird durch den Mitkopplungsfaktor k bestimmt.

$$k = \frac{U_M}{U_2}$$

k Mitkopplungsfaktor
U_M Mitkopplungsspannung
U_2 Ausgangsspannung

Definition

Der Mitkopplungsfaktor *k* gibt den Bruchteil der Ausgangsspannung an, der auf den Eingang zurückgekoppelt wird.

Die Schwingbedingung lautet:

$k \cdot V_u \geqq 1$

k Mitkopplungsfaktor
V_u Spannungsverstärkung

Als frequenzbestimmende Glieder werden LC-Schaltungen (Schwingkreise), RC-Schaltungen oder Quarze verwendet.

Es sind sehr viele verschiedene Oszillatorschaltungen möglich. Die vier wichtigsten sollen im Folgenden vorgestellt werden:

20.2 Meißner-Oszillator

Der Meißner-Oszillator arbeitet mit induktiver Mitkopplung. Er wurde ursprünglich mit einer Röhrenverstärkerstufe entwickelt. Heute verwendet man Transistorverstärkerstufen (Bild 20.2).

Die verwendete Verstärkerstufe ist eine Emitterschaltung. Als Lastwiderstand dient eine Parallelschaltung aus Spule (L) und Kondensator (C), ein sogenannter Parallelschwingkreis. Die Verstärkerstufe verstärkt nur die Frequenz (f_r), bei der der Schwingkreis in Resonanz ist. Es gilt die Gleichung:

$$f_r = \frac{1}{2\pi\sqrt{LC}}$$

Ein kleiner Teil der Ausgangsspannung wird mit der Spule L_2 ausgekoppelt und dient als Mitkopplungsspannung. Der Mitkopplungsweg ist in Bild 20.2 rot gezeichnet. Mit R_3 lässt sich der Mitkopplungsfaktor verändern. Der über R_3 liegende Kondensator verhindert ein Abfließen der Basisgleichspannung. Mit der Spule L_3 wird die Ausgangsspannung U_2 ausgekoppelt.

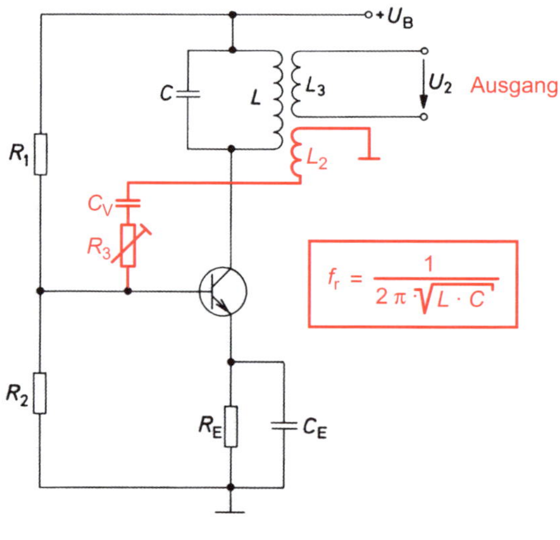

Bild 20.2
Meißner-Oszillator

20.3 Hartley-Oszillator (Induktiver Dreipunktoszillator)

Auch für den Hartley-Oszillator wird meist eine Emitterschaltung als Verstärkerstufe verwendet (Bild 20.3). Der Schwingkreis ist an drei Punkten der Spule angeschlossen. Daher wird diese Schaltung auch induktiver Dreipunktoszillator genannt.

Die Spannung von Punkt 1 zu Punkt 2 ist gegenüber der Eingangsspannung U_1 um 180° verschoben, da die Emitterschaltung die Phase um 180° dreht. Die Spannung von Punkt 3 und Punkt 2 ist phasenrichtig mit U_1 und kann als Mitkopplungsspannung verwendet werden.

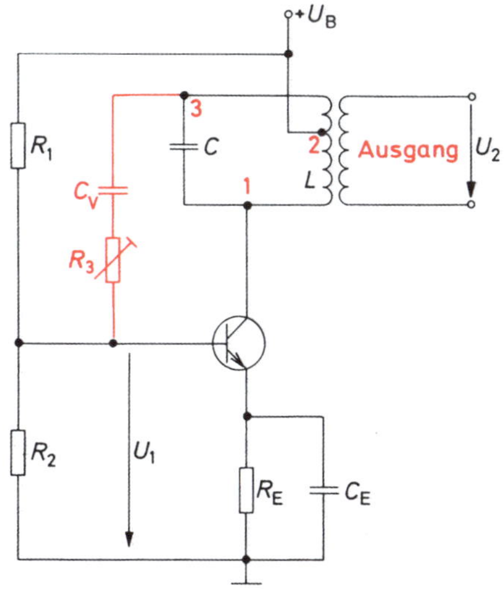

Bild 20.3
Hartley-Oszillator
(Induktiver Dreipunktoszillator)

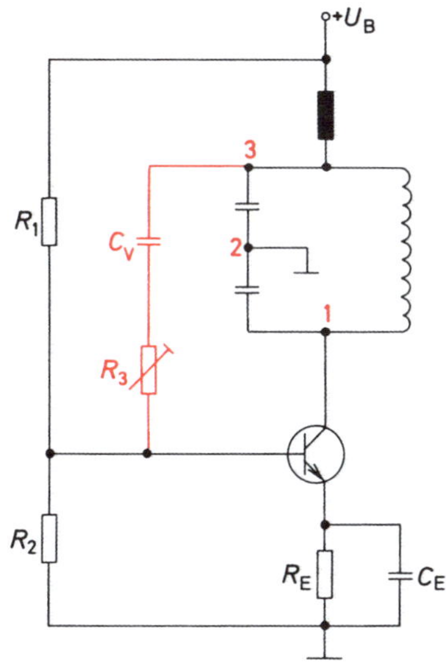

Bild 20.4
Colpitts-Oszillator
(Kapazitiver Dreipunktoszillator)

20.4 Colpitts-Oszillator (Kapazitiver Dreipunktoszillator)

Der Colpitts-Oszillator ist dem Hartley-Oszillator sehr ähnlich. Eine Spulenanzapfung ist jedoch nicht erforderlich (Bild 20.4). Der Colpitts-Oszillator lässt sich daher in Großserien kostengünstig herstellen.

20.5 Quarzoszillatoren

Quarze sind sehr gute frequenzbestimmende Glieder. Jeder Quarz hat eine Eigenfrequenz, die ihm «angeboren» ist. Sie hängt von den Abmessungen und von der Kristallstruktur ab. Legt man an einen Quarz eine Wechselspannung, die die gleiche Frequenz hat wie der Quarz, so beginnt der Quarz zu schwingen. Ursache ist der piezoelektrische Effekt. Der Quarz zeigt das Verhalten eines Schwingkreises. Die Schwingungen sind jedoch sehr konstant.

Merksatz

Quarzoszillatoren erzeugen sehr frequenzkonstante Schwingungen.

Die Schaltung eines häufig verwendeten Quarzoszillators zeigt Bild 20.5.

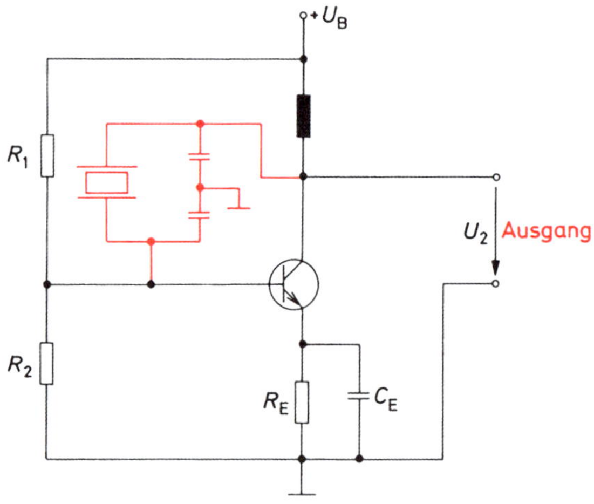

Bild 20.5
Quarzoszillator

21 Stabilisierungsschaltungen

21.1 Schaltungen zur Spannungsstabilisierung

Die Versorgungsspannungen hochwertiger elektronischer Schaltungen sollten auch bei Änderungen der Betriebsbedingungen konstant bleiben. Dies erreicht man mit besonderen Schaltungen zur Spannungsstabilisierung. Z-Dioden eignen sich besonders gut zur Erzeugung von Konstantspannungen.

Die Grundschaltung Bild 21.1 wurde bereits in Kapitel 15 bei den Anwendungen der Z-Dioden besprochen. Die Spannung an ihrem Ausgang bleibt angenähert konstant, wenn sich der Laststrom nur geringfügig ändert. Da die Z-Dioden-Kennlinie aber nicht unendlich steil ist, führen größere Laststromänderungen zu wesentlichen Spannungsänderungen. Für größere Laststromänderungen ist die Schaltung Bild 21.1 daher nicht geeignet.

Bessere Ergebnisse bringt die Schaltung Bild 21.2. Hier wird ein Transistor im Hauptstromweg als steuerbarer Widerstand verwendet. Die Spannung U_Z soll von der Z-Diode auf +5,6 festgehalten werden. Punkt B hat also gegen Masse +5,6 V. Die Spannung U_{BE} hat bei einem auf einen mittleren Wert aufgesteuerten Transistor ungefähr +0,6 V. Der Emitterpunkt E ist also um 0,6 V negativer als der Basispunkt B. Die Ausgangsspannung U_a der Schaltung ist somit +5 V. Es gilt:

$$U_a = U_Z - U_{BE}$$

$$U_{BE} = U_Z - U_a$$

An der Kollektor-Emitter-Strecke des Transistors fällt die Spannung U_{CE} ab.

$$U_a = U - U_{CE}$$

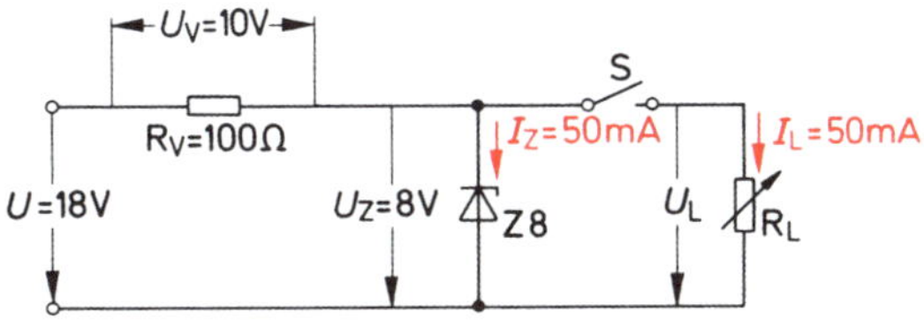

Bild 21.1
Einfache Schaltung zur Spannungsstabilisierung

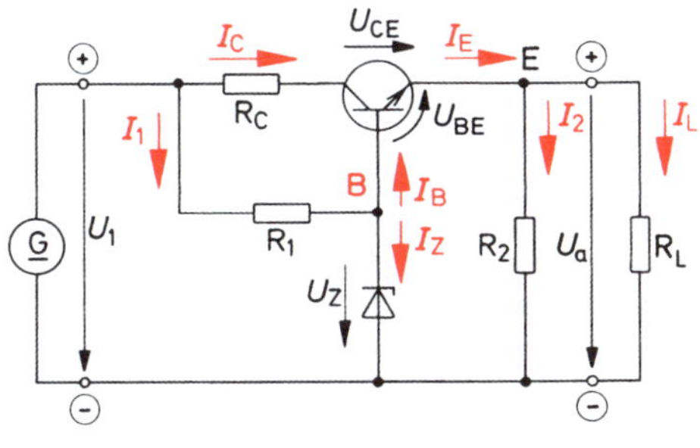

Bild 21.2
Spannungsstabilisierungsschaltung mit Transistor

Die Ausgangsspannung U_a der Schaltung soll nun um 0,1 V zurückgehen. Bei U_a = 4,9 V ist aber U_{BE} = 0,7 V, da U_Z konstant bleibt. Bei U_{BE} = 0,7 V steuert der Transistor weiter auf, d. h. er wird niederohmiger, U_{CE} wird kleiner und die Ausgangsspannung steigt wieder auf +5 V an.

Wenn die Ausgangsspannung U_a um 0,1 V größer wird, sinkt U_{BE} auf 0,5 V ab. Der Transistor steuert zu, er wird hochohmiger, U_{CE} wird größer und die Ausgangsspannung U_a sinkt praktisch wieder auf 5 V ab.

Änderungen der Ausgangsspannung werden außerordentlich schnell wieder ausgeregelt. Die Ausgangsspannung bleibt praktisch konstant.

Wenn die Eingangsspannung größer wird, wird ein ähnlicher Regelvorgang ausgelöst. U_{CE} wird so weit größer, dass U_a wieder 5 V hat. Wird die Eingangsspannung kleiner, so wird der Transistor aufgesteuert. U_{CE} wird entsprechend kleiner. Die Spannungsänderungen dürfen aber einen bestimmten Bereich nicht überschreiten. Sinkt die Eingangsspannung U z.B. unter den Wert von U_Z, so sperrt die Z-Diode. Eine Stabilisierung ist nicht mehr gegeben. Ebenfalls darf U einen bestimmten Wert nicht überschreiten, da dann der Transistor überlastet wird.

Die Schaltung Bild 21.2 ist nur für eine konstante Ausgangsspannung geeignet, z.B. für 5 V. In vielen Fällen möchte man jedoch den konstanten Spannungswert durch Einstellung wählen, z. B. zwischen 4 V und 9 V. Dies lässt sich mit der Schaltung Bild 21.3 erreichen. Das Verhältnis R_1/R_2 bestimmt zusammen mit der konstanten Vergleichsspannung U_v die Größe der Ausgangsspannung U_a.

$$U_a = U_v \cdot \frac{R_1}{R_2}$$

$$U_v = U_Z + U_{BE2}$$

Sinkt die Ausgangsspannung z. B. infolge steigender Belastung ab, so wird auch die Basisspannung U_{BE2} kleiner. T_2 steuert weiter zu. U_{CE2} wird größer und damit auch die Spannung am Punkte B. T_1 steuert weiter auf und wirkt dem Absinken der Ausgangsspannung entgegen. Der Transistor T_2 bildet mit den Widerständen R_1, R_2, R_V und der Z-Diode einen *Regelverstärker*. Die Schaltung Bild 21.3 reagiert sehr empfindlich auf Spannungsänderungen und hat eine gute Stabilisierungswirkung.

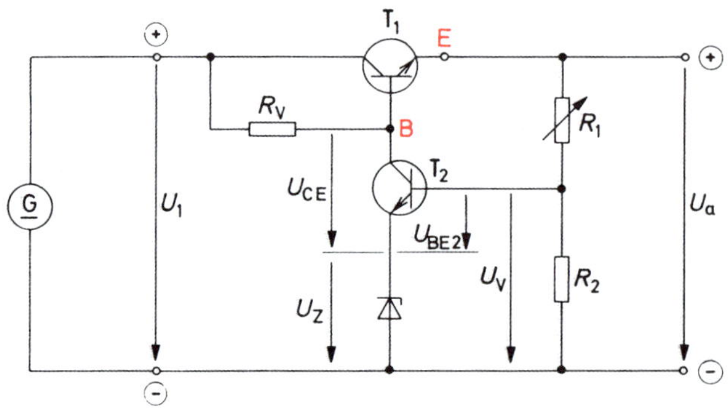

Bild 21.3 Spannungsstabilisierungsschaltung mit Regelverstärker

21.2 Schaltungen zur Stromstabilisierung

Ein konstanter Strom wird seltener benötigt als eine konstante Spannung. Schaltungen, die einen konstanten Strom abgeben, werden auch *Konstantstromquellen* genannt. In Bild 21.4 ist eine solche Schaltung dargestellt.

An der Z-Diode fällt eine konstante Spannung $U_Z = 6{,}8$ V ab. Es gilt:

$$U_Z = U_{BE} + U_E$$

$$U_E = U_Z - U_{BE}$$

$$U_E = 6{,}8\text{ V} - 0{,}6\text{ V} = 6{,}2\text{ V}$$

Da die Spannung U_E ebenfalls konstant ist, entsteht ein konstanter Strom I_E.

$$I_E = \frac{U_E}{R_E}$$

Der Basisstrom ist sehr klein. Es gilt:

$$I_E \approx I_C$$

Die Größe des Lastwiderstandes R_L kann in weiten Grenzen schwanken. Der Laststrom I_L ist weitgehend unabhängig von der Größe des Lastwiderstandes R_L. Er ist ein konstanter Strom. Die Berechnung des konstanten Stromes I_L wird mit folgender Gleichung durchgeführt:

$$I_L = \frac{U_Z + U_{BE}}{R_E}$$

Mit Operationsverstärkern lassen sich sehr gute und preiswerte Konstantstromquellen aufbauen. Eine Beispielschaltung zeigt Bild 21.5.

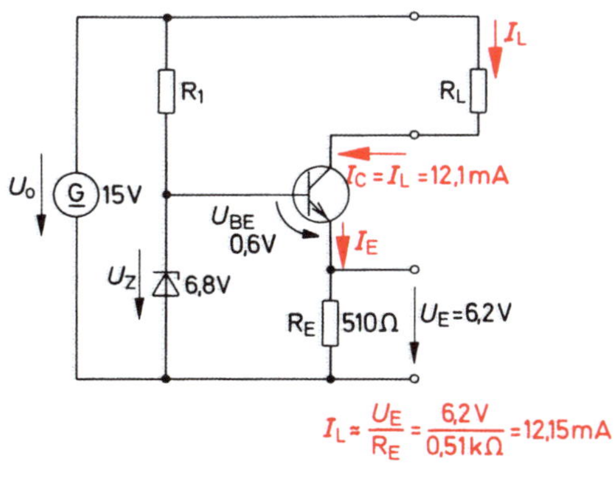

Bild 21.4
Schaltung zur Stromstabilisierung (Konstantstromquelle)

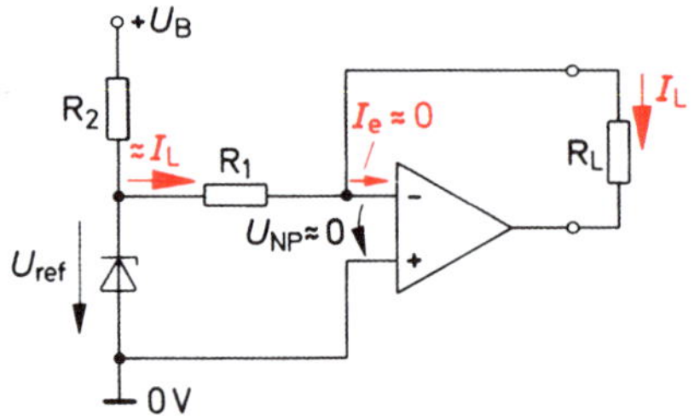

Bild 21.5
Konstantstromquelle mit Operationsverstärker

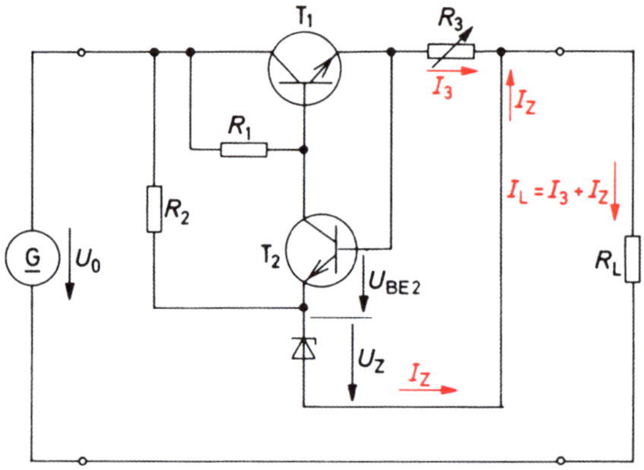

Bild 21.6
Konstantstromquelle für höhere Ströme

In Bild 21.6 ist die Schaltung einer Konstantstromquelle für höhere Ströme dargestellt. Sie arbeitet wie die Spannungsstabilisierungsschaltung in Bild 21.3 mit einem Regelverstärker.

Die Kollektor-Emitter-Strecke des Transistors T_1 wirkt als steuerbarer Widerstand. Mit dem Transistor T_2 ist der Regelverstärker aufgebaut. Der Spannungsabfall am Widerstand R_3 ist stets gleich $U_Z + U_{BE2}$. Der Laststrom I_L ist näherungsweise gleich dem Strom I_3, da I_Z verhältnismäßig klein ist. Es gilt:

$$I_L \approx \frac{U_Z + U_{BE2}}{R_3}$$

Der Wert von U_Z ist durch die Z-Diode festgelegt. Die Spannung U_{BE2} liegt bei 0,7 Volt. Der Laststrom I_L wird also vor allem durch die Größe von R_3 bestimmt.

Merksatz

Mit dem Widerstand R_3 wird die Größe des Konstantstromes I_L eingestellt.

Die Schaltung stabilisiert den Strom I_L einwandfrei, sofern der Transistor T_1 eine ausreichend große Spannung U_{CE} hat. Der Kleinstwert von U_{CE}, also U_{CEmin}, liegt bei etwa 1 Volt. Weiterhin darf der Lastwiderstand R_L nicht zu groß werden. Den größtmöglichen Lastwiderstand errechnet man wie folgt:

$$R_{L\,max} = \frac{U_0 - U_{CE\,min} - U_Z - U_{BE2}}{I_L}$$

22 Integrierte Schaltungen

22.1 Allgemeines

Bei der Transistorherstellung werden etwa 1000 bis 6000 Transistorsysteme für eine Siliziumscheibe von rd. 10 cm Durchmesser gefertigt. Die Siliziumscheibe wird dann in die einzelnen Transistorsysteme (Chips) zerschnitten.

Jedes dieser Systeme wird auf einer Gehäusegrundplatte befestigt und mit den Anschlussdrähten verbunden. Die Verbindung des Systems mit den Anschlussdrähten, das sogenannte *Kontaktieren*, muss weitgehend von Hand unter dem Mikroskop durchgeführt werden. Diese Arbeit verursacht einen großen Kostenanteil.

Das Hineinbringen eines Transistorsystems in ein Gehäuse ist heute wesentlich teurer als die Herstellung des Transistorsystems selbst.

Nachdem man die Transistoren auf der Si-Scheibe zerschnitten und mit großem Aufwand in ein Gehäuse gebracht hat, lötet man sie anschließend in einer Schaltung zumindest teilweise wieder zusammen (Bild 22.1). Dieses Verfahren ist bei großen Serien unwirtschaftlich.

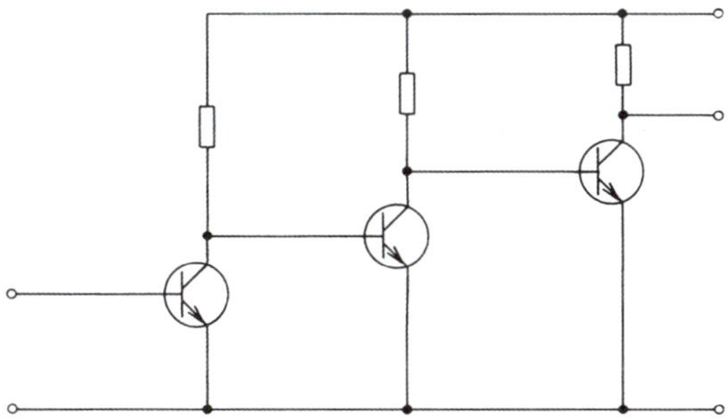

Bild 22.1
Zusammenschaltung von Transistoren zu einem dreistufigen Tonfrequenzverstärker

Wirtschaftlich und auch technisch günstiger ist es, die benötigten Transistoren, Dioden und Widerstände und die erforderlichen Verbindungen zwischen ihnen gemeinsam auf einer Si-Scheibe herzustellen und die ganze Schaltung in ein Gehäuse zu bringen. Eine solche Schaltung wird *integrierte Schaltung* oder *integrierter Schaltkreis* genannt (engl.: Integrated Circuit).

Definition

IC = **I**ntegrated **C**ircuit.

In einer integrierten Schaltung sind viele Bauteile zusammengefasst (integriert). Bild 22.2 zeigt einen einfachen dreistufigen Nf-Verstärker als integrierte Schaltung.

Die Schaltung entspricht in ihrem Aufbau der Schaltung Bild 22.1. Der Eingang liegt zwischen den Anschlüssen 1 und 4, der Ausgang zwischen den Anschlüssen 3 und 4. An 2 und 3 wird die Speisespannung gelegt.

Das Schaltzeichen einer integrierten Schaltung ist in Bild 22.3 dargestellt.

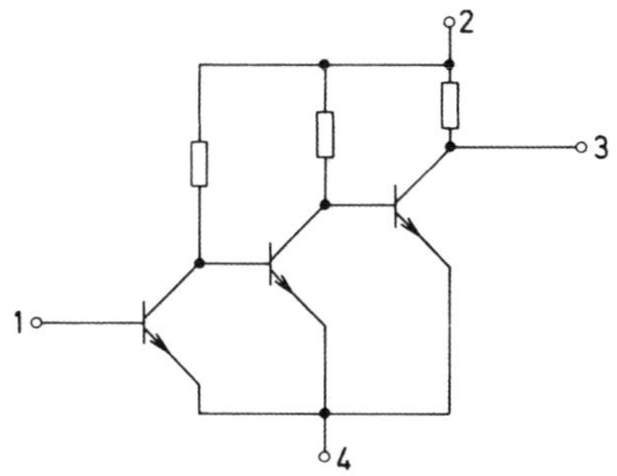

Bild 22.2
Dreistufiger Tonfrequenzverstärker als integrierte Schaltung

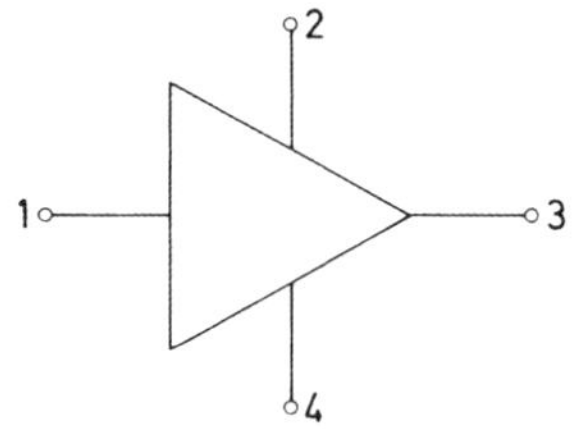

Bild 22.3
Integrierte Schaltung

22.2 Integrationstechniken

22.2.1 Monolithtechnik (Halbleiterblocktechnik)

Die Monolithtechnik ist die modernste Technologie zur Herstellung integrierter Schaltungen. Die ganze Schaltung wird in einem Stückchen Silizium-Halbleiterkristall hergestellt. Sie besteht aus einem einzigen Block oder Stein (Monolith).

Mehrere integrierte Schaltungen werden in einer Siliziumscheibe (Wafer) hergestellt. Je nach der Anzahl der zu integrierenden Bauteile hat die einzelne integrierte Schaltung eine Größe von Bruchteilen eines Quadratmillimeters bis zu mehreren Quadratmillimetern. Bei der Herstellung geht man von einer p-leitenden Siliziumgrundplatte, Substrat genannt, aus. Auf diese Platte lässt man eine n-leitende Kristallschicht epitaktisch aufwachsen. Das heißt, die neuen Si-Atome lagern sich an die vorhandenen Si-Atome so an, dass Einkristallstruktur entsteht. Die Dotierungsatome verhalten sich wie die Si-Atome. Diese n-leitende Kristallschicht heißt *Epitaxialschicht* (Bild 22.4).

Die Epitaxialschicht erhält eine Siliziumdioxidschicht (SiO_2-Schicht). In die SiO_2-Schicht werden an bestimmten Stellen Öffnungen (Fenster) eingeätzt. Die Lage und Form der Öffnungen wird durch Masken bestimmt.

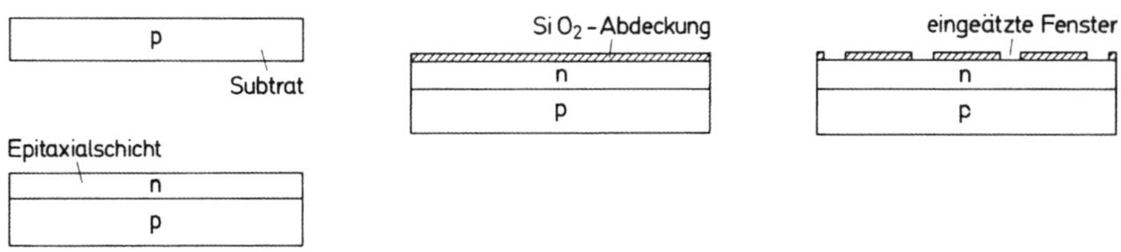

Bild 22.4 Herstellung integrierter Schaltungen, Kristallaufbau

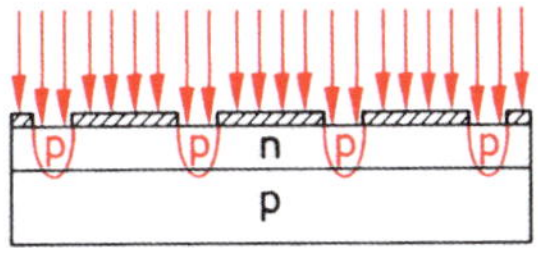

Bild 22.5
Eindiffundieren von p-leitenden Trennzonen

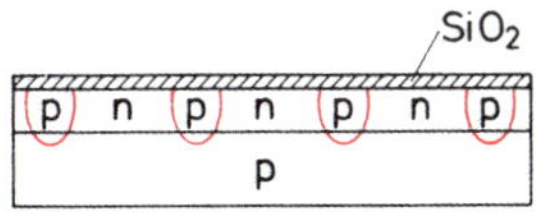

Bild 22.6
Nach dem Eindiffundieren der p-Zonen wird die SiO_2-Schicht geschlossen

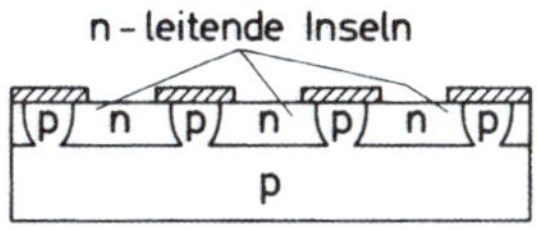

Bild 22.7
In die SiO_2-Schicht werden an anderen Stellen Fenster eingeätzt

Die durch die Fenster erreichbaren Stellen der Epitaxialschicht erhalten eine p-Dotierung durch Eindiffundieren von bestimmten Fremdatomen (Bild 22.5).

Die SiO_2-Schicht wird geschlossen (Bild 22.6). An anderen Stellen werden Fenster eingeätzt (Bild 22.7).

Die n-Zonen bilden «Inseln». Sie sind voneinander durch pn-Übergänge isoliert.

Merksatz

Jede Insel kann ein Bauteil aufnehmen.

In einer Insel soll ein bipolarer npn-Transistor entstehen (Bild 22.8).

Durch eine in gewünschter Größe erzeugte Fensteröffnung werden geeignete 3-wertige Fremdatome in genügend großer Zahl eindiffundiert. Es entsteht eine p-Zone, d.h., in dieser Zone sind die Löcher in der Überzahl.

Die SiO_2-Schicht wird geschlossen (Bild 22.9). Ein neues Fenster wird erzeugt. Durch dieses Fenster werden geeignete 5-wertige Fremdatome eindiffundiert. Die Zahl der freien Elektronen muss wesentlich größer sein als die Zahl der Löcher. Es entsteht eine n-leitende Zone.

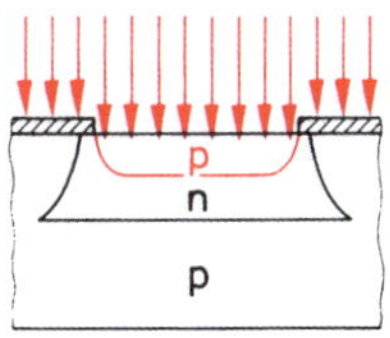

Bild 22.8
Eindiffundieren einer p-Zone in eine n-Insel

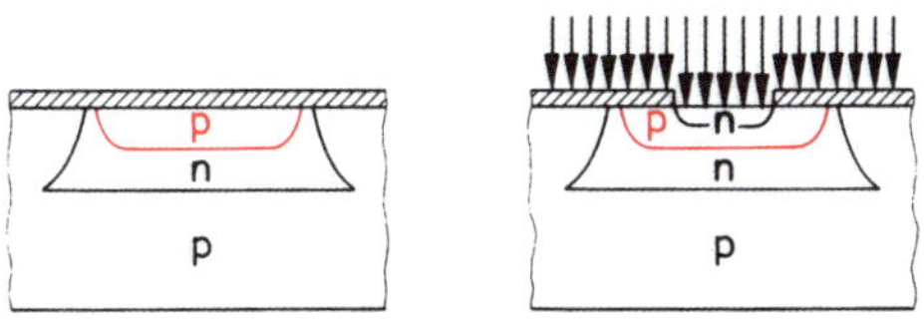

Bild 22.9
Erzeugung einer n-Zone in der p-Zone einer Insel

Die SiO_2-Schicht wird erneut geschlossen und erhält die in Bild 22.10 dargestellten Fenster. Der npn-Transistor ist damit fertiggestellt.

Dioden, Widerstände und kleine Kapazitäten werden in ähnlicher Weise hergestellt.

Bild 22.11 zeigt eine Insel mit einer Diode.

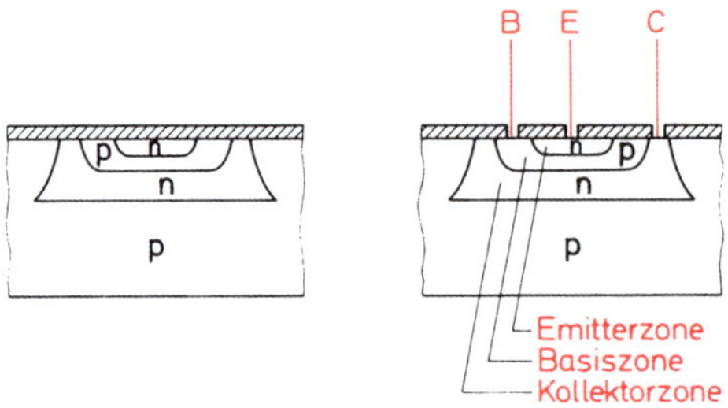

Bild 22.10
Herstellung der Fenster für Emitter-, Basis- und Kollektoranschluss

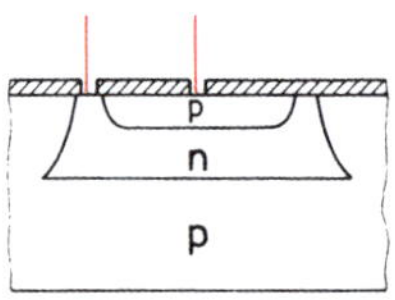

Bild 22.11
Kristallinsel mit Diode

Die in Bild 22.12 dargestellte Insel enthält einen Widerstand. Widerstandsstrecke ist die p-Zone. Länge, Breite, Dicke und Dotierungsgrad der p-Zone sind so gewählt, dass der gewünschte Widerstandswert entsteht.

Als Kapazität verwendet man einen pn-Übergang, der in Sperrrichtung gepolt ist (Bild 22.13). MOS-Feldeffekttransistoren lassen sich recht einfach herstellen. Das Gate wird als dünne Metallschicht auf die SiO_2-Schicht aufgedampft. Bild 22.14 zeigt die Struktur eines p-Kanal-MOS-FET, Bild 22.15 die eines n-Kanal-MOS-FET.

Spulen und größere Kapazitäten lassen sich mit dieser Technik nicht verwirklichen.

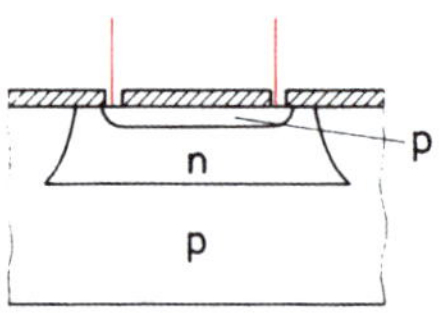

Bild 22.12
Kristallinsel mit Widerstand

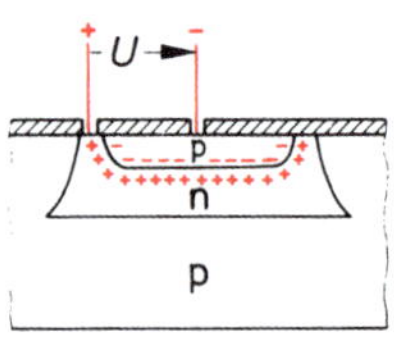

Bild 22.13
Kristallinsel mit Kapazität

Bild 22.14
Kristallinsel mit
p-Kanal-MOS-FET (selbstleitender Typ)

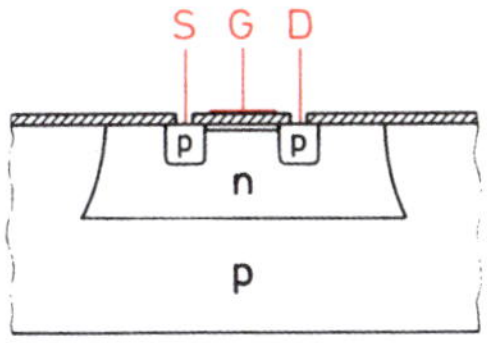

Bild 22.15
Kristallinsel mit
n-Kanal-MOS-FET (selbstleitender Typ)

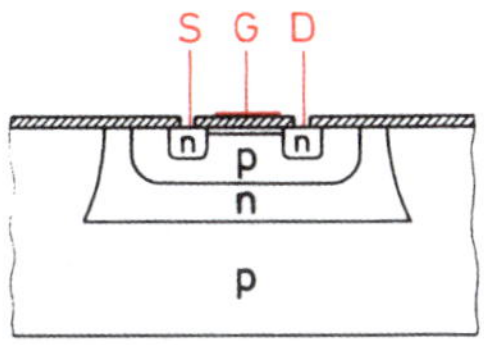

Die auf den einzelnen Inseln vorhandenen Bauteile werden durch gut leitende Strecken miteinander zur gewünschten Schaltung verbunden. Diese Verbindungsstrecken können niederohmige Halbleiterbahnen sein oder Metallbahnen, die durch Aufdampfen hergestellt wurden.

Die Entwicklung führt zu immer kleinerem Flächenbedarf der einzelnen Bauteile. Damit werden immer höhere Integrationsdichten möglich.

Tabelle 22.1 gibt die zur Zeit benötigten Flächengrößen an.

Tabelle 22.1

Bauteil	Mindestgröße der Insel
Bipolarer Transistor	0,004 mm²
MOS-Transistor	0,00002 mm²
Widerstand 100 Ω	0,015 mm²
Widerstand 10 kΩ	0,2 mm²

Monolithische IC werden vorwiegend im *Dual-in-Line-Gehäuse* (Bild 22.16), im *Lead-Gehäuse* (Bild 22.17) oder im SMD-Gehäuse geliefert.

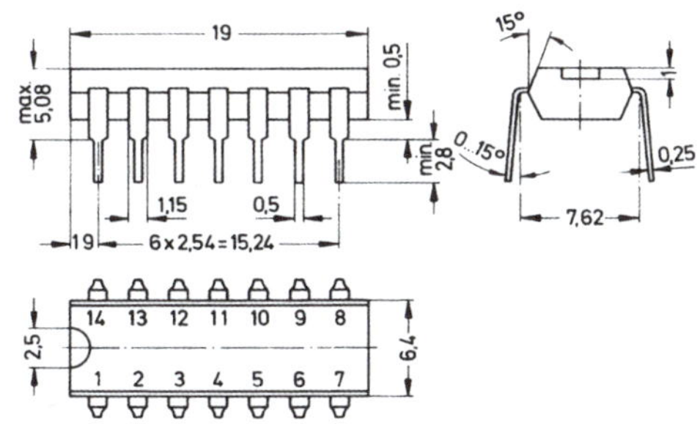

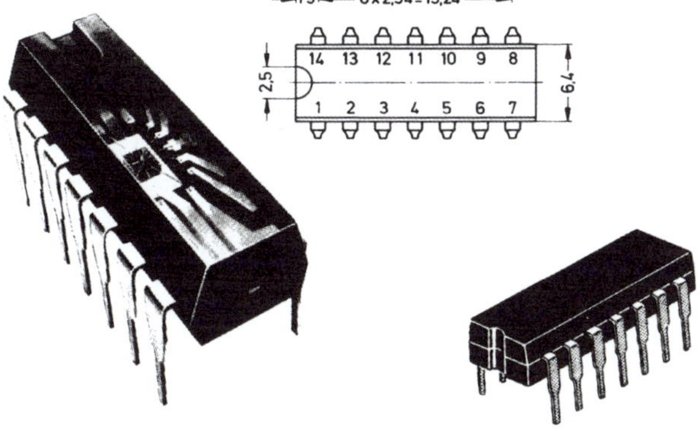

Bild 22.16 Dual-in-Line-Gehäuse

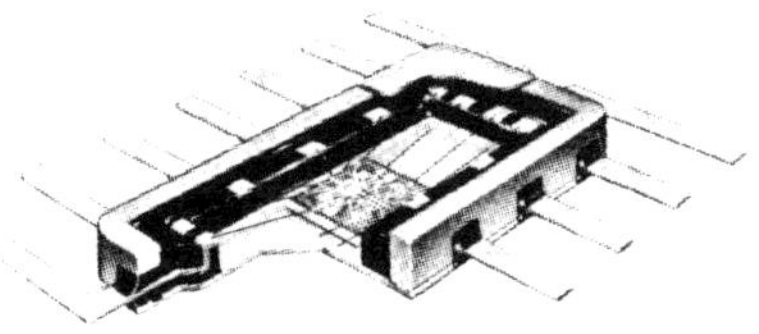

Bild 22.17
Lead-Gehäuse

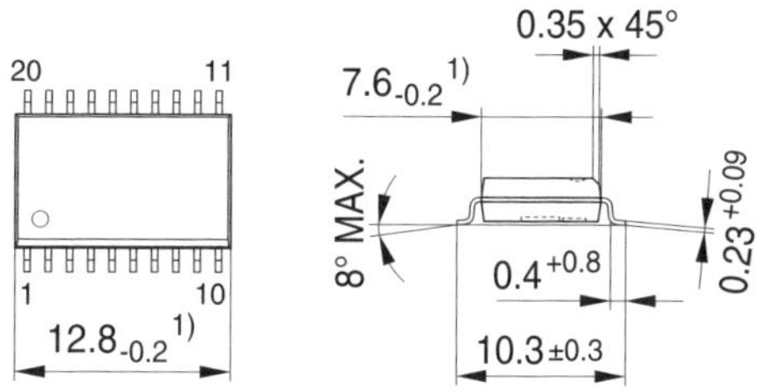

Bild 22.18
SMD(surface-mounted device)-Gehäuse

(Quelle: Infineon Technologies)

22.2.2 Hybridtechnik

Die Hybridtechnik wird unterteilt in die Dünnfilmtechnik und in die Dickschichttechnik.

Dünnfilmtechnik
Die Dünnfilmtechnik wurde aus der Leiterplattentechnik entwickelt. Man strebte nach immer kleineren Abmessungen der Schaltungen.

Der eigentliche Schaltkreis wird auf einer Keramikplatte von etwa 20 mm · 30 mm aufgebaut. Die metallischen Leiterbahnen erzeugt man durch Aufdampfen im Vakuum. Man verwendet meist Silber oder Gold.

Widerstände werden ebenfalls mit Hilfe der Aufdampftechnik hergestellt. Durch Länge, Breite und Dicke der Schicht und durch den Schichtwerkstoff ist der Widerstandswert des Bauteils bestimmt. Ein nachträgliches Abgleichen ist möglich (z.B. durch Einbrennen von Trennlinien mit dem Laserstrahl).

Kleine und mittlere Kapazitäten können durch zwei metallische Schichten erzeugt werden, zwischen denen sich eine isolierende Schicht befindet.

Spulen lassen sich nur schwer verwirklichen. Auf dem Keramikplättchen können kleine Flachspulen (Bild 22.19) untergebracht werden. Sie nehmen aber viel Platz weg.

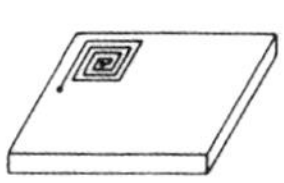

Bild 22.19 Flachspule auf Keramikplättchen

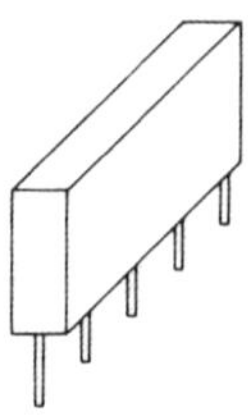

Bild 22.20 Dünnfilmmodul, vergossen

Transistoren und Dioden werden mit Gehäuse in die Schaltung eingelötet. Die fertig bestückte Dünnfilmschaltung sieht wie eine Miniaturleiterplatte mit großer Packungsdichte aus. Sie wird nach der Bestückung mit Kunststoff zu einem Modul vergossen (Bild 22.20).

Dickschichttechnik

Als Träger verwendet man Aluminiumplättchen, die mit einer Oxidschicht versehen sind, oder Keramikplättchen unterschiedlicher Größe.

Die Leiterbahnen werden nach dem Siebdruckverfahren aufgedruckt. Man verwendet elektrisch leitfähige Pasten, die nach dem Aufbringen aushärten oder eingebrannt werden (Bild 22.21).

Widerstände werden durch Aufdrucken besonderer Pasten erzeugt. Der gewünschte Widerstandswert ergibt sich aus den Abmessungen und aus der Art der verwendeten Paste. Der Widerstandswert kann nachträglich mit Sandstrahlen abgeglichen werden.

Kleine Kapazitäten können durch Aufbringen mehrerer elektrisch leitfähiger Schichten erzeugt werden, die durch isolierende Schichten getrennt sind.

Das Herstellen von Spulen ist in Dickschichtschaltungen nicht möglich.

Dioden, Transistoren und eventuell andere Halbleiterbauteile werden als Kristallchips (Systeme) in die Schaltung eingefügt. Man legt die Chips mit ihren Anschlussstellen direkt auf die Pastenbahnen und erzeugt eine leitfähige und feste Verbindung. Die Schaltung wird anschließend gekapselt.

Dickschichtschaltkreise lassen sich auch in kleinen Stückzahlen wirtschaftlich fertigen. Die Hybridtechnik hat ihren Namen von hybrid, lat. = von zweierlei Herkunft. Sie ist eine Mischtechnik und hat ihre Wurzeln einmal in der Leiterplattentechnik, zum anderen in der Halbleitertechnik.

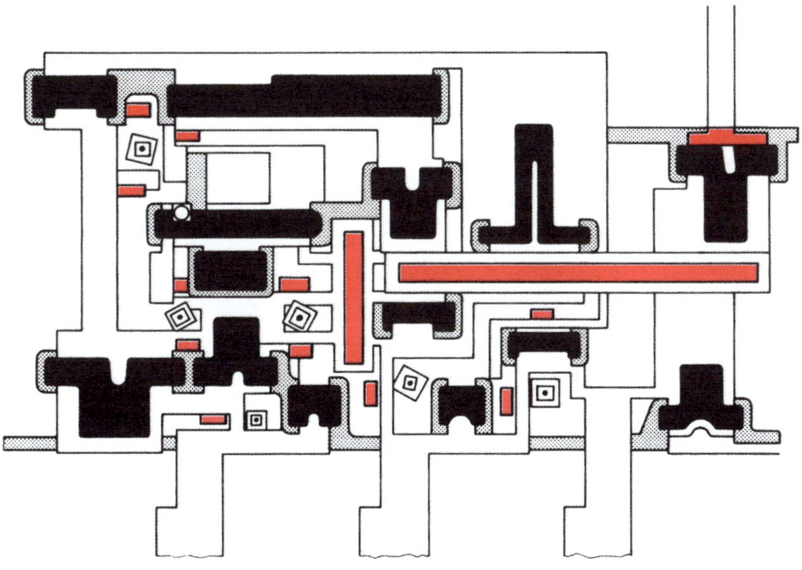

Bild 22.21 Schaltung in Dickschichttechnik

22.3 Analoge und digitale integrierte Schaltungen

22.3.1 Digitale IC

Schaltungen, die nur die beiden Zustände 1 und 0 kennen, heißen digitale Schaltungen. Den Zuständen 1 und 0 ist meist eine elektrische Spannung zugeordnet, z.B. 1 = + 5 V, 0 = 0 V (Masse). Digitale Schaltungen werden in der digitalen Rechentechnik, der digitalen Steuerungstechnik und der digitalen Messtechnik benötigt. Diese drei Teilgebiete bilden zusammen die Digitaltechnik. In der Digitaltechnik benötigt man große Stückzahlen gleichartiger Schaltungen. Ein einziger Rechner kann z. B. 10 000 Schaltungen des gleichen Typs enthalten. Es ist besonders wirtschaftlich, derartige Schaltungen als integrierte Schaltungen herzustellen.

Digitale IC werden heute fast ausschließlich in Monolithtechnik hergestellt. Man unterscheidet digitale IC in *Bipolar-Technik* und digitale IC in *MOS-Technik*.

Die MOS-Technik erlaubt einen sehr hohen Integrationsgrad. Die Chips sind verhältnismäßig einfach herzustellen. Man benötigt etwa 40 Arbeitsgänge gegenüber rd. 140 Arbeitsgängen bei der Herstellung von bipolaren IC.

Schaltungen in MOS-Technik sind hochohmig. Sie benötigen nur etwa $^1/_{10}$ der Leistung, die für gleichartige Schaltungen in Bipolartechnik erforderlich ist.

Bipolare IC haben eine größere Ausgangsleistung. Eingangswiderstände und Ausgangswiderstände sind niederohmig. Sie arbeiten noch bei wesentlich höheren Frequenzen als IC in MOS-Technik.

Die folgende Darstellung gibt einen Überblick über die Einteilung digitaler integrierter Schaltungen.

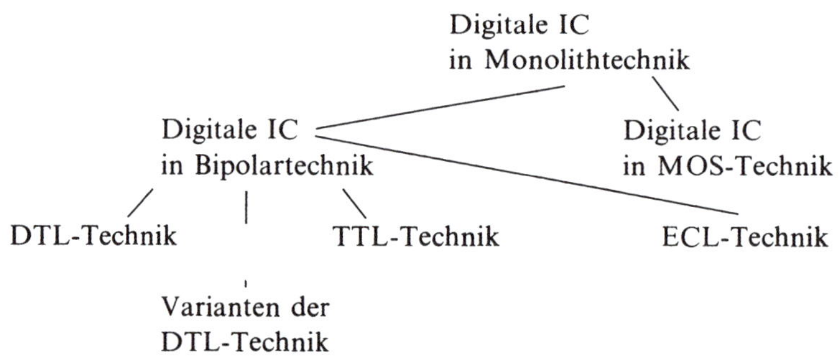

Integrierte Schaltungen in *DTL-Technik* sind aus Dioden- und Transistorinseln aufgebaut.

Definition

DTL = **D**iode **T**ransistor **L**ogic (Dioden-Transistor-Logik)

Schaltungen in dieser Technik sind besonders störungsunempfindlich.

Die *TTL-Technik* erlaubt sehr elegante technische Lösungen der Schaltungsaufgaben. TTL-Schaltungen können z. B. verhältnismäßig große Ströme aufnehmen und abgeben, ohne sich wesentlich zu erwärmen.

Definition

TTL = **T**ransistor **T**ransistor **L**ogic (Transistor-Transistor-Logik).

Die kürzesten Schaltzeiten und die höchsten Schaltfrequenzen haben digitale IC in *ECL-Technik*.

Definition

ECL = **E**mitter **C**oupled **L**ogic (emittergekoppelte Logik).

In der ECL-Technik sind die Emitter der Transistoren miteinander gekoppelt. Das IC besteht aus Transistorinseln und Widerstandsinseln.

22.3.2 Analoge IC

Analoge IC verarbeiten kontinuierlich sich ändernde Signale, z. B. Tonfrequenzschwingungen. Sie werden für die unterschiedlichsten Anwendungen hergestellt.

Es werden Tonfrequenzverstärker mit 3 bis 6 Verstärkerstufen gebaut, ebenfalls Zwischenfrequenzverstärker für Rundfunk- und Fernsehgeräte, regelbare Verstärker unterschiedlichster Art, Mischstufen, Filterschaltungen, Operationsverstärker.

Filterschaltungen können tatsächlich auch ohne Spulen realisiert werden. Man verwendet Verstärker mit mehreren starken frequenzabhängigen Gegenkopplungen, die nur die gewünschten Frequenzen verstärken.

Spulen und Kondensatoren können durch Schaltungen mit mehreren Transistoren und Widerständen nachgebildet werden.

Die Anwendungsmöglichkeiten analoger IC nehmen einen immer breiteren Raum ein. Überall dort, wo Schaltungen in größeren Stückzahlen benötigt werden, ist es zweckmäßig, IC einzusetzen.

Die Hersteller von Halbleiterbauelementen fertigen spezielle IC nach Kundenwünschen. Solche Sonderanfertigungen sollen ab Stückzahlen von 5000 rentabel sein, was eine Rentabilität bereits bei mittleren Serien bedeutet.

22.4 Integrationsgrad und Packungsdichte

Die Packungsdichte gibt an, wie viele Bauteile bzw. Bauteilfunktionen auf eine Chipfläche von 1 mm^2 entfallen.

Übliche Packungsdichten sind:

- bipolare Technik: rd. 800 pro mm^2
- MOS-Technik: rd. 1000 bis 8000 pro mm^2

Der Integrationsgrad ist ein Maß für die Anzahl der Bauteilfunktionen, die insgesamt in einem Chip enthalten sind. Es werden zur Zeit Chips mit bis zu etwa 4 Millionen MOS-Transistoren hergestellt. Man unterscheidet mittleren Integrationsgrad und hohen Integrationsgrad und sehr hohen Integrationsgrad.

Definition

MSI = **M**edium **S**cale **I**ntegration (mittlerer Integrationsgrad),
LSI = **L**arge **S**cale **I**ntegration (hoher Integrationsgrad),
VLSI = **V**ery **L**arge **S**cale **I**ntegration (sehr hoher Integrationsgrad).

MSI-Schaltungen enthalten etwa bis 1000 Bauteilfunktionen, LSI-Schaltungen enthalten 1000 bis etwa 50 000 Bauteilfunktionen. Schaltungen mit über 50 000 bis ca. 8 000 000 Bauteilfunktionen werden VLSI-Schaltungen genannt.

Sämtliche Funktionen eines Kleinrechners können heute in einem Chip zusammengefasst werden. Die sogenannten Vierspezies-Rechner, die addieren, subtrahieren, multiplizieren und dividieren können, bestehen fast alle aus nur einem einzigen Chip und aus einer Leistungsstufe für die Leuchtanzeige. Für größere wissenschaftliche Rechner gilt das inzwischen auch.

22.5 Vor- und Nachteile integrierter Schaltungen

Vorteile

Integrierte Schaltungen lassen sich verhältnismäßig preisgünstig herstellen. Eine Transistorfunktion kostet oft nur Bruchteile eines Cents.

Ein dreistufiger Tonfrequenzverstärker als integrierte Schaltung ist heute zu einem Preis zu haben, den man vor wenigen Jahren noch für einen einzelnen Transistor bezahlen musste.

Durch den Einsatz integrierter Schaltungen wird ein Gerät übersichtlicher und einfacher im Aufbau. Es ist leichter zu reparieren. Kleine Baugrößen sind möglich.

Die Anzahl der Lötstellen eines Gerätes wird durch den Einsatz integrierter Schaltungen stark vermindert. Dadurch wird das Gerät betriebssicherer, denn jede Lötstelle ist eine mögliche Fehlerquelle.

In integrierten Schaltungen sind die Verbindungsleitungen zwischen den Bauteilen und Baugruppen kurz. Dies ist besonders bei hohen Frequenzen ein großer Vorteil (kurze Laufzeiten der Signale, geringe Störstrahlung, geringe gegenseitige Beeinflussung).

Nachteile

Der Einsatz von integrierten Schaltungen bringt verhältnismäßig wenig Nachteile.

Der Hauptnachteil für den Praktiker besteht darin, dass es gar nicht so einfach ist, festzustellen, ob ein IC tatsächlich defekt ist oder nicht. Diese Schwierigkeit wächst mit höherem Integrationsgrad und schwierigerer Schaltung.

Das Auslöten eines IC mit seinen vielen Anschlüssen ist nicht so ganz einfach, man benötigt Spezialwerkzeug dazu.

Wenn die Typenvielfalt der IC sehr groß wird und jeder Hersteller seine speziellen Typenreihen produziert, könnte die Ersatzteilbeschaffung schwierig werden. Wie kommt man z.B. an ein IC, das eine kleine Firma in Japan produziert?

Wägt man Vor- und Nachteile des Einsatzes von integrierten Schaltungen gegeneinander ab, so dürften die Vorteile überwiegen.

22.6 Programmierbare integrierte Schaltungen

Die Vielfalt benötigter IC-Typen kann drastisch reduziert werden durch Einführung der Programmierbarkeit. Programmierbare integrierte Schaltungen enthalten mehr Bausteine, als normalerweise benötigt werden. Der Anwender kann auswählen. Zusätzliche Bausteine verteuern integrierte Schaltungen nur unwesentlich. Bei der sogenannten Programmierung schaltet man die benötigten Bausteine zusammen bzw. trennt überflüssige Bausteine ab.

Merksatz

Das Programmieren erfolgt durch Auftrennen oder Durchschalten von Verbindungswegen im Inneren der integrierten Schaltung.

Werden Leitungswege bei der Programmierung durchgebrannt, so ist dieser Schritt nicht mehr rückgängig zu machen. Die Programmierung ist endgültig. Man kann aber auch einen Leitungsweg mit Hilfe eines speziellen Feldeffekttransistors durchschalten oder sperren. Solche FET sind aus der Halbleiter-Speichertechnik bekannt. Lädt man ihr Gate auf, schalten sie durch und bleiben für Jahre durchgeschaltet. Das heißt, sie geben den Leitungsweg frei. Entlädt man ihr Gate, so werden sie hochohmig und sperren. Bei Schaltungen, die derartige FET enthalten, kann die Programmierung rückgängig gemacht werden. Man sagt, die Schaltung ist löschbar. Nach dem Löschen kann sofort neu programmiert werden.

Merksatz

Löschbare programmierbare integrierte Schaltungen können beliebig oft neu programmiert werden.

Besonders wirtschaftlich sind programmierbare integrierte Schaltungen im Bereich der Digitaltechnik. Man nennt diese Schaltungen PLD.

Definition

PLD = **P**rogrammable **L**ogic **D**evices (programmierbare Logik-Schaltungen).

Bild 22.22 zeigt eine einfache Schaltung mit UND-Gliedern, deren Eingänge «programmierbar» sind. Die Eingänge der UND-Glieder können wahlweise mit den Eingängen A und B und deren Negationen verbunden werden – oder auch nicht. Es können auf diese Weise viele verschiedene Logikschaltungen mit der einen integrierten Schaltung hergestellt werden. Schaltungen dieser Art gehören zur PAL-Familie.

Definition

PAL = **P**rogrammable **A**rray **L**ogic (programmierbare Logik-Matrix).

Eine andere Schaltungsfamilie trägt die Bezeichnung GAL.

Definition

GAL = **G**eneric **A**rray **L**ogic (allgemeine Logik-Matrix).

Diese Schaltungen enthalten mehr Bausteine. Sie sind komplizierter aufgebaut und bieten dem Anwender mehr Möglichkeiten. Weitere Familien mit ansteigender Kompliziertheit sind inzwischen auf dem Markt oder in der Entwicklung. Die Programmierung kompliziert aufgebauter PLD wird mit Hilfe von Personalcomputern vorgenommen.

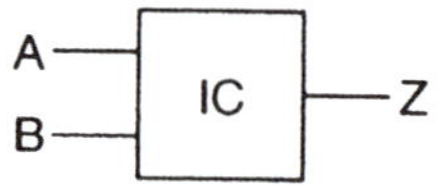

B	A	Z		
0	0	1 ⟹	$\bar{A} \wedge \bar{B}$	Voll-konjunktionen (Produktterme)
0	1	1 ⟹	$A \wedge \bar{B}$	
1	0	1 ⟹	$\bar{A} \wedge B$	
1	1	1 ⟹	$A \wedge B$	

Bild 22.22 Kombinatorische Schaltung mit zwei Eingangsvariablen, programmierbar

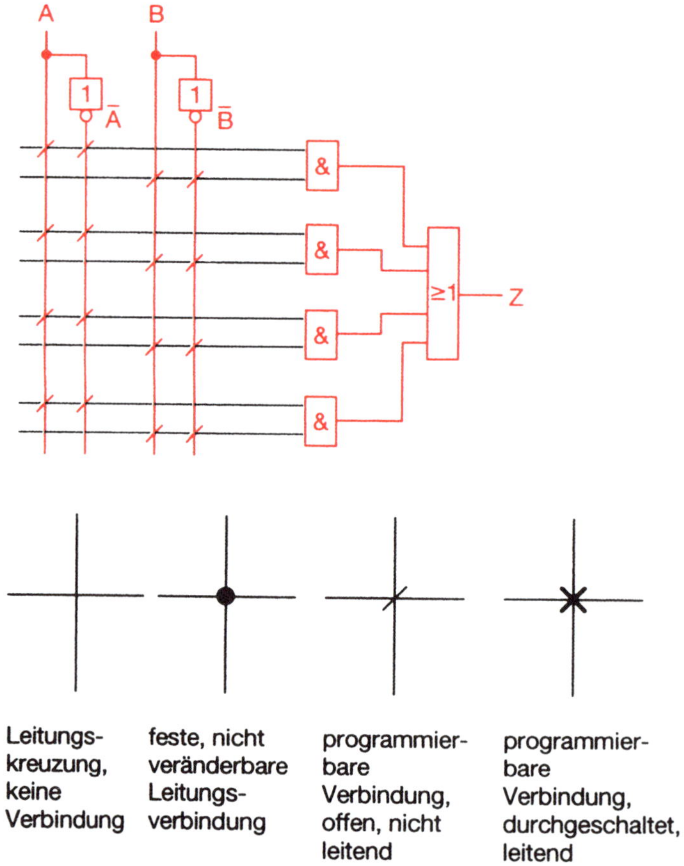

Bild 22.23 Darstellungen von Leitungskreuzungen und Leitungsverbindungen

In der Schaltung Bild 22.22 kann jedes UND-Glied eine Vollkonjunktion erzeugen. Vier Vollkonjunktionen sind bei zwei Eingangsvariablen möglich. Es können somit alle denkbaren ODER-Normalformen verwirklicht werden.

Mit der Schaltung Bild 22.24 soll eine Äquivalenz-Verknüpfung erzeugt werden. Wie ist zu programmieren? Das obere UND-Glied soll $\overline{A} \wedge \overline{B}$ erzeugen, das mittlere $A \wedge B$. Das Programmieren besteht nun darin, leitende Verbindungen an den richtigen Leitungs-Kreuzungs-Punkten zu erzeugen.

Dort, wo eine leitende Verbindung sein muss, ist ein Kreuz einzuzeichnen. Das dritte und das vierte UND-Glied werden nicht benötigt. Sie können von der Stromversorgung abgeschaltet werden. Es gibt PLD, bei denen nach der Herstellung alle Kreuzungspunkte leitend verbunden sind. Bei diesen PLD werden bei der Programmierung Leitungsunterbrechungen erzeugt.

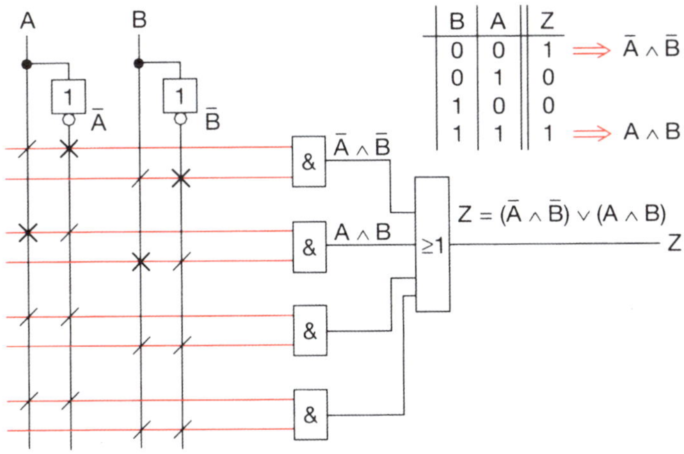

Bild 22.24 PLD-Schaltung, die eine Äquivalenz-Verknüpfung erzeugt

23 Thyristoren

23.1 Vierschichtdioden (Thyristordioden)

23.1.1 Aufbau und Arbeitsweise

Die Vierschichtdiode ist ein Silizium-Einkristall-Halbleiterbauteil mit 4 Halbleiterzonen wechselnden Leitfähigkeitstyps (Bild 23.1).

Neben der Bezeichnung *Vierschichtdiode* werden auch die Bezeichnungen *Thyristordiode* und *Triggerdiode* verwendet.

Die beiden Anschlusselektroden heißen *Katode* (K) und *Anode* (A).

Die Vierschichtdiode hat 3 pn-Übergänge. Jeder pn-Übergang stellt eine Diodenstrecke dar. Es bestehen die Diodenstrecken D_I, D_{II} und D_{III} (Bild 23.2).

Legt man zwischen Anode und Katode eine Spannung, so dass die Anode ein negatives Potential gegenüber der Katode hat, so sind die Diodenstrecken D_I und D_{III} in Sperrrichtung gepolt, die Diodenstrecke D_{II} in Durchlassrichtung (Bild 23.3). Es fließt nur ein sehr geringer Sperrstrom.

Erhält die Anode eine positive Spannung gegen Katode, so sind die Diodenstrecken D_I und D_{III} in Durchlassrichtung gepolt. Die Diodenstrecke D_{II} ist jetzt aber gesperrt (Bild 23.4). Die Vierschichtdiode sperrt auch bei dieser Polung in einem bestimmten Spannungsbereich.

Vergrößert man die Spannung U_{AK}, so wird die Vierschichtdiode bei einem bestimmten Spannungswert plötzlich niederohmig. Ihr Widerstand sinkt von einigen Megaohm auf einige Ohm ab.

Definition

Die Vierschichtdiode ist ein Bauteil mit Schaltereigenschaften. Sie hat einen hochohmigen Zustand und einen niederohmigen Zustand.

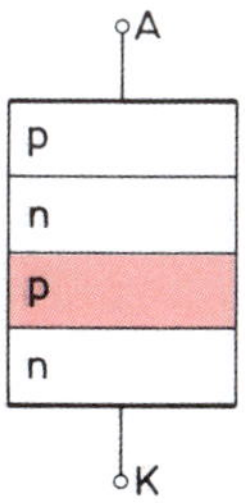

Bild 23.1
Grundaufbau einer Vierschichtdiode

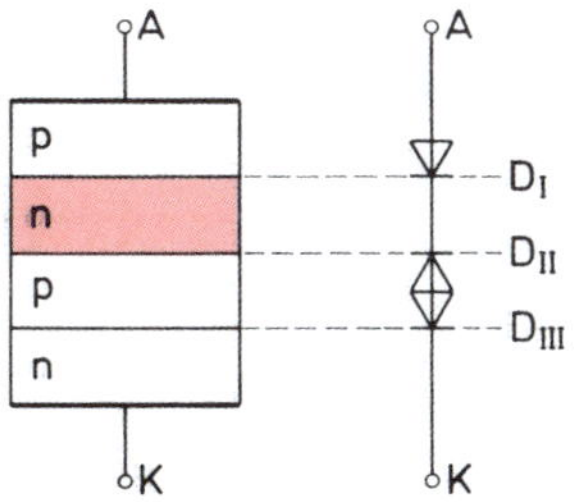

Bild 23.2
Diodenstrecken der Vierschichtdiode

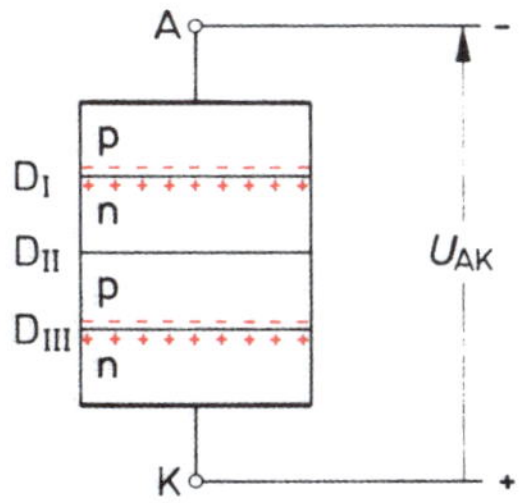

Bild 23.3
Polung der pn-Übergänge

Bild 23.6 zeigt die Kennlinie einer Vierschichtdiode. Man unterscheidet den *Sperrbereich*, den *Blockierbereich*, den *Übergangsbereich* und den *Durchlassbereich*.

Im Sperrbereich fließt ein sehr geringer Sperrstrom. Bei der Sperrspannung U_{Rab} kommt es zu einem Durchbruch. Die Diode kann dabei zerstört werden.

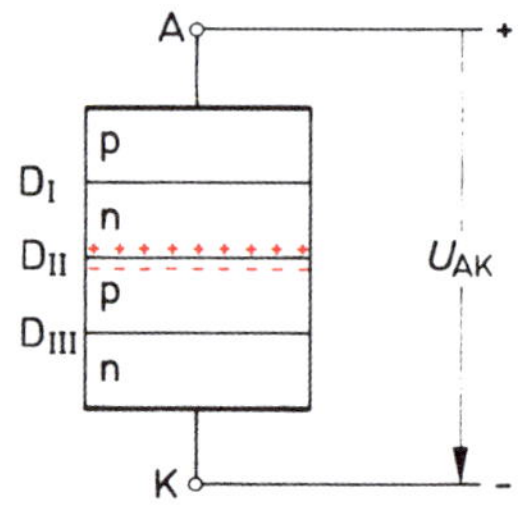

Bild 23.4 Polung der pn-Übergänge

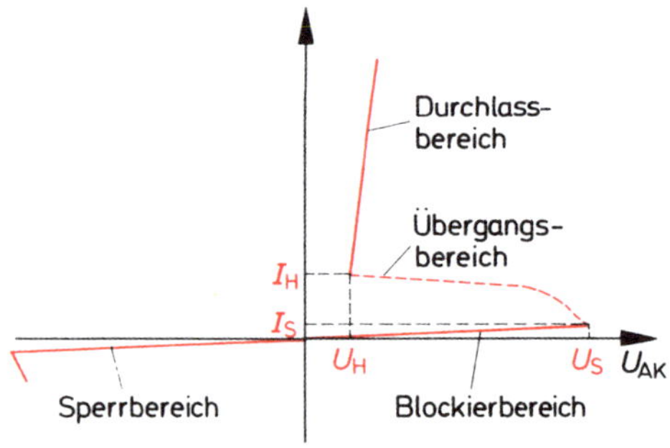

Bild 23.6 Kennlinie einer Vierschichtdiode

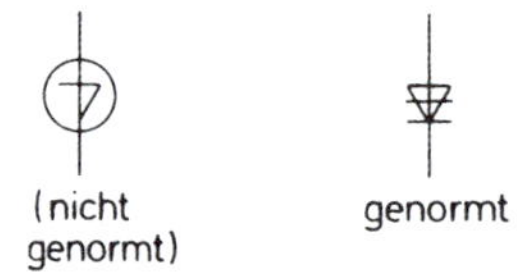

Bild 23.5 Schaltzeichen der Vierschichtdiode

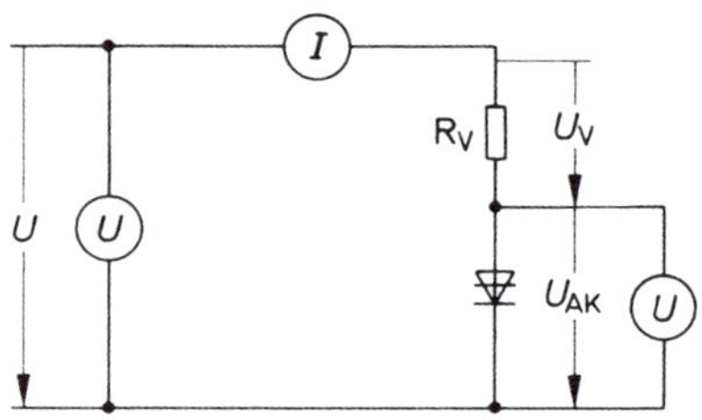

Bild 23.7 Schaltung zur Aufnahme der Kennlinie einer Vierschichtdiode

Die Schaltzeichen einer Vierschichtdiode sind in Bild 23.5 dargestellt.

Im Blockierbereich ist die Vierschichtdiode hochohmig. Bei der Schaltspannung U_S geht sie in den niederohmigen Zustand über. Dieser Teil der Kennlinie heißt Übergangsbereich.

Die Kennlinie wird mit Hilfe einer Schaltung, wie sie in Bild 23.7 angegeben ist, aufgenommen. Wird der Widerstand der Vierschichtdiode sehr klein, so fällt der größte Teil der angelegten Spannung an R_V ab. Die Spannung an der Vierschichtdiode sinkt auf den Wert U_H ab. U_H ist die sogenannte *Haltespannung*. Zu ihr gehört ein *Haltestrom* I_H. Werden U_H und I_H unterschritten, so geht die Vierschichtdiode in den hochohmigen Zustand zurück.

Im Durchlassbereich ist die Vierschichtdiode niederohmig. Die an ihr abfallende Spannung ist gering. Sie steigt mit größer werdendem Strom. Die Größe des Durchlassstromes muss begrenzt werden.

Grundsatz

Im Stromkreis einer Vierschichtdiode muss ein genügend großer Widerstand R wirksam sein, damit der Strom in Durchlassrichtung begrenzt wird.

Bei zu großem Durchlassstrom wird die Vierschichtdiode zerstört.

Vierschichtdioden werden häufig mit einem Vorwiderstand betrieben.

Wie ist es nun möglich, dass die Vierschichtdiode bei der Spannung U_S plötzlich niederohmig wird?

Man kann sich vorstellen, dass die mittlere Diodenstrecke (D_{II}) Zenerdiodencharakteristik hat und bei einer bestimmten Sperrspannung plötzlich durchbricht. Da die Diodenstrecken D_I und D_{III} ohnehin in Durchlassrichtung gepolt sind, wird dann das ganze Bauteil niederohmig.

Genaueren Einblick in die inneren Vorgänge erhält man jedoch, wenn man das Vierschichtbauteil als eine Zusammenschaltung von zwei Transistorstrecken auffasst. Man denke sich einen Schnitt durch die Zonen wie in Bild 23.8 dargestellt. Der obere Teil des Kristalls ergibt ein pnp-Transistorsystem, der untere Teil ein npn-Transistorsystem.

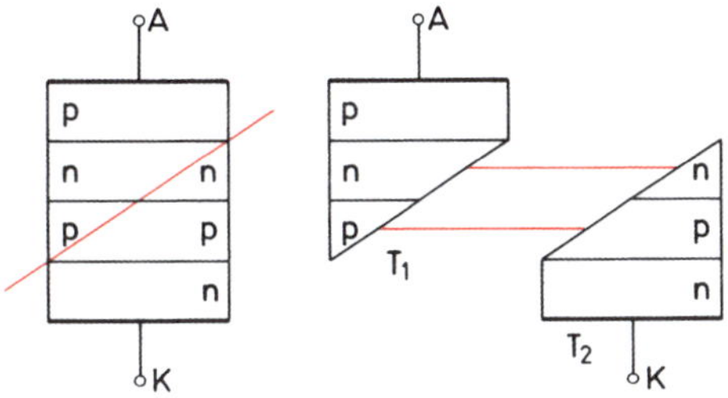

Bild 23.8 Aufteilung des Vierschichtkristalls in zwei Transistorstrecken

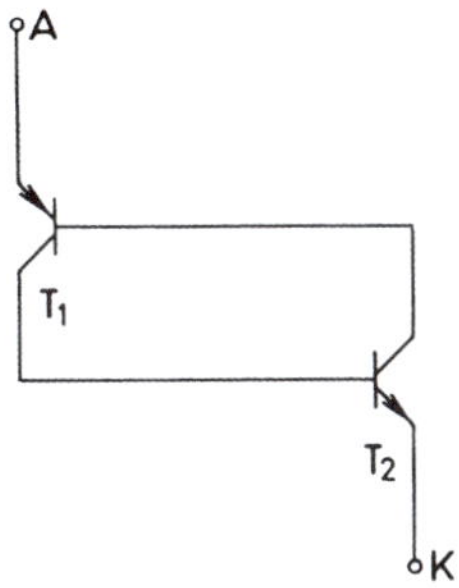

Bild 23.9 Transistorersatzschaltung einer Vierschichtdiode

Beide Transistoren T_1 und T_2 sind entsprechend Bild 23.9 zusammengeschaltet. Wird die Spannung zwischen A und K erhöht, so steigen auch die Sperrströme beider Transistorstrecken. Der Sperrstrom von T_1 ist aber der Basisstrom von T_2 und der Sperrstrom von T_2 ist der Basisstrom von T_1.

Bei einem bestimmten Spannungswert von U_{AK}, bei der Spannung U_S, wird nun der Sperrstrom des einen Transistors so groß, dass er den anderen Transistor ganz wenig aufsteuern kann.

Nehmen wir an, der Sperrstrom von T_2 steuert T_1 etwas auf. Das bedeutet, dass der Sperrstrom von T_1 jetzt größer wird. Der größere Sperrstrom von T_1 steuert aber T_2 etwas weiter auf.

Wenn T_2 weiter aufgesteuert wird, wird auch T_1 weiter aufgesteuert. Wenn T_1 weiter aufgesteuert wird, wird ebenfalls T_2 weiter aufgesteuert usw. Die beiden Transistoren steuern sich gegenseitig auf, bis beide voll durchgesteuert sind und die Vierschichtdiode damit ihren niederohmigen Zustand erreicht hat. Die pn-Übergänge sind jetzt mit Ladungsträgern überschwemmt.

Die Vierschichtdiode kann erst wieder in den hochohmigen Zustand übergehen, wenn der Strom I einen bestimmten Mindestwert, den Haltestrom I_H, unterschritten hat. Das ist bei der Spannung U_H der Fall. Dann wird die mittlere Sperrschicht wieder aufgebaut. Die dort vorhandenen Ladungsträger werden ausgeräumt.

23.1.2 Kennwerte und Grenzwerte

Übliche Kennwerte einer Vierschichtdiode:

❑ Schaltspannung	U_S	≈ 50 V ± 4 V
❑ Haltestrom	I_H	≈ 14 bis 45 mA
❑ Haltespannung	U_H	≈ 0,8 V
❑ Schaltstrom	I_S	≈ 120 µA

- Sperrstrom I_R ≈ 15 µA
- Differentieller Durchlasswiderstand r_f ≈ 2 Ω
- Einschaltzeit t_{ein} ≈ 0,2 µs
- Ausschaltzeit t_{aus} ≈ 5 µs

Übliche Grenzwerte einer Vierschichtdiode:

- max. zul. Dauergleichstrom I_F ≈ 150 mA
- max. zul. Impulsstrom I_{FM} ≈ 10 A
- max. zul. Verlustleistung P_{tot} ≈ 150 mW
- Umgebungstemperaturbereich T_{Umax} ≈ +65 °C, T_{Umin} ≈ –40 °C
- max. zul. Sperrspannung U_{Rmax} ≈ 60 V

23.1.3 Anwendungen

Vierschichtdioden, auch Triggerdioden genannt, werden als Schalterbauteile eingesetzt. Sie werden überwiegend zum Ansteuern von Thyristoren verwendet. Mit Vierschichtdioden können Zähler und Impulsschaltungen einfach aufgebaut werden. Man setzt Vierschichtdioden in Schaltstufen der elektronischen Fernsprechvermittlungstechnik und in Verknüpfungsgliedern der Digitaltechnik ein.

Vierschichtdioden werden nur für kleine Leistungen gebaut. Für große Leistungen verwendet man gesteuerte Vierschichtdioden, sogenannte Thyristoren.

23.2 Thyristoren (Rückwärtssperrende Thyristortrioden)

23.2.1 Aufbau und Arbeitsweise

Thyristoren sind Einkristall-Halbleiterbauteile mit vier oder mehr Schichten unterschiedlicher Leitfähigkeitsart. Sie sind meist ähnlich aufgebaut wie Vierschichtdioden und haben wie diese zwei stabile Betriebszustände, einen *hochohmigen Zustand* und einen *niederohmigen Zustand*. Sie haben Schaltereigenschaften.

Das Umschalten von einem Zustand in den anderen ist über einen Steueranschluss steuerbar.

Definition

Thyristoren sind steuerbare Bauteile mit Schaltereigenschaften.

Der Aufbau des häufigsten Thyristortyps ist in Bild 23.10 dargestellt. Das Vierschichtkristall hat drei Elektroden: *Anode* (A), *Katode* (K) und *Steueranschluss* (G). Wegen dieser drei Elektroden wird das Bauteil auch *Thyristortriode* genannt.

Der Steueranschluss G liegt meist an der inneren p-Zone. Solche Thyristoren heißen p-gesteuerte Thyristoren oder katodenseitig steuerbare Thyristoren.

Einige seltener verwendete Thyristortypen haben den Steueranschluss an der inneren n-Zone. Sie werden n-gesteuerte Thyristoren oder anodenseitig steuerbare Thyristoren genannt (Bild 23.11).

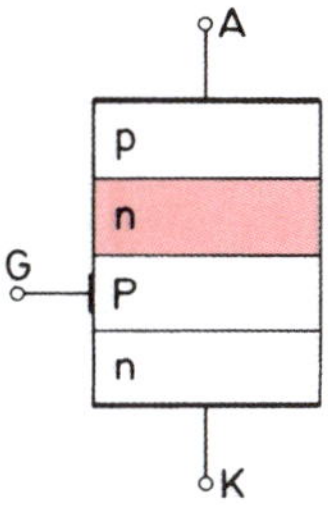

Bild 23.10
Grundaufbau eines p-gesteuerten Thyristors (katodenseitig steuerbare Thyristortriode)

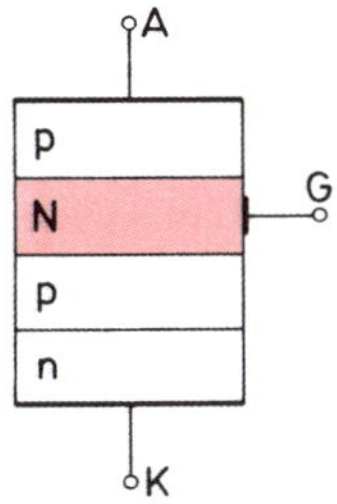

Bild 23.11
Grundaufbau eines n-gesteuerten Thyristors (anodenseitig steuerbare Thyristortriode)

Bild 23.12
Schaltzeichen von Thyristoren

Die genormten Schaltzeichen sind in Bild 23.12 dargestellt.

Die folgenden Betrachtungen beziehen sich vorwiegend auf die meist verwendeten p-gesteuerten Thyristortypen.

Die äußere p-Zone, die sogenannte Anodenzone, erwärmt sich im Betrieb besonders stark. Sie muss so gut wie möglich gekühlt werden und ist meist mit dem Gehäuseboden verbunden. Die äußere n-Zone (Katodenzone) liegt an der Anschlussleitung. Bild 23.13 zeigt einen Schnitt durch ein übliches Thyristorgehäuse.

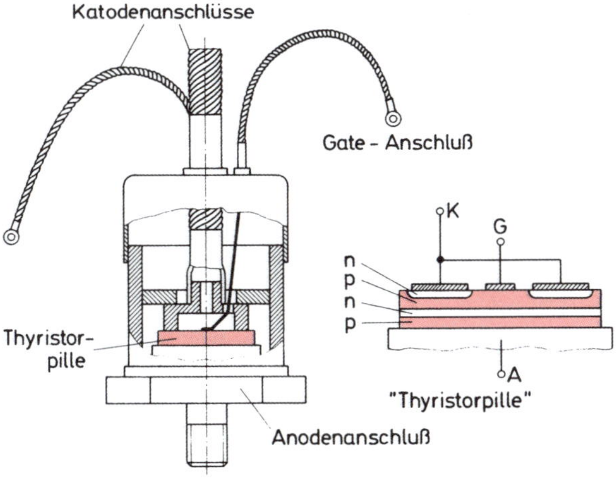

Bild 23.13
Schnitt durch ein Thyristorgehäuse

Ein Thyristor hat drei pn-Übergänge, die als Diodenstrecken D_I, D_{II} und D_{III} aufgefasst werden können. Je nach Richtung der Spannung U_{AK} unterscheidet man eine Polung in *Sperrrichtung* und eine Polung in *Schaltrichtung*.

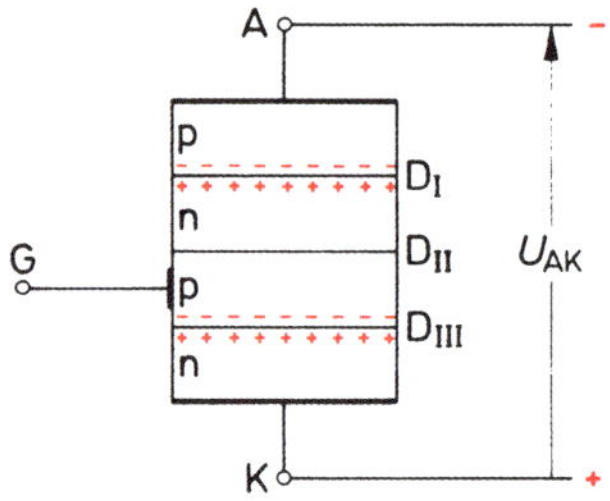

Bild 23.14
Polung eines Thyristors in Sperrrichtung

Statt Sperrrichtung verwendet man auch die Bezeichnung *Rückwärtsrichtung* und statt Schaltrichtung die Bezeichnung *Vorwärtsrichtung*.

Bei Polung in Sperrrichtung liegt der negative Pol der Spannung U_{AK} an der Anode (Bild 23.14). Die pn-Übergänge bzw. Diodenstrecken D_I und D_{III} sind in Sperrrichtung gepolt. Der mittlere pn-Übergang D_{II} wird in Durchlassrichtung betrieben.

Bei dieser Polung der Spannung U_{AK} bleibt der Thyristor stets gesperrt. Das heißt, er behält seinen hochohmigen Zustand bei. Zwischen Anode und Katode liegt ein Widerstand von einigen Megaohm.

Überschreitet die Spannung U_{AK} einen höchstzulässigen Wert, so kommt es zu einem Wärmedurchbruch, und der Thyristor wird zerstört.

Bei Betrieb in Schaltrichtung liegt der positive Pol der Spannung U_{AK} an der Anode (Bild 23.15). Die Diodenstrecken D_I und D_{III} werden in Durchlassrichtung betrieben. Nur die Diodenstrecke D_{II} ist in Sperrrichtung gepolt. Der Steueranschluss bleibt zunächst unbeschaltet.

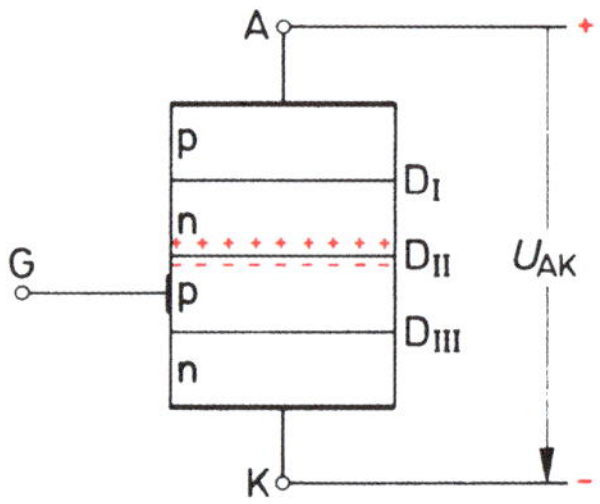

Bild 23.15
Polung eines Thyristors in Schaltrichtung

Der Widerstand zwischen Anode und Katode beträgt ebenfalls einige Megaohm. Der Thyristor sperrt also auch bei dieser Polung. Um einen Unterschied zum Sperrzustand zu machen, sagt man, der Thyristor *blockiert*. Es fließt nur ein kleiner Sperrstrom.

Erhöht man die Spannung U_{AK} weiter, so tritt bei einem bestimmten Spannungswert ein plötzliches Umkippen in den niederohmigen Zustand auf. Die Spannung, bei der der Kippvorgang oder Schaltvorgang auftritt, wird *Nullkippspannung* U_{KO} genannt. «Null» deutet auf den offenen Steueranschluss hin.

Definition

Die Nullkippspannung ist die Spannung, bei der ein mit offenem Steueranschluss in Schaltrichtung betriebener Thyristor in den niederohmigen Zustand kippt.

Bild 23.16
I-U_{AK}-Kennlinie eines Thyristors

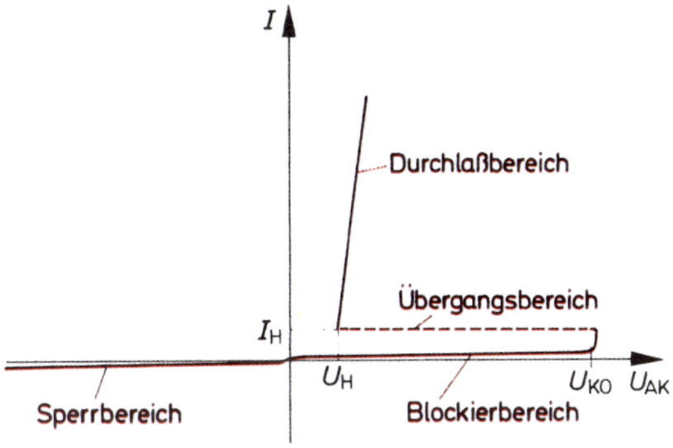

Die Nullkippspannung entspricht der Schaltspannung der Vierschichtdiode.

Bild 23.16 zeigt die Strom-Spannungs-Kennlinie eines Thyristors bei offenem Steueranschluss. Man unterscheidet – wie bei der Vierschichtdiode – die Kennlinienbereiche *Sperrbereich*, *Blockierbereich*, *Übergangsbereich* und *Durchlassbereich*.

Das Vierschichtkristall kann als Zusammenschaltung von zwei Transistorstrecken angesehen werden (Bild 23.17).

Wie bei der Vierschichtdiode beginnt bei einer bestimmten Spannung U_{AK} ein gegenseitiges Aufsteuern der Transistorstrecken T_1 und T_2, das zu einem völligen Durchsteuern und zum Niederohmigwerden des Thyristors führt.

Die Spannung, bei der das gegenseitige Aufsteuern bei offenem Steueranschluss beginnt, ist die Nullkippspannung.

Das gegenseitige Aufsteuern und damit das Umkippen in den niederohmigen Zustand kann vor Erreichen der Nullkippspannung erfolgen.

Gibt man auf den Steueranschluss G des in Bild 23.17 dargestellten Thyristors einen gegenüber der Katode positiven Impuls, so steuert die Transistorstrecke T_2 auf und leitet den gegenseitigen Aufsteuerungsvorgang zwischen T_1 und T_2 ein. Der Thyristor kippt in den niederohmigen Zustand.

Der Steuerimpuls muss eine bestimmte Mindestdauer haben (Mindestimpulszeit), damit die beiden Transistorstrecken voll durchsteuern können. Seine Stromstärke muss ebenfalls ausreichend groß sein.

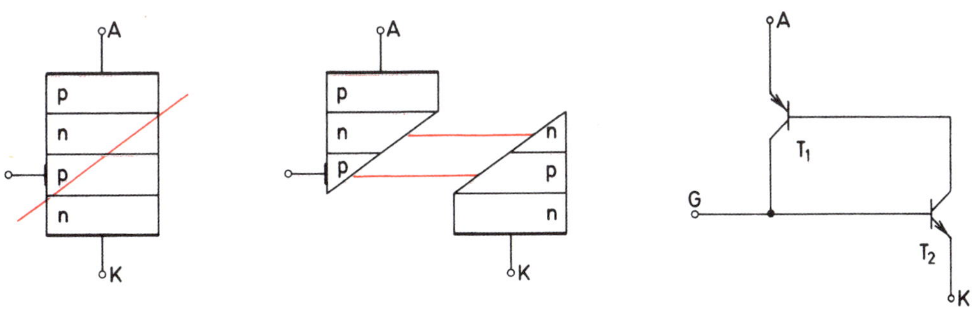

Bild 23.17 Aufteilung des Thyristorkristalls in zwei Transistorstrecken und Ersatzschaltung des Thyristors

Definition

Ein in Schaltrichtung betriebener Thyristor kippt bei Eintreffen eines ausreichend großen und genügend lange dauernden Steuerimpulses in den niederohmigen Zustand.

Im niederohmigen Zustand wird das Thyristorkristall von sehr vielen Ladungsträgern überschwemmt. Der Steueranschluss ist wirkungslos geworden. Der normale Thyristor kann nicht mit Hilfe der Steuerelektrode in den hochohmigen Zustand zurückgestaltet werden. Er bleibt im niederohmigen Zustand, bis der Strom einen bestimmten Mindestwert unterschreitet. Dieser Mindeststromwert wird *Haltestrom* genannt.

Nach Unterschreiten des Haltestromes wird die mittlere Sperrschicht wieder aufgebaut. Die im Sperrschichtbereich befindlichen Ladungsträger werden ausgeräumt. Hierfür ist eine bestimmte Zeit erforderlich, die sogenannte *Freiwerdezeit*.

Merksatz

Ein im niederohmigen Zustand befindlicher Thyristor bleibt niederohmig, bis der Haltestrom unterschritten wird.

Thyristoren können im niederohmigen Zustand Widerstandswerte von wenigen Milliohm haben. Im Laststromkreis eines Thyristors muss daher unbedingt ein genügend großer strombegrenzender Widerstand wirksam sein.

Grundsatz

Der durch einen niederohmigen Thyristor fließende Strom muss unbedingt begrenzt werden.

23.2.2 Kennwerte und Grenzwerte

Kennwerte:

- *Nennstrom* I_N
  Der Nennstrom ist der arithmetische Mittelwert des dauernd zulässigen Durchlassstromes (bei Einwegschaltung und ohmscher Belastung bei bestimmter Kühlung).
- *Durchlassspannung* u_T
  Die Durchlassspannung ist die im niederohmigen Zustand zwischen Anode und Katode auftretende Spannung (Augenblickswert bei bestimmtem Strom).
- *Haltestrom* I_H
  Der Haltestrom ist der kleinste Wert des Durchlassstromes. Wird der Haltestrom unterschritten, so kippt der Thyristor in den hochohmigen Zustand.
- *Zündstrom* I_{GT}
  Der Zündstrom ist der Wert des Steuerstromes, der mindestens erforderlich ist, um den Thyristor in den niederohmigen Zustand zu kippen. Das Kippen wird auch «Zünden» genannt.

- *Zündspannung* U_{GT}
  Die Zündspannung ist die Spannung, die bei Fließen des Steuerstromes zwischen Steuerelektrode und Katode auftritt.
- *Zündzeit* t_{ein} (Einschaltzeit, Zündverzug)
  Die Zündzeit ist die Zeit, die vom Beginn eines steilen Steuerimpulses an vergeht, bis die Spannung am gesperrten Thyristor auf 10 % ihres Anfangswertes abgesunken ist, der Thyristor also in den niederohmigen Zustand gekippt ist.
- *Freiwerdezeit* t_a (Ausschaltzeit, Sperrverzug)
  Die Freiwerdezeit ist die Zeit, die vom Nulldurchgang des Stromes an vergeht, bis der Sperrzustand des Thyristors voll wieder aufgebaut ist.
- *Sperrstrom* I_D, I_R
  Man unterscheidet einen positiven und einen negativen Sperrstrom. Der positive Sperrstrom I_D ist der im Blockierzustand auftretende Strom, der negative Sperrstrom I_R ist der im Sperrzustand auftretende Strom. Meist sind beide Sperrströme angenähert gleich groß.
- *Wärmewiderstand* R_{thG}, R_{thU}
  Angegeben wird oft der Wärmewiderstand Sperrschicht–Gehäuse R_{thG} und der Wärmewiderstand Sperrschicht–umgebende Luft R_{thU}.
- *Nullkippspannung* U_{K0}
  Die Nullkippspannung ist die Spannung zwischen Anode und Katode, bei der der Thyristor bei offener Steuerelektrode in den niederohmigen Zustand kippt. Sie wird oft in den Datenblättern nicht angegeben, da bei vielen Thyristoren ein Betrieb bei der Nullkippspannung nicht mehr zulässig ist.

Grenzwerte:

- *Periodische Spitzensperrspannung* U_{DRM}, U_{RRM}
  Man unterscheidet eine positive Spitzensperrspannung und eine negative Spitzensperrspannung. Die positive Spitzensperrspannung U_{DRM} ist in Schaltrichtung gepolt (Blockierzustand), die negative Spitzensperrspannung U_{RRM} ist in Sperrrichtung gepolt. Die Spitzensperrspannungen U_{DRM} und U_{RRM} geben die höchstzulässigen Augenblickswerte von periodischen Spannungen an.
- *Höchstzulässige Stoßspitzenspannung* U_{RSM}
  Die höchstzulässige Stoßspitzenspannung ist der Spannungswert, der bei nichtperiodischen Vorgängen gelegentlich auftreten darf. Er darf auch bei kürzester Impulsdauer nicht überstritten werden.
- *Dauergrenzstrom* I_{TAV}
  Der Dauergrenzstrom ist der arithmetische Mittelwert des höchsten dauernd zulässigen Durchlassstromes (Einwegschaltung, ohmsche Belastung, bestimmte Kühlung).
- *Höchster periodischer Spitzenstrom* I_{TRM}
  Der höchste periodische Spitzenstrom ist der höchstzulässige Spitzenwert des Durchlassstromes während einer Periode.
- *Dauergleichstrom* I_T
  Der Dauergleichstrom ist der höchstzulässige Gleichstrom, der dauernd durch den Thyristor fließen darf.
- *Spitzenwert der Steuerleistung* P_{GM}
  Dieser Wert gibt die höchstzulässige Steuerleistung an.

- *Kritische Spannungssteilheit* S_{Ukrit}
  Die kritische Spannungssteilheit ist der höchstzulässige Wert der Anstiegsgeschwindigkeit der Spannung in Schaltrichtung. Wird dieser Wert überschritten, so kommt es zu einem ungewollten Kippen in den niederohmigen Zustand.
- *Kritische Stromsteilheit* S_{Ikrit}
  Die kritische Stromsteilheit ist der höchstzulässige Wert der Anstiegsgeschwindigkeit des Stromes.
- *Maximale Sperrschichttemperatur* T_j
  Wird diese Temperatur überschritten, so wird das Kristall zerstört.

Es ist sehr schwer, übliche Kennwerte und Grenzwerte anzugeben, da sehr unterschiedliche Thyristoren-Typen hergestellt werden. Es muss hier auf die Datenbücher der Hersteller verwiesen werden.

23.2.3 Anwendungsbeispiele

Thyristor im Wechselstromkreis

Thyristoren werden überwiegend als *kontaktlose Schalter* und als *steuerbare Gleichrichter* eingesetzt.

Der Thyristor in Bild 23.18 kann durch einen richtig gepolten, genügend großen und genügend lange dauernden Strom- und Spannungsimpuls auf den Steuereingang vom hochohmigen Zustand in den niederohmigen Zustand geschaltet werden.

Befindet sich der Thyristor im niederohmigen Zustand (Durchlasszustand), so ist der Steuereingang wirkungslos. Erst nach Unterschreiten des Haltestromes kippt der Thyristor wieder in den hochohmigen Zustand. Das Kippen in den hochohmigen Zustand erfolgt in der Nähe eines jeden Nulldurchganges des Wechselstromes.

Die Zündimpulse können periodisch oder nichtperiodisch auf den Steuereingang gegeben werden.

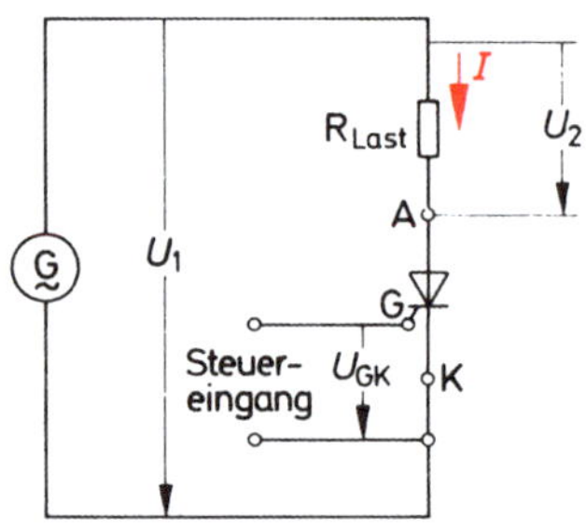

Bild 23.18
Steuereingang und Laststromkreis eines Thyristors

Werden die Impulse periodisch mit bestimmter Phasenlage zur Wechselspannung U_1 auf den Steuereingang gegeben, so zündet der Thyristor periodisch, d. h., er kippt bei einem ganz bestimmten *Phasenwinkel* innerhalb einer Periode in den niederohmigen Zustand. Bild 23.19 zeigt eine gesteuerte Gleichrichterschaltung. Der Thyristor zündet in jeder Periode bei der zum Winkel φ_Z gehörenden Zeit t_z.

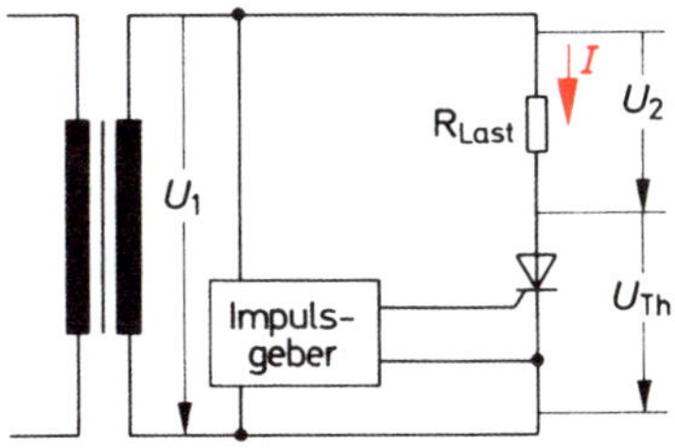

Bild 23.19
Gesteuerte Gleichrichterschaltung mit Thyristor

Der Winkel φ_Z heißt *Zündverzögerungswinkel.*

Der Thyristor bleibt nach der Zündung niederohmig, bis der Phasenwinkel φ = 180° fast erreicht ist (Stromnulldurchgang).

Es ergeben sich angeschnittene Stromhalbwellen. In Bild 23.20 sind die zeitlichen Verläufe der Spannungen U_1, U_{Th}, U_2, U_{GK} und des Stromes I angegeben.

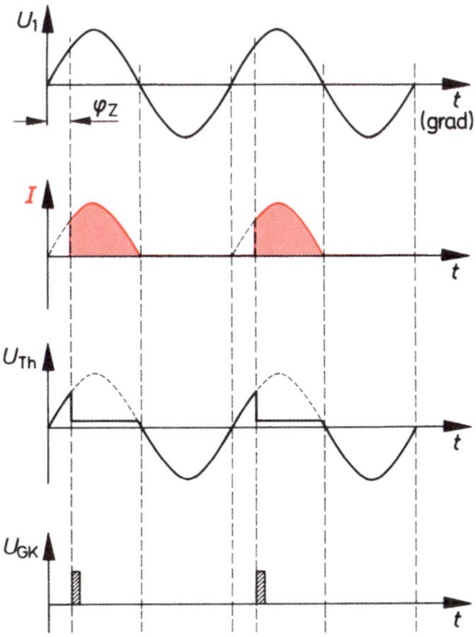

Bild 23.20
Zeitliche Verläufe der Spannungen U_1, U_{Th}, U_2, U_{GK} und des Stromes I

Ändert man die Phasenlage der Impulse U_{GK}, so ändert man den Zündverzögerungswinkel φ_Z. Die angeschnittenen Stromhalbwellen bekommen eine andere Form. Bild 23.21 zeigt angeschnittene Stromhalbwellen für verschiedene Zündverzögerungswinkel.

Merksatz

Je größer der Zündverzögerungswinkel φ_Z ist, desto schmaler sind die angeschnittenen Stromhalbwellen.

Werden die angeschnittenen Stromhalbwellen gesiebt, so ergibt sich am Ausgang der Siebkette eine umso kleinere Gleichspannung, je schmaler die angeschnittenen Stromhalbwellen sind.

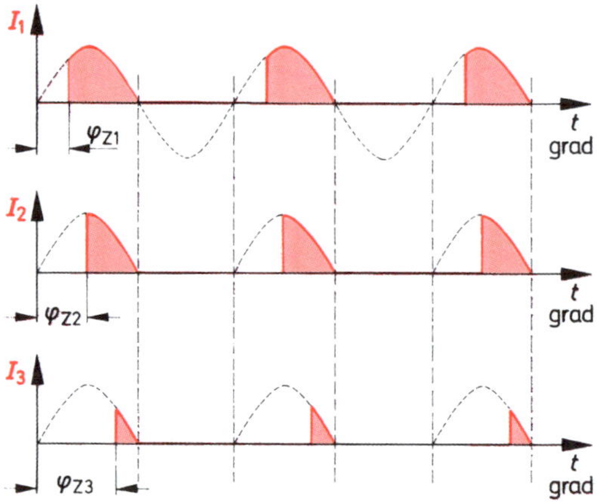

Bild 23.21
Angeschnittene Stromhalbwellen für verschiedene Zündverzögerungswinkel

Die Ausgangsgleichspannung kann also durch Anschnitt der Halbwellen gesteuert werden. Man nennt dieses Verfahren *Phasenanschnittssteuerung*.

Bei Phasenanschnittssteuerung ergibt sich eine sehr ungleichmäßige Belastung des Energieversorgungsnetzes. Die sinusförmigen Spannungs- und Stromverläufe werden verzerrt. Dadurch entstehen Oberwellen. Diese Oberwellen sind unerwünscht. Sie können erhebliche Störungen bei Geräten und Maschinen hervorrufen. Außerdem ergeben sich Rundfunkstörungen. Sehr große Leistungen dürfen daher nicht mit Anschnittssteuerung gesteuert werden.

Es ist aber möglich, Steuerimpulse mit einer veränderbaren Impulsfolgefrequenz und starrer Phasenlage zu erzeugen (Bild 23.22). Dies ermöglicht ein Sperren bestimmter positiver *Halbwellen*.

Man kann z. B. jede 100. Halbwelle sperren, man kann auch jede 10., 8., 5. oder jede 2. Halbwelle sperren, oder man kann z. B. 10 Halbwellen sperren und dann jeweils die 11. Halbwelle durchlassen. Man kann beliebig festlegen, welche Halbwellen gesperrt und welche durchgelassen werden.

Diese Art der Steuerung nennt man *Halbwellensteuerung*.

Merksatz

Bei der Halbwellensteuerung zündet der Thyristor während bestimmter positiver Halbwellen nicht.

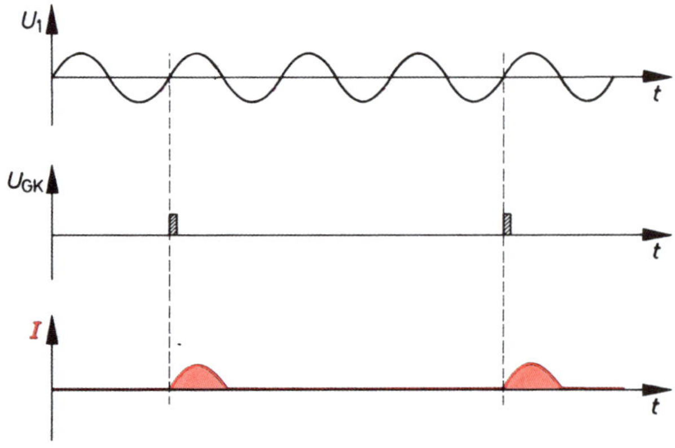

Bild 23.22
Halbwellensteuerung

Ausgangsspannung und Ausgangsleistung einer Thyristor-Gleichrichterschaltung sind umso kleiner, je mehr positive Halbwellen gesperrt werden.

Die Halbwellensteuerung erzeugt wesentlich weniger Oberwellen. Dieses Verfahren wird für die Steuerung großer Leistungen verwendet.

Thyristor im Gleichstromkreis

Thyristoren arbeiten in Gleichstromkreisen als kontaktlose Schalter. Mit Hilfe eines kleinen Steuerstromes kann ein großer Laststrom eingeschaltet werden.

Das Ausschalten des Laststromes ist jedoch nicht ganz so einfach. Der normale Thyristor kann über den Steuereingang nicht in den hochohmigen Zustand geschaltet werden. Ein Kippen in den hochohmigen Zustand kann nur durch Unterschreiten des Haltestromes herbeigeführt werden. Der Laststrom muss also zumindest kurzzeitig wesentlich herabgesetzt werden. Es gibt natürlich die Möglichkeit, den Laststrom mit Hilfe eines Schalters zu unterbrechen (Bild 23.23). Doch dies erfordert den Einsatz elektromechanischer Bauteile, z. B. von Relais. Eine kontaktlose Abschaltmöglichkeit ist besser.

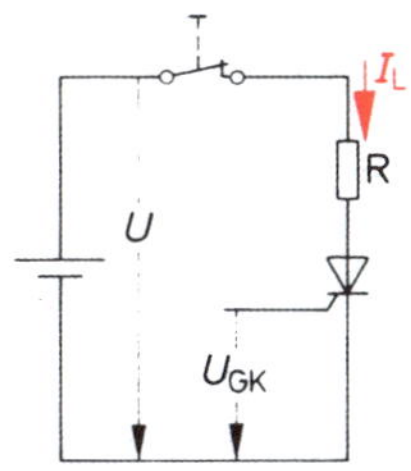

Bild 23.23
Thyristor im Gleichstromkreis

Die in Bild 23.24 dargestellte Schaltung erlaubt ein kontaktloses Abschalten. Thyristor Th 1 ist der sogenannte Hauptthyristor. Er kann die gewünschte große Leistung schalten. Der Thyristor Th 2 ist der Abschaltthyristor. Er kann für eine kleinere Leistung bemessen sein.

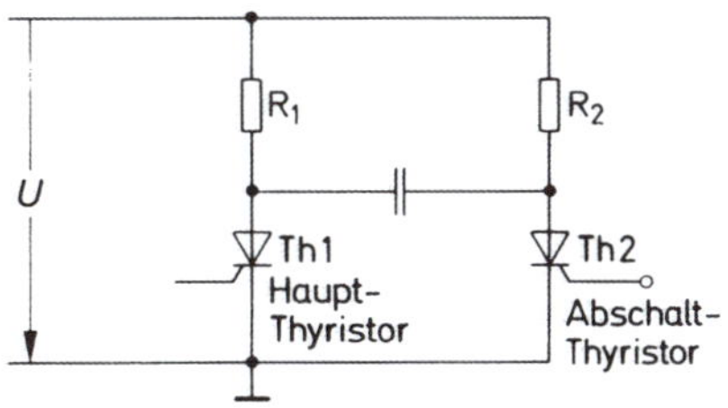

Bild 23.24
Steuerschaltung mit Hauptthyristor und Abschaltthyristor

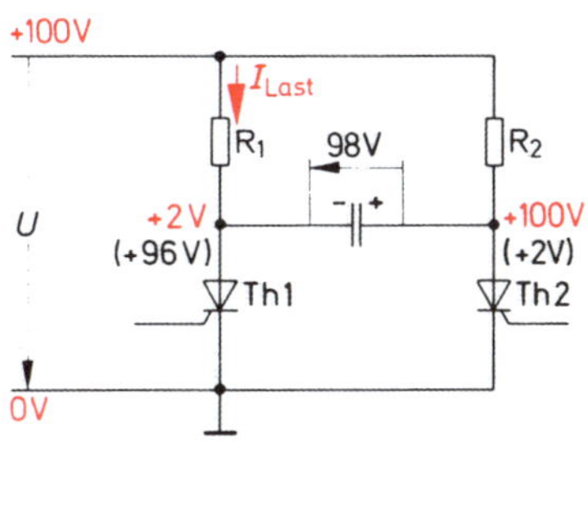

Bild 23.25
Erläuterung der Arbeitsweise einer Steuerschaltung mit Haupt- und Abschaltthyristor

Während des niederohmigen Zustandes von Th 1 wird der Kondensator C aufgeladen (siehe Bild 23.25). Th 2 ist gesperrt.

Wird nun Th 2 durch einen Impuls gezündet, so sinkt die Spannung an der Anode von Th 2 auf etwa +2 V (gegen Masse). Der Kondensator ist aber auf 98 V aufgeladen. Sein zweiter Pol hat also kurzzeitig das Potential –96 V. Durch dieses Potential wird der Laststrom praktisch unterbrochen und der Thyristor Th 1 in den hochohmigen Zustand gekippt.

Schaltungen dieser Art werden z. B. in den Steuerungen batteriebetriebener Fahrzeuge wie Elektrokarren, Gabelstapler usw. verwendet.

23.3 Thyristortetroden

23.3.1 Aufbau und Arbeitsweise

Die Thyristortetrode ist eine Weiterentwicklung des Thyristors bzw. der Thyristortriode. Bild 23.26 zeigt den Aufbau einer Thyristortetrode. Sie hat zwei Steueranschlüsse (G_1 und G_2). Die Zündung kann sowohl durch einen positiven Strom über G_1 als auch durch einen negativen Strom über G_2 erfolgen. Dabei soll unter einem positiven Strom ein in die Steuerelektrode hineinfließender Strom verstanden werden. Ein negativer Strom ist dann ein aus der Steuerelektrode herausfließender Strom. Als Stromrichtung gilt die technische Stromrichtung (von + nach –).

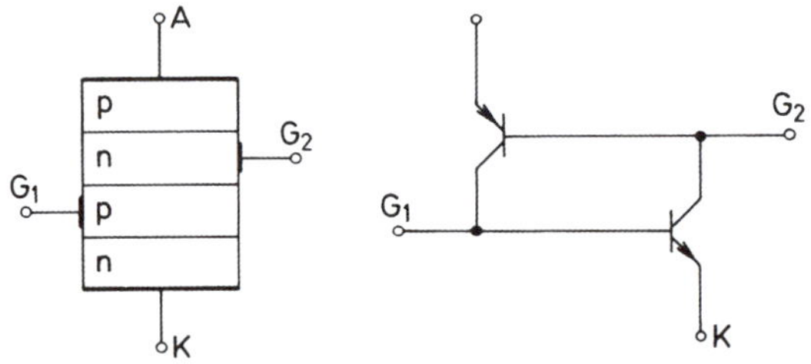

Bild 23.26
Grundaufbau und Ersatzschaltung einer Thyristortetrode

Merksatz

Die Thyristortetrode kann wahlweise über G_1 oder G_2 oder über beide in den niederohmigen Zustand geschaltet werden.

Während beim Thyristor nach erfolgter Zündung die Steuerelektrode ihre Wirksamkeit weitgehend verliert und ein Zurückschalten in den hochohmigen Zustand mit Hilfe der Steuerelektrode nicht möglich ist, kann eine Thyristortetrode über die Steuerelektroden abgeschaltet (gesperrt) werden.

Das Abschalten kann über G_1 oder über G_2 oder über beide Steueranschlüsse gleichzeitig erfolgen.

Beim Schaltvorgang in den hochohmigen Zustand müssen die Steuerströme umgekehrt gepolt sein wie beim Schaltvorgang in den niederohmigen Zustand.

Merksatz

Die Thyristortetrode kann wahlweise über G_1 oder G_2 oder über beide Steueranschlüsse gleichzeitig in den hochohmigen Zustand geschaltet werden.

Bild 23.27 zeigt die genormten Schaltzeichen von Thyristortetroden.

Thyristortetroden haben die unangenehme Eigenschaft, bei schnellem Anstieg der Spannung U_{AK} gelegentlich ohne Steuerströme und vor Erreichen der Nullkippspannung in den niederohmigen Zustand umzuschalten. Dieses ungesteuerte Schalten kann durch bestimmte schaltungstechnische Maßnahmen weitgehend verhindert werden.

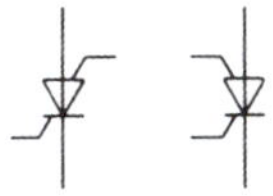

Bild 23.27
Schaltzeichen von Thyristortetroden

Thyristortetroden werden zur Zeit nur für verhältnismäßig kleine Stromstärken (bis etwa 5 A) gebaut. Bei größeren Stromstärken bereitet das Abschalten über die Steueranschlüsse Schwierigkeiten. Die hier auftretenden technischen Probleme werden zur Zeit noch nicht beherrscht. Es ist aber anzunehmen, dass es in Zukunft auch Thyristortetroden für größere Stromstärken geben wird.

23.3.2 Kennwerte und Grenzwerte

Die Kennwerte und Grenzwerte einer Thyristortetrode entsprechen ziemlich gut den Kennwerten und Grenzwerten eines Kleinthyristors. Sie brauchen hier nicht nochmals ausgeführt zu werden. Es wird auf Abschnitt 23.2.2 verwiesen. Lediglich die Schaltzeiten von Thyristortetroden sind kürzer als die von Thyristoren gleicher Nennstromstärke.

23.3.3 Anwendungen

Thyristortetroden werden häufig in Steuerschaltungen mit kleinen Stromstärken angewendet.

Ein großes Einsatzgebiet ist die Digitaltechnik. Hier verwendet man Thyristortetroden für Speicher, Zähler und Register sowie für Impulsgeneratoren. Thyristortetroden erlauben den Aufbau verhältnismäßig einfacher Schaltungen. Durch eine Thyristortetrode können meist mehrere der bisher für eine ähnliche Schaltung verwendeten Bauteile ersetzt werden.

24 Diac und Triac

24.1 Diac

Diac sind Halbleiterbauteile mit ausgeprägten Schaltereigenschaften. Sie haben einen *hochohmigen Zustand*, auch Sperrzustand oder Blockierzustand genannt, und einen *niederohmigen Zustand*, der als Durchlasszustand bezeichnet wird.

Definition

Die Bezeichnung «Diac» ist die Zusammenfassung der Anfangsbuchstaben des englischen Namens «**d**iode **a**lternating **c**urrent switch», was übersetzt Diodenwechselstromschalter bedeutet.

Diac kippen bei einer bestimmten Spannung U_{B0}, der sogenannten *Durchbruchspannung*, vom hochohmigen Zustand in den niederohmigen Zustand. Der Übergang in den niederohmigen Zustand erfolgt bei beiden Polungsrichtungen der angelegten Spannung etwa beim gleichen Spannungsbetrag. Man sagt, der Diac sei ein *bidirektionaler* Schalter, ein Schalter also, der bei beiden Spannungsrichtungen schaltet.

Diac werden als Dreischicht-Halbleiterbauteile und als Fünfschicht-Halbleiterbauteile hergestellt. Dem entsprechend unterscheidet man *Zweirichtungsdioden* und *Zweirichtungs-Thyristordioden*.

24.1.1 Zweirichtungsdioden

Aufbau und Arbeitsweise
Die Zweirichtungsdiode ist ähnlich aufgebaut wie ein Transistor (Bild 24.1). Das Kristall besteht aus drei Zonen, die abwechselnd p- und n-leitfähig sind. Die Zonenfolge p-n-p ist üblich, möglich ist aber auch die Zonenfolge n-p-n.

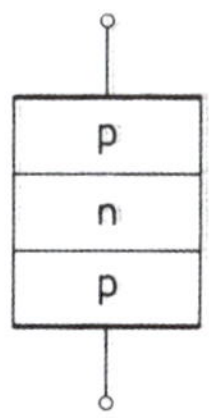

Bild 24.1
Grundaufbau einer Zweirichtungsdiode

Wie man die äußere Spannung auch polt, ein pn-Übergang wird stets in Sperrrichtung betrieben, der andere in Durchlassrichtung (Bild 24.2).

Bei einer bestimmten Spannung U_{B0} bricht der in Sperrrichtung betriebene pn-Übergang durch. Der Durchbruch erfolgt ähnlich wie bei einer Z-Diode. Nach dem Durchbruch ist die Zweirichtungsdiode niederohmig. Die Größe der Durchbruchspannung U_{B0} hängt von der Dotierung der Zonen ab.

Das Zurückkippen in den hochohmigen Zustand erfolgt bei Unterschreiten einer bestimmten Spannung, der sogenannten *Haltespannung*.

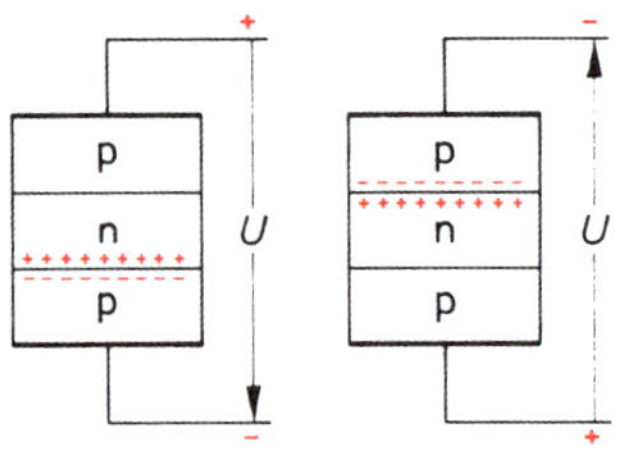

Bild 24.2
Polungen der Zweirichtungsdiode

Die Größe der Haltespannung ist ebenfalls von der Dotierung der Zonen abhängig.

Merksatz
Eine Zweirichtungsdiode wird bei Unterschreiten der Haltespannung hochohmig.

Kennwerte und Grenzwerte
Die Strom-Spannungs-Kennlinie einer Zweirichtungsdiode ist in Bild 24.3 dargestellt.

Kennwerte sind die *Durchbruchspannung* U_{B0} und die *Haltespannung* U_H, weiterhin der *Durchbruchstrom* I_{B0}.

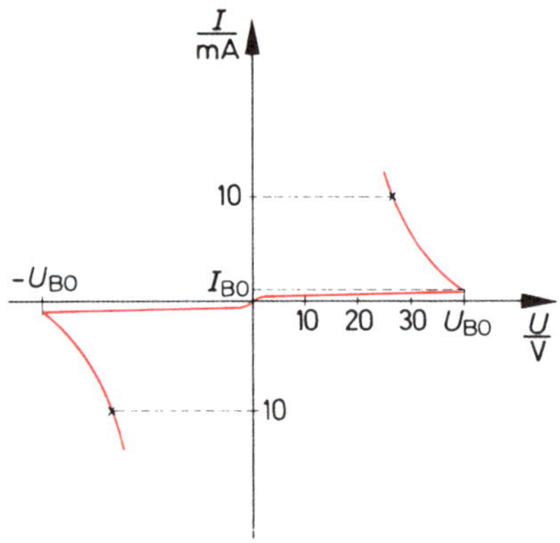

Bild 24.3
Strom-Spannungs-Kennlinie einer Zweirichtungsdiode

Bild 24.4
Schaltzeichen der Zweirichtungsdiode

Der Durchbruchstrom I_{B0} ist der Strom, der unmittelbar vor Beginn des Durchbruches fließt. Er sollte möglichst klein sein, da er ja ein Sperrstrom ist und die Güte der Sperrwirkung kennzeichnet.

Als Kennwert wird weiterhin der mögliche Unterschied zwischen den Beträgen von $+U_{B0}$ und $-U_{B0}$ angegeben. Dieser Unterschied sollte möglichst klein sein. Bei vollkommener Symmetrie des Bauteilaufbaus wäre er null. Dieser Kennwert wird *Symmetrieabweichung* genannt.

Übliche Kennwerte:

- ❑ Durchbruchspannung U_{B0} ≈ 32 V
- ❑ Durchbruchstrom I_{B0} ≈ 50 µA
- ❑ Haltespannung U_H ≈ 20 V
- ❑ Symmetrieabweichung S ≈ ± 3 V

Grenzwerte sind die höchstzulässige Verlustleistung P_{tot}, die höchste und die tiefste Gehäusetemperatur ϑ_{max} und ϑ_{min} und der höchste zulässige Impulsstrom I_{Pmax}.

Übliche Grenzwerte:

- ❑ Höchstzulässige Verlustleistung P_{tot} ≈ 0,5 W
- ❑ Höchstzulässiger Impulsstrom I_{Pmax} ≈ 2 A
- ❑ Höchste Gehäusetemperatur T_{max} ≈ +100 °C
- ❑ Tiefste Gehäusetemperatur T_{min} ≈ –40 °C

24.1.2 Zweirichtungs-Thyristordioden

Aufbau und Arbeitsweise

Eine Zweirichtungs-Thyristordiode ist im Prinzip eine Antiparallelschaltung von zwei Thyristordioden (Bild 24.5).

Die Thyristordioden werden auch Vierschichtdioden genannt, da ihr Kristall aus 4 verschiedenen Zonen besteht (Bild 24.6).

Die beiden Thyristordiodensysteme können in einem Kristall vereinigt werden. Dabei werden jeweils n-leitende und p-leitende Zonen zusammengefasst, wie in Bild 24.7 dargestellt. Es ergibt sich ein Fünfschicht-Halbleiterbauteil.

Die Eigenschaften der Zweirichtungs-Thyristordiode entsprechen denen der Antiparallelschaltung von zwei Thyristordioden (Bild 24.5). Bei einer bestimmten Spannung U_{B0} geht das Bauteil vom hochohmigen in den niederohmigen Zustand über. Das Zurückkippen in den hochohmigen Zustand erfolgt bei Unterschreiten des Haltestromes.

Merksatz

Eine Zweirichtungs-Thyristordiode wird bei Unterschreiten des Haltestromes hochohmig.

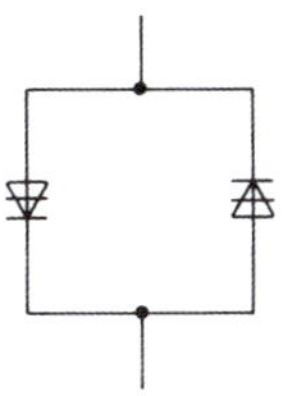

Bild 24.5 Antiparallelschaltung von zwei Thyristordioden

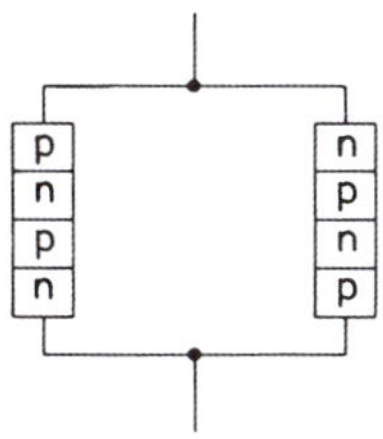

Bild 24.6 Antiparallelschaltung von zwei Thyristordioden. Darstellung des Zonenaufbaus

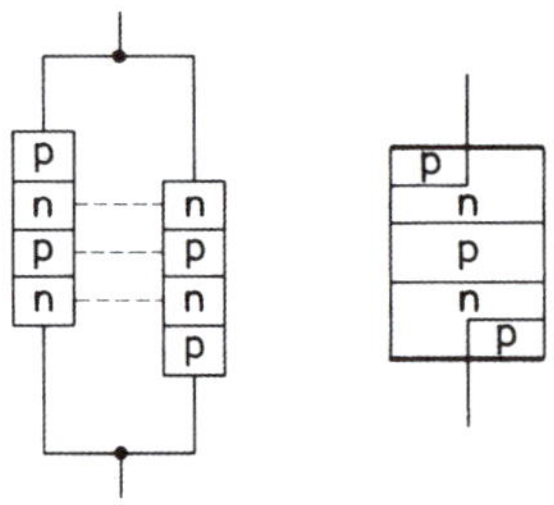

Bild 24.7
Vereinigung der Systeme zweier antiparallel geschalteter Thyristordioden in einem Kristall

Kennwerte und Grenzwerte
Die Kennwerte von Zweirichtungs-Thyristordioden entsprechen den Kennwerten von Thyristordioden bzw. Vierschichtdioden. Lediglich die Symmetrieabweichung ist besonders zu erwähnen. Es ist sehr schwer, die Zonen so symmetrisch aufzubauen, dass die Beträge der Spannungen $+U_{B0}$ und $-U_{B0}$ annähernd gleich groß sind. Die Symmetrieabweichung beträgt etwa 4 V bis 6 V. Das heißt, die Spannungen $+U_{B0}$ und $-U_{B0}$ dürfen sich maximal um diesen Wert unterscheiden.

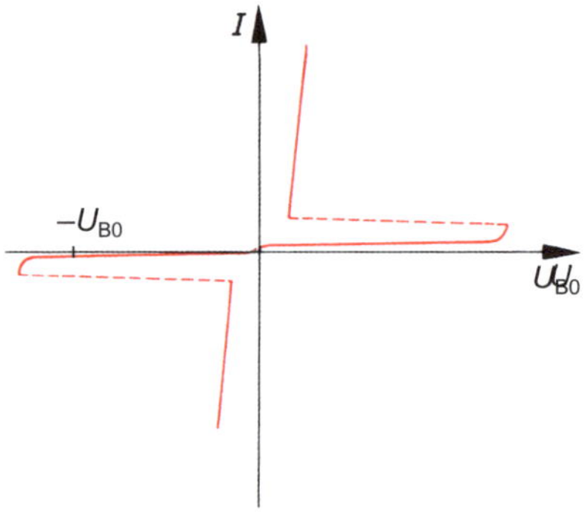

Bild 24.8
Strom-Spannungs-Kennlinie einer Zweirichtungs-Thyristordiode

Bild 24.9
Schaltzeichen der Zweirichtungs-Thyristordiode

Bild 24.8 zeigt die Strom-Spannungs-Kennlinie einer Zweirichtungs-Thyristordiode. Die Grenzwerte entsprechen ebenfalls den Grenzwerten von Thyristordioden.

24.1.3 Anwendungen von Diac

Diac, also Zweirichtungsdioden und Zweirichtungs-Thyristordioden, werden vorwiegend als kontaktlose Schalter eingesetzt. Sie werden nur für kleine Stromstärken (bis etwa 3 A) gebaut. Ihr Hauptanwendungsgebiet ist zur Zeit die Ansteuerung von Triac.

24.2 Triac

24.2.1 Aufbau und Arbeitsweise

In der Steuerungstechnik wird oft gefordert, dass einem Verbraucher eine steuerbare Leistung zugeführt wird. Die Steuerung dieser Leistung soll möglichst wirtschaftlich erfolgen.

Eine solche Leistungssteuerung ist grundsätzlich mit Thyristoren möglich. Thyristoren haben aber einen Gleichrichtereffekt. Sie steuern nur positive Halbwellen. Die negativen Halbwellen werden immer gesperrt.

Häufig besteht der Wunsch, auch die negativen Halbwellen zu steuern. Dies kann mit einer Antiparallelschaltung von zwei Thyristoren erfolgen, wie sie in Bild 24.10 dargestellt ist. Thyristor Th 1 steuert z. B. die positiven Halbwellen, Thyristor Th 2 steuert die negativen Halbwellen.

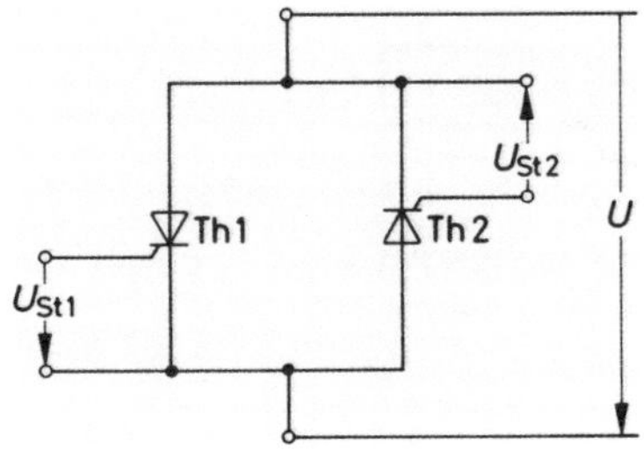

Bild 24.10
Antiparallelschaltung von zwei Thyristoren

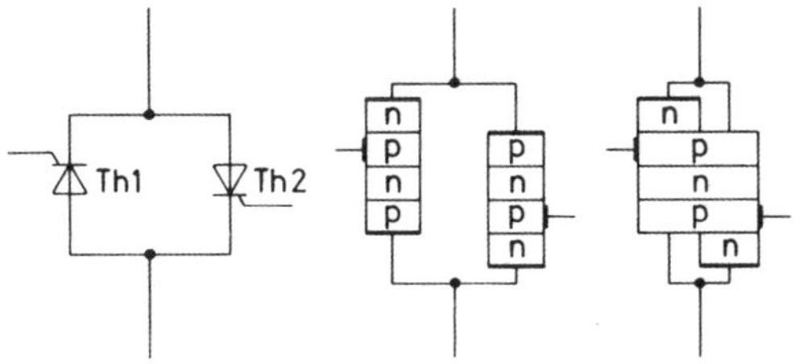

Bild 24.11
Vereinigung der Systeme zweier antiparallel geschalteter Thyristoren in einem Kristall

Zur Steuerung der Antiparallelschaltung sind aber zwei Steuerströme und die in Bild 24.10 angegebenen Steuerspannungen U_{St1} und U_{St2} erforderlich. Der Aufwand für die Steuerung einer solchen Schaltung ist verhältnismäßig groß.

Die Steuerspannungen U_{St1} und U_{St2} müssen spannungsmäßig voneinander unabhängig sein. Andererseits muss zwischen ihnen eine starre Phasenkopplung bestehen.

Interessante Steuerungsmöglichkeiten ergeben sich, wenn die beiden antiparallel geschalteten Thyristorsysteme in einem Kristall aufgebaut werden. Bild 24.11 zeigt die Zusammenfassung der Kristallzonen von gleichem Leitfähigkeitstyp. Man erhält ein Fünfschicht-Halbleiterbauteil.

Bei der Herstellung geht man von einem n-leitenden Si-Scheibchen aus, in das die oberen und unteren p-Zonen und n-Zonen eindotiert werden. Es ergibt sich ein Kristallaufbau nach Bild 24.12.

Die Steuerelektroden G_1 und G_2 müssen nun noch zu einer gemeinsamen Steuerelektrode zusammengefasst werden.

Die Steuerelektrode G_1 soll die gemeinsame Steuerelektrode G werden. Sie wird, wie in Bild 24.13 dargestellt, herausgeführt.

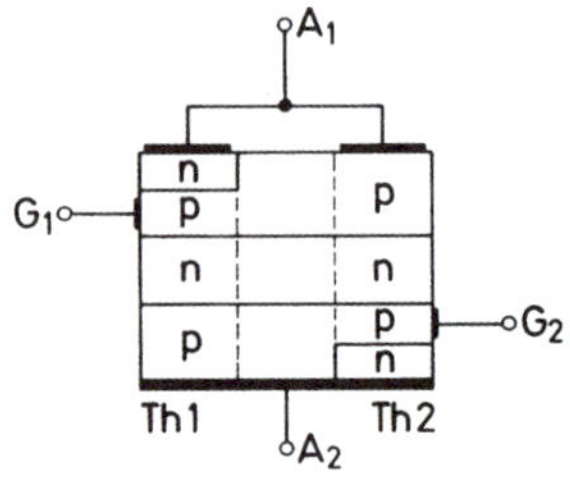

Bild 24.12
Kristallaufbau

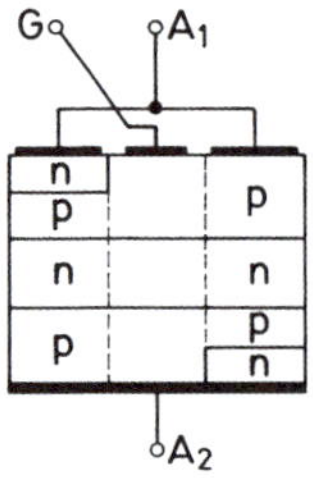

Bild 24.13
Kristallaufbau mit Steuerelektrode G

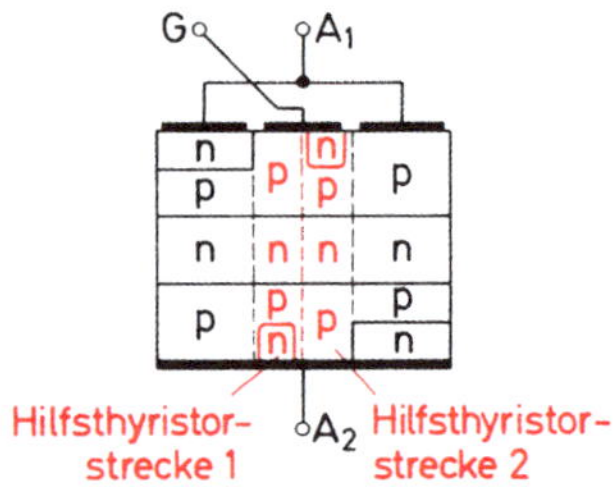

Bild 24.14
Kristallaufbau mit Hilfsthyristorstrecken

Das Thyristorsystem Th 1 kann ohne Schwierigkeiten über diese Steuerelektrode gezündet werden, denn sie ist ja der eigentliche Steuereingang dieses Systems.

Das Thyristorsystem Th 1 wird gezündet, wenn an G eine gegen A_1 positive Spannung gelegt wird, die einen Strom I_{St} in das Kristall treibt.

Die Steuerelektrode G ist aber bei diesem Aufbau nicht in der Lage, das Thyristorsystem Th 2 zu zünden, weder mit einem positiven noch mit einem negativen Steuerimpuls.

Um eine Steuermöglichkeit für das Thyristorsystem Th 2 zu schaffen, wird eine kleine n-Zone unterhalb des Steuerelektrodenanschlusses eindotiert (Bild 24.14). Zusätzlich erzeugt man meist eine gleichartige kleine n-Zone an der Elektrode A_2. Man hat jetzt zwei Hilfsthyristorstrecken, die auch Zündthyristorstrecken genannt werden.

Das Bauteil kann über die Hilfsthyristorstrecken mit positiven und mit negativen Steuerimpulsen in den niederohmigen Zustand gekippt werden.

Das in Bild 24.15 dargestellte Siebenschicht-Halbleiterbauteil wird *Triac* genannt.

Merksatz

Ein Triac arbeitet wie eine Antiparallelschaltung von zwei Thyristoren. Er steuert beide Halbwellen eines Wechselstromes. Die Steuerung erfolgt über eine einzige Steuerelektrode.

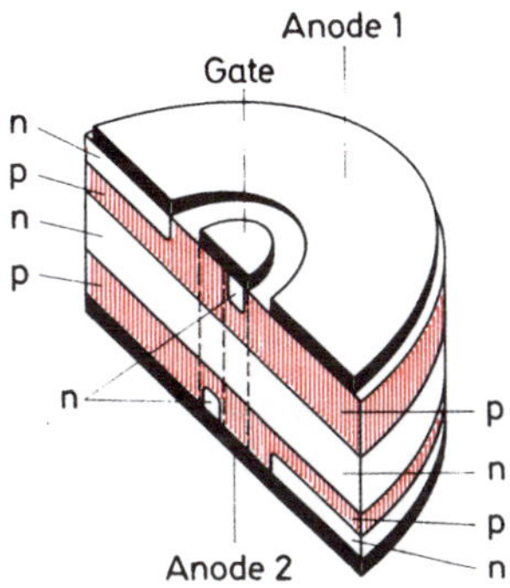

Bild 24.15
Schnitt durch ein Triac-Kristall

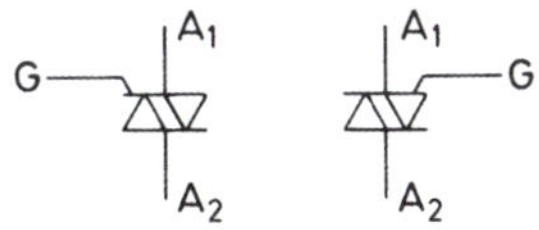

Bild 24.16
Schaltzeichen des Triac (Zweirichtungs-Thyristortriode)

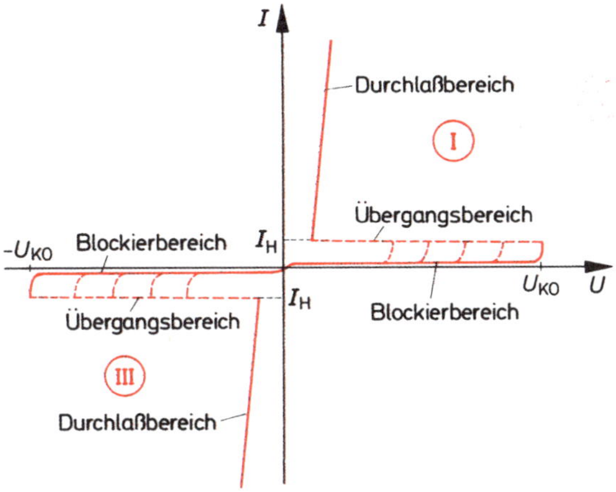

Bild 24.17
Strom-Spannungs-Kennlinie eines Triac

Definition

Die Bezeichnung «Triac» ist eine Abkürzung des englischen Namens «**tri**ode **a**lternating **c**urrent switch», deutsch: Trioden-Wechselstromschalter.

Ein Triac hat zwei Anoden, die mit A_1 und A_2 bezeichnet werden:

- ❑ A_1 Anode 1 (obere Anode),
- ❑ A_2 Anode 2 (Gehäuseanode).

Die Steuerelektrode G wird Gate oder Tor genannt. Bild 24.15 zeigt die Lage der Anoden und des Gates. In Bild 24.16 ist das genormte Schaltzeichen eines Triac angegeben.

Triac werden auch *Zweirichtungs-Thyristortrioden* genannt.

Die Strom-Spannungs-Kennlinie eines Triac ist in Bild 24.17 dargestellt.

Man unterscheidet einen *Blockierbereich*, einen *Übergangsbereich* und einen *Durchlassbereich* der Kennlinie im I. Quadranten und die entsprechenden Bereiche im III. Quadranten.

Die Steuerelektrode eines Triac hat wie die Steuerelektrode eines Thyristors nach der Zündung ihre Wirksamkeit verloren. Der Triac bleibt so lange niederohmig, bis der Haltestrom I_H unterschritten wird. Dann kippt er in den hochohmigen Zustand.

Bei der Steuerung von Wechselstrom muss der Triac in jeder Halbwelle erneut gezündet werden.

Triac verformen die Strom- und Spannungsschwingungen. Sie erzeugen Oberwellen. Die Frequenzen dieser Oberwellen reichen bis in den Rundfunkbereich. Triacschaltungen müssen daher in allen Fällen entstört werden. Dies erfolgt mit Hilfe von Kondensatoren und Drosseln. Triac-Schaltungen erzeugen Rundfunkstörungen.

24.2.2 Kennwerte und Grenzwerte

Kennwerte

Die wichtigsten Eigenschaften der Triac werden durch folgende Kennwerte beschrieben:

- *Spitzensperrstrom* I_{DROM}
  Der Spitzensperrstrom ist der Strom, der im Sperrzustand bei offenem Gate und zwischen A_1 und A_2 anliegender Spitzensperrspannung durch den Triac fließt. Er sollte möglichst klein sein. Je kleiner er ist, desto besser sperrt der Triac.
- *Maximale Durchlassspannung* U_{TM}
  Die maximale Durchlassspannung ist die Spannung, die im Durchlasszustand am Triac liegt, wenn ein Strom bestimmter Größe, meist der maximale Durchlassstrom, durch den Triac fließt.
- *Haltestrom* I_H
  Bei Unterschreiten des Haltestromes kippt der Triac vom niederohmigen Zustand in den hochohmigen Zustand.
- *Gate-Triggerstrom* I_{GT}
  Dies ist der kleinste Gatestrom, der den Triac vom hochohmigen Zustand in den niederohmigen Zustand schaltet. Er wird für eine bestimmte Sperrspannung zwischen A_1 und A_2 angegeben.
- *Gate-Triggerspannung* U_{GT}
  Die Gate-Triggerspannung ist die Spannung, die zur Erzeugung des Gate-Triggerstromes I_{GT} erforderlich ist.
- *Einschaltzeit* t_{gt}
  Die Einschaltzeit ist die Zeit, die vom Eintreffen eines steilen Gate-Spannungsimpulses an vergeht, bis der Durchlassstrom auf 90% seines Höchstwertes angestiegen ist.

Kristische Spannungssteilheit

Bei schnellem Spannungsanstieg am Triac kann es zu einem ungewollten Zünden kommen. Die kritische Spannungssteilheit gibt die größte Spannungsanstiegsgeschwindigkeit an, die noch nicht zu solchen ungewollten Zündungen führt. Sie gilt für offenes Gate.

Wärmewiderstand R_{thG}, R_{thU}

Triac werden oft auf Kühlbleche montiert. Der Wärmewiderstand dient zur Berechnung der Kühlung. R_{thG} ist der Wärmewiderstand Sperrschicht-Gehäuse. R_{thU} ist der Wärmewiderstand Sperrschicht-umgebende Luft.

Übliche Kennwerte:

❑ Spitzensperrstrom	I_{DROM}	≈ 0,5 mA
❑ Maximale Durchlassspannung	U_{TM}	≈ 1,8 V
❑ Haltestrom	I_H	≈ 15 mA
❑ Gate-Triggerstrom	I_{GT}	≈ 20 mA
❑ Gate-Triggerspannung	U_{GT}	≈ 1,2 V
❑ Einschaltzeit	t_{gt}	≈ 2 µs

Die Hersteller geben für die Kennwerte bestimmte Messbedingungen an. Weiterhin wird eine zulässige Streuung angegeben. Die Kennwerte sind temperaturabhängig.

Grenzwerte

- ❑ *Periodische Spitzensperrspannung U_{DROM}*
  Dies ist die höchste Spannung, die periodisch im gesperrten Zustand und bei offenem Gate am Triac liegen darf, ohne dass der Triac in den niederohmigen Zustand schaltet.
- ❑ *Durchlassstrom I_T*
  Der Durchlassstrom I_T ist der höchstzulässige Dauerlaststrom (Effektivwert).
- ❑ *Stoßstrom I_{TSM}*
  Dieser Strom darf gelegentlich unter bestimmten Bedingungen kurzzeitig fließen. Ein Überschreiten dieses Stromwertes und der zulässigen Zeit führt zur Zerstörung des Triac.
- ❑ *Gate-Spitzenstrom I_{GTM}*
  Der Gate-Spitzenstrom darf kurzzeitig im Gate-Stromkreis fließen. Neben der höchstzulässigen Stromstärke wird die höchstzulässige Zeitdauer angegeben.
- ❑ *Temperaturbereich*
  Es wird eine höchste (T_{max}) und eine tiefste Temperatur (T_{min}) angegeben. Die Temperaturen sind entweder Umgebungstemperaturen oder Gehäusetemperaturen.

Übliche Grenzwerte:

❑ Periodische Spitzensperrspannung	U_{DROM}	≈ 400 V
❑ Durchlassstrom	I_T	≈ 15 A
❑ Stoßstrom (20 ms)	I_{TSM}	≈ 100 A
❑ Gate-Spitzenstrom (1 µs)	I_{GTM}	≈ 4 A
❑ Höchste Gehäusetemperatur	T_{max}	≈ 100 °C
❑ Tiefste Gehäusetemperatur	T_{min}	≈ –60 °C

24.3 Steuerungen mit Diac und Triac

Mit Hilfe von Triac können Wechselstromleistungen einfach gesteuert und geregelt werden. Diac werden meist zum Ansteuern der Triac, also zur Schaltung der Zündimpulse verwendet.

Die zur Steuerung erforderliche Leistung ist sehr gering (einige mW). Sie kann üblichen Halbleiterschaltungen oder integrierten Schaltkreisen entnommen werden.

Triac werden häufig für Lichtsteuerungen aller Art verwendet. Es gibt einfache Lichtsteuereinheiten für den Haushalt, die anstelle eines üblichen Schalters in die Installationsdosen eingesetzt werden können. Diese sogenannten Dimmer steuern fast leistungslos den Effektivwert des Wechselstromes und damit die Wechselstromleistung und die Lampenhelligkeit.

Sehr gut eignen sich Triac auch für Motorsteuerungen. Sie werden oft zur Drehzahlsteuerung von Einphasen-Wechselstrommotoren verwendet (Bohrmaschinensteuerung, Küchenmaschinensteuerung).

Elektrowärmegeräte können mit Triac sehr einfach gesteuert und geregelt werden. Die Steuerung leistungsstarker Elektrowärmegeräte kann mit Hilfe eines kleinen Potentiometers erfolgen. Eine Regelungsschaltung müsste die Änderung der Widerstandswerte dieses Potentiometers nachbilden. Das ist durch eine einfache Transistorschaltung möglich.

Die Heizplatten von Elektroherden können z. B. mit Triacschaltungen automatisch geregelt werden. Der bisher verwendete teure Siebentaktschalter könnte dabei eingespart werden.

Relais und Schütze können durch Triac in vielen Fällen ersetzt werden. Das kontaktlose Schalten bringt viele Vorteile. Es erfolgt wesentlich schneller. Kontaktabbrand und Kontaktverschmutzung entfallen. Die Lebensdauer von Triac ist praktisch unbegrenzt, sofern sie nicht überlastet werden.

Der höchstzulässige Laststrom (Durchlassstrom I_T) ist ein Grenzwert.

Merksatz

Bei Triac-Schaltungen muss stets dafür gesorgt werden, dass der im Laststromkreis wirksame Widerstand den Strom so begrenzt, dass der höchstzulässige Laststrom des Triac nicht überschritten werden kann.

Der Widerstand eines Triac im niederohmigen Zustand beträgt nur wenige Ohm. Er kann bei der Bemessung des Lastwiderstandes unberücksichtigt bleiben.

Der in Bild 24.18 dargestellte Triac soll einen höchstzulässigen Laststrom von 10 A haben. Der Mindestwert für R_{Last} ergibt sich aus folgender Rechnung:

$$R_{Last} = \frac{U}{I_T} = \frac{230}{10\ \text{A}} = 23\,\Omega$$

Die Arbeitsweise einer Triac-Steuerung soll am Beispiel einer üblichen Lichtsteuerschaltung erläutert werden. Bild 24.19 zeigt die Schaltung eines Dimmers.

Die eigentliche Triac-Schaltung liegt zwischen den Punkten C und D. Der Kondensator C_1 lädt sich während des hochohmigen Zustandes des Triac auf. Während des hochohmigen Zustandes des Triac liegt fast die volle Netzspannung zwischen

C und D. In Bild 24.19 ist die Polung der Spannungen während der positiven Halbwelle angegeben.

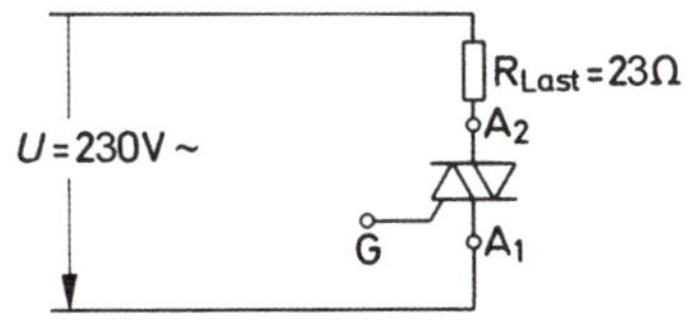

Bild 24.18
Stromkreis mit Triac

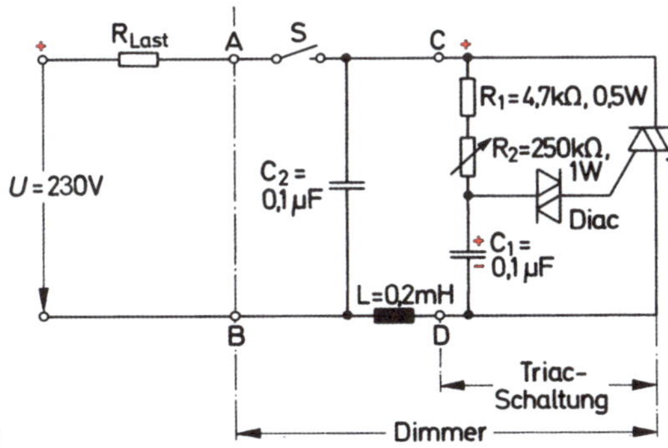

Bild 24.19
Schaltung eines Dimmers mit Entstörungsglied und Laststromkreis

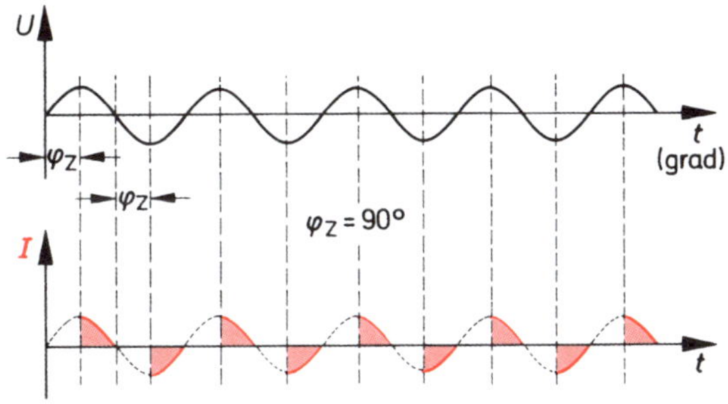

Bild 24.20
Zeitlicher Verlauf der Netzspannung U und des Laststromes I bei $\varphi_Z = 90°$

Die Aufladegeschwindigkeit hängt von der Zeitkonstante τ der Reihenschaltung R_1, R_2, C_1 ab:

$$\tau = R_g \cdot C = (R_1 + R_2) \cdot C_1$$

Je größer die Zeitkonstante τ ist, desto langsamer wird C_1 geladen.

Der Triac bleibt so lange im Sperrzustand, bis die Kondensatorspannung groß genug ist, um den Triac in den niederohmigen Zustand zu kippen. Dies geschieht etwa bei $U_C = 30$ V.

Sobald der Diac in den niederohmigen Zustand gekippt ist, wird C_1 entladen.

C_1 gibt einen kräftigen Steuerimpuls auf das Gate des Triac. Der Triac schaltet in den niederohmigen Zustand. Jetzt kann ein Laststrom fließen.

Während des hochohmigen Zustandes des Triac bei negativer Halbwelle wird C_1 mit umgekehrter Polarität geladen. Ist die Spannung U_C genügend groß, kippt der Diac in den niederohmigen Zustand. Der von C_1 gelieferte Steuerimpuls zündet den Triac.

Mit dem Potentiometer R_2 wird die Ladegeschwindigkeit von C_1 eingestellt. *Die Ladegeschwindigkeit bestimmt den Zündzeitpunkt des Triac während der Halbwelle.* Mit R_2 wird also auch der Zündverzögerungswinkel φ_Z eingestellt.

In Bild 24.20 ist der zeitliche Verlauf der Netzspannung U zusammen mit dem zeitlichen Verlauf des Laststromes I für einen bestimmten Zündverzögerungswinkel φ_Z dargestellt. Die positiven und die negativen Stromhalbwellen sind angeschnitten.

Die «Stromportionen» werden umso kleiner, je größer der Winkel φ_Z ist. φ_Z kann zwischen etwa 5° und fast 180° bzw. zwischen 185° und fast 360° eingestellt werden. Damit ist es möglich, dem Lastwiderstand R_{Last} Leistungen zuzuführen, die fast zwischen der vollen Leistung und der Leistung Null einstellbar sind. Eine Lampe kann also zwischen voller Helligkeit und Dunkelzustand kontinuierlich gesteuert werden.

Die Bauteile C_2 und L dienen der Entstörung. Der Dimmer endet an den Polen A und B. Soll der Dimmer nicht in Betrieb sein, so kann er mit dem Schalter S von der Netzspannung abgetrennt werden.

Grundsatz

Ein Dimmer darf nur in Reihe mit einem genügend großen Lastwiderstand betrieben werden.

Werden die Pole A und B direkt an Netzspannung gelegt, so wird der Triac durch einen zu großen Laststrom zerstört.

25 Optoelektronik

25.1 Innerer fotoelektrischer Effekt

Halbleiterwerkstoffe haben eine gewisse *Eigenleitfähigkeit*. Man versteht darunter die Leitfähigkeit des nichtdotierten Werkstoffes.

Die Ursachen der Eigenleitfähigkeit sind in Kapitel 14 genauer beschrieben. Es soll hier nur kurz daran erinnert werden, dass die Eigenleitfähigkeit bei Energiezufuhr, z. B. bei Erwärmung des Werkstoffes, erhöht wird. Die Erwärmung des Werkstoffes führt zu stärkerer Wärmeschwingung. Dadurch brechen mehr Kristallbindungen auf. Beim Aufbrechen von Kristallbindungen werden aber Elektronen freigesetzt, gleichzeitig entstehen Löcher. Diese Ladungsträger stehen für die Bildung eines Stromes zur Verfügung. Sie vergrößern die Leitfähigkeit des Werkstoffes.

Erhält ein Halbleiterwerkstoff eine Energiezufuhr durch Lichteinstrahlung, so werden ebenfalls Elektronen aus ihren Bindungen befreit. Man kann sich vorstellen, dass die Lichtteilchen, die sogenannten Photonen, Kristallbindungen zerschlagen (Bild 25.1).

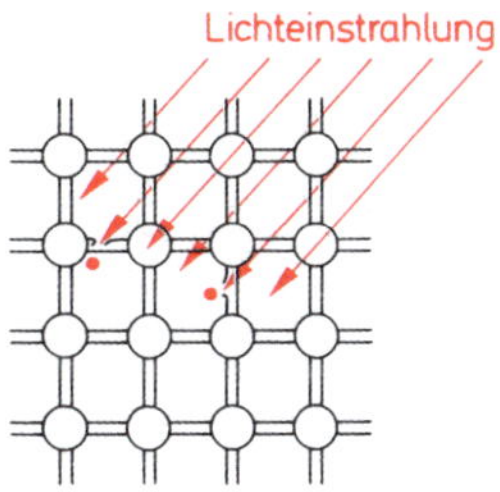

Bild 25.1
Herauslösen von Valenzelektronen aus Halbleiterkristallbindungen bei Lichteinstrahlung (Modelldarstellung)

Die Elektronen dieser Kristallbindungen werden daduch freigesetzt. Die entstehenden offenen Bindungen stellen Löcher dar. Durch Lichteinstrahlung wird also die Anzahl der freien Elektronen und der Löcher vermehrt. Die Vergrößerung der Anzahl der freien Ladungsträger bedeutet eine Vergrößerung der Leitfähigkeit bzw. der Eigenleitfähigkeit.

Merksatz

Die Eigenleitfähigkeit von Halbleiterwerkstoffen wird bei Lichteinstrahlung vergrößert.

Dieser Vorgang wird *innerer fotoelektrischer Effekt* genannt. Er tritt bei einkristallinen und bei polykristallinen Halbleiterwerkstoffen gleichermaßen auf.

Grundsätzlich werden die elektrischen Eigenschaften aller Halbleiterbauteile durch Lichteinfall beeinflusst. Man verwendet allgemein lichtdichte Gehäuse, wenn der innere fotoelektrische Effekt unerwünscht ist.

25.2 Fotowiderstände

25.2.1 Aufbau und Arbeitsweise

Die aktiven Schichten von Fotowiderständen bestehen aus Halbleiter-Mischkristallen. Man verwendet Werkstoffe, bei denen der innere fotoelektrische Effekt besonders stark ist.

Solche Werkstoffe sind z. B. Cadmiumsulfid (CdS), Bleisulfid, Bleiselenid und Bleitellurid. Diesen Grundwerkstoffen werden besondere Beimengungen zugegeben, die den fotoelektrischen Effekt, also die Lichtempfindlichkeit, steigern.

Die aktive Schicht wird auf einen Keramikkörper, der als Träger dient, aufgebracht. Durch Länge, Breite und Dicke der Schicht sowie durch den verwendeten Werkstoff sind die Eigenschaften des Fotowiderstandes bestimmt (Bild 25.2).

Bei Lichteinstrahlung werden Ladungsträger freigesetzt. Der Widerstandswert nimmt ab.

Merksatz

Der Widerstandswert von Fotowiderständen wird umso geringer, je stärker die Lichteinstrahlung ist.

Ein Fotowiderstand ist nicht für alle Lichtwellenlängen gleich empfindlich. Bei einer bestimmten Wellenlänge liegt das Empfindlichkeitsmaximum.

Bild 25.3 zeigt den Verlauf der sogenannten spektralen Empfindlichkeit eines Fotowiderstandes. Bei einer Wellenlänge von 0,65 μm liegt die größte Empfindlichkeit dieses Fotowiderstandes. Das Licht dieser Wellenlänge hat eine hellrote Farbe.

Man kann Fotowiderstände bauen, die besonders empfindlich sind für grünes, blaues oder oranges Licht, auch solche, deren Empfindlichkeitsmaximum im Infrarotbereich liegt (Bild 25.4).

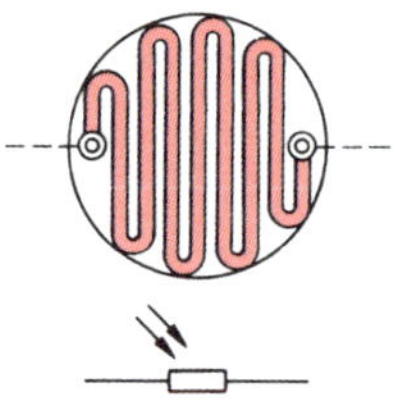

Bild 25.2
Aufbau und Schaltzeichen eines Fotowiderstandes

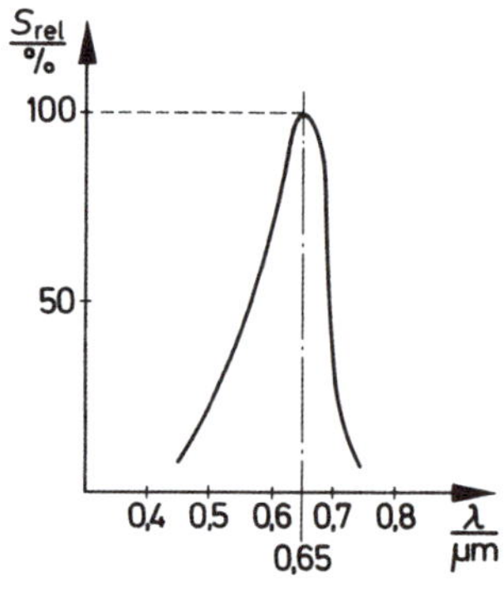

Bild 25.3
Spektrale Empfindlichkeit eines Fotowiderstandes

Wird die Beleuchtung eines Fotowiderstandes geändert, so ändert sich der Widerstandswert mit einer gewissen zeitlichen Verzögerung. Die Widerstandsänderung erfolgt also nicht trägheitslos. Die Verzögerung beträgt einige Millisekunden.

Fotowiderstände haben eine gewisse Temperaturabhängigkeit. Der Temperaturkoeffizient ist jedoch gering. Er nimmt mit wachsender Beleuchtungsstärke ab.

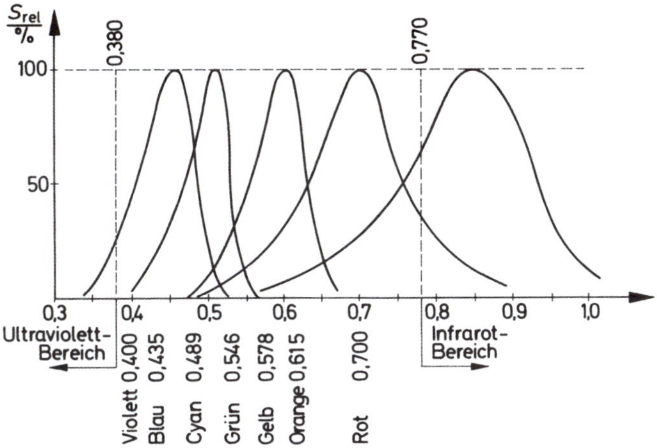

Bild 25.4
Spektrale Empfindlichkeit bei verschiedenen Typen von Fotowiderständen

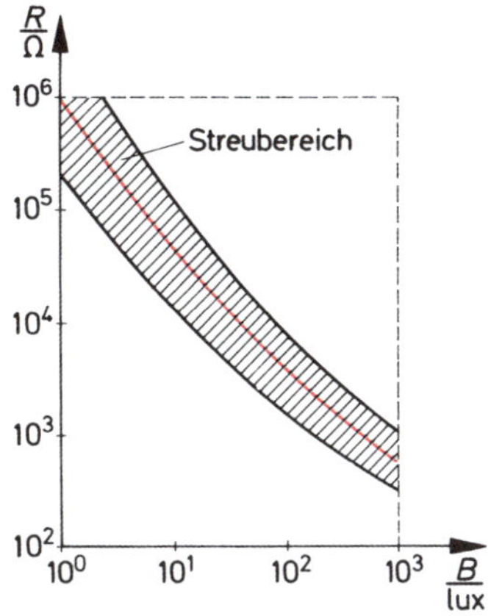

Bild 25.5
Widerstandsverlauf eines Fotowiderstandes in Abhängigkeit von der Beleuchtungsstärke E_V

25.2.2 Kennwerte und Grenzwerte

Wichtige *Kennwerte* sind der *Dunkelwiderstand*, der *Hellwiderstand*, die *Wellenlänge der maximalen Fotoempfindlichkeit* und die *Ansprechzeit*.

Der *Dunkelwiderstand* R_0 ist der Widerstandswert, den der Fotowiderstand bei Dunkelheit hat. (Die Dunkelheit muss wenigstens 1 Minute bestehen.)

Mit *Hellwiderstand* R_{1000} bezeichnet man den Widerstandswert, den der Fotowiderstand bei einer Beleuchtungsstärke von 1000 Lux hat.

Die *Wellenlänge der maximalen Fotoempfindlichkeit* λ_{ES} ist die Lichtwellenlänge, bei der der innere fotoelektrische Effekt besonders stark auftritt.

Als *Ansprechzeit* t_r bezeichnet man die Zeit, die nach Einschalten einer Beleuchtungsstärke von 1000 Lux nach Dunkelheit vergeht, bis der Strom 65% seines Wertes bei R_{1000} erreicht hat.

Übliche Werte:

- ❑ Dunkelwiderstand $R_0 \approx 1$ MΩ bis 100 MΩ
- ❑ Hellwiderstand $R_{1000} \approx 100$ Ω bis 2 kΩ
- ❑ Ansprechzeit $t_r \approx 1$ ms bis 3 ms

Grenzwerte sind die *Verlustleistung* P_{tot}, die sich daraus ergebende *höchste zulässige Arbeitsspannung* U_a und die *höchstzulässige Umgebungstemperatur* T_{max}.

Übliche Werte:

- ❑ $P_{tot} \approx 50$ mW bis 2 W
- ❑ $U_a \approx 100$ V bis 250 V
- ❑ $T_{max} \approx 70$ °C

25.2.3 Anwendungen

Fotowiderstände sind verhältnismäßig preiswerte Bauteile. Sie werden in großer Zahl für Lichtschranken aller Art, für Dämmerungsschalter, Lichtwächterschaltungen und Alarmanlagen verwendet. Man findet Fotowiderstände in Schaltungen der Steuer- und Regelungstechnik und als Flammenwächter in Ölzentralheizungsanlagen. Die Anwendungsmöglichkeiten sind sehr groß. Ein gewisser Nachteil der Fotowiderstände ist ihre vorstehend näher beschriebene Trägheit. Sie können nur dort eingesetzt werden, wo diese Trägheit keine Rolle spielt.

25.3 Solarzellen

25.3.1 Aufbau und Arbeitsweise

Fotoelemente und Solarzellen sind *Energiewandler*. Die Lichtenergie wird in elektrische Energie umgewandelt. Diese Bauteile haben die Eigenschaft von Generatoren, d. h., sie haben eine Urspannung und einen Innenwiderstand. Solarzellen sind im Prinzip Silizium-Fotoelemente.

Grundsatz

Solarzellen wandeln Lichtenergie in elektrische Energie um.

Solarzellen

Eine Solarzelle besteht aus einem p-leitenden Si-Einkristall, in das eine dünne (1 µm bis 2 µm) n-leitende Zone eindotiert wurde (Bild 25.6).

Zwischen p-Zone und n-Zone bildet sich durch Ladungsträgerdiffusion eine Raumladungszone. In dieser Raumladungszone herrscht ein elektrisches Feld (Bild 25.7).

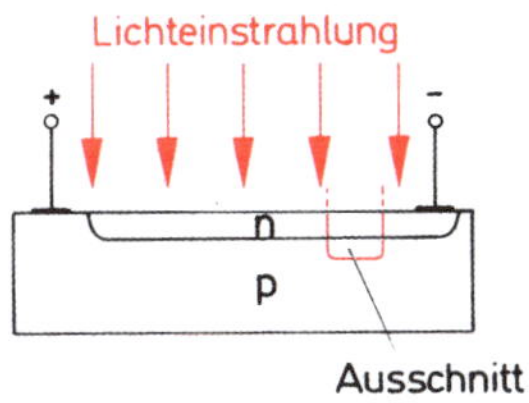

Bild 25.6
Grundaufbau einer Solarzelle
N-auf-P-Typ (Ausschnitt s. Bilder 25.7 und 25.8)

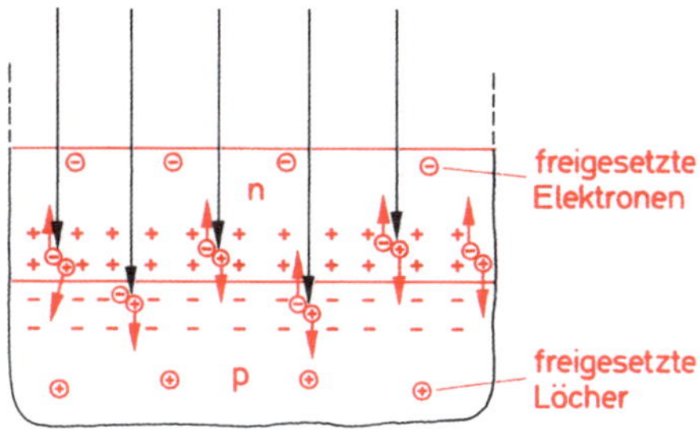

Bild 25.7
Kristallausschnitt, Freisetzen von Elektronen und Löchern

Da die n-Zone sehr dünn ist, wird sie fast ganz von der Raumladungszone durchsetzt. Die n-Zone ist mit einer lichtdurchlässigen Schutzschicht abgedeckt. Das Licht fällt auf die n-Zone und bewirkt in ihr ein Freisetzen von Elektronen. Man kann sich vorstellen, dass die Photonen des Lichtes Kristallbindungen zerschlagen. Die aus ihren Bindungen befreiten Elektronen werden vom elektrischen Feld beschleunigt. Sie erfahren als negative Ladungsträger eine Kraftwirkung entgegengesetzt zur Feldlinienrichtung, d. h., sie wandern in den sperrschichtfreien Bereich der n-Zone. Dort herrscht Elektronenüberschuss (Bild 25.8).

Merksatz

Der sperrschichtfreie Bereich der n-Zone ist der negative Pol der Solarzellen.

Die bei der Freisetzung von Elektronen entstandenen Löcher wandern in Feldlinienrichtung in den sperrschichtfreien Teil der p-Zone. Dort herrscht Elektronenmangel. So entsteht eine Stromquelle.

Merksatz

Der sperrschichtfreie Bereich der p-Zone ist der positive Pol der Solarzellen.

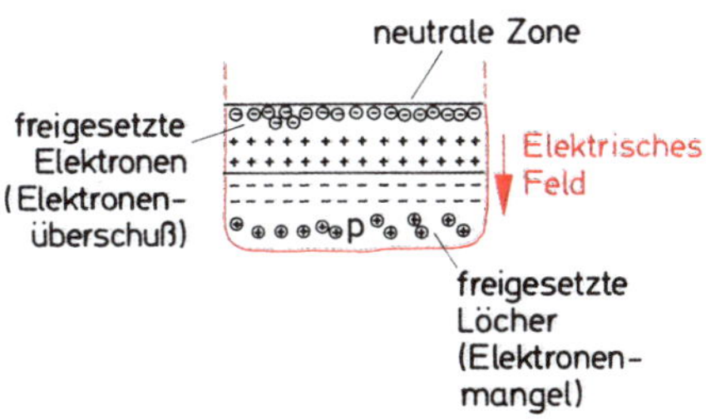

Bild 25.8
Kristallausschnitt,
Entstehung des Minuspols

Eine Solarzelle kann nur einen geringen Teil der eingestrahlten Energie in elektrischen Strom umwandeln (Absorptionsverluste). Das lässt sich durch das physikalische Bändermodell erklären. Um ein Elektron aus dem Valenzband in das Leitungsband anzuheben, ist eine genau definierte Menge Energie notwendig. Daher können nur Photonen (Lichtquanten) mit einer bestimmten Strahlungsenergie ein Elektron in das Leitungsband heben. Der Strahlungsenergie ist eine Wellenlänge zugeordnet. Den Halbleitermaterialien sind daher schmale Spektralbereiche (Lichtfarben) zugeordnet, in denen sie Lichtquanten in elektrischen Strom wandeln können. Um den Absorptionsbereich auszuweiten, können verschiedene Halbleiter übereinandergelegt werden. Neben den Absorptionsverlusten sind noch ohmsche Verluste in den Kontaktflächen der Zellen, Abschattungen durch die Kontaktflächen, Reflexionen und Halbleiterunreinheiten von Nachteil. An den Plus- und den Minuspol einer Solarzelle kann ein elektrischer Verbraucher angeschlossen werden.

Solarzellen sind Stromquellen. Sie liefern daher im Kurzschluss einen begrenzten Kurzschlussstrom i_k.

Grundsatz

Der Kurzschlussstrom ist stark von der Bestrahlungsstärke [W/m²] abhängig.

Bild 25.9 zeigt die Strom-Spannungs-Kennlinie eines Solarmoduls.

Die Leerlaufspannung ist nahezu unabhängig von der Bestrahlungsstärke [W/m²]. Sie nimmt mit sinkender Zelltemperatur zu.

Wird an die Solarzelle ein Widerstand angeschlossen, fließt ein von der ohmschen Belastung abhängiger Strom. Die von der Solarzelle abgegebene Leistung wird aus dem Arbeitsstrom und der Klemmenspannung errechnet: $P = U \cdot I$.

Die Einheit Watt peak/m² [Wp/m²] gibt die Nennleistung einer Solarzelle bei 25 °C Modultemperatur und einer Bestrahlungsstärke von 1000 W/m² an.

Es zeigt sich, dass die Solarzelle einen idealen Arbeitspunkt besitzt, bei dem die elektrische Leistung maximal wird (engl. Maximum Power Point). Alle Arbeitspunkte bilden eine Kurve mit dem **M**aximum-**P**ower-**P**oint (MPP) als Scheitelwert (Bild 25.9). Der MPP verschiebt sich in Abhängigkeit von der Bestrahlungsstärke.

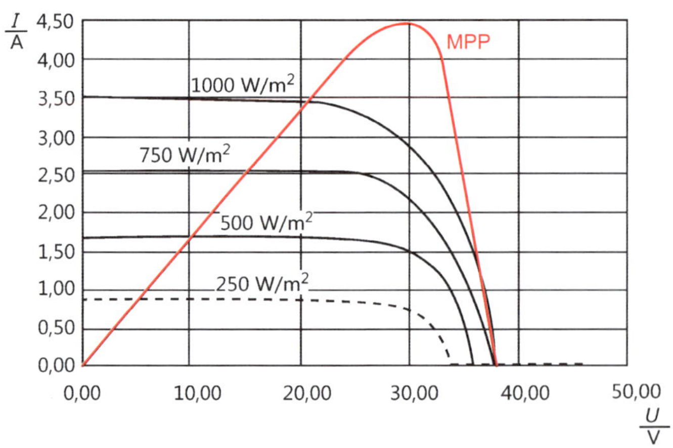

Bild 25.9 Strom-Spannungs-Kennlinie des Solarmoduls und Verlauf der Leistung

Das Verhältnis der Leistung im MPP und dem Produkt aus Leerlaufspannung und Kurzschlussstrom ergibt einen Wert zwischen 0 und 1. Er wird als Qualitätsmaßstab verwendet und als Füllfaktor bezeichnet.

Angeschlossene Verbraucher sollten eine Eingangsschaltung besitzen, die den Laststrom so variiert, dass die Solarzellen immer im MPP betrieben werden (vgl. Elektronik 9: Leistungselektronik). Dadurch wird eine Solaranlage im Optimum betrieben.

25.3.2 Solarzelltypen

Es werden drei Zelltypen unterschieden. Die technische einfachste Art, eine Solarzelle herzustellen, ist die *Dünnschichttechnologie*. Hier wird eine sehr dünne Schicht (ca. 1 µm) Silizium auf ein Trägermaterial (Glas o.Ä.) aufgebracht. Das amorphe (gestaltlose) Halbleitermaterial besitzt bei dieser Technologie eine sehr unhomogene Struktur. Die durch Lichteinfall (Photonen) erzeugten Ladungsträger fallen häufig wieder in das Valenzband zurück, bevor sie zum Stromfluss beitragen können (vorzeitige Rekombination). Amorphe Solarzellen haben daher nur Wirkungsgrade von etwa 7%. Allerdings sind im Labor Werte bis zu 13% erreicht worden. Dünnschichtsolarzellen sind sehr preiswert und werden daher in der Unterhaltungselektronik häufig eingesetzt.

Einen besseren Wirkungsgrad bieten *polykristalline* Solarzellen. Bei diesem Verfahren wird flüssiges Silizium in Form gegossen und anschließend in Scheiben zersägt. Die Scheiben werden kontaktiert und bilden die Solarzelle. Beim Erstarren des Siliziums entstehen zahlreiche Kristalle. An den Übergängen rekombinieren viele Elektronen, weshalb auch polykristalline Solarzellen viele innere Verluste haben. Im Labor können Wirkungsgrade bis zu 18% erreicht werden.

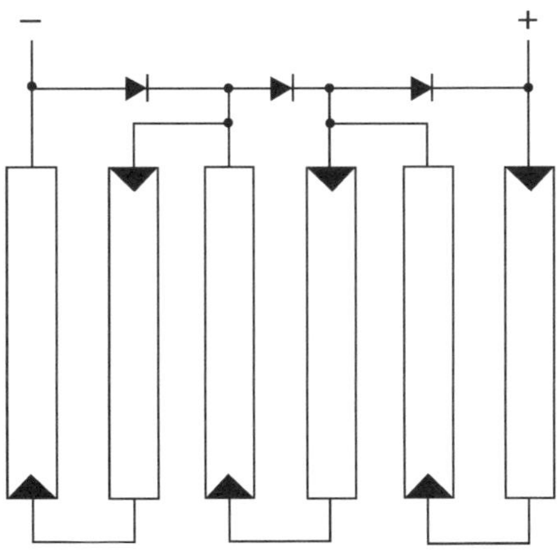

Bild 25.10
Interne Verschaltung des Moduls Siemens M110/24V

Das technisch aufwendigste Verfahren ist das Einkristallverfahren. Hier wird durch ein spezielles Ziehverfahren ein homogenes Einkristall aus der Schmelze gezogen. Daher spricht man hier von einer *monokristallinen* Solarzelle. Aufgrund der sehr hohen Reinheit lassen sich Wirkungsgrade von über 23% erreichen. Bei der Erzeugung elektrischen Stromes spielen monokristalline Solarzellen daher eine führende Rolle. Sie sind allerdings aufgrund des aufwendigen Verfahrens vergleichsweise teuer.

Es gibt noch viele weitere Solarzellentypen. So werden teilweise aus seltenen Materialen wie Iridium, Gallium, Tellur und Selen Halbleiter kombiniert.

Die geringe Ausgangsspannung von etwa 0,6 V lässt sich für praktische Anwendungen schlecht nutzen. Daher werden Solarzellen zu Solarmodulen verschaltet. Die Zellen werden in Reihe geschaltet. 40 Zellen ergeben so eine Ausgangsspannung von 24 V. Durch Parallelschaltung erreicht man einen höheren Ausgangsstrom (Bild 25.10).

Für große Solaranlagen sind Module mir einer Ausgangsleistung von 100 Wp oder mehr günstig (Bild 25.10).

Maximale Leistung P_{max} 1)	W_p 2)	110
Strom im Arbeitspunkt I_{MPP}	A	3,15
Spannung im Arbeitspunkt U_{MPP}	V	35
Kurzschlussstrom I_{SC} 1)	A	3,45
Leerlaufspannung U_0	V	43,5
Thermische Kennwerte:		
NOCT 3)	°C	45
Temperaturkoeffizient des Kurzschlussstromes	1/K	$+4 \cdot 10^{-4}$
Temperaturkoeffizient der Leerlaufspannung	1/K	$-3{,}4 \cdot 10^{-3}$
Grenzwerte:		
Lagertemperatur	°C	–40 bis +85
Optimale Umgebungstemperatur	°C	–40 bis +50
Flächendruck	N/m²	2400
Zulässige Betriebsbedingungen:		
Temperaturbereich	°C	–40 bis +85
Feuchtigkeit bei 85 °C	%	85 relativ
Hagelschlag/Hagelkörner	mm/ m/s	25/v = 23
Mechanische Daten:		
Länge/Breite	mm	1307 × 652
Höhe	mm	5
Höhe der Anschlussdose	mm	42
Gewicht	kg	9,5

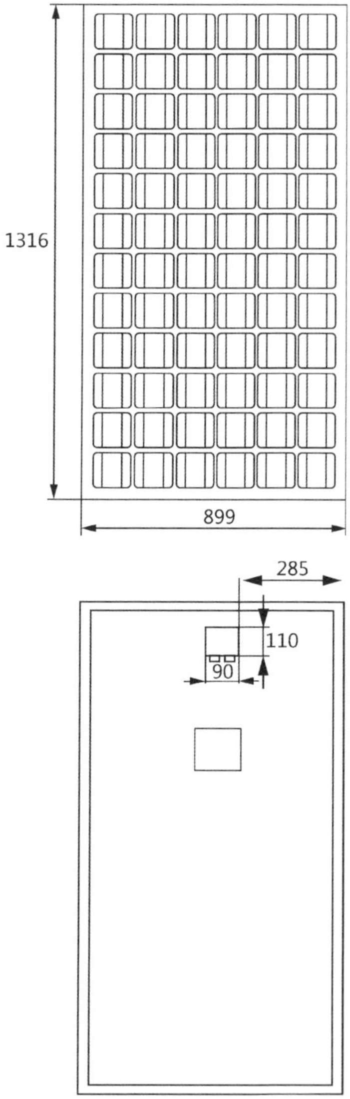

1) Diese Werte unterliegen Fertigungstoleranzen von ±10%
2) Wp = Watt peak = Spitzenleistung unter Standardtestbedingungen (STC): AM = 1,5, E = 1000 W/m², T_C = 25 °C entsprechend IEC 904-3
3) Nominale Zellenbetriebstemperatur bei Einstrahlung E = 600 W/m², Zelltemperatur T_C = 25 °C

Bild 25.11 Technische Daten des Solarmoduls Siemens M110L/24V

25.4 Fotodioden

25.4.1 Aufbau und Arbeitsweise

Eine Fotodiode ist eine Halbleiterdiode, deren pn-Übergang dem Licht gut zugänglich ist. Es werden Silizium- und Germanium-Fotodioden hergestellt (Bild 25.12).

Die Fotodiode wird in Sperrrichtung betrieben. Es entsteht eine verhältnismäßig breite Raumladungszone.

Fällt kein Licht auf die Raumladungszone, so kann nur ein sehr kleiner Sperrstrom fließen. Die Größe des Sperrstromes bei Dunkelheit entspricht dem Sperrstrom einer normalen Si-Diode bzw. Ge-Diode.

Bei Lichteinfall werden Elektronen aus ihren Bindungen gelöst. Dort, wo eine Kristallbindung aufbricht, entstehen ein freies Elektron und ein Loch. Durch die Lichteinstrahlung werden in der Sperrschicht freie Ladungsträger erzeugt. Die erzeugten Ladungsträger werden aus der Sperrschicht heraustransportiert. Der Sperrstrom steigt um einige Zehnerpotenzen an.

Zwischen Sperrstrom und Lichteinfall besteht ein gut linearer Zusammenhang (Bild 25.13). Fotodioden eignen sich deshalb besonders gut zur Lichtmessung. Der Sperrstrom ändert sich bei Änderung der Beleuchtungsstärke fast trägheitslos.

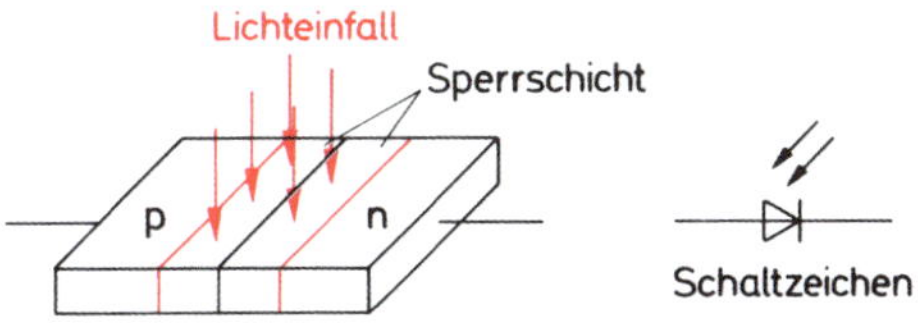

Bild 25.12
Prinzipieller Aufbau und Schaltzeichen einer Fotodiode

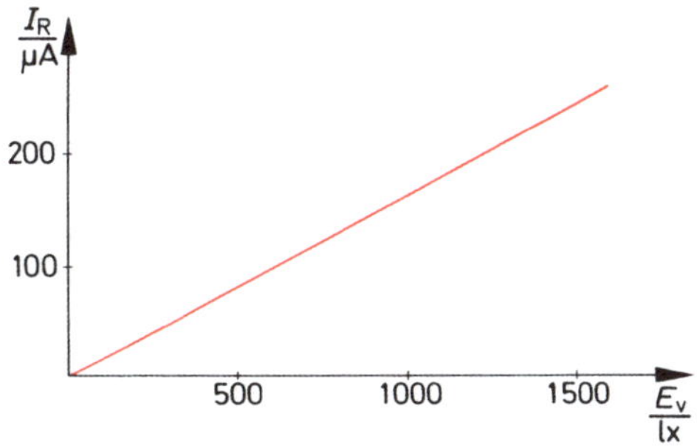

Bild 25.13
Abhängigkeit des Sperrstromes von der Beleuchtungsstärke

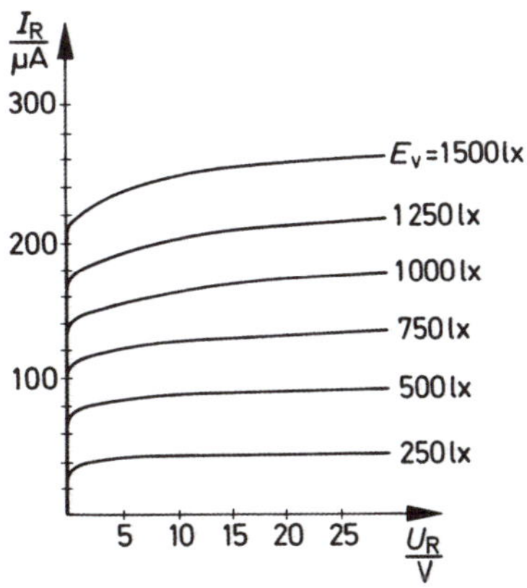

Bild 25.14
I_R-U_R-Kennlinienfeld einer Fotodiode mit der Beleuchtungsstärke als Parameter

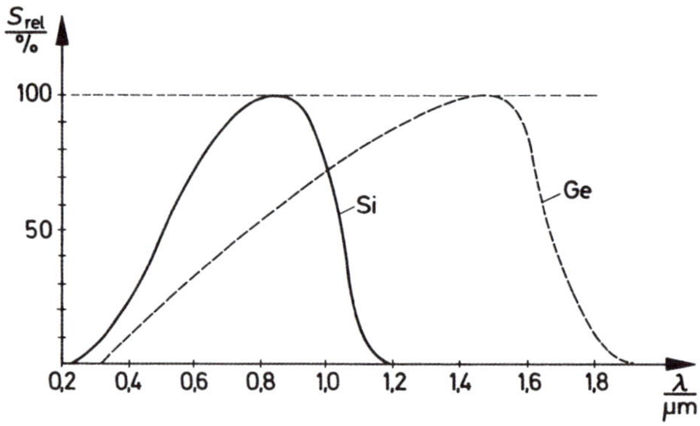

Bild 25.15 Spektrale Empfindlichkeit von Germanium- und Silizium-Fotodioden

Grundsatz

Fotodioden lassen einen mit der Beleuchtungsstärke ansteigenden Sperrstrom fließen.

Das Kennlinienfeld in Bild 25.14 gibt den Zusammenhang zwischen Sperrstrom und Sperrspannung für verschiedene Beleuchtungsstärken an.

Wie alle Fotohalbleiter-Bauteile hat auch die Fotodiode eine bestimmte spektrale Empfindlichkeit. Die Empfindlichkeit erstreckt sich vom Ultraviolettbereich bis weit in den Infrarotbereich (Bild 25.15).

Das Empfindlichkeitsmaximum liegt bei Si-Fotodioden etwa bei $\lambda = 0{,}85$ µm, bei Ge-Fotodioden etwa bei $\lambda = 1{,}5$ µm.

25.4.2 Kennwerte und Grenzwerte

Der Hauptkennwert ist die *Fotoempfindlichkeit E*. Sie gibt an, um wie viel nA sich der Sperrstrom I_R pro Lux Beleuchtungsstärkezunahme vergrößert.

Weiterhin wird die *Wellenlänge der maximalen Fotoempfindlichkeit* λ_{ES} angegeben.

Grenzfrequenz f_g und *Sperrschichtkapazität* C_s sind weitere Kennwerte.

Von besonderem Interesse ist der Dunkelstrom I_d, der für eine bestimmte Sperrspannung angegeben wird. Außerdem gehört die Größe der lichtempfindlichen Fläche A_L zu den Kennwerten.

Übliche Kennwerte:

- E ≈ 120 nA/lx
- λ_{ES} ≈ 0,85 µm
- f_g ≈ 1 MHz
- C_s ≈ 150 pF bei $U_R = 0$ V
  20 pF bei $U_R = 20$ V
- I_d ≈ 500 nA

Grenzwerte sind die *höchstzulässige Sperrspannung* (üblich 20 V bis 30 V) und der *Umgebungstemperaturbereich* (üblich –50 °C bis +100 °C).

25.4.3 Anwendungen

Fotodioden werden wegen des linearen Zusammenhangs zwischen Sperrstrom und Beleuchtungsstärke vorwiegend für Messzwecke verwendet. Sie können sehr klein gebaut werden, eine große Packungsdichte ist möglich.

Weiterhin werden Fotodioden in der Steuer- und Regelungstechnik eingesetzt. Dort, wo Fotowiderstände wegen ihrer großen Trägheit nicht eingesetzt werden können, verwendet man Fotodioden.

Vergleicht man den Aufbau von Si-Fotoelementen und Fotodioden, so stellt man eine sehr große Ähnlichkeit fest. Fotodioden können auch als Fotoelemente verwendet werden, d. h., sie können bei Beleuchtung eine Spannung abgeben. Jedoch ist ihr Wirkungsgrad schlechter als der von Fotoelementen.

25.5 Fototransistoren

25.5.1 Aufbau und Arbeitsweise

Fototransistoren sind spezielle Siliziumtransistoren, bei denen Licht auf die Basis-Kollektor-Sperrschicht fallen kann. Der Basisanschluss ist bei einigen Fototransistortypen herausgeführt. Durch Beschaltung des Basisanschlusses kann der Arbeitspunkt voreingestellt werden. Bei anderen Fototransistortypen wurde auf das Herausführen des Basisanschlusses verzichtet. Diese Transistoren werden nur durch Licht gesteuert (Bild 25.16).

Man kann sich einen Fototransistor als Zusammenschaltung eines Fotoelementes und einer Transistorstufe vorstellen (Bild 25.17). Bei Lichteinfall wird eine Spannung erzeugt, die ähnlich wie eine Basisspannung den Transistor steuert.

Die Lichtempfindlichkeit eines Fototransistors ist wesentlich höher als die eines Fotoelementes mit gleicher lichtempfindlicher Fläche, da der Fotoeffekt verstärkt wird. Die Empfindlichkeitsverstärkung entspricht etwa dem Gleichstromverstärkungsfaktor B des Fototransistors. Aus diesem Grund werden Fototransistoren vor allem dort verwendet, wo die lichtempfindliche Fläche wegen geforderter großer Packungsdichte klein sein muss.

Bild 25.18 zeigt das I_C-U_{CE}-Kennlinienfeld eines Fototransistors mit der Beleuchtungsstärke als Parameter.

Die spektrale Empfindlichkeit entspricht der einer Silizium-Fotodiode. Die Wellenlänge maximaler Fotoempfindlichkeit liegt bei etwa 0,8 µm bis 0,85 µm.

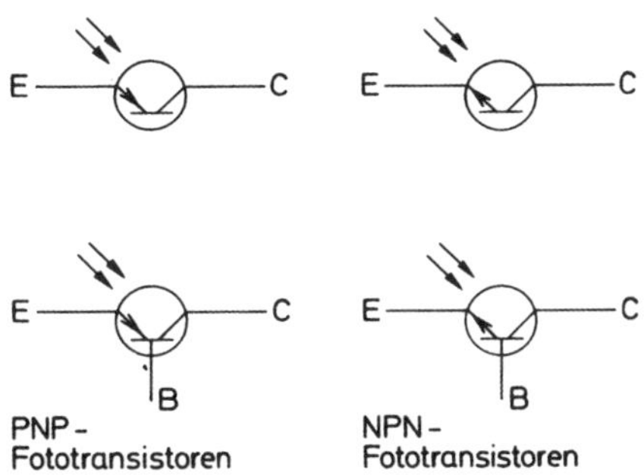

Bild 25.16
Schaltzeichen von Fototransistoren
(Die Kreise können entfallen)

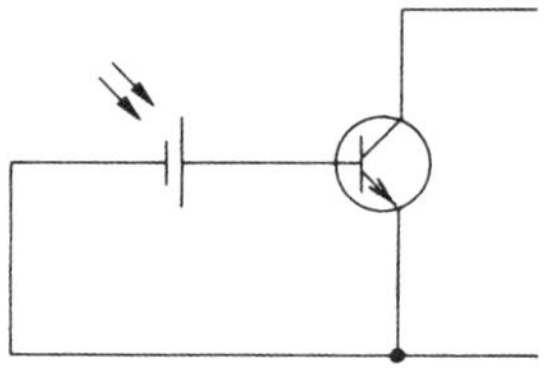

Bild 25.17
Ersatzschaltung eines Fototransistors

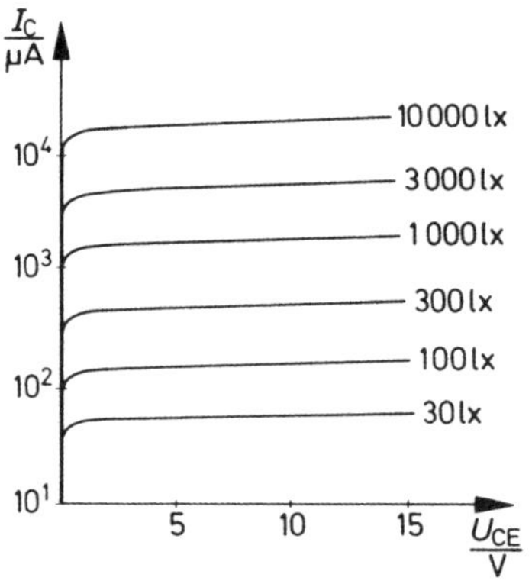

Bild 25.18
I_C-U_{CE}-Kennlinienfeld eines Fototransistors

25.5.2 Kennwerte und Grenzwerte

Die Kennwerte und Grenzwerte von Fototransistoren entsprechen teilweise den Kennwerten und Grenzwerten normaler Transistoren. Zusätzlich werden folgende weitere Kennwerte angegeben:

- ❑ Kollektorhellstrom (z. B. bei E = 1000 lx, U_{CE} = 5 V) I_{Ch}
- ❑ Kollektordunkelstrom I_{Cd}
- ❑ Wellenlänge der max. Fotoempfindlichkeit λ_{ES}
- ❑ Fotoempfindlichkeit E

Übliche Kennwerte:

- ❑ $I_{Ch} \approx 0{,}8$ mA
- ❑ $I_{Cd} \approx 0{,}2$ µA
- ❑ $\lambda_{ES} \approx 0{,}85$ µm
- ❑ $E \approx 0{,}15$ µA/lx

25.5.3 Anwendungen

Fototransistoren haben einen breiten Anwendungsbereich. Sie können überall dort eingesetzt werden, wo auch Fotodioden verwendet werden. Gegenüber den Fotodioden haben sie unter sonst gleichen Bedingungen höhere Ausgangsspannungen.

Fototransistoren können sehr klein gebaut werden. Zeilen aus vielen Fototransistoren werden für die optische Abtastung von Bildvorlagen verwendet.

25.6 Leuchtdioden (LED)

25.6.1 Grundlagen

Leuchtdioden sind lichtemittierende Dioden (engl.: light emitting diode (LED). Sie sind wie konventionelle Dioden aus Halbleitermaterialien hergestellt. Daher haben auch Leuchtdioden eine Sperr- und eine Durchlassrichtung. Wird in Durchlassrichtung eine Spannung angelegt, leuchtet die Diode.

Grundsatz

Die Diodenstrecke einer Leuchtdiode wird in Durchlassrichtung betrieben.

In Sperrrichtung fließt nur ein kleiner Sperrstrom und die Diode leuchtet nicht.

Grundsatz

Leuchtdioden wandeln elektrische Energie in Licht um.

Licht wird in der Physik durch 2 Modelle beschrieben: als elektromagnetische Welle und als Partikelstrahlung. Der Physiker Huygens entwickelte schon im 17. Jahrhundert eine (allerdings noch mechanische) Wellentheorie. Sie beschreibt, dass Licht sich bündeln und ablenken lässt. Isaac Newton konnte mit seiner Emissionstheorie nachweisen, dass Licht aus energiereichen Partikeln besteht. Später fand man heraus, dass diese Lichtpartikel je nach Farbe eine bestimmte Energie haben. Der Energieinhalt dieser Partikel ändert sich in Sprüngen, er ist quantisiert. Die Energie dieser Photonen ist umso höher, je niedriger die Wellenlänge der zugehörigen Lichtfarbe ist. Jeder Lichtfarbe lässt sich also eine Energie zuordnen. Das sichtbare Licht besitzt Wellenlängen von 360 nm (violett) bis 760 nm (rot). Unterhalb des violetten Lichtes schließt sich der ultraviolette Bereich (UV) an. Oberhalb des roten Lichtes beginnt der Bereich der Infrarotstrahlung (IR). Den Wellenlängen lässt sich über die Formel

$$\lambda = c/f$$

jeweils die Frequenz des Lichtes zuordnen. Um die Energie der Photonen zu berechnen, verwendet man das Plancksche Wirkungsquantum h. Es beschreibt das Verhältnis der Partikel bzw. Photonenenergie E und der Frequenz f:

$$E = h \cdot f$$

Grundsatz

Licht besitzt Wellen- und Partikelcharakter.

Die Leuchtdiode erzeugt Licht, indem sie Lichtpartikel einer bestimmten Wellenlänge (= Lichtfarbe) emittiert (Bild 25.19).

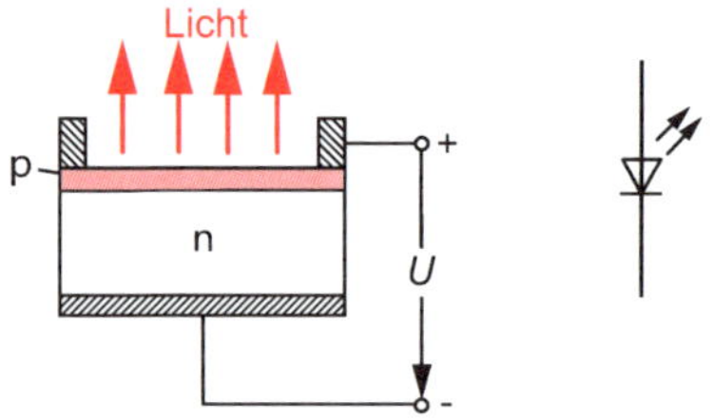

Bild 25.19
Aufbau und Schaltzeichen einer Leuchtdiode

25.6.2 Aufbau und Arbeitsweise

Mit Hilfe des Einkristall- und Zonenschmelzverfahrens wird ein n-leitendes, einkristallines Ausgangssubstrat (z.B. GaAs = Gallium-Arsenid) hergestellt. Das Ausgangssubstrat hat die Form einer runden Scheibe (engl.: Wafer). Auf dieses Substrat werden mit Hilfe von Epitaxieverfahren die unterschiedlich dotierten weiteren Halbleiterschichten aufgetragen. Bei der Epitaxie gibt das Ausgangssubstrat die Kristallausrichtung der folgenden Schichten vor. Die aufgebrachten Schichten bilden pn-Übergänge und besitzen die gewünschten Leuchteigenschaften. Die Halbleiter auf dem Wafer werden an der Oberseite mit Anschlusskontakten versehen und in zahlreiche einzelne Elemente geschnitten. Diese einzelnen Halbleiterelemente bilden jeweils eine LED. Sie werden auf eine leitende Fläche geklebt und mit Anschlussdrähten (Bonddraht) versehen. Die LED wird in ein Kunststoffgehäuse eingegossen, das sie vor Feuchtigkeit und mechanischen Beschädigungen schützt. Das durchsichtige Kunststoffgehäuse dient zudem als optisches System und gibt die Abstrahlcharakteristik vor.

Die Arbeitsweise einer Leuchtdiode lässt sich mit dem Bändermodell der Physik erklären. Durch das Zusammenfügen einer n-leitenden und einer p-leitenden Schicht entsteht ein pn-Übergang. An der Übergangsstelle entsteht eine Raumladungszone. Im n-dotierten Halbleiter befinden sich freie Elektronen im Leitungsband. Sie haben ein höheres Energieniveau ($E2$) als die Elektronen im Valenzband ($E1$). Im p-dotierten Halbleiter existieren zahlreiche Löcher. Durch das Dotieren wird die Zahl der freien Elektronen und der Löcher stark erhöht. In der Raumladungszone befinden sich keine freien Ladungsträger. Wird eine Spannung in Durchlassrichtung der LED angelegt, wird die n-Zone mit Ladungsträgern überschwemmt. Die Raumladungszone wird abgebaut. Dadurch können viele Elektronen aus der n-Zone mit den Löchern aus der p-Zone rekombinieren. Rekombiniert ein Elektron vom Leitungsband in das Valenzband zurück, kann es die Energiedifferenz $\Delta E = E2 - E1$ in Form eines Lichtimpulses einer genau definierten Wellenlänge λ, abgeben (Bild 25.20). Dieser Vorgang wird Injektionselektrolumineszenz oder Elektrolumineszenz genannt.

Die Wellenlänge λ entspricht nach der Formel $\lambda = c/f$ einer genau definierten Frequenz f. Der energetische Abstand der Energieniveaus $E1$ und $E2$ entspricht der Photonenenergie des emittierten Lichtes und definiert damit die Lichtfarbe der Leuchtdiode. Dieser Vorgang wird strahlende Rekombination oder auch spontane Emission genannt (Bild 25.20).

Grundsatz

Das Licht der LED entsteht durch strahlende Rekombination der Leitungselektronen (Elektrolumineszenz).

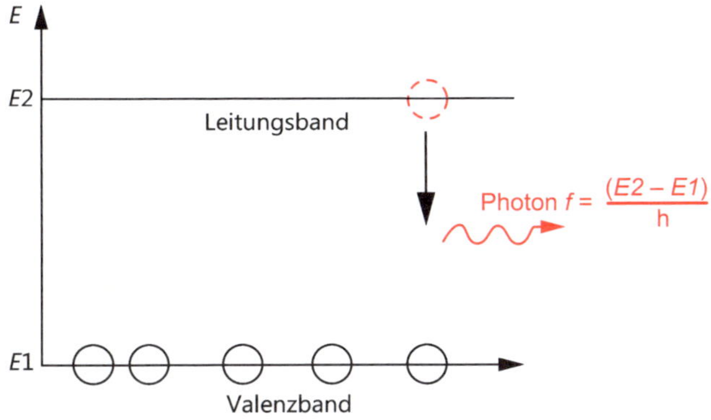

Bild 25.20
Spontane Emission

Die abgegebene Energie entspricht in etwa dem energetischen Abstand zwischen Leitungsband und Valenzband. Die Energiedifferenz $\Delta E = E2 - E1$ dieser Bänder ist vom Halbleitermaterial abhängig und ändert sich je nach Materialkombination in bestimmten Stufen. Da der Photonenenergie über den Zusammenhang $E = \mathrm{h} \cdot f$ eine Lichtfrequenz f zugeordnet ist, bestimmt die Materialkombination des Halbleiters die Lichtfarbe der LED.

Grundsatz

Die Materialkombination im Halbleiter bestimmt die Frequenz (Lichtfarbe) des LED-Lichtes.

Das Licht der LED ist aus Photonen annähernd gleicher Energie zusammengesetzt und daher sehr schmalbandig, es besitzt nahezu nur eine Frequenz.

Definition

Licht einer Frequenz wird auch als monochromatisches Licht bezeichnet (mono = ein, chroma = Farbe, Licht einer Farbe).

Durch Zufuhr elektrischer Energie werden bei der LED zahlreiche Elektronen zu spontanen Lichtemissionen angeregt. Die Lichtemission ist in einem weiten Bereich proportional zur Stromstärke. Sie beginnt bei Stromstärken von ca. 2 mA. Ein Teil des erzeugten Lichtes wird in der LED absorbiert und in Wärme umgewandelt. Bei höheren Strömen muss auf eine gute Wärmeabfuhr geachtet werden.

Das emittierte «Lichtpaket», auch als Lichtquant oder Photon bezeichnet, besitzt den Charakter eines Impulses. Da die einzelnen Rekombinationen unregelmäßig ablaufen, sind die einzelnen Lichtwellen nicht in Phase und besitzen unterschiedliche Ausbreitungsrichtungen. Wird Lichtenergie vom Kristall absorbiert, können auch Elektronen durch diesen Impuls vom Valenzband in das Leitungsband angehoben werden und zum Stromfluss zur Verfügung stehen, (vgl. Abschnitt 25.4 Fotodioden).

Merksatz

Trifft ein emittiertes Photon auf ein im Leitungsband befindliches Elektron, kann es dieses zur Lichtemission stimulieren.

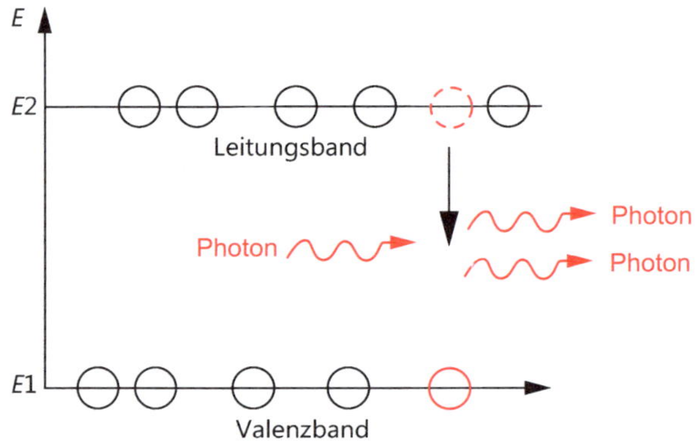

Bild 25.21
Stimulierte Emission

Es entstehen 2 Lichtimpulse. Dieser Vorgang wird «stimulierte Emission» genannt (Bild 25.21) und z.B. beim Halbleiterlaser angewandt.

25.6.3 Technologie der LED

Der Materialkombination kommt bei der Produktion der LED eine große Bedeutung zu. Da die Bandabstände das emittierte Licht bestimmen, müssen die verwendeten Elemente so ausgewählt werden, dass die gewünschte Lichtfarbe in der LED erzeugt wird.

Am häufigsten werden Elemente aus der III. und V. Gruppe des Periodensystems gewählt. Diese Halbleiter heißen daher III/V-Halbleiter. Gallium (Ga) ist ein Element der Gruppe III, Arsen (As) gehört zur Gruppe V. Werden beide Elemente zu einem Halbleiter zusammengefügt, entsteht eine GaAs-Leuchtdiode. Die Wellenlänge des emittierten Lichtes beträgt ca. 885 nm. Da dieses Licht nicht sichtbar ist (stark infrarot) muss das Licht in den sichtbaren Bereich verschoben werden. Das Licht muss «in Richtung Blau» verschoben werden, also energiereicher werden. Dazu muss der Bandabstand durch Zugabe von Phosphor vergrößert werden. Das nach Phosphorzugabe emittierte Licht hat eine Wellenlänge von 650 nm. Eine Gallium-Arsenid-Phosphid-(GaAsP-)LED emittiert die Farbe Rot. Effektivere rote LED werden durch die Kombination Gallium-Aluminium-Arsenid (GaAlAs) möglich. Wie eine konventionelle Diode besitzt auch die LED eine Durchlassspannung. Sie wird durch den Bandabstand bestimmt und variiert zwischen 1,2...4 V.

25.6.4 Bauformen

Bild 25.22 zeigt die typische Bauform einer Standard-LED (Radial-LED) mit 5 mm Durchmesser. Eine Abflachung am Gehäuse kennzeichnet den Katodenanschluss. Der Zuleitungsdraht der Katode ist kürzer.

Grundsatz

Standard-LED haben auf der Katodenseite eine Abflachung und einen kürzeren Anschlussdraht (Merke: kurz = Katode).

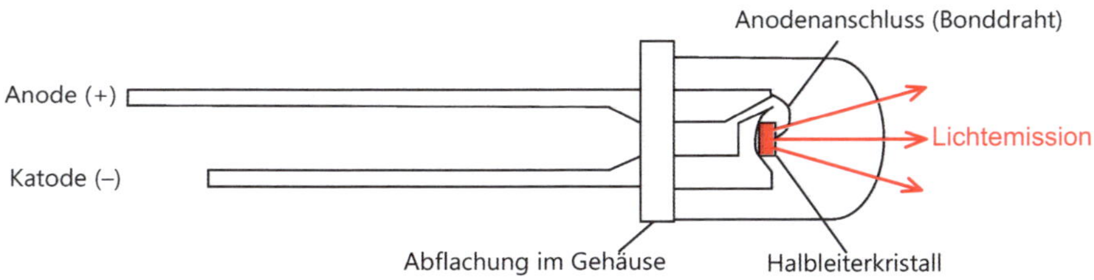

Bild 25.22 Bauform einer Standard-LED

Neben den Standard-LED mit 5 oder 3 mm Durchmesser gibt es auch SMD-(**S**urface-**M**ounted-**D**evice-)LED (Bild 25.23).

Bei höheren Temperaturen schwingt das Halbleiterkristall stärker, und es kommt verstärkt zu Rekombinationen ohne Lichtemission. Der Wirkungsgrad sinkt stark. Eine Erhöhung der Temperatur um 50 °C halbiert in etwa die Lichtleistung. Hochleistungs-LED müssen die bei ihnen durch die hohen Betriebsströme entstehende Wärme gut ableiten können. Dazu werden sie teilweise auf Kühlkörpern montiert.

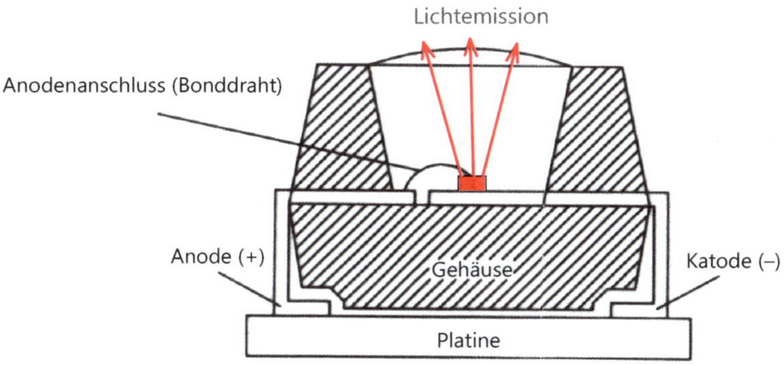

Bild 25.23 Aufbau einer SMD-LED

Leuchtdioden mit mehreren Farben benötigen zur Ansteuerung mehrere Drähte. Häufig besitzen sie eine gemeinsame Anode, die jeweilige Farbe wird durch Schalten des passenden Katodendrahtes gewählt.

26.6.5 Versorgungsschaltungen

Die LED ist kein linearer Verbraucher wie ein ohmscher Widerstand. Ihre I/U-Kennlinie verläuft nicht linear, sondern exponentiell. Eine kleine Erhöhung der Spannung verursacht eine starke Stromzunahme (Bild 25.24).

Eine LED besitzt keine interne Strombegrenzung. Wird die Durchlassspannung U_F an der blauen LED in Bild 25.24 von 3 V auf 3,5 V erhöht, verdoppelt sich der Durchlassstrom I_F. Übersteigt dieser Strom den zulässigen Maximalwert, kann die LED durch Überhitzung zerstört werden. Für eine lange Lebensdauer und für eine hohe Effizienz sollten LED mit konstantem Strom betrieben werden. LED haben nur geringe maximal zulässige Sperrspannungen. Daher sind sie empfindlich gegen Falschpolung.

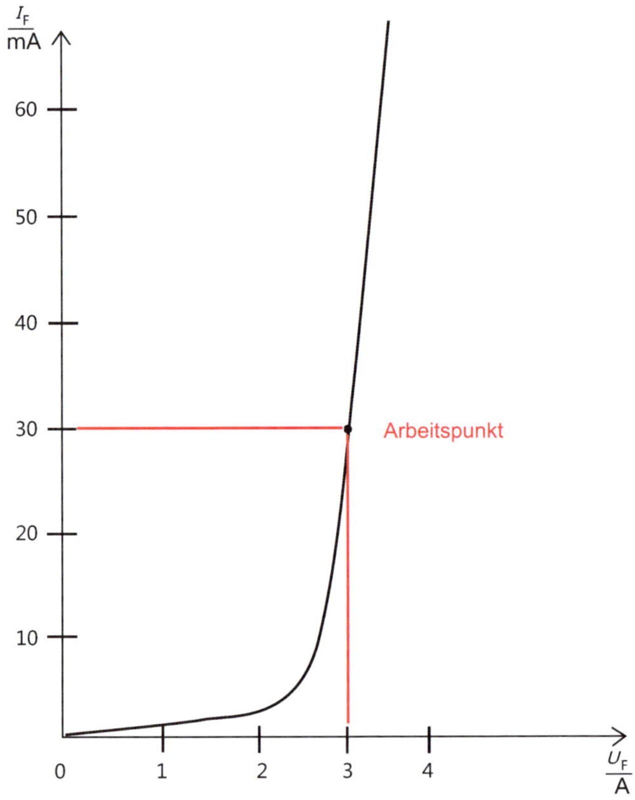

Bild 25.24
Kennlinie und Arbeitspunkt einer LED

Grundsatz

LED müssen mit Strombegrenzung betrieben werden.

Die einfachste Strombegrenzung ist ein Vorwiderstand. Er verschlechtert jedoch den Gesamtwirkungsgrad der Schaltung.

Grundsatz

Der Strom durch eine LED muss begrenzt werden (z.B. Vorwiderstand).

Berechnungsbeispiel

Bild 25.25 zeigt eine LED mit Vorwiderstand, die an eine Betriebsspannung $U_B = 12$ V angeschlossen werden soll.
Der Vorwiderstand R_v ist zu berechnen. An dem Vorwiderstand R_v fällt die Spannung U_v ab. Durch die Reihenschaltung fließt der Durchlassstrom I_F. Er beträgt im gewählten Arbeitspunkt 30 mA (vgl. Bild 25.24).
$U_V = R_V \cdot I_F \rightarrow R_V = U_V/I_F$
Die Durchlassspannung U_F ist dem LED-Datenblatt zu entnehmen und beträgt 3 V.
Damit kann man U_V berechnen:

$U_V = U_B - U_F = 12\ V - 3\ V = 9\ V$
Man erhält als Wert für den Vorwiderstand R_V:
$R_V = U_V/I_F = 9\ V / 30\ mA = 9\ V / 0{,}03\ A = 300\ \Omega$

Der Vorwiderstand bestimmt die Durchlassspannung und ist daher sehr genau zu wählen. Er sollte eine geringe Toleranz aufweisen (<1%) (vgl. Abschnitt 11.2 Festwiderstände).

Vorteilhafter, aber auch teuer, ist der Betrieb an einer Konstantstromquelle. Besonders effizient ist der Betrieb an einem Gleichspannungswandler. Während kleine Anzeigedioden mit wenigen mA betrieben werden, können Leistungs-LED Ströme im Amperebereich benötigen. Hochleistungs-LED müssen gut gekühlt werden.

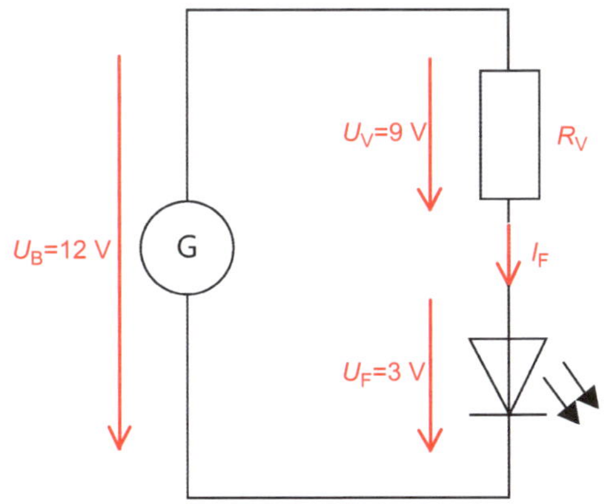

Bild 25.25
LED mit Vorwiderstand zur Strombegrenzung

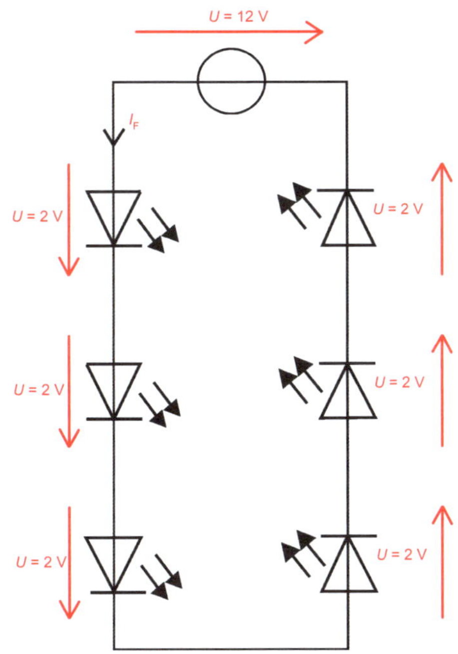

Bild 25.26
Reihenschaltung von LED

Leuchtdioden können wie Batterien in Reihe geschaltet werden. Dabei addieren sich die einzelnen Durchlassspannungen. Damit alle Leuchtdioden im gleichen Arbeitspunkt betrieben werden, ist es sinnvoll, nur Leuchtdioden mit gleicher Durchlassspannung in Reihe zu schalten (Bild 25.26). Die Spannungsquelle muss stabilisiert sein.

25.6.6 LED-Farben

Die für die Dotierung eingesetzten Materialien bestimmen die Farbe der Leuchtdiode.

Blau-Grün:
Blau war bis in die 1990er Jahre nicht verfügbar. Erst die Kombination von Silizium und Kohlenstoff (Siliziumcarbid, SiC) ermöglichte die erste blaue LED, allerdings mit schwacher Leuchtkraft. Heute finden Kombinationen mit Gallium (Ga), Stickstoff (N) und Indium (In) für blaue bis grüne Farbtöne Verwendung. Solche Kombinationen sind z.B. InGaN (IndiumGallium-Nitrid) oder GaN (Galliumnitrid). Nach ihren chemischen Elementen werden diese Leuchtdioden InGaN-LED genannt. Blaue LED haben heute den höchsten Wirkungsgrad.

Grün-Rot:
Indium (In), Gallium (Ga), Aluminium (AI) und Phosphor (P) liefern grün bis rot strahlende LED. Solche Leuchtdioden werden nach ihren chemischen Elementen als InGaAlP-LED bezeichnet. Die Kombination Gallium-Aluminium-Arsenid (GaAlAs) liefert effiziente rote Leuchtdioden. Gallium-Phosphor-(GaP-)Verbindungen liefern grüne Farben. Die Verbindung Gallium-Arsenid-Phosphid (GaAsP) ergibt rot leuchtende LED. Auch gelbe und orange Farbtöne sind möglich.

Weiß:
Weißes Licht kann mit Hilfe von 3-fach-LED der Farben Rot-Grün-Blau (RGB) erzeugt werden, indem das Licht entsprechend gemischt wird. Auch UV-Licht-LED mit verschiedenen Fluoreszenzschichten können Weißlicht erzeugen. Effektiver ist jedoch die Verwendung einer blauen LED mit einem photolumineszierenden Material (Phosphor). Das kurzwellige blaue Licht trifft auf die fluoreszierende Schicht, die ihrerseits gelbes Licht aussendet. Das verbleibende blaue und das gelbe Licht mischen sich additiv. Dadurch entsteht mit hohem Wirkungsgrad weißes Licht. Sogar verschiedene Weißlichttöne (warm, Tageslicht) sind möglich. Für besonders anspruchsvolle Anforderungen gibt es nach Toleranzen selektierte LED. Toleranzen ergeben sich bei der Durchlassspannung und bei der Farbe.

Displays:
Erst die Entwicklung der blauen LED ermöglichte die Realisierung von Displays mit den Grundfarben Rot, Grün und Blau (RGB). LED Displays werden entweder aus Einzel-LED oder aus LED mit 3 kleinen Einzelchips der Farben RGB aufgebaut. Um ein farbiges Display aufzubauen, werden die 3 Grundfarben Rot, Grün und Blau zu einem Bildpunkt zusammengefügt. So lassen sich alle Farben darstellen.

25.6.7 Anwendungen

Die ersten LED ersetzten als Anzeigeleuchten die damaligen, wartungsintensiven Lämpchen. Bald darauf wurden 7-Segment-Anzeigen entwickelt (Bild 25.27). Durch effizientere Ansteuerungs- logik wurden Punktmatrixanzeigen möglich. Heute ergeben sich durch die Farbauswahl und den hohen Wirkungsgrad viele Anwendungsmöglichkeiten. Durch die hohe Schaltgeschwindigkeit (bis 100 MHz) eignen sich LED auch hervorragend zur Datenübertragung (vgl. Optokoppler) mit Lichtwellenleitern (LWL). Der Frequenzbereich ist bis ca. 10 MHz linear.

Merksatz

Leuchtdioden reagieren fast trägheitslos.

Einsatzbereiche:

- Anzeigen, Displays, Laufschriften, Blink-LED,
- Leuchten (Taschenlampen, Ersatz von Glühlampen, Verkehrsampeln, LED im Glühlampensockel),
- robuste Arbeitsleuchten (erschütterungsunempfindlich),
- Fahrzeugleuchten (Rückleuchten, Scheinwerfer),
- Autofokuslicht und Blitzlicht bei Fotokameras,
- Hintergrundbeleuchtung von TFT-Bildschirmen,
- Beleuchtung von Exponaten, wenn keine UV- und IR-Strahlung zulässig ist,
- Infrarot-LED in Fernbedienungen,
- Speisen von Lichtwellenleiterverbindungen,
- Sensortechnik (Lichtschranken, Abstandssensoren, Computermäuse).

In der Sensortechnik kommen häufig Infrarot-LED zur Anwendung.

Bild 25.27
7-Segment-System, aus Leuchtdioden aufgebaut

25.6.8 Wirkungsgrad

LED haben einen sehr hohen Wirkungsgrad. Der Prozess der Lichterzeugung läuft sehr effizient ab. Es entstehen jedoch Verluste durch Absorption und Reflexion. Die lichtführenden Schichten der LED sind nicht 100% durchlässig.

LED können eine Lichtausbeute von bis zu 150 lm/W erreichen. Glühlampen erreichen nur Ausbeuten von 15...20 lm/W. Halogenlampen erzeugen ca. 30 lm/W. Hinsichtlich der Effizienz sind nur Natriumdampflampen (200 lm/W) noch effizienter als heutige LED.

25.6.9 Lebensdauer, Temperatureinflüsse

LED haben, besonders verglichen mit Glühlampen, eine sehr hohe Lebensdauer. Standard-LED erreichen eine Lebensdauer von bis zu 100 000 h. Leuchtdioden altern durch zunehmende Störstellen im Kristall (Degradation) und wesentlich durch thermische Einflüsse. Bei Hochleistungsdioden wirkt sich die höhere Betriebstemperatur auf die Lebensdauer aus. Sie erreichen etwas kürzere Betriebszeiten als Standardleuchtdioden.

ⓘ **Merksatz**

Hohe Temperaturen verkürzen die Lebensdauer einer Leuchtdiode.

Höhere Ströme erhöhen den Lichtstrom, verkürzen aber die Lebensdauer. Temperaturen von 150 °C zerstören die LED. Bei Leuchtdioden mit kurzwelligem Licht kann nach langer Betriebsdauer das Gehäuse eintrüben.

25.6.10 Vorteile / Nachteile zu konventionellen Leuchtmitteln

Vorteile:

- hoher Wirkungsgrad, niedrige Energiekosten,
- geringe Wärmeemission,
- erschütterungsunempfindlich (keine Glühwendel),
- hohe Lichtausbeute,
- keine UV-/IR-Strahlung,
- lange Lebensdauer (bei niedriger Betriebstemperatur),
- kleine Bauweise,
- schnelle Schaltzeiten,
- wenig Schadstoffe (kein Quecksilber),
- Dimmen ohne Veränderung der Lichtfarbe.

Nachteile:

- temperaturempfindlich,
- Vorschaltgeräte nötig,
- im Vergleich zu Glühlampen teurer.

25.6.11 Kennwerte und Grenzwerte

Wichtige Kennwerte sind *Leuchtfläche* A, *Lichtstärke* I_v und *Lichtstrom* Φ, weiterhin die *Wellenlänge der Strahlung* λ_p und der *Öffnungswinkel* α, in dem das Licht abgestrahlt wird. Elektrische Kennwerte sind die *Durchlassspannung* U_F, der *Durchlassstrom* I_F und die *Sperrschichtkapazität* C_s.

Übliche Kennwerte:

A = 0,5...30 mm²
I_v = 2...5 mcd (Millicandela) bei I_F = 20 mA
Φ = 2 mlm (Millilumen) bei I_F = 20 mA
λ_p = 660 nm
α = 25...60 °

Grenzwerte sind der *höchstzulässige Durchlassgleichstrom* I_{Fmax}, die *höchstzulässige Sperrspannung* U_{Rmax} und die *höchstzulässige Verlustleistung* P_{tot}. Als Grenzwerte werden außerdem die größte und die kleinste zulässige Umgebungstemperatur angegeben.

- Stromaufnahme min.: 2 mA, max.: 15 A (Hochleistungs-LED)
- Höchste Lichtausbeute ca. 100 lm/Watt
- Helligkeit bis zu 1000 lm
- Lichtstärke bis zu 10 000 mcd

25.7 Opto-Koppler

25.7.1 Aufbau und Arbeitsweise

Jeder *Opto-Koppler* besteht aus einem *Lichtsender* und aus einem *Lichtempfänger* (Bild 25.28). Als Lichtsender verwendet man vor allem Leuchtdioden, die Infrarot-Licht abstrahlen. Diese Leuchtdioden haben zur Zeit den besten Wirkungsgrad. Es werden aber auch Leuchtdioden verwendet, die sichtbares, meist rotes Licht abgeben. Als Lichtempfänger dienen Fotodioden, Fototransistoren und Fotodarlingtontransistoren. Unter einem Darlingtontransistor versteht man eine Zusammenschaltung von zwei Transistoren zur Erzielung einer besonders großen Verstärkung. Die wichtigsten Opto-Koppler sind in Bild 25.29 dargestellt.

Merksatz

Opto-Koppler gestatten eine rückwirkungsfreie galvanisch getrennte Kopplung von elektronischen Baugruppen.

Als Gehäuse verwendet man übliche Transistorgehäuse oder sogenannte Dual-in-Line-Gehäuse, wie sie für integrierte Schaltungen üblich sind (Bild 25.30).

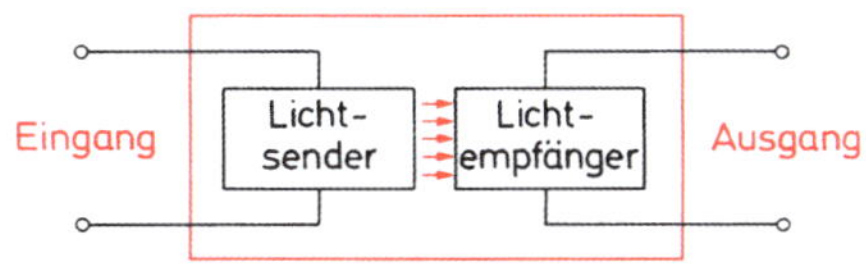

Bild 25.28
Prinzip eines Opto-Kopplers

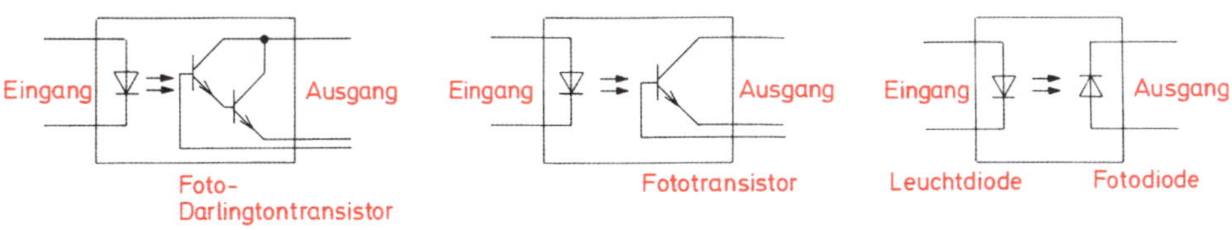

Bild 25.29 Opto-Koppler

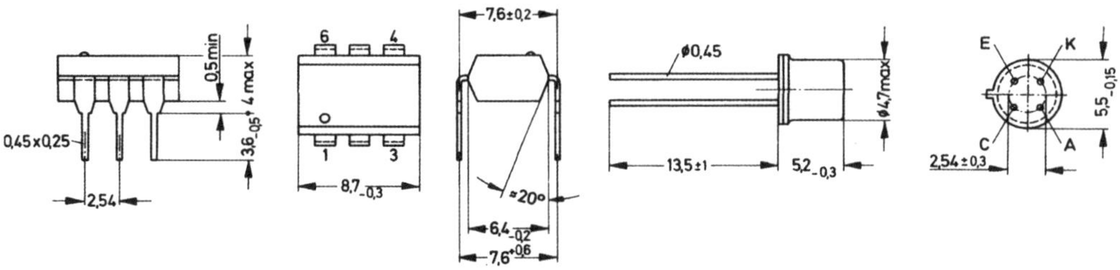

Bild 25.30 Gehäuseformen von Opto-Kopplern (Siemens)

25.7.2 Kennwerte und Grenzwerte

Die Kennwerte und Grenzwerte entsprechen den Kennwerten und Grenzwerten, die für Lichtsender und Lichtempfänger gelten.

Wichtige Grenzwerte sind:

- *Lichtsender* (Leuchtdiode)

Sperrspannung	U_R	≈ 3 V
Durchlassstrom	I_F	≈ 60 mA
Verlustleistung	P_{tot}	≈ 100 mW

- *Lichtempfänger* (Fototransistor)

Kollektor-Emitter-Sperrspannung	U_{CE0}	≈ 70 V
Emitter-Basis-Sperrspannung	U_{EB0}	≈ 7 V
Kollektorstrom	I_{Cmax}	≈ 100 mA
Verlustleistung	P_{tot}	≈ 150 mW

Wichtige Kennwerte sind:

- *Lichtsender* (Leuchtdiode)

Durchlassspannung bei $I_F = 60$ mA	U_F	≈ 1,5 V
Sperrstrom bei $U_R = 3$ V	I_R	≈ 10 nA

- *Lichtempfänger* (Fototransistor)

Kollektor-Emitter-Sättigungsspannung	U_{CEsat}	≈ 0,3 V
Gleichstromverstärkung	B	≈ 300 bis 700

- *Opto-Koppler*

Stromübertragungsverhältnis	$\frac{I_C}{I_F}$	≈ 80 bis 300
Isolationsprüfspannung	U_{is}	≈ 4000 V
Grenzfrequenz	f_g	≈ 10 MHz

25.7.3 Anwendungen

Opto-Koppler werden überall dort eingesetzt, wo aus Sicherheitsgründen eine galvanische Trennung zwischen elektronischen Baugruppen gefordert wird. Sie werden weiterhin in kritischen Schaltungen verwendet, in denen absolut keine Rückwirkung der angekoppelten Stufe auf die vorhergehende Stufe erfolgen darf.

26 Halbleiterbauelemente mit speziellen Eigenschaften

26.1 Hallgeneratoren

26.1.1 Halleffekt

Ein magnetisches Feld übt auf strömende Elektronen Kräfte aus. Diese Kräfte entstehen in ähnlicher Weise wie die Kraft auf einen stromdurchflossenen Leiter. Strömende Elektronen stellen ja einen elektrischen Strom dar.

In Bild 26.1 ist eine leitfähige kleine Platte dargestellt, die von einem Strom durchflossen wird. Die Strömungslinien verlaufen in gleichen Abständen. Das Strömungsfeld ist homogen.

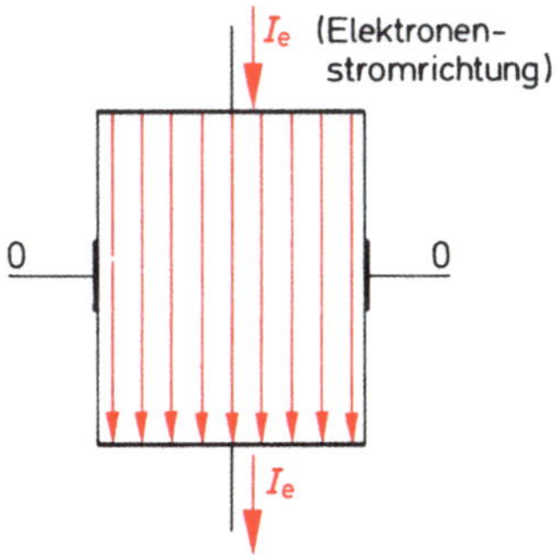

Bild 26.1
Homogene Elektronenströmung durch die leitfähige Platte eines Hallgenerators

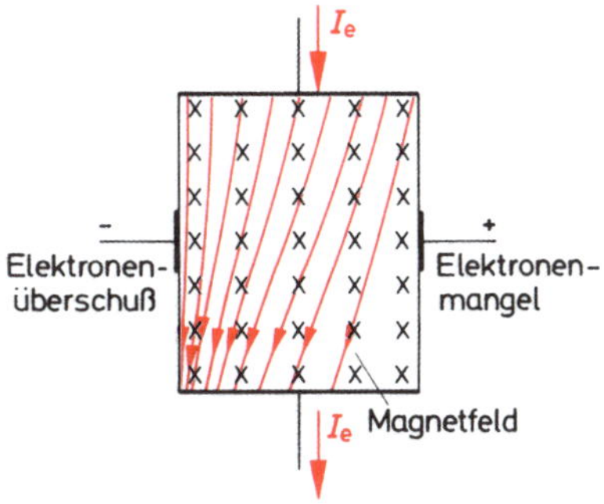

Bild 26.2
Von einem äußeren Magnetfeld verursachte inhomogene Elektronenströmung

Wird diese Platte von einem magnetischen Feld durchsetzt (Bild 26.2), so wird auf jedes einzelne Elektron eine Kraft ausgeübt (Lorentz-Kraft). Die Elektronen werden nach einer Seite gedrängt. Es entsteht eine inhomogene Strömung.

In der linken Randzone der in Bild 26.2 dargestellten Platte entsteht ein Elektronenüberschuss, in der rechten Randzone ein Elektronenmangel. Zwischen den beiden Randzonen herrscht also eine elektrische Spannung. Diese Erscheinung wird *Halleffekt* genannt (nach EDWIN HERBERT HALL, amerikanischer Physiker). Der Halleffekt ist seit 1879 bekannt.

Grundsatz

Hallgeneratoren erzeugen bei magnetischer Durchflutung eine elektrische Spannung.

26.1.2 Hallspannung

Die zwischen den Randzonen entstehende Spannung (Hallspannung) ist umso größer, je dünner das Plättchen ist. Sie ist weiterhin umso größer, je größer Stromstärke und magnetische Flussdichte sind. Sehr stark ist die Größe der entstehenden Spannung vom Werkstoff des Plättchens abhängig (Bild 26.3).

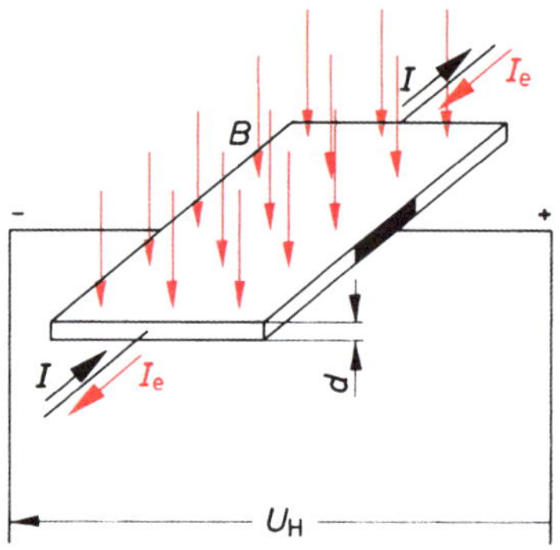

Bild 26.3
Entstehen einer Hallspannung

Es gilt die Gleichung:

$$U_H = R_H \cdot \frac{I \cdot B}{d}$$

U_H Hallspannung
R_H Hallkonstante
I Strom
B magnetische Flussdichte
d Dicke des Plättchens

Die Hallkonstante R_H erfasst die Werkstoffeigenschaften, die für das Entstehen der Hallspannung von Bedeutung sind. Zu diesen Werkstoffeigenschaften gehören die Ladungsträgerbeweglichkeit und die Anzahl der freien Ladungsträger pro Volumeneinheit.

Bei Metallen ist $R_H \approx 10^{-9}$ m³/As. Die in Metallen entstehenden Hallspannungen sind gering.

Große Hallkonstanten ergeben sich für bestimmte Halbleiterwerkstoffe:

- Indiumantimonid (InSb) $R_H \approx 240 \cdot 10^{-6}$ m³/As
- Indiumarsenid (InAs) $R_H \approx 120 \cdot 10^{-6}$ m³/As

Bei Verwendung dieser Werkstoffe können Hallspannungen von einigen Volt erzielt werden. Die Hallkonstanten sind temperaturabhängig.

26.1.3 Aufbau

Bei Hallgeneratoren bildet sich die volle nach vorstehender Gleichung zu errechnende Hallspannung nur dann, wenn l groß gegenüber a ist (Bild 26.4). Bei $l = a$ entsteht nur 75 % der vollen Hallspannung. Die Plättchen von Hallgeneratoren haben also meist eine längliche Form. Sie sollen möglichst dünn sein. Das Halbleitermaterial InSb bzw. InAs wird heute meist auf ein Trägermaterial aufgedampft. Man wählt Schichtdicken von einigen µm.

Das Trägermaterial wird im Betrieb ebenfalls vom magnetischen Feld durchsetzt. Für viele Anwendungsfälle ist es daher günstig, ein magnetisch leitfähiges Trägermaterial zu verwenden. Weichmagnetische Ferrite sind als Trägermaterial gut geeignet.

Der Hallgenerator hat, wie jeder Spannungserzeuger, einen Innenwiderstand. Die Größe des Innenwiderstandes ist von den Abmessungen der Halbleiterschicht und von der magnetischen Flussdichte abhängig. Übliche Innenwiderstände liegen bei etwa 1 Ω bis 4 Ω. Bild 26.5 zeigt den Aufbau eines modernen Hallgenerators.

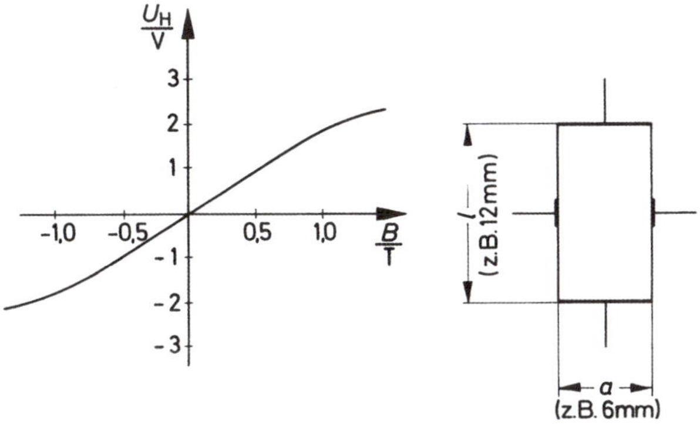

Bild 26.4
Abmessungen eines Hallgeneratorplättchens

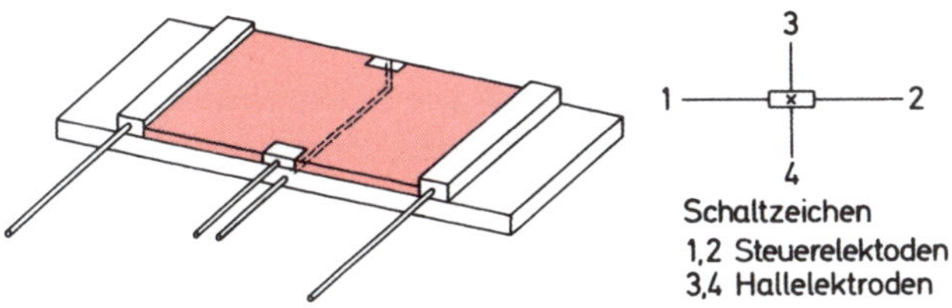

Bild 26.5 Aufbau und Schaltzeichen eines Hallgenerators

26.1.4 Kennwerte und Grenzwerte

Übliche Werte:

- ❑ höchstzulässiger Steuerstrom $I_{max} \approx 600$ mA
- ❑ höchstzulässige Betriebstemperatur $T_{max} \approx 100$ °C
- ❑ Nennwert des Steuerstromes $I_n \approx 100$ mA
- ❑ Nennwert des Steuerfeldes $B_n \approx 1$ T

❑ Leerlauf-Hallspannung bei I_n und B_n	U_H	$\approx 0{,}4$ V
❑ Innenwiderstand zwischen den Steuerelektroden	R_{iSt}	$\approx 3\ \Omega$
❑ Innenwiderstand zwischen den Hallelektroden	R_{iH}	$\approx 1{,}5\ \Omega$
❑ Temperaturbeiwert	β	$\approx -0{,}002$ 1/°C bei InAs
	β	$\approx -0{,}01$ 1/°C bei InSb

Der *höchstzulässige Steuerstrom* ist der größte Strom, der fließen darf, ohne dass der Hallgenerator durch zu starke Erwärmung zerstört wird. Die Nennwerte I_n und B_n sind so festgelegt, dass nur eine geringfügige Eigenerwärmung auftritt. Im Bereich der Nennwerte besteht ein sehr guter linearer Zusammenhang zwischen I, B und U_H.

Mit Hilfe des Temperaturbeiwertes β kann die Änderung der Hallspannung bei Temperaturänderung berechnet werden.

$$\Delta U_H = U_{H\,20} \cdot \beta \cdot \Delta T$$

ΔU_H Änderung der Hallspannung
$U_{H\,20}$ Hallspannung bei Zimmertemperatur (20 °C)
β Temperaturbeiwert
ΔT Temperaturänderung

26.1.5 Anwendungen

Es können fünf Anwendungsbereiche unterschieden werden:

1. Messen der magnetischen Flussdichte B. Bei konstantem Steuerstrom ist U_H der magnetischen Flussdichte B proportional. Kleine Hallgeneratoren (etwa 2 mm · 1 mm) dienen als Feldsonden. Sie gestatten ein Ausmessen inhomogener Magnetfelder.
   Auf dem Umweg über ein Magnetfeld können z. B. große Gleichströme gemessen werden. Bild 26.6 zeigt eine Anordnung zur Gleichstrommessung. Die Summe der beiden Halbspannungen ist der Stromstärke proportional. Die Summenspannung ist unabhängig von der Lage des stromdurchflossenen Leiters im Fenster.
2. Messen des Produktes $I \cdot B$. Die Hallspannung ist sowohl dem Steuerstrom I als auch der magnetischen Flussdichte B proportional. Die Größe der Hallspannung hängt vom Produkt $I \cdot B$ ab. Der Hallgenerator arbeitet als Multiplikator. Die magnetische Flussdichte kann z. B. einem Strom I_M proportional sein. In diesem Falle werden von dem Hallgenerator zwei Stromwerte miteinander multipliziert. Derartige Multiplikatoren werden in der Analogrechentechnik und in der Steuer- und Regelungstechnik benötigt.
3. Wird der Hallgenerator in ein magnetisches Wechselfeld gleich bleibender Amplitude gebracht, so entsteht bei Steuergleichstrom eine Hallwechselspannung, die der magnetischen Flussdichte B proportional ist. Der Hallgenerator arbeitet als Modulator oder als kontaktloser Wechselrichter.

4. Die magnetische Flussdichte *B* kann mit kleiner Leistung gesteuert werden. Es ist möglich, dem Hallgenerator eine größere Leistung zu entnehmen. Der Hallgenerator hat dann eine Verstärkereigenschaft.
5. Der Hallgenerator dient als Indikator eines Magnetfeldes. Wird z. B. ein Dauermagnet an dem Hallgenerator vorbeigeführt, so entsteht eine Hallspannung. Eine Drehzahlmessung lässt sich auf diese Weise einfach durchführen (Bild 26.7).

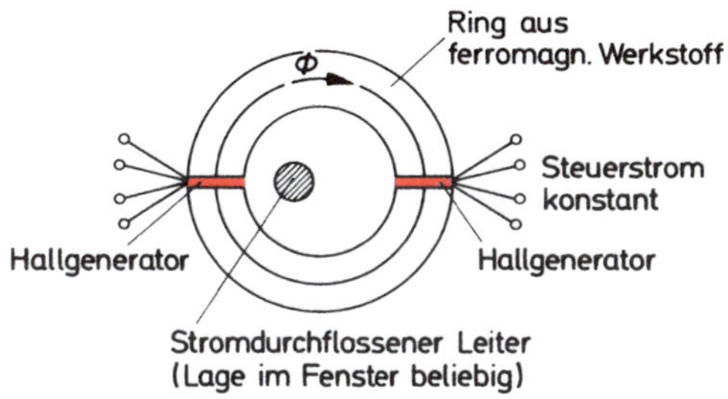

Bild 26.6
Anordnung zur Gleichstrommessung

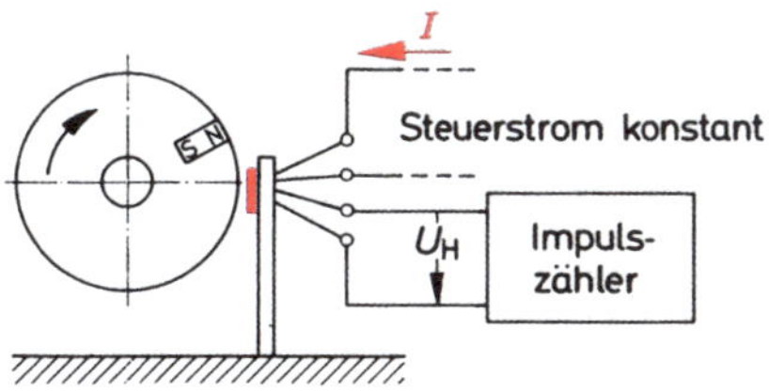

Bild 26.7
Drehzahlmessung mit Hallgenerator

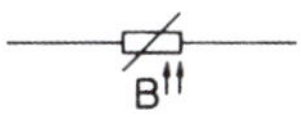

Bild 26.8
Schaltzeichen der Feldplatte

26.2 Feldplatten

Feldplatten sind Halbleiterwiderstände, deren Widerstandswert durch ein Magnetfeld gesteuert werden kann. Das Schaltzeichen ist in Bild 26.8 dargestellt.

26.2.1 Aufbau

Feldplatten werden als *Eisentypen* (E-Typen) und als *Kunststofftypen* (K-Typen) hergestellt. Bei E-Typen verwendet man als Trägermaterial ferromagnetische Werkstoffe mit großer Permeabilität. Das Trägerplättchen aus diesem Werkstoff wird mit einer Isolierschicht versehen.

Bei K-Typen besteht der Träger aus Kunststoff oder aus Keramik.

Auf den Träger, der normalerweise etwa 0,1 mm dick ist, wird eine Schicht aus Indiumantimonid aufgebracht (übliche Schichtdicke etwa 25 μm). Das Indiumantimonid enthält Nadeln aus Nickelantimonid, die eine sehr gute Leitfähigkeit haben (metallische Leitfähigkeit). Diese Nadeln werden, wie in Bild 26.9 dargestellt, ausgerichtet.

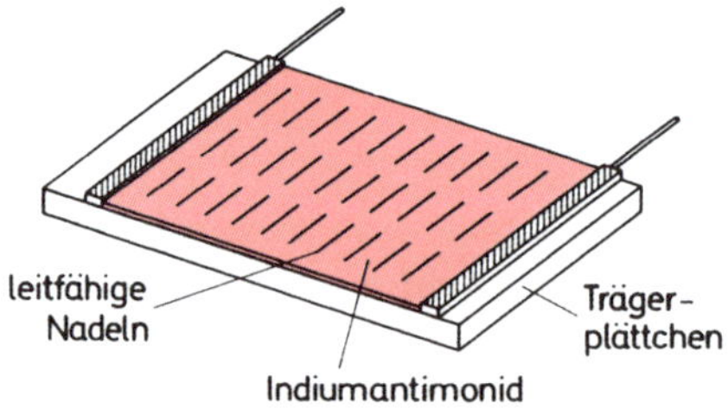

Bild 26.9
Aufbau einer Feldplatte

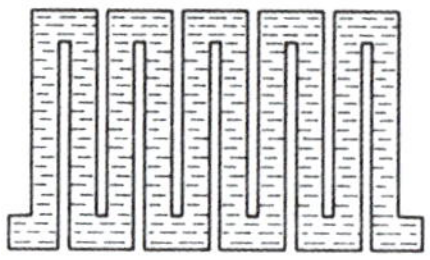

Bild 26.10
Mäanderförmige Schicht einer Feldplatte

Bei vielen Feldplatten hat die Schicht eine Mäanderform (Bild 26.10). Je nach Wahl der Abmessungen können Widerstandswerte ohne Magnetfeld von einigen Ohm bis zu einigen Kiloohm hergestellt werden.

26.2.2 Arbeitsweise

Ist kein magnetisches Feld vorhanden, so verlaufen die Strombahnen geradlinig wie in Bild 26.11 dargestellt.

Unter dem Einfluss eines Magnetfeldes werden die Ladungsträger abgedrängt (siehe Hallgenerator). Sie verlaufen von einer metallisch leitfähigen Nadel zur anderen in schrägen Bahnen (Bild 26.12). Die Nadeln stellen Kurzschlussbrücken dar. Unterschiedliche Ladungsträgerdichten gleichen sich innerhalb der Kurzschlussbrücken sofort aus. Die Kraft, die die Elektronen ablenkt, ist umso größer, je größer die magnetische Flussdichte ist. Mit steigender Flussdichte verlaufen die Strombahnen immer schräger. Die Weglängen werden immer größer (Bild 26.13).

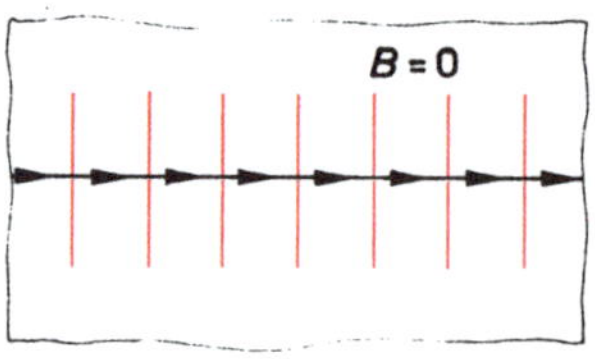

Bild 26.11
Schichtausschnitt mit Strombahn ohne Einwirkung eines Magnetfeldes

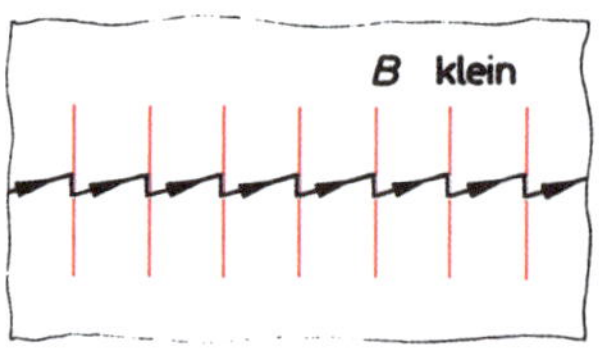

Bild 26.12
Schichtausschnitt mit Strombahn unter Einwirkung einer kleinen magnetischen Flussdichte

Eine Vergrößerung der Weglängen der Strombahnen bedeutet aber eine Erhöhung des Widerstandes der Feldplatte.

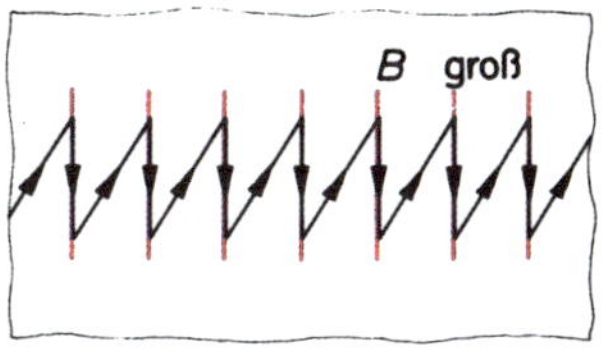

Bild 26.13
Schichtausschnitt mit Strombahn unter der Einwirkung einer großen magnetischen Flussdichte

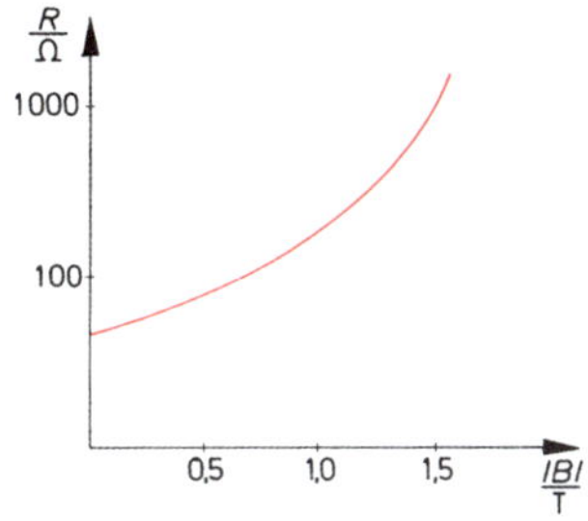

Bild 26.14
Verlauf des Widerstandes einer Feldplatte in Abhängigkeit von der magnetischen Flussdichte

Merksatz

Der Widerstandswert von Feldplatten nimmt mit steigender Flussdichte zu.

Bild 26.14 zeigt den Widerstandsverlauf einer Feldplatte in Abhängigkeit von der magnetischen Flussdichte *B*. Die Richtung des Magnetfeldes hat keinen Einfluss auf die Größe des Widerstandes.

Der Widerstand, der sich für eine bestimmte magnetische Feldstärke ergibt, ist ein ohmscher Widerstand, d.h., zwischen Strom und Spannung besteht eine lineare Abhängigkeit.

26.2.3 Kennwerte und Grenzwerte

Übliche Werte:

❑ höchstzulässige Belastung	P_{tot}	≈ 0,5 W
❑ maximale Betriebstemperatur	T_{max}	≈ 95 °C
❑ höchstzulässige Spannung zwischen Feldplattenschicht und metallischem Träger	U_1	≈ 100 V
❑ Grundwiderstandswert (Widerstand ohne Magnetfeld)	R_0	je nach Typ zwischen 10 Ω und 10 kΩ
❑ Toleranz des Grundwiderstandswertes	R_0-Tol.	z. B. ± 20 %
❑ Widerstandswert bei einer bestimmten Flussdichte	R_B	
❑ relative Widerstandsänderung für eine bestimmte Flussdichte (z. B. 1 Tesla)	R_B/R_0	≈ 10
❑ Temperaturbeiwert (abhängig von *B*)	α	≈ –0,004 1/°C

26.2.4 Anwendungen

Feldplatten werden häufig zur kontaktlosen Signalgabe verwendet. Man kann mit ihnen kontaktlose und damit prellfreie Taster bauen (Bild 26.15).

Als stufenlos steuerbare Widerstände werden sie in der Steuer- und Regelungstechnik und in der allgemeinen Elektronik eingesetzt.

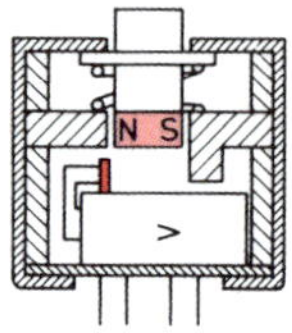

Bild 26.15
Prellfreier Taster

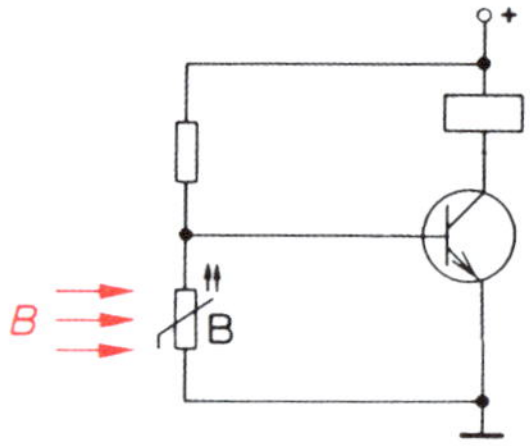

Bild 26.16
Transistorschaltstufe mit kontaktloser Signalgabe

Feldplatten eignen sich als Messsonden zum Ausmessen von Magnetfeldern. Sie können in Eisenkerne, Luftspalte oder Joche eingebaut werden und gestatten eine dauernde Überwachung des magnetischen Flusses z. B. in elektrischen Maschinen.

Ein Anwendungsschwerpunkt ist die kontaktlose Signalgabe an Transistorschaltstufen (Bild 26.16) und Schmitt-Trigger. Kleine Magnetfeldänderungen können bereits ein Ansprechen dieser Schaltungen bewirken.

26.3 Magnetdioden

Magnetdioden sind Dioden, deren Widerstandswert durch ein äußeres Magnetfeld geändert werden kann (Bild 26.17).

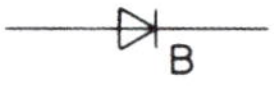

Bild 26.17
Schaltzeichen der Magnetdiode

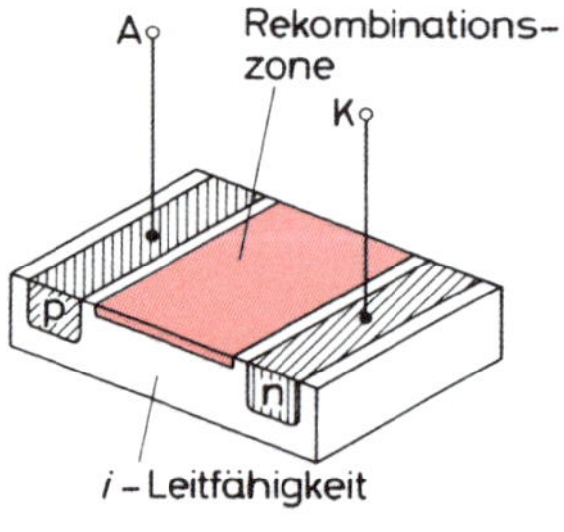

Bild 26.18
Aufbau einer Magnetdiode

26.3.1 Aufbau

Magnetdioden sind Germanium-Halbleiter-Bauteile. In das eine Ende eines kleines Germaniumquaders wird eine p-Zone, in das andere Ende eine n-Zone eindotiert. Zwischen beiden Zonen bleibt eine verhältnismäßig große undotierte Zone. In dieser Zone herrscht nur eine geringe Leitfähigkeit, die sogenannte Eigenleitfähigkeit oder *i*-Leitfähigkeit (Bild 26.18).

Eine Randseite der *i*-leitenden Zone wird so verunreinigt, dass dort eine starke Rekombination von Ladungsträgern erfolgen kann. Diese sogenannte Rekombinationszone (R-Zone) «schluckt» Ladungsträger.

Der Kristallquader wird mit Kontakten versehen und in ein Gehäuse eingebracht. Häufig kommen zwei Diodenkörper in ein Gehäuse, da Magnetdioden oft als Doppeldioden eingesetzt werden.

26.3.2 Arbeitsweise

Unter dem Einfluss eines magnetischen Feldes werden die Elektronen in Richtung zur R-Zone oder in entgegengesetzter Richtung abgelenkt (je nach Polung des Magnetfeldes). Ladungsträger, die in die R-Zone geraten, rekombinieren, d. h., Elektronen und Löcher fallen zusammen. Die Elektronen und die Löcher sind damit als freie Ladungsträger ausgefallen. Je mehr freie Ladungsträger aber verschwinden, desto größer wird der Widerstand der Magnetdiode.

Durch die magnetische Flussdichte *B* wird die Rekombinationshäufigkeit gesteuert. Die Vergrößerung der Rekombinationshäufigkeit führt zu einer Verarmung an Ladungsträgern und zu einer Widerstandserhöhung der Magnetdiode.

Bild 26.19 zeigt den Widerstandsverlauf in Abhängigkeit von der magnetischen Flussdichte.

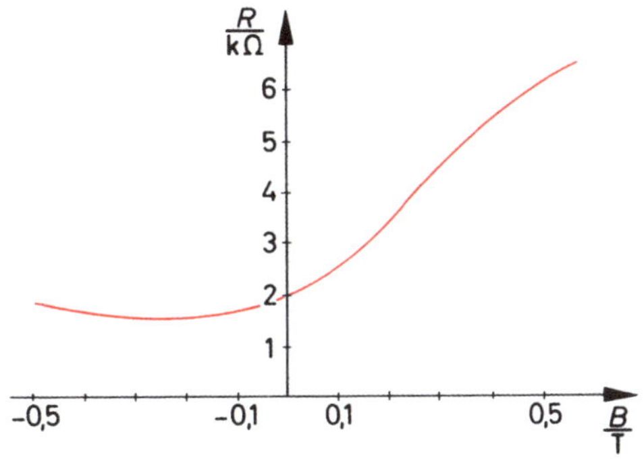

Bild 26.19
Widerstandsverlauf einer Magnetdiode in Abhängigkeit von der magnetischen Flussdichte

Der Widerstandswert von Magnetdioden ist sehr temperaturabhängig. Eine Temperaturzunahme um 17 °C führt zu einer Halbierung des Widerstandes.

26.3.3 Kennwerte und Grenzwerte

Übliche Werte:

- ❑ maximale Betriebsspannung $U_{Bmax} \approx 20$ V
- ❑ maximale Verlustleistung $P_{vmax} \approx 50$ mW
- ❑ maximale Betriebstemperatur $T_{max} \approx 60$ °C
- ❑ Betriebsspannung $U_B \approx 4$ V
- ❑ Grundwiderstandswert R_0 (bei $B = 0$) ≈ 2 kΩ

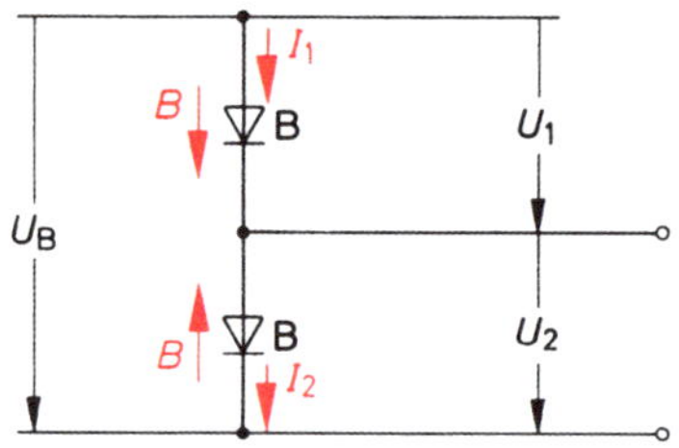

Bild 26.20
Zusammenschaltung von zwei Magnetdioden

26.3.4 Anwendungen

Magnetdioden werden wegen ihrer starken Temperaturabhängigkeit meist als Doppeldioden eingesetzt.

Die beiden Magnetdioden der Schaltung Bild 26.20 werden *in entgegengesetzter Richtung* vom Magnetfeld durchsetzt. Bei Temperaturänderung ändern beide Dioden ihren Widerstand in gleicher Weise. Die Spannung U_2 bleibt dadurch angenähert konstant.

Eine Änderung der magnetischen Flussdichte ändert jedoch den Widerstand der einen Magnetdiode stärker als den der anderen Magnetdiode. Die Spannung U_2 hat den in Bild 26.21 gezeigten Verlauf in Abhängigkeit von der magnetischen Flussdichte.

Magnetdioden werden vorwiegend zur kontaktlosen Signalgabe verwendet. Mit ihnen können bei Transistorschaltstufen und Schmitt-Triggern Schaltvorgänge ausgelöst werden. Magnetdioden eignen sich gut für die Signalgabe bei Drehzahlmessern (Bild 26.22). Ebenfalls lassen sich mit ihnen prellfreie kontaktlose Taster herstellen.

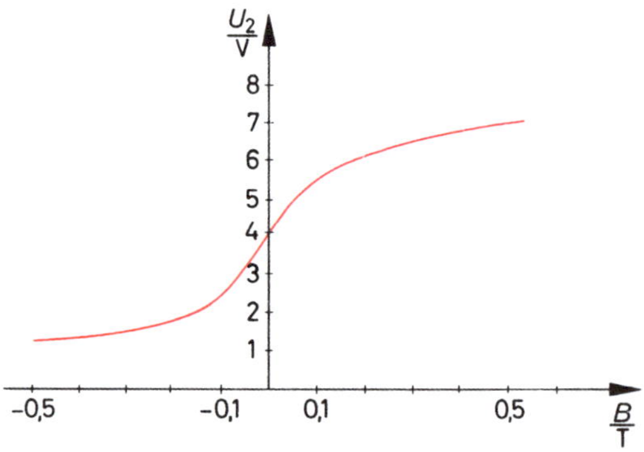

Bild 26.21
Abhängigkeit der Spannung U_2 von der magnetischen Flussdichte

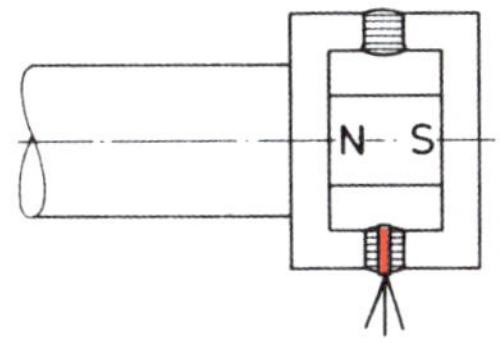

Bild 26.22
Prinzip eines Drehzahlmessers mit Magnetdiode

26.4 Druckabhängige Halbleiterbauelemente

26.4.1 Piezoeffekt

In bestimmten Kristallen kommt es bei Druckänderung zu einer Ladungsträgertrennung. Zwischen zwei Kristallflächen entsteht während der Dauer der Druckänderung eine elektrische Spannung. Die Druckänderung im Innern kann auch durch Biegen des Kristalls erfolgen. Piezokristalle werden in der Elektronik vorwiegend als Messwertaufnehmer bzw. als Messgrößenwandler eingesetzt. In Bild 26.23 ist ein piezoelektrischer Druckänderungsaufnehmer dargestellt.

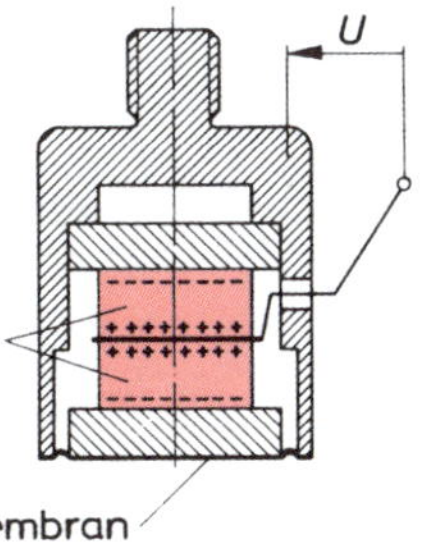

Bild 26.23
Prinzip eines piezoelektrischen Druckänderungsaufnehmers

26.4.2 Piezohalbleiter

In neuerer Zeit wurden Halbleiterkristalle gefunden, die außerordentlich starke piezoelektrische Eigenschaften haben.

Diese *Piezoxide* (Valvo) bestehen aus einem polykristallinen Material auf einer Basis von Blei-Zirkonat-Titanat. Dieses Material wird einem komplizierten Sinterverfahren unterzogen, bei dem eine Polarisation durch ein kräftiges elektrisches Gleichfeld erfolgt.

Die bisher bekannten Piezokristalle (Quarz, Seignettesalz, Bariumtitanat und andere) lassen auch bei kräftigen Druckänderungen nur Spannungen von wenigen Volt entstehen. Mit den Piezoxiden können Spannungen von vielen Kilovolt erzeugt werden.

Piezoxide eignen sich sehr gut als Druckänderungsaufnehmer bis zu Druckwechselfrequenzen im Ultraschallbereich. Sie werden für Mikrofone (vorwiegend für Ultraschallmikrophone) für Filterschaltungen und für Tonabnehmer verwendet.

Ein besonderes Anwendungsgebiet ist die Gaszündung. Die hierfür verwendeten Piezoxide geben bei verhältnismäßig kleinen zugeführten mechanischen Energien Spannungen von 15 kV und mehr ab und ermöglichen eine Funkenzündung des Gases.

26.5 Flüssigkristall-Bauteile

26.5.1 Flüssige Kristalle

Definition

Körper, die sich bei Beanspruchungen in allen Richtungen gleich verhalten und in allen Richtungen gleiche Eigenschaften haben, sind isotrop.

Sind bestimmte Eigenschaften oder Verhaltensweisen von Körpern von Beanspruchungsrichtungen abhängig, so sind diese Körper anisotrop.

Kristalle sind anisotrope Körper. Sie haben bestimmte Vorzugsrichtungen. Flüssigkeiten sind normalerweise stets isotrop. Es gibt aber einige organische Verbindungen, die im festen Zustand Kristallstruktur haben und die nach dem Schmelzen eine anisotrope Phase durchlaufen, das heißt, auch im geschmolzenen Zustand ergeben sich bestimmte Vorzugsrichtungen. Diese Flüssigkeiten verhalten sich zumindest teilweise wie Kristalle. Sie zeigen z. B. eine Doppelbrechung des Lichtes. Wird die Temperatur weiter erhöht, so geht der anisotrope flüssige Zustand in einen isotropen flüssigen Zustand über.

26.5.2 Aufbau von Anzeigebauteilen

Feldeffekt-Technik

Es gibt nun derartige Flüssigkeiten, die im Bereich von etwa –5 °C bis 65 °C in der anisotropen Phase sind. Bringt man diese Flüssigkeiten in ein genügend starkes elektrisches Feld, so kommt es zu einer Ausrichtung der Moleküle. Die vorher klare Flüssigkeit wird durch den Einfluss des elektrischen Feldes milchig trübe. Nach Abschalten des elektrischen Feldes stellt sich der klare Zustand wieder ein. Flüssigkeiten dieser Art sind elektrisch nicht leitfähig.

Diese flüssigen Kristalle verwendet man zum Bau von Anzeigebauteilen. Man bringt eine dünne Flüssigkeitsschicht zwischen zwei Glasplatten. Die beiden Glasplatten haben auf ihren Innenseiten durchsichtige leitende Beläge aus Zinnoxid. An diese Beläge wird die Spannung gelegt, die das benötigte elektrische Feld erzeugt (Bild 26.24).

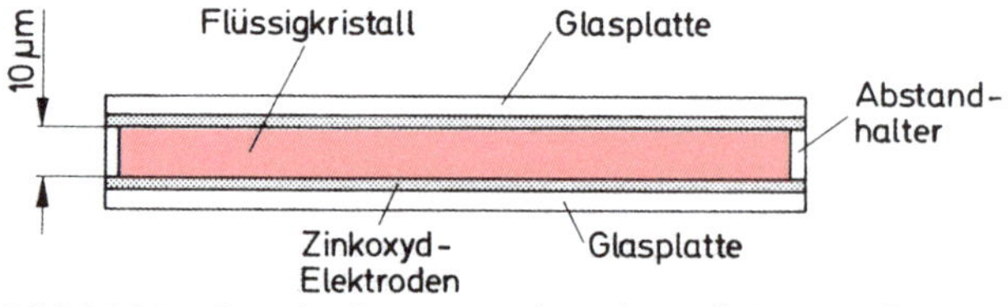

Bild 26.24 Grundaufbau eines Flüssigkristall-Anzeigeelementes

Der Plattenabstand beträgt etwa 10 µm. Um eine Trübung zu erzielen, ist die Feldstärke von etwa 0,1 V/µm erforderlich. Vergrößert man die Feldstärke, so wird die Trübung intensiver. Bei einer Feldstärke von etwa 3 V/µm ist die maximale Trübung erreicht.

Zur Erzeugung der Trübung benötigt man nur eine sehr geringe Leistung. Der übliche Leistungsbedarf liegt bei etwa 0,1 mW pro cm² Trübungsfläche.

Die Trübung muss durch eine geeignete Beleuchtung sichtbar gemacht werden. Dies kann durch Anstrahlen oder Durchleuchten geschehen.

Zur Anzeige von Dezimalziffern verwendet man 7-Segment-Anzeigen (Bild 26.25). Das Bauteil kann aus einem 7-Segment-System bestehen oder aus einer Vielzahl von 7-Segment-Systemen (Bild 26.26).

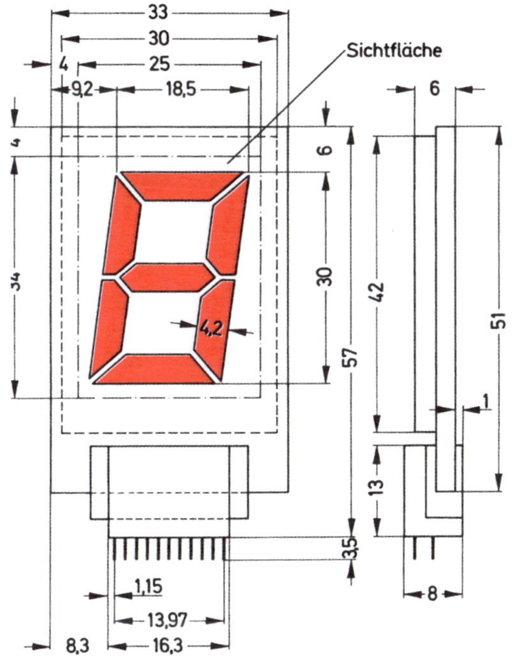

Bild 26.25
7-Segment-Flüssigkristall-Anzeige-Display (Siemens)

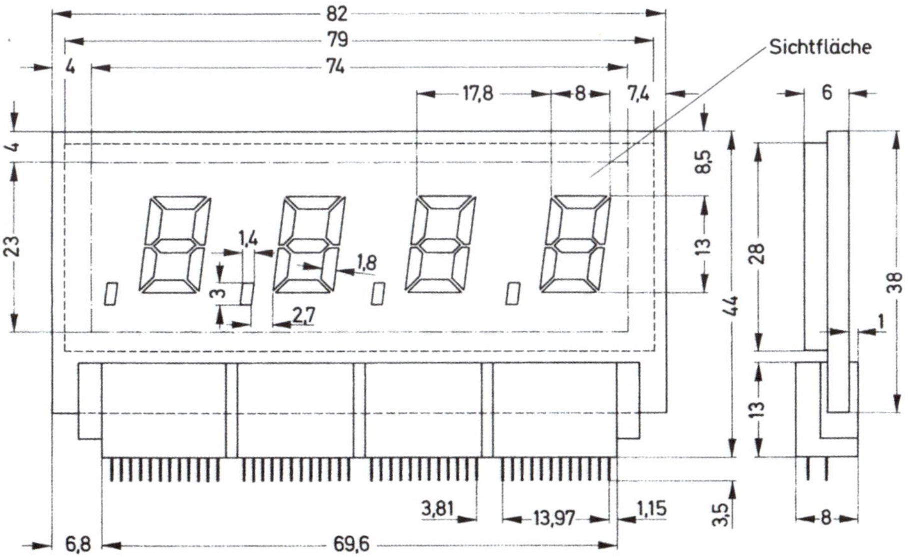

Bild 26.26 Vierstellige 7-Segment-Flüssigkristall-Anzeigeeinheit (Siemens)

Durch entsprechende Ausbildung der Trübungszonen können Anzeigebauteile für Buchstaben, Zeichen und beliebige Symbole hergestellt werden.

Kennwerte und Grenzwerte:		*übliche Werte*
❑ maximale Betriebsspannung	U_{Bmax}	≈ 8 V
❑ Betriebsspannung	U_B	≈ 3 V
❑ Frequenz	f	≈ 50 Hz
❑ Temperatur	T	≈ 25 °C
❑ Strom pro Segment	I_S	≈ 1 µA
❑ Gesamtstrom	I_{ges}	≈ 7 µA
❑ Gesamtkapazität	C_{ges}	≈ 700 pF
❑ Anstiegsverzögerungszeit	$t_{an\ verz.}$	≈ 80 ms
❑ Anstiegszeit	t_{an}	≈ 100 ms
❑ Abfallzeit	t_{ab}	≈ 200 ms
❑ Lagertemperaturbereich	T_{Lag}	– 20 °C bis 80 °C

Prinzip der dynamischen Streuung

Es gibt auch elektrisch leitfähige Flüssigkristall-Werkstoffe. Werden diese an eine Wechselspannung gelegt, so kommt es im Inneren des Flüssigkristall-Werkstoffes zu einer Teilchenbewegung ähnlich einer turbulenten Strömung. Durch diese Teilchenbewegung wird der Flüssigkristall-Werkstoff getrübt. Die getrübten Bereiche wirken bei durchscheinendem Licht milchig weiß. Nach Abschalten der Spannung beruhigt sich die Teilchenbewegung, und der Flüssigkristall-Werkstoff wird wieder durchsichtig. Flüssigkristallanzeigen dieser Art arbeiten mit sogenannter *dynamischer Streuung*.

Flüssigkristallanzeigen, die nach dem Prinzip der dynamischen Streuung arbeiten, benötigen eine wesentlich größere Leistung als *Feldeffekt-Flüssigkristallanzeigen*. Auch verhalten sie sich beim Schalten träger.

Kennwerte und Grenzwerte:		
❑ maximale Betriebsspannung	U_{Bmax}	≈ 50 V
❑ Betriebsspannung	U_B	≈ 25 V
❑ Frequenz	f	≈ 20 Hz bis 150 Hz
❑ Strom pro Segment	I_S	≈ 0,4 mA
❑ Gesamtstrom	I_{ges}	≈ 2,8 mA
❑ Anstiegszeit	t_{an}	≈ 400 ms
❑ Abfallzeit	t_{ab}	≈ 1000 ms

26.5.3 Anwendungen

Flüssigkristall-Anzeigebauteile in Feldeffekt-Technik haben den geringsten Leistungsbedarf aller Anzeigebauteile. Sie eignen sich besonders für den Einsatz in batteriebetriebenen Geräten. Eine direkte Ansteuerung durch MOS-Bauteile ist wegen des geringen Strombedarfs möglich. Flüssigkristall-Anzeigebauteile, die nach dem Prinzip der *dynamischen Streuung* arbeiten, sind vor allem für Großanzeigen geeignet. Zur Zeit gibt es Flüssigkristall-Großanzeigeeinheiten dieser Art bis zu Zifferngrößen von 19 cm.

27 Digitale Grundschaltungen

27.1 Grundbegriffe

Die Digitaltechnik ist in jüngster Zeit stark in den Vordergrund des technischen Interesses und der technischen Anwendung getreten. Sie arbeitet nach sehr einfachen Grundprinzipien und gestattet es, viele technische Aufgaben exakt, klar und störsicher zu lösen.

Die Grundprinzipien dieser Technik sind so einfach, dass der Lernende oft zunächst aufgrund dieser Einfachheit und wegen der ungewohnten Denkweise einige Schwierigkeiten bei der Einarbeitung zu bewältigen hat. Man vermutet meist mehr als tatsächlich dahintersteckt.

Sind die Grundprinzipien aber erst einmal richtig erfasst, so wird alles Folgende wegen des logischen Aufbaus leicht verständlich.

27.1.1 Analoge und digitale Signale

Die Begriffe «analog» und «digital» kommen aus der Rechentechnik und wurden dann für die gesamte Elektrotechnik übernommen. Es gibt *Analog-Rechner* und *Digital-Rechner*. Der Analog-Rechner benötigt zur Darstellung von Zahlenwerten eine *Analogie-Größe*, d. h. eine «entsprechende» Größe. Meist verwendet man als Analogiegröße die elektrische Spannung. Es wird eine Entsprechung, d. h. ein Maßstab, gewählt.

Beispiel 1

Gewählte Entsprechung: $1 \triangleq 1\,\text{V}$

Für die Zahl 1,36 ergibt sich ein Spannungswert von 1,36 V.

Für größere Zahlen muss man eine andere Entsprechung wählen, will man vermeiden, zu einem «Hochspannungsrechner» zu kommen.

Beispiel 2

Gewählte Entsprechung: $1 \triangleq 10\,\mu\text{V}$

Zur Zahl 10 530 gehört dann ein Spannungswert von 105 300 µV = 0,1053 V

Der altbewährte Rechenschieber ist im Prinzip auch ein Analog-Rechner. Die Analogie-Größe ist hier die Länge.

Spricht man von Analog-Rechnern, so meint man allerdings immer elektronische Analog-Rechner. Die von diesen Rechnern verarbeiteten Signale werden analoge Signale genannt.

Merksatz

Analoge Signale sind Werte der Analogiegröße – meist Spannungen –, die innerhalb eines zulässigen Bereiches jeden beliebigen Wert annehmen dürfen.

Die Bilder 27.1 und 27.2 zeigen zeitliche Verläufe der Analogiegröße Spannung. Sie stellen analoge Signale dar.

Der Begriff der analogen Darstellung hat auch in der Messtechnik Eingang gefunden. Zeigermessgeräte (z. B. Spannungsmesser, Strommesser) zeigen mit Hilfe einer Analogiegröße an. Die Analogiegröße ist der Winkel oder der Bogen auf der Skala. Jeder beliebige Wert innerhalb der Skala ist grundsätzlich möglich. Eine andere Frage ist es, wie genau man diesen Wert ablesen kann.

Übliche Zeigeruhren könnte man grundsätzlich «Analog-Uhren» nennen.

Wenden wir uns nun den digitalen Signalen zu.

Digital kommt von digitus (lat.: der Finger). Demnach wäre ein Digital-Rechner jemand, der mit Fingern rechnet. Wer aber mit Fingern rechnet, kennt nur zwei Zustände:

«Finger vorhanden» und «Finger nicht vorhanden». Irgendwelche Zwischenwerte gibt es nicht.

Ein einfacher Rechner nach dem Digital-Prinzip ist auch der altbekannte Rechenrahmen (Bild 27.3). Hier gibt es ebenfalls nur zwei Zustände: «Kugel vorhanden» und «Kugel nicht vorhanden». Jede Zahl wird z. B. durch die Anzahl der Kugeln dargestellt. Man sagt, die Zahl ist gequantelt.

Wenn wir aber von einem Digitalrechner sprechen, so meinen wir einen elektronischen Digitalrechner. Und auch dieser kennt nur zwei Zustände, z. B. «Spannung vorhanden» und «Spannung nicht vorhanden».

Ein digitales Signal besteht grundsätzlich aus zwei voneinander unterschiedlichen Zuständen, z. B. aus zwei Spannungszuständen. Diese Zustände können in beliebigem Rhythmus aufeinander folgen. Bild 27.4 zeigt den zeitlichen Verlauf eines digitalen Signals.

Der eine Zustand des digitalen Signals nach Bild 27.4 ist 0 V, der andere Zustand ist +5 V. Man kann statt der Spannungswerte Stromwerte verwenden oder magnetische Zustände, ja, ganz allgemein zwei beliebige darstellbare Zustände.

Definition

Digitale Signale sind aus zwei verschiedenen Zuständen, z. B. aus zwei verschiedenen Spannungswerten, aufgebaut. Andere Zustände sind nicht erlaubt.

In der Messtechnik kennt man digitale Messgeräte. Genauer müsste man sagen «digital anzeigende» Messgeräte. Diese Messgeräte zeigen das Ergebnis mit Ziffern, also als Dezimalzahl, an. Irgendwelche Zwischenwerte sind nicht möglich. Wird eine Stelle nach dem Komma angezeigt, so kann man über die zweite Stelle nach dem Komma nichts aussagen bzw. muss eine Ab- oder Aufrundung annehmen.

Kernstück eines digital anzeigenden Messgerätes ist ein Zähler. Die angezeigte Zahl ist meist die Anzahl der Impulse eines digitalen Signals, das durch die Messung gewonnen wurde.

Eine Uhr, die die Zeit mit Hilfe von Ziffern anzeigt, wird dementsprechend Digitaluhr genannt.

Will man Zahlen mit digitalen Signalen darstellen, so benötigt man bestimmte Verabredungen, sogenannte Codes.

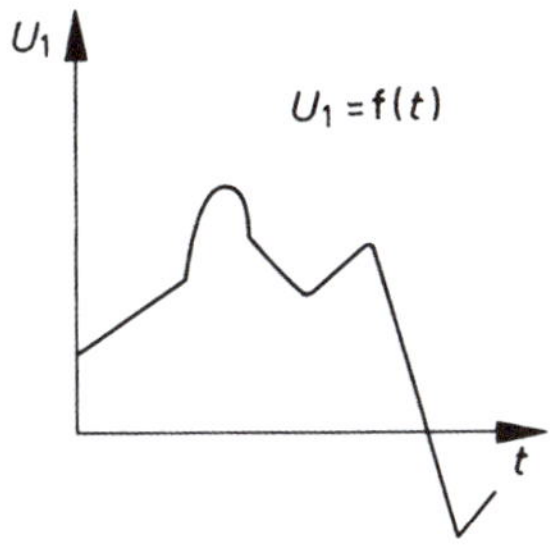

Bild 27.1
Beispiel für ein analoges Signal

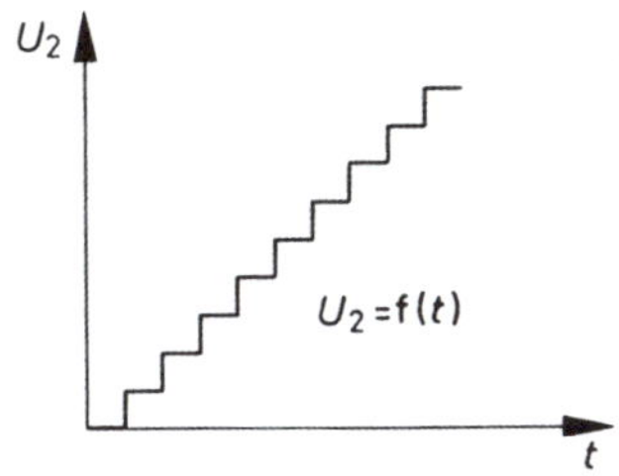

Bild 27.2
Treppenspannung (analoges Signal)

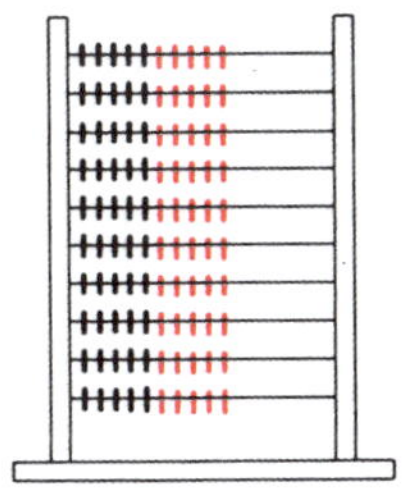

Bild 27.3
Rechenrahmen als «einfacher Digitalrechner»

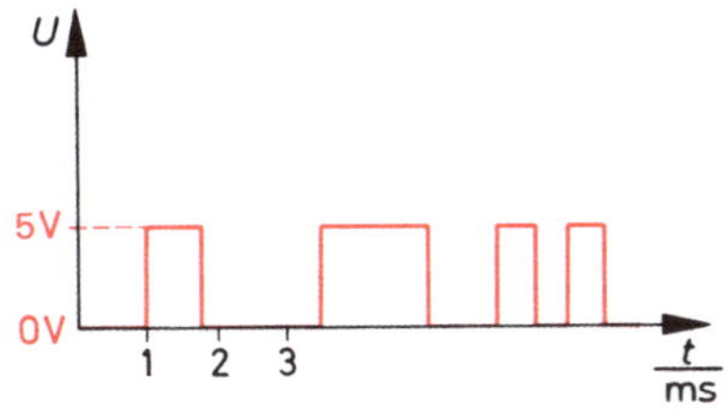

Bild 27.4
Zeitlicher Verlauf eines digitalen Signals

27.1.2 Logische Zustände «0» und «1»

Die beiden Zustände eines digitalen Signals können zwei logischen Zuständen zugeordnet werden. Die logischen Zustände werden wie folgt gekennzeichnet:

Grundsatz

Erster logischer Zustand: 0
Zweiter logischer Zustand: 1

Die Zuordnung der logischen Zustände zu den digitalen Zuständen kann grundsätzlich beliebig erfolgen. Man kann z. B. die logische 0 der Spannung 0 V zuordnen und die logische 1 der Spannung +5 V, die umgekehrte Zuordnung ist ebenfalls möglich. Selbstverständlich kann man auch Zuordnungen zu Stromwerten vornehmen.

Für alle weiteren Betrachtungen wird folgende Zuordnung gewählt:

Grundsatz

logische 0 ≙ 0 V (Masse)
logische 1 ≙ +5 V

27.2 Logische Verknüpfungen

27.2.1 UND-Verknüpfung

An den Eingängen der Schaltung nach Bild 27.5 können nur digitale Signale bzw. logische Zustände entsprechend der vorstehend getroffenen Zuordnung auftreten.

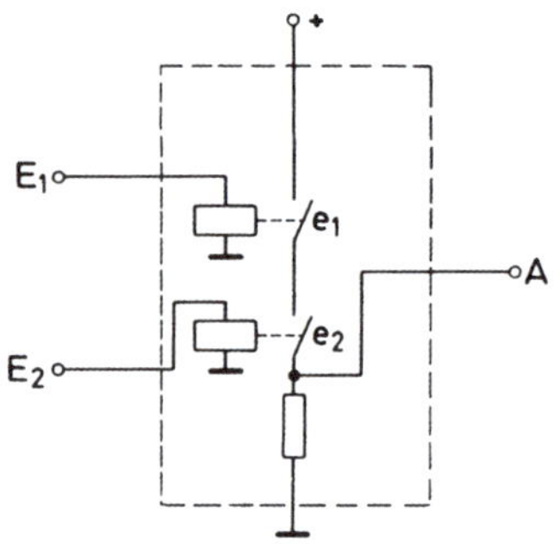

logische 0 ≙ 0 V (Masse)
logische 1 ≙ +5 V

Bild 27.5
UND-Glied

Tabelle 27.1 Darstellung der möglichen Fälle eines Gliedes mit zwei Eingängen

Fall	E_2	E_1	A
1	0	0	
2	0	1	
3	1	0	
4	1	1	

Welche Eingangszustandskombinationen – kurz Fälle genannt – sind möglich?

Tabelle 27.1 gibt darüber Auskunft. Es sind grundsätzlich vier verschiedene Fälle möglich:

- Fall 1: Beide Eingänge haben Zustand 0
- Fall 2: Eingang E_2 hat Zustand 0
  Eingang E_1 hat Zustand 1
- Fall 3: Eingang E_2 hat Zustand 1
  Eingang E_1 hat Zustand 0
- Fall 4: Beide Eingänge haben Zustand 1

Überlegen wir nun, unter welchen Bedingungen der Zustand 1 am Ausgang A auftritt. Die Kontakte e_1 und e_2 müssen geschlossen sein. Beide Relais müssen also angezogen sein. Das ist aber nur möglich, wenn an beiden Eingängen jeweils die Zustände 1 (≙ +5 V) liegen. Nur im Falle 4 liegt also am Ausgang A der Zustand 1. Tabelle 27.2 gibt das logische Verhalten der Schaltung an. Eine Tabelle dieser Art wird *Wahrheitstabelle* genannt. Für das UND-Glied wird auch die Bezeichnung UND-Element verwendet.

Merksatz

Am Ausgang eines UND-Gliedes liegt nur dann der Zustand 1, wenn am Eingang E_2 und am Eingang E_1 der Zustand 1 liegt.

Diese logische Verknüpfung bezeichnet man als *UND-Verknüpfung*.

Jede Schaltung, die die Wahrheitstabelle 27.2 erfüllt, erzeugt eine UND-Verknüpfung. Sie wird *UND-Glied* genannt (alte Bezeichnung: UND-Gatter).

UND-Glieder können sehr verschieden aufgebaut sein. Meist werden sie heute als integrierte Halbleiterschaltungen hergestellt.

Die UND-Verknüpfung kann mathematisch mit Hilfe der Schaltalgebra ausgedrückt werden. Es gilt:

$$A = E_1 \wedge E_2$$

$\wedge$ = Zeichen für die UND-Verknüpfung (genormt)

In der Literatur findet man noch andere Zeichen für die UND-Verknüpfung. Die Gleichung wird dann wie folgt geschrieben:

$$A = E_1 \cdot E_2 \qquad A = E_1 \,\&\, E_2$$

Soll ein UND-Glied dargestellt werden, so ist es unzweckmäßig, die vollständige Schaltung aufzuzeichnen. Man verwendet das genormte Schaltzeichen (Bild 27.6).

UND-Glieder können auch mit drei und mehr Eingängen gebaut werden.

Merksatz

Durch jeden zusätzlichen Eingang verdoppelt sich die Zahl der Fälle in der Wahrheitstabelle, da der zusätzliche Eingang wieder 0 oder 1 sein kann (siehe Tabelle 27.3).

Bei 3 Eingängen ergeben sich 8 Fälle, bei 4 Eingängen 16 Fälle, bei 5 Eingängen 32 Fälle. Tabelle 27.4 zeigt eine Wahrheitstabelle für ein UND-Glied mit 4 Eingängen.

Bei der Aufstellung einer Wahrheitstabelle ist die Reihenfolge, in der die Fälle aufgeführt werden, grundsätzlich beliebig. Man muss aber alle Fälle berücksichtigen und darf keinen Fall doppelt haben.

Damit man sich die Arbeit nicht unnötig schwer macht, empfiehlt sich folgendes Schema: Ein Eingang (z. B. E_1) wechselt von Fall zu Fall den Zustand. Der nächste Eingang (z. B. E_2) wechselt jeweils nach 2 Fällen den Zustand. Der dritte Eingang

(z. B. E_3) wechselt nach jeweils 4 Fällen den Zustand. Der vierte Eingang (z. B. E_4) wechselt nach jeweils 8 Fällen den Zustand und so fort. Dieses System wurde in Tabelle 27.4 angewendet.

Die Schaltzeichen für UND-Glieder mit 3 und 4 Eingängen und die zugehörigen schaltalgebraischen Gleichungen (Verknüpfungsgleichungen) sind in den Bildern 27.7 und 27.8 dargestellt.

Statt des deutschsprachigen Ausdruckes *UND-Glied* wird gelegentlich auch der englische Ausdruck *AND-Gate* oder der gemischte Ausdruck *AND-Glied* verwendet.

Tabelle 27.2 Wahrheitstabelle einer UND-Verknüpfung

Fall	E_2	E_1	A
1	0	0	0
2	0	1	0
3	1	0	0
4	1	1	1

Tabelle 27.3 Wahrheitstabelle eines UND-Gliedes mit 3 Eingängen. Durch den zusätzlichen Eingang E_3 wird die Zahl verdoppelt.

Fall	E_3	E_2	E_1	A
1	0	0	0	0
2	0	0	1	0
3	0	1	0	0
4	0	1	1	0
5	1	0	0	0
6	1	0	1	0
7	1	1	0	0
8	1	1	1	1

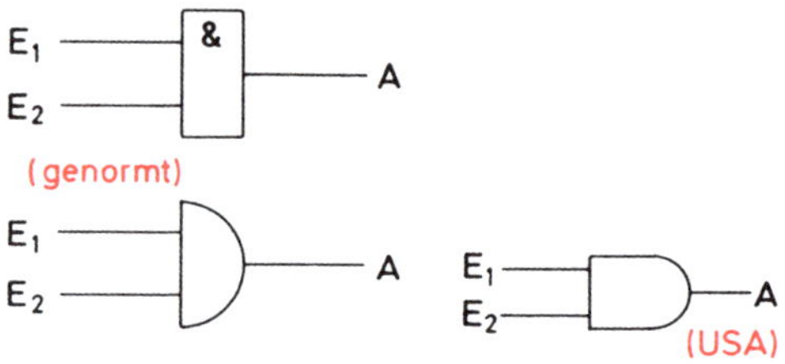

Bild 27.6
Schaltzeichen eines UND-Gliedes mit zwei Eingängen

Tabelle 27.4 Wahrheitstabelle eines UND-Gliedes mit 4 Eingängen

Fall	E_4	E_3	E_2	E_1	A
1	0	0	0	0	0
2	0	0	0	1	0
3	0	0	1	0	0
4	0	0	1	1	0
5	0	1	0	0	0
6	0	1	0	1	0
7	0	1	1	0	0
8	0	1	1	1	0
9	1	0	0	0	0
10	1	0	0	1	0
11	1	0	1	0	0
12	1	0	1	0	0
13	1	1	0	0	0
14	1	1	0	1	0
15	1	1	1	0	0
16	1	1	1	1	1

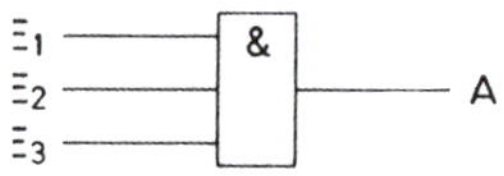

$A = E_1 \wedge E_2 \wedge E_3$

Bild 27.7 Schaltzeichen eines UND-Gliedes mit drei Eingängen und Verknüpfungsgleichung

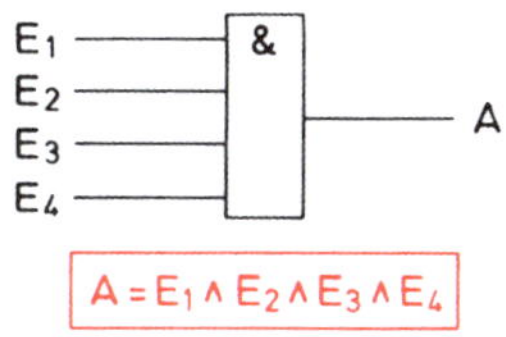

Bild 27.8
Schaltzeichen eines UND-Gliedes mit vier Eingängen und Verknüpfungsgleichung

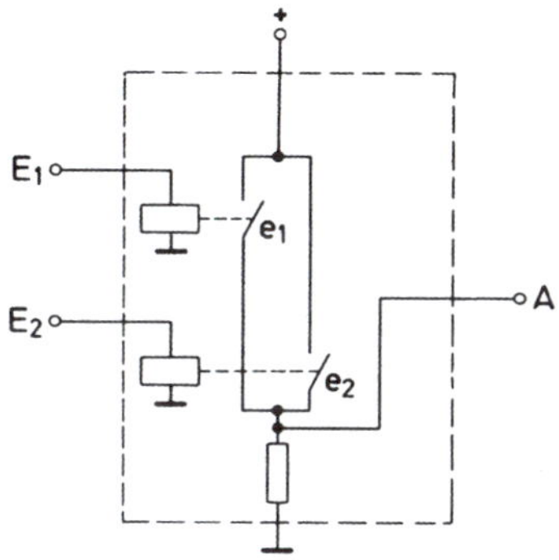

Bild 27.9
ODER-Glied

27.2.2 ODER-Verknüpfung

Für die Schaltung nach Bild 27.9 soll die Wahrheitstabelle aufgestellt werden. Da die Schaltung 2 Eingänge hat, gibt es 4 Fälle (Tabelle 27.5).

In welchen Fällen ergibt sich nun der Zustand 1 am Ausgang A? Es genügt, dass ein Kontakt e_1 oder e_2 geschlossen ist, damit am Ausgang 1 (≙ +5 V) liegt. Das bedeutet, dass entweder am Eingang E_1 **oder** am Eingang E_2 **oder** an beiden Eingängen der Zustand 1 liegen muss. Es ergibt sich die Wahrheitstabelle nach Tabelle 27.6. Diese logische Verknüpfung wird *ODER-Verknüpfung* genannt.

Jede Schaltung, die die Wahrheitstabelle nach Tabelle 27.6 erfüllt, erzeugt eine ODER-Verknüpfung. Sie wird ODER-Glied genannt (alte Bezeichnung: ODER-Gatter).

Wie die UND-Glieder, so können auch die ODER-Glieder sehr verschieden aufgebaut sein. Sie werden überwiegend als integrierte Halbleiterschaltungen hergestellt.

Die ODER-Verknüpfung kann mathematisch mit Hilfe der Schaltalgebra ausgedrückt werden:

$$A = E_1 \vee E_2$$

∨ = Zeichen für die ODER-Verknüpfung (genormt)

In der Literatur findet man außer dem genormten Zeichen noch andere Zeichen für die ODER-Verknüpfung. Häufig wird das Pluszeichen verwendet. Die Gleichung lautet dann:

$$A = E_1 + E_2$$

Zur zeichnerischen Darstellung von ODER-Glieder (ODER-Elementen) wird das genormte Schaltzeichen (Bild 27.10) verwendet.

ODER-Glieder werden auch mit drei und mehr Eingängen gebaut. Die Schaltzeichen für ODER-Glieder mit 3 und 4 Eingängen und die zugehörigen schaltalgebraischen Gleichungen (Verknüpfungsgleichungen) zeigen die Bilder 27.11 und 27.12.

Merksatz

Am Ausgang eines ODER-Gliedes liegt immer dann der Zustand 1, wenn wenigstens an einem Eingang der Zustand 1 anliegt.

Tabelle 27.5

Fall	E_2	E_1	
1	0	0	
2	0	1	
3	1	0	
4	1	1	

Tabelle 27.6 Wahrheitstabelle einer ODER-Verknüpfung

Fall	E_2	E_1	A
1	0	0	0
2	0	1	1
3	1	0	1
4	1	1	1

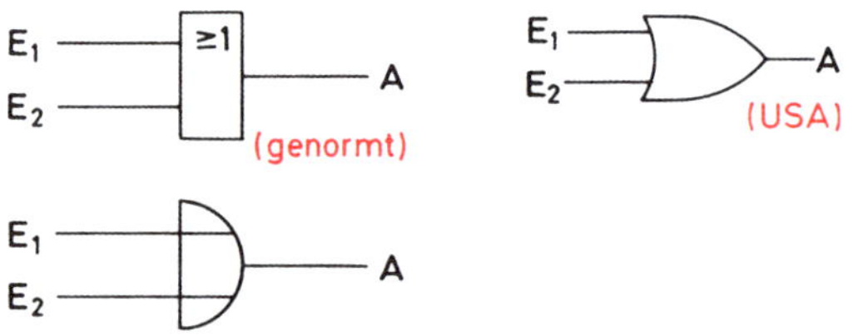

Bild 27.10 Schaltzeichen eines ODER-Gliedes mit zwei Eingängen

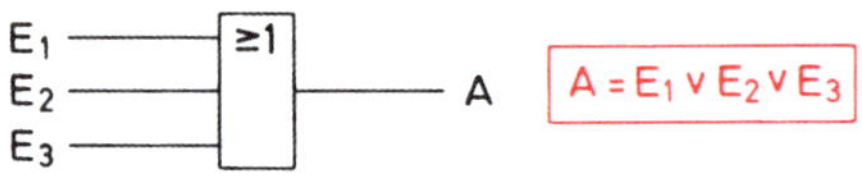

Bild 27.11 Schaltzeichen eines ODER-Gliedes mit drei Eingängen und Verknüpfungsgleichung

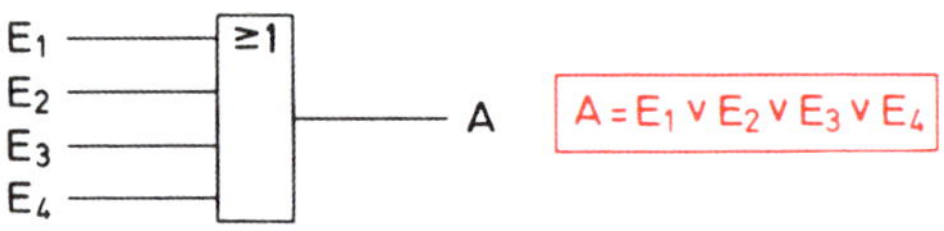

Bild 27.12 Schaltzeichen eines ODER-Gliedes mit vier Eingängen und Verknüpfungsgleichung

27.2.3 Verneinung

Die Schaltung Bild 27.13 hat nur einen Eingang. Liegt an diesem Eingang der Zustand 0 entsprechend 0 V, so zieht das Relais nicht an. Am Ausgang liegt der Zustand 1 entsprechend +5 V.

Wird an den Eingang der Zustand 1 entsprechend +5 V gelegt, so zieht das Relais an und öffnet den Ruhekontakt. Am Ausgang liegt jetzt der Zustand 0.

Es sind nur zwei Fälle möglich. Mit diesen ergibt sich die Wahrheitstabelle 27.7. Am Ausgang liegt immer der entgegengesetzte Zustand des Eingangs. Diese logische Funktion nennt man *Verneinung, Negation* oder *Inversion* (Umkehrung).

Eine Schaltung, die diese logische Funktion erzeugt, wird *NICHT*-Glied, *NEGATIONS*-Glied oder *Inverter* genannt (Bild 27.14).

Merksatz

Am Ausgang eines NICHT-Gliedes liegt immer der entgegengesetzte Zustand des Eingangszustandes.

Die englische Bezeichnung für ein NICHT-Glied lautet NOT-Gate oder Inverter.

Die UND-Verknüpfung, die ODER-Verknüpfung und die Verneinung stellen die drei *Grundfunktionen* der digitalen Logik dar. UND-Glied, ODER-Glied und NICHT-Glied werden zusammen als *Grundglieder* bezeichnet. Mit den Grundgliedern lassen sich alle nur denkbaren logischen Verknüpfungen durchführen (siehe auch Kapitel 30).

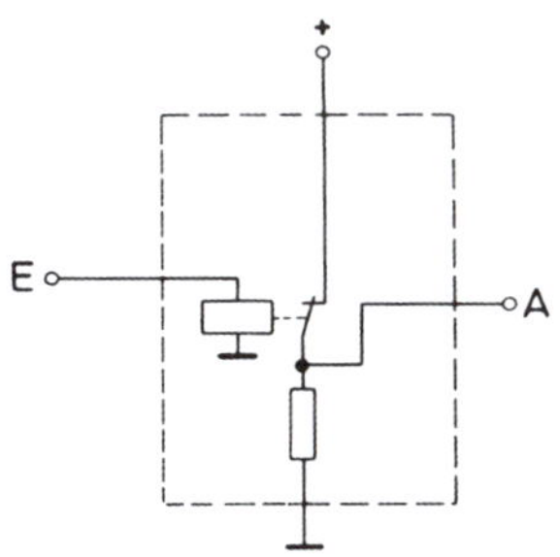

Bild 27.13 Nicht-Glied

Tabelle 27.7 Wahrheitstabelle einer Negation (Verneinung)

Fall	E	A
1	0	1
2	1	0

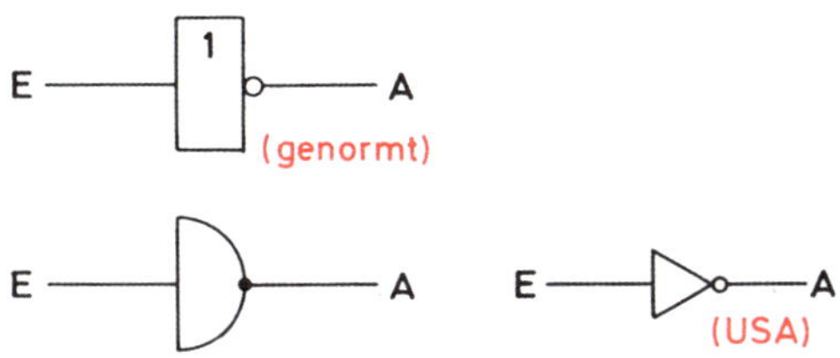

Bild 27.14
Schaltzeichen eines NICHT-Gliedes

27.2.4 NAND-Verknüpfung

Eine weitere häufig benötigte Verknüpfung ergibt sich durch Zusammenschalten eines UND-Gliedes mit einem NICHT-Glied (Bild 27.15).

Wie sieht nun die Wahrheitstabelle für diese Zusammenschaltung aus? Tabelle 27.8 zeigt die Wahrheitstabelle des UND-Gliedes. Der Ausgang A des UND-Gliedes ist aber gleichzeitig der Eingang des NICHT-Gliedes.

Am Ausgang Z des Nicht-Gliedes liegt stets der entgegengesetzte Zustand wie am Eingang. *Für jeden Fall muss also in der Spalte Z der entgegengesetzte Zustand wie in der Spalte A auftreten.*

Im Fall Nr. 1 ist A = 0. Z muss im Fall Nr. 1 also «1» sein. Ebenfalls muss Z in den Fällen Nr. 2 und Nr. 3 «1» sein. Im Fall Nr. 4 ist A = 1. Für diesen Fall erhält man Z = 0 (Tabelle 27.9).

Die Gesamtverknüpfung ist also die Verneinung der UND-Verknüpfung. Es ergibt sich eine NICHT-UND-Verknüpfung.

Diese Bezeichnung ist aber nicht gebräuchlich. Im Englischen würde die Verknüpfung «NOT-AND» heißen. Man zieht diese beiden Wörter zusammen zu

«NAND»

Die Schaltung nach Bild 27.15 ergibt eine *NAND-Verknüpfung*.

Jede Schaltung, die die Wahrheitstabelle 27.9 erfüllt, wird als *NAND-Glied* bezeichnet.

Die Schaltzeichen für NAND-Glieder mit 2 und 3 Eingängen sind in Bild 27.16 angegeben.

Die NAND-Verknüpfung kann ebenfalls mathematisch dargestellt werden:

$$Z = \overline{E_1 \wedge E_2}$$

Über die UND-Verknüpfung $E_1 \wedge E_2$ wird ein Negationsstrich gelegt zum Zeichen dafür, dass die gesamte UND-Verknüpfung negiert, also verneint ist.

Merksatz

Am Ausgang eines NAND-Gliedes liegt immer dann der Zustand 1, wenn nicht an allen Eingängen der Zustand 1 liegt.

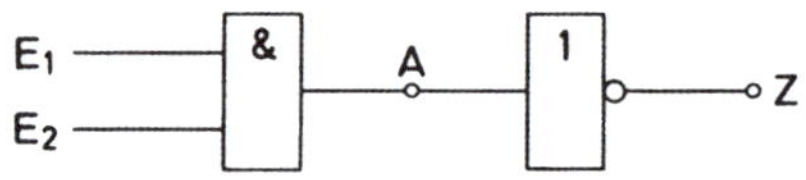

Bild 27.15 Zusammenschaltung eines UND-Gliedes mit einem NICHT-Glied

Tabelle 27.8 Wahrheitstabelle

Fall	E_2	E_1	A	Z
1	0	0	0	
2	0	1	0	
3	1	0	0	?
4	1	1	1	

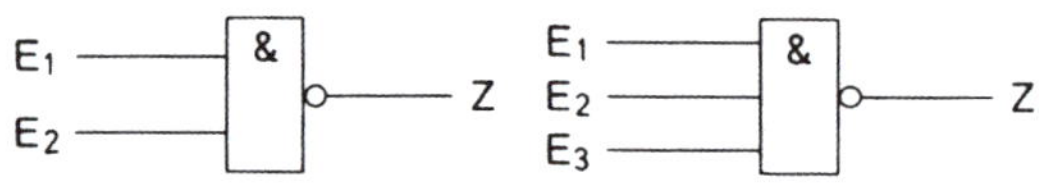

Bild 27.16 Schaltzeichen von NAND-Gliedern mit 2 und 3 Eingängen

Tabelle 27.9 Wahrheitstabelle der Zusammenschaltung nach Bild 27.15

Fall	E_2	E_1	A	Z
1	0	0	0	1
2	0	1	0	1
3	1	0	0	1
4	1	1	1	0

27.2.5 NOR-Verknüpfung

Die Zusammenschaltung eines ODER-Gliedes mit einem NICHT-Glied ergibt ebenfalls eine oft verwendete Verknüpfung (Bild 27.17).

Die Wahrheitstabelle wird in gleicher Weise aufgestellt wie bei der NAND-Verknüpfung. Für den Ausgang A ergibt sich die ODER-Verknüpfung. Die Zustände des Ausgangs A werden nun negiert (verneint). Aus «0» wird «1», aus «1» wird «0». In der Spalte Z stehen jetzt die negierten Zustände der Spalte A (Tabelle 27.10).

Die Gesamtverknüpfung ist eine Verneinung der ODER-Verknüpfung. Man könnte sie *NICHT-ODER-Verknüpfung* nennen. Übersetzen wir diese Bezeichnung ins Englische, so erhalten wir eine Verknüpfung «NOT-OR». Diese beiden Wörter werden zusammengezogen zu

«NOR»

Die Schaltung nach Bild 27.17 ergibt eine *NOR-Verknüpfung*.

Jede Schaltung, die eine NOR-Verknüpfung erzeugt, die also die Wahrheitstabelle 27.10 erfüllt, wird *NOR-Glied* genannt.

Bild 27.18 zeigt die Schaltzeichen für NOR-Glieder mit 2 und 3 Eingängen.

Die mathematische Schreibweise für die NOR-Verknüpfung lautet wie folgt:

$$Z = \overline{E_1 \vee E_2}$$

Der Negationsstrich muss über den gesamten Ausdruck $E_1 \vee E_2$ gehen. Die ODER-Verknüpfung wird dadurch verneint.
($Z = \overline{E_1} \vee \overline{E_2}$ bedeutet etwas anderes.)

Merksatz

Am Ausgang eines NOR-Gliedes liegt nur dann der Zustand 1, wenn an keinem der Eingänge der Zustand 1 anliegt.

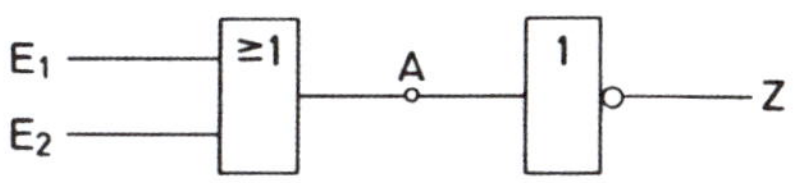

Bild 27.17 Zusammenschaltung eines ODER-Gliedes mit einem NICHT-Glied

Tabelle 27.10 Wahrheitstabelle der Zusammenschaltung nach Bild 27.17

Fall	E_2	E_1	A	Z
1	0	0	0	1
2	0	1	1	0
3	1	0	1	0
4	1	1	1	0

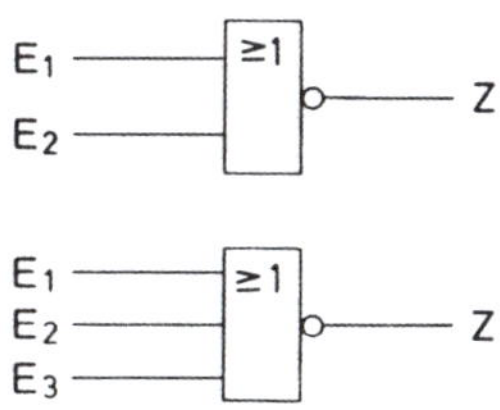

Bild 27.18
Schaltzeichen von NOR-Gliedern mit zwei und drei Eingängen

27.2.6 EXKLUSIV-ODER-Glied (XOR)

Am Ausgang eines EXKLUSIV-ODER-Gliedes liegt immer dann 1, wenn am Eingang E_1 oder am Eingang E_2 der Zustand 1 anliegt. Liegt an beiden Eingängen 1 an, so hat der Ausgang den Zustand 0. Dieses Verknüpfungsglied ist ein besonderes ODER-Glied – daher der Name EXKLUSIV-ODER. In Tabelle 27.11 ist die Wahrheitstabelle dargestellt. Man kann auch sagen, der Ausgang hat immer dann 1, wenn beide Eingänge unterschiedliche Zustände haben. Deshalb wird dieses Glied auch ANTIVALENZ-Glied genannt. International ist die Abkürzung XOR gebräuchlich. Bild 27.19 zeigt den Schaltungsaufbau aus Grundgliedern und die Schaltzeichen.

Tabelle 27.11 Wahrheitstabelle eines EXKLUSIV-ODER-Gliedes

Fall	E_2	E_1	Z
1	0	0	0
2	0	1	1
3	1	0	1
4	1	1	0

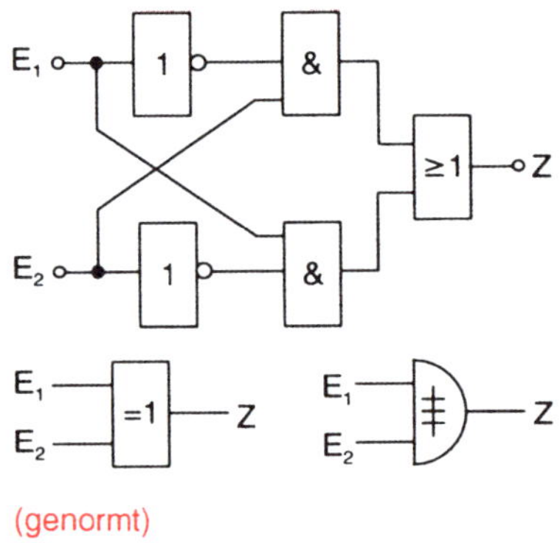

Bild 27.19
EXKLUSIV-ODER-Aufbau aus Grundgliedern und Schaltzeichen

Die Verknüpfungsgleichung lautet: $Z = (E_1 \wedge \overline{E}_2) \vee (\overline{E}_1 \wedge E_2)$

Merksatz

Am Ausgang eines EXKLUSIV-ODER-Gliedes liegt immer dann 1, wenn beide Eingänge ungleiche Zustände haben.

28 Digitale Codes

28.1 Darstellung von Ziffern und Zahlen

Will man mit Hilfe der Digitaltechnik zählen und rechnen, so muss man nach Wegen suchen, alle Ziffern und Zahlen durch 2 Zeichen auszudrücken. Die Digitaltechnik kennt nur zwei Zustände. Jedem dieser Zustände wird ein Zeichen zugeordnet.

Üblich ist es, für die Darstellung von Ziffern und Zahlen die Zeichen 0 und 1 zu verwenden.

Definition

Eine Darstellung mit nur zwei Zeichen wird *binäre* Darstellung genannt.

Es gibt sehr viele verschiedene Möglichkeiten der binären Darstellung. Die wichtigsten sollen im Folgenden betrachtet werden.

28.1.1 Duales Zahlensystem

Zum Verständnis des dualen Zahlensystems ist es zunächst erforderlich, das Dezimalsystem zu betrachten.

Wählen wir die Zahl 546. Wie wir aus sehr früher Kindheit wissen, stellt die «5» die *Hunderter* dar. Die «4» stellt die *Zehner* und die «6» die *Einer* dar.

Eigentlich müsste man statt «546» 500 + 40 + 6 schreiben. Wir wissen aber, wenn die «5» auf der 3. Stelle von rechts steht, dass sie 500 bedeutet. Schreibt man den Ausdruck «500 + 40 + 6» mit Hilfe von Zehnerpotenzen (Bild 28.1), so stellt man fest, dass jeder Stelle innerhalb der Zahl eine Zehnerpotenz zugeordnet ist. Das gilt grundsätzlich für jede Dezimalzahl.

Grundsatz

Jeder Stelle innerhalb einer Dezimalzahl ist eine *Zehnerpotenz* zugeordnet.

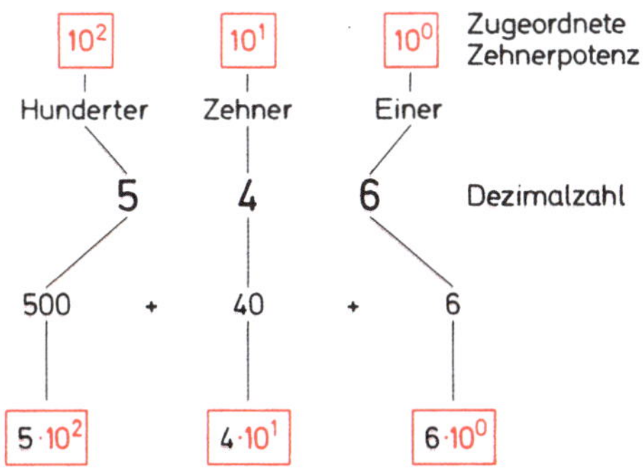

Bild 28.1
Aufbau des Dezimalsystems

Aufgabe
Die Dezimalzahl 25 648 ist so zu schreiben, dass jede Ziffer mit der ihr zugeordneten Zehnerpotenz erscheint.

Lösung
$2 \cdot 10^4 + 5 \cdot 10^3 + 6 \cdot 10^2 + 4 \cdot 10^1 + 8 \cdot 10^0$

Nun wollen wir uns dem Aufbau des dualen Zahlensystems zuwenden. Das duale Zahlensystem, kurz auch Dualsystem genannt, kennt nur die Ziffern 0 und 1. Es ist also ein *binäres Zahlensystem*.

Definition
Ziffern des Dualsystems: 0 = Null
1 = Eins

Eine Dualzahl besteht also immer nur aus den Ziffern 0 und 1. Die folgende Zahl ist eine Dualzahl:

1 0 1 1

Welchen Wert hat sie?
Es spielt auch hier, wie beim Dezimalsystem, eine große Rolle, auf welcher Stelle innerhalb der Dualzahl eine Ziffer steht, da den Stellen ebenfalls eine Potenz zugeordnet ist.

Grundsatz
Jeder Stelle innerhalb einer Dualzahl ist eine *Zweierpotenz* zugeordnet.

Bild 28.2 zeigt den Aufbau des Dualsystems.
Es ist natürlich möglich, dass eine Dualzahl mit einer Dezimalzahl verwechselt werden kann. Die Dualzahl 110 (Wert sechs) kann z. B. verwechselt werden mit der Dezimalzahl 110 (Wert hundertzehn). Beim Auftreten von Dualzahlen ist deshalb immer anzugeben, dass es sich um Dualzahlen handelt.

Aufgabe
Welchen Wert hat die Dualzahl
1 1 0 1 1?

Lösung
$$\begin{array}{ccccccccc} 1 & & 1 & & 0 & & 1 & & 1 \\ 1 \cdot 2^4 & + & 1 \cdot 2^3 & + & 0 \cdot 2^2 & + & 1 \cdot 2^1 & + & 1 \cdot 2^0 \\ 16 & + & 8 & + & 0 & + & 2 & + & 1 = 27 \end{array}$$

Die Dualzahl hat den Wert 27.

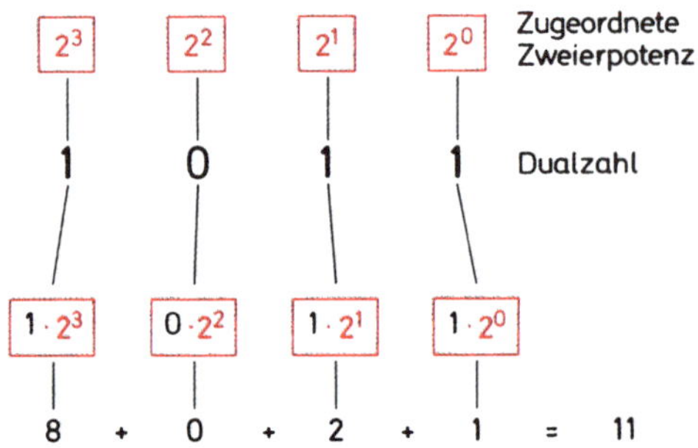

Bild 28.2 Aufbau des Dualsystems

28.1.2 BCD-Code (8-4-2-1-Code)

Definition

Die Buchstabenfolge BCD ist die Abkürzung des englischen Ausdrucks «**B**inary **C**oded **D**ecimals», was auf deutsch «Binär codierte Dezimalziffern» bedeutet.

Die Bezeichnung BCD-Code ist nicht ganz eindeutig, denn es sind unterschiedliche BCD-Codes möglich. Besser ist die Bezeichnung *8-4-2-1-Code*.

Es geht bei diesem Code zunächst einmal darum, die Dezimal*ziffern* durch 0 und 1 darzustellen. Die Darstellung der Dezimalziffern erfolgt mit Hilfe des dualen Zahlensystems.

Die Dezimalziffer mit dem größten Wert ist 9. Wie sieht 9 als Dualzahl aus? Man benötigt zur Darstellung Zweierpotenz-Stellen bis 2^3, also insgesamt 4 Stellen.

2^3	2^2	2^1	2^0	
8	4	2	1	
1	0	0	1	= 9

1 binäre Stelle = 1 Bit

Da man zur Darstellung der größten Dezimalziffer 4 binäre Stellen benötigt, hat man grundsätzlich für jede Dezimalziffer eine Vierstelleneinheit, eine sogenannte Tetrade, vorgesehen.

Eine binäre Stelle wird als 1 Bit bezeichnet (Bit = binary digit, engl.: binäre Stelle).

Für die Darstellung einer Dezimalziffer verwendet man 4 Bit. Der BCD-Code (8-4-2-1-Code) ist also ein *4-Bit-Code*.

In Tabelle 28.1 ist der gesamte BCD-Code, auch 8-4-2-1-Code genannt, angegeben.

Es soll nun untersucht werden, wie beliebig große Dezimalzahlen mit Hilfe des BCD-Codes angegeben werden können.

Es ist sehr einfach, Dezimalzahlen im BCD-Code anzugeben. *Jede Dezimalziffer wird einzeln codiert.* Das soll an einem Beispiel gezeigt werden:

Tabelle 28.1 BCD-Code (8-4-2-1-Code)

Dezimalziffer	Dualzahl			
	2^3	2^2	2^1	2^0
	8	4	2	1
0	0	0	0	0
1	0	0	0	1
2	0	0	1	0
3	0	0	1	1
4	0	1	0	0
5	0	1	0	1
6	0	1	1	0
7	0	1	1	1
8	1	0	0	0
9	1	0	0	1

Tabelle 28.2 Exzess-3-Code

Dezimalziffer	Stellennummer 4	3	2	1
0	0	0	1	1
1	0	1	0	0
2	0	1	0	1
3	0	1	1	0
4	0	1	1	1
5	1	0	0	0
6	1	0	0	1
7	1	0	1	0
8	1	0	1	1
9	1	1	0	0

Die Zahl 375 besteht aus drei Dezimalziffern. Jede Dezimalziffer wird durch eine Vierstelleneinheit (Tetrade) angegeben.

3	7	9
0 0 1 1	0 1 1 1	0 1 0 1

28.2 Weitere Binärcodes

Jeder Code, der mit 2 Zeichen arbeitet, ist ein *Binärcode*. Es lassen sich sehr viele verschiedene Binärcodes zur Codierung von Dezimalziffern bilden.

Man ist bei der Bildung von Codes ja nicht an die Zweierpotenzen-Zuordnung des dualen Zahlensystems gebunden. Diese ist nur eine von vielen Zuordnungsmöglichkeiten, allerdings eine häufig verwendete.

Grundsätzlich kann man völlig beliebige Zuordnungen vornehmen und die Anzahl der für eine Dezimalziffer verwendeten Binärstellen frei wählen.

Alle Binärcodes, die mit 4-Bit-Einheiten arbeiten, werden *Tetraden-Codes* genannt. In den Tabellen 28.2 bis 28.4 sind drei häufig verwendete Tetraden-Codes angegeben.

Binärcodes, die mit 5-Bit-Einheiten arbeiten, haben die Möglichkeit der Fehlererkennung. Jede 5-Bit-Einheit hat z. B. zweimal das Zeichen 1 und dreimal das Zeichen 0. Ein solcher Code ist in Tabelle 28.5 dargestellt.

Tabelle 28.3 Aiken-Code

Dezimal-ziffer	Stellennummer 4	3	2	1
0	0	0	0	0
1	0	0	0	1
2	0	0	1	0
3	0	0	1	1
4	0	1	0	0
5	1	0	1	1
6	1	1	0	0
7	1	1	0	1
8	1	1	1	0
9	1	1	1	1

Tabelle 28.4 Gray-Code

Dezimal-ziffer	Stellennummer 4	3	2	1
0	0	0	0	0
1	0	0	0	1
2	0	0	1	1
3	0	0	1	0
4	0	1	1	0
5	0	1	1	1
6	0	1	0	1
7	0	1	0	0
8	1	1	0	0
9	1	1	0	1

Tabelle 28.5 Walking-Code (2-aus-5-Code)

Dezimal-ziffer	Stellennummer 5	4	3	2	1
0	0	0	0	1	1
1	0	0	1	0	1
2	0	0	1	1	0
3	0	1	0	1	0
4	0	1	1	0	0
5	1	0	1	0	0
6	1	1	0	0	0
7	0	1	0	0	1
8	1	0	0	0	1
9	1	0	0	1	0

Tritt ein Fehler auf, d. h., wird eine Binärstelle verändert (z. B. von 0 auf 1 oder umgekehrt), so hat die 5-Bit-Einheit nicht mehr zweimal das Zeichen 1. Eine geeignete Digitalschaltung kann die Anzahl der Zustände 1 prüfen und bei fehlerhafter Anzahl Fehleralarm auslösen. Die Sicherheit der Informationsverarbeitung wird hierdurch beträchtlich erhöht.

28.3 Binäre Speicher

Zur Darstellung einer Dezimalziffer werden 4 Dualstellen benötigt. Soll die Dezimalziffer gespeichert werden, sind 4 Schaltungen erforderlich, die jeweils 1 Dualziffer speichern können.

> Eine Schaltung, die eine Dualziffer oder eine Binärziffer speichern kann, hat eine Speicherkapazität von 1 Bit.

Das Bit ist die kleinste Speichereinheit. Die nächstgrößere Speichereinheit wird Tetrade genannt. Sie besteht aus einer Einheit von 4 Bit.

In der Computertechnik werden vor allem 8-Bit-Einheiten verwendet.

> 8 Bit = 1 Byte

In einer Schaltung mit einer Kapazität von 1 Byte können 2 Binärziffern oder 1 Buchstabe gespeichert werden.

Man benötigt Schaltungen mit wesentlich größerem Speichervermögen. Eine Speicherkapazität von 1024 Byte wird 1 Kilobyte (1 KB) genannt.

Die über 1000 Byte hinausgehenden 24 Byte entstehen durch die Aufteilung der Speicherzellen in der Schaltung. Man rechnet allgemein mit 1000 Byte.

Eine Million Byte sind 1 Megabyte (1 MB). Auch Schaltungen mit 1 MB Kapazität haben zusätzliche Bytes.

Die nächstgrößere Speichereinheit ist das Gigabyte (1 GB). 1 GB steht für eine Milliarde Bytes oder 1000 MB.

Die Güte eines Computers hängt auch von der Speicherausstattung ab. In der Computer- und Multimediatechnik werden immer größere Speicherkapazitäten benötigt. Vor allem die Speicherung von Bildern und Musik erfordert viel Speicherplatz. Die Hersteller stellen daher mittlerweile auch Speicher mit 1000 GB her. Eine so große Speichereinheit wird Terabyte genannt.

> 1000 GB = 1 TB

Erfreulich ist, dass die Herstellungskosten je Byte für Speicherschaltungen in den letzten Jahrzehnten stark gesunken sind. Nur so ist es möglich, dass wir heute Bilder per E-Mail verschicken und Videos auf dem Mobiltelefon und im Internet betrachten können.

29 Schaltungsanalyse

29.1 Allgemeines

Logische Glieder werden selten einzeln eingesetzt. Meist besteht eine Digitalschaltung aus recht vielen logischen Gliedern, die gemeinsam die gewünschte Verknüpfung erzeugen. Es ist also für die Praxis außerordentlich wichtig, Zusammenschaltungen von logischen Gliedern analysieren zu können. Das heißt, man muss feststellen können, welche Verknüpfungen einzelne Schaltungsteile erzeugen und welche Verknüpfung die Gesamtschaltung erzeugt. Das Feststellen dieser Verknüpfungen bezeichnet man als *Schaltungsanalyse*.

Welche Verknüpfung erzeugt z. B. die Schaltung nach Bild 29.1? Da ist zunächst einmal die Frage zu beantworten, welche Verknüpfung soll diese Schaltung erzeugen?

Die Verknüpfung, die erzeugt werden soll, ist die sogenannte *Soll-Verknüpfung*.

Bei der Festlegung der Soll-Verknüpfung geht man davon aus, dass alle Verknüpfungsglieder einwandfrei arbeiten.

Die Verknüpfung, die eine Schaltung tatsächlich erzeugt, die also den Ist-Zustand angibt, wird *Ist-Verknüpfung* genannt.

Die Ist-Verknüpfung weicht immer dann von der Soll-Verknüpfung ab, wenn ein oder mehrere Verknüpfungsglieder nicht einwandfrei arbeiten. *Arbeitet die Schaltung fehlerfrei, dann sind Soll-Verknüpfung und Ist-Verknüpfung gleich.*

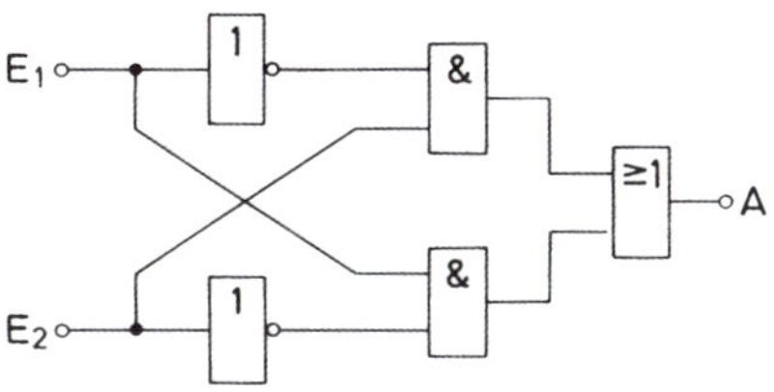

Bild 29.1 Digitalschaltung

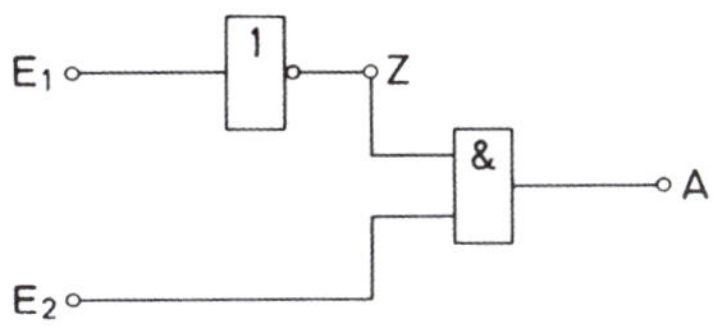

Bild 29.2 Digitalschaltung

Tabelle 29.1 Wahrheitstabelle zur Schaltung Bild 29.2

Fall	E_2	E_1	$Z = \overline{E}_1$	A
1	0	0	1	0
2	0	1	0	0
3	1	0	1	1
4	1	1	0	0

29.2 Soll-Verknüpfung

Die Soll-Verknüpfung ermittelt man am einfachsten mit Hilfe der Wahrheitstabelle. Dies soll an einem Beispiel gezeigt werden. Bild 29.2 zeigt eine einfache Digitalschaltung, die aus zwei logischen Gliedern besteht. Da zwei Eingänge vorhanden sind, enthält die Wahrheitstabelle 4 Fälle (Tabelle 29.1). Die Eingangszustände werden entsprechend unserem Schema (s. Abschnitt 27.2.1) eingetragen.

Zunächst sollen nun die Zustände des Ausganges Z des NICHT-Gliedes festgestellt werden. Am Ausgang des NICHT-Gliedes liegt stets der entgegengesetzte Zustand wie an seinem Eingang. Im Fall Nr. 1 hat E_1 den Zustand 0. Z muss daher den Zustand 1 haben. Im Fall Nr. 2 hat E_1 den Zustand 1. Z hat also in diesem Fall den Zustand 0. Im Fall Nr. 3 hat Z wieder den Zustand 1 und im Fall Nr. 4 den Zustand 0.

Die UND-Verknüpfung erfolgt jetzt natürlich nicht zwischen E_1 und E_2, sondern zwischen Z und E_2, denn der eine Eingang des UND-Gliedes heißt ja hier Z. Für die UND-Verknüpfung sind die beiden in Tabelle 29.1 rot gekennzeichneten Spalten maßgebend. Am Ausgang einer UND-Verknüpfung mit zwei Eingängen liegt immer dann der Zustand 1, wenn an beiden Eingängen der Zustand 1 anliegt. Im Fall Nr. 1 hat der eine Eingang (E_2) den Zustand 0 und der andere Eingang (Z) den Zustand 1. Der Ausgang muss also den Zustand 0 haben. Nur im Fall Nr. 3 haben beide Eingänge den Zustand 1, so dass auch der Ausgang den Zustand 1 hat. In den Fällen Nr. 2 und Nr. 3 muss der Ausgangszustand den Zustand 0 haben. Damit ist die Soll-Verknüpfung für diese Schaltung ermittelt.

Aufgabe
Für die Digitalschaltung Bild 29.3 ist die Soll-Verknüpfung mit Hilfe der Wahrheitstabelle zu finden.

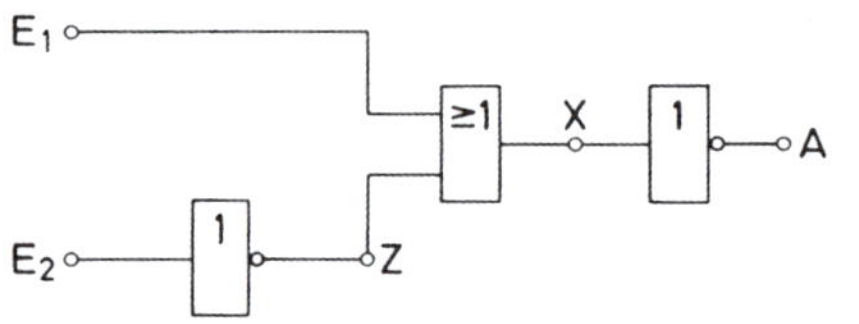

Bild 29.3
Digitalschaltung

Tabelle 29.2 Wahrheitstabelle zur Schaltung Bild 29.3

Fall	E_2	E_1	$Z = \overline{E}_2$	X	A
1	0	0	1	1	0
2	0	1	1	1	0
3	1	0	0	0	1
4	1	1	0	1	0

Lösung
Die Wahrheitstabelle hat wiederum 4 Fälle, da die Schaltung 2 Eingänge hat. Die Eingangszustände werden entsprechend dem bekannten Schema eingetragen (Tabelle 29.2). Nun werden die Zustände von E_2 negiert. Wo E_2 den Zustand 0 hat, hat Z den Zustand 1 und umgekehrt.

Die ODER-Verknüpfung erfolgt zwischen E_1 und Z (rot gekennzeichnete Spalten). Der Ausgang des ODER-Gliedes erhält den Namen X. Hat einer der Eingänge des ODER-Gliedes den Zustand 1, so hat auch der Ausgang X den Zustand 1. Dies trifft zu für die Fälle Nr. 1, Nr. 2 und Nr. 4.

X ist aber der Eingang des NICHT-Gliedes. Am Ausgang des NICHT-Gliedes liegt stets der entgegengesetzte Zustand wie am Eingang. Am Ausgang A liegen also die entgegengesetzten Zustände von X.

Tabelle 29.2 zeigt die gefundene Soll-Verknüpfung. Interessant ist, dass sowohl die Schaltung nach Bild 29.2 als auch die Schaltung nach Bild 29.3 die gleiche Soll-

Verknüpfung haben. Man kann also gewünschte Verknüpfungen mit unterschiedlichen Schaltungen verwirklichen!

Aufgabe
Stellen Sie die Soll-Verknüpfung für die Digitalschaltung nach Bild 29.4 mit Hilfe der Wahrheitstabelle fest.

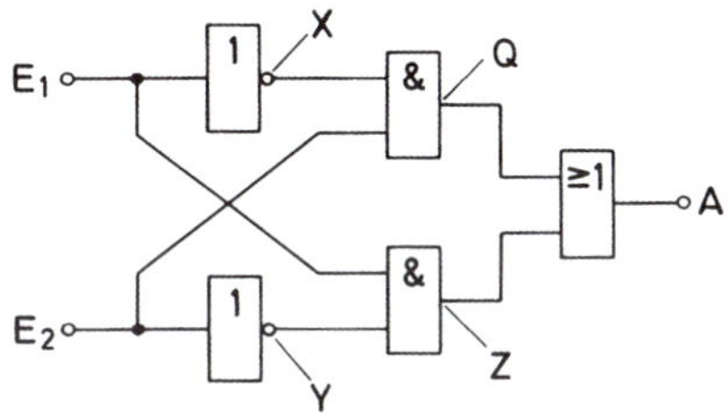

Bild 29.4
Digitalschaltung

Tabelle 29.3 Wahrheitstabelle zur Schaltung Bild 29.4

Fall	E_2	E_1	$X=\overline{E}_1$	$Y=\overline{E}_2$	$Q=X \wedge E_2$	$Z=E_1 \wedge Y$	A
1	0	0	1	1	0	0	0
2	0	1	0	1	0	1	1
3	1	0	1	0	1	0	1
4	1	1	0	0	0	0	0

Lösung
Die Zustände von E_1 sind zu negieren. Man erhält $X = \overline{E}_1$. Die Zustände von E_2 sind zu negieren. Man erhält $Y = \overline{E}_2$. Nun bildet man die UND-Verknüpfung $Q = X \wedge E_2$ (rot gekennzeichnete Spalten).

Dann bildet man die UND-Verknüpfung $Z = E_1 \wedge Y$ (schwarz gekennzeichnete Spalten).

Die Inhalte der Spalten von Q und Z erfahren nun eine ODER-Verknüpfung, die in der Spalte von A dargestellt ist.

Die Wahrheitstabelle 29.3 zeigt die gefundene Soll-Verknüpfung. Diese Verknüpfung wird häufig benötigt. Man nennt sie *Antivalenz-Verknüpfung*.

Die Analyse selbst großer Digitalschaltungen mit Hilfe der Wahrheitstabelle ist stets sicher durchzuführen. Es ist nur notwendig, mit großer Sorgfalt Schritt für Schritt vorzugehen.

29.3 Ist-Verknüpfung

Die Ist-Verknüpfung wird meist messtechnisch festgestellt, es sei denn, man wüsste schon vorher, welches logische Glied defekt ist und wie sich der Fehler auswirkt. Betrachten wir Bild 29.5. Soll die Ist-Verknüpfung für diese Schaltung festgestellt werden, so bereitet man eine Wahrheitstabelle gemäß Tabelle 29.4 vor.

Man legt nun die logischen Zustände für den Fall 1 an die Eingänge – also an beide Eingänge den Zustand 0 (entsprechend 0 V). Jetzt misst man an den Schaltungspunkten 1, 2, 3, 4 und 5, stellt die Zustände fest und trägt sie in die entsprechenden Spalten der Wahrheitstabelle ein. Danach werden die Zustände des Falles

2 an die Eingänge gelegt und die Zustände an den angegebenen Schaltungspunkten festgestellt und in die Wahrheitstabelle eingetragen. Entsprechend verfährt man im Fall 3 und im Fall 4. Damit ist die Ist-Verknüpfung festgestellt.

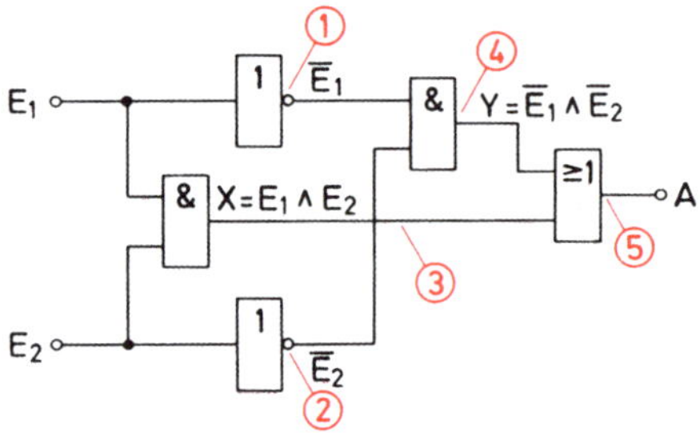

Bild 29.5
Digitalschaltung

Tabelle 29.4 Wahrheitstabelle zur Feststellung der Ist-Verknüpfung

Fall	E_2	E_1	① $\overline{E}_1$	② $\overline{E}_2$	③ $X = E_1 \wedge E_2$	④ $Y = \overline{E}_1 \wedge \overline{E}_2$	⑤ A
1	0	0	1	1	0	1	1
2	0	1					
3	1	0					
4	1	1					

Fehlerhaft arbeitende logische Glieder lassen sich nun leicht durch Vergleich von Ist-Verknüpfung und Soll-Verknüpfung herausfinden.

Merksatz

Die Fehlerbestimmung erfolgt durch Vergleich von Soll- und Ist-Verknüpfung.

Stimmen Soll- und Ist-Verknüpfung überein, liegt kein Fehler vor. Man vergleicht zunächst die Ausgangszustände der Gesamtschaltung. Stimmen hier die Zustände überein, braucht man nicht weiter zu vergleichen. Die Schaltung ist in Ordnung. Stimmen die Ausgangszustände nicht überein, muss schrittweise von den Eingängen her verglichen werden.

Tabelle 29.5 zeigt die Wahrheitstabelle der Schaltung nach Bild 29.6 und eine Messtabelle. Welche Glieder arbeiten fehlerhaft?

Vergleicht man die Spalten von links her, so erkennt man bei $\overline{B}$ einen Fehler. Das NICHT-Glied, das $\overline{B}$ erzeugen soll (Glied Nr. II), hat immer den Ausgangszustand 1. Es ist also defekt.

Der Fehler von Glied II wirkt sich auf die Ausgänge V und X aus, denn nur diese Glieder verknüpfen auch $\overline{B}$. Für V und X ergibt sich aus der Messtabelle aber eine richtige Verknüpfung – unter der Berücksichtigung, dass $\overline{B}$ immer 1 ist. Die Glieder V und X sind also in Ordnung.

Ein weiterer Fehler zeigt sich bei W. Das Glied W ist ebenfalls defekt. Die fehlerhafte Verknüpfung ist nicht auf den Fehler von Glied II zurückzuführen, denn $W = A \wedge B \wedge C$ enthält $\overline{B}$ nicht.

Die Glieder II und W müssen also ausgewechselt werden.

Bild 29.6
Digitalschaltung

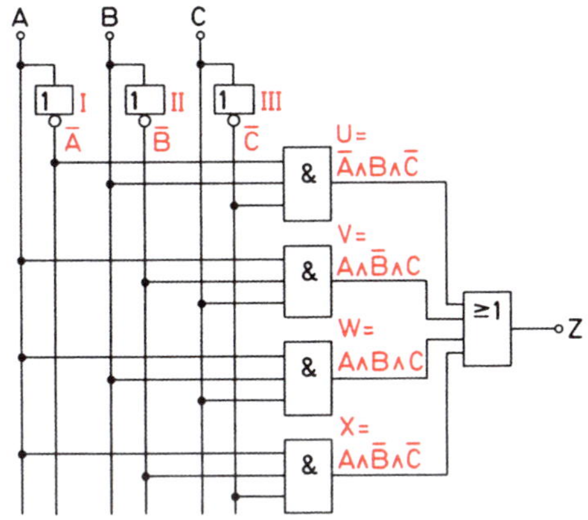

Tabelle 29.5 Wahrheitstabelle (oben: Soll-Verknüpfung) und Messtabelle (unten: Ist-Verknüpfung) einer Digitalschaltung

Fall	C	B	A	C̄	B̄	Ā	U = Ā ∧ B ∧ C̄	V = A ∧ B̄ ∧ C	W = A ∧ B ∧ C	X = A ∧ B̄ ∧ C̄	Z
1	0	0	0	1	1	1	0	0	0	0	0
2	0	0	1	1	1	0	0	0	0	**1**	**1**
3	0	1	0	1	0	1	**1**	0	0	0	**1**
4	0	1	1	1	0	0	0	0	0	0	0
5	1	0	0	0	1	1	0	0	0	0	0
6	1	0	1	0	1	0	0	**1**	0	0	**1**
7	1	1	0	0	0	1	0	0	0	0	0
8	1	1	1	0	0	0	0	0	**1**	0	**1**

Fall	C	B	A	C̄	B̄	Ā	U = Ā ∧ B ∧ C̄	V = A ∧ B̄ ∧ C	W = A ∧ B ∧ C	X = A ∧ B̄ ∧ C̄	Z
1	0	0	0	1	1	1	0	0	0	0	0
2	0	0	1	1	1	0	0	0	0	**1**	**1**
3	0	1	0	1	$\boxed{1}$	1	**1**	0	0	0	**1**
4	0	1	1	1	$\boxed{1}$	0	0	0	$\boxed{1}$	$\boxed{1}$	$\boxed{1}$
5	1	0	0	0	1	1	0	0	0	0	0
6	1	0	1	0	1	0	0	**1**	0	0	**1**
7	1	1	0	0	$\boxed{1}$	1	0	0	0	0	0
8	1	1	1	0	$\boxed{1}$	0	0	$\boxed{1}$	**1**	0	**1**

30 Schaltalgebra

30.1 Grundlagen

Logische Verknüpfungen lassen sich mit Hilfe einer besonderen Art von Mathematik erfassen, die *Schaltalgebra* genannt wird.

Die Schaltalgebra hat ihre wissenschaftlichen Grundlagen in der sogenannten Booleschen Algebra (nach GEORG BOOLE, 1815–1864), die auch für die Mengenalgebra grundlegend ist. Oft bezeichnet man die Schaltalgebra daher einfach als Boolesche Algebra. Sie ist aber nur ein Teil der gesamten Booleschen Algebra.

Die Schaltalgebra kennt *Variable* und *Konstante*, wie die normale Algebra auch. Es gibt jedoch nur zwei mögliche Konstante, nämlich 0 und 1. Eine Variable kann entweder den Wert 0 oder den Wert 1 annehmen.

Grundsatz

Die Schaltalgebra kennt nur zwei Konstante: 0 und 1.

Jede Größe, die entweder den Wert 0 oder den Wert 1 annehmen kann, stellt eine Variable dar. Die Eingänge und der Ausgang eines logischen Gliedes gelten also als Variable. Variable werden meist mit großen Buchstaben bezeichnet.

Definition

Variable der Schaltalgebra sind Größen, die die Werte oder Zustände 0 oder 1 annehmen können.

Zwischen Variablen untereinander und zwischen Variablen und Konstanten kann man Beziehungen angeben. Man erhält schaltalgebraische Gleichungen. Mögliche Beziehungen sind *UND-Verknüpfung*, *ODER-Verknüpfung* und *Negation*.

Merksatz

Jede logische Verknüpfung kann als schaltalgebraische Gleichung ausgedrückt werden.

Folgende Verknüpfungszeichen sind genormt:

$\wedge$ Zeichen für UND-Verknüpfung ($\cdot$ altes Zeichen)
$\vee$ Zeichen für ODER-Verknüpfung (+ altes Zeichen)

Die Negation wird durch einen übergesetzten Strich ausgedrückt, z. B. $\bar{E}_1$.

Für die UND-Verknüpfung (Bild 30.1) gilt die Gleichung

$$X = A \wedge B \wedge C$$

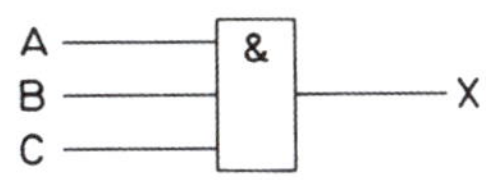

Bild 30.1
UND-Glied

30.2 Bestimmung der Funktionsgleichung einer Schaltung

Die Verknüpfung, die eine aus mehreren logischen Gliedern bestehende Schaltung erzeugt, kann ebenfalls als schaltalgebraische Gleichung ausgedrückt werden. Dies soll am Beispiel der Schaltung Bild 30.2 gezeigt werden.

Die Variablen haben die Namen E_1, E_2, Q, R, S, T und A. Zwischen den Variablen E_1 und Q besteht folgende Beziehung:

$$Q = \bar{E}_1$$

Eine entsprechende Beziehung besteht zwischen den Variablen E_2 und R:

$$R = \bar{E}_2$$

Die Variable S entspricht nun der UND-Verknüpfung der Variablen Q und E_2:

$$S = Q \wedge E_2 = \bar{E}_1 \wedge E_2$$

Für die Variable T gilt entsprechend:

$$T = E_1 \wedge R = E_1 \wedge \bar{E}_2$$

A ist gleich der ODER-Verknüpfung der Variablen S und T:

$$A = S \vee T$$

Setzt man die oben gefundenen Ausdrücke für S und T in diese Gleichung ein, so erhält man:

$$A = \overbrace{(\bar{E}_1 \wedge \bar{E}_2)}^{S} \vee \overbrace{(\bar{E}_1 \wedge \bar{E}_2)}^{T}$$

Diese Gleichung drückt die Verknüpfung zwischen den Eingängen und dem Ausgang aus. Sie sagt genauso viel aus wie eine Wahrheitstabelle.

Definition

Eine Gleichung, die die logische Funktion einer Schaltung wiedergibt, wird *Funktionsgleichung* genannt.

Aufgabe

Gesucht ist die schaltalgebraische Gleichung, die die Verknüpfung der Schaltung nach Bild 30.3 angibt.

Lösung

Am Ausgang des 1. NICHT-Gliedes liegt die Variable $\bar{E}_1$. Das UND-Glied erzeugt eine UND-Verknüpfung zwischen $\bar{E}_1$ und E_2. Es gilt:

$$Z = \bar{E}_1 \wedge E_2$$

Bild 30.2

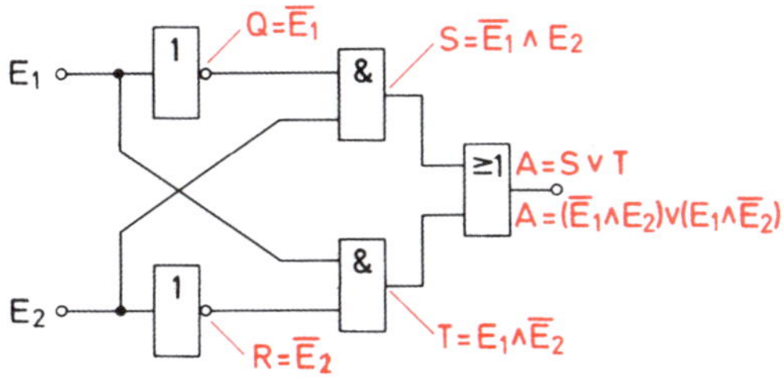

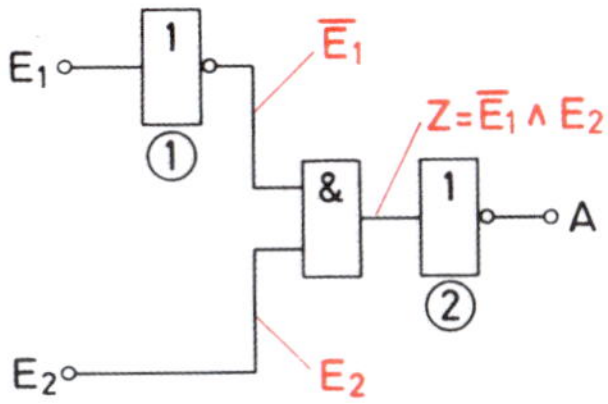

Bild 30.3

Am Eingang des 2. NICHT-Gliedes liegt $Z = \overline{E}_1 \wedge E_2$. Am Ausgang muss also die Negation von Z liegen:

$$A = \overline{Z} = \overline{\overline{E}_1 \wedge E_2}$$

30.3 Darstellung der Schaltung nach der Funktionsgleichung

Kennt man die schaltalgebraische Gleichung einer Verknüpfung, so kann man nach dieser Gleichung die Schaltung aufzeichnen.

Beispiel

$A = (E_1 \wedge E_2) \vee (\overline{E}_1 \wedge \overline{E}_2)$

Lösung:

Zunächst muss eine UND-Verknüpfung von E_1 und E_2 gebildet werden. Dazu benötigt man ein UND-Glied.

E_1 und E_2 müssen negiert werden. Dies geschieht mit zwei NICHT-Gliedern. Man erhält $\overline{E}_1$ und $\overline{E}_2$.

Die UND-Verknüpfung von $\overline{E}_1$ und $\overline{E}_2$ stellt man durch ein UND-Glied her.

Als Letztes sind die Ausgänge der beiden UND-Glieder durch ein ODER-Glied zu verknüpfen. Die gesuchte Schaltung zeigt Bild 30.4.

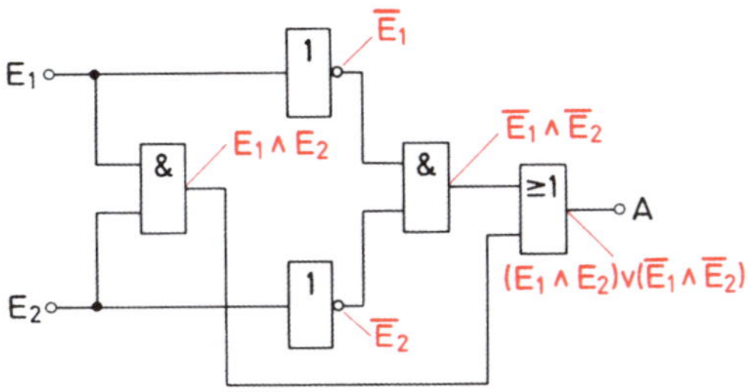

Bild 30.4

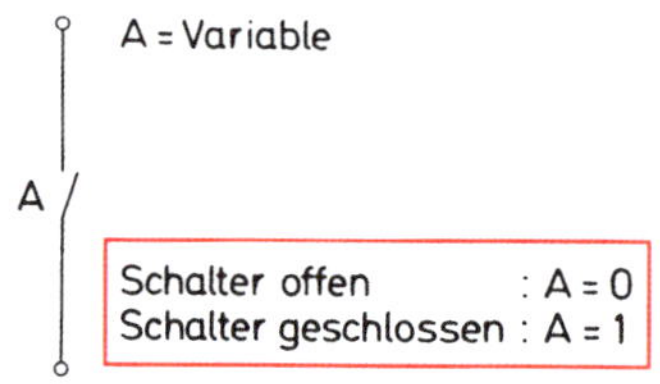

Bild 30.5
Darstellung einer Variablen

30.4 Funktionsgleichung und Kontaktschema

Eine Variable der Schaltalgebra kann durch einen Schalter (Arbeitskontakt) dargestellt werden. Ein Schalter hat zwei Zustände: offen und geschlossen.

Dem offenen Schalter wird der logische Zustand 0 zugeordnet. Dem geschlossenen Schalter wird der logische Zustand 1 zugeordnet (Bild 30.5).

Zwei Schalter in Reihe ergeben eine UND-Verknüpfung.

Zwei Schalter parallel ergeben eine ODER-Verknüpfung (Bild 30.6).

Wie kann nun eine negierte Variable, z. B. $\bar{A}$, dargestellt werden? $\bar{A}$ hat stets den entgegengesetzten Zustand wie A. Wenn A nun als Arbeitskontakt dargestellt wird, so muss $\bar{A}$ als *Ruhekontakt* dargestellt werden (Bild 30.7).

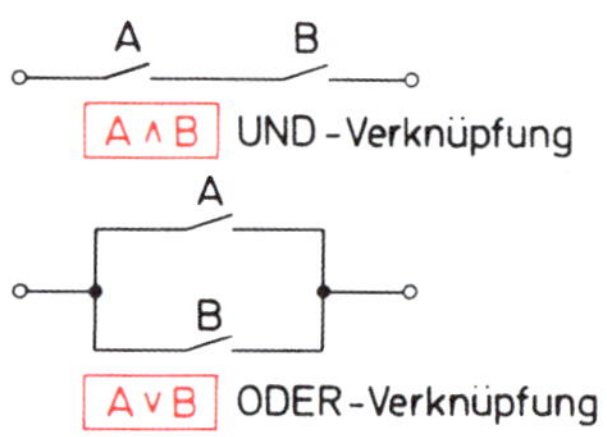

Bild 30.6
Kontaktschemata

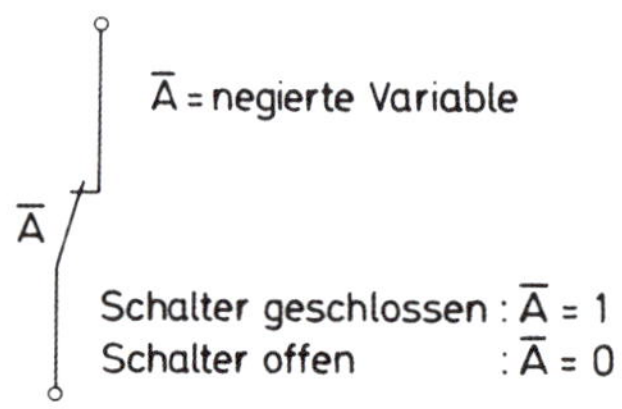

Bild 30.7
Darstellung einer negierten Variablen

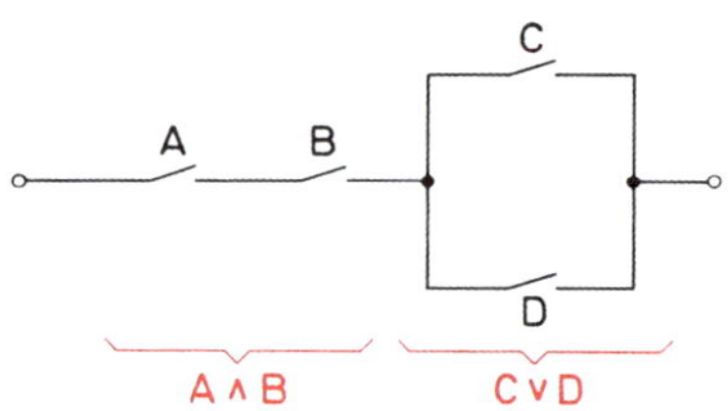

Bild 30.8
Kontaktschema

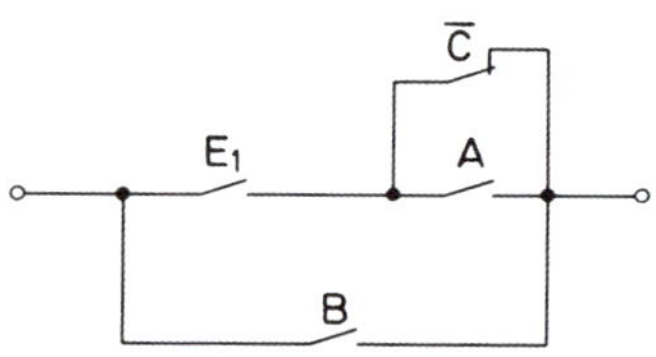

Bild 30.9
Kontaktschema

Ein Kontaktschema stellt also eine Funktionsgleichung dar. Welche Funktionsgleichung gehört nun zu dem Kontaktschema nach Bild 30.8?

Für die Variablen A und B ergibt sich die UND-Verknüpfung ($A \wedge B$). Für die Variablen C und D ergibt sich die ODER-Verknüpfung ($C \vee D$).

Die beiden Verknüpfungen ($A \wedge B$) und ($C \vee D$) sind miteinander «UND-verknüpft» (Reihenschaltung). Man erhält den Ausdruck

$$(A \wedge B) \wedge (C \vee D)$$

Aufgabe
Wie lautet die Funktionsgleichung für das in Bild 30.9 dargestellte Kontaktschema?

Lösung:

$$[(\bar{C} \vee A) \wedge E_1] \vee B$$

30.5 Nutzungsmöglichkeiten der Schaltalgebra

Mit Hilfe der Schaltalgebra kann man logische Verknüpfungen darstellen. Es ist daher möglich, die Schaltungsanalyse statt mit der Wahrheitstabelle mit Hilfe der Schaltalgebra durchzuführen.

Die Schaltalgebra hilft, eine Schaltung umzuformen oder zu vereinfachen. Man stellt für eine gegebene Schaltung die Funktionsgleichung auf. Diese Funktionsgleichung kann nun nach bestimmten Regeln umgeformt und vereinfacht werden. Im Rahmen dieses Buches können die Rechenregeln der Schaltalgebra leider nicht abgeleitet werden. Der Aufwand wäre zu groß.

Der logische Inhalt einer Wahrheitstabelle kann als schaltalgebraische Gleichung dargestellt werden. Somit ist es möglich, für vorgegebene Verknüpfungsbedingungen eine Digitalschaltung zu errechnen (siehe auch Kapitel 31). Das ist sehr wichtig für den Entwurf digitaler Schaltungen.

Die vollständige Beherrschung der Schaltalgebra ist mehr Sache des entwerfenden Ingenieurs. Der Praktiker benötigt vor allem Grundkenntnisse der Schaltalgebra in dem hier dargestellten Umfang.

31 Schaltungssynthese

Bei der Schaltungssynthese geht es darum, eine bestimmte gewünschte Digitalschaltung zu entwickeln. Es liegt fest, was diese Digitalschaltung können soll, d. h., die Verknüpfungsanforderungen sind bekannt. Synthese heißt Zusammenstellung. Die Aufgabe besteht nun darin, die bekannten Verknüpfungsglieder so zusammenzustellen, dass die gewünschte Digitalschaltung entsteht.

Betrachten wir die Schaltungssynthese anhand eines praktischen Beispiels:

Eine Sortieranlage für Pakete arbeitet mit zwei Lichtschranken A und B entsprechend Bild 31.1.

Ein Paket soll ausgeworfen werden,

- wenn beide Lichtschranken unterbrochen werden (Paket zu groß),
- wenn Lichtschranke A unterbrochen wird, Lichtschranke B jedoch nicht (Stapel, zwei Pakete übereinander),
- wenn keine Lichtschranke unterbrochen wird (Paket zu klein).

Kennzeichen einer unterbrochenen Lichtschranke: A bzw. B = 0.

Kennzeichen für Paketauswurf: Z = 1.

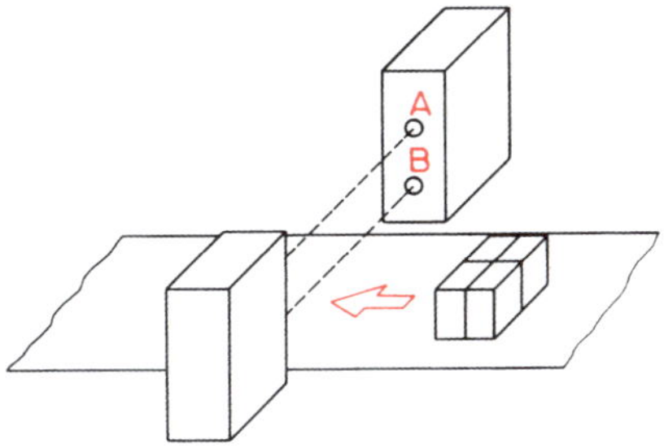

Bild 31.1
Sortiereinrichtung für Pakete

Bild 31.2
Unbekannte Digitalschaltung mit den Eingängen A und B und dem Ausgang Z

Gesucht ist eine Digitalschaltung mit den Eingängen A und B und dem Ausgang Z, die die vorstehenden Steuerbedingungen erfüllt (Bild 31.2).

Wie kommt man jetzt zu der gewünschten Digitalschaltung? Zunächst sollten die Steuerbedingungen in die Form einer Wahrheitstabelle gebracht werden. Da die gewünschte Schaltung zwei Eingänge, nämlich A und B, hat, gibt es 4 Fälle. Die möglichen Eingangszustände werden nach dem bekannten Schema eingetragen.

Wann muss nun Z den Zustand 1 haben?

Die Bedingung 1 (beide Lichtschranken unterbrochen, A = 0, B = 0) entspricht dem Fall 1. Hier muss Z = 1 sein. Bedingung 3 (keine Lichtschranke unterbrochen, A = 1, B = 1) entspricht dem Fall 4. Auch hier muss Z = 1 sein. Wenn die Lichtschranke A unterbrochen ist, die Lichtschranke B jedoch nicht, so bedeutet das A = 0, B = 1, also Fall 2. Für diesen Fall gilt ebenfalls Z = 1. Die gewünschten Zustände von Z sind in Bild 31.3 rot eingetragen.

Tabelle 31.1 Wahrheitstabelle der gesuchten Steuerschaltung

Fall	A	B	Z
1	0	0	1
2	0	1	1
3	1	0	0
4	1	1	1

Tabelle 31.2 Wahrheitstabelle

Fall	A	B	$\bar{A}$	$\bar{B}$	$Z = \bar{A} \vee B$
1	0	0	1	1	1
2	0	1	1	0	1
3	1	0	0	1	0
4	1	1	0	0	1

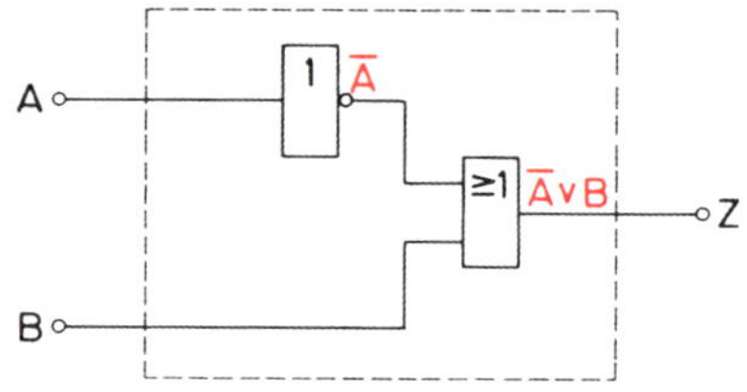

Bild 31.3
Gesuchte Steuerschaltung

Für diesen Fall ebenfalls Z = 1. Die gewünschten Zustände von Z sind in Tabelle 31.1 rot eingetragen.

Durch welche logische Verknüpfung erreicht man nun die gewünschten Zustände von Z? Da ist man meist ein wenig aufs Probieren angewiesen. Man kommt im allgemeinen zum Ziel, wenn man die Eingangsvariablen und deren Negationen, hier also A, B, $\bar{A}$ und $\bar{B}$, miteinander verknüpft.

In Tabelle 31.2 ist eine Wahrheitstabelle mit den Eingangsvariablen und deren Negation dargestellt. Bringt man B und $\bar{A}$ in eine ODER-Verknüpfung, so ergeben sich für Z die gewünschten Zustände.

Die Verknüpfungsgleichung lautet also:

$$Z = \bar{A} \vee B$$

Die gesuchte Steuerschaltung zeigt Bild 31.3.

Aufgabe
Für die Schaltungssynthese stehen nur NAND-Glieder zur Verfügung. Mit diesen NAND-Gliedern sollen die Verknüpfungen UND und ODER und die Negation erzeugt werden.

Lösung
Am einfachsten ist es, die Negation zu erzeugen. Die beiden Eingänge des NAND-Gliedes werden miteinander verbunden, wie in Bild 31.4 dargestellt. Die Wahrheitstabelle Tabelle 31.3 zeigt, dass jetzt nur die Fälle 1 und 4 möglich sind.

Die UND-Verknüpfung erhält man durch Negieren der NAND-Verknüpfung. Dem NAND-Glied wird ein als NICHT-Glied wirkendes, weiteres NAND-Glied nachgeschaltet (Bild 31.5). Aus der Wahrheitstabelle lässt sich entnehmen, dass tatsächlich eine UND-Verknüpfung vorliegt (Tabelle 31.4).

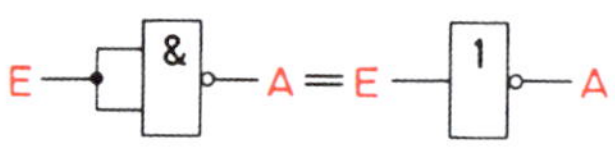

Bild 31.4
Erzeugung einer Negation durch ein NAND-Glied

Tabelle 31.3

Fall	E_2	E_1	$\overline{E_2 \wedge E_1} = A$
1	0	0	1
2	0	1	1
3	1	0	1
4	1	1	0

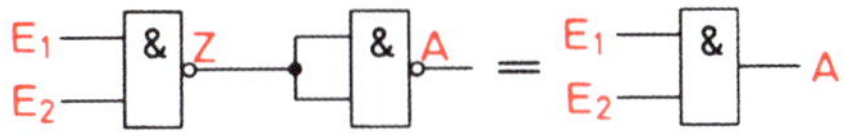

Bild 31.5
Erzeugung einer UND-Verknüpfung durch zwei NAND-Glieder

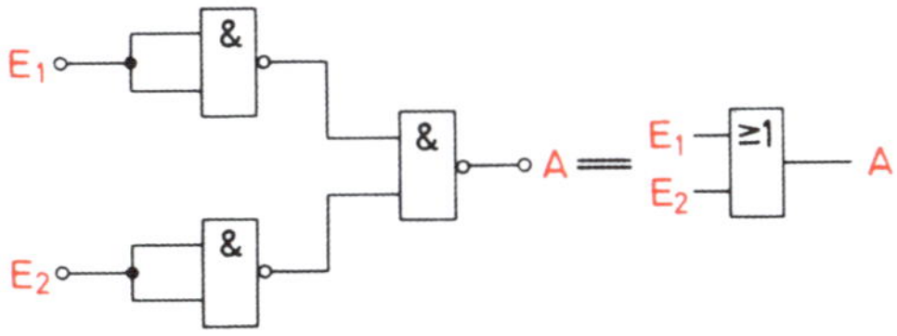

Bild 31.6
Erzeugung einer ODER-Verknüpfung durch drei NAND-Glieder

Etwas schwieriger ist es, eine ODER-Verknüpfung zu erzeugen. Die Eingangsvariablen E_1 und E_2 müssen zunächst negiert werden. E_1 und E_2 erfahren dann eine NAND-Verknüpfung (Bild 31.6).

Aus der Wahrheitstabelle 31.5 ergibt sich, dass diese Schaltung zu einer ODER-Verknüpfung führt. Die gezeigte Lösung findet man erst nach einigem Probieren.

Sind komplizierte Digitalschaltungen gesucht, so lässt sich durch Probieren nicht viel erreichen. Man muss derartige Schaltungen mit Hilfe der Schaltalgebra und mit Hilfe von Diagrammen berechnen. Es lassen sich dann auch wirtschaftlich optimale Schaltungen finden, bei denen man mit der geringstmöglichen Anzahl logischer Glieder auskommt.

Für die Bildung einer ODER-Schaltung werden zwei NAND-Glieder benötigt, die als NICHT-Glieder geschaltet sind. Ein weiteres NAND-Glied benötigt man zur Verknüpfung (Bild 31.6).

Tabelle 31.4 Wahrheitstabelle zu Bild 31.5

Fall	E_2	E_1	$Z = \overline{E_2 \wedge E_1}$	$A = \overline{Z}$
1	0	0	1	0
2	0	1	1	0
3	1	0	1	0
4	1	1	0	1

Tabelle 31.5 Wahrheitstabelle zu Bild 31.6

Fall	E_2	E_1	$\overline{E_2}$	$\overline{E_1}$	$\overline{E_2} \wedge \overline{E_1}$	$\overline{\overline{E_2} \wedge \overline{E_1}} = A$
1	0	0	1	1	1	0
2	0	1	1	0	0	1
3	1	0	0	1	0	1
4	1	1	0	0	0	1

Da sich also UND-Schaltungen, ODER-Schaltungen und NICHT-Schaltungen nur mit NAND-Gliedern verwirklichen lassen, ist es auch möglich, alle beliebigen Verknüpfungsschaltungen ausschließlich mit NAND-Gliedern aufzubauen.

Merksatz

Jede gewünschte Verknüpfungsschaltung lässt sich nur mit NAND-Gliedern aufbauen.

NAND-Glieder können also ebenso wie NOR-Glieder als Universalglieder verwendet werden.

Will man Digitalschaltungen nur mit NAND-Gliedern oder nur mit NOR-Gliedern aufbauen, ist es in vielen Fällen erforderlich, vorliegende schaltalgebraische Gleichungen entsprechend umzuformen. Solche Umformungen können auf verschiedenen Wegen durchgeführt werden.

Wie das im Einzelnen gemacht wird, zeigt Bild 31.7. Im oberen Teil des Bildes ist entsprechend der Gleichung $A = (\bar{E}_1 \wedge \bar{E}_2 \wedge E_3) \vee (E_1 \wedge \bar{E}_2 \wedge \bar{E}_3)$ eine Schaltung mit Grundgliedern dargestellt. Diese Schaltung soll nur mit NAND-Gliedern verwirklicht werden. Jedes Grundglied wird durch die ihm entsprechende NAND-Schaltung ersetzt. Die aufeinanderfolgenden NICHT-Schaltungen können entfallen. Dieses Verfahren lässt sich immer anwenden.

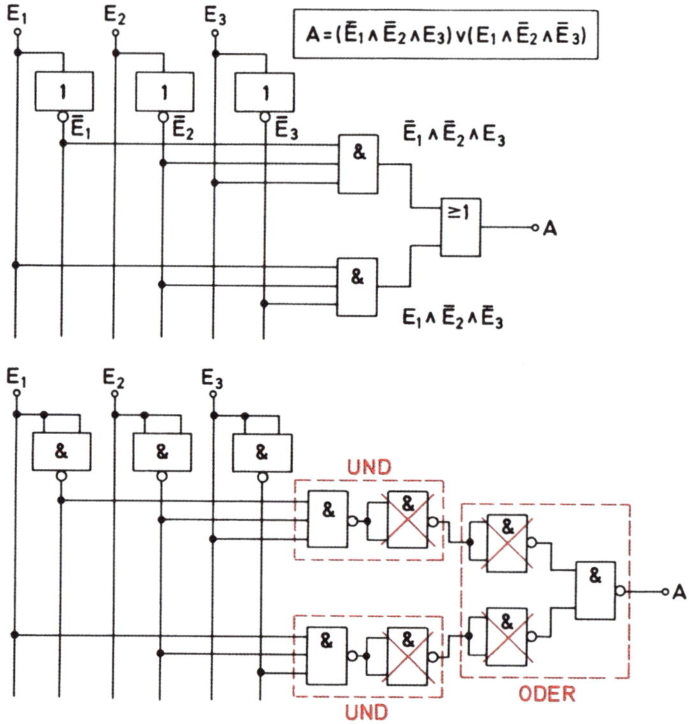

Bild 31.7 Digitalschaltung. Die Grundglieder werden durch entsprechende NAND-Schaltungen ersetzt.

32 Schaltkreisfamilien

32.1 Schaltungen in Relais-Technik

Alle logischen Verknüpfungen lassen sich mit Hilfe von Relais herstellen. Relais schalten jedoch recht langsam, benötigen viel Raum, nehmen verhältnismäßig viel elektrische Leistung auf und sind sehr störanfällig. Mit Relais aufgebaute logische Glieder werden daher heute nur noch sehr selten verwendet. Früher hat man derartige Glieder häufiger eingesetzt. Einer der ersten Computer arbeitete ausschließlich mit Relaisgliedern.

In der Starkstromtechnik werden logische Verknüpfungen mit Schützen hergestellt. Derartige Schaltungen können zu den Relaisgliedern gezählt werden.

32.2 DTL-Technik

Die Buchstabenfolge DTL ist die Abkürzung für *Dioden-Transistor-Logik*.

Die logischen Glieder werden als Halbleiterschaltungen aufgebaut, bei denen überwiegend Dioden und bipolare Transistoren (keine FET) verwendet werden. Der Aufbau erfolgt mit Einzelbauteilen (diskreter Aufbau) und nicht als integrierte Schaltungen. Außer Dioden und Transistoren werden vor allem noch Widerstände verwendet.

Bild 32.1 zeigt die Schaltung eines UND-Gliedes.

Es gilt unsere bisher verwendete Festlegung:

- ❑ logische 0 ≙ 0 V (Masse, nicht offener Anschluss)
- ❑ logische 1 ≙ +5 V

Nur wenn beide Eingänge den Zustand 1 ≙ +5 V haben, kann am Ausgang A der Zustand 1 anliegen.

Hat einer der Eingänge den Zustand 0 ≙ 0 V, so wird die Ausgangsspannung auf ungefähr 0 V herabgezogen. Bild 32.1 zeigt dies für E_1 = 1 und E_2 = 0.

Der Ausgangspegel ist nicht genau 0 V, sondern nur ungefähr 0 V. Dies liegt an der Schwellspannung der Diode. Auch bei Zustand 1 wird der Ausgangspegel nicht genau +5 V sein, sofern zur Ansteuerung des folgenden Gliedes ein Strom benötigt wird. Fließt ein Strom aus dem Ausgang A, so kommt es zu einem Spannungsabfall an R. Der Ausgangspegel wird herabgesetzt.

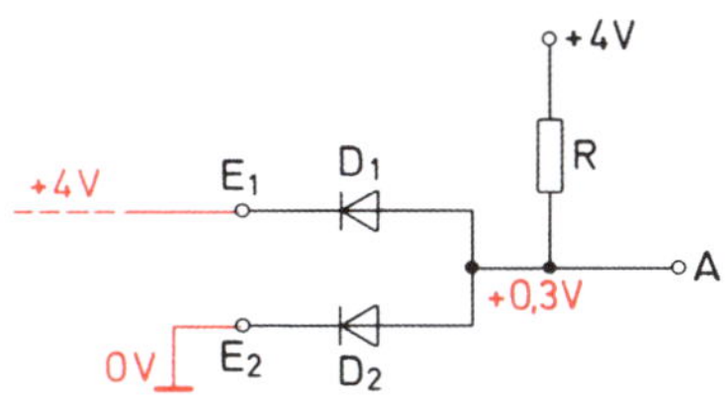

Bild 32.1
UND-Glied mit Eingangsbeschaltung

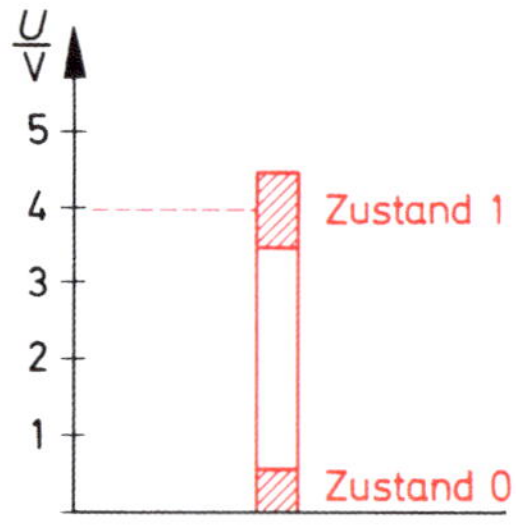

Bild 32.2
Toleranzschema

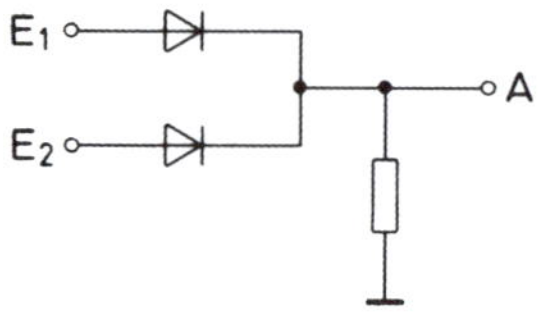

Bild 32.3
ODER-Glied in DTL-Technik

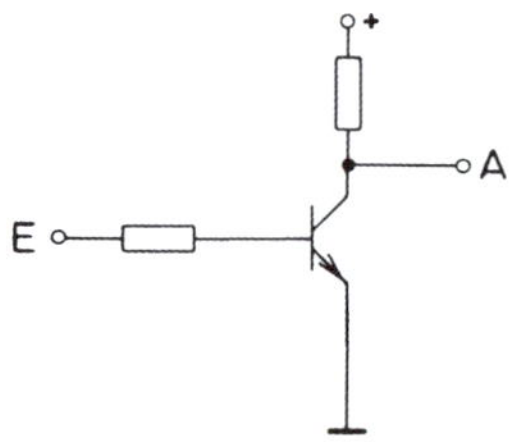

Bild 32.4
NICHT-Glied in DTL-Technik

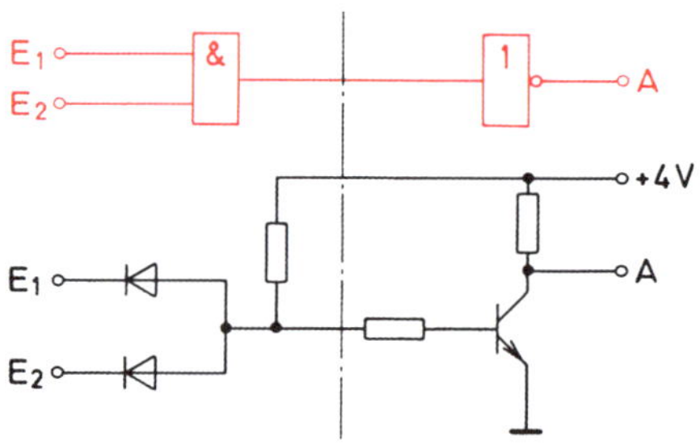

Bild 32.5
Aufbau eines NAND-Gliedes in DTL-Technik

Es ist also notwendig, für die Spannungswerte, die den logischen Zuständen zugeordnet werden, Toleranzen anzugeben. Bild 32.2 zeigt ein solches Toleranzschema. Spannungen von 0 V bis 0,5 V gehören zum logischen Zustand 0, Spannungen von +4,5 V bis +5,5 V gehören zum logischen Zustand 1.

Die Arbeitsweise des ODER-Gliedes (Bild 32.3) ist verhältnismäßig einfach zu erklären. Liegt am Eingang E_1 oder am Eingang E_2 oder an beiden Eingängen der Zustand 1 ($\triangleq$ +5 V), so wird die Diode leitend. Der Zustand 1 liegt dann auch am Ausgang.

Das NICHT-Glied ist als Transistorstufe aufgebaut (Bild 32.4). Liegt am Eingang E der Zustand 0 ($\approx$ 0 V), so ist der Transistor gesperrt. Am Ausgang liegt eine Spannung von $\approx$ +5 V, also der Zustand 1. Legt man nun an den Eingang den Zustand 1, so wird der Transistor durchgesteuert, am Ausgang liegt nur noch eine Spannung von etwa 0,3 V, also ungefähr 0 V. Dies entspricht dem Zustand 0. Am Ausgang der Schaltung liegt also stets der entgegengesetzte Zustand wie am Eingang.

Aufgabe
Gesucht ist die Schaltung eines NAND-Gliedes in DTL-Technik.

Lösung
Die gesuchte Schaltung ergibt sich aus der Zusammenschaltung eines UND-Gliedes mit einem NICHT-Glied (Bild 32.5).

32.3 TTL-Technik

Die Buchstabenfolge TTL ist die Abkürzung für *Transistor-Transistor-Logik*.

Die logischen Glieder werden als Halbleiterschaltungen unter hauptsächlicher Verwendung von Transistoren aufgebaut. Der Aufbau erfolgt fast ausschließlich als integrierte Schaltungen (IC).

Die Transistorsysteme werden als bipolare Transistorsysteme – also nicht als FET – hergestellt. Besonderes Kennzeichen der meist verwendeten Schaltungen ist ein Transistorsystem mit mehreren Emittern, der sogenannte «Multiemitter-Transistor» (Bild 32.6).

Der Hauptbaustein der TTL-Technik ist das NAND-Glied. Es lässt sich verhältnismäßig einfach und mit sehr guten Eigenschaften herstellen. In Kapitel 27 wird gezeigt, dass es möglich ist, die drei Grundglieder UND, ODER und NICHT nur mit NAND-Gliedern aufzubauen. Das bedeutet aber, dass man mit NAND-Gliedern alle nur denkbaren Verknüpfungen herstellen kann. Somit käme man mit dem Baustein NAND allein aus.

Ein Blick in die Datenbücher der Hersteller zeigt aber, dass außer NAND-Gliedern auch UND-Glieder, ODER-Glieder, NICHT-Glieder und NOR-Glieder angeboten werden. Integrierte Schaltungen sind oft sehr kompliziert aufgebaut, so dass es meist nicht leicht ist, die inneren Arbeitsvorgänge zu verstehen. Trotzdem soll am Beispiel einer typischen TTL-Schaltung (Bild 32.7) versucht werden, die Arbeitsweise zu erklären.

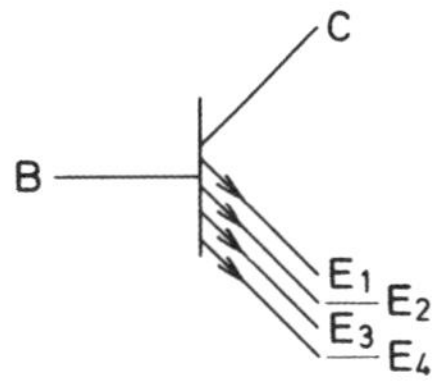

Bild 32.6
Multiemitter-Transistor

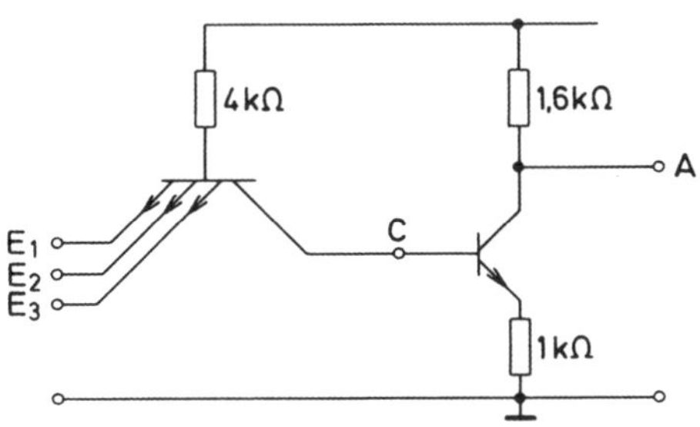

Bild 32.7
Schaltung eines NAND-Gliedes (TTL-Schaltkreis)

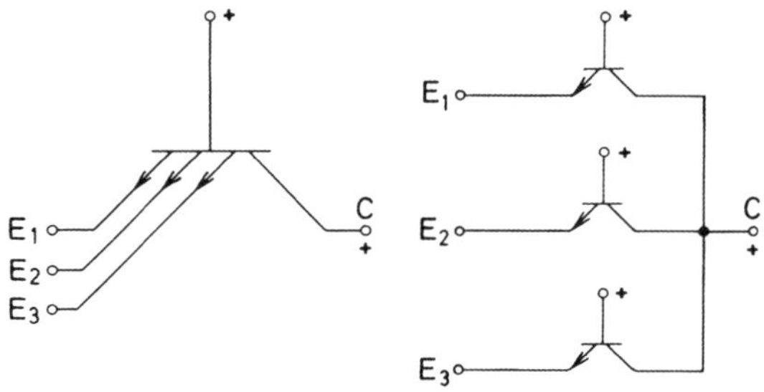

Bild 32.8 Multiemitter-Transistor, dargestellt als Parallelschaltung von drei Transistoren

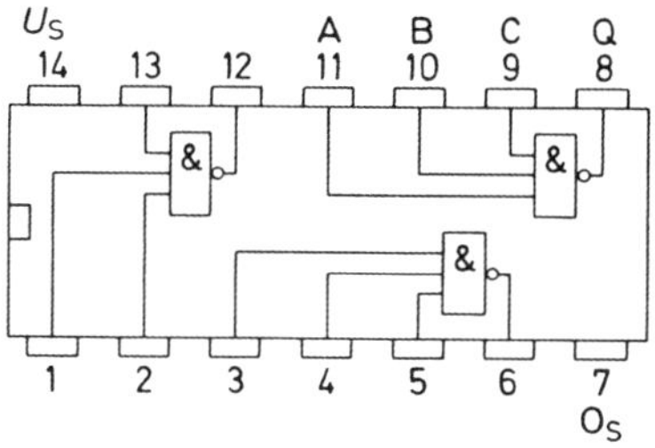

Bild 32.9
Integrierte TTL-Schaltung mit drei NAND-Gattern mit je drei Eingängen (Anschlussschema Siemens)

Ein Multiemitter-Transistor mit z. B. 3 Emittern arbeitet wie eine Parallelschaltung von 3 Transistoren, wie sie in Bild 32.8 dargestellt ist.

Liegt an einem Eingang der Zustand 0 (entsprechend 0 V), so wird der zugehörige Transistor niederohmig. Der Spannungspegel im Punkt C wird also heruntergezogen.

Nur wenn alle drei Eingänge Zustand 1 (entsprechend +5 V) haben, wird der Pegel an C nicht heruntergezogen. Er kann sich jetzt aufbauen. Die Transistoren, die an ihren Eingängen +5 V haben, arbeiten im inversen Betrieb. (Funktion von Kollektor und Emitter wird vertauscht.)

Der Multiemitter-Transistor erzeugt also eine UND-Verknüpfung. Baut sich an C ein positiver Spannungspegel auf, so kann die folgende Transistorstufe durchgesteuert werden. Diese Stufe arbeitet als NICHT-Glied, so dass sich für die Schaltung nach Bild 32.7 insgesamt eine NAND-Verknüpfung ergibt.

TTL-Schaltungen werden meist als integrierte Schaltungen im Dual-in-Line-Gehäuse angeboten (schwarzer Käfer). Bild 32.9 zeigt das Anschlussschema einer integrierten Schaltung, die aus drei NAND-Gliedern mit je drei Eingängen besteht.

Zur TTL-Familie gehören noch einige Unterfamilien. Sie unterscheiden sich durch Ihre Schaltgeschwindigkeit und ihren Energieverbauch. So hat die Low-Power-TTL-Familie (LTTL) nur $^{1}/_{10}$ des Energieverbrauchs eines vergleichbaren Standard TTL-Gatters. Die High-Speed-TTL-Familie (HTTL) weist wesentlich schnellere Schaltzeiten auf.

32.4 MOS-Technik

Eine ganz besonders interessante Technik ist die MOS-Technik. Die logischen Glieder werden mit MOS-Feldeffekt-Transistorsystemen als integrierte Schaltungen aufgebaut.

Bild 32.10
NOR-Glied in COS/MOS-Technik

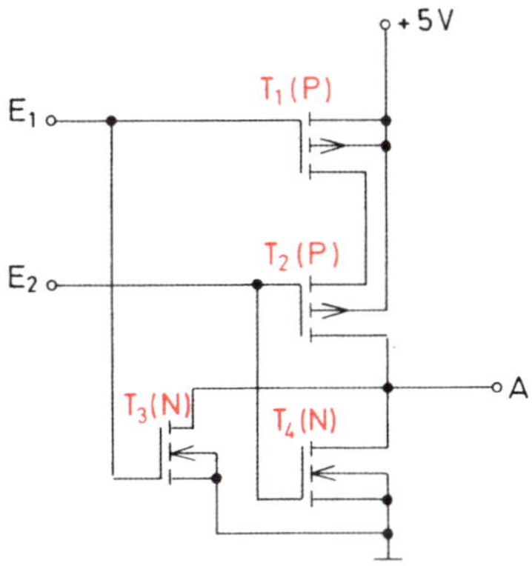

Mit dieser Technik lassen sich integrierte Schaltungen sehr großer Packungsdichte herstellen. Es ist z. B. möglich, auf einem Halbleiterplättchen (Chip) eine ganze Rechnerschaltung unterzubringen. Die Leistungsaufnahme von MOS-Schaltkreisen ist gering. Die Ansteuerungen erfolgen praktisch leistungslos, da ja bekanntlich MOS-FET-Transistorsysteme extrem große Eingangswiderstände haben.

MOS-Schaltkreise lassen sich außerdem recht wirtschaftlich, also mit verhältnismäßig geringen Kosten herstellen.

In Bild 32.10 ist die Schaltung eines NOR-Gliedes in sogenannter COS/MOS-Technik (auch CMOS-Technik genannt) dargestellt. Hinter dem Begriff COS/MOS vermutet man zunächst mehr als wirklich dahintersteckt.

Tabelle 32.1 Wahrheitstabelle der Schaltung nach Bild 32.10

Fall	E_2	E_1	A
1	0	0	1
2	0	1	0
3	1	0	0
4	1	1	0

Die COS/MOS- oder auch CMOS-Technik ist eine MOS-Technik, die in jeder Schaltung sowohl *p-Kanal-MOS-FET-Systeme* als auch *n-Kanal-MOS-FET-Systeme* verwendet. Es ist eine komplementär-symmetrische Technik.

Definition

COS/MOS-Technik oder CMOS-Technik bedeutet komplementärsymmetrische Metall-Oxid-Halbleitertechnik.

Bei der Betrachtung der Schaltung Bild 32.10 sollte die Arbeitsweise der MOS-FET bekannt sein (siehe Band Elektronik 2, «Bauelemente der Elektronik»).

Die Transistoren T_1 und T_2 sind *p-Kanal-MOS-FET* vom selbstsperrenden Typ (Anreicherungstyp). Das Schaltzeichen und die Anschlussbezeichnungen zeigt Bild 32.11.

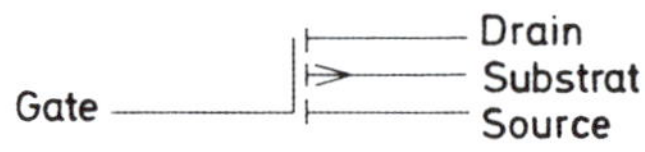

Bild 32.11
Schaltzeichen eines selbstsperrenden p-Kanal-MOS-FET mit Angabe der Anschlüsse

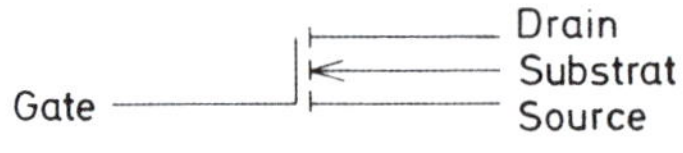

Bild 32.12
Schaltzeichen eines selbstsperrenden n-Kanal-MOS-FET mit Angabe der Anschlüsse

Die Strecke Drain-Source wird sehr niederohmig, wenn eine gegen Substrat bzw. gegenüber Source genügend große *negative Spannung* ans Gate gelegt wird. Die Transistoren T_3 und T_4 sind *n-Kanal-MOS-FET* vom selbstsperrenden Typ (Anreicherungstyp). Die Schaltzeichen und die Anschlussbezeichnungen zeigt Bild 32.12.

Beim n-Kanal-MOS-FET-System wird die Strecke Drain-Source immer dann niederohmig, wenn eine gegen Substrat bzw. gegen Source genügend große positive Spannung am Gate anliegt.

Liegt am Eingang E_1 der Schaltung nach Bild 32.10 der Zustand 1 (entsprechend +4 V), so steuert T_3 durch. Der Ausgang A wird auf Zustand 0 gezogen (entsprechend ≈ 0 V). Liegt am Eingang E_2 der Zustand 1, so wird der Ausgang A ebenfalls auf Zustand 0 gezogen.

Nur wenn an beiden Eingängen Zustand 0 (entsprechend 0 V) liegt, sperren T_3 und T_4. Die Transistorsysteme T_1 und T_2 steuern jedoch durch, denn 0 V bedeutet für sie eine negative Gatespannung (bezogen auf Source bzw. Substrat). Man beachte, dass Source von T_1 und beide Substrate auf +5 V liegen. Der Ausgang A erhält jetzt den Zustand 1. Damit ergibt sich für die Schaltung die Wahrheitstabelle 32.1. Dies ist die Wahrheitstabelle einer NOR-Verknüpfung.

Schaltungen in MOS-Technik werden in zunehmendem Maße in der digitalen Steuerungstechnik und in der Computertechnik eingesetzt. Da es leicht ist, auf kleinem Raum viele FET-Systeme unterzubringen, werden nicht nur logische Glieder, sondern ganze Baugruppen als integrierte Schaltungen hergestellt.

Es ist heute üblich, das gesamte Rechnersystem eines Taschenrechners in einer einzigen integrierten Schaltung in MOS-Technik aufzubauen.

32.5 ECL-Technik

Definition

Die Bezeichnung «ECL» ist die Abkürzung der englischen Bezeichnung «Emitter Coupled Logic». Dies bedeutet «emittergekoppelte Logik». Andere Bezeichnungen für diese Schaltkreisfamilie lauten «**C**urrent **M**ode **L**ogic» (CML), «**E**mitter **E**mitter **C**oupled **L**ogic» (E^2CL) und «Emitter Coupled Transistor Logic» (ECTL). «Current Mode Logic» heißt auf deutsch «stromgesteuerte Logik».

Die ECL-Schaltungen sind als integrierte Schaltungen mit bipolaren Transistoren aufgebaut (Bild 32.13). Bei der Entwicklung der ECL-Schaltungen verfolgte man das Ziel, eine möglichst «schnelle Schaltkreisfamilie» zu schaffen, also eine Schaltkreisfamilie mit sehr kurzen Schaltzeiten. Sehr kurze Schaltzeiten lassen sich aber nur erreichen, wenn die Transistoren in Durchlassrichtung nicht voll in den Übersteuerungszustand geschaltet werden.

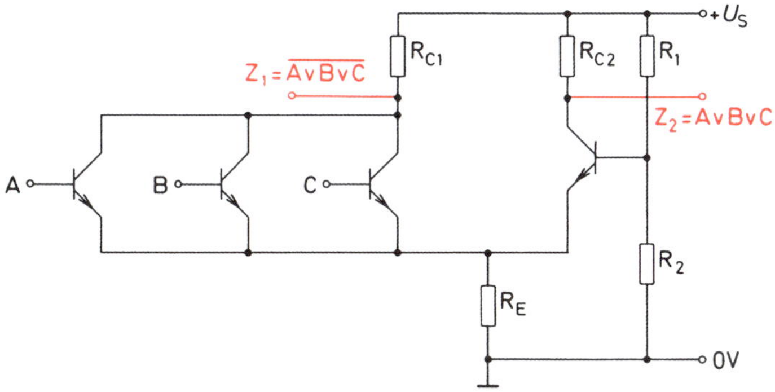

Bild 32.13 Grundschaltung eines ECL-Gliedes

32.6 Pegelangaben «Low» und «High»

Eines dürfte klar sein: Schaltungen, die mit Relais, Dioden, bipolaren Transistoren oder mit FET-Systemen aufgebaut sind, «verstehen» keine digitale Logik. Sie reagieren auf Spannungen und Ströme. Sie arbeiten «elektrisch».

Dieser Gedanke lag dem Plan zugrunde, die Arbeitsweise aller digitalen Schaltungen elektrisch, also unabhängig von irgendwelchen logischen Zuordnungen, zu beschreiben. Man kann dies sehr einfach, indem man eine der Wahrheitstabelle ähnliche Tabelle aufstellt und dort statt der logischen Zustände 0 und 1 die tatsächlichen Spannungen einträgt. Dies soll für die Schaltung Bild 32.14 durchgeführt werden.

Man erhält die Tabelle 32.2. Eine Tabelle dieser Art wird Arbeitstabelle genannt. Sie beschreibt nur das elektrische Verhalten. Und sie beschreibt es nur für Spannungswerte von 0 V und +4 V. Legt man 0 V und +6 V an, so müsste die Tabelle andere Werte erhalten. Der Tabelleninhalt ist ebenfalls anders für 0 V und +8 V (Tabelle 32.3).

Vergleicht man aber die Tabellen 32.2 und 32.3, so stellt man fest, dass die höheren Pegelwerte immer auf den gleichen Plätzen stehen. Die niedrigen Pegelwerte stehen ebenfalls immer auf den gleichen Plätzen.

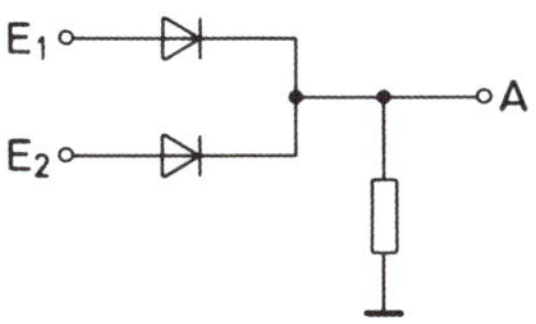

Bild 32.14

Tabelle 32.2 Arbeitstabelle mit Spannungsangaben

Fall	E_2	E_1	A
1	0 V	0 V	0 V
2	0 V	+4 V	+4 V
3	+4 V	0 V	+4 V
4	+4 V	+4 V	+4 V

Tabelle 32.3 Arbeitstabelle mit Spannungsangaben

Fall	E_2	E_1	A
1	0V	0V	0V
2	0V	+8V	+8V
3	+8V	0V	+8V
4	+8V	+8V	+8V

Tabelle 32.4 Arbeitstabelle

Fall	E_2	E_1	A
1	L	L	L
2	L	H	H
3	H	L	H
4	H	H	H

Bezeichnet man den hohen Pegelwert mit H (von «High», engl.: hoch) und den niedrigen Pegelwert mit L (von «Low», engl.: niedrig), so erhält man eine Arbeitstabelle, die für alle zulässigen Pegel gilt. Sie ist in Tabelle 32.4 dargestellt.

Es gilt folgende Festlegung:

L = Low = niedriger Pegel	Pegel, der näher bei minus Unendlich (– ∞) liegt
H = High = hoher Pegel	Pegel, der näher bei plus Unendlich (+ ∞) liegt

Digitale Schaltungen können nun mit sehr verschiedenen Spannungen betrieben werden. Welche Spannung nun als H und welche als L zu gelten haben, zeigt für drei verschiedene Fälle Bild 32.15.

Merksatz

Es muss sehr genau darauf geachtet werden, dass die Pegelangaben L und H niemals mit den logischen Zuständen verwechselt werden.

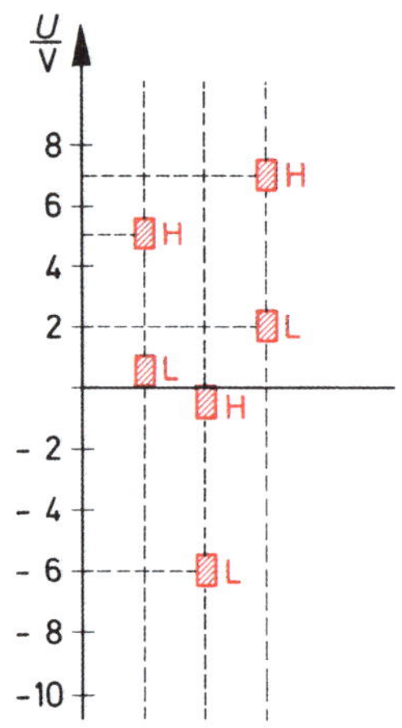

Bild 32.15
Mögliche Lage von Pegeln

32.7 Positive und negative Logik

Die binären Pegel L und H können den logischen Zuständen 0 und 1 auf zwei verschiedene Weisen zugeordnet werden:

L ≙ 0 H ≙ 1 (positive Logik)	L ≙ 1 H ≙ 0 (negative Logik)

Merksatz

Man spricht von positiver Logik, wenn dem niedrigeren Pegel der Zustand 0 und dem höheren Pegel der Zustand 1 zugeordnet ist.

In der Digitaltechnik wird heute überwiegend mit positiver Logik gearbeitet. Wenn bei Schaltungen keine näheren Angaben gemacht werden, kann man davon ausgehen, dass die positive Logik gilt.

Merksatz

Bei negativer Logik wird dem niedrigeren Pegel der Zustand 1 und dem höheren Pegel der Zustand 0 zugeordnet.

Die negative Logik hatte eine größere Bedeutung zu der Zeit, als nur pnp-Transistoren verfügbar waren. Bei negativen Spannungen für U_{CE} ergaben sich an den Ausgängen der Transistor-Schalterstufen negative Spannungswerte.

Beispiel

0 ≙ −0,3 V = H
1 ≙ −6 V = L

Die negative Logik wird heute vor allem bei bestimmten Steuerschaltungen aus Gründen der Störsicherheit verwendet. Welche Verknüpfung erzeugt die Schaltung Bild 32.14 bei positiver Logik, welche Verknüpfung erzeugt sie bei negativer Logik? Die zugehörige Arbeitstabelle ist in Tabelle 32.4 dargestellt. Aus der Arbeitstabelle ist die Wahrheitstabelle abzuleiten. Bei positiver Logik ist für H der logische Zustand 1 und für L der logische Zustand 0 einzusetzen (Tabelle 32.5). Bei positiver Logik erzeugt die Schaltung eine ODER-Verknüpfung.

Tabelle 32.5 Wahrheitstabelle für Bild 32.14 für positive Logik (ODER)

Fall	E_2	E_1	A
1	0	0	0
2	0	1	1
3	1	0	1
4	1	1	1

Tabelle 32.6 Wahrheitstabelle für Bild 32.14 für negative Logik (UND)

Fall	E_2	E_1	A
1	1	1	1
2	1	0	0
3	0	1	0
4	0	0	0

Bei negativer Logik wird aus L Zustand 1 und aus H Zustand 0 (Tabelle 32.6). Die Schaltung erzeugt eine UND-Verknüpfung. In der Wahrheitstabelle ist lediglich die Reihenfolge der Fälle etwas anders.

Merksatz

Beim Übergang von positiver zu negativer Logik und umgekehrt ändert eine Verknüpfungsschaltung ihre Verknüpfungseigenschaft.

33 Flipflops

33.1 Eigenschaften von Flipflops

Jede elektronische Schaltung, die zwei stabile elektrische Zustände hat und die durch entsprechende Eingangssignale von einem Zustand in den anderen Zustand geschaltet werden kann, gilt als Flipflop, also als bistabile Kippstufe.

Es sind sehr viele Schaltungen möglich, die nach dieser Festlegung als bistabile Kippstufen zu gelten haben. Die einzelnen Schaltungen werden z. B. unterschiedlich angesteuert, sie haben verschiedene, unterschiedlich wirkende Eingänge. Sie kippen nur unter bestimmten, festgelegten Bedingungen, z. B. bei gleichzeitiger Anwesenheit eines besonderen Takt- oder Befehlssignals. Die meisten Flipflop-Schaltungen haben eine festgelegte Grundstellung, d. h., nach Einschalten der Spannung nehmen sie diese Grundstellung ein. Sie können oft über einen besonderen Eingang, einen sogenannten Löscheingang, jederzeit in die Grundstellung zurückgeschaltet werden.

Flipflops werden heutzutage meist als integrierte Schaltungen hergestellt. Das Innere eines solchen IC interessiert nicht so sehr. Eine Möglichkeit zur Reparatur einer defekten integrierten Schaltung ist ohnehin nicht gegeben. Deshalb ist es von viel größerem Interesse, zu wissen, wie die Schaltung als Ganzes, wie sie als «schwarzer Kasten» arbeitet. Die folgenden Betrachtungen sollen daher nicht dem inneren Schaltungsaufbau – wie in Kapitel 19 – gewidmet sein, sondern der Arbeitsweise der Gesamtschaltung.

Die DIN-Normung trägt dieser Black-Box-Betrachtungsweise Rechnung. Es ist nicht erforderlich, ein Flipflop mit Transistorsystemen, Dioden und Widerständen zu zeichnen. Für das ganze Flipflop gibt es Schaltzeichen nach DIN 40 900 Teil 12.

Betrachten wir zunächst ein einfaches Flipflop mit den Eingängen E_1 und E_2 und den Ausgängen A_1 und A_2. Das Schaltzeichen zeigt Bild 33.1.

Merksatz

Anschlüsse für Speisespannungen werden grundsätzlich nicht gezeichnet.

Man kann nun die Arbeitsweise der Schaltung mit Hilfe der Spannungspegel «Low» (L) and «High» (H) beschreiben. Üblicher ist es aber, die Spannungspegel den logischen Zuständen 0 und 1 zuzuordnen und die Arbeitsweise mit den logischen Zuständen darzustellen. Dies soll im Folgenden geschehen.

Das in Bild 33.1 dargestellte Flipflop hat die Ausgänge A_1 und A_2. Wenn A_1 den Zustand 1 hat, dann muss A_2 den Zustand 0 haben und umgekehrt. Das gilt allgemein für alle Flipflops.

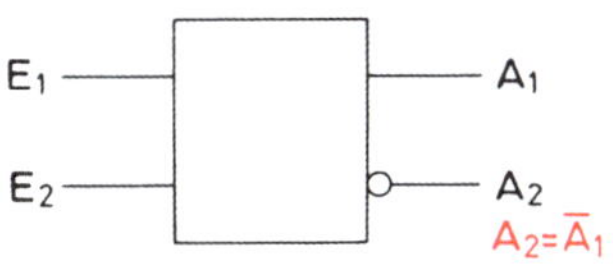

Bild 33.1 Einfaches Flipflop

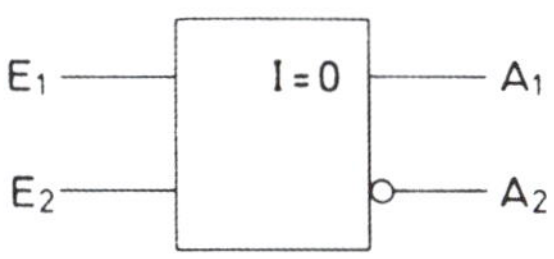

Bild 33.2 Flipflop mit festgelegter Grundstellung

Dieser Sachverhalt lässt sich durch folgende schaltalgebraische Gleichung ausdrücken:

$$A_2 = \bar{A}_1$$

Meist verwendet man Flipflops mit festgelegter Grundstellung. Das Schaltzeichen eines solchen Flipflops zeigt Bild 33.2. Nach Anlegen der Speisespannung stellt sich dieses Flipflop stets auf den Zustand $A_1 = 0$, $A_2 = 1$ ein. Dieser Zustand wird Ruhezustand genannt (Kennzeichnung durch I = 0 am Ausgang A_1). Die Kennzeichnung kann entfallen, wenn daraus keine Irrtümer entstehen.

Ruhezustand:	$A_1 = 0$	$A_2 = 1$
Arbeitszustand:	$A_1 = 1$	$A_2 = 0$

Es gelten folgende Vereinbarungen:

- ❑ Zustand 1 an E_1 schaltet das Flipflop auf $A_1 = 1$. Diesen Vorgang nennt man *Setzvorgang*. Hat das Flipflop bereits den Zustand $A_1 = 1$, so bewirkt die 1 am Eingang E_1 nichts. Es erfolgt dann keine Umschaltung des Flipflops.
- ❑ Zustand 1 an E_2 schaltet das Flipflop auf $A_2 = 1$. Diesen Vorgang nennt man *Rücksetzvorgang*. Hat das Flipflop bereits den Zustand $A_2 = 1$, so bewirkt die 1 am Eingang E_2 nichts.
- ❑ Zustände 0 haben keine steuernde Wirkung.
- ❑ Der Zustand von A_1 kennzeichnet den Speicherzustand des Flipflops. Ist $A_1 = 1$, so hat das Flipflop den Wert 1 gespeichert.

Selbstverständlich kann man auch Flipflops bauen, die durch 0-Zustände gesteuert werden. Diese Flipflops haben besondere, durch einen Negationskreis gekennzeichnete Eingänge (Bild 33.3) und werden nur in geringem Umfang eingesetzt.

Das Flipflop nach Bild 33.4 hat zusätzlich zu den Eingängen E_1 und E_2 einen Takteingang T. Mit einem solchen Takteingang erreicht man das gleichzeitige Schalten mehrerer Flipflops in einer größeren Schaltung.

Definition

Takteingänge reagieren auf Änderungen der Eingangszustände. Sie werden daher dynamische Eingänge genannt.

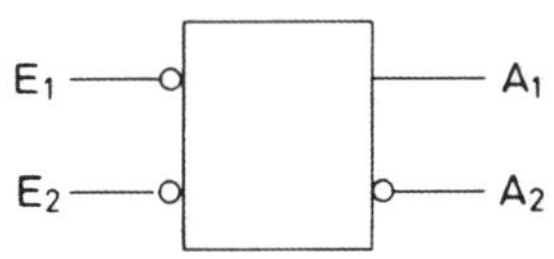

Bild 33.3 Schaltzeichen eines Flipflops, das durch 0-Zustände gesteuert wird

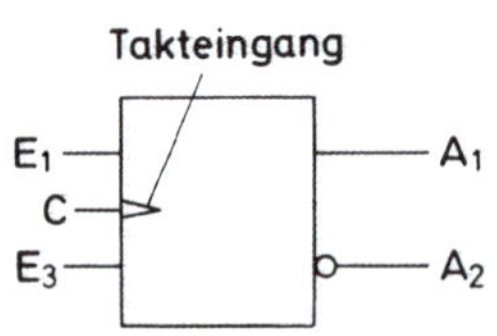

Bild 33.4 Flipflop mit Takteingang (Schaltzeitpunkt: ansteigende Taktflanke)

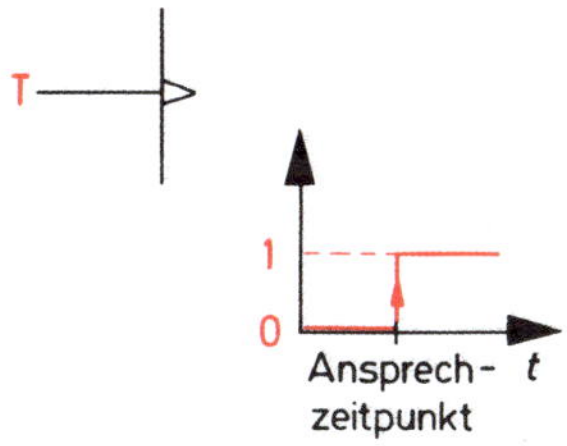

Bild 33.5
Darstellung eines dynamischen Eingangs für die ansteigende Flanke (0 → 1)

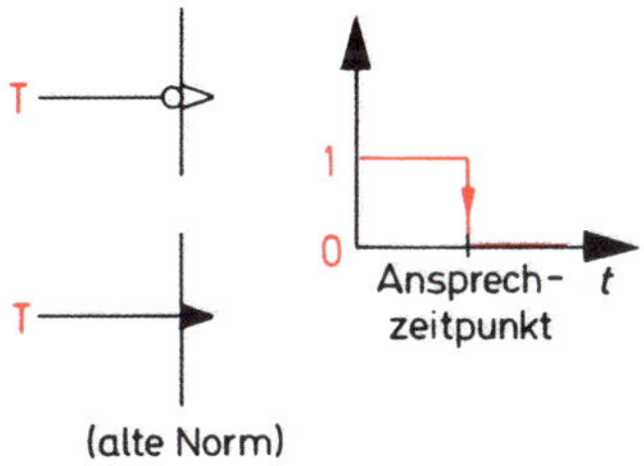

Bild 33.6
Darstellung eines dynamischen Eingangs für die abfallende Flanke (1 → 0)

Es gibt nun zwei Arten dynamischer Eingänge. Die eine Art spricht an, wenn der Eingangszustand von 0 auf 1 ändert. Ein solcher Eingang heißt *dynamischer Eingang für die ansteigende Flanke* (Bild 33.5). Ein dynamischer Eingang der zweiten Art spricht an, wenn der Eingangszustand sich von 1 auf 0 ändert. Er wird *dynamischer Eingang für die abfallende Flanke* genannt (Bild 33.6).

Der Takteingang des Flipflops Bild 33.4 spricht auf die ansteigende Taktflanke an. Es gilt:

Merksatz

Bei 1 an E_1 und ansteigender Taktflanke wird A_1 auf 1 gesetzt. Dies ist der *Setzvorgang* (Schalten in den Arbeitszustand).

Merksatz

Bei 1 an E_2 und ansteigender Taktflanke wird A_2 auf 1 gesetzt, also A_1 auf 0. Dies ist der *Rücksetzvorgang* (Schalten in den Ruhezustand).

Das Flipflop Bild 33.7 schaltet mit der abfallenden Taktflanke. Es arbeitet sonst so wie das Flipflop Bild 33.4.

Von den verschiedenen möglichen Flipflops haben nur drei Typen eine besondere Bedeutung erlangt. Es sind dies das *SR-Flipflop*, das *T-Flipflop* und das *JK-Flipflop*.

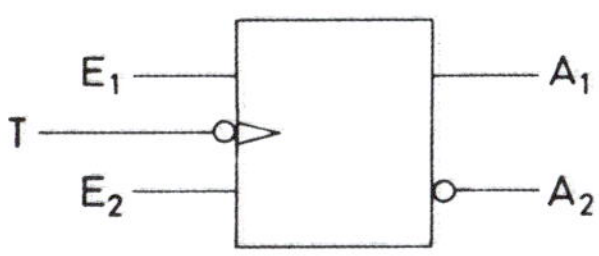

Bild 33.7 Flipflop mit Takteingang für die abfallende Taktflanke

33.2 SR-Flipflops

Definition

Die Buchstaben S und R bedeuten Setzen (engl.: set) und Rücksetzen (engl.: reset).

Das Schaltzeichen des SR-Flipflops zeigt Bild 33.8. Der Setzeingang wird mit S bezeichnet, der Rücksetzeingang mit R. Der Takteingang hat die Bezeichnung T oder C (von engl. clock). Die Ausgänge werden meist Q_1 und Q_2 genannt.

Nach neuer Norm können die Takte durch Ziffern gekennzeichnet werden. Der Eingang für den Takt 1 heißt C1. Ein in großen Schaltungen möglicherweise vorhandener Eingang für einen Takt 2 heißt C2. Die den Takteingängen zugeordneten S- und R-Eingänge erhalten die Kennziffer vorgesetzt. Der Eingang S1 ist der Setzeingang, der zum Takt 1 gehört. Der Eingang 1R ist der zu Takt 1 gehörige Rücksetzeingang (Bild 33.8).

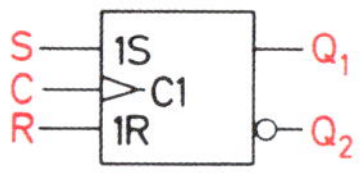

Bild 33.8
Schaltzeichen eines SR-Flipflops mit Darstellung der Taktabhängigkeit

Tabelle 33.1 Wahrheitstabelle eines SR-Flipflops

	t_n		t_{n+1}	
Fall	K	R	S|1	
1	0	0	Q_{1n}	Speichern
2	0	1	1	Setzen
3	1	0	0	Rücksetzen
4	1	1	=	verbotener Fall

Die Arbeitsweise des SR-Flipflops kann aus der Wahrheitstabelle 33.1 abgelesen werden. Die Wahrheitstabelle enthält Spalten mit den Bezeichnungen t_n und t_{n+1}.

Merksatz

Mit t_n bezeichnet man die Zeit vor der betrachteten Taktflanke, t_{n+1} ist die Zeit nach der betrachteten Taktflanke.

Fall 1: R = 0 S = 0
Mit Eintreffen der Taktflanke, kurz Takt genannt, ändert sich nichts. Q_1 nach dem Takt hat den gleichen Zustand wie Q_1 vor dem Takt. Dieser Fall ist der *Speicherfall.*

Fall 2: R = 0 S = 1
Nach dem Takt ist das Flipflop gesetzt. Q_1 ist 1 und Q_2 ist 0. War das Flipflop schon vor dem Takt gesetzt, so bleibt es gesetzt. Dieser Fall ist der *Setzfall.*

Fall 3: R = 1 S = 0
Nach dem Takt ist das Flipflop zurückgesetzt. Q_1 ist 0, Q_2 ist 1. War das Flipflop vor dem Takt gesetzt, so wird es mit dem Takt zurückgesetzt. War es zurückgesetzt, so bleibt es zurückgesetzt. Dies ist der *Rücksetzfall.*

Fall 4: R = 1 S = 1
Dieser Fall darf bei SR-Flipflops nicht auftreten. Es ergeben sich undefinierbare Ausgangszustände. Der Fall 4 ist der verbotene Fall.

33.3 T-Flipflops

Das T-Flipflop kippt bei jeder steuernden Taktflanke in den entgegengesetzten Zustand. Ist es also z. B. gesetzt (Q_1 = 1), so wird es bei Eintreffen der steuernden Taktflanke zurückgesetzt (Q_1 = 0). Ist das Flipflop zurückgesetzt, so wird es mit der steuernden Taktflanke gesetzt. Der Buchstabe T steht für Triggern (engl.: auslösen, schalten).

Versieht man ein SR-Flipflop mit einer Zusatzbeschaltung nach Bild 33.9, so entsteht ein T-Flipflop. Bild 33.10 zeigt das Schaltzeichen eines T-Flipflops.

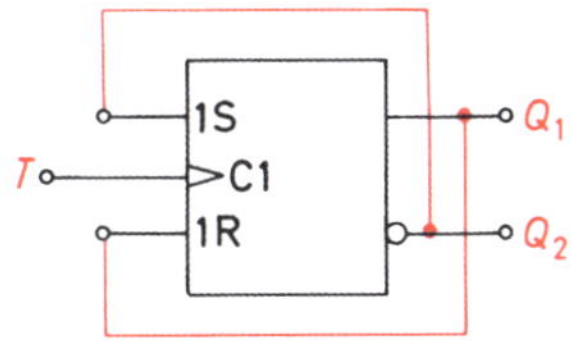

Bild 33.9
SR-Flipflop mit Zusatzbeschaltung

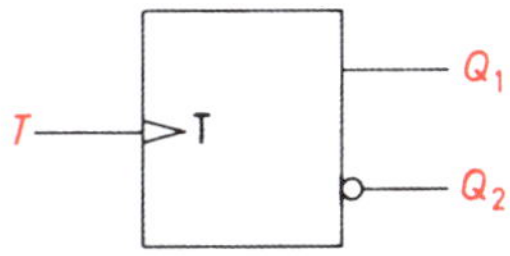

Bild 33.10
Schaltzeichen eines T-Flipflops

T-Flipflops werden auch Trigger-Flipflops oder Zähler-Flipflops genannt, da sie häufig für den Aufbau elektronischer Zählschaltungen und für Frequenzteiler verwendet werden.

33.4 JK-Flipflops

Die Buchstaben J und K haben keine besondere Bedeutung. Sie dienen nur der Kennzeichnung. Ein JK-Flipflop ist ein weiter ausgebautes SR-Flipflop. Der vorstehend für das SR-Flipflop beschriebene Fall 4 in der Wahrheitstabelle 33.1 ist beim JK-Flipflop nicht verboten. Bei J = 1 und K = 1 arbeitet das JK-Flipflop wie ein T-Flipflop, d. h., es kippt bei jeder eintreffenden steuernden Taktflanke in den entgegengesetzten Zustand. Ansonsten arbeitet das JK-Flipflop wie ein SR-Flipflop. Bild 33.11 zeigt das Schaltzeichen eines JK-Flipflops. Die Wahrheitstabelle ist in Tabelle 33.2 dargestellt.

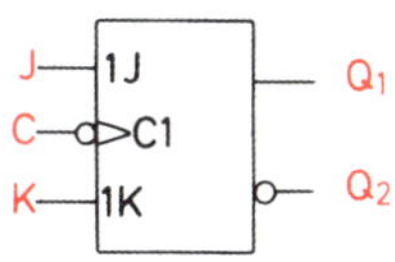

Bild 33.11
Schaltzeichen eines JK-Flipflops

Tabelle 33.2 Wahrheitstabelle eines JK-Flipflops

	t_n		t_{n+1}
Fall	K	J	Q_1
1	0	0	Q_{1n} Speichern
2	0	1	1 Setzen
3	1	0	0 Rücksetzen
4	1	1	$\bar{Q}_{1n}$ Kippen

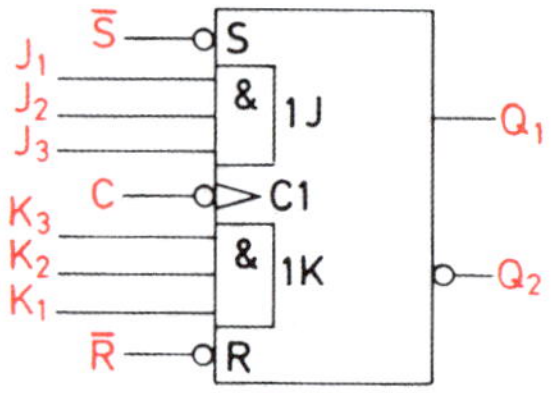

Bild 33.12
Schaltzeichen eines JK-Flipflops mit zusätzlichen Möglichkeiten

In der Praxis wünscht man universell einsetzbare Flipflops. Ein solches Flipflop ist in Bild 33.12 dargestellt. Es enthält drei durch UND verknüpfte J-Eingänge und drei ebenfalls durch UND verknüpfte K-Eingänge. Die J-Eingänge und die K-Eingänge sind taktgesteuert. Der Eingang $\bar{S}$ ist ein taktunabhängiger Setzeingang, der Eingang $\bar{R}$ ein taktunabhängiger Rücksetzeingang. Beide Eingänge werden durch 0-Signale gesteuert. Dies drückt man durch den Negationsstrich über S und R aus.

Eine 0 an S setzt das Flipflop ($Q_1 = 1$). Eine 0 an R setzt das Flipflop zurück ($Q_1 = 0$). Das geschieht ohne Einfluss des Taktsignals, also taktunabhängig. Somit ergeben sich zusätzliche Möglichkeiten für den Aufbau einer Schaltung.

33.5 Master-Slave-Flipflops

Master-Slave-Flipflops sind Zweispeicher-Flipflops, also Doppel-Flipflops. Das erste Flipflop ist der «Meister» (engl.: master). Er nimmt das Eingangssignal z.B. mit der ansteigenden Flanke auf. Dem Meister nachgeordnet ist der Sklave (engl.: slave), das Slave-Flipflop. Es übernimmt das Signal vom Master mit der abfallenden Taktflanke und lässt es an seinem Ausgang Q_1 erscheinen.

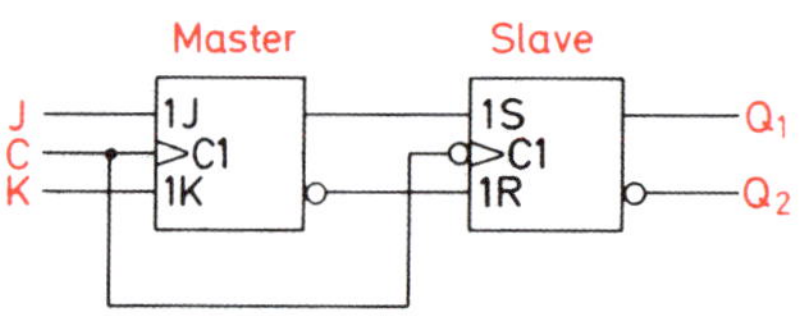

Bild 33.13
Aufbau eines JK-Master-Slave-Flipflops

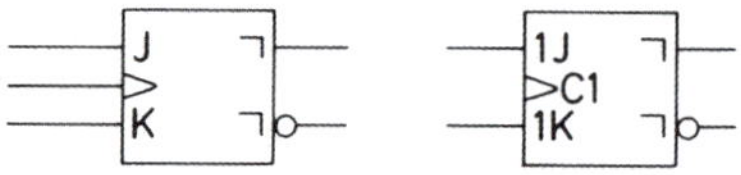

Bild 33.14
Schaltzeichen für JK-Master-Slave-Flipflops

Bild 33.13 zeigt den Aufbau eines JK-Master-Slave-Flipflops. Die entsprechenden Schaltzeichen sind in Bild 33.14 dargestellt. Master-Slave-Flipflops sind besonders sicher. Informationsaufnahme und Informationsweitergabe erfolgen bei verschiedenen Taktflanken.

33.6 Anwendungen

Jedes Flipflop kann eine binäre Stelle speichern, d.h., es kann 0 oder 1 zum Inhalt haben. Maßgebend ist der Ausgang Q_1. Eine binäre Stelle nennt man ein Bit (engl.: binary digit). Mit Flipflops können Speicher für viele Bits aufgebaut werden, ebenfalls Registerschaltungen, die Signale einspeichern, verschieben und wieder ausspeichern können (s. Kapitel 35). Weiterhin sind Flipflops für den Aufbau von Zählern und Frequenzteilern erforderlich (s. Kapitel 36). Alle Steuerschaltungen, die mit einer zeitlichen Abfolge arbeiten, enthalten Flipflops.

34 Digitale Auswahl- und Verbindungsschaltungen

34.1 Datenselektor, Multiplexer, Demultiplexer

Merksatz

Datenselektoren haben die Aufgabe, aus verschiedenen angebotenen Daten die gewünschten Daten auszuwählen und über die Ausgänge weiterzuleiten.

Dateneingaben können z.B. zeitlich nacheinander nach dem sogenannten Zeitmultiplexverfahren erfolgen. Eine Schaltung, die zeitlich nacheinander bestimmte Eingangssignale an ihre Ausgänge weitergibt, wird *Multiplexer* genannt.

Definition

Ein Multiplexer ist ein zeitabhängig gesteuerter Datenselektor.

Ebenfalls kann man ankommende Daten zeitlich nacheinander auf verschiedene Ausgänge verteilen.

Definition

Eine Schaltung, die am Eingang erscheinende Daten je nach Befehl zu einem bestimmten Ausgang durchschaltet, heißt Demultiplexer.

34.1.1 4-Bit-zu-1-Bit-Datenselektor

Die Arbeitsweise eines Datenselektors soll an einer einfachen Schaltung erläutert werden. Ein 4-Bit-zu-1-Bit-Datenselektor hat vier Eingänge. Jeder dieser vier Eingänge soll wahlweise zum Ausgang Z durchgeschaltet werden können (Bild 34.1).

Der Datenselektor arbeitet also wie ein Umschalter mit 4 Schaltstufen. In Schaltstufe 1 wird A mit Z verbunden. In Schaltstufe 2 wird B mit Z verbunden usw. Die Einstellung der Schaltstufe erfolgt mit Hilfe der Steuerleitungen. Zur digitalen Steuerung von 4 verschiedenen Schaltstufen sind 2 Steuerleitungen erforderlich. Mit 2 Bit lassen sich vier verschiedene Befehle erzeugen, mit denen die vier Schaltstufen eingestellt werden (Tabelle 34.1).

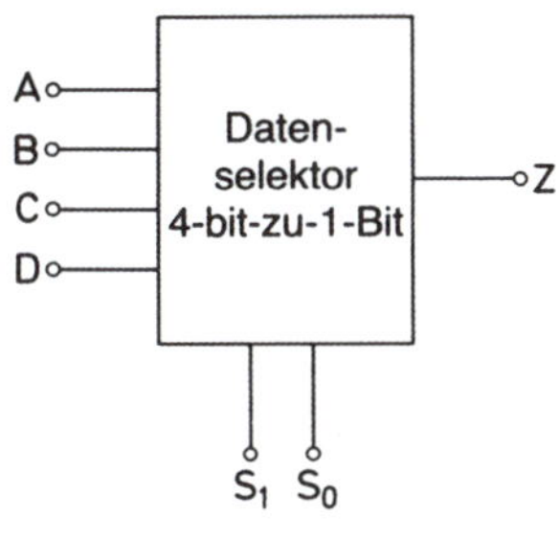

Bild 34.1
4-Bit-zu-1-Bit-Datenselektor

Tabelle 34.1 Wahrheitstabelle des 4-Bit-zu-1-Bit-Datenselektors

Schaltstufe	S_1	S_0	Z =
1	0	0	A
2	0	1	B
3	1	0	C
4	1	1	D

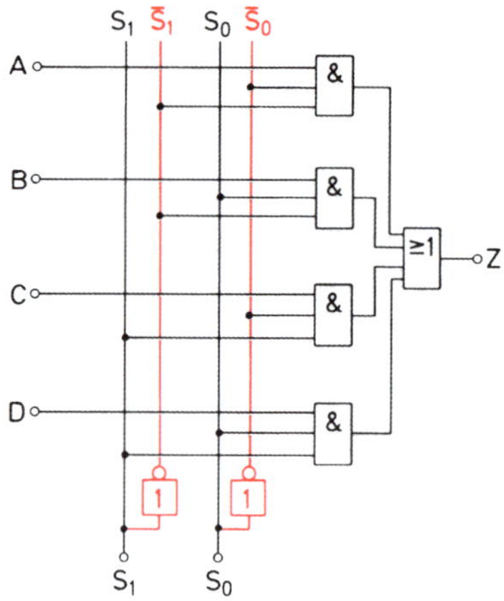

Bild 34.2
Schaltungen eines 4-Bit-zu-1-Bit-Datenselektors

Die Schaltung eines 4-Bit-zu-1-Bit-Datenselektors lässt sich leicht entwickeln. Die Variablen S_1 und S_2 müssen in negierter und nichtnegierter Form zur Verfügung stehen. Die Eingänge werden über UND-Glieder freigegeben, wenn der zugehörige Befehl an den Steuerleitungen liegt (Bild 34.2).

34.1.2 2 × 4-Bit-zu-4-Bit-Datenselektor

Ein 2×4-Bit-zu-4-Bit-Datenselektor hat zwei Eingänge zu je 4 Bit und einen 4-Bit-Ausgang (Bild 34.3). Entweder werden die vier A-Eingänge oder die vier B-Eingänge auf den Ausgang Z durchgeschaltet. Da nur zwei Schaltstellungen möglich sind, kommt man mit einer Steuerleitung S aus (Bild 34.3). Die Schaltung dieses Datenselektors ist in Bild 34.4 dargestellt.

34.1.3 4 × 8-Bit-zu-8-Bit-Datenselektor

Als weiterer Datenselektor soll ein 4×8-Bit-zu-8-Bit-Datenselektor vorgestellt werden, der in der Mikroprozessortechnik große Bedeutung hat (Bild 34.5). Bei diesem Datenselektor werden 8-Bit-Wörter wahlweise auf den 8-Bit-Ausgang gegeben. Vier Schaltstufen sind erforderlich. Die Schaltbefehle werden über die beiden Steuerleitungen S_0 und S_1 gegeben (2-Bit-Befehle).

Der Schaltbefehl $S_0 = 0$, $S_1 = 0$ schaltet die acht A-Eingänge auf die acht Z-Ausgänge $Z_1 = A_1$, $Z_2 = A_2$, $Z_3 = A_3$, $Z_4 = A_4$ usw.). Sollen die B-Eingänge zum Ausgang durchgeschaltet werden, muss der Schaltbefehl $S_0 = 1$, $S_1 = 0$ lauten. Für das Durchschalten der C-Eingänge und der D-Eingänge gilt entsprechend $S_0 = 0$, $S_1 = 1$ und $S_0 = 1$, $S_1 = 1$.

Bild 34.3
2×4-Bit-zu-4-Bit-Datenselektor

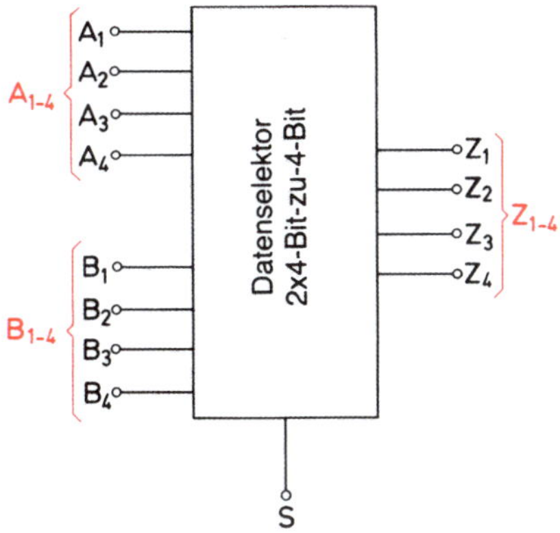

Schaltstufe	S	Z_{1-4} =
1	0	A_{1-4}
2	1	B_{1-4}

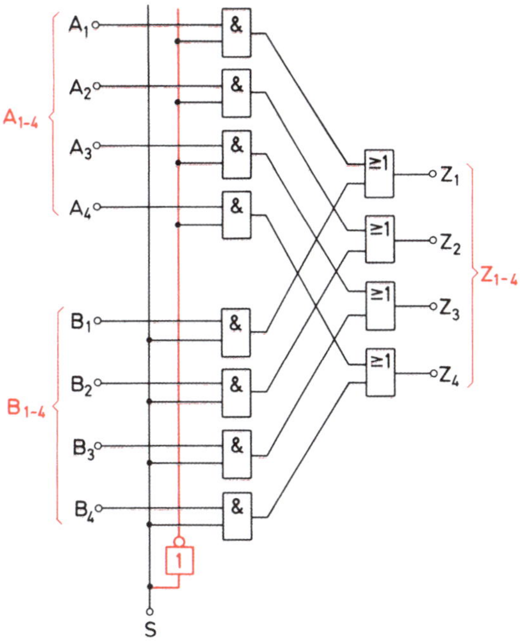

Bild 34.4 Schaltung eines 2×4-Bit-zu-4-Bit-Datenselektors

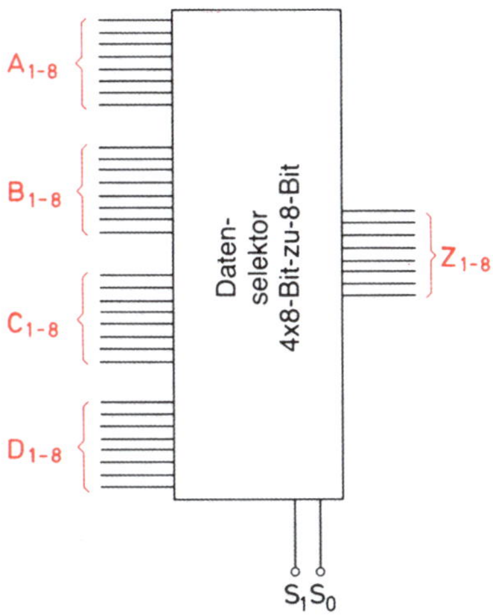

Bild 34.5
4×8-Bit-zu-8-Bit-Datenselektor

34.1.4 1-Bit-zu-4-Bit-Demultiplexer

Ein Demultiplexer arbeitet umgekehrt wie ein Datenselektor oder Multiplexer. Das am Eingang liegende Signal wird wahlweise auf mehrere Ausgänge durchgeschaltet. Die Steuerung erfolgt durch Befehle.

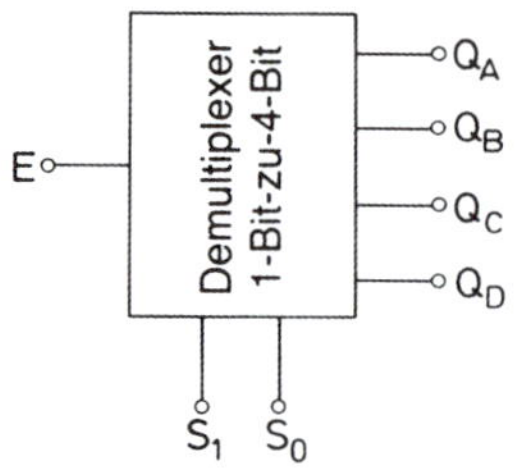

Bild 34.6
1-Bit-zu-4-Bit-Demultiplexer

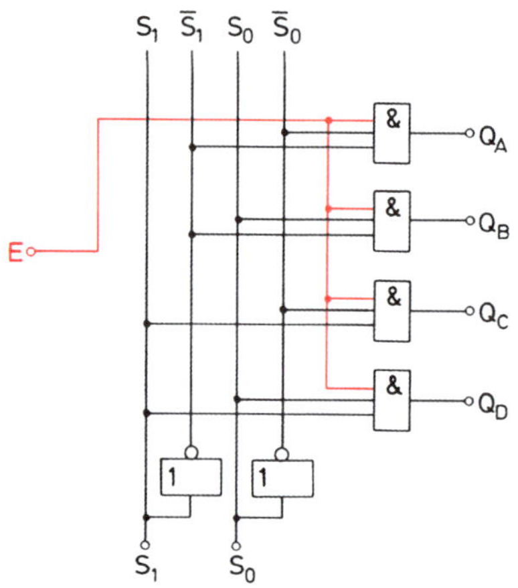

Schaltstufe	S_1	S_0	E =
1	0	0	Q_A
2	0	1	Q_B
3	1	0	Q_C
4	1	1	Q_D

Bild 34.7 Schaltung eines 1-Bit-zu-4-Bit-Demultiplexers

Ein 1-Bit-zu-4-Bit-Demultiplexer hat einen Eingang und vier Ausgänge (Bild 34.6). Es sind vier Schaltstufen erforderlich und somit vier verschiedene Befehle. Vier verschiedene Befehle erfordern zwei Steuereingänge (S_0 und S_1).

Die Schaltung eines 1-Bit-zu-4-Bit-Demultiplexers ist in Bild 34.7 dargestellt. Nur das UND-Glied lässt das Eingangssignal durch, das durch die entsprechenden Befehlssignale freigegeben ist.

34.2 Adressdecodierer

Zur Ansteuerung verschiedener Bausteine sind sogenannte *Adressen* erforderlich. In der Digitaltechnik versteht man unter einer Adresse eine 1-0-Folge bestimmter Länge, also ein binäres Wort mit einer festgelegten Anzahl von Bits. Es gibt z.B. 2-Bit-Adressen, 4-Bit-Adressen usw.

Definition

Ein Adressdecodierer ist eine Schaltung mit einer Anzahl von Ausgängen. Die Ausgänge werden über die Adresseingänge angewählt und führen dann 1-Signal.

2-Bit-Adressdecodierer

Hat ein Adressdecodierer vier Ausgänge, sind zwei Adress-Eingänge erforderlich. Er wird also mit 2-Bit-Adressen gesteuert. Mit 2 Bit lassen sich vier verschiedene Adressen aufbauen (Bild 34.8).

Bild 34.8
2-Bit-Adressdecodierer mit Wahrheitstabelle

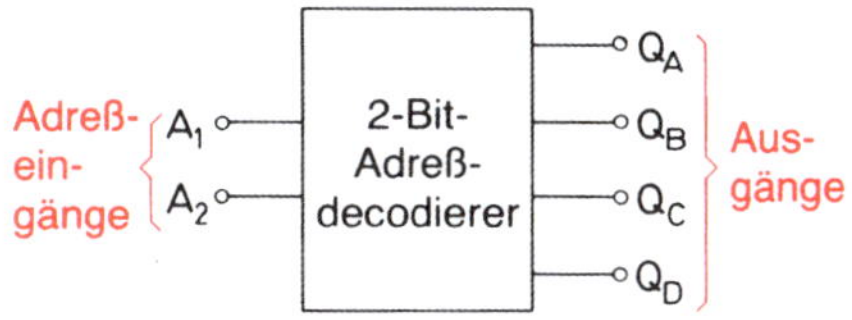

Adresse (Nummer)	A_2	A_1	Q_A	Q_B	Q_C	Q_D
1	0	0	1	0	0	0
2	0	1	0	1	0	0
3	1	0	0	0	1	0
4	1	1	0	0	0	1

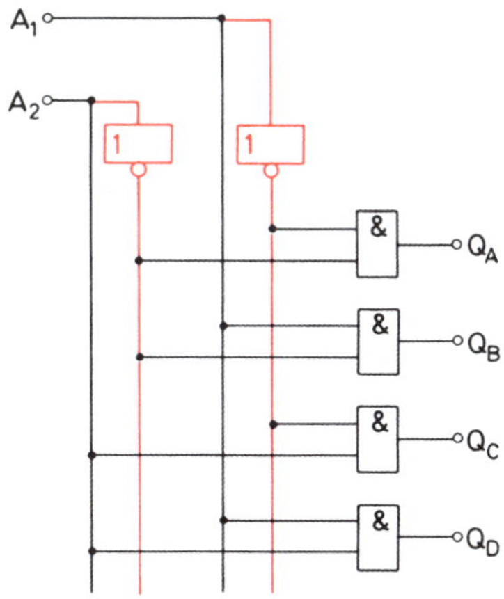

Bild 34.9
Schaltung eines 2-Bit-Adressdecodierers

Die Schaltung eines 2-Bit-Adressdecodierers zeigt Bild 34.9.

34.3 Busschaltungen

Definition

Mit Bus bezeichnet man ein System zum Transport und zur Verteilung binärer Informationen.

Das Wort Bus kommt von omnibus (lat.: für alle). Alle Einheiten, die binäre Informationen senden oder empfangen, sind durch ein Bussystem miteinander verbunden.

Ist das Bussystem nur für den Informationstransport in einer Richtung geeignet, spricht man von einem *Einweg-Bus* oder von einem *unidirektionalen Bus*. Können Informationen in beiden Richtungen transportiert werden, so wird dieser Bus *Zweiweg-Bus* oder *bidirektionaler Bus* genannt.

Bussysteme können die Informationen parallel oder seriell transportieren. Man unterscheidet daher *parallele Bussysteme* und *serielle Bussysteme*. Bei einem parallelen Bussystem steht für jedes Bit eines zu übertragenden binären Wortes eine Leitung zur Verfügung. Zur Übertragung von 8-Bit-Wörtern werden also 8 Leitungen benötigt. Diese 8 Leitungen werden Datenleitungen genannt. Für Steueraufgaben sind zusätzliche Steuerleitungen erforderlich (Bild 34.10).

Bei seriellen Bussystemen genügt eine einzige Leitung. Die einzelnen Bits werden nacheinander über die Leitung transportiert und am Empfangsort zum ursprünglichen binären Wort zusammengesetzt (Bild 34.11).

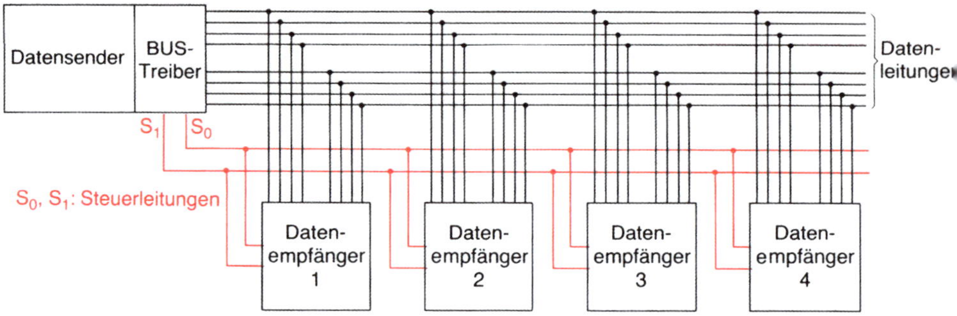

Fall	S_1	S_0	Nr. des Datenempfängers
1	0	0	1
2	0	1	2
3	1	0	3
4	1	1	4

Bild 34.10 Paralleles Einweg-Bussystem mit Datensender und Datenempfänger

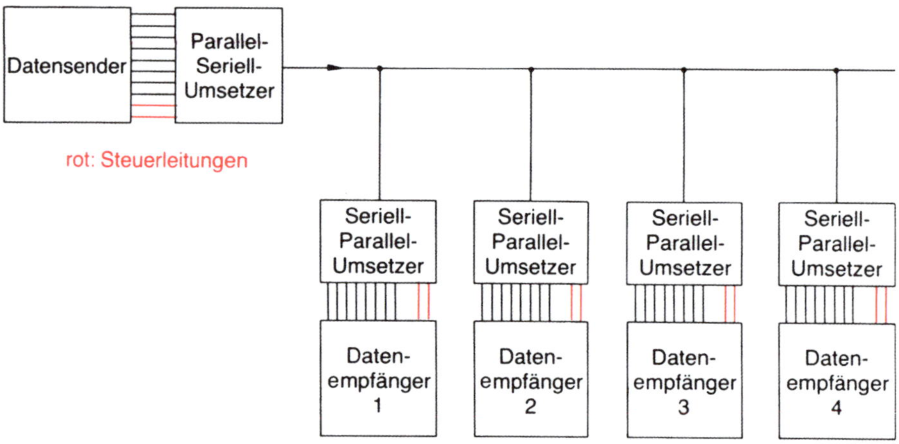

Bild 34.11 Serielles Einweg-Bussystem mit Datensender und Datenempfänger

Serielle Bussysteme arbeiten langsamer als parallele Bussysteme. Sie erfordern einen höheren Schaltungsaufwand durch die notwendigen Parallel-Seriell- und Seriell-Parallel-Umsetzer. Daher werden serielle Bussysteme nur dort verwendet, wo die Leitungen sehr kostspielig sind – also z.B. bei großen Entfernungen zwischen Datensender und Datenempfänger.

In den weitaus meisten Anwendungsfällen sind die Entfernungen zwischen Datensender und Datenempfänger gering, so dass ein paralleles Bussystem die beste Lösung darstellt. In Mikroprozessorsystemen unterscheidet man Datenbusse, Adressbusse und Steuerbusse. Diese arbeiten im Parallelbetrieb. Die Anzahl der Parallel-Leitungen eines Datenbusses, seine sogenannte Breite, ist vom Typ des verwendeten Mikroprozessors abhängig. Ein 32-Bit-Mikroprozessor benötigt einen 32-Bit-Bus. Dieser hat 32 heiße (aktive) Leitungen und eine Masseleitung. Die Daten werden zwischen Mikroprozessor und externen Einheiten wie Speicher, Diskettеneinheit und Festplatte hin und her transportiert. Der Transport erfolgt in beiden Richtungen, also bidirektional.

Der Adressbus hat die Aufgabe, binäre Adressen auszusenden und die gewünschte Einheit zu aktivieren. Es können periphere Geräte oder Speicherzellen angesprochen werden. Durch die Adressen wird bestimmt, welche Daten wohin transportiert werden. Die Breite des Adressbusses richtet sich nach der Anzahl der benötigten und möglichen Adressen.

Über den Steuerbus werden Befehle ausgesendet und Rückmeldungen empfangen. Der Mikroprozessor bestimmt über den Steuerbus z.B., ob ein Peripheriegerät schreiben oder lesen soll oder ob ein Eingang abgeschaltet wird oder nicht. Die Anzahl der erforderlichen Busleitungen ist durch die Anzahl der möglichen Befehle bestimmt und hängt vom verwendeten Mikroprozessortyp ab.

35 Register- und Speicherschaltungen

35.1 Schieberegister

Ein Schieberegister dient zur Speicherung von Binärsignalen. Es ist aus mehreren Flipflops aufgebaut. Jedes Flipflop kann zwei verschiedene Zustände annehmen. Der Ausgang A_1 kann entweder 0 oder 1 sein. Diese beiden Zustände entsprechen den beiden logischen Zuständen. Jedes Flipflop kann also eine Binärstelle darstellen. Es kann einen Informationsgehalt von 1 Bit speichern.

Merksatz

Jedes Flipflop kann 1 Bit speichern.

Die Grundstellung des Flipflops, auch Ruhestellung genannt, soll hier stets Speicherinhalt 0 darstellen. Die Arbeitsstellung stellt dann Speicherinhalt 1 dar.

Dezimalziffern werden z.B. durch 4 Binärstellen, durch sogenannte Tetraden, angegeben (siehe Kapitel 28). Ein Schieberegister, das eine solche 4-Bit-Einheit speichern kann, muss also aus vier Flipflops bestehen.

Bild 35.1 zeigt eine einfache schematische Darstellung eines Schieberegisters. Jedes Rechteck stellt ein Flipflop dar. Die Ausgangszustände A_1 der einzelnen Flipflops sind rot angegeben. Im Schieberegister ist die Dezimalziffer 9 gespeichert.

Wie erfolgt nun die Informationseingabe? Betrachten wir Bild 35.2.

Alle Flipflops stehen zunächst in Grundstellung ($A_1 = 0$, $A_2 = 1$), also in Stellung 0. Am Eingang des Schieberegisters soll der Zustand 1 liegen. Das Flipflop 1 darf aber erst in Zustand 1 geschaltet werden, wenn ein Taktimpuls kommt, genauer gesagt, wenn dieser Taktimpuls von 1 nach 0 geht.

Nach dem 1. Taktimpuls hat das Flipflop I den Zustand 1, d.h., der Zustand 1 liegt an seinem Ausgang A_1.

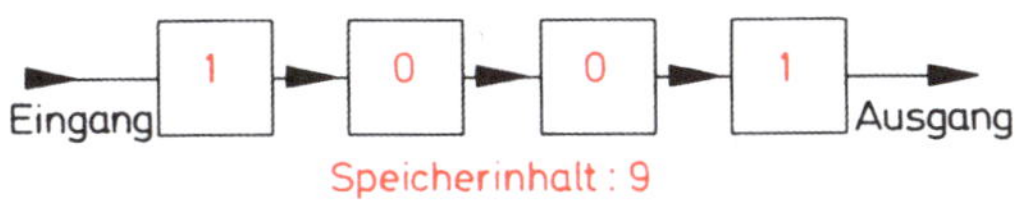

Bild 35.1 Schematische Darstellung eines Schieberegisters aus vier Flipflops

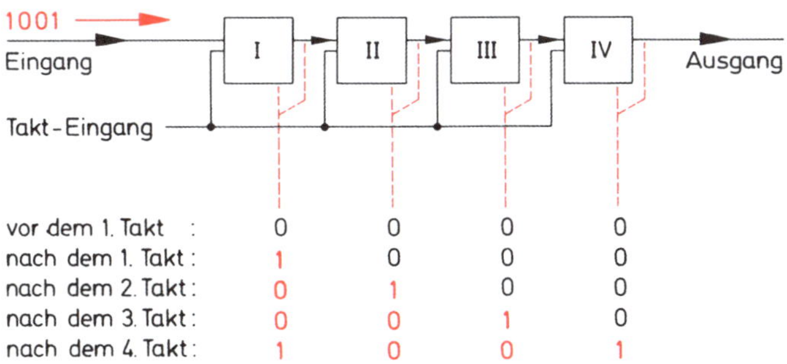

Bild 35.2 Darstellung der Informationseingabe bei einem Schieberegister (serielle Eingabe)

Die Takteingänge aller Flipflops sind zu einem gemeinsamen Takteingang zusammengefasst.

Vor dem 2. Taktimpuls, kurz Takt genannt, liegt am Eingang von Flipflop I der Zustand 0. Am Eingang von Flipflop II liegt der Zustand 1.

Nach dem 2. Takt muss das Flipflop I auf Zustand 0, das Flipflop II auf Zustand 1 geschaltet sein.

Vor dem 3. Takt liegt am Eingang des Flipflops I der Zustand 0. Am Eingang des Flipflops II liegt ebenfalls der Zustand 0. Am Eingang des Flipflops III liegt der Zustand 1.

Nach dem 3. Takt haben die Flipflops die Eingangszustände übernommen. Flipflop I steht auf 0. Flipflop II steht auf 0 und Flipflop III steht auf 1.

Vor dem 4. Takt bestehen folgende Eingangszustände:

- Flipflop I = 1
- Flipflop II = 0
- Flipflop III = 0
- Flipflop IV = 1

Nach dem 4. Takt sind die Flipflops auf die Zustände geschaltet, die vor dem 4. Takt an ihren Eingängen lagen. Das Schieberegister hat jetzt die Information 1 0 0 1 gespeichert.

Merksatz

Der zu speichernde Inhalt wird Binärstelle nach Binärstelle von links eingeschoben, wobei durch jeden Takt ein Verschieben aller Flipflop-Zustände um 1 Stelle nach rechts verursacht wird.

An die gespeicherte Information muss man nun herankommen. Man muss sie «lesen» können. Da gibt es zwei Möglichkeiten:

Der Speicherinhalt kann einmal bit-weise nach rechts herausgeschoben werden. Dies geschieht durch weitere Takte. Die einzelnen Zustände erscheinen nacheinander am Ausgang des Schieberegisters und können dort angenommen werden (Bild 35.3). Dies nennt man *serielle Ausgabe*. Nach dem 4. Takt ist das Schieberegister leer. Die Information wurde nicht nur am Ausgang des Schieberegisters zur Verfügung gestellt. Sie wurde gleichzeitig ausgespeichert. Das Ausspeichern ist aber nicht immer erwünscht.

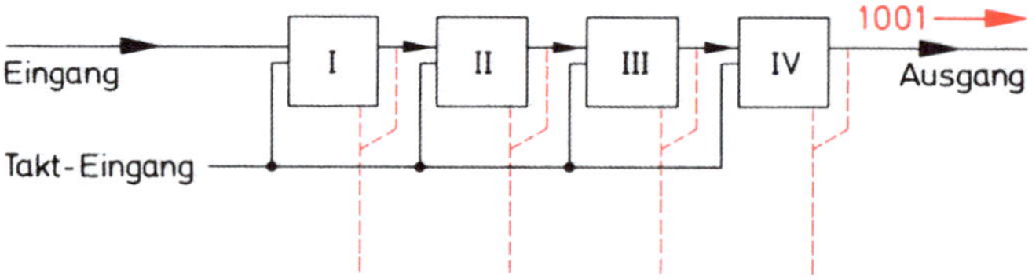

	I	II	III	IV
vor dem 1. Takt:	1	0	0	1
nach dem 1. Takt:	0	1	0	0
nach dem 2. Takt:	0	0	1	0
nach dem 3. Takt:	0	0	0	1
nach dem 4. Takt:	0	0	0	0

Bild 35.3 Darstellung der Informationsausgabe bei einem Schieberegister (serielle Ausgabe)

Bild 35.4
Schieberegister mit Parallelausgabe

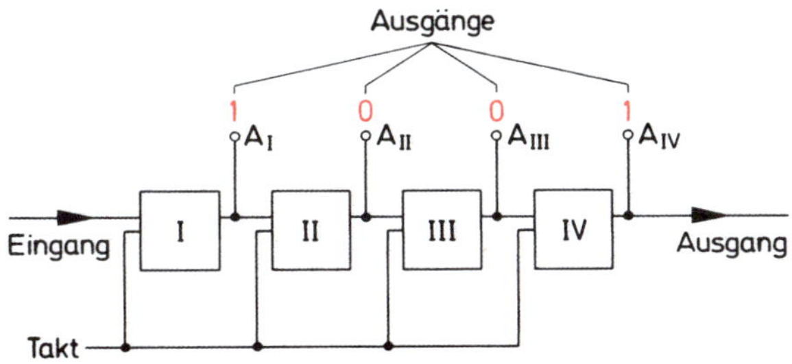

Bild 35.5
Schieberegister mit Rückstelleingang und Parallelausgabe

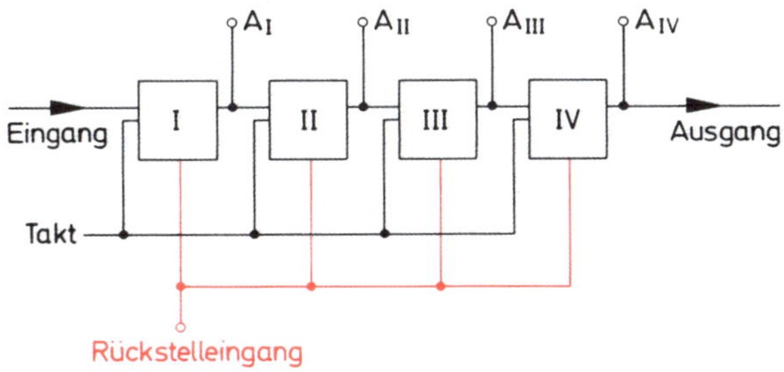

Bild 35.6
Schieberegister, als Ringregister geschaltet

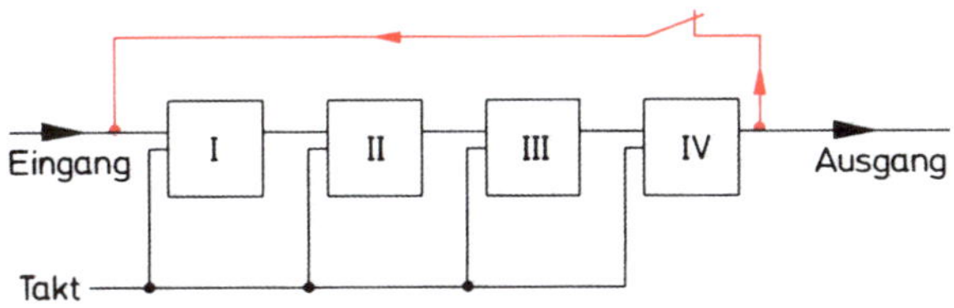

Die zweite Möglichkeit der Informationsausgabe ist das Ablesen der Zustände an den Flipflop-Ausgängen. Zu diesem Zwecke sind die Ausgänge nach außen geführt (Bild 35.4). Diese Art der Informationsausgabe wird *Parallelausgabe* genannt.

Bei der Parallelausgabe bleibt der Informationsinhalt im Schieberegister erhalten. Soll die Information ausgespeichert werden, so ist dies durch ein taktweises Herausschieben nach rechts zu erreichen.

Es ist aber auch möglich, Schieberegister mit Rückstelleingang zu bauen (Bild 35.5). Dieser besondere Eingang erlaubt ein schnelles Löschen der Information. Durch Anlegen des Zustandes 1 an den Rückstelleingang werden alle Flipflops auf Grundstellung, also auf Zustand 0 geschaltet. Will man bei serieller Informationsausgabe das Leertakten des Schieberegisters vermeiden, so kann man die jeweils am Ausgang erscheinenden Zustände wieder auf den Eingang des Schieberegisters zurückgeben (Bild 35.6).

Eine derartige Schaltung wird Ringregister genannt.

Definition

Ein Ringregister ist ein Schieberegister, dessen Ausgang mit dem Eingang verbunden ist. Der Speicherinhalt kann «im Ring» herumgetaktet werden.

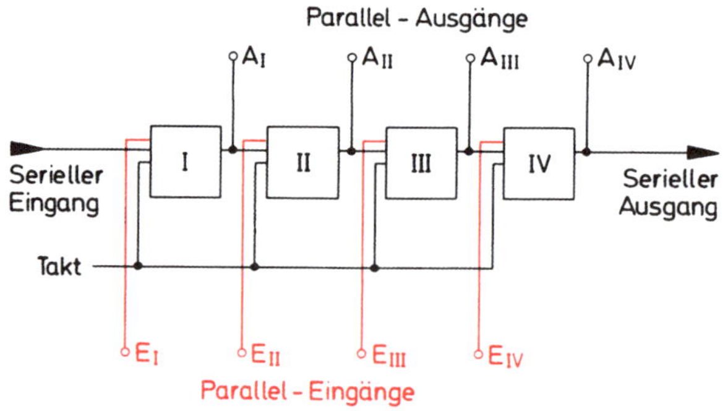

Bild 35.7 Schieberegister mit serieller und paralleler Informationseingabe und -ausgabe

Die Schaltung Bild 35.7 zeigt ein Schieberegister besonderer Art. Es ist eigentlich kein echtes Schieberegister mehr, sondern eine Kombination von Schieberegister und Flipflop-Speicher (siehe auch Abschnitt 35.2). Wie bei jedem Schieberegister kann die Information seriell und taktgesteuert ein- und ausgespeichert werden. Darüber hinaus kann jedes Flipflop durch einen sogenannten Paralleleingang angesteuert werden. Die Informationseingabe ist also auch parallel über die Eingänge E_I bis E_{IV} möglich. Ebenfalls ist eine parallele Informationsausgabe über die Ausgänge A_I bis A_{IV} durchführbar.

Bei den bisherigen Betrachtungen wurden die Flipflops schematisch als rechteckige Kästchen dargestellt, die immer so arbeiten, wie es gewünscht wurde. Diese Kästchen sollen nun durch Flipflops mit genau bestimmten Eigenschaften ersetzt werden.

Gesucht ist die Schaltung eines 4-Bit-Schieberegisters für serielle Informationseingabe und für serielle und parallele Informationsausgabe.

Von welcher Art müssen die für die Schaltung zu verwendenden Flipflops sein? Die Flipflops dürfen erst kippen, wenn das Taktsignal von Zustand 1 auf Zustand 0 geht. Benötigt wird also ein dynamischer Eingang als Takteingang, der auf beide Flipflop-Felder gemeinsam wirkt.

Zum *Setzen* des Flipflops – so bezeichnet man das Schalten auf Arbeitsstellung – wird ein statischer Eingang im oberen Feld benötigt. Zum *Rücksetzen* des Flipflops – so bezeichnet man das Schalten auf Grundstellung oder Ruhestellung – wird ein statischer Eingang im unteren Feld benötigt.

Die statischen Eingänge und der gemeinsame dynamische Eingang müssen über eine Eingangsschaltung mit Vorbereitung zusammenwirken. Selbstverständlich muss das Flipflop eine festgelegte Grundstellung haben. Der Eingang A_1 muss herausgeführt sein. Verwendet wird ein SR-Flipflop nach Bild 35.8.

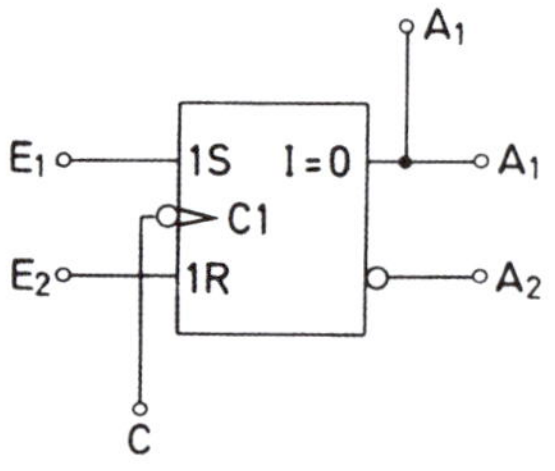

Bild 35.8
Flipflop für Schieberegister (SR-Flipflop)

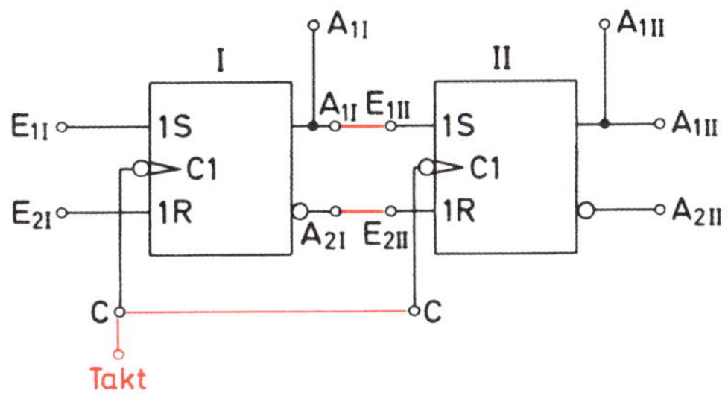

Bild 35.9
Zusammenschaltung von Flipflops

Wie müssen nun die Flipflops zusammengeschaltet werden? Zunächst kann man die Takteingänge zu einem gemeinsamen Takteingang zusammenschalten.

Das Setzen erfolgt grundsätzlich durch Zustand 1 über die Eingänge E_1. Der Zustand 1 am Ausgang A_{1I} des Flipflops I kann also nur weitergegeben werden, wenn eine Verbindung von A_{1I} nach E_{1II} besteht (Bild 35.9).

Das Rücksetzen erfolgt grundsätzlich durch Zustand 1 über die Eingänge E_2. Der Zustand 0 am Ausgang A_{1I} des Flipflops I kann also nur mit Hilfe des Ausganges A_{2I} weitergegeben werden. Wenn $A_{1I} = 0$ ist, so ist $A_{2I} = 1$. Wird dieser Zustand 1 an E_{2II} wirksam, so kann das Flipflop II zurückgesetzt werden. Eine Verbindung von A_{2I} nach E_{2II} ist daher ebenfalls erforderlich (Bild 35.9).

Alle Ausgänge A_1 werden also mit allen Eingängen E_1 verbunden. Alle Ausgänge A_2 werden mit allen Eingängen E_2 verbunden. Es ergibt sich dann die Schaltung Bild 35.10. Die Eingabe des Zustandes 0 über den seriellen Eingang bereitet noch Schwierigkeiten. Um das Flipflop I auf 0 zu stellen, benötigt man Zustand 1 an E_{2I}. Diesen Zustand 1 kann man durch Negieren des Zustandes 0, der ja dann an E_{1I} liegt, erhalten. Der Eingang E_{1I} wird also über Negationsglied mit dem Eingang E_{2I} verbunden (Bild 35.10).

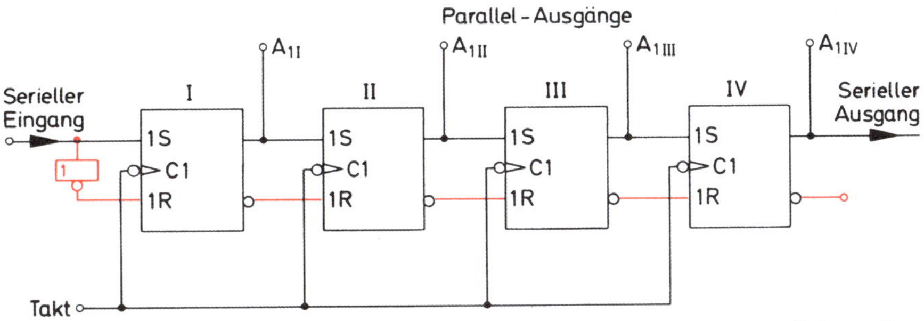

Bild 35.10 4-Bit-Schieberegister mit serieller Ein- und Ausgabe und mit Parallelausgabe

35.2 Flipflop-Speicher

Jedes Flipflop kann einen Informationsgehalt von 1 Bit speichern. Es ist also möglich, Flipflops für den Aufbau von Speichern zu verwenden. Solche Speicher werden Flipflop-Speicher, Halbleiterspeicher oder Festkörperspeicher genannt.

Flipflop-Speicher unterscheiden sich von Schieberegistern dadurch, dass eine serielle Informationseingabe und -ausgabe nicht möglich ist. Die Information kann auch nicht von Flipflop zu Flipflop weitergeschoben werden. Jedes Flipflop wird durch einen besonderen Eingang gesteuert, und jedes Flipflop hat auch einen eigenen herausgeführten Ausgang. Man kann sagen, die Information wird parallel eingegeben und parallel ausgegeben.

Bild 35.11 zeigt die Schaltung eines einfachen 4-Bit-Flipflop-Speichers. Die Informationseingabe erfolgt taktgesteuert. 4-Bit-Flipflop-Speicher werden selten verwendet. Sie haben eine zu geringe Speicherkapazität. In Bild 35.12 ist die Schaltung eines 16-Bit-Schreib-Lese-Speichers für 4 Tetraden dargestellt. Jede Tetrade hat eine bestimmte Adresse. Beim Einschreiben einer Information muss das Adresssignal an den Adresseingängen liegen. Außerdem muss ein Schreib-Freigabesignal am entsprechenden Eingang anliegen. Beim Lesen einer Information muss ebenfalls ein Adresssignal und ein Lese-Freigabesignal an den bezeichneten Eingängen vorhanden sein.

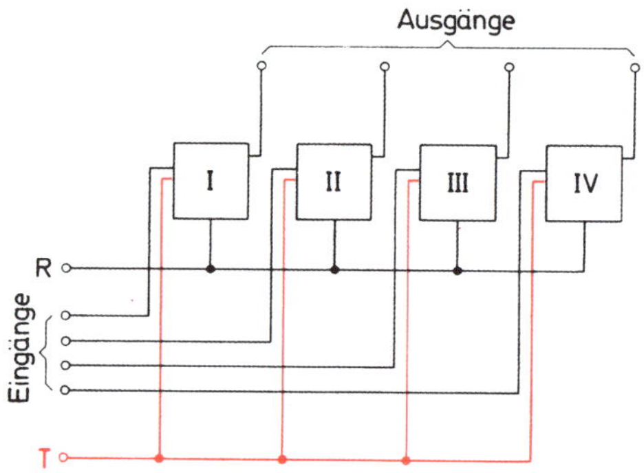

Bild 35.11
Einfacher 4-Bit-Flipflop-Speicher

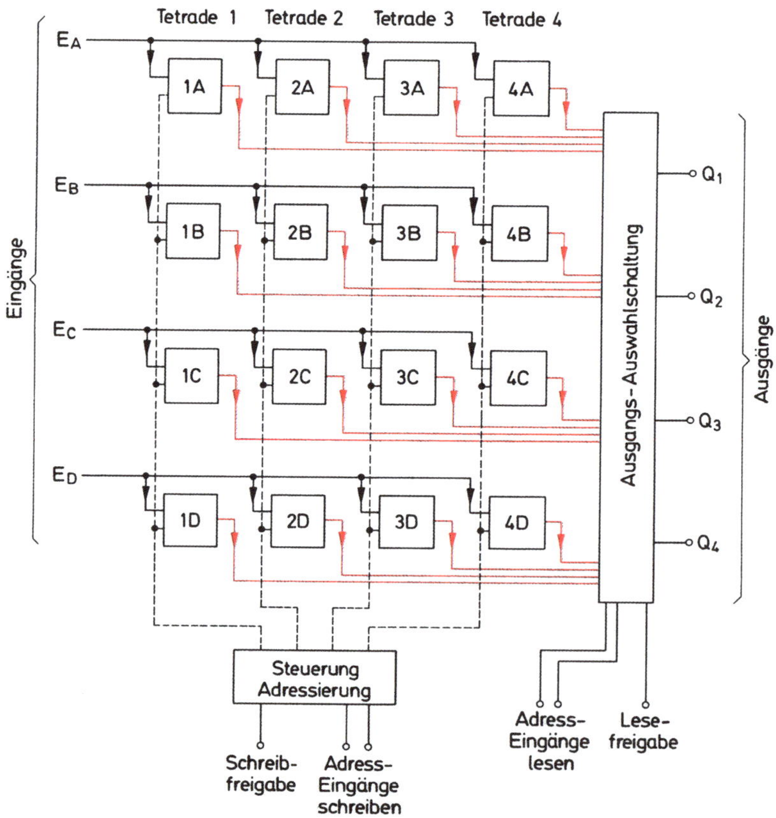

Bild 35.12 16-Bit-Schreib-Lese-Speicher mit 4 Tetraden

Flipflop-Speicher werden in neuerer Zeit in immer größerem Umfang eingesetzt. Sie werden als integrierte Schaltungen angeboten. Mit größerer Integrationsdichte sinken die Kosten je Bit. Es werden integrierte Schaltungen mit einer Speicherkapazität pro Schaltung von 256000 Bit und mehr hergestellt.

35.3 Schreib-Lese-Speicher (RAM)

Mit RAM bezeichnet man einen in Halbleitertechnik gebauten Schreib-Lese-Speicher. Er hat eine bestimmte Anzahl von Speicherplätzen. Jeder Speicherplatz hat eine festgelegte Speicherkapazität. Er kann also eine Information bestimmter Bitlänge aufnehmen. Die einzelnen Speicherplätze sind mit Adressen gekennzeichnet. Mit Hilfe dieser Adressen können Speicherzellen angewählt werden. Ein RAM arbeitet also mit wahlfreiem Zugriff.

Definition

Die Bezeichnung RAM ist die Abkürzung von **R**andom **A**ccess **M**emory, engl.: Speicher mit beliebigem Zugang oder, sinngenauer, Speicher mit wahlfreiem Zugriff.

Eine Speicherzelle wird mit Hilfe ihrer Adresse gewählt. In sie wird eine Information eingespeichert, man sagt, eingeschrieben. Zur Informationsausgabe wird die Speicherzelle erneut mit ihrer Adresse gewählt. Die Information wird ausgelesen, ohne dass der Informationsinhalt der Speicherzelle gelöscht wird. Wenn die Information nicht mehr benötigt wird, kann sie gelöscht und die Speicherzelle mit einer neuen Information geladen werden.

RAM werden ausschließlich als integrierte Schaltungen gebaut. Man unterscheidet zwischen *statischen RAM* und *dynamischen RAM*. Bei statischen RAM bestehen die Speicherzellen aus Flipflops. Jedes Bit wird in einem Flipflop gespeichert. Bei dynamischen RAM werden interne Kapazitäten zur Speicherung verwendet. Jedes Bit wird in einem kleinen Kondensator gespeichert. Da die Leckströme nicht unendlich klein sind, treten Ladungsverluste auf, die in kurzen Zeitabständen durch *Auffrischen* ersetzt werden müssen.

Grundsatz

Statische und dynamische RAM sind flüchtige Speicher. Bei Ausfall der Speisespannung geht der Speicherinhalt verloren.

Zur Sicherung des Speicherinhalts gegen Verlust ist der Einsatz von Pufferbatterien zu empfehlen.

Statische RAM werden in verschiedenen Technologien hergestellt. Die Schaltungen gehören zu verschiedenen Schaltkreisfamilien. Es sind RAM in TTL-Technik, in ECL-Technik, in NMOS-Technik und in CMOS-Technik verfügbar. Dynamische RAM werden in den verschiedenen MOS-Techniken gebaut.

35.3.1 Speicheraufbau

Statische und dynamische RAM werden mit verschiedenen Speicherkapazitäten und in verschiedenen Organisationsformen angeboten.

Die mit einer Adresse anwählbare Speicherzelle kann aus einem Speicherelement oder aus mehreren Speicherelementen bestehen. Besteht sie nur aus einem Speicherelement, spricht man von einem bitorganisierten Speicher. Jedes Speicherelement, also jedes Bit, hat seine eigene Adresse und ist somit anwählbar. Das Aufbauschema eines solchen Speichers zeigt Bild 35.13. Die Bezeichnung 16 × 1 bedeutet:

Gesamtkapazität 16 Bit, Kapazität einer Speicherzelle 1 Bit.

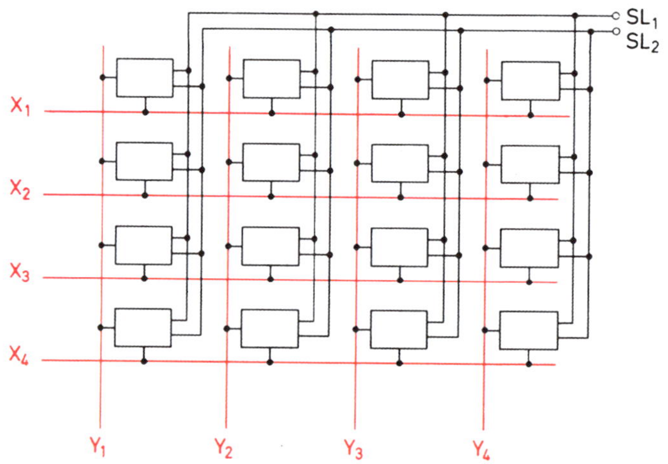

Bild 35.13 Aufbauschema eines 16×1-Bit-Speichers

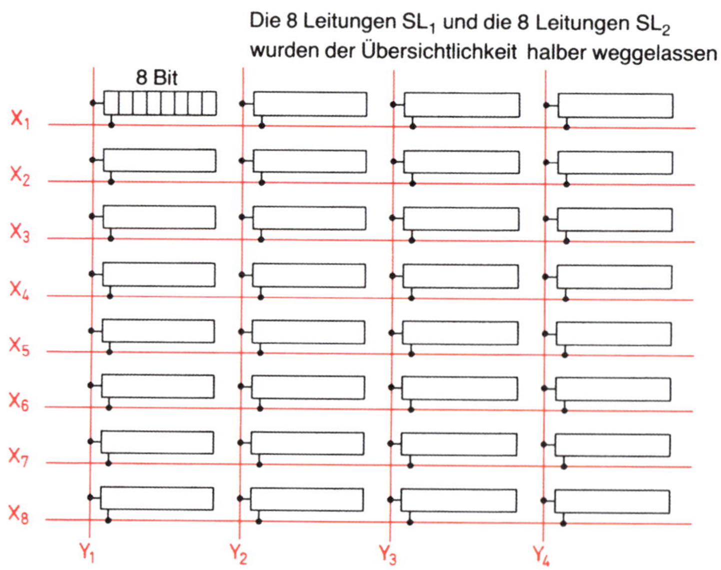

Bild 35.14 Aufbauschema eines 32×8-Bit-Speichers

Besteht eine Speicherzelle aus mehreren Speicherelementen, so ist der Speicher wortorganisiert. In Bild 35.14 ist das Aufbauschema eines 32×8-Bit-Speichers angegeben. Der Speicher enthält 32 Speicherzellen zu je 8 Bit. Jede 8-Bit-Einheit ist über eine Adresse anwählbar. Die 8 Bit einer Speicherzelle werden stets gemeinsam geschrieben und gelesen. Bei einem 256×1-Speicher ergeben sich 16 X-Koordinatenleitungen und 16 Y-Koordinatenleitungen (Bild 35.15). Es wäre ungünstig, diese Koordinatenleitungen nach außen, also an Anschlusspole der integrierten Schaltung, zu führen. Diese Schaltung müsste sehr viele Anschlussstifte haben. Es werden Adressdecodierer (s. Kapitel 34) verwendet. Zur Anwahl von 16 Koordinatenleitungen sind 4 Adressleitungen erforderlich. Die Adressleitungen werden an Anschlussstifte der integrierten Schaltung geführt.

Wie sieht es nun mit den Koordinatenleitungen und den Adressleitungen bei einem 16-kBit×1-Bit-Speicher aus? Es müssen 16 384 Bit anwählbar sein. Dazu sind 128 X-Koordinatenleitungen und 128 Y-Koordinatenleitungen erforderlich. Zur Auswahl von 128 Koordinatenleitungen werden 7 Steuerleitungen benötigt (Bild 35.16). Man könnte insgesamt 14 Adressleitungen an Anschlussstifte der integrierten Schaltung führen. Da man jedoch weitere Anschlussstifte für Dateneingang und Datenausgang und für Steuerbefehle wie Schreib- und Lesebefehle benötigt, würde sich eine sehr große Zahl von Anschlüssen ergeben. Um das zu vermeiden, setzt man einen Demultiplexer ein (Abschnitt 11.1). An die Eingänge A_1 bis A_7 wird zunächst die X-Adresse angelegt, danach wird an die gleichen Eingänge die Y-Adresse angelegt. Die Umschaltung erfolgt mit einem Steuersignal S. Das Multiplexen der Adresssignale erlaubt die Verwendung kleiner IC-Gehäuse.

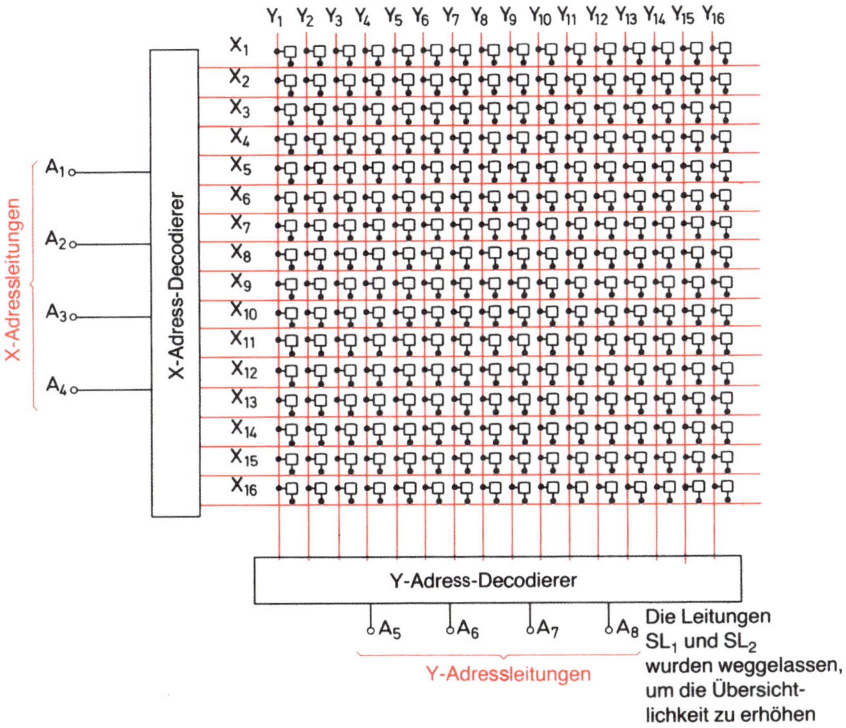

Bild 35.15 Aufbauschema eines 256×1-Bit-Speichers mit Adressdecodierer

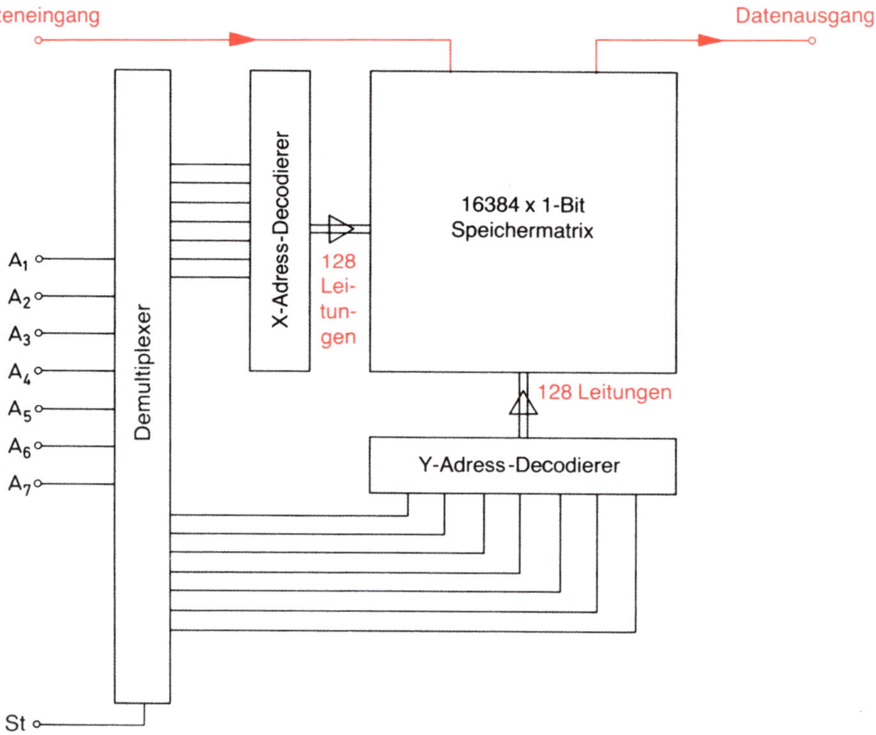

Bild 35.16 Aufbauschema eines 16-kBit×1-Bit-Speichers mit Adresscodierern und Multiplexer

35.3.2 Speicherkenngrößen

Für die Auswahl von Speichern sind die Speicherkenngrößen von großer Bedeutung. Es kommt auf die Speicherkapazität und auf die Speicherorganisation an, aber auch auf die Arbeitsgeschwindigkeit und auf den Leistungsbedarf. Weiterhin sind die elektrischen Betriebsbedingungen und der zulässige Arbeitsbereich von Wichtigkeit. Die wichtigsten Speicherkenngrößen sollen nacheinander betrachtet werden.

- ❑ Die *Speicherkapazität* gibt die Anzahl der in der Speicherschaltung enthaltenen Speicherelemente an, also die Anzahl der speicherbaren Bit.
- ❑ Die *Speicherorganisation* gibt Auskunft über die Speicherkapazität einer Speicherzelle und über die Anwahlmöglichkeit.
- ❑ Die *Zugriffszeit* ist die Zeit, die vom Zeitpunkt der Adressierung eines Speicherelementes bis zur Verfügbarkeit der Information am Datenausgang vergeht.
- ❑ Unter der *Zykluszeit* versteht man die kürzeste Zeit zwischen zwei aufeinanderfolgenden Schreib-Lese-Vorgängen.
- ❑ Es wird der Gesamt*leistungsbedarf* der integrierten Schaltung angegeben. Er kann bei Betriebszustand und bei Ruhezustand unterschiedlich sein.
- ❑ *Elektrische Betriebsbedingungen:*
  Hier werden die benötigten Versorgungsspannungen und die erforderlichen Signalpegel und ihre Toleranzbereiche angegeben (s. Kapitel 6, Schaltkreisfamilien) sowie die elektrischen Grenzwerte.

- ❑ Der *Arbeitstemperaturbereich* ist der Temperaturbereich, in dem der Speicher innerhalb seiner vorgeschriebenen elektrischen Betriebsbedingungen sicher arbeitet.

35.4 Festwertspeicher (ROM)

Festwertspeicher enthalten eine nicht löschbare und nicht änderbare Information.

Definition

Die Bezeichnung ROM ist die Abkürzung von **R**ead **O**nly **M**emory (engl.: Nur-Lese-Speicher).

Die Information wird vom Hersteller eingegeben.

Ein ROM ist einem Buch vergleichbar. Die in ihm enthaltene Information ist jederzeit auslesbar. Es ist aber nicht möglich, die Information gegen eine andere auszutauschen. In einem ROM speichert man häufig benötigte Informationen, z.B. Steueranweisungen und Programme sowie Tabellen. Es wäre z.B. möglich, die Lohnsteuertabelle in ein ROM einzuspeichern. Bei Bedarf könnten dann die einzelnen Tabellenwerte ausgelesen werden.

Grundsatz

Zum Aufbau eines ROM werden zwei Arten von Speicherelementen benötigt. Speicherelemente der ersten Art müssen stets den Wert 1 enthalten. Speicherelemente der zweiten Art müssen stets den Wert 0 enthalten.

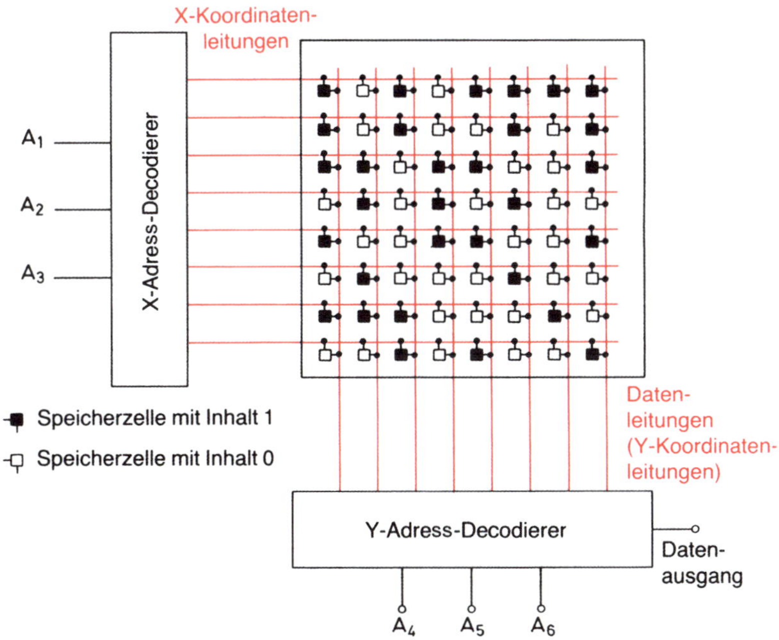

Bild 35.17 Aufbauschema eines 64×1-Bit-ROM

Speicheraufbau und Speicherorganisation eines ROM ist ähnlich wie die eines RAM. Eine Speichermatrix besteht aus Zeilen und Spalten. Die einzelnen Speicherzellen werden durch Adressen angewählt (Bild 35.17).

ROM werden meist in NMOS-Technik hergestellt. Die mögliche Integrationsdichte ist groß, der Leistungsbedarf gering. Wie ist nun ein Speicherelement aufgebaut, das immer den Wert 1 enthält? Es wird durch einen fehlenden NMOS-Transistor dargestellt. Ein Speicherelement, das immer den Wert 0 hat, wird durch einen NMOS-Transistor gebildet.

35.5 Programmierbarer Festwertspeicher (PROM)

Definition

Der Name PROM ist die Abkürzung für **P**rogrammable **R**ead **O**nly **M**emory, engl.: programmierbarer Nur-Lese-Speicher.

Die Entwicklung der programmierbaren Festwertspeicher wurde durch den Wunsch der Anwender ausgelöst, ihre Informationen selbst in Festwertspeicher eingeben zu können. Auch wollte man nicht an große Stückzahlen gebunden sein. Die wirtschaftliche Herstellbarkeit kleiner Stückzahlen, ja von Einzelstücken, war das Ziel.

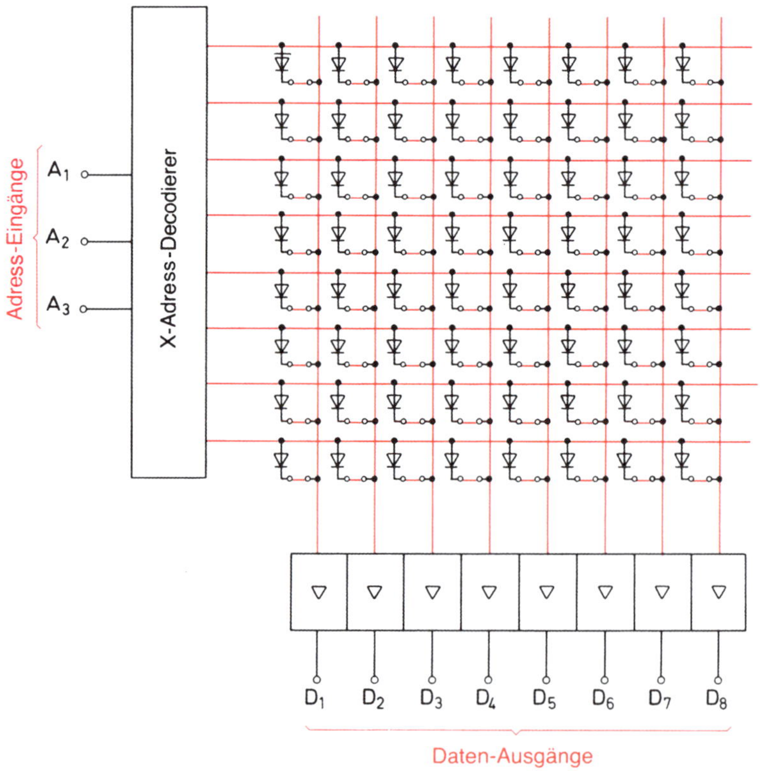

Bild 35.18 Aufbau eines 64×8-Bit-Dioden-PROM

Stellen wir uns ein ROM vor, das nur mit Speicherelementen für 0 gemäß Bild 35.17 aufgebaut ist. Es sitzen also lauter Feldeffekttransistoren in den Kreuzungspunkten der Leitungen. Würde einer der Transistoren durchbrennen, wäre an dieser Stelle die Information 1 eingespeichert. Warum sollte man also nicht gezielt immer an den Stellen Transistoren durchbrennen, an denen man die Information 1 wünscht?

Auf diese Weise wird ein PROM programmiert, d.h. mit einer Information versehen. Es gibt verschiedene PROM-Arten. Bipolare PROM mit Dioden und Transistoren in den Kreuzungspunkten der Leitungen haben zur Zeit eine große Bedeutung. In Bild 35.18 ist der Aufbau eines 8×8-Bit-Dioden-PROM dargestellt. Die Dioden haben sehr dünne Zuführungen aus einer Chrom-Nickel-Legierung (20 bis 30 nm breit, 100 nm dick). Steigt der Strom über einen bestimmten Wert an, so brennen diese Leitungen durch. Zur Programmierung eines PROM ist ein besonderes Programmiergerät erforderlich. Selbstverständlich ist eine Informationsspeicherung nicht mehr rückgängig zu machen. Hat man sich versehen, ist das PROM meist Ausschuss und kann weggeworfen werden. Eine Korrektur ist nur in den seltensten Fällen möglich, in denen zusätzlich weitere Verbindungen durchgebrannt werden müssen.

35.6 Löschbare programmierbare Festwertspeicher

Grundsatz

Löschbare und programmierbare Festwertspeicher erlauben das Löschen der eingegebenen Information und die nachfolgende Neuprogrammierung.

Das Löschen und das Neuprogrammieren kann beliebig oft wiederholt werden, ohne dass der Speicherbaustein Schaden erleidet.

Man unterscheidet zwei Gruppen von löschbaren programmierbaren Festwertspeichern. Bei der einen Gruppe wird die Information durch ultraviolettes Licht (UV-Licht) gelöscht. Festwertspeicher dieser Art werden EPROM (**E**rasable **Pro**grammable **R**ead **O**nly **M**emory = löschbarer programmierbarer Festwertspeicher) und REPROM (**Re**programmable **R**ead **O**nly **M**emory = neuprogrammierbarer Festwertspeicher) genannt.

Löschbare programmierbare Festwertspeicher der zweiten Gruppe werden durch elektrische Spannungen gelöscht. Für sie sind die Abkürzungen EEROM (**E**lectrically **E**rasable **R**ead **O**nly **M**emory = elektrisch löschbarer Festwertspeicher) und EAROM (**E**lectrically **A**lterable **R**ead **O**nly **M**emory = elektrisch umprogrammierbarer Festwertspeicher) üblich.

Die Speicherzellen eines EPROM bzw. REPROM werden nach Auswahl durch die Koordinatenleitungen X und Y nacheinander programmiert. Der Programmiervorgang kann aus Sicherheitsgründen mehrfach wiederholt werden.

Nach Angaben der Hersteller bleibt die Ladung auf dem MOS-FET-Gate viele Jahre lang erhalten. Die Angaben schwanken zwischen 1 Jahr und 100 Jahren.

Grundsatz

Ein programmiertes EPROM bzw. REPROM hält die eingegebene Information fest.

Ein namhafter Hersteller gibt eine Garantie von 10 Jahren für den Datenerhalt.

Merksatz

Zum Löschen der Information eines EPROM oder REPROM wird durch ein Fenster oberhalb des Floating-Gates starkes UV-Licht eingestrahlt.

Das hochisolierende Material wird durch die Bestrahlung ionisiert und schwach leitfähig. Die Ladung des Gates wird langsam abgebaut. Bei der Strahlungsleistung des UV-Lichtstrahlers von etwa 10 Ws/cm² ist das Gate nach 20 bis 30 Minuten entladen.

Bild 35.19 Gehäuse eines EPROM-REPROM

Das Gehäuse eines EPROM bzw. eines REPROM hat ein über die ganze Fläche des Kristallchips gehendes Fenster (Bild 35.19). Das UV-Licht erreicht also alle Speicherelemente und löscht sie alle gleichzeitig.

Grundsatz

Beim Löschen eines EPROM bzw. eines REPROM wird stets die gesamte Information gelöscht.

Nach dem Löschen muss der Baustein abkühlen. Er hat sich tatsächlich merklich erwärmt. Vor allem muss die Ionisierung im isolierenden Material abklingen. Das Material muss wieder hochisolierend sein. Erst dann kann man mit einer Neuprogrammierung beginnen. Die Abkühlzeit sollte mindestens eine halbe, besser eine ganze Stunde dauern.

Grundsatz

Dem Licht ausgesetzte EPROM bzw. REPROM können unabsichtlich gelöscht werden.

Die Einstrahlung von Sonnenlicht führt nach etwa 3 Tagen zur Löschung. Das Licht einer Leuchtstofflampe löscht die Information in etwa 3 Wochen. Um unbeabsichtigtes Löschen zu verhindern, ist es zweckmäßig, das Fenster mit einem dunklen Klebeband abzudecken.

Durch den Löschvorgang werden die Materialien des Bausteins nicht merklich verändert, so dass ein beliebig häufiges Löschen und Neuprogrammieren möglich ist.

Löschbare programmierbare Festwertspeicher vom Typ EPROM und REPROM gibt es mit Speicherkapazitäten von einigen 100 Bit bis zu 128 kBit. Bausteine mit 256 kBit und 1024 kBit sind in der Entwicklung.

Festwertspeicher EEROM *und* EAROM
Festwertspeicher der Arten EEROM und EAROM sind ähnlich aufgebaut wie die im vorstehenden Abschnitt beschriebenen Festwertspeicher. Sie sind löschbar und programmierbar. Das Löschen und das Programmieren können beliebig oft wiederholt werden. Ein wichtiger Unterschied ist jedoch:

Grundsatz

Festwertspeicher der Arten EEROM und EAROM werden elektrisch gelöscht.

Jede Speicherzelle ist mit zwei selbstsperrenden MOS-FET aufgebaut. Auch hier werden überwiegend N-Kanal-Typen verwendet.

Die Programmierung erfolgt wie bei EPROM und REPROM.

Elektrisch löschbare Festwertspeicher können nun so gebaut werden, dass die gesamte Information eines Bausteins gemeinsam gelöscht wird. Es wurde vorgeschlagen, für Bausteine mit gemeinsamer Informationslöschung die Bezeichnung EEROM zu verwenden.

Es ist aber auch möglich, die Festwertspeicher so zu bauen, dass jedes Speicherelement einzeln gelöscht werden kann.

Ein solcher Speicher wird EEPROM genannt (**E**lectrically **E**rasable **P**rogrammable **R**ead-**O**nly-**M**emory). Dieser Speicher lässt sich byteweise elektrisch löschen. Sein Speicher ist nicht flüchtig d.h., er geht bei Abschalten der Betriebsspannung nicht verloren. Daher wird ein EEPROM für die Speicherung von Grundeinstellungen konfigurierbarer Geräte verwendet.

Merksatz

Ein EEPROM ist elektrisch löschbar und hat einen nichtflüchtigen Speicherinhalt.

Unter dem Begriff Flashspeicher versteht man kleine EEPROMs, deren Speicherinhalt nicht flüchtig und deren Energieverbrauch niedrig ist. Sie wurden für die Speicherung von Daten in mobilen Geräten entwickelt.

35.7 Magnetkernspeicher

Magnetkernspeicher sind Datenspeicher, die mit Speicherringkernen aufgebaut sind. Jeder Speicherringkern speichert 1 Bit. Der Magnetisierungszustand der Kerne bleibt bei Ausfall der Versorgungsspannung erhalten. Ein Magnetkernspeicher ist also ein nichtflüchtiger Speicher. Die Zugriffszeit zu den im Speicher enthaltenen Daten ist gering (ca. 0,5 µs). Die Herstellung ist jedoch sehr aufwendig. Magnetkernspeicher sind daher sehr teure Speicher. Sie wurden in großem Umfang als schnelle Arbeitsspeicher in der Computertechnik verwendet, werden aber zunehmend von Halbleiterspeichern verdrängt (Bild 35.20).

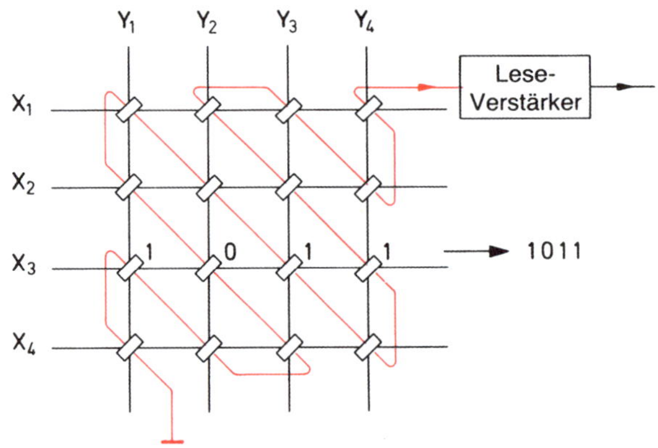

Bild 35.20 Aufbau einer Magnetkernspeichermatrix

Das Einspeichern von Informationen kann auf verschiedene Weise erfolgen. Sehr leicht zu verstehen ist das sogenannte *Halbstromverfahren*. Betrachten wir Bild 35.20. Alle Kerne der Magnetkernspeicher-Matrix sollen in Zustand 0 gekippt sein. Die Matrix enthält also keine Information.

Grundsatz

Zum Einspeichern einer Information ist es erforderlich, bestimmte Kerne in den Zustand 1 zu kippen und andere im Zustand 0 zu belassen.

Das Einspeichern wird auch Schreiben genannt. Zum Kippen eines Kerns soll ein Strom von 300 mA erforderlich sein, das heißt, der Kern muss von einem Strom von 300 mA in der richtigen Richtung durchflossen werden, dann kippt er in den Zustand 1. Soll nun ein bestimmter Kern in den Zustand 1 gekippt werden, lässt man durch jede seiner Koordinatenleitungen 150 mA fließen. Wenn z.B. der 3. Kern der 2. Zeile in den Zustand 1 gekippt werden soll, muss durch die Koordinatenleitung X_2 ein Strom von 150 mA fließen. Ebenfalls muss durch die Koordinatenleitung Y_3 ein Strom von 150 mA fließen. Der Kern A wird jetzt von insgesamt 300 mA durchflossen und kippt. Zur Sicherheit lässt man in den Koordinatenleitungen etwas mehr als den halben Kippstrom fließen, also z.B. 160 mA.

Die anderen Kerne der Koordinatenleitung X_2 werden somit von 160 mA durchflossen. Ebenfalls werden alle anderen Kerne der Koordinatenleitung Y_3 von 160 mA durchflossen. Dieser Strom ist zum Kippen nicht ausreichend. Die anderen Kerne der Koordinatenleitungen werden also nicht kippen.

Mit Hilfe der Halbströme werden nun nacheinander die gewünschten Kerne in den Zustand 1 gekippt. Für die Steuerung der Ströme ist eine besondere Schaltung erforderlich.

Die Informationsausgabe wird Lesen genannt. Beim Lesen muss festgestellt werden, welche Kerne sich im Zustand 1 und welche Kerne sich im Zustand 0 befinden. Die Kerne werden nacheinander «abgefragt». Durch ihre Koordinatenleitungen werden Halbströme in entgegengesetzter Richtung wie beim Schreiben geschickt. Befindet sich ein Kern im Zustand 0, wird er durch diese Ströme ein wenig stärker in die negative Sättigung magnetisiert. Sein Magnetfeld ändert sich kaum. Befindet sich ein Kern im Zustand 1, kippt er in den Zustand 0. Sein Magnetfeld kehrt sich um. In die Leseleitung wird ein Spannungsimpuls induziert. Der Spannungsimpuls wird im Leseverstärker verstärkt und weiter verarbeitet.

Grundsatz

Beim Lesen werden alle Kerne, die sich im Zustand 1 befinden, in den Zustand 0 gekippt. Dadurch wird die Information gelöscht.

Das Löschen der Information beim Lesen ist ein Nachteil. Wird die Information weiter benötigt, muss sie zwischengespeichert und nach dem Lesen erneut wieder eingeschrieben werden. Magnetkernspeicher lassen sich durch von außen einwirkende elektrische und magnetische Felder wenig beeinflussen. Aufgrund dieser verhältnismäßig guten Störsicherheit werden sie vor allem im militärischen Bereich eingesetzt.

36 Zählerschaltungen

36.1 Frequenzteiler

Eine Rechteckschwingung U_E nach Bild 36.1 soll im Verhältnis 2 : 1 heruntergeteilt, also in ihrer Grundfrequenz halbiert werden. Dies kann mit Hilfe eines Flipflops geschehen. Man benötigt ein Flipflop, das bei jedem Eingangsimpuls kippt. Dabei ist es im Prinzip gleich, ob dieses Flipflop beim Übergang des Eingangssignals von 0 auf 1 oder von 1 auf 0 kippt. Gewählt wird ein T-Flipflop.

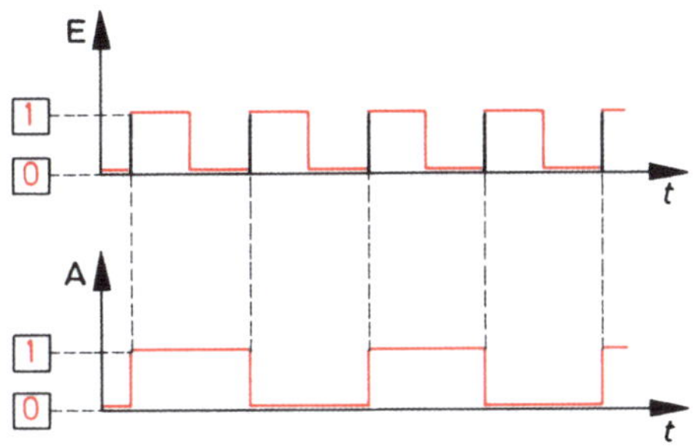

Bild 36.1
Frequenzteilung 2 : 1

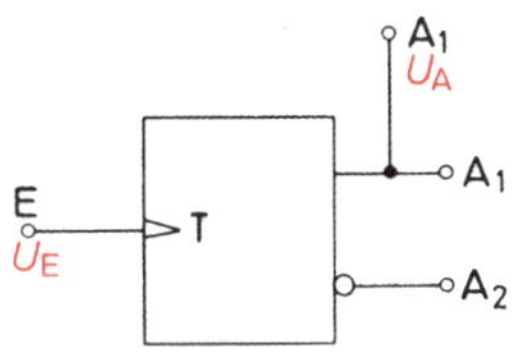

Bild 36.2
Zählerflipflop (T-Flipflop)

Das Flipflop (Bild 36.2) befindet sich im Ruhestand (U_A = 0 V). Mit der ansteigenden Flanke von Impuls 1 (Bild 36.1) kippt das Flipflop in den Arbeitszustand (U_A = +5 V). Ein erneutes Kippen ist erst mit der ansteigenden Flanke von Impuls 2 möglich. Bei Eintreffen dieser Flanke kippt das Flipflop wieder in den Ruhezustand (U_A = 0 V). Die ansteigende Flanke von Impuls 3 lässt das Flipflop wieder in den Arbeitszustand kippen. Die Spannung U_A am Ausgang des Flipflops hat halbe Grundfrequenz.

Betrachten wir nun die Zusammenschaltung von zwei Flipflops in Bild 36.3 und das Diagramm Bild 36.4. Bei der positiven Flanke von Impuls 1 geht Flipflop I in Arbeitsstellung. Der Ausgang A_I von Flipflop I geht von Zustand 0 auf Zustand 1. Dadurch wird aber das Flipflop II in Arbeitsstellung gekippt, denn sein Eingang ist mit A_I verbunden.

Mit der ansteigenden Flanke von Impuls 2 kippt Flipflop I wieder in Ruhestellung (A_I = 0). Flipflop II reagiert darauf nicht, da A_I von Zustand 1 zu Zustand 0 geht.

Die ansteigende Flanke von Impuls 3 lässt Flipflop I wieder in Arbeitsstellung kippen. Und da jetzt A_I von 0 auf 1 geht, kippt auch Flipflop II.

Die Rechteckspannung U_{AII} am Ausgang von Flipflop II hat eine Grundfrequenz, die nur ein Viertel der Grundfrequenz von U_E beträgt.

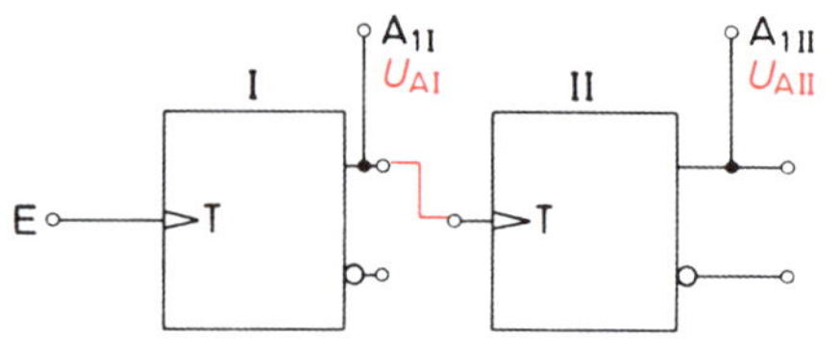

Bild 36.3
Zusammenschaltung von zwei Flipflops zur Frequenzteilung

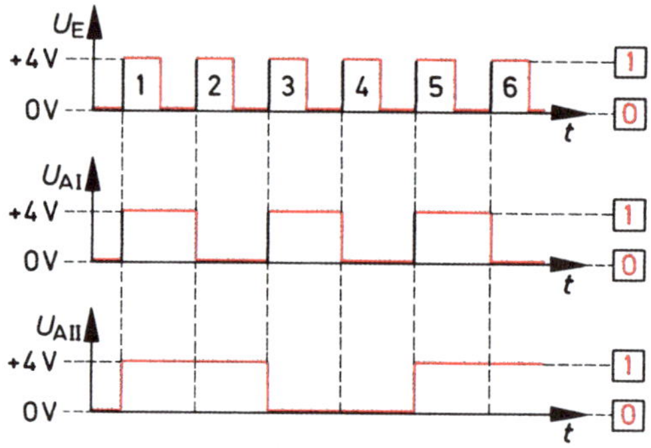

Bild 36.4
Diagramm zur Schaltung Bild 36.3

Grundsatz

Jedes Flipflop erzeugt eine Frequenzteilung um den Faktor 2.

Aufgabe

Die Frequenzteilerschaltung Bild 36.5 wird durch eine Rechteckspannung U_E wie in Bild 36.4 gespeist. Wie sieht das Diagramm der Ausgangsspannungen U_{AI} und U_{AII} aus?

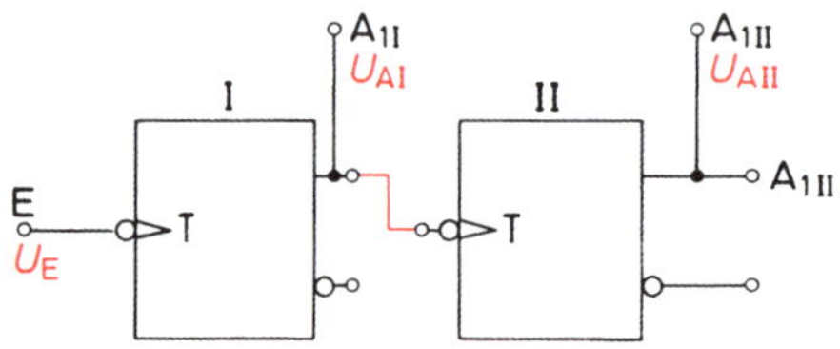

Bild 36.5 Frequenzteilerschaltung

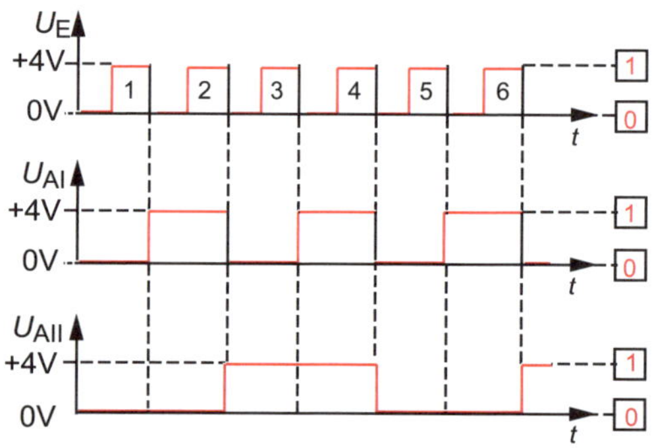

Bild 36.6 Diagramm zur Schaltung Bild 36.5

Lösung

Es werden Flipflops verwendet, die beim Übergang des Eingangssignals von Zustand 1 auf Zustand 0 kippen. Nur die im Diagramm Bild 36.6 schwarz dargestellten Flanken lösen Kippvorgänge aus. Die Spannung U_{AI} hat gegenüber der Eingangsspannung U_E halbe Grundfrequenz. Die Spannung U_{AII} hat nur ein Viertel der Grundfrequenz von U_E. Die Frequenzteilung wird sehr häufig bei elektronischen Uhren angewendet. Die recht hohe Frequenz eines Quarzgenerators wird z.B. bis auf 1 Hz, also bis auf den sogenannten Sekundentakt, heruntergeteilt.

36.2 Vorwärtszähler

Die in Bild 36.7 dargestellte Schaltung ist der Frequenzteilerschaltung Bild 36.5 sehr ähnlich. Nur ist durch das Flipflop III eine weitere Teilerstufe dazugeschaltet.

Wenn wir den Ausgängen A_I, A_{II} und A_{III} die Wertungen 2^0, 2^1 und 2^2 geben, so stellen wir fest, dass diese Frequenzteilerschaltung als Dualzähler arbeitet. *Sie zählt die Impulse.*

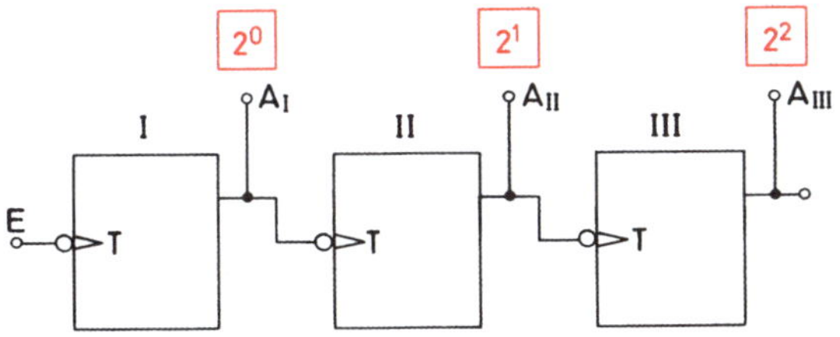

Bild 36.7 Frequenzteilerschaltung

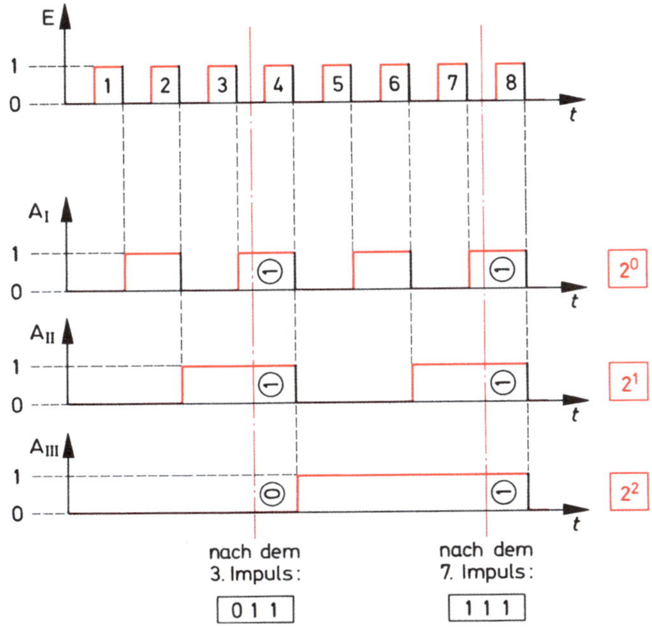

Bild 36.8 Diagramm zur Schaltung Bild 12.59

Nach dem 3. Impuls stellen die Ausgangszustände die Dualzahl 011 = 3 dar, nach dem 7. Impuls die Dualzahl 111 = 7 (Bild 36.8).

Nach dem 8. Impuls sind alle Ausgänge auf Zustand 0. Der aus drei Flipflops bestehende Zähler kann nur bis 7 zählen.

Die aus drei Flipflops bestehende Zählerschaltung kann man etwas umzeichnen, so dass sich die Schaltung Bild 36.9 ergibt, bei der die Lage der Ausgänge der Stellung der Dualziffern entspricht. Diese Darstellung ist aber für Zähler nicht zwingend.

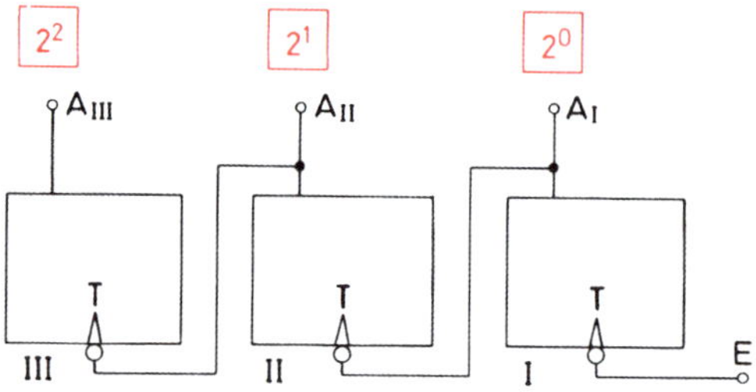

Bild 36.9
Dualzähler

Definition

Ein Zähler, der von null ab bis zu einer größten Zahl weiterzählt, wird Vorwärtszahl genannt.

36.3 Rückwärtszähler

Man kann Flipflops so zusammenschalten, dass ein Zähler entsteht, der beim ersten eintreffenden Impuls seine größtmögliche Dualzahl anzeigt. Mit jedem weiteren Impuls wird die angezeigte Dualzahl um 1 vermindert. Ein solcher Zähler zählt rückwärts und wird daher Rückwärtszähler genannt.

In Bild 36.10 ist ein solcher Rückwärtszähler dargestellt. Nach der ersten schaltenden Impulsflanke wird die Dualzahl 1111 = 15 angezeigt.

Nach der zweiten schaltenden Impulsflanke liegt an den Ausgängen die Dualzahl 1110 = 14.

Würde man statt der Ausgänge A_I, A_{II} und A_{III} die Ausgänge $\overline{A}_I$, $\overline{A}_{II}$ und $\overline{A}_{III}$ zur Ansteuerung der folgenden Flipflops verwenden, so erhielte man einen Vorwärtszähler.

Definition

Ein Zähler, der mit dem 1. Impuls eine größte Zahl anzeigt und bei jedem weiteren Impuls diese Zahl um 1 vermindert, wird Rückwärtszähler genannt.

36.4 Zähldekaden

Sehr häufig besteht der Wunsch, das Ergebnis einer Zählung als Dezimalzahl anzuzeigen. Natürlich kann man jede gefundene Dualzahl in eine Dezimalzahl umcodieren. Oft wählt man aber den Weg, «dezimalziffernweise» zu zählen. Dies ist mit sogenannten Zähldekaden möglich.

Definition

Eine Zähldekade ist ein 4-Bit-Dualzähler (Vorwärtszähler), der nur bis 1001 = 9 zählt und bei Eintreffen des 10. Impulses auf null gestellt wird.

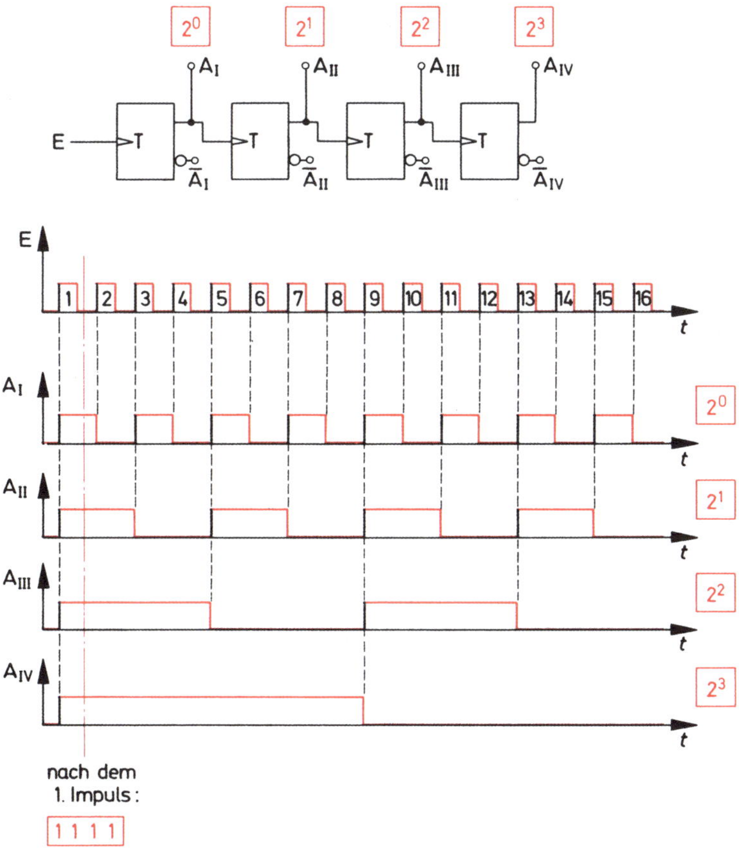

Bild 36.10 Rückwärtszählender Dualzähler mit Impulsdiagramm

Zum Aufbau solcher Zähldekaden benötigt man Flipflops mit Rückstelleingang. Die Schaltung einer einfachen Zähldekade ist in Bild 36.11 angegeben. Bei Eintreffen des 10. Impulses ergeben sich die Ausgangszustände 1010 = 10. Über das NAND-Glied wird der Zustand 0 gewonnen, durch den die Flipflops zurückgestellt werden. Gleichzeitig wird ein 1-Signal zum Eingang der nächsten Zähldekade geführt.

Die Schaltung Bild 36.11 hat einen kleinen Schönheitsfehler. Die Zahl 1010 = 10 liegt unmittelbar vor dem Rückstellen *kurzzeitig* an den Ausgängen. Man kann bei der Umwandlung der Ausgangszustände in eine Dezimalziffer dafür sorgen, dass dieses kurzzeitige Anliegen von 1010 = 10 ohne Wirkung bleibt.

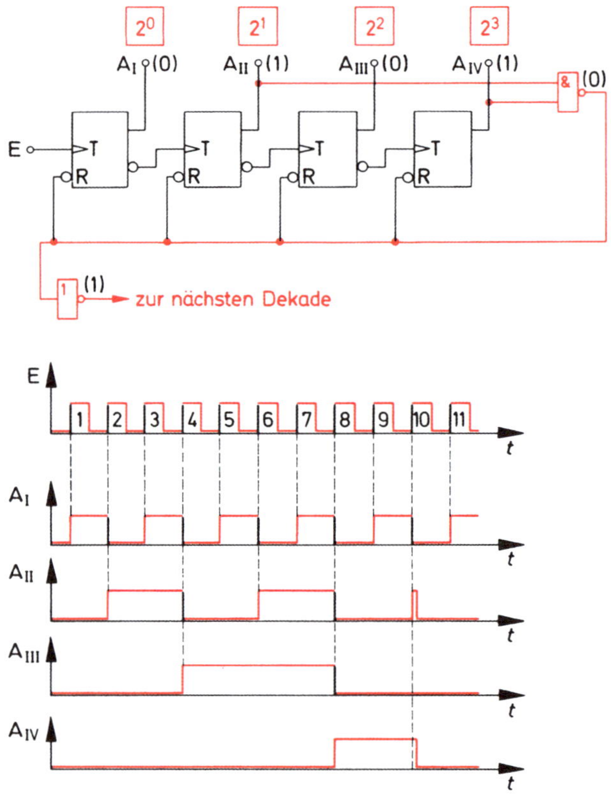

Bild 36.11 Zähldekade mit Impulsdiagramm

37 D/A-Umsetzer, A/D-Umsetzer

37.1 Digital-Analog-Umsetzer (D/A-Umsetzer)

Digital-Analog-Umsetzer, auch D/A-Wandler genannt, haben die Aufgabe, digitale Informationen in entsprechende analoge Informationen umzuwandeln.

37.1.1 Prinzip der Digital-Analog-Umsetzer

Betrachten wir eine Sinustabelle. Sie enthält die Sinusfunktionswerte, also die Informationen in digitaler Form. Nach der Sinustabelle kann eine Sinuskurve gezeichnet werden. Diese enthält die Informationen in analoger Form. Die Umwandlung der Tabelle in die Kurve ist eine Digital-Analog-Umsetzung.

In der digitalen Steuerungstechnik liegen die Informationen meist als binäre Informationen vor, die nach einem bestimmten Code verschlüsselt sind. Für diesen Code muss der Digital-Analog-Umsetzer geeignet sein.

Grundsatz

Ein Digital-Analog-Umsetzer kann nur Signale eines bestimmten binären Codes in analoge Signale umsetzen.

Verschiedene binäre Codes eignen sich nicht für eine Digital-Analog-Umsetzung. Es sind dies die *unbewerteten Codes*. Unbewertet nennt man einen Code, dessen Elementen keine bestimmten Zahlenwerte zugeordnet sind. Der Dualcode ist z. B. ein bewerteter Code. Jedem Element, also jeder Stelle, ist eine Zweierpotenz zugeordnet. Ebenfalls ist der BCD-Code ein bewerteter Code. Der Gray-Code dagegen ist ein unbewerteter Code. Seinen Elementen sind keine Zahlenwerte zugeordnet (s. Kapitel 28).

Grundsatz

Unbewertete Codes müssen vor einer Digital-Analog-Umsetzung in einen bewerteten Code umgewandelt werden.

Die Umwandlung bereitet mit entsprechenden Codewandlern keine Schwierigkeiten. Das Prinzip der Digital-Analog-Umsetzung zeigt Bild 37.1. Mit 4-Bit-Einheiten lassen sich 16 Zahlenwerte bilden. Als analoges Signal ergibt sich eine Treppenspannung. Mit 4 Bit werden also 16 verschiedene Amplitudenwerte gebildet. Entsprechend sind mit 5 Bit 32 Amplitudenstufen möglich, mit 6 Bit 64 Amplitudenstufen usw. (Tabelle 37.1).

Definition

Das sich aus der Digital-Analog-Umsetzung ergebende Analogsignal ist ein gestuftes Signal mit einer bestimmten Anzahl von möglichen Amplitudenwerten.

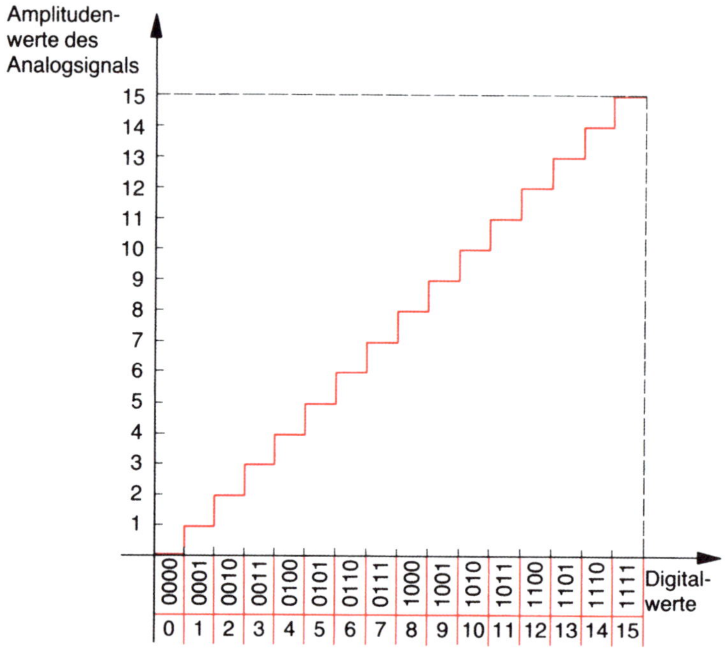

Bild 37.1 Prinzip der Digital-Analog-Umsetzung

Tabelle 37.1 Zusammenhang zwischen Bitzahl und Amplitudenwerten

Anzahl der Bits	Anzahl der Amplitudenwerte
4	16
5	32
6	64
7	128
8	256
9	512
10	1024
11	2048
12	4096
13	8192
14	16384
15	32768

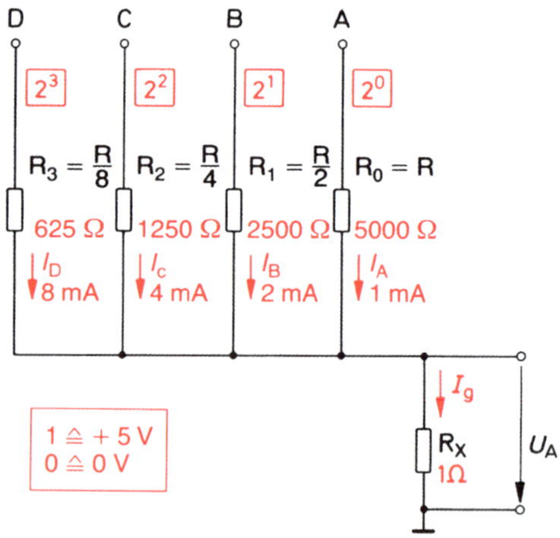

Bild 37.2 Prinzipschaltung eines D/A-Umsetzers mit gestuften Widerständen für den Dualcode

Die Stufung kann beliebig fein gemacht werden. Sie wird umso feiner, je größer die Anzahl der Bit des digitalen Signals ist.

Die Stufen werden durch Siebglieder geglättet, so dass ein stetig verlaufendes Analogsignal entsteht.

Tabelle 37.2 Tabelle der Teilströme I_A, I_B, I_C, I_D, der Gesamtströme I_g und der Ausgangsspannungen U_A, des D/A-Umsetzers nach Bild 37.2 für duale Eingangssignale von 0000 bis 1111

Dezimal-zahlenwert	D 2^3	C 2^2	B 2^1	A 2^0	$\frac{I_D}{mA}$	$\frac{I_C}{mA}$	$\frac{I_B}{mA}$	$\frac{I_A}{mA}$	$\frac{I_g}{mA}$	$\frac{U_A}{V}$
0	0	0	0	0	0	0	0	0	0	0
1	0	0	0	1	0	0	0	1	1	1
2	0	0	1	0	0	0	2	0	2	2
3	0	0	1	1	0	0	2	1	3	3
4	0	1	0	0	0	4	0	0	4	4
5	0	1	0	1	0	4	0	1	5	5
6	0	1	1	0	0	4	2	0	6	6
7	0	1	1	1	0	4	2	1	7	7
8	1	0	0	0	8	0	0	0	8	8
9	1	0	0	1	8	0	0	1	9	9
10	1	0	1	0	8	0	2	0	10	10
11	1	0	1	1	8	0	2	1	11	11
12	1	1	0	0	8	4	0	0	12	12
13	1	1	0	1	8	4	0	1	13	13
14	1	1	1	0	8	4	2	0	14	14
15	1	1	1	1	8	4	2	1	15	15

37.1.2 D/A-Umsetzer mit gestuften Widerständen

Die Prinzipschaltung eines D/A-Umsetzers mit gestuften Widerständen ist in Bild 37.2 dargestellt. An die vier Eingänge A, B, C und D wird ein 4-Bit-Digitalsignal angelegt. Die Widerstände R_0 bis R_3 sind nach der Wertigkeit der Bit im Dualcode bemessen. Es gilt die Gleichung:

$$R_n = \frac{R}{2^n}$$

Der Wert von R kann in Grenzen frei gewählt werden. Hier wurden 5000 Ω gewählt. Für R_1 ergibt sich 2500 Ω, für R_2 1250 Ω. Jeder weitere Widerstand ist immer halb so groß wie der vorhergehende.

Tabelle 37.2 zeigt die sich ergebenden Ströme, wenn das 1-Signal +5 V und das 0-Signal 0 V entspricht. Es ergibt sich eine Ausgangsspannung, die in 1-mV-Schritten gestuft ist. Sie hat stets so viel Millivolt, wie der Zahlenwert des 4-Bit-Dualsignals beträgt, ist also ein Analogsignal.

37.2 Analog-Digital-Umsetzer (A/D-Umsetzer)

Definition

Analog-Digital-Umsetzer, auch A/D-Wandler genannt, setzen analoge Signale in entsprechende digitale Signale um.

37.2.1 Prinzip der Analog-Digital-Umsetzung

Ein analoges Signal kann durch eine bestimmte Anzahl von Amplitudenwerten dargestellt werden. Die Amplitude des Signals wird z. B. alle 10 µs gemessen. Die gemessenen Zahlenwerte werden nacheinander in der richtigen Reihenfolge gespeichert. Alle Zahlenwerte zusammen bilden das digitale Signal.

Grundsatz

Das digitale Signal einer zeitlich sich ändernden Größe besteht aus einer Anzahl von Zahlenwerten.

Die Zahlenwerte können in einem beliebigen Zahlensystem oder Code dargestellt werden. In Bild 37.1 sind sie dezimal und dual dargestellt.

Grundsatz

Analog-Digital-Umsetzer geben die Zahlenwerte meist im dualen Zahlensystem oder im BCD-Code aus.

37.2.2 Eigenschaften von A/D-Umsetzern

Die Amplitudenwerte werden in einem bestimmten Maßstab dargestellt, z. B. in Millivolt. Sollen Spannungswerte bis 4 V auf 1 mV genau gewandelt werden, sind 4000 Amplitudenstufen erforderlich. Zur Darstellung dieser 4000 Amplitudenstufen werden 12-stellige Dualzahlen benötigt. Jeder Amplitudenwert wird dann durch 12 Bit dargestellt. Die Feinheit der Zahlendarstellung hängt von der Anzahl der Bit ab. Sie wird Auflösungsvermögen genannt.

Grundsatz

Ein A/D-Umsetzer hat ein umso größeres Auflösungsvermögen, je mehr Bit für die Darstellung der Zahlenwerte zur Verfügung stehen.

Das Auflösungsvermögen darf nicht mit der Genauigkeit des AD-Umsetzer verwechselt werden. Die Genauigkeit hängt von der Richtigkeit der ausgegebenen Zahlenwerte ab. Auch fein unterteilte Zahlenwerte, also Zahlenwerte mit vielen Bit, können ungenau sein.

Grundsatz

Jeder Analog-Digital-Umsetzer arbeitet mit einer bestimmten Genauigkeit.

Die Genauigkeit gibt an, um welchen Bruchteil des richtigen Wertes das Umsetzungsergebnis höchstens nach oben und unten abweichen darf. Bei einer Genauigkeit von 10^{-3} dürfen die Ergebnisse um $^{1}/_{1000}$ größer oder kleiner als der richtige Wert sein, also um ± 1 ‰ abweichen. Bei großem Aufwand sind zur Zeit Genauigkeiten von 10^{-5} erreichbar.

Ein zeitlich sich änderndes Analogsignal muss mit einer bestimmten Häufigkeit abgetastet werden. Das heißt, die Amplitudenwerte müssen z. B. jede µs oder alle 10 µs oder jede ms gemessen und gespeichert werden. Die Häufigkeit der Feststellung der Amplitudenwerte muss umso größer sein, je schneller sich das Analogsignal ändert. Allgemein gilt:

Grundsatz

Die Abtasthäufigkeit eines Analogsignals muss mindestens doppelt so groß sein wie die höchste zu wandelnde Frequenz im Analogsignal.

Soll ein analoges Tonfrequenzsignal mit einer Bandbreite von 50 Hz bis 20 kHz in ein entsprechendes digitales Signal umgewandelt werden, sind mindestens 40 000 Abtastvorgänge je Sekunde erforderlich. Die sogenannte Abtastfrequenz beträgt dann 40 kHz. Sie darf sehr wohl größer, aber nicht kleiner sein. Ist sie dennoch kleiner, wird das Frequenzband beschnitten. Analog-Digital-Umsetzer werden überwiegend als integrierte Schaltungen hergestellt. Ein Aufbau mit diskreten Bauelementen wäre sehr aufwendig. Bei integrierten Schaltungen überwiegt z. Z. die CMOS-Technik. Schaltungen in TTL-Technik und ECL-Technik werden wegen des verhältnismäßig großen Leistungsbedarfs nur dort eingesetzt, wo besondere Schnelligkeit erforderlich ist.

AD-Umsetzer unterscheiden sich im Wesentlichen durch folgende Eigenschaften:

- Auflösungsvermögen (Anzahl der Bit)
- Genauigkeit (Fehler in % des Ergebnisses oder in % des Höchstwerts)
- Schnelligkeit (Dauer eines Wandlervorgangs, Anzahl der höchstmöglichen Wandlervorgänge je Zeiteinheit)
- Spannungsbereich (Bereich von der kleinsten bis zur größten wandelbaren Spannung)

Eine Vielzahl verschiedener Wandlerverfahren und Schaltungen ist gebräuchlich.

38 Rechenschaltungen

Definition

Mit Digitalschaltungen können Rechenvorgänge durchgeführt werden, z. B. Additionen und Subtraktionen. Man nennt derartige Schaltungen Rechenschaltungen.

Grundsatz

Rechenschaltungen erzeugen zwischen ihren Eingangsvariablen logische Verknüpfungen, die einem Rechenvorgang entsprechen.

Die Eingangszahlen müssen in einem bestimmten binären Code codiert sein. Im gleichen Code werden die Ergebniszahlen ausgegeben.

Grundsatz

Jede Rechenschaltung ist nur für einen Code oder ein entsprechendes Zahlensystem geeignet.

Häufig werden der Dualcode, also das duale Zahlensystem, und der BCD-Code verwendet (s. Kapitel 28).

38.1 Halbaddierer

Die einfachste Rechenschaltung ist der Halbaddierer.

Grundsatz

Jede Rechenschaltung ist nur für einen Code oder ein entsprechendes Zahlensystem geeignet.

Es gelten folgende Regeln:

$$0 + 0 = 0$$
$$0 + 1 = 1$$
$$1 + 0 = 1$$
$$1 + 1 = 10$$

Die eine zu addierende Ziffer erhält den Variablennamen A. Die andere zu addierende Ziffer erhält den Variablennamen B. Die Schaltung muss zwei Ausgänge haben. Der Ausgang mit der Wertigkeit 2^0 soll Z heißen, der Ausgang mit der Wertigkeit 2^1 erhält den Namen Ü (Übertrag). Wird die Ziffer 0 dem binären Zustand 0 und die Ziffer 1 dem binären Zustand 1 zugeordnet, ergibt sich die Wahrheitstabelle nach Bild 38.1.

$$Z = (A \wedge \overline{B}) \vee (\overline{A} \wedge B)$$
$$Ü = A \wedge B$$

Die sich aus den Gleichungen ergebende Schaltung zeigt Bild 38.2.

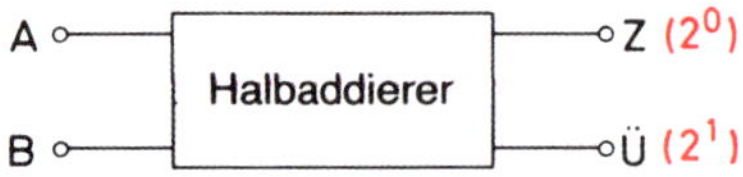

Fall	B	A	Ü	Z	
1	0	0	0	0	
2	0	1	0	1	→ $A \wedge \overline{B}$
3	1	0	0	1	→ $A \wedge B$
4	1	1	1	0	

Ü (Fall 4) → $A \wedge B$

Bild 38.1
Halbaddierer mit Wahrheitstabelle

$Z = (\overline{A} \wedge B) \vee (A \wedge \overline{B})$
$Ü = A \wedge B$

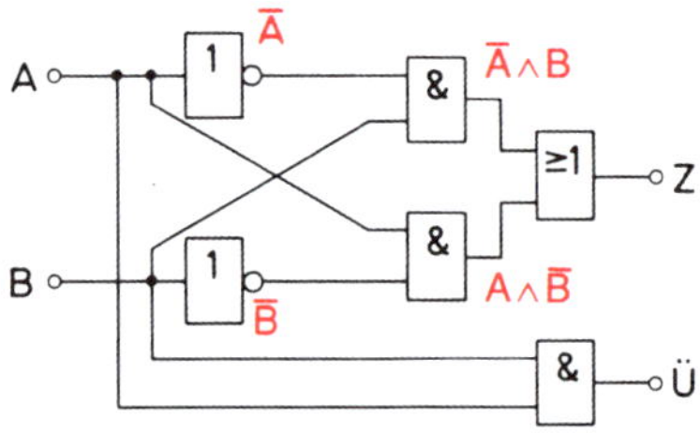

Bild 38.2
Schaltung eines Halbaddierers mit Grundgliedern

38.2 Volladdierer

Zum Aufbau von Addierwerken werden Schaltungen benötigt, die drei Dualziffern addieren können, da bei der Addition von zwei Dualzahlen die Überträge mit addiert werden müssen.

Beispiel

	1	1	1		
		1	0	1	1
+		0	1	1	1
	1	0	0	1	0

Definition
Ein Volladdierer ist eine Schaltung, die drei Dualziffern addieren kann.

Die Schaltung eines Volladdierers kann nach den Regeln der Schaltungssynthese entworfen werden. Der Volladdierer benötigt drei Eingänge – für jede zu addierende Dualziffer einen. Diese sollen A, B und C genannt werden. Die Ausgänge heißen wie beim Halbaddierer Z und Ü (Bild 38.3).

Bild 38.3
Volladdierer mit Wahrheitstabelle

Fall	C	B	A	Ü	Z
1	0	0	0	0	0
2	0	0	1	0	1
3	0	1	0	0	1
4	0	1	1	1	0
5	1	0	0	0	1
6	1	0	1	1	0
7	1	1	0	1	0
8	1	1	1	1	1

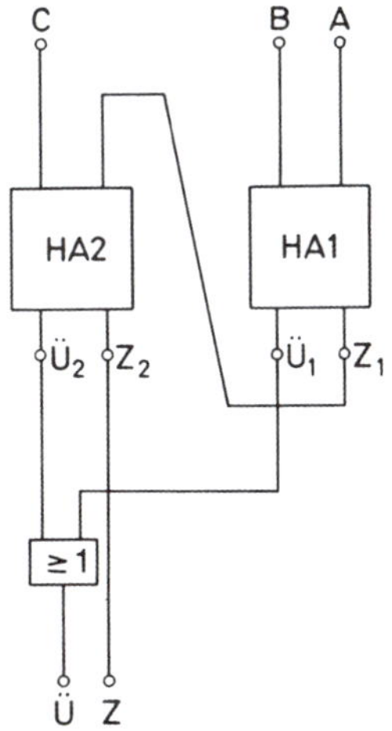

Bild 38.4
Volladdierer, aus zwei Halbaddierern aufgebaut

Die Wahrheitstabelle des Volladdierers ergibt sich aus den Rechenregeln für die Addition. Sie ist in Bild 38.3 dargestellt. Im Fall 1 sind Ü und Z null, da alle Eingangsziffern null sind. Im Fall 2 ergibt sich aus der Addition von 0 + 0 + 1 Z = 1 und Ü = 0. Im Fall 4 ist 0 + 1 + 1 zu rechnen, was Z = 0 und Ü = 1 ergibt. Betrachten wir noch den Fall 8. Die Rechnung 1 + 1 + 1 führt zu Z = 1 und Ü = 1.

Merksatz

Ein Volladdierer kann auch aus zwei Halbaddierern und einem ODER-Glied aufgebaut werden (Bild 38.4).

38.3 Paralleladdierschaltung

Will man zwei vierstellige Dualzahlen in einem Arbeitsschritt addieren, benötigt man einen Halbaddierer und drei Volladdierer. Die erste Spalte von rechts (Wertigkeit 2^0) kann mit einem Halbaddierer addiert werden, da in dieser Spalte nie ein Übertrag auftreten kann. In den anderen drei Spalten mit den Wertigkeiten 2^1, 2^2 und 2^3 können Überträge auftreten. Für die Addition dieser Spalten werden Volladdierer benötigt (Bild 38.5).

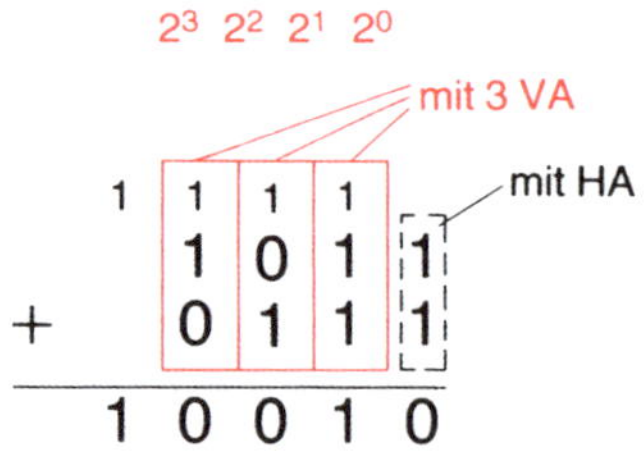

Bild 38.5
Addition von zwei vierstelligen Dualzahlen

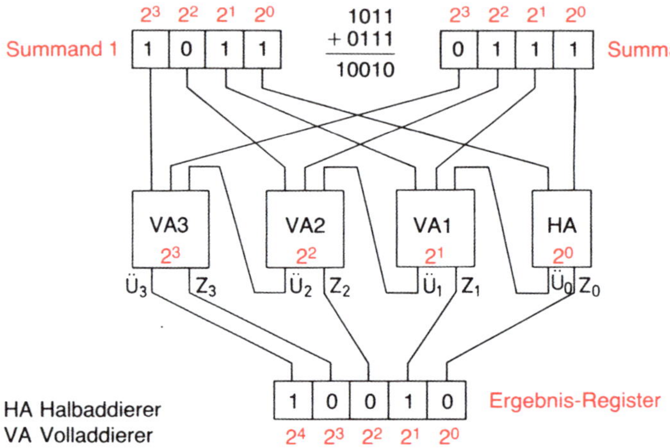

Bild 38.6 4-Bit-Parallel-Addierschaltung

Das Addieren in einem Arbeitsschritt wird *Paralleladdition* genannt. Eine 4-Bit-Paralleladdierschaltung zeigt Bild 38.6. Auf die Eingänge des Halbaddierers HA sind die ersten Ziffern von rechts der beiden zu addierenden Zahlen (Wertigkeit 2^0) geschaltet. Der Ausgang Z_0 führt zum Ergebnisregister. Der Übertragungsausgang $Ü_0$ ist mit einem Eingang des Volladdierers VA1 für die zweite Spalte verbunden, denn in dieser Spalte muss ein entstehender Übertrag addiert werden.

Der Volladdierer VA1 für die zweite Spalte erhält außer dem Übertrag des Halbaddierers die zweiten Ziffern der zu addierenden Zahlen (Wertigkeit 2^1). Der Ausgang Z_1 dieses Volladdierers liefert eine Ergebnisziffer. Der Übertragsausgang $Ü_1$ des Volladdierers führt auf einen Eingang des Volladdierers VA2 für die dritte Spalte (Wertigkeit 2^2). Dieser Volladdierer erhält außerdem die dritten Ziffern von rechts der zu addierenden Zahlen.

Der Volladdierer VA3 für die vierte Spalte (Wertigkeit 2^3) wird entsprechend beschaltet.

Das Übertragssignal dieses Volladdierers wird dem Ergebnisregister zugeführt.

Eine Paralleladdierstufe zur Addition von zwei 8-Bit-Dualzahlen besteht aus einem Halbaddierer und sieben Volladdierern.

38.4 Addier-Subtrahier-Werk

Die im vorstehenden Abschnitt betrachtete 4-Bit-Parallel-Addierschaltung kann leicht so abgewandelt werden, dass sie sich wahlweise zum Addieren und zum Subtrahieren eignet. Bei der Verwendung zur Addition sind nur zwei Maßnahmen zu treffen:

1. Die Negation des Inhalts des Subtrahendregisters muss unterbleiben.
2. Die Addition von 1 über den Eingang C des Volladdierers VA1 darf nicht erfolgen.

Die Negationsglieder werden durch EXKLUSIV-ODER-Glieder ersetzt (Bild 38.7). Der B-Eingang wird zur Steuerung verwendet. Bei B = 0 erfolgt keine Negation, bei B = 1 wird negiert. Das so entstehende Addier-Subtrahier-Werk ist in Bild 38.8 dargestellt. Wird an den Steuereingang S 0-Signal gelegt, wird die Addition Z = A + B durchgeführt. Wird an den Steuereingang 1-Signal gelegt, arbeitet die Schaltung als Subtrahierschaltung. Es wird die Differenz Z = A – B gebildet.

Das 4-Bit-Addier-Subtrahier-Werk kann noch universeller verwendbar gemacht werden. Schaltet man den Ausgängen des A-Registers ebenfalls EXKLUSIV-ODER-Glieder nach, kann bei entsprechender Steuerung auch B – A gerechnet werden. Werden außerdem die Ausgänge des A-Registers und die Ausgänge des B-Registers durch UND-Glieder wahlweise sperrbar gemacht, ergeben sich noch weit mehr Möglichkeiten. Man kann dann z. B. auch A in – A umwandeln.

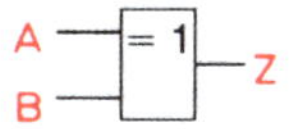

Fall	B	A	Z
1	0	0	0
2	0	1	1
3	1	0	1
4	1	1	0

A wird bei B = 1 negiert

Bild 38.7
Schaltzeichen und Wahrheitstabelle eines Exklusiv-ODER-Gliedes (Antivalenzglied)

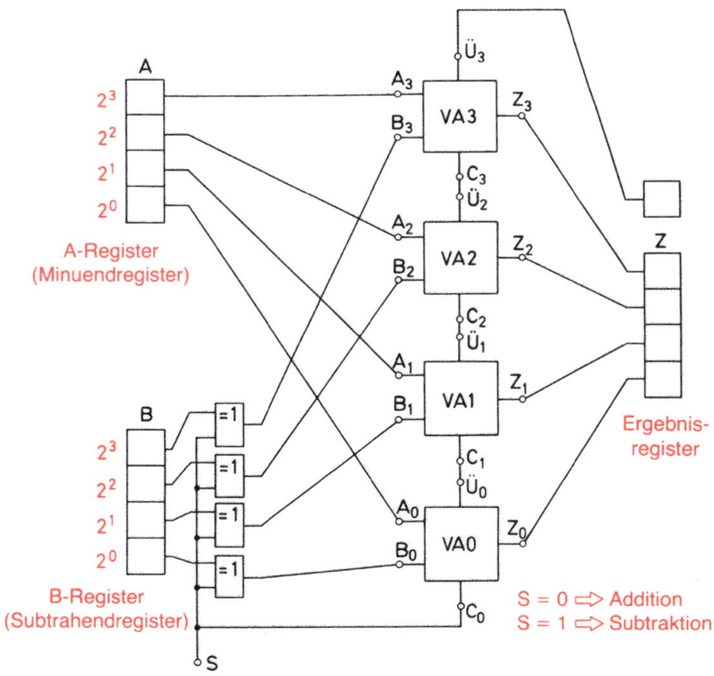

Bild 38.8 4-Bit-Addier-Subtrahier-Werk

39 Mikroprozessoren und Mikrocomputer

39.1 Der Mikroprozessor als Universalschaltung

Könnte man eine Schaltung bauen, die addieren, subtrahieren und multiplizieren kann und die darüber hinaus alle nur möglichen logischen Verknüpfungen von binären Signalen auszuführen in der Lage ist? Die eingegebenen Signale – auch Daten genannt – müssten zeitlich nacheinander bestimmten gewünschten Bearbeitungen unterzogen werden können. Die zeitliche Folge der Bearbeitungen, also z. B. die Folge der durchzuführenden logischen Verknüpfungen, wäre vor Arbeitsbeginn der Schaltung in einem Programm festzulegen.

Eine solche Schaltung wäre universell verwendbar. Sie könnte logische Schaltungen aller Art ersetzen. Eine benötigte Verknüpfungsschaltung müsste nicht mehr aus verschiedenen Verknüpfungsgliedern «zusammengelötet» werden. Man könnte die Universalschaltung nehmen und sie so programmieren, dass sie die gewünschte Verknüpfung erzeugt.

Der Aufbau dieser Universalschaltung wäre sicherlich verhältnismäßig kompliziert, die Herstellung der Schaltung also vermutlich teuer. Die moderne Technik integrierter Schaltungen gibt jedoch die Möglichkeit, auch komplizierte Schaltungen preisgünstig herzustellen.

Überlegungen dieser Art standen am Anfang der Entwicklung solcher Universalschaltungen, die heute *Mikrocomputer* genannt werden. Hauptteil eines Mikrocomputers ist der *Mikroprozessor*. Mikroprozessoren verschiedener Typen werden zur Zeit als integrierte Schaltungen verhältnismäßig preisgünstig angeboten.

Komplizierte Steuerschaltungen, deren Ausbau aus Verknüpfungsgliedern und Flipflops außerordentlich teuer wäre, lassen sich mit Mikrocomputern sehr kostengünstig aufbauen.

39.2 Arithmetisch-logische Einheit (ALU)

Bei der Entwicklung einer Universalschaltung ist es zweckmäßig, von dem 4-Bit-Addier-Subtrahier-Werk Bild 38.8 auszugehen, das im vorhergehenden Kapitel näher erläutert wurde. Mit dieser Schaltung können die Eingangssignale A und B wahlweise addiert und subtrahiert werden.

Zusätzlich ist es erforderlich, dass die Signale A und B

- ❑ einer UND-Verknüpfung,
- ❑ einer ODER-Verknüpfung und
- ❑ einer EXKLUSIV-ODER-Verknüpfung

unterzogen werden können. Die Schaltung zur Erzeugung einer 4-Bit-UND-Verknüpfung ist in Bild 39.1 angegeben. Entsprechend aufgebaut sind die Schaltungen zur Erzeugung einer 4-Bit-ODER-Verknüpfung und einer 4-Bit-EXKLUSIV-ODER-Verknüpfung (Bild 39.2).

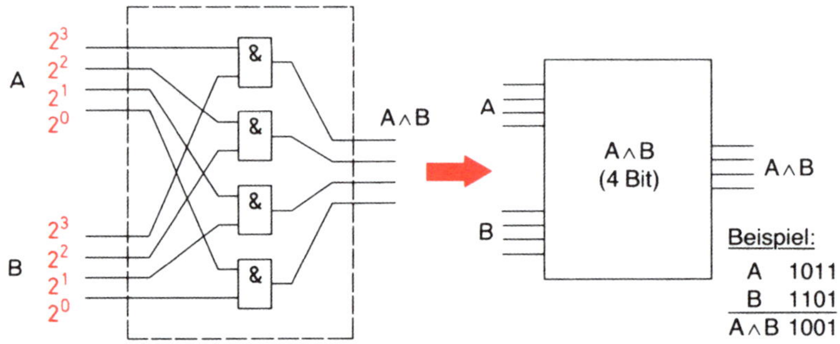

Bild 39.1 Schaltung zur Erzeugung einer UND-Verknüpfung von zwei 4-Bit-Wörtern

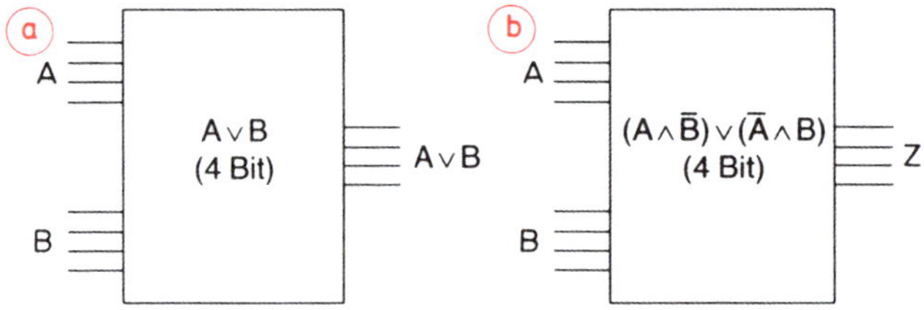

Bild 39.2 Schaltungen zur Erzeugung einer 4-Bit-ODER-Verknüpfung (*a*) und einer 4-Bit-EXKLUSIV-ODER-Verknüpfung (*b*)

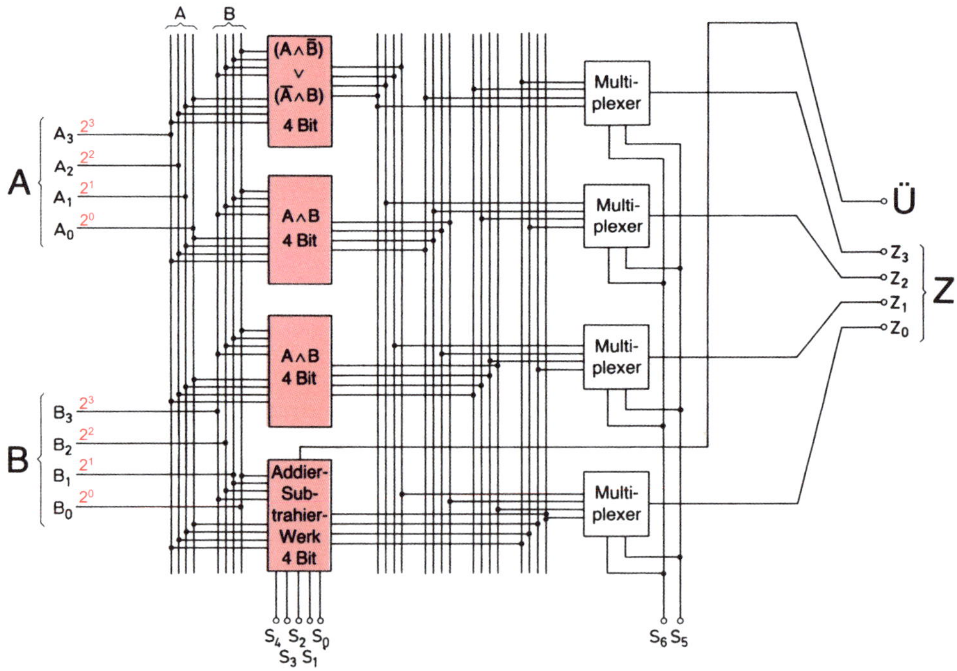

Bild 39.3 Schaltbild einer arithmetisch-logischen Einheit für 4 Bit

Definition

Eine Schaltung, die zwei n-Bit-Wörter wahlweise addieren, subtrahieren, UND-verknüpfen, ODER-verknüpfen und EXKLUSIV-ODER-verknüpfen kann, wird arithmetisch-logische Einheit – abgekürzt ALU – genannt.

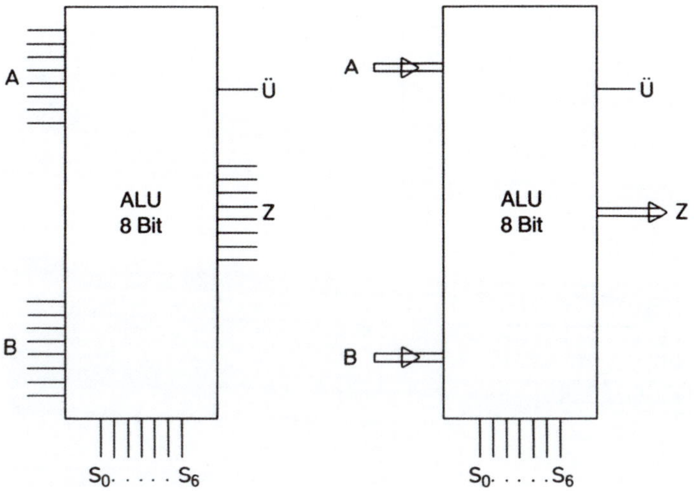

Bild 39.4 Blockdarstellungen einer 8-Bit-ALU

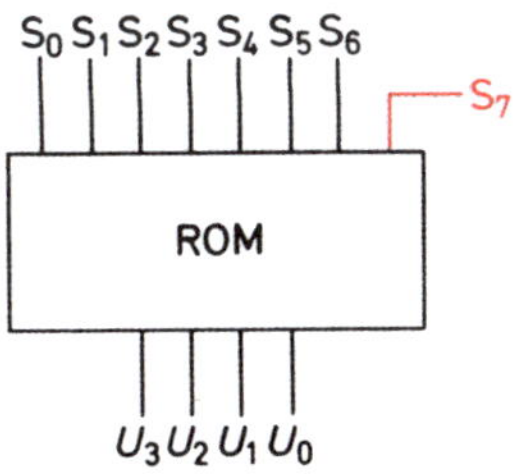

Bild 39.5
Umcodierschaltung mit ROM zur Umcodierung von 7 auf 4 Steuereingänge

Eine ALU für 4-Bit-Wörter besteht also aus einem Addier-Subtrahier-Werk gemäß Bild 38.8, einer Schaltung zur Erzeugung einer 4-Bit-UND-Verknüpfung, einer Schaltung zur Erzeugung einer 4-Bit-ODER-Verknüpfung und aus einer Schaltung zur Erzeugung einer 4-Bit-EXKLUSIV-ODER-Verknüpfung. Die vier 4-Bit-Ausgänge werden über vier Multiplexer (s. Kapitel 34) wahlweise auf den 4-Bit-Z-Ausgang gegeben. Das Addier-Subtrahier-Werk hat außerdem noch einen Übertragsausgang U, der herausgeführt wird (Bild 39.3).

Arithmetisch-logische Einheiten werden als integrierte Schaltungen für 4 Bit, 6 Bit, 8 Bit und 16 Bit hergestellt. Am häufigsten werden 8-Bit-ALU verwendet. Die Darstellung als Block (Bild 39.4) ist üblich. Da eine 8-Bit-ALU grundsätzlich 8 A-Eingänge, 8 B-Eingänge und 8 Z-Ausgänge hat, können jeweils 8 Leitungen durch einen Leitungsstrich dargestellt werden. Die Schaltbilder werden dadurch übersichtlicher (Bild 39.4).

Über die sieben Steuerleitungen S_0 bis S_6 können insgesamt $2^7 = 128$ verschiedene Steuerbefehle gegeben werden. Von diesen Steuerbefehlen werden nur 13 benötigt. Es ist also sinnvoll, eine Umcodierung vorzunehmen. Diese erfolgt mit Hilfe eines ROM (s. Abschnitt 35.4). Man verwendet 4 Steuereingänge (Bild 39.5). Mit diesen lassen sich 16 verschiedene Befehle darstellen. 3 mögliche Befehle bleiben ungenutzt. Die Befehle sind in Tabelle 39.1 aufgeführt. Einige Befehle erfordern die Unterdrückung des Übertrages Ü. Zu diesem Zweck hat das ROM einen Ausgang S_7, der immer dann 0-Signal führt, wenn ein Übertrag nicht am Ausgang Ü erscheinen soll. Die Ausgänge S_8 und S_9 werden für Zusatzsteuerungen benötigt.

Tabelle 39.1 Befehle einer ALU

	Befehl U_3	U_2	U_1	U_0	Funktion
1	0	0	0	0	A
2	0	0	0	1	1
3	0	0	1	0	$\overline{A}$
4	0	0	1	1	B
5	0	1	0	0	0
6	0	1	0	1	A + 1
7	0	1	1	0	A − 1
8	0	1	1	1	A + B
9	1	0	0	0	A − B
10	1	0	0	1	$A \wedge B$
11	1	0	1	0	$A \vee B$
12	1	0	1	1	$(A \wedge \overline{B}) \vee (\overline{A} \wedge B)$
13	1	1	0	0	−1
14	1	1	0	1	
15	1	1	1	0	
16	1	1	1	1	

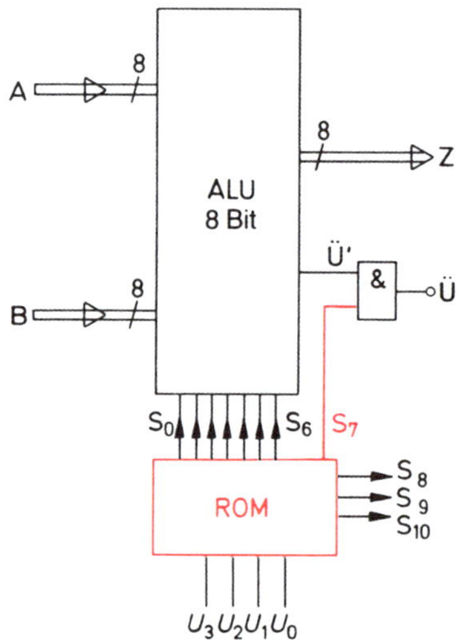

Bild 39.6
ALU mit ROM zur Umcodierung
und UND-Glied zur Übertragungsunterdrückung

Das Blockschaltbild einer 8-Bit-ALU mit Umcodierungs-ROM und Übertragsunterdrückung zeigt Bild 39.6.

39.3 Von der ALU zum Mikroprozessor

Die arithmetisch-logische Einheit (ALU) wird noch weiter ausgebaut. Sie erhält ein RAM als Datenspeicher und ein weiteres RAM als Befehlsspeicher. Weiterhin sind ein Befehlsdecodierer und eine Steuerschaltung erforderlich. Der Befehlsdecodierer hat die Aufgabe, die eingegebenen Befehle in Steuersignale umzusetzen. Die Steuerschaltung wertet diese Steuersignale aus und regelt den Arbeitsablauf. Man benötigt noch einige Zwischenregister zum kurzzeitigen Aufbewahren von Verarbeitungsdaten und Befehlen. Erst dann ist ein Mikroprozessor fertig.

Der innere Aufbau, die sogenannte Architektur, ist bei jedem Mikroprozessortyp etwas anders. Den vereinfachten Innenaufbau des Mikroprozessors SAB 8080 A zeigt Bild 39.8. Der vollständige Aufbau ist aus Bild 39.9 ersichtlich. Der Aufbau ist recht kompliziert. Die gesamte Schaltung wird in einem Kristall von etwa 5 mm × 5 mm Oberfläche integriert.

39.4 Mikroprozessorbausteine

39.4.1 Mikroprozessortypen

Bei der Mikroprozessorentwicklung kann man unterschiedliche Wege gehen und zu unterschiedlichen Ergebnissen kommen. Es gibt daher viele verschiedene Mikroprozessortypen mit teilweise stark voneinander abweichenden Eigenschaften. Zur Zeit sind etwa 80 Mikroprozessortypen auf dem Markt. Sie werden alle als 1-Chip-Mikroprozessoren hergestellt, d. h., sie bestehen aus einer einzigen integrierten Schaltung.

Grundsatz

Mikroprozessoren werden ausschließlich als integrierte Schaltungen hergestellt.

Mikroprozessoren unterscheiden sich vor allem durch folgende Eigenschaften:

- *Wortlänge*
  Die Wortlänge gibt an, wie viele Bit parallel verarbeitet werden können, also wie viele Bit die Eingangs- und Ausgangsgrößen haben. Es gibt 4-Bit-, 8-Bit-, 16-Bit-, 32-Bit- und 64-Bit-Mikroprozessoren.
- *Rechengeschwindigkeit*
  Bei der Rechengeschwindigkeit vergleicht man die sogenannten Zykluszeiten miteinander. Unter der Zykluszeit versteht man meist die Zeit, die für die Paralleladdition von zwei Dualzahlen und für das Ein- und Ausspeichern dieser Zahlen erforderlich ist. Üblich sind Zykluszahlen von 10 µs bis zu 0,1 µs.
- *Technologie (Schaltkreisfamilie)*
  Mikroprozessoren werden überwiegend in MOS-Technik hergestellt. In dieser Technologie ist die höchste Integrationsdichte erreichbar. Die Schaltungen können verhältnismäßig kompliziert aufgebaut werden. Es gibt aber auch einige wenige bipolare Mikroprozessoren, die zur Schaltkreisfamilie Schottky-TTL gehören. Sie arbeiten sehr schnell, sind aber verhältnismäßig einfach aufgebaut. In der MOS-Schaltkreisfamilie sind die NMOS-Typen in der Mehrzahl. Sie benötigen etwa 0,5 bis 1,5 W Leistung. CMOS-Typen gibt es weniger. Ihr besonderer Vorteil ist der äußerst geringe Leistungsbedarf von 1 bis 5 mW. Man unterscheidet ferner statische Mikroprozessoren und dynamische Mikroprozessoren. Statische Mikroprozessoren haben statische Schreib-Lese-Speicher, die keine Auffrischung benötigen. Dynamische Mikroprozessoren haben dynamische Schreib-Lese-Speicher in ihrem Inneren. Diese benötigen einen Auffrischtakt.
- *Befehlsvorrat*

Die Größe des Befehlsvorrats ist ein Maß für die Leistungsfähigkeit eines Mikroprozessors – aber nicht das einzige. Es kommt auch auf die Art der Befehle an. Viele geschickt gewählte Befehle ergeben eine große Leistungsfähigkeit. Nach Herstellerangaben schwankt die Zahl der Befehle zwischen 46 und 158.

In Tabelle 39.2 sind einige häufig verwendete Mikroprozessoren und ihre wichtigsten Eigenschaften aufgeführt.

Tabelle 39.2 Zusammenstellung einiger wichtiger Mikroprozessoren

Typ	Hersteller	Wortlänge in Bit	Befehlsvorrat	Zykluszeit in jis (ca.)	Logik-Familie (Technologie)
4040	Intel	4	60	10,0	NMOS
3850 (F 8)	Fairchild	8	72	2,0	NMOS
8080 A	Intel/Siemens	8	78	2,0	NMOS
8085	Intel/Siemens	8	80	1,3	NMOS
M 6800	Motorola	8	72	2,0	NMOS
SCMP	Nat. Semic.	8	46	2,0	PMOS/NMOS
Z 80	Zilog	8	158	1,0	NMOS
8086	Intel	16	135	0,5	CMOS
68 000	Motorola	16	56	0,6	CMOS/NMOS
TMS 9900	Texas Instr.	16	69	7 ,5	NMOS
80 386	Intel	32	150	0,3	CMOS
68 020	Motorola	32	100	0,4	CMOS/NMOS
32 332	Nat. Semic.	32	130	0,3	NMOS
80 486	Intel	32	182	0,2	NMOS/CMOS
Pentium	Intel	64	205	0,06	NMOS/CMOS
Pentium IV	Intel	64/128	209	0,001	CMOS

39.4.2 Mikroprozessor SAB 8080 A

Der Mikroprozessor 8080 A wurde in den siebziger Jahren eingeführt und in großen Stückzahlen eingesetzt. An einem 8080 A lässt sich die Funktionsweise eines Mikrocomputers sehr gut erläutern.

Der Mikroprozessor SAB 8080 A ist ein 8-Bit-Mikroprozessor in NMOS-Technik mit einer Zykluszeit von 2 µs. Sein Befehlsvorrat umfasst 78 Befehle. Der Mikroprozessor ist TTL-kompatibel und in Tri-State-Technik ausgeführt, das heißt, die Dateneingänge und -ausgänge und die Adressausgänge können außer den Pegeln L und H noch einen hochohmigen (abgeschalteten) Zustand annehmen.

Die im Mikroprozessor SAB 8080 A enthaltenen Schreib-Lese-Speicher sind dynamische Speicher, die der Auffrischung bedürfen. Die Auffrischung erfolgt mit Taktsignal. Der Mikroprozessor SAB 8080 A wird in einem 40-poligen Dual-in-Line-Gehäuse geliefert. Die Bedeutung der Gehäuseanschlüsse zeigt Bild 39.7.

Die Anschlüsse 3 bis 10 sind Datenanschlüsse. Sie sind Ausgänge und Eingänge des 8-Bit-Daten-Bus. (Bus-Schaltungen siehe Abschnitt 34.3.) Dieser Daten-Bus ist ein Zweiweg-Daten-Bus. Er kann Daten zuführen und abführen.

Der Mikroprozessor verfügt über 16 Adressausgänge. Es können $2^{16} = 65536$ verschiedene Adressen damit angewählt werden. Der Mikroprozessor kann also mit einem externen Speicherbaustein von 64 kBytes zusammenarbeiten. Mit jeder Adresse kann 1 Byte = 8 Bit abgerufen werden. Zusätzlich stehen noch Adressen für die Ansteuerung von Eingabe- und Ausgabebausteinen zur Verfügung. Statt eines 64-kByte-Speichers können auch mehrere kleinere Speicher angeschlossen werden.

Dabei ist es gleichgültig, ob es sich um RAM, ROM oder um PROM handelt. Als Adressausgänge dienen die Gehäuseanschlüsse 1, 25, 26, 27, 29 bis 40 (Bild 39.7). Sie sind mit dem Adressen-Bus zu verbinden.

Die weiteren Anschlüsse dienen der Stromversorgung und der Steuerung des Mikroprozessors. Benötigt werden die Spannungen +12 V (Pin 28), +5 V (Pin 20), –5 V (Pin 11). Masse ist an Pin 2 zu legen. Der Mikroprozessor benötigt einen externen Taktgenerator, der zwei verschiedene Takte erzeugt, Takt 1 und 2 (Takt 1 an Pin 22, Takt 2 an Pin 15). Über den Eingang RESET (Pin 12) wird der Befehlszähler auf 0 gesetzt. Mit einem 0-Signal am Anschluss HOLD (Pin 13) kann der Mikroprozessor angehalten werden. Es können in dieser Zeit Daten eingegeben oder ausgegeben werden. Die Gehäuseanschlüsse INT (Pin 14) und INTE (Pin 16) dienen der Programmunterbrechung und der Freigabe der Programmunterbrechung.

Am Gehäuseanschluss DBIN (Data Bis In) zeigt ein Signal an, dass sich der Daten-Bus in einem Eingabezustand befindet. Es können Daten in den Mikroprozessor übernommen werden. Der Anschluss $\overline{WR}$ führt 0-Signal, solange Daten an einen äußeren Speicher abgegeben werden. Der SYNC-Anschluss liefert ein Synchronsignal, wenn ein neuer Operationszyklus beginnt.

Besonders wichtig sind die Anschlüsse WAIT (Warten, Pin 24) und READY (Bereit, Pin 23). An WAIT liegt 1-Signal, wenn sich der Mikroprozessor in Wartestellung befindet. 1-Signal am Anschluss READY zeigt an, dass auf dem Daten-Bus Daten zur Übernahme bereitstehen. Es lässt den Mikroprozessor kurzzeitig halten, damit die Daten übernommen werden können.

Über den Anschluss HLDA (Pin 21) liefert der Mikroprozessor eine sogenannte «Anhaltequittung» als Antwort auf ein HOLD-Signal. Sie zeigt an, dass Daten- und Adress-Bus in den hochohmigen Zustand schalten.

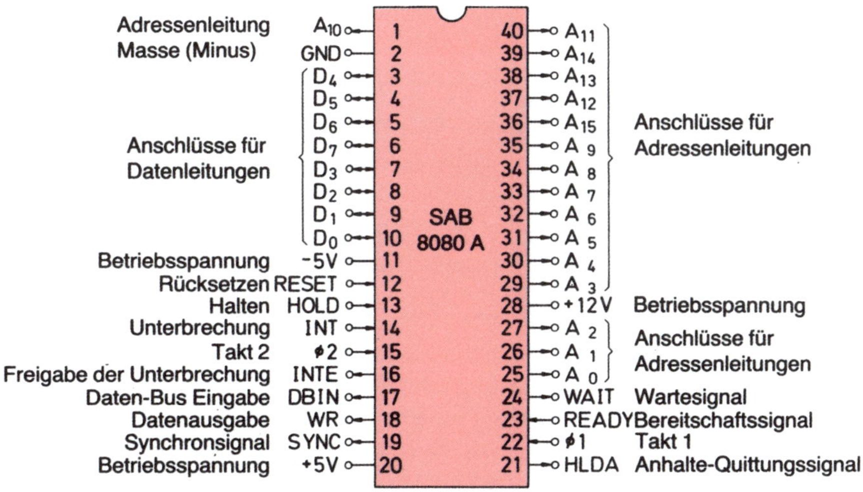

Bild 39.7 Gehäuseanschlüsse des Mikroprozessors SAB 8080 A (Siemens)

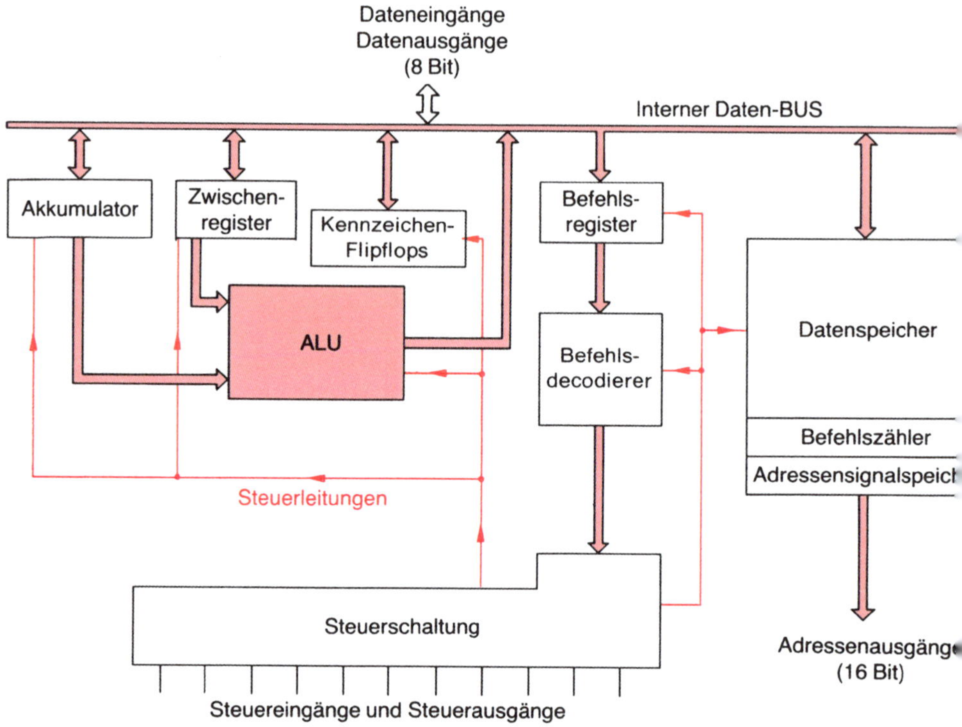

Bild 39.8 Vereinfachter Innenaufbau des Mikroprozessors SAB 8080 A

Der innere Aufbau des SAB 8080 A ist etwas verwirrend. Er soll deshalb in zwei Stufen erklärt werden. In der vereinfachten Darstellung des Innenaufbaus (Bild 39.8) ist die ALU leicht zu erkennen. Die Rückführung der A-Eingänge erfolgt über den internen Daten-Bus. Über den internen Daten-Bus laufen auch die Daten bei der Einspeicherung von Daten in den Datenspeicher und bei der Ausspeicherung.

Befehle werden über die Dateneingänge eingegeben. Sie können im Datenspeicher zwischengespeichert werden. Einen besonderen Programmspeicher gibt es nicht. Ein Programmspeicher kann aber als externer Speicher zusätzlich angeschlossen werden. Die Befehle werden über das Befehlsregister dem Befehlsdecodierer zugeführt und als Steuersignale auf die Steuerschaltung gegeben. Die Steuerschaltung verfügt über eine Anzahl von Steuersignaleingängen und -ausgängen, die bereits besprochen wurden.

Mit Hilfe des Befehlszählers und des Adressensignalspeichers werden die Adressen für die Ansteuerung externer Bausteine erzeugt, z. B. Adressen für RAM und ROM. Die Adressen bestehen aus 16-Bit-Wörtern. Sie werden dem Adress-Bus zugeführt.

Die Hersteller geben in ihren Datenbüchern den vollständigen Innenaufbau des Mikroprozessors SAB 8080 A an (Bild 39.9).

Hier kommen noch einige weitere Einheiten hinzu, z. B. Puffer für Daten und Adressen. Puffer sind Zwischenspeicher. Der Datenspeicher wird in viele Register aufgeteilt, die über Multiplexer angewählt werden.

Es ist kaum vorstellbar, dass diese sehr komplizierte Schaltung in einem Silizium-Chip von nur etwa 5 mm × 5 mm Größe untergebracht werden kann. Erstaunlich ist auch der verhältnismäßig geringe Preis, der für Mikroprozessoren allgemein gefordert wird.

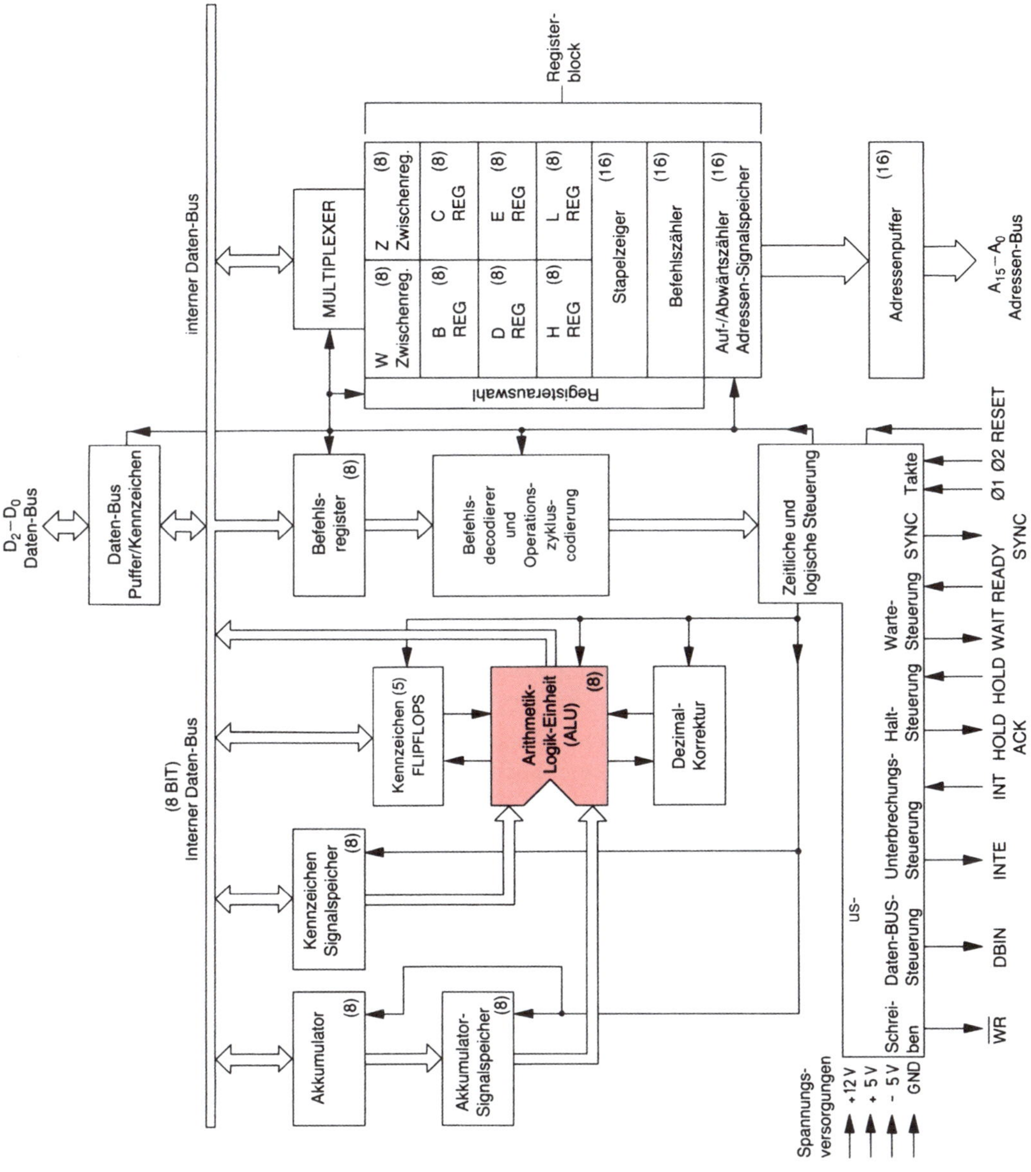

Bild 39.9 Vollständiger Innenaufbau des Mikroprozessors SAB 8080 A (Siemens)

Wie wird nun eine Steuerschaltung mit dem Mikroprozessor SAB 8080 A aufgebaut? Mit dem Mikroprozessor allein kann keine Steuerschaltung aufgebaut werden. Man benötigt Zusatzbausteine – z. B. einen Taktgenerator, Eingabe-Ausgabe-Bausteine und einen oder mehrere Speicher vom Typ ROM, PROM, EPROM oder RAM für Programm und Daten. Vor allem benötigt man ein Stromversorgungsteil.

39.5 Zusatzbausteine für Mikroprozessoren

Mikroprozessoren arbeiten taktgesteuert. Erforderlich ist mindestens ein Takt, oft werden zwei verschiedene Takte benötigt. Nur wenige Mikroprozessortypen besitzen einen «inneren Taktgenerator». Bei diesen Mikroprozessoren ist der Taktgenerator bereits auf dem Mikroprozessor-Chip enthalten. Bei den anderen Mikroprozessortypen ist ein Zusatzbaustein erforderlich, der die benötigten Takte erzeugt.

Für den Mikroprozessor SAB 8080 A wird als Zusatzbaustein der Taktgeber SAB 8224 empfohlen. Dieser Baustein wird in einem 16-poligen Dual-in-Line-Gehäuse geliefert. Er enthält einen Quarzoszillator, dessen Frequenz durch einen außen anzuschließenden Quarz bestimmt wird. Die Eigenfrequenz des Quarzes kann in weiten Grenzen gewählt werden. Sie beeinflusst die Arbeitsgeschwindigkeit des Mikroprozessors. Üblich sind Quarzfrequenzen von etwa 18 MHz. Die Schwingung des Quarzoszillators wird in eine Rechteckschwingung umgewandelt, die dann um den Faktor 9 heruntergeteilt wird. So ergibt sich die Arbeitsfrequenz von 2 MHz.

Für die Dateneingabe und die Datenausgabe sind ebenfalls Zusatzbausteine erforderlich. Diese werden E/A-Bausteine (engl. I/O-Bausteine, Input/Output-Bausteine) genannt.

Sie nehmen die Daten in einen Zwischenspeicher (Puffer) auf. Bei der Dateneingabe erzeugen sie Steuersignale, mit deren Hilfe der Mikroprozessor so lange angehalten wird, bis die Daten eingegeben sind. Die E/A-Bausteine enthalten oft auch eine Baustein-Auswahlschaltung. Sollen Informationen dem Mikroprozessor entnommen werden, veranlasst der E/A-Baustein die gewünschte Datenausgabe. Für den Mikroprozessor SAB 8080 A sind verschiedene E/A-Bausteine verfügbar. Häufig verwendet wird der Baustein SAB 8212.

Sehr wichtige Zusatzbausteine sind die Speicherbausteine. Hier können RAM-, ROM- und PROM-Bausteine und selbstverständlich auch löschbare PROM-Bausteine in verschiedenen Kombinationen bis zu einer maximal zulässigen Gesamtspeicherkapazität eingesetzt werden. Die zulässige Gesamtspeicherkapazität beträgt beim Mikroprozessor SAB 8080 A 64 KByte, da der Mikroprozessor insgesamt 65 636 verschiedene Adressen erzeugen kann.

Die Speicherbausteine sind deshalb so wichtig, weil die interne Speicherkapazität der Mikroprozessoren verhältnismäßig gering ist, so dass Programmdaten und Verarbeitungsdaten extern gespeichert werden müssen.

Als externe Speicher können auch Magnetbandgeräte (z. B. Digital-Kassettenrecorder) und Festplattenlaufwerke verwendet werden. Zum Anschluss derartiger Geräte werden Schnittstellen-Bausteine benötigt, die die Daten in bestimmter Weise umformen und Steuersignale verarbeiten und erzeugen. Sie müssen z. B. parallel ausgegebene 8-Bit-Daten eines Mikroprozessors in die serielle Datenform umsetzen, die ein Festplattenspeicher benötigt.

Der Einsatz von E/A-Bausteinen, von Speicherbausteinen und von Schnittstellenbausteinen erfordert Steuersignale, die der Mikroprozessor nicht oder nur unvollkommen liefern kann. Aus diesem Grund ist in vielen Fällen ein System-Steuerbaustein als weiterer Zusatzbaustein erforderlich. Ein solcher Baustein erzeugt alle Signale, die zur direkten Kopplung von Zusatzbausteinen benötigt werden.

Der System-Steuerbaustein SAB 8228 wurde für den Mikroprozessor SAB 8080 A entwickelt. Er enthält einen 8-Bit-Zweiweg-Bus-Treiber für den Daten-Bus. Das Steuersystem liefert alle erforderlichen Steuersignale und darüber hinaus noch zusätzliche Steuersignale für eine einfache Gestaltung von Programmunterbrechungen und für die Verwendung von Mehr-Byte-Befehlen. Mehr-Byte-Befehle sind Befehle, die eine Wortlänge von zwei oder mehr Byte haben.

39.6 Mikrocomputer (Mikrocontroller)

Schaltet man einen Mikroprozessor mit den erforderlichen Zusatzbausteinen zusammen, erhält man einen Mikrocomputer. Einige Zusatzbausteine sind unbedingt notwendig – wie Taktgeber und Speicher. Andere Zusatzbausteine werden je nach der zu erfüllenden Aufgabe ausgewählt.

Definition

Mikrocomputer mit zusätzlichen Bausteinen für Steuerungen heißen Mikrocontroller.

Grundsatz

Ein Mikrocomputer ist eine funktionsfähige Steuereinheit aus Mikroprozessor und Zusatzbausteinen.

Mikrocomputer werden meist auf einer Platine aufgebaut. Eine solche Platine kann z. B. folgende Bausteine enthalten:

❑ Mikroprozessor	SAB 8080 A
❑ Taktgeber	SAB 8224
❑ REPROM	SAB 8708
❑ RAM	SAB 8111-2
❑ E/A-Baustein	SAB 8212
❑ System-Steuerbaustein	SAB 8228
❑ Quarz für den Taktgeber	

Für einen solchen Mikrocomputer ergibt sich die Schaltung Bild 39.10. Der vom SAB 8080 A ausgehende Daten-Bus durchläuft den System-Steuerbaustein SAB 8228. Hier werden die ankommenden und die abgehenden Daten verstärkt. Der Daten-Bus ist ein 8-Bit-Zweiweg-Bus.

Der Adress-Bus ist ein 16-Bit-Einweg-Bus. Die Adressen kommen stets vom Mikroprozessor. An den Daten-Bus und an den Adress-Bus sind die E/A-Einheiten und die Speicherbausteine angeschlossen. Die Steuerung erfolgt über den SAB-8228-Baustein. Im REPROM sollen die einzelnen Befehle gespeichert sein, die nacheinander auszuführen sind – also das Programm. Die benötigten Daten werden von außen in das RAM eingegeben. Jetzt kann der Steuer- oder Rechenvorgang ablaufen. Ergebnisse werden wieder im RAM gespeichert. Sie können nach Wunsch nach außen abgegeben werden. Das Programmieren eines Mikrocomputers muss recht mühsam erlernt werden. Leider hat jeder Mikroprozessortyp etwas andere Befehle. Es ist daher zu empfehlen, sich auf einen Mikroprozessortyp einzuarbeiten und am Anfang nur mit diesem Mikroprozessortyp zu arbeiten. Wenn man den Befehlsvorrat eines Mikroprozessortyps voll beherrscht, ist eine Umstellung auf einen anderen Mikroprozessortyp verhältnismäßig leicht. Die Hersteller geben Hilfen beim Erlernen der Programmierung. Auch gibt es eine größere Zahl von Übungs-Mikrocomputern, mit denen man sich das Programmieren schrittweise selbst erarbeiten kann. Die Teilnahme an einem Lehrgang ist zu empfehlen.

Mikrocomputer können aus Mikroprozessoren und Zusatzbausteinen auf vielfältige Art zusammengestellt werden. Man kann verschiedenartige Zusatzbausteine auswählen und kombinieren und Speicherarten und Speicherkapazitäten variieren, um eine optimale Lösung des gestellten Problems zu erreichen. Hierfür bieten die Hersteller *Entwicklungsgeräte* an, durch die die Entwicklungsarbeit wesentlich vereinfacht wird.

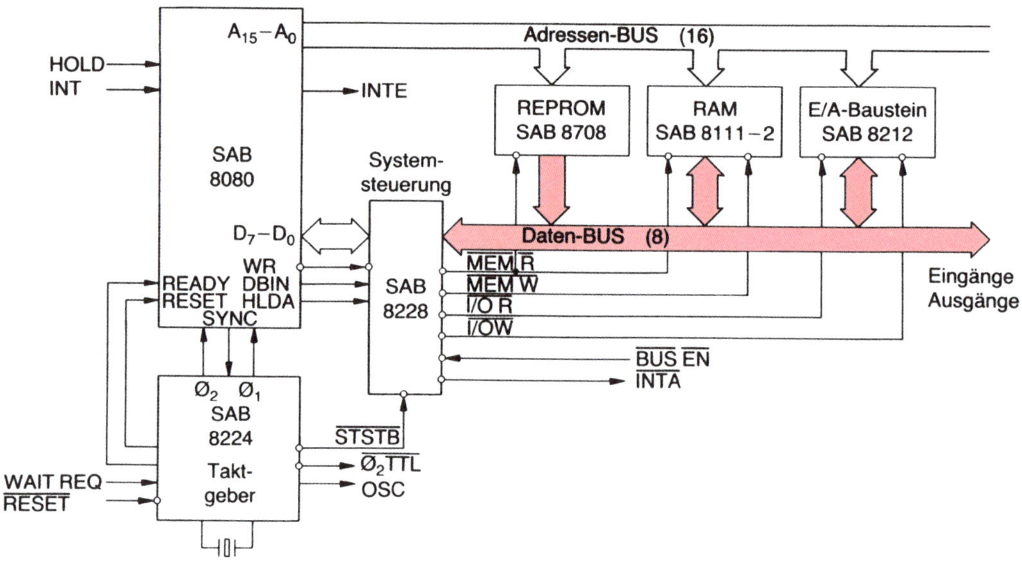

Bild 39.10 Aufbau eines Mikrocomputers

Stichwortverzeichnis

T

U

V

W